普通高等教育"十一五"国家级规划教材
面向21世纪课程教材
高等院校木材科学与工程专业规划教材

木材加工工艺学

（第 2 版）

顾炼百　主　编
张亚池　副主编

中国林业出版社

图书在版编目（CIP）数据

木材加工工艺学/顾炼百主编. —2版. —北京：中国林业出版社，2011.5（2023.2重印）
普通高等教育"十一五"国家级规划教材. 高等院校木材科学与工程专业规划教材
ISBN 978-7-5038-6236-6

Ⅰ. ①木… Ⅱ. ①顾… Ⅲ. ①木材加工 - 工艺学 - 高等学校 - 教材 Ⅳ. ①TS65

中国版本图书馆 CIP 数据核字（2011）第 125543 号

中国林业出版社·教材出版中心
策划、责任编辑：杜 娟
电话：(010) 83143553　　　　传真：(010) 83143516

出版发行	中国林业出版社(100009　北京市西城区德内大街刘海胡同 7 号)
	E-mail：jiaocaipublic@163.com　电话：(010)83143500
	http://lycb.forestry.gov.cn
经　　销	新华书店
印　　刷	北京中科印刷有限公司
版　　次	2003 年 3 月第 1 版(第 1 版共印 3 次)
	2011 年 6 月第 2 版
印　　次	2023 年 2 月第 7 次
开　　本	850mm×1168mm　1/16
印　　张	29.5
字　　数	682 千字
定　　价	65.00 元

未经许可，不得以任何方式复制或抄袭本书之部分或全部内容。
版权所有　侵权必究

第2版前言

《木材加工工艺学》是全国高等林业院校木材科学与工程专业教学指导委员会确定的主干课程之一，是该专业的一门主要专业课程。

本书第1版脱稿于2002年4月，之后7、8年间木材加工工业有了迅猛的发展，木材科学技术有了较大进步，为了推动木材加工工业的发展，适应新形势教学及工业生产的需求，特此修订了本书。

本书的修订，以高等林业院校木材科学与工程专业的教学计划为依据。内容力求更新，强调理论联系实际，适合国情需要。章节安排上以木材加工工艺为主线，以基本理论和工艺知识为主体，以设备为辅助，兼顾环境保护。为了便于教学，各章都附有重点内容和思考题。

与第1版相比，修订版第1篇增加了新型高效双轴圆锯、现代化排锯，小径原木的锯解工艺等内容，删除了原条造材下锯计划及典型车间工艺布置的部分内容；第2篇对干燥介质相对湿度表及木材平衡含水率表的低温区域作了延伸补充，对木材平衡含水率的应用及应力、应变理论的新发展作了补充修改，干燥窑和干燥设备中删除了少数现在已不常用的内容。第3篇木制品的装饰、装配及工艺设计作了较大的修改和补充。第4篇第18章木材加工粉尘污染及其控制也作了较大的修改和补充，主要补充了与木质粉尘性质有关的基本理论，对粉尘污染的控制措施也作了较大的修改。第20章的内容也作了更新；并删除了第21章及22章的内容。

本书除了可作木材科学与工程专业的教材之外，还适用于艺术设计、工业设计、包装工程、环境工程等相近专业作为教材或参考书，亦可供有关工程技术人员参考。

修订本由南京林业大学顾炼百教授主编，北京林业大学张亚池副教授为副主编，编写分工如下：

第1篇概论，第1、3章　南京林业大学孙友富教授；

第1篇第2、4章　福建农林大学陆继圣教授；

第2篇概论，第5、6、7章　南京林业大学顾炼百教授；

第2篇第8章　南京林业大学杜国兴教授、华南农业大学涂登云副教授；

第2篇第9章　内蒙古农业大学王喜明教授；

第3篇概论，第10章　南京林业大学李军教授；

第3篇第11、12章　北京林业大学赵小矛副教授、张亚池副教授；

第3篇第13、14章　南京林业大学申黎明教授；

第3篇第15、16、17章　北华大学杨庚副教授；

第4篇概论，第19章　南京林业大学徐长妍副教授；
第4篇第18章　南京林业大学丁涛老师；
第4篇第20章　南京林业大学吴光前老师。

全书由主编顾炼百教授汇总和修改，并在张亚池副主编对全书内容提出许多宝贵修改意见后进行了进一步修改整理。孙友富教授负责审阅第1篇；顾炼百教授负责审阅第2篇和第3篇；杨庚副教授对第3篇内容提出许多宝贵修改意见；王喜明教授对第4篇第19章提出补充内容；编写过程中还得到付翔、杨小军、江宁、李涛、王丽、盛华芳等同志的大力帮助，在此谨向他（她）们表示诚挚的谢意。

由于编者水平有限，书中难免有错误和不妥之处，欢迎读者批评指正。

顾炼百
2010年10月

第 1 版前言

《木材加工工艺学》是全国高等林业院校木材科学与工程专业教学指导委员会确定的主干课程之一，是该专业的一门主要专业课程。

全书共分4篇23章，第1篇制材（第1章至第4章），第2篇木材干燥（第5章至第9章），第3篇木制品加工工艺（第10章至第17章），第4篇木材加工洁净化（第18章至第23章）。内容阐述上以加工工艺为主体，以机理和基本知识为基础，以设备为辅助；设备中又以主机为主，以突出重点。内容力求更新，强调理论联系实际，适合国情需要，既总结了国内成熟的生产技术和科研成果，又适当吸收和借鉴国外教材内容及国外的先进技术。为了便于教学，各章都附有重点内容和思考题。

本书除了可作木材科学与工程专业的教材之外，还适用于艺术设计、工业设计、包装工程、环境工程等相近专业作为教材或参考书，亦可供有关工程技术人员参考。

本书由南京林业大学顾炼百教授主编，北京林业大学赵小矛副教授为副主编。编写分工如下：

第1篇概论，第1章1.4节，第3章　南京林业大学孙友富教授；
第1篇第1章1.1、1.2、1.3节，第4章　西北农林科技大学邱增处副教授；
第1篇第2章　福建农林大学陆继圣教授；
第2篇概论，第5、6、7章　南京林业大学顾炼百教授；
第2篇第8章　南京林业大学杜国兴教授；
第2篇第9章　内蒙古农业大学王喜明教授；
第3篇概论，第10章，第12章12.3、12.4节　南京林业大学李军副教授；
第3篇第11章，第12章12.1、12.2节　北京林业大学赵小矛副教授；
第3篇第13、14章　南京林业大学申利明教授；
第3篇第15、16、17章　南京林业大学吴智慧教授；
第4篇概论，第18、19、20章　南京林业大学周捍东副教授；
第4篇第21、22、23章　南京林业大学徐长妍老师。

全书由主编顾炼百教授汇总和修改。孙友富教授负责审阅第1篇；吴智慧教授负责审阅第 3 篇；杜国兴教授对第 2 篇提出了许多宝贵意见；编写过程中还得到商庆清、王小燕、盛华芳、汪佑宏、陈太安、涂登云、钟争登等同志的大力帮助，在此谨向他（她）们表示诚挚的谢意。

由于编者水平有限，书中难免有错误和不妥之处，欢迎读者批评指正。

编　者
2002 年 4 月

目 录

第1篇 制 材

概 论 ··· (2)

第1章 制材生产的原料和产品 ·· (5)
1.1 原木 ··· (5)
1.2 制材生产的产品 ··· (9)
1.3 原木与锯材的贮存保管 ·· (13)

第2章 原木锯解工艺 ·· (17)
2.1 制材设备简介 ··· (17)
2.2 制材生产主要技术指标 ·· (37)
2.3 原木下锯法 ··· (39)
2.4 下锯图和划线设计 ··· (43)
2.5 原木锯解加工 ··· (61)
2.6 原木出材率、锯材质量及工艺措施分析 ······················· (70)

第3章 锯材的分选与检验 ·· (78)
3.1 锯材分选的方式及装置 ·· (78)
3.2 锯材检量及评等方法 ·· (80)

第4章 制材工艺设计 ·· (85)
4.1 制材工艺设计基本内容 ·· (85)
4.2 拟定车间生产工艺流程图 ··· (90)
4.3 制材车间设备选择与计算 ··· (92)
4.4 车间工艺平面布置 ··· (99)

第1篇 参考文献 ·· (107)

第2篇 木材干燥

概 论 ··· (110)

第5章 对流干燥介质 (114)
- 5.1 湿空气的性质 (114)
- 5.2 湿空气的参数图 (120)
- 5.3 水蒸气 (125)
- 5.4 炉气 (129)

第6章 木材水分与环境 (132)
- 6.1 木材中的水分 (132)
- 6.2 木材的干缩和湿胀 (141)

第7章 木材干燥时的传热、传湿及应力、变形 (145)
- 7.1 木材的对流加热 (145)
- 7.2 流体对木材的渗透 (148)
- 7.3 干燥过程中木材内水分的移动 (152)
- 7.4 木材的对流干燥过程 (159)
- 7.5 木材干燥时的应力与变形 (161)

第8章 木材干燥窑及其主要设备 (169)
- 8.1 木材干燥窑 (169)
- 8.2 木材干燥设备 (188)

第9章 木材干燥工艺 (205)
- 9.1 干燥前准备 (205)
- 9.2 干燥基准 (209)
- 9.3 干燥过程的实施 (217)
- 9.4 干燥质量的分析 (223)
- 9.5 大气干燥 (226)
- 9.6 特种干燥 (231)

第2篇 参考文献 (239)
附录1 我国160个主要城市木材平衡含水率气象值 (240)
附录2 含水率干燥基准示例 (244)

第3篇 木制品加工工艺

概论 (248)

第10章 木制品的材料与结构 (253)
- 10.1 材料与配件 (253)
- 10.2 木制品的接合 (265)

10.3 木制品的结构 ………………………………………………………… (267)

第 11 章 机械加工工艺基础 …………………………………………… (274)
11.1 工艺过程 ……………………………………………………………… (274)
11.2 加工基准 ……………………………………………………………… (277)
11.3 加工精度 ……………………………………………………………… (278)
11.4 表面粗糙度 …………………………………………………………… (282)

第 12 章 实木零件加工 …………………………………………………… (289)
12.1 配料 …………………………………………………………………… (289)
12.2 毛料的加工 …………………………………………………………… (296)
12.3 胶合 …………………………………………………………………… (299)
12.4 净料加工 ……………………………………………………………… (308)

第 13 章 板式部件制造工艺 ……………………………………………… (325)
13.1 板式部件制造工艺过程 ……………………………………………… (325)
13.2 材料的准备 …………………………………………………………… (326)
13.3 板式部件的覆面 ……………………………………………………… (332)
13.4 板式部件加工 ………………………………………………………… (342)

第 14 章 弯曲成型 ………………………………………………………… (350)
14.1 实木弯曲 ……………………………………………………………… (350)
14.2 薄板胶合弯曲 ………………………………………………………… (361)
14.3 其他弯曲方法 ………………………………………………………… (370)

第 15 章 木制品装饰 ……………………………………………………… (375)
15.1 涂饰方法 ……………………………………………………………… (376)
15.2 涂饰工艺 ……………………………………………………………… (385)
15.3 特种艺术装饰 ………………………………………………………… (399)

第 16 章 木制品装配 ……………………………………………………… (404)
16.1 装配的准备 …………………………………………………………… (405)
16.2 部件装配及加工 ……………………………………………………… (405)
16.3 总装配 ………………………………………………………………… (407)
16.4 配件装配 ……………………………………………………………… (407)

第 17 章 工艺设计 ………………………………………………………… (410)
17.1 工艺设计的依据 ……………………………………………………… (410)
17.2 材料耗用量概算 ……………………………………………………… (412)
17.3 工艺过程的制定 ……………………………………………………… (414)
17.4 设备的选择和计算 …………………………………………………… (416)

17.5　生产场所规划 …………………………………………………………………… (421)

第3篇　参考文献 …………………………………………………………………… (426)

第4篇　木材加工的洁净化

概　论 ……………………………………………………………………………………… (428)
第18章　木材加工粉尘污染及其控制 ……………………………………………… (432)
　18.1　木材加工生产性粉尘的种类及其危害 ………………………………………… (433)
　18.2　木粉尘的尺寸和动力学特性 …………………………………………………… (437)
　18.3　木材工业粉尘污染控制的综合性措施 ………………………………………… (439)
第19章　木材工业废气污染及其控制 ……………………………………………… (443)
　19.1　木材工业废气污染源 …………………………………………………………… (443)
　19.2　木材工业废气的危害 …………………………………………………………… (443)
　19.3　工业有害废气污染的综合防治措施 …………………………………………… (444)
　19.4　工业有害气体的净化技术 ……………………………………………………… (446)
　19.5　木材工业废气污染的防治技术 ………………………………………………… (446)
　19.6　大气环境质量标准和工业有害气体排放标准 ………………………………… (449)
第20章　木材加工废水污染及其治理 ……………………………………………… (451)
　20.1　木材加工工业废水污染源 ……………………………………………………… (451)
　20.2　木材加工工业废水中的主要污染物及其危害 ………………………………… (452)
　20.3　木材加工工业废水的处理原则和思路 ………………………………………… (453)
　20.4　木材加工工业废水的常用处理方法 …………………………………………… (453)
　20.5　废水水质指标和排放标准 ……………………………………………………… (455)
　20.6　木材加工工业废水的处理流程 ………………………………………………… (456)
　20.7　木材加工废水处理的最新研究进展 …………………………………………… (457)

第4篇　参考文献 …………………………………………………………………… (459)

第 1 篇

制 材

概 论 2
第 1 章 制材生产的原料和产品 5
第 2 章 原木锯解工艺 17
第 3 章 锯材的分选与检验 78
第 4 章 制材工艺设计 85

概 论

1 制材学研究的对象与内容

制材学是一门研究原木的特性，原木与锯材的贮存、保管，制材设备的使用，原木的锯解工艺，锯材的分选与检验，锯材的深加工和剩余物的利用，以及制材企业设计（包括原木楞场、制材车间和板院工艺布置）的理论和技术的课程。

制材学的任务是为制材企业提高原木的出材率、锯材质量和劳动生产率，降低工人的劳动强度和改善劳动环境，合理利用森林资源，增加产品的附加值，获得最大的经济效益；同时，促进制材生产技术进步，实现科学化管理，提高企业的现代化水平。

制材学研究的主要内容是围绕制材企业的一切生产、经营活动，以先进技术和科学管理为手段，以提高企业的整体效益和现代化水平为目标而进行的。具体内容简述如下：

(1) 原木的基本特性。如研究原木的形状特性、缺陷及分布规律与造材和加工利用的关系，原木的材性与用途的关系，以及原木的检验评等技术。

(2) 锯材及副产品。研究锯材产品的种类、规格、质量及用途，充分利用制材加工剩余物，开发各种新的副产品。

(3) 原木的贮存与保管。原木的合理贮存与保管的方法，原木的防裂、防腐技术，原木的出河、卸车、归拆楞及运输设备，以及水上作业场和原木楞场的设计和规划布置。

(4) 原木锯解前的准备作业。如原木的区分、调头、截断、剥皮、冲洗和金属探测等工序的设备和技术。

(5) 制材设备的使用与革新。主要是合理操作使用各种锯机及附属设备，提高设备的加工性能和生产效率，提高设备的机械化和自动化程度。

(6) 原木的锯解工艺。合理选用各种下锯方法，研究特殊用材及缺陷原木锯解，制定提高原木出材率及锯材质量的措施，按最大出材率理论，优化设计下锯图。

(7) 锯材的分选与检验。对锯材产品的分选设备、技术和方法进行研究，实现锯材的检验评等自动、无损检测以及对产品质量控制。

(8) 锯材的堆垛保管。研究不同种类、规格及等级的锯材的堆垛保管方法，板院运输、堆拆垛设备以及锯材的包装与调拨技术。

(9) 锯材的深加工。如研究无节材、泡桐拼板和集成材的生产技术，研究胶合木，建筑木构件、木地板和木门、窗的生产设备和技术，锯材干燥、刨光、砂光、防裂、防腐、滞火、控制变形等的改性技术。

（10）制材剩余物的利用。研究工艺木片、简单木制品的生产设备与工艺，开发树皮、树枝、树根、锯屑等加工剩余物的新用途。

（11）制材企业的设计。如何根据已知条件合理地选用主锯机及相关设备，设计出高标准的制材生产工艺流程，进行车间的工艺布置，并分析各项技术经济指标。

（12）计算机在制材工业中的应用。研究开发计算机在制材生产中的优化设计、自动控制和企业管理等方面的应用。

2 制材工业的基本现状

2.1 国内制材工业现状

近10多年来，我国制材工业发生了根本性的变化。由于天然林的禁伐；国有、集体企业体制的弊端；木材市场的放开和竞争；加之过去的制材企业多数处在大中城市，污染环境；原木作长途运输，且剩余物不能集中利用，因而大中型制材企业纷纷倒闭。取而代之的是进口材大幅增加，依据有关统计资料显示，近几年我国进口木材占到整个用材量的40%以上，因而在一些进口材港口周边地区和地板、家具用材基地分散着大量的小型制材加工厂。

原木供应：东北、华北主要由东北、内蒙古林区供应，部分从俄罗斯进口；山东、江苏、上海、浙江和广东等沿海地区，部分由东北、江西和福建林区供应，部分从北美洲、南美洲、东南亚和非洲等地进口；中南、西南及西北地区，部分由东北、内蒙古林区供应，部分自产材，部分进口材。

锯材产品：主要为板方材、规格材和木制品毛料。供应于建筑结构、室内外装饰、家具及包装等，少量用于车船、乐器、枕木、贯道木、机台木等产品。此外，有些厂家生产无节材、泡桐拼板、集成材外销日本、欧美等地。

制材设备：我国制材企业的主锯机绝大部分是带锯机，有少量引进的框锯、双联锯和多锯片圆锯，林区小厂多使用圆锯机。锯机专业生产厂家有10多个，锯机结构形式、自动化水平和制造精度相当于国外20年前的水平。目前使用设备主要为国产，少数从日本、德国引进。除跑车外，辅助设备和运输设备只是在一些大、中型厂才得以重视。

工艺流程：依据我国原木的基本特点，以带锯为主锯机组成不同生产工艺的流水线，少数以带锯与框锯或双联带锯配合组成混合工艺流程，近期也引进了以多锯片圆锯机为主锯的自动生产线。

技术经济指标：我国制材企业的原木出材率相对国外较高，主产出材率在62%左右，综合出材率为70%~75%，世界平均出材率在55%左右。但原木综合利用率较低，仅80%左右，主要是因为管理分散，平均生产规模过小，产品单一。在国外林业发达国家中由于削片制材，无屑锯割，使原木综合利用率达到90%以上。锯材合格率较低，主要反映在厚度超差和形位误差过大，部分厂家锯材合格率达不到50%。劳动生产率较低，按每人每班生产量算不足国外的50%，按全员平均计算则更低，更不能与国外现代化制材企业相比。总体看来，国内制材企业仍处在发展阶段，技术管理水平不高，设备自动化程度低，生产工艺落后，经济效益较差，同国外先进的林业国家相比有较大的差距。

2.2 国外制材工业现状

制材工业是世界木材工业中最大的部门之一，据估计全世界约有20万个制材厂，世界工业材年采伐量为13.5亿 m^3，其中50%以上用于生产锯材。

世界上锯材生产量最大的地区是欧洲、北美洲和亚洲，它们分别占世界总量的43%、29%和20.2%；世界上锯材产量最大的国家有俄罗斯、美国、加拿大、日本、巴西、瑞典和芬兰等。锯材出口量最多的国家有加拿大、俄罗斯、瑞典、芬兰和罗马尼亚等。制材技术最先进的国家有瑞典、芬兰、德国、美国和加拿大等。

近20年来世界制材工业发生了如下几方面的变化：第一，原料资源起了显著变化，即大径级原始针叶林日趋枯竭，人工林和次生林上升到重要地位，小径木在原料中的比重不断增加，大部分国家已超过50%。第二，造纸和人造板工业与制材工业争原料市场，由于这些相关行业的迅速发展，造成了原木的价格大幅度上涨。第三，由于原木价格上涨，直接影响到制材成本。在过去10多年中，原木价格上涨近10倍。因而在制材厂的锯材成本中，原木就占了75%~80%。第四，电子和计算机技术的迅速发展，推动了制材工业的现代化。

制材工业总的发展情况是：锯材产量增长不快，但经营管理更趋于合理，生产技术有很大进步，劳动生产率大幅度提高，原木利用状况不断改进，产品向深加工方向发展。

3 制材工业的发展趋势

我国制材工业有着自身的特点和实际情况，近期的发展方向有待进一步的探索和研究。从长远目标看，我国制材工业必须借鉴国外林业发达国家的经验，并逐步与其接轨。因此，制材工业总的发展趋势可归纳为如下几个方面：

(1) 接近原料基地，实行联合经营。
(2) 扩大企业平均规模，减少小厂数目。
(3) 简化木材规格，发展专业化生产。
(4) 降低原料径级，充分利用小径木。
(5) 实行原木剥皮，大搞废材利用。
(6) 研制新工艺、新设备，应用新技术。
(7) 开展锯材深加工，增加产品产值和品种。
(8) 提高楞场、板院技术装备水平，推进全面机械化和连续化。
(9) 发展自动检测技术，应用计算机优化控制。
(10) 加强产品质量控制，进行全面科学化管理。

第1章 制材生产的原料和产品

[本章重点]
1. 锯切用原木评等标准。
2. 原木与锯材的保管方法以及楞场、板院的规划布置。

1.1 原 木

树木伐倒后，除去枝丫的树干称为原条。

沿着原条长向按尺寸、形状、质量、国家木材标准及企业材种计划，截成一定材种的木段，此木段称为原木。

将原条截成原木的生产过程，称为造材。

原木的种类按树种可分为针叶材和阔叶材，按使用方式分为直接用原木和锯切用原木。直接用原木主要用做支柱及支架，例如矿井坑木、房层檩条和架线杆等。锯切用原木按国家标准又分为针叶树锯切用原木和阔叶树锯切用原木。此外，国家标准还列出了特级原木、旋切单板用原木、刨切单板用原木、小径原木、造纸用原木等。而制材的原料除锯切用原木外，还包括小规格原木和次加工原木。

1.1.1 锯切用原木

1.1.1.1 锯切用原木的树种和用途（GB/T 143.1—1995）

（1）针叶树锯切用原木树种及其主要用途。

① 落叶松：枕木，建筑，船舶，车辆维修，纺织机械部件，机台木。
② 樟子松：建筑，胶合板，模具，船舶，车辆维修，罐道木。
③ 马尾松：枕木，建筑，造纸，火柴，胶合板，车辆维修。
④ 海南五针松、广东松：建筑，体育器具，模具，船舶维修，罐道木。
⑤ 云南松、思茅松、高山松：建筑，船舶，车辆维修，胶合板，枕木，机台木，造纸。
⑥ 鸡毛松：建筑，船舶维修，造纸，铅笔。
⑦ 红松、华山松：船舶，车辆维修，建筑，乐器，罐道木，工艺美术，纺织机械部件。
⑧ 云杉：乐器，造纸，人造纤维，车辆维修，跳板，枕木，罐道木，建筑。
⑨ 冷杉、铁杉：造纸，人造纤维，枕木，建筑。

⑩ 杉木：建筑，船舶，跳板，家具。
⑪ 柏木：装饰，家具，工艺雕刻，模具。

以上未列树种，根据各地使用习惯，由各省（自治区）林业部门规定其主要用途。红松不用做割制普通枕木。

（2）阔叶树锯切用原木树种及其主要用途。
① 樟木、桢楠、润楠：高级装饰，家具，胶合板，工艺雕刻。
② 檫木：船舶维修，装饰，家具，模具。
③ 麻栎、柞木：体育器具，纺织机械部件，船舶维修，枕木，机台木。
④ 红椎、栲木，槠木：船舶维修，体育器具，纺织机械部件，枕木，机台木。
⑤ 荷木：胶合板，文教用具，家具。
⑥ 水曲柳：胶合板，高级装饰，家具，乐器，体育器具。
⑦ 核桃楸、黄波罗：高级装饰，枪托，体育器具，胶合板，家具。
⑧ 榆木：枕木，家具，胶合板，机台木。
⑨ 红青冈、白青冈：纺织木梭，体育器具，家具，机台木。
⑩ 槭木（色木）：纺织木梭，乐器，体育器具，文教用具。
⑪ 栗木：纺织机械部件，船舶，车辆维修，家具。
⑫ 山枣、桉木：船舶，车辆维修，家具，文教用具。
⑬ 椴木：胶合板，铅笔，火柴，工艺雕刻。
⑭ 拟赤杨：火柴，铅笔，胶合板，包装。
⑮ 枫香：胶合板，家具，枕木，包装。
⑯ 杨木：火柴，造纸，胶合板。
⑰ 桦木：胶合板，枕木，手榴弹柄，机台木。
⑱ 泡桐：装饰，胶合板，乐器，体育器具，家具。

以上未列树种，根据各地使用习惯，由各省（自治区）林业部门规定其主要用途。水曲柳不用做割枕木、机台木和普通锯材，椴木不用做割制普通锯材。

1.1.1.2 锯切用原木的尺寸和公差 针叶树锯切用原木尺寸、公差见 GB/T143.2—1995。阔叶树锯切用原木尺寸、公差见 GB/T 4813—1995。

1.1.1.3 锯切用原木的材质 针叶树锯切用原木分等按 GB/T143.2—1995。阔叶树锯切用原木分等按 GB/T4813—1995。原木等级的划分是根据原木本身的缺陷程度，其缺陷越严重材质等级越低，针、阔叶锯切用原木等内分为三个等级，特级原木只有一个等级。

1.1.1.4 锯切用原木检验（GB/T144—2003）
（1）原木长级检量。原木长度量取两端之间相距最短的直线长度，按公差取定。
（2）原木径级检量。
① 通过小头断面中心最短径，再通过短径中心垂直短径量长径。短径不足 26 cm，长短径之差自 2 cm 以上；短径达 26 cm 以上，长短径之差自 4 cm 以上，取平均值，经进舍为检尺径。其余以短径为检尺径。
② 小头锯口偏斜，应垂直于材长量直径。

③ 长度让尺的原木，仍在小头量检尺径。
④ 小头有外夹皮，切于夹皮外口量检尺径。
⑤ 双心、三心或者中间细两头粗的原木在正常部位（最细处）量检尺径。
⑥ 双丫材：以材积较大者量检尺径和检尺长，另一个算节子。

(3) 原木等级评定。

① 原木材质标准：锯切用原木的质量要求根据 GB 143.2—1995 和 GB/T 4813—1995 评定。两标准归纳见表 1-1。

表 1-1 锯切用原木评等标准

缺陷名称	检量方法	针叶树 I	针叶树 II	针叶树 III	阔叶树 I	阔叶树 II	阔叶树 III
活节	最大尺寸不得超过检尺径的（阔叶材活节不计）	15%	40%	不限	20%	40%	不限
死节	任意材长 1 m 范围内的个数不得超过	5个	10个	不限	2个	4个	不限
漏节	全材长范围内的个数不得超过	不许有	1个	2个	不许有	1个	2个
边腐	厚度不得超过检尺径的	不许有	10%	20%	不许有	10%	20%
心腐	面积不得超过检尺径断面积的	大头1%小头不许有	16%	36%	大头1%小头不许有	16%	36%
虫眼	1m 内的个数不得超过	不许有	20个	不限	不许有	5个	不限
纵裂外夹皮	长度不得超过检尺长的	杉木20%其他10%	40%	不限	20%	40%	不限
弯曲	最大拱高不得超过该弯曲内曲水平长的	1.5%	3%	6%	1.5%	3%	6%
扭转纹	小头 1 m 范围的纹理倾斜高（宽）度不得超过检尺径的	20%	50%	不限	20%	50%	不限
外伤偏枯	深度不得超过检尺径的	20%	40%	不限	20%	40%	不限
风折木疤痕	全材长范围内的个数不得超过	不许有	2个	不限			

注：未列缺陷不予计算。

② 原木材质评等：方法见 GB/T 155—1995。检量时应注意如下：

a. 几种缺陷并存，以最严重者计；达不到三等者按等外处理。

b. 缺陷检量单位：纵裂、外夹皮、弯曲、扭转纹、环裂、外伤和偏枯，以厘米计，其余按毫米计。

c. 检尺长范围外的缺陷，计漏节、腐朽，其余不计。

d. 节子基部呈凸包形，检查凸包上部正常部位尺寸；阔叶树活节断面有空洞或腐朽，按死节计；节子个数在最多的 1 m 内查定，界线上不到一半的节子不计。

e. 漏节不论大小计个数。

f. 边腐有多块，累计取弧长，取最厚一块量尺寸；材身、断面均有边腐，以严重者计；边腐与心腐相连，按边腐计。

g. 心腐有多块，累加计算；边腐、心腐同存，且均为三等，应降为等外。

h. 虫眼，计量孔径 3 mm，深度 10 mm；孔径以最小值为准；虫眼个数，界线上的不计。

i. 原木裂纹只计纵裂；针叶材计量宽度起点 3 mm，阔叶材 5 mm；两根纵裂相距宽不足 3 mm 按 1 根计；相距 3 mm 以上分别量长度。

j. 弯曲只计量最大的一个；双心、大兜等不按弯曲计。

1.1.1.5 原木材积的计算 原木材积是以原木小头直径和原木长度为基础，通过计算公式计算得到的。计算原木的材积公式是依资源多少、地域分布、树种及比例、目前采伐量和长度、径级范围及比例等因素，对大量实测资料和数据整理，并逐步分析回归，最后代入胡泊尔公式而确定的。

在实际工作中，由于按公式计算较为复杂，故国家标准制定出 GB 4814—1984《原木材积表》，使用时依据原木的小头直径和原木长度，查对《原木材积表》而得到原木材积。

1.1.2 小规格原木

小规格原木主要包括小径原木和地方标准规定的短原木。

1.1.2.1 小径原木（参见 GB11716—1999）

(1) 小径原木树种和用途。各种针阔叶材，用于农业、轻工业、手工木制品、市场民需及其他用料。

(2) 小径原木的尺寸和公差。

① 检尺长：2~6 m。

② 检尺径：6~12 cm，东北、内蒙古 6~16 cm。

③ 进级：检尺长按 0.2m 进级，检尺径按 2 cm 进级。

④ 长级公差：允许 $^{+6}_{-2}$ cm。

(3) 小径原木的材质见表 1-2。

表 1-2 小径原木材质

缺陷名称	检量方法	限度
漏节	在全材长范围内	1 个
边材腐朽	厚度不得超过检尺径的	10%
心材腐朽	面积不得超过检尺径断面面积	小头不许有，大头9%
虫眼	任意材长 1m 范围内的个数	10 个
弯曲	最大拱高不得超过该弯曲内曲水平长的	6%

注：① 未列缺陷不计；② 南方地区用于造纸的针叶树种小径木，除弯曲不予限制外，其他缺陷执行同上表；③ 材质低于表中规定者，规定为烧柴原木。

(4) 检验方法与材积计算。小规格原木检验方法与材积计算与锯切用原木相同。

1.1.2.2 短原木（参见 LY/T 1506—2008）

(1) 短原木树种和主要用途。各种针阔叶材，用于建筑辅助材料、包装、农用家具等。

(2) 尺寸、公差。

① 检尺长：0.5~1.9m。

② 检尺径：自8 cm 以上。

③ 进级：检尺长按0.1m 进级，检尺径按2 cm 进级（足1 cm 进级）。

④ 长度公差：允许 $^{+3}_{-1}$ cm。

(3) 材质。见表1-3。

表1-3 短原木材质表

缺陷名称	检量方法	允许限度
漏节	在全材长范围内检尺长自1m 以上的个数不得超过检尺长不足1m 的	1个 不许有
边材腐朽	厚度不得超过检尺径的	10%
心材腐朽	心材腐朽直径不得超过检尺径的	40%
弯曲	最大拱高不得超过该弯曲水平长的	4%
裂纹	纵裂不得超过检尺长的	30%

注：未列缺陷不予计算。

(4) 检验方法与材积计算。短原木的检验与材积计算同锯切用原木。

1.2 制材生产的产品

制材生产的主要产品是锯材。锯材是指由原木经纵向、横向锯解所得到的板材和方材，包括钝棱材在内。

1.2.1 锯材的分类

(1) 按树种分类。可分为针叶树材和阔叶树材两大类。

(2) 按用途分类。可分为通用锯材和专用锯材。

(3) 按断面形状分类。按锯材、半锯材的断面形状可分为11种（图1-1）。

(4) 按厚度分类。锯材按其厚度分为三大类板，即：

薄板：厚度12、15、18、21 mm，宽度60~300 mm；

中板：厚度25、30、35 mm，宽度60~300 mm；

厚板：厚度40、45、50、60 mm，宽度60~300 mm。

(5) 按锯材在原木断面上的位置分类。按锯材在原木断面上的位置及其与髓心的距离可分为四类（图1-2）。

髓心板：锯材位于原木髓心区，髓心全部落在这块板上。

半心板：自原木中心下锯，锯出两块带半髓心的板。

边板：在髓心板或半心板和板皮间的所有板材。

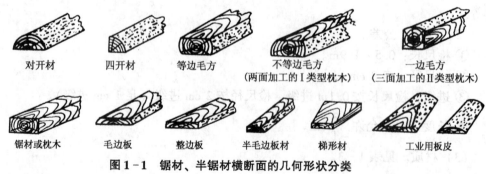

图1-1 锯材、半锯材横断面的几何形状分类

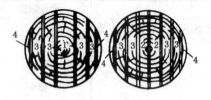

图1-2 锯材在原木断面上的分布
1. 髓心板 2. 半心板 3. 边板 4. 板皮

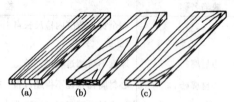

图1-3 径切板、弦切板和半径切板
(a) 径切板 (b) 弦切板 (c) 半径切板

板皮：在边板以外的弧形边材；大板皮还可再剖得到短边板。

(6) 按加工特征和着锯程度分类。

整边板：锯材的相对宽材面相互平行，相邻材面互为垂直，材棱上钝棱不超过允许的限度。

毛边板：锯材的两个宽材面相互平行，窄材面未着锯，或虽着锯而钝棱超过允许限度。

缺棱板：缺棱板是由于原木有尖削度，锯出的毛边板为了增加宽度，在边部带有缺角的锯材。缺棱可能存在于板材的一边，也可能存在于板材的两边。缺棱按板边的着锯程度又分为钝棱和锐棱。钝棱板侧面必须纵向全部着锯；锐棱板侧面在纵向有部分未着锯。

(7) 按锯材端面的年轮与材面角度分类。原木的下锯法不同，可使锯材年轮走向与材面形成不同的角度（图1-3），依据其角度的大小分为：

径切板：沿原木半径方向锯割的板材，年轮切线与宽材面夹角等于或大于60°者。

弦切板：沿原木年轮切线方向锯割的板材，年轮切线与宽材面夹角不足30°者。

半径（弦）切板：年轮纹理处于完全径切板与完全弦切板之间的锯材。

1.2.2 制材产品的名称

制材产品根据其功用和长度可分为如下几种：

主产品：按生产计划所锯制的产品（其长度与原木长一致，并符合有关标准规定）。

副产品：利用锯材主产品的剩余部分锯制的断面尺寸较小，长度与主产品相同，并符合有关标准规定的产品。

连产品：由于尖削和弯曲而锯制出来的长度小于主产品，又在 0.5 m 以上的产品。

小规格材：长度在 0.49 m 以下的板材，依企业自定标准或供需双方共同协商的标准锯制。

1.2.3 制材主产品及标准

1.2.3.1 制材主产品 制材主产品主要有用于建筑、装饰、家具、包装、枕木、车辆、造船、航空、军工、体育、乐器以及矿山、油田等行业的特等、普通板方材。因应用范围广，使用及技术要求有较大的差异，在锯制生产时应充分考虑锯材的最终用途，有针对性的加工。特别是对一些珍贵树种生产锯、刨切木方和红木家具毛料时，应精心设计和按订制规格进行加工。

除订制材外，大多数锯材主产品应按相关国家标准进行生产和销售经营，具体可参考下列主要锯材标准。

1.2.3.2 针、阔叶锯材国家标准

（1）针叶树锯材（GB/T 153—2009）。此标准规定了针叶树锯材的树种、尺寸、材质要求及检验方法。它适用于除毛边锯材、专用锯材以外的所有的针叶树锯材产品。

① 树种：所有针叶树种。

② 尺寸：长度：1~8 m。长度进级：自 2 m 以上按 0.2 m 进级，不足 2 m 的按 0.1 m 进级。

③ 板材、方材规格：见表 1-4。

④ 尺寸允许偏差：见表 1-5。

表 1-4 板材、方材规格尺寸

分类	厚度（mm）	宽度（mm）	
		尺寸范围	进级
薄板	12, 15, 18, 21	30~300	10
中板	25, 30, 35		
厚板	40, 45, 50, 60		
方材	25×20, 25×25, 30×30, 40×30, 60×40, 60×50, 100×55, 100×60		

注：表中未列规格尺寸由供需双方协议商定

表 1-5 尺寸允许偏差

种类	尺寸范围	偏差
长度（m）	不足 2.0	+3、-1 cm
	自 2.0 以上	+6、-2 cm
宽、厚度（mm）	不足 30 mm	±1 mm
	自 30 mm 以上	±2 mm

⑤ 锯材等级：针叶树锯材分为特等、一等、二等、三等四个等级。长度不足 1 m 的锯材不分等，其缺限允许限度不低于三等，检量计算方法按照本标准执行。

⑥ 检验方法：尺寸检量、材质评定按 GB/T 4822 规定执行。锯材材积计算按 GB 449—2009《锯材材积表》执行。检查抽样、判定方法按 GB/T 17659.2 的规定执行。

（2）阔叶树锯材（GB/T 4817—2009）。此标准规定了阔叶树锯材树种、尺寸、材质指标及检验方法。它适用于除毛边锯材、专用锯材以外的所有的阔叶树锯材产品。

① 树种：所有阔叶树种。

② 尺寸：长度：1~6 m。长度进级和宽度、厚度规定同针叶树锯材，见表 1-4。

③ 板材、方材规格同针叶树锯材见表 1-4。

④ 尺寸偏差：同针叶树锯材，见表 1-5。

⑤ 锯材等级：阔叶树锯材分为特等、一等、二等、三等四个等级。

⑥ 检验方法：尺寸检量、材质评定按 GB/T 4822 规定执行。锯材材积计算按 GB 449—2009《锯材材积表》执行。检查抽样、判定方法按 GB/T 17659.2 的规定执行。

1.2.3.3　枕木国家标准　铁路标准轨（轨距 1435 mm）的普通枕木、道岔枕木和桥梁枕木，可参见枕木国家标准（GB154—1984）。

1.2.3.4　其他锯材标准　其他锯材标准主要包括特殊用材和订制材标准，它们有的属于国家标准，有的是行业或省、企业标准，有的是供需双方协议的标准，出口材则实行国外有关标准。这里仅列举几种常用锯材标准。

（1）铁路货车锯材标准（GB 4818—1984）。本标准适用于铁路敞车车厢维修的锯材。

（2）载重汽车锯材标准（GB 4819—1984）。本标准适用汽车车厢所用的梁材、板材和栏板条。

（3）罐道木标准（GB 4820—1995）。本标准适用于矿山竖井专用罐道木。

（4）机台木标准（GB 4821—1984）。本标准适用于油田、矿山、地质部门钻机垫木专用材。

（5）毛边锯材标准（GB 11955—1989）。毛边锯材适用于华东、中南、西南各省（区）、直辖市毛边锯材的生产。

1.2.4　制材生产的副产品

制材生产的副产品品种较多，有的是新开发研制的产品，仅制订了企业标准；有的产品已跨出木材加工行业，具体质量要求不尽相同。表 1-6 列出有关副产品名称、途径等，为制材加工剩余物利用提供不同的途径，具体依生产实际情况选择。

表 1-6 制材副产品种类

类别	品名	用途	要求	备注
工艺木片	纸浆木片 人造板木片	纸浆或人造纤维浆 刨花板、纤维板原料	对树种、规格尺寸、树皮含量、腐朽木片和杂物含量各有要求	参照《造纸木片》GB7909—1987 和人造板原料标准
木地板	长条地板 拼花地板 立木地板	地面装饰、舞台、楼板、墙面装饰	要求材质硬、变形小、色差小、有花纹、无腐朽开裂、拼缝小、含水率低	参照企业标准
木制品	车木、包装箱、装饰条、栅栏、瓦楞条等	家具、包装、装潢等	材质好、含水率低、有的表面要光滑、形状规整	按定制要求
胶合木	集成材、拼板、细木工芯板	家具、装潢、出口等	材质好、含水率低、拼缝小、表面平整光滑、胶接强度高	参照细木工板标准和出口锯材标准
树皮	树皮板、吸附剂、制胶、沤肥、燃烧等	工业、装潢、能源、环保等	除少量制成小块外，一般都应打碎利用，颗粒均匀	参照相关行业标准
锯屑	活性炭、酒精、炭棒、食物菌培养基等	工业上的液相、气相吸附、催化剂及载体、医药、农业、防腐、能源、食品等	活性炭的脱色力、pH值、化学物含量、比表面积均有要求；酒精的浓度、酸、甲醇、醛、酯含量；炭棒和培养基对水分和杂质有要求	检验和质量要求见林产化工标准等
薪炭材	木炭、燃料等	做活性炭、烧锅炉、干燥木材等	含水率要求低、按小径材、剩余物分别利用	

1.3 原木与锯材的贮存保管

1.3.1 原木的贮存场地

水上作业场及原木楞场是制材企业的露天原料仓库，是进行原木贮存、保管的场地，必须进行合理的规划设计。

1.3.1.1 水上作业场 水上作业场用做到厂原木的验收、区分、短期贮存以及原木的出河。用围栏分隔的不同水域称为水上原木作业场，它包括停排场、拆排场、区分网部分。在拆排场与区分网之间还设有一个暂时贮存拆散原木的场所。

1.3.1.2 原木楞场 原木楞场的位置必须慎重选择，一般离厂房和生活区应有足够远的距离，以免引起火灾。楞场应靠近水源（湖泊、河流、池塘等），以保证灭火水源的及时供应。楞场周围和楞垛之间应设防火道，及时清除楞场中的杂草、树皮等易燃物，同时应设有消防栓和灭火器等。采取安全防火措施，不仅能保护木材，而且也保护了工厂。

原木的堆放必须根据原木的特性、树种、径级、长度、等级和专用材等分别堆放，同时进行区、组划分，还应考虑到制材厂的规模、类型，以及它们的特殊要求对楞场布置的影响。

1.3.2 原木的保管

原木是植物性原料，在运输和保管期间，其含水率不稳定，如果保管不善，就容易遭受菌、虫侵害和产生开裂，引起原木的变质、降等。

木材是木腐菌最好的养料，而它的菌丝体在木材中的活动与木材含水率和温度关系极为密切。除少数菌种外，一般木腐菌当木材含水率在纤维饱和点（$W=30\%$）以下时，菌丝体的生长发育完全受到抑制，或处于休眠状态。因此，控制木材含水率来保管木材是防止腐朽、变色的有效方法。

温度对木腐菌的生长发育有很大关系，大多数木腐菌在温度 25～40℃ 时生长发育最快。因它对高温的抵抗力较小，但对低温的抵抗力较强。当温度高于 60℃ 以上时，菌丝体会致死；而温度低于 10℃ 时即处于休眠状态，有时在 -10℃ 左右也不足以使菌丝体死亡。木腐菌的呼吸和其他植物一样，需要一定的空气才能生存。真菌的生长喜欢停滞的空气，如果气流速度大，会使其生长减慢。

为了避免木腐菌的扩散，在楞场或板院中的腐朽材与健全材应分开归垛，腐朽材应放在下风靠场地边缘。

开裂的部分原因在于木材本身所具有的各向异性、吸湿性和解吸性。当木材含水率低于纤维饱和点而失去水分时，木材就会产生收缩，顺纹和横纹中的径、弦向，彼此三个方向的收缩不一致，不可避免地将产生应力，如应力过大就会造成木材开裂。开裂的另一方面原因是木材干燥速度过快，从而加大了木材表面至内部的含水率梯度，造成木材内外尺寸变化的不均匀，伴随着应力的产生和发展，也将引起开裂。

原木的保管方法通常是控制木材的含水率或进行化学处理。控制木材含水率的方法又分为水存法、湿存法和干存法。选择何种保管方法要依照具体的气候条件，到材方式，贮存期的长短，原木的树种、等级和初含水率来决定。

1.3.3 锯材的贮存与保管

制材车间生产的锯材，除少部分直接人工干燥或调拨外，大部分要运至板院进行贮存保管。一般情况下，刚生产出的锯材含有较高的含水率，特别是水运原木的锯材。若随意堆放，极易产生变形、开裂及腐朽缺陷，尤其在通风不良，或温、湿度较高的状况下，更为严重。对锯材合理地堆垛保管，使其在贮存期间得到良好的自然干燥，不仅能保证锯材的质量，还能减轻锯材的质量，达到运输含水率（约 20%）。特别是规格较大的厚板和方材，多采用自然干燥，因为窑干较困难、耗时过多、费用昂贵，并且往往会发生严重降等。

按锯材的材种、规格和质量等堆成的材堆称板垛，它由板垛基础、垛体及顶盖三部分组成。

1.3.4 板院的规划布置及场地技术要求

板院合理地规划布置，有利于现代化的管理，特别是计算机管理，便于合理地堆垛和保管锯材，充分地利用场地，利于防火及锯材的调拨，必须予以重视。

1.3.4.1 板院规划布置 在规划和布置板院时，首先应考虑板院与制材车间及外运装车线的合理配置；要做到最大限度地利用板院面积；保证锯材在板院具有最好的保存和干燥条件；便于锯材的运输、堆垛和必要的捣垛作业；降低板院的修建费用和经营管理费用，并应做到安全、防火。

（1）板院与制材车间的配置。有纵向配置和横向配置两种形式。

纵向配置：锯材由轻轨平车或铲车装载运输，从车间运到选材场进行选材区分，然后运到板院堆垛；或先在车间选材，然后到板院区分和堆垛。这种形式的配置适用于小型制材厂。

横向配置：此种配置适用于有机械化选材和以铲车或抱材车在板院运输的企业，可缩短锯材的运输距离，适用于大、中型制材企业。

（2）板垛配置。板院通常按锯材规格、等级和用途设置若干区进行堆垛保管，如中、薄板区，厚板区，枕木、方材区，特殊订制材区，腐朽或等外材区等。根据材种不同又划分成组，每组有 8~12 个板垛，分成两行排列，每组板垛界以相互垂直的纵横道路。

板垛朝着纵道的一面叫前面，相对的一面称后面，其他两面为侧面。在相邻两行板垛的后面之间及毗邻两垛侧面之间，应留有 1.5~2 m 的间隙，以便空气流通。

每个区的一边长度应不大于 250 m，另一边不大于 160 m，其最大面积不得超过 4 hm^2；区和区之间用防火道隔开，其宽度不小于 25 m，与四周边界应留有不小于 10 m 宽的防火道，铺修路面宽不小于 6 m。

在板院中，为了减少转运次数，宜将枕木、方材和大规格订制材区设于专用线或汽车运输主道附近，一般锯材区按薄板、中板及厚板分开。中、薄板含水率高，蒸发面大，特别是易于霉变的松木板，应放在主风向及周边；厚板及容易开裂的珍贵硬阔叶材应堆放于板院中央及背风方向；腐朽材和等外材区要设在背风方向，并远离等内材区；特殊订制材应另外按树种、规格单独堆放。

（3）板院道路配置。应根据场内采用的运输设备和板院面积大小来决定。如采用轻轨平车运输，主道宽 3~5 m。如采用无轨运输，主道宽 8~12 m，支道 6~9 m。前铲车运输取上限，侧铲车运输取下限。此外，所有纵横向道路间应相互平行或垂直。

除运输、防火道外，板院中应具有火车或汽车运输锯材的装载专用线。

为了更好地利用阳光，又不使板垛正面受阳光直接照射，纵向主通道最好是南北向；为了气流通畅利于干燥，同时应考虑纵向主通道与常年主风向平行。当两者相矛盾时，常年主风向应服从纵向主通道。

1.3.4.2 板院场地技术要求 为了达到对锯材的合理贮存保管，自然干燥，以及运输和防火安全等目的，板院场地应达到下列主要技术要求：

① 地势平坦，最好具有约 1% 的向阳斜坡；土质干燥，地下水位较深，混凝土砌面或砂砾铺面，土壤耐压力达到 200 kPa 以上。

② 新开辟的场地要防腐消毒，低洼地面用砂石、炉渣填平，不得用锯屑、树皮或废材铺垫，以防腐朽菌及虫害蔓延。

③ 板院面积的大小要与生产量相适应，贮存要求能容纳 2~3 个月的锯材产量。

④ 场地要求排水良好，采用暗沟排水，不设明沟；如附近有湿洼地及明沟，也要距场地 25 m 以外。

⑤ 场地应通风良好，四周没有妨碍通风的屏障或建筑，场内无杂草、废料及乱石。在炎热地区存放珍贵阔叶材场地，可留适量掩护屏障，以防热气流直袭板垛。

⑥ 场地要远离火源，距主风方向的锅炉烟囱应在 100 m 以上，距生活区 50 m 以上。场内应设消防设施，四周应有消防水源或消防栓等。在北方的严冬季节，对消防工具及水源应有保温措施。

⑦ 场内应设照明设施，便于夜间装卸及堆拆垛作业。

⑧ 板院四周应砌有透风的围墙或铁丝网，以利于防火、防盗安全。

思 考 题

1. 锯切用原木材质评定标准做了哪些规定？
2. 原木楞场与水上作业场有哪些基本要求？
3. 锯材产品及副产品怎样进行分类？
4. 掌握原木、锯材的不同保管方法及其特点。
5. 锯材尺寸、材质及检量方法在标准中进行了哪些规定？
6. 如何进行原木楞场、板院的规划布置？

第 2 章

原木锯解工艺

[**本章重点**]
1. 原木锯解工艺原理。
2. 各种下锯法、下锯图及其计算。
3. 原木锯解加工。

2.1 制材设备简介

制材设备可分为以下四种类型：主要工艺设备、运输设备、其他工艺设备及辅助设备。

主要工艺设备 指各种类型的锯机及其附属设备，用来直接将原木加工成一定断面尺寸的锯材或半成材。

锯机按其工艺分类有：剖料锯、剖分锯、裁边锯及截断锯。

锯机按锯具类型分类有：带锯机、圆锯机、排锯机、联锯和削片制材联合机等。

锯机附属设备包括：各种类型的跑车、原木上车装置、翻木装置、接板、分板、传送装置等等。

运输设备 指运送原木、锯材和加工剩余物的设备，它们起到联系各工艺设备的作用。正确选择运输设备，对减轻体力劳动、提高生产效率、保证机床有节奏的生产有着很重要的作用。运输设备包括从原木进车间、半成材转运以及锯材出车间的各种纵、横向运输设备，如原木拖进链、踢木机、横向运输链、辊筒运输机、皮带运输机等等。

其他工艺设备 指为主要设备加工前后服务的设备，如原木分类机械、原木材积光电自动检测机构、选材机械、堆材机械、剥皮机、金属探测仪等等。这一类工艺设备虽然不一定直接参与改变木材形状的工作，但也往往是完成制材生产工艺必不可少的设备。

辅助设备 指用来保证上述三类设备能维持正常运转所使用的设备，如锉锯间及机修车间所配置的各种设备等等。

2.1.1 带锯机

2.1.1.1 带锯机的分类 带锯机的分类方式较多，下面介绍几种常见的分类方式。

(1) 按工艺要求分类。带锯机可分为原木带锯机及再剖带锯机。原木带锯机一般分为立式的、卧式的以及双联带锯 [图 2-1 (a)、(b)、(c)]。立式用在通用制材，

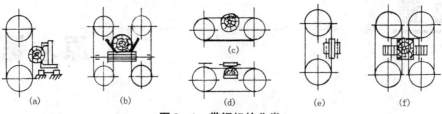

图 2-1 带锯机的分类
(a) 锯原木用的立式带锯机　(b) 锯原木用的双联带锯机　(c) 锯原木用的卧式带锯机
(d) 锯板皮用的卧式带锯机　(e) 锯方材或板材用的立式带锯机　(f) 锯方材用的双联带锯机

卧式通常用于锯解珍贵树种的木材,双联带锯大多用来把原木锯成板材。

再剖带锯机包括剖分板皮、毛方的立式带锯机和双联带锯机 [图 2-1 (d)、(e)、(f)]。

(2) 按安装形式分类。可分为固定式带锯机和移动式带锯机。固定式带锯机安装于坚固的钢筋水泥基础上。适用于固定制材。移动式带锯机安装于可以运行的机架上,由牵引机械(如拖拉机等)牵引,并可作为锯机的动力,以便进行流动制材,它适用于伐区或工地作简易加工。

(3) 按照锯轮回转方向分类。可分为左式或右式的。站在锯机前面(进料端)看,锯轮作顺时针方向回转的称为右式带锯机,锯轮作逆时针方向回转的称为左式带锯机。或站在锯机前面看,切削边在锯机右侧的称为右式带锯机,反之为左式带锯机。左、右式带锯机在工艺布置时要很好地考虑,否则在锯机使用时会带来操作上的不便,甚至工艺流程产生逆流现象。

(4) 按照锯轮直径分类。通常将轮径大于或等于 1524 mm 的称为大型带锯机,1067~1372 mm 的称为中型带锯机,小于或等于 965 mm 的称为小型带锯机。

2.1.1.2 带锯机的技术特性　了解带锯机的技术特性,就能做到合理利用,以便提高生产率和锯材加工质量。

带锯机的技术特性包括锯轮的直径、锯轮中心距与轮径的比值、锯轮轮缘的宽度、锯条的切削速度、跑车的进料速度和回程速度、使用锯条的尺寸、机床所需功率以及机床的外形尺寸和质量等。

(1) 锯轮的直径(D)。锯轮的直径 D 是带锯机最主要的技术特性,单位用毫米来表示,以 152 mm 作为进级单位,国产锯机有公制整数,如 1200 mm、1500 mm 等。

锯轮直径的大小影响到所使用的锯条尺寸、锯轮转速、传动功率和机床的进料速度等。一般情况下增大锯轮直径则锯轮转速减小,而锯条的尺寸、传动功率和机床的进料速度则相应增加。

(2) 锯轮的中心距与轮径的比值(L/D)。带锯机上下锯轮轴之间的中心距 L,对带锯的制材性能有重大的影响。一方面,带锯条的弯曲强度与中心距成反比,同时中心距越小,带锯条振动量越小,所以从锯机性能的观点看,中心距越小越好,但是另一方面,如果从锯机能锯解的最大原木直径来看,中心距越大,则其锯解能力也越大,最大锯材的直径 d 大体上由中心距 L 和锯轮直径 D 之间的关系决定。可以用下列公式表示:

$$\frac{d}{D} = \sqrt{1+\left(\frac{L}{D}\right)^2} - 1$$

从上式可以看出，要提高锯机锯解大直径原木的能力，则必须增加 L/D 值，或保持 L/D 值不变，增加 D 值。

但是，带锯条的许用扭曲强度与 L/D 的值成反比，增大 L/D 值，则锯条易发生扭曲，产生跑锯现象，影响锯材加工质量和锯机效率，同时锯机结构也相应增大，不但降低制材性能，而且增加造价，是不合算的。因此为了提高锯机锯解大直径原木的能力，应该增大 D 值，而保持 L/D 的值在一定范围内。L/D 的值一般以 1.4~2.0 为宜。近年来，国外在设计锯机时一般将 L/D 取 1.5 以下。由于 L/D 的值是决定带锯机形状的重要依据，又是和机械振动、刚性密切相关的因子，因而在设计带锯机时应予以充分考虑。

（3）锯轮轮缘宽度（B）。锯轮轮缘的宽度和锯轮直径的关系可用下式表示：

$$B = (0.1 \sim 0.15)D, \text{ mm}$$

（4）锯条的切削速度（$V_{切}$）

$$V_{切} = \frac{\pi \cdot D \cdot n}{60 \times 1000}, \text{ m/s}$$

式中：D——锯轮直径，mm；

n——锯轮转速，r/min。

带锯机欲提高产量，必须提高切削速度，以便在使用同样锯条厚度的情况下可提高进料速度。但切削速度的提高一方面会导致空转动力的增加（图 2-2），另一方面在切削速度超过一定值，带锯条的温度上升，使锯条处于不稳定的锯解状态，反而影响制材效率（图 2-3）及锯材的加工质量（图 2-4）。

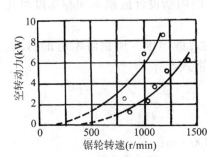

图 2-2 锯轮转数和机床空转动力的关系

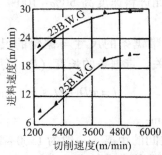

图 2-3 不同带锯条厚度的带锯机切削速度与制材效率

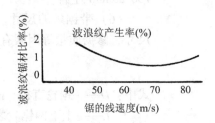

图 2-4 锯机的切削速度和锯解质量

表 2-1 锯条厚度与切削速度

锯条厚度 (B.W.G)	切削速度（m/s）		锯条厚度 (B.W.G)	切削速度（m/s）	
	软材	硬材		软材	硬材
19 以下	40	27.5	22	50	35
20	42.5	30	23	55	37.5
21	45	32.5			

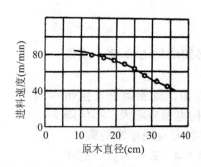

图 2-5 原木直径和跑车进料速度之间的关系

切削速度 $V_{切}$ 一般可按表 2-1 选用。实行高速切削可采用薄锯条，但必须对锯条进行很好的修整，并且相应地加大电机容量。

(5) 跑车的进料速度 (u)。跑车的进料速度取决于原木的直径、材质、树种、锯条尺寸、修锯技术、锯机的切削速度。进料速度过大易产生跑锯现象，过小又影响到机床的生产率。

根据实验证明，当锯条齿型和切削速度选定后，进料速度在某个值以下时，加工质量不因进料速度的变化而变化，基本上是一个稳定值。当进料速度超过一定值时，才影响到锯材的加工质量。因而在选择进料速度时，既要达到最大的生产率，又不影响锯材加工质量。原木直径和跑车进料速度之间的关系如图 2-5 所示。从图上可以看出，原木直径越大，则进料速度越低。

另外，在同一作业条件下，硬材比软材的进料速度约降低 30%；节子多的木材比节子少的进料速度降低，一般近似地成直线下降；树脂多或纹理复杂以及冻结的木材进料速度要慢；含水量较大的木材比含水量少的木材进料速度快，但对冻结的木材，恰好相反。

修锯质量不好进料速度亦降低。要提高进料速度则必须相应地选择易于排除锯屑的齿形，即齿的高度和前角皆应增大。

动力不足也会降低进料速度。锯解木材时切削速度突然降低往往是由于动力不足而产生的，因此必须提供足够的动力，以便保持正常的切削速度，否则就要降低进料速度，以保证锯材的加工质量。

如果其他条件良好，对原木直径 30 cm 左右的软材，进料速度最高可达 50 m/min，而硬材可达 35~43 m/min，但目前大多没有达到理想速度。

跑车的回程速度通常比进料速度高 50%~100%，国内新设计的跑车回程速度可达 100 m/min 左右。

(6) 带锯条的尺寸。带锯条的尺寸与锯轮的尺寸、线速度、所锯解木材的材质、尺寸、修锯质量等因素有关。带锯条的长度 (l) 可用下式计算

$$l = \pi D + 2L + h, \text{ mm}$$

式中：D——锯轮直径，mm；

L——上下两锯轮之间的距离，一般为 1500~2000 mm；

h——带锯条焊接部分的搭头长度，一般为 0~50 mm。

带锯条的宽度 (b) 决定于锯轮的宽度，如果锯条过宽，易和木材发生摩擦；锯条过窄，则影响锯条本身的强度，既容易断裂，又容易脱离锯轮，造成事故。

一般带锯条最初使用的宽度可在下列范围内选取：

$$b > B + 25, \text{ mm}$$

式中：B——锯轮轮缘宽度，mm。

带锯条厚度 (δ) 与锯条在锯轮上的弯曲应力 (σ)、锯轮直径 (D) 以及锯条的弹

性模量（E）有关：

$$\sigma = \frac{E \cdot \delta}{D}, \text{MPa}$$

即

$$\delta = \frac{\sigma \cdot D}{E}, \text{mm}$$

从上式可以看出，由于弹性模量 E 是常数，如果要使锯条的弯曲应力控制在一定范围内，就必须使锯条厚度与锯轮直径之比值 δ/D 不能过大。换句话说，就是使用小锯轮时最好不用厚锯条，否则容易产生开裂。

通常对大锯轮用的带锯条厚度：

$$\delta \leq \frac{D}{1000}, \text{mm}$$

对中、小锯轮用的带锯条厚度：

$$\delta \leq \frac{D}{1250}, \text{mm}$$

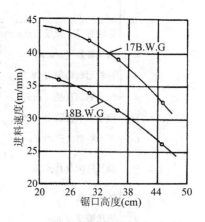

图 2-6 不同带锯条厚度对制材进料速度的影响

从上式可以看出，锯条适当薄些，不但可以提高出材率，也可以减少锯条的开裂。但是锯条太薄，势必减少带锯条在锯解过程中的许用扭曲力矩，影响锯条的稳定性，减小进料速度从而降低机床的生产率，如图 2-6。

国产带锯机的主要技术性能见表 2-2。

表 2-2 国产带锯机的主要技术性能

技术性能	MJ3210	MJ3210B	MJ3211A	MJ3212B	MJ3215	MJ3215A	MJ3218
锯轮直径（mm）	1067	1060	1118	1250	1500	1500	1800
锯轮速度（r/min）	720	800	800	750	600	488	410
两锯轮最大中心距离（mm）	1850	1920	1920	2200	2800	2650	3450
两锯轮最小中心距离（mm）	1650	1800		2050	2550	2450	3250
锯条长度（mm）	7050	7170	7352	8320			12 550
锯条宽度（mm）	105	127	150	165	200	200	254
原木最大直径（cm）	80	80	80	90	150	150	180
原木最大长度（m）		8	8	8	8	8	
跑车前进最大速度（m/min）	46	60	48	70	60	50	30
跑车后退最大速度（m/min）	56	100	80	130	100	100	60
电动机总功率（kW）	29.5	≈43	27	≈50	55	≈85	112

2.1.1.3 日本锯机性能与国产锯机的比较 近年来，全国各地引进十几条国外制材生产线，其中绝大多数是从日本进口。日本锯机除摇尺机构及其控制系统外，其结构和性能同国产跑车带锯机相似（表 2-3），使用习惯相近，易于为用户所接受。日本锯机型号为中小型，较适应我国国情。

表 2-3 我国和日本跑车带锯机技术性能比较

序号	技术参数	60″跑车带锯机		48″跑车带锯机	
		日本 GCF-1500 HE-1-1100	中国 MJ3215	日本 GCF-1200 HE-1-900	中国 MJ3212
1	锯轮直径×宽度（mm×mm）	（1500±5）×200	1500×180	（1200±5）×130	1250×140
2	锯轮转数（r/min）	500	488	650	750
3	锯轮驱动功率（kW）	55	55	37	50
4	最大锯割直径（mm）	ϕ1680	ϕ1500	ϕ1000	ϕ900
5	跑车卡木桩数量（个）	5	4	4	4
6	卡木桩最大开档（mm）	1100	1200	900	
7	摇尺机构及其控制	微机控制任意尺寸	力矩式 自整角机	微动开关控制10种预 选尺寸6种余尺尺寸	力矩式 自整角机
8	摇尺速度	双速进尺	单速进尺	双速进尺	单速进尺
9	摇尺精度（mm）	±0.30	±1.0	±0.30	±1.0
10	跑车进料速度（m/min）	0~120	50	0~110	70
11	锯轮径向跳动（mm）	0.07	0.05	0.05	0.05
12	锯轮端向跳动（mm）	0.10	0.10	0.08	0.15
13	锯卡运动轨迹对锯条 平行度（mm）	0.1/300	0.05/100	0.1/300	0.05/100
14	卡木桩垂直度（mm）	0.15/300	0.10/100	0.15/300	0.10/100

2.1.2 圆锯机

2.1.2.1 圆锯机的分类 圆锯机的切削工具和传动机构都比较简单，而且既可以纵向锯解又可以用于横截，所以在制材生产中应用较为广泛。

圆锯机按锯解方向可分为纵剖圆锯机和横截圆锯机两大类。

按工艺要求可分为原木圆锯机、再剖圆锯机、裁边圆锯机及横截圆锯机四大类。

按锯片数又可分为单锯片、双锯片和多锯片圆锯机三大类。

各类圆锯机结构简图如图 2-7。图 2-7 中 (a) ~ (e) 用于纵剖圆锯机，(f) ~ (i) 用于横截圆锯机。

(1) 原木圆锯机。这种圆锯机用在以圆锯为主锯机的制材车间（目前我国为数不多）。锯片直径一般在 1000~1500 mm。为了增大锯解原木的直径，往往采用上下两个前后错开处于一个平面内圆锯片（有的地区称为龙门锯）。原木固定在跑车上进料，跑车分人力和机械两种。

(2) 再剖圆锯机。这种再剖圆锯机是圆锯制材车间的主力锯，用于加工主锯机传下来的毛方、毛料和板皮。一般采用机械进料的单片锯。锯片直径为 800~1000 mm。

(3) 裁边圆锯机。这种圆锯机主要用于板材的裁边。在生产中有单锯片和双锯片

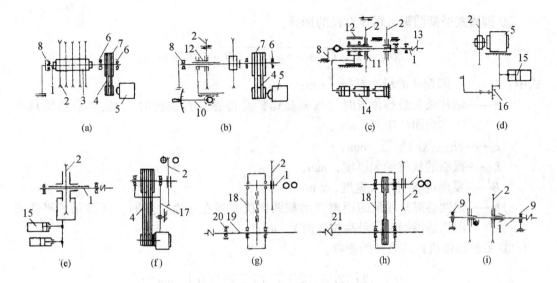

图 2-7 各类圆锯机结构简图

1. 锯轴 2. 锯片 3. 轴套 4、7. 传动皮带 5. 电动机 6. 轴承 8、9. 可拆轴承 10. 移动锯片的齿条机构 11. 锯轴轴套 12. 锯架支承座 13. 联轴器 14. 步进油缸 15. 气缸 16. 带挡块的转盘 17. 平衡架 18. 摆动锯架 19. 传动轴 20. 传动轴的轴承 21. 两段传动轴间的联轴器

两种。其进给速度较高，可达到 50~70 m/min。单锯片裁边圆锯机的锯片直径通常为 700~800 mm；双锯片裁边圆锯机直径为 360~420 mm，其中一个锯片位置固定，另一个可按照板材宽度通过手动或电动定位。

（4）横截圆锯机。横截圆锯机与纵剖圆锯机的根本区别在于所使用的锯片齿形参数不同，并且是用于锯材的横截。对于较大木料的截断，可采用木料固定，锯片移动的进给机构。因此，按照在锯截过程中锯片是否移动，可分为移动式截断锯和固定式截断锯；按照锯片的数目又可分为单锯片截断锯和多锯片截断锯。

移动式截断锯根据其锯片移动的方式可分为吊截圆锯机、脚踏式平衡圆锯机和直线移动式横截圆锯机三种。

2.1.2.2 圆锯机的技术特性 圆锯机的主要技术参数包括：锯片直径、锯轴转速、进给速度和锯机功率等。

（1）锯片直径。

① 纵剖圆锯机锯片直径的选择：

$$D_{min} = 2(a + H + c),\ mm$$

式中：D_{min}——圆锯片的最小直径，mm；

a——工作台面高于锯轴线的距离，mm；

H——板材最大厚度，mm；

c——锯片超出板材的后备高度，一般取 10 mm。

② 脚踏式平衡圆锯机锯片直径的选择：

$$D_{min} = 2\sqrt{(r_0 + S + h)^2 + (B - b)^2},\ mm$$

式中：D_{min}——圆锯片的最小直径，mm；

　　　S——锯片轴在最高位置时（吊截圆锯机是指在垂直位置时），法兰盘边缘离开工作台面的距离，mm；

　　　r_0——法兰盘的半径，mm；

　　　h——截断的板材最大厚度，mm；

　　　B——截断的板材最大宽度，mm；

　　　b——锯轴心离开导尺的距离（吊截圆锯机是指在垂直位置时，而脚踏式平衡圆锯机是指锯轴在最高位置时），mm。

③ 吊截圆锯机锯片直径的选择：

$$D_{min} = 2\left[\sqrt{(B-b)^2 + (L+S)^2} - L\right],\ mm$$

式中：L——吊截锯的摆长，mm；

　　　其余符号与脚踏式平衡圆锯机相同。

④ 直线移动式横截圆锯机锯片直径的选择：

$$D_{min} = 2(r_0 + h + 2c),\ mm$$

式中：c——后备量，一般取 10～20 mm；

　　　其余符号与脚踏式平衡圆锯机相同。

制材常用圆锯片的参数见表 2-4。

表 2-4　制材常用圆锯片的参数

锯片直径 (mm)	锯片厚度 (mm)	锯片孔径 (mm)	锯片齿数	
			纵剖	横截
700～750	1.8, 2.0, 2.2	40	70～72	80～120
800～850	2.0, 2.2, 2.4	50	70～72	80～120
900～950	2.2, 2.4, 2.6	50	72～74	90～100
1000～1050	2.4, 2.6, 2.8	50	74～76	80～90
1100	2.6, 2.8, 3.0	50	74～76	—
1200	2.6, 2.8, 3.0	60	78	—

（2）锯轴转数。锯轴转速主要与锯片直径大小、切削功率、被锯解木材的树种、纵剖还是横截和修锯技术等因素有关。通常纵剖锯片的齿尖线速度为 50 m/s 左右，最高可达 83 m/s。横截锯片齿尖线速度为 41.6 m/s 左右，最高可达 58 m/s。

根据齿尖线速度可确定锯轴转速，其计算公式如下：

$$n = \frac{60v}{\pi d},\ r/min$$

式中：v——齿尖线速度，m/s；
　　　d——锯片直径，m；
　　　n——锯机转速，r/min。

（3）进给速度。进给速度的大小取决于被锯解木材的树种、材质、尺寸、修锯技术、进给方式和锯片数等。一般，机械进给速度高于手工进给速度，单锯片高于多锯片。机械进给速度为 40~50 m/min，最高可达 80 m/min；手工进给速度为 15~30 m/min。进给速度单锯片可达 60~80 m/min，而多锯片一般为 30~60 m/min，硬质合金嵌镶锯齿的高速圆锯机可达 60~80 m/min。

常用圆锯机的技术性能见表 2-5。

表 2-5　常用圆锯机的技术性能

型号	锯片最大直径（mm）	加工范围					质量（kg）
		加工最大宽度（mm）	最大厚度（mm）	锯轴转速（r/min）	功率（kW）	外形尺寸（长×宽×高）（mm×mm×mm）	
MJ106	600	280	220	1500	4	1215×760×1270 工作台 1000×600	400
MJ109	900	—	250	1440	7	1446×1600×1377 工作台 1400×900	700
MJ217	500~700	350	150	1535	7	1960×920×1145	340
MJ256	650	500	225	1450	4.5	685×1190×2498	310

2.1.2.3　新型原木加工高效双轴圆锯　为满足现代木材加工对高效率和灵活性的要求，一种将原木锯解加工成规格锯材和标准方材的新型双轴圆锯（图 2-8）被成功开发，并被广泛用于原木锯解生产。

新型双轴圆锯生产线采用微机采集原木数据，配合锯切方案数据库以及变频和伺服控制，大大提高了加工效率和精度，使得高速、大量生产成为可能。与传统使用的开料

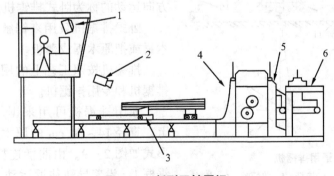

图 2-8　新型双轴圆锯
1. 监视器　2. 图像报像机用于原木对齐和定位　3. 摇控制的原木进料小车
4. KCSU700 型双轴圆锯机　5. 边材分离装置　6. 边材齐边锯

排锯相比，双轴圆锯机的优势主要表现在：

（1）无需原木径级预分类。双轴圆锯机的上下共有4根轴，轴间距可调整；每轴装有6套位置可调的圆锯片。在接收到计算机发出的指令后，通过液压伺服机构，立刻调整锯片锯轴位置，完全避免因原木直径规格的变化而导致频繁调锯的情况。

（2）加工速度快。以往排锯生产线加工速度受限在14 m/min左右，而由双轴圆锯机，结合削片、铣边及裁边设备组成的全自动生产线，可使原木加工速度高达180 m/min，单线原木加工能力达100万 m^3/a。

（3）加工能力强。可加工原木的直径范围为12~70 cm。以KCSU型双轴圆锯机制材生产线为例，通过原木扫描采集数据，结合客户要求，计算机自动计算出最高出材率和最佳锯切方案，并发出指令，控制原木进料位置、锯片间距的快速自动调整，使原木加工在线改变锯材尺寸得以实现，加工能力约2倍于排锯。

（4）表面精度佳。双轴圆锯的锯切力被平均分配在上下2个圆锯片上，始终沿着原木轴线锯切，从而保证了高锯切精度和表面光洁度，锯材表面能够达到刨切加工的精度，尺寸公差仅±0.3 mm，且锯片磨耗均匀，寿命延长。

双轴圆锯正是因为其高效与高精度，已在欧洲95%的锯材加工厂普及使用。如需改造原有的排锯生产线，只需将排锯换为双轴圆锯机，其他装置均可保留，改造工程约为17天完成。

双轴圆锯不仅适合于加工较大径级的木材，也是中等规模制材厂的首选。

2.1.3 排锯机

排锯机也是大型的制材设备之一。它主要用来将原木锯解成方材或板材。

2.1.3.1 排锯机的分类 目前应用的排锯机种类很多，如果以锯框的运动方向来分，可分为垂直方向及水平方向运动的两种。垂直方向运动的称为立式排锯机，水平方向运动的称为卧式排锯机。

卧式排锯机只用来锯解硬木、珍贵树种木材或把原木锯成薄板。

排锯机按照工艺上的用途可分为：通用排锯机和专用排锯机。

通用排锯机可用来锯解长度3.5 m以上，直径14~60 cm的原木。通用排锯机的形式如图2-9。由曲柄连杆机构4、5带动锯框1，沿着导轨往返运动。利用传动辊7、8把要锯解的原木送到锯条2上。

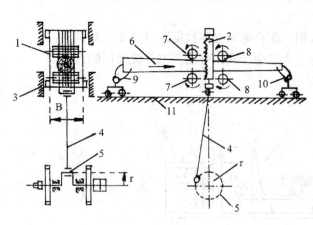

图2-9 通用排锯机
1. 锯框 2. 锯条 3. 导轨 4. 连杆 5. 曲柄轴 6. 木料
7、8. 传动辊 9. 送料车 10. 接料车 11. 轨道排锯机进料方式有三种，即连续进料、间歇进料和两次间歇进料。连续进料时无论排锯机是在工作行程还是空行程，木料都以固定的速度送进；间歇进料时，木料在工作行程间歇，或在空行程间歇；两次间歇进料是锯框达到上死点和下死点时，木料停止推送。

专用排锯机有：

① 锯短原木用排锯机：如图2-10（a），这种排锯机用来锯解长1~2m的原木，因此不用送料车和接料车，而改用3~4对进料辊筒。在机床前还安置有无传动辊筒台，而在机床后安置可传动辊筒台，用来运走机床上下来的木料。这种排锯机一般为单层，间歇进料，开档在650 mm以下。

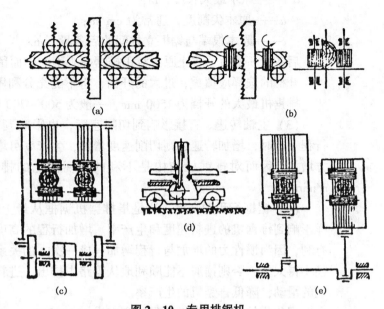

图2-10 专用排锯机

(a) 锯短原木用排锯机　(b) 剖分用排锯机　(c) 单锯框双开档排锯机
(d) 移动式排锯机　(e) 双锯框双开档排锯机

② 剖分用排锯机：如图2-10（b），这种排锯机用来剖分厚板和板皮。机床安置有垂直进料辊，锯框上装有1~3根锯条。

③ 轻型排锯机：用来锯解直径20 cm以下的原木。它行程小而转速高，因此生产率高。它有两对进料辊，可以连续或间歇进料。这种短连杆的排锯机重1~1.5 t。

④ 移动式排锯机：如图2-10（d），这种排锯机用于流动性制材。它是短连杆的轻型排锯机，可用载重汽车和其他专用车牵引。在安装地可利用千斤顶安置在专用大木方上。

2.1.3.2 排锯机的技术特性　是指排锯机的形式、开档、主轴转速、锯框行程的高度、切削速度、安装的最多锯条数和锯条的尺寸、进料机构的形式、主轴每转进料量以及进料速度等。

(1) 形式。排锯机的形式是指通用的或专用的，固定的或移动的，单层的、一层半的或双层的，单连杆或多连杆的，机床牌号等。

(2) 开档。指锯框两立柱间的距离大小。开档的宽度决定了可能锯解原木的最大直径，同时也表示了其他特征，例如行程高度、转速、外形尺寸和质量等。

开档的选择根据总原木数中占有一定比例的大径原木进行计算，其计算公式如下：

$$S = d + al + 2c, \text{cm}$$

式中：S——排锯机开档的宽度，cm；

d——可能锯解的原木最大直径，cm；

l——原木最大长度，m；
a——原木尖削度，通常为 cm/m；
c——原木根端与锯框立柱间的后备量，cm。

后备量 c 是为了防止原木对正排锯中心不准确而留的空隙，一般 $c = 5$ cm。

开档的选择应慎重，过大的开档，将不能充分利用排锯机的生产率。

排锯机最大的开档为 1500 mm，一般为 500~700 mm。

(3) 主轴转速。直接影响到切削速度，也影响到排锯机的进料速度和生产率。当行程一定时，增加转速，则切削速度增加，生产率可增加。但是转速增大，惯性力成平方增加，因而对排锯机结构是不利的。现代化的排锯机主轴转速一般为 250~350 r/min。

(4) 锯框行程的高度。这是指排锯机锯框从最上端到最下端位置间的距离。它同样影响到排锯机的进料速度和生产率。增加行程的高度比增加转速来提高切削速度更为有利，因为惯性力的增加与行程增加只成一次方的关系。行程高度不应比大径级原木直径小得太多，否则锯屑不能顺利地从锯路中排出，进料阻力增大，会加大原木在进料辊上的滑动，降低排锯机的生产率。

现代化的排锯机锯框行程的高度为 450~700 mm。

(5) 切削速度。切削速度的值决定了进料速度，一般生产计算都采用平均切削速度（V_p），可用下式计算：

$$V_p = \frac{2H \cdot n}{1000} = \frac{H \cdot n}{500}, \text{ m/min}$$

式中：H——行程高度，mm；
n——锯轴转速，r/min。

现代化的排锯机切削速度为 400~450 m/min。

(6) 安装的最多锯条数。它既和编制下锯图有关，也和开档的宽度和锯框结构有关系。小开档的排锯机不能多装锯条，锯条太多，作用在锯框横梁上的压力就大，锯机结构不允许。

一般大功率排锯机可安装 12~16 条，而中、小功率的排锯机可安装 6~8 条。

(7) 锯条的尺寸。锯条的长度可按表 2-6 选择。锯条的宽度（B）可按下式计算：

$$B = (0.10 \sim 0.15) L_n, \text{ cm}$$

式中：L_n——锯条的长度（带有夹紧板），cm，参见表 2-6。

增加锯条宽度必须相应增加拨料量或压料量，同时提高在排锯机上安装锯条的精度要求。

锯条厚度增加则稳定性好，但是锯路宽锯屑多，同时增加了切削功率。

一般锯解硬木材和切削速度高时，锯条厚度可采用 2~2.4 mm，而锯路高度不大和传动功率小时，锯条厚度可采用 1.6~2 mm。

表 2-6 锯条长度

原木大头直径或方材最大高度（cm）	带有夹紧板锯条长度（mm）	不带有夹紧板锯条长度（mm）	锯框的高度（不计垫木）（mm）
行程 500mm 的排锯			
24	1100	1043	1525
39	1250	1193	1675
54	1450	1343	1825
64	1500	1500	1925
行程 600mm 的排锯			
29	1250	1193	1675
44	1400	1343	1825
54	1500	1443	1925
64	1600	1543	2025

(8) 进料机构的形式和进料量。进料机构的形式有连续的和间歇的两种。进料机构的形式决定了排锯机的结构和锯条的安装形式。

为了正确的进行原木锯解，锯条的安装必须正确和具有一定的倾斜度。

连续进料时锯条的倾斜度（Y），可用下式计算：

$$Y = \frac{\Delta x}{2} + (2 \sim 3), \text{mm}$$

式中：Δx——排锯每行程的进料量，mm。

一次行程的间歇进料，锯条倾斜度为 2~3 mm。一次空行程的间歇进料和一次间歇进料，锯条倾斜度（Y）为：

$$Y = \Delta x + (2 \sim 3), \text{mm}$$

进料量是指排锯机锯框每上下一次时木材送进的距离。进料量分结构进料量和实际进料量两种。结构进料量是根据进料机构的传动方式计算出来的，而实际进料量是实际测定出来的。

实际进料量可以根据锯条的工作能力（指保持锯条切削锐利，锯条不开裂等）、传动功率和锯解质量确定。根据锯条工作能力计算实际进料量（Δ_0），可用下式计算：

$$\Delta_0 = \frac{H \cdot t}{2(d_c + 30)}, \text{mm/行程}$$

式中：H——排锯机锯框行程，mm；

t——锯齿的齿距，mm；

d_c——原木小头的直径，mm。

排锯机安装锯条数目很多时，实际进料量根据传动功率加以校正，因为有时利用图表查得的进料量，传动功率不能给予保证。

按传动功率检查进料量的大小可用下式计算：

$$\Delta = \frac{612\,000 \cdot N \cdot \eta}{K \cdot \sum h \cdot b \cdot \beta \cdot n},\ \text{mm/行程}$$

式中：Δ——按传动功率计算的最大进料量，mm/行程；
　　　N——排锯机的传动功率，kW；
　　　η——排锯机的机械效率，当主轴安装在滑动轴承上时取 0.6；滚动轴承时取 0.7~0.75；
　　　K——单位切削比功，kg·m/cm³，可按表 2-7 选用；
　　　$\sum h$——原木平均直径处锯口总高度，cm；
　　　b——锯口的宽度，mm；
　　　β——锯钝修正系数，工作 1 h 为 1.15，2 h 为 1.23，3 h 为 1.28，4 h 为 1.31；
　　　n——排锯机主轴转速，r/min。

表 2-7　单位切削比功

原木直径或毛方高度（cm）	16	20	24	30	40	50	60
K（J/cm³）	38	40	42	44	49	54	59

$$\sum h = a \cdot d_{cp} \cdot z,\ \text{cm}$$

式中：a——下锯图中的锯口平均高度系数，毛板下锯法：$a=0.73$，毛方下锯法：第一次下锯 $a=0.36$，第二次下锯 $a=1$（这时毛方的高度等于 d_{cp}）；
　　　d_{cp}——原木平均直径，毛方下锯法时就等于毛方的高度，cm；
　　　z——下锯图中的锯口数。

如果用这公式计算出来的进料量小于表中查得的，则可利用计算得到的值。

（9）进料速度。排锯机的进料速度（v）可按下式计算：

$$v = \frac{\Delta \cdot n}{1000},\ \text{m/min}$$

式中：Δ——进料量，mm/行程；
　　　n——主轴转速，r/min。

从上式可以看出进料速度与主轴转数和进料量有关，高速排锯机的进料速度可达 15~21 m/min。

排锯机技术性能见表 2-8。

表 2-8　排锯机技术性能

生产国	型号	行程（mm）	开档（mm）	转速（r/min）	平均切削速度（m/s）	每转进料量（mm/r）	进料速度（m/min）	主机功率（kW）
德国	HDN600	600	735	320	6.4	41~60	13~18	110~150
	HDN600 SY	600	735	300	6.0	43~60	13~18	110~150
	Linck U 30/16	500	750	310	5.2	0~40	0~12	110
	Linck E 30/16	600	750	310	6.2	0~48.5	0~15	100~200
	Linck E 36/22	600	900	290	5.8	0~41.5	0~12	150~250

(续)

生产国	型 号	行程 (mm)	开档 (mm)	转速 (r/min)	平均切削 速度(m/s)	每转进料量 (mm/r)	进料速度 (m/min)	主机功率 (kW)
芬兰	Ral～te A 500	500	600	360	6.0	10～45	3.6～16.2	55
	OTSO-700	700	500	360	8.4	20～80	7.2～28.2	95～132
	OTSO-700	700	700	320	5.9	20～80	6.4～25.6	125～160
瑞典	Kockums 260-20/16B	700	400	380	8.0	21～63	8～24	132～200
	Kockums 260-30B	700	750	320	7.5	25～75	8～24	132～200
	Kockums 210-18B	600	460	375	7.5	2～21	5.4～56	75
	Kockums 210-22B	600	560	350	7	1.9～19.5	5.4～56	75
	Kockums 210-30B	600	760	320	6.4	1.7～18	5.4～56	94
	Kockums 261-20A	700	500	380	8.9	0～20	0～52	100～132
俄罗斯	P63-10	350	630	450	5.3	5～26	2.25～11.7	40
	2P50	700	500	320	7.5	14～72	4.5～23	75
波兰	TGP-2	600	800	280	5.6	0～27	0～7	58
中国	MJ427	600	700	250	5	0～20	0～5	80

2.1.3.3 现代化排锯　排锯机要想达到高效、精确的目的，必须克服或减小惯性力带来的影响，并且应尽量避免锯框上行程时所产生的反向切削，否则在锯框运行到下死点时会引起原木压迫锯条、齿背产生撕裂木材的现象。为此现代化排锯都努力从结构设计到制造工艺上采取一系列的措施，其中包括排锯自动调节倾斜装置、锯框悬挂装置、摆动式曲轴等结构形式，并且对锯框横梁、机架、进料辊、连杆、锯条张紧机构、锯条开档调节系统等做了系统的研究，同时还充分注意到用于排锯机的进料装置、出料装置以及其他的附属装置。

（1）锯条倾斜量自动调节装置。这也属于摆动式的进料系统，当进料速度增加时锯条的倾斜量可以有一个摆动式的相对运动（锯条相对于木材），当锯条向上运行时锯条有一个向后退避的动作，而当锯条向下运行（工作行程）时锯条本身又有一个向前动作。这是由于在下死点时锯条的运动速度为零值，这时锯条向后倾斜可以避免锯条与木材进给相碰撞，避免上行程切削。

图 2-11 是锯条倾斜量自动调节装置工作过程图。图 2-11（a）表示当进料速度较大的情况下，锯条的倾斜量 d 明显增大。f 值相当于工作行程进料量 a 与空行程进料量 b 之和，从图中也可看出在这种情况下 f 值比较大。图 2-11（b）则表示当进料速度较小的情况，这时锯条倾斜量 d 较小，同时每一周期中的进料量 f 也比之图 2-11（a）要小得多。

采用这种方式的现代化排锯机一般都给其液压进料装置配置一个控制系统，使进料运动在锯条达到下死点之前即停止或减小，以避免撞击上行程切削，这种附属装置尤其对重型切削具有重要的作用。通过这种装置可以使锯条与木材之间的摆动式的相对运动得以实现，并可以得到一个理想的进料速度与倾斜量关系。

（2）锯框悬挂装置。除了采用上述锯条倾斜量自动调节装置外，也有采用锯框悬挂装置的方式。常规排锯锯框是在固定的垂直导轨上做上、下滑动的，这样容易在上行程开始阶段造成反向切削，既损伤木材，也损伤锯条，使木材材面撕裂，锯条迅速钝化。

采用锯框悬挂装置的排锯机，其锯框的运动不是固定在此垂直滑道上，该滑道要装成可摆动的悬挂式（图2-12），从

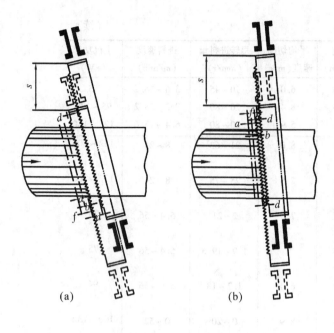

图2-11　锯条倾斜量自动调节装置工作过程
（a）快速进料状态　（b）慢速进料状态

而使排锯锯框在其上、下行程运动中呈"8"字形轨迹，以避免上行程切削，锯解过程变得灵活。

通过实验证明，常规排锯中锯齿的荷载量是"8"字形轨迹运动排锯的3～5倍，因而采用这种悬挂装置后可提高进料速度和提高锯解精度。

"8"字轨迹排锯的每齿切量大致上是均匀的，当达到下死点时锯齿不参与工作，因而锯齿上的负荷极小，原木可以均匀地进料，锯解时不但可以提高进料速度15%～20%，同时也可采用较薄的锯条。

由于"8"字轨迹排锯在设计及制造中要求极高，一般只用于小型排锯，没有得到普遍的应用。

（3）摆动式曲轴。这是用于"8"字轨迹排锯机的传动系统，其目的是为了减小或排除在排锯锯框换向时所造成的强烈振动。

它是将飞轮安装成摆动式的，并可以自由地向前、后摆动，曲柄、飞轮以及皮带轮可以有5～6 cm的侧向运动，其结果是使巨大的垂直力转向水平力，这个水平方向的力导致摆杆运动而不是通过机架传到基础及地面。

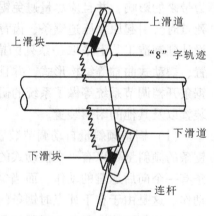

图2-12　"8"字形轨迹排锯

在飞轮上具有一定的平衡配重，当其静止不动以及曲柄平卧时能有效地引起平衡连杆和锯框的作用，而当曲轴回转时，飞轮的配重及摆动又能抵消来自连杆和锯框的垂直力。因而它不仅可以减小作用于基础上的振动，还可减小曲轴、排锯轴承以及其机床部

分的负荷。排除振动自然意味着基础及地面的状况改善，这对新建的制材车间尤其有利。

2.1.4 联锯

为了进一步发挥带锯机的特点，提高主锯机的生产效率，并尽可能使主要锯机执行的工艺工序集中到一起，20世纪60年代开始出现并逐渐发展了各种类型的联锯，其中包括双联带锯、多联带锯、串联带锯和箱式组合带锯等形式。但不管是哪一种联锯，对主锯机来说，目前大多采用悬臂式的高张紧力带锯机，下面分别加以介绍。

2.1.4.1 双联带锯机 由两台带锯机组成，锯条位于原木纵向轴线两侧的对称位置，其间的距离可以根据锯解需要，通过操纵台或电子计算机控制的高精度摇尺机构快速调整。它可以是两台带锯机都能调整，也可以一台带锯机固定，另一台带锯机可调整。双联带锯机外观如图2-13。

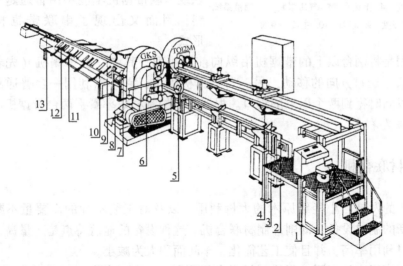

图 2-13 双联带锯机
1.操纵台 2.进料运输链 3.翻木链 4.原木固定器 5.上压辊 6.锯机 7.横移辊筒
8.电动机 9.出料运输链 10.下料台运输机 11.下料滚台 12.提升器 13.踢木器

双联带锯机的进料和排料都采用运输机，这样就可以使锯解效率比跑车带锯机高，而灵活性比排锯机大。它们既保留了普通带锯机的优点，同时可以进行批量生产。因此，其应用范围越来越广，可以作剖料锯，也可以作剖分锯、裁边锯。

此外，我国信阳木工机械厂生产的MJK3812型数控双联带锯机，适用于小径级原木制材，直径12～60 cm，长度2.8～4 m的原木。可预选9种摇尺尺寸和9种余尺尺寸，每种径级原木可设定三种锯剖方案,贮存在微机内并可显示出来,按照锯剖方案进行自动加工。

2.1.4.2 多联带锯机 是在双联带锯机的基础上发展起来的，目的是为了进一步提高锯机的效率。它以四联带锯机为主,即由四台带锯机安装在同一个基础上,前后各两台。每台带锯机的锯条位置可以通过液压或机械方式变动,以适合锯解的需要,也可以有一台带锯机为固定的,而其余三台带锯机可以移动。当它用来剖分原木时,一次通过可以得到两块板皮、两块毛边板及一个毛方。这种锯机同样配有机械进出料装置。图2-14是一台典型的四联带锯机(带削片刀盘)示意。

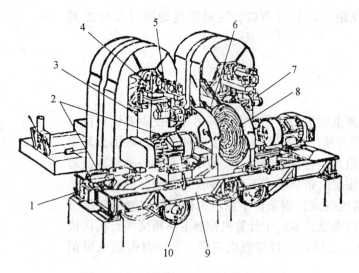

图2-14 四联带锯机示意(带削片刀盘)
1. 润滑系统　2. 步进油缸　3. 锯身　4. 上锯轮　5. 气压张紧　6. 喷液系统
7. 锯轮仰卧按钮　8. 削刀盘　9. 底架　10. 主传动系统

2.1.4.3　串联带锯机　由于双联或多联带锯机不能利用普通跑车进料,因而又出现了串联带锯机的形式。

串联带锯机锯是将两台以上的带锯机沿纵向前后排列,其中一台带锯机(先着锯的一台)可作垂直于送材方向的移动,另一台带锯机固定,它可以利用一台普通跑车进料,使木料可以同时得到两个以上的锯口。根据实际的制材效率看,两台带锯机串联可提高生产率50%左右。

2.1.5　削片制材联合机

随着制材生产的发展,小径级原木的大量利用,以及对工艺木片的需要量不断增加,近年出现了新的制材设备,即削片制材联合机。这种设备的显著特点是产量高、劳动生产率高,木材利用率高,并且使工艺简化,车间面积大为减小。

按照对原木加工程度的不同,削片制材联合机可以分为削片锯解机和削方机两类。削片锯解机一般由削片部分和锯解部分组成,可先对原木四周的板皮进行削片,然后将原木加以纵向的锯解;削方机只有削片部分,只将原木削制成方材,至于下面的加工,可根据需要在削方机的后面另外设置排锯机、带锯机或圆锯机,将削成的方材再剖分成板材。

2.1.5.1　削片制材联合机　必须具备的条件是既有削片部分又有制材部分,缺一不可。削片系统按刀具和切削方向的不同可以分为三类:第一类采用横向刨切原理,刀刃与木材纤维平行,刨刀与木材纤维呈垂直方向移动;第二类采用横向铣削;第三类采用纵向刨削原理,刨刀与木材纤维平行移动,成直角刨削。

联合机的制材部分则可由各种类型的锯机组成。下面列举几种不同类型的削片制材联合机。

(1) 第一种类型。由一台机组完成削片、锯解全部工序的削片制材联合机,如

图 2-15。它由进料机构、削片头（包括顶部削片头、底部削片头及两侧削片头）及锯解部分组成。

底部削片头一般由 5 个三种直径的铣刀或 3~4 个两种直径的铣刀所组成，装在同一根轴上，形成多阶状。顶部削片头和底部削片头一样，但其高低位置可以用液压油缸调整。侧面削片头呈圆柱体形，安装在可转动的框架上，便于调整。加工原木时，先铣削原木底面和顶面，铣削后的阶状底面沿着导轨移动，以便保证原木在继续加工中可靠地定心，避免侧向移动。

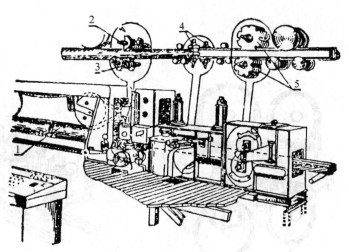

图 2-15 第一种类型削片制材联合机
1. 进料机构　2. 顶部削片头　3. 底部削片头
4. 侧面削片头　5. 锯片

锯解部分是一台双轴多锯片圆锯机，在锯机后面设有能在锯口内移动分离板材用的分板圆盘，以防夹锯。锯轴是空心的，里面有水流过，供锯片冷却用。

这种联合机如加工同一直径的原木，可以一根接一根连续进料，而加工不同直径的原木应相隔一定的距离。进料速度可达 18~55 m/min，高速进料适用于加工针叶小径级原木，电动机额定总功率为 230 kW。

削片头也可设计成上下两把 V 字形的铣刀，使上下及两侧四个削片头简化成两个，同样可取得较好的效果。

（2）第二种类型。由削方机和圆锯机组成的联合机。它的削方是由两台削片机进行串联作业而实现的。两台削片机有两个外径为 500 mm 的锥形削片头，毛方的厚度可通过电子控制液压设备来实现。从第一台加工出来的毛方经翻转定心后进入第二台加工。从第一台联合机出来的方材经过圆锯机制成板材。在两台削片机的两侧都有 1~3 个锯片，当原木通过时可从原木的两个外侧锯出 1~3 块毛边板。

这种削片制材联合机的作业图如图 2-16。当原木进入前削片机后，得到毛方及由前削片机上的圆锯片 4 锯得边板；毛方经翻转 90°定心后送入后削片机，制得方材及几块边板，方材送到圆锯机 3 制成板材。

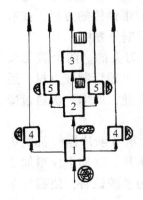

图 2-16 第二种类型
联合机的作业图
1. 前削片机　2. 后削片机
3. 圆锯机　4. 前削片
机上附有的圆锯片
5. 后削片机上附有的圆锯片

（3）第三种类型。由双圆盘削方机和双联带锯机组成的联合机，如图 2-17。两个削片圆盘装在双联带锯机前面，首先将剥去树皮的原木两边削成平面，然后由双联带锯机锯出两块边板。削片圆盘和带锯条之间的距离均可调整，分选过和未分选过的原木都可以加工。

（4）第四种类型。由单铣刀盘与普通大带锯组成的联合机，如图 2-18。它在普通跑车带锯 1 的前面安装一个削片圆盘 3，

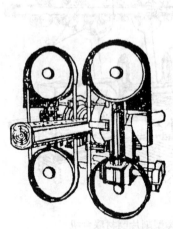

图2-17 第三种类型联合机

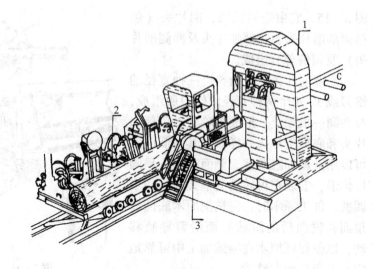

图2-18 装有削片圆盘的大带锯
1. 带锯 2. 跑车 3. 削片圆盘

当跑车2向大带锯送料时,削片圆盘可将一侧的板皮削成木片。这种形式的联合机,既保留了大带锯制材的特点,如可以看材下锯、采用较薄的锯条、并能利用普通跑车等,同时又能直接将板皮削成木片,简化了后面的制材工艺,从而可以使车间设备相应减少,提高劳动生产率,增加工艺木片数量。

2.1.5.2 削方机 这种削片制材联合机和削片锯解机相比,没有锯解部分。它主要由顶部和底部削片头和两侧的削片头组成。在加工小径级原木时可制成无钝棱的方材,而在加工大直径的原木时,为了达到较高的出材率,可制成带钝棱的方材。如有必要,则可在削方机后面另外安装再剖锯机剖分方材。

削方机有四个铣刀头的,也有两个铣刀头的。两个铣刀头的,如果采用单机作业,则原木需两次通过机器后制成方材,适用于中、小型制材厂;如果采用双机串联作业,原木一次通过即制成方材,效率高,适用于大型制材厂。

2.1.5.3 铣边机 综合了双锯片裁边机及削片锯解机的优点,使毛边板的边条部分直接加工成工艺木片,这样不仅增加了边条部分的利用价值,同时也节省了处理边条的设备,使制材车间内的工艺简化,车间长度也可相应缩短。

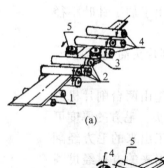

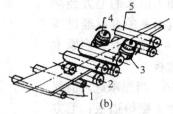

图2-19 立柱式铣刀
1. 进料台 2. 进料辊
3、4. 铣刀头 5. 出料辊

铣边机的类型颇多,包括立柱式铣刀头、截锥形铣刀头以及由圆锯片与铣削多层圆盘组成的铣刀头。

立柱式铣刀头如图2-19。图2-19(a)是一个铣刀头的位置固定,另一个铣刀头的位置可以移动,以便改变加工尺寸。其进料方向和铣削方向是一致的,进料速度可达

150m/min。当需要加工宽板时，可在机器上再装一个圆锯，用来将板材剖开。铣刀头与板材平面呈75°安装，这样有利于板材定位。由于铣刀头的切削力将板材紧压在下面的进料辊2上，板材自动向前牵引的力量减小了。

图2-19（b）则是两个铣刀头都能作对称移动的形式。

2.2 制材生产主要技术指标

2.2.1 原木出材率

原木出材率（P），即所生产出的锯材材积与所耗用原木材积的百分比

$$P = \frac{V}{Q} \times 100\%$$

式中：P——原木出材率，%；
V——锯材材积，m^3；
Q——原木材积，m^3。

在我国制材生产中，原木出材率分为主产出材率和综合出材率，其计算方法如下：

（1）主产出材率

$$主产出材率 = \frac{主产品材积}{耗用原木材积} \times 100\%$$

主产品材积是指枕木、大方材和板材等的材积。

（2）综合出材率

$$综合出材率 = \frac{全部锯材材积}{耗用原木材积} \times 100\%$$

全部锯材材积是指主产品、副产品、连产品（小于原木长度的中、薄板及中、小方材）、小规格材（指材长为0.5～0.9m的小板材）等的全部锯材材积。

原木分析出材率定额见表2-9。

表2-9 原木分析出材率定额

企业等级	针叶材			阔叶材			次加工原木	
	特、一等	二等	三等	特、一等	二等	三等	针叶材	阔叶材
国家二级	74	72	70	66	64	60	32	28
省级先进	73	70	65	64	62	57	30	26
省基础级	71	68	60	62	60	54	28	20

2.2.2 锯材质量指标

2.2.2.1 锯材抽查合格率

$$合格率 = \frac{符合国家标准尺寸公差和材质的锯材材积}{被抽查100块锯材材积} \times 100\%$$

被抽查的锯材是指在板院内堆垛待调拨的锯材。其中随机抽查占被抽查总数的一半，其余半数为指定材种各若干块。

国家林业局要求锯材抽查合格率达到95%。

2.2.2.2 锯材质量系数 是表示所锯锯材质量优劣的。它反映所锯锯材与所用原木的质量关系，用国家规定的锯材等级价格差率表示。现行的锯材质量系数见表2-10。

表2-10 锯材质量系数表

等级	特等	一等	二等	三等
针、阔叶锯材质量系数	1.5	1.3	1.0	0.8

我国制材生产是以各种树种、材长、径级和等级的原木混合进锯的，在一般情况下，一根原木可同时生产各种等级的锯材，所以实际生产的锯材质量的高低，必须用锯材平均质量系数来衡量。

锯材平均质量系数（$\bar{C}$）按如下公式计算：

$$\bar{C} = \frac{A_1 \cdot K_1 + A_2 \cdot K_2 + \cdots + A_n \cdot K_n}{A_1 + A_2 + \cdots + A_n} = \frac{\sum A_i \cdot K_i}{\sum A_i}$$

式中：$A_1, A_2, \cdots, A_n$——各等级锯材的材积，m^3；

$K_1, K_2, \cdots, K_n$——各等级锯材相应的质量系数。

平均质量系数的高低，是衡量制材生产中是否尽可能使锯材的质量符合所规定的原木质量，也就是是否充分利用了原木的使用价值。同时制材由于工人的技术不同，即使是同样质量的原木，锯出的锯材质量也不一样。因此，平均质量系数可用来衡量工人的技术水平高低，评定个人、工组、车间以至制材厂的锯材质量指标完成的好坏。

国家为了促进制材企业合理使用原木，贯彻"优材不劣用"的原则，规定了不同树种各等原木锯解后应出锯材等级比率。各等原木应出锯材等级比率乘以相应的等级锯材的质量系数，即得出锯材质量定额。作为国家规定的应出锯材质量指标。各等原木应出的锯材质量定额见表2-11。

表 2-11 各等原木的锯材质量定额

树种	原木等级	应出锯材等级比率（%）				质量定额	说明
		特等	一等	二等	三等		
红松	一等	40	42	15	3	1.32	例： 一等红松锯材质量定额为： $D = 0.4 \times 1.5 + 0.42 \times 1.3 + 0.15 \times 1 + 0.03 \times 0.8$ $= 1.32$
	二等	25	40	25	10	1.225	
	三等	15	30	35	20	1.125	
	次加工	—	15	55	30	0.985	
阔叶树	一等	35	40	20	5	1.285	
	二等	20	35	30	15	1.175	
	三等	10	32	38	20	1.106	
	次加工	—	10	42	48	0.934	
桦木	次加工	1.5	8.3	15.6	74.6	0.883	

注：本表质量定额仅供参考。

由于原木是混合进锯，所以原木锯解后应出锯材的质量定额，也要用平均质量定额来表示。

锯材平均质量定额系数（$\overline{D}$）：按如下公式计算：

$$\overline{D} = \frac{V_1Q_1 + V_2Q_2 + \cdots + V_nQ_n}{V_1 + V_2 + \cdots + V_n} = \frac{\sum V_iQ_i}{\sum V_i}$$

式中：V_1, V_2, $\cdots$, V_n——不同树种各等原木材积，m^3；

Q_1, Q_2, $\cdots$, Q_n——不同树种各等原木相应的锯材质量系数定额。

将生产后实际达到的锯材平均质量定额系数 $\overline{D}$ 与国家规定的生产后应达到的锯材平均质量定额系数 $\overline{C}$ 相比较：

如果 $\overline{D} - \overline{C} > 0$ 时，为质量超额，说明多生产了质量高的锯材。

如果 $\overline{D} - \overline{C} < 0$ 时，为质量差额，说明生产锯材的质量不好，没有完成规定的锯材质量指标。

通过分析比较，就可以衡量和评定个人、工组、车间、工厂产品质量完成的情况。

2.3 原木下锯法

原木锯解时，按锯材的种类、规格，确定锯口部位和锯解顺序进行下锯的这种锯解方法，叫做下锯法。

原木下锯法种类很多，由于所使用的机床、刀具以及原木的大小、质量和所要求生产锯材材种的不同，其下锯法也不一样。

2.3.1 按使用的锯机设备和切削刀具数目分类

2.3.1.1 单锯法 使用一台机床、一根锯条或一片锯片，一次加工一个锯口，一块一块的锯下锯材。这种锯解方法适用于单锯条带锯和单锯片圆锯制材。

（1）优点。

① 原木可翻转下锯，看材下料，可集中剔除木材缺陷，从而提高锯材质量；

② 适合加工缺陷较多的原木、大径原木、珍贵的原木和锯解特殊用材；

③ 能够生产各种不同规格尺寸的锯材。

（2）缺点。锯材规格质量较差，要求工人技术水平高，生产效率较联锯和组锯低。

2.3.1.2 组锯法 使用一台或多台机床，用二根或二根以上锯条或多片锯片同时锯解原木，每次锯出数块锯材。这种锯解方法适用于立式排锯、多联带锯、多片圆锯、削片制材联合机。

（1）优点。

① 锯材规格好，尺寸偏差小，改锯材少；

② 每次加工的锯材规格少，简化了锯材分选工作；

③ 组锯纯锯解时间多，连续进料，因而生产效率比单锯法高。

（2）缺点。

① 原木在锯解过程中不能翻转，不能看材下锯，因而对带缺陷的原木会影响锯材质量；

② 对原木质量要求高，适合加工缺陷少的中、小径级原木；

③ 锯材出材率略比单锯法低。

2.3.2 按下锯的锯解顺序和生产材种分类

（1）四面下锯法。四面下锯法是翻转下锯法之一，它的锯解顺序如图2-20。

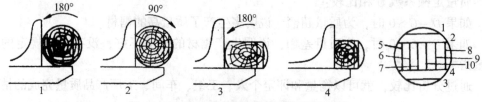

图2-20 四面下锯法锯解顺序及下锯图

其锯口顺序和翻转角度为：

$1 \underline{\quad\quad} 2 \xrightarrow{180°\text{向里}} 3 \underline{\quad\quad} 4 \xrightarrow{90°\text{向外}} 5 \underline{\quad\quad} 6 \underline{\quad\quad} 7 \xrightarrow{180°\text{向里}} 8 \underline{\quad\quad} 9 \underline{\quad\quad} 10$

生产的锯材品种为整边的板、方材或相同宽度的板、方材，或者偶数连料（方材、枕木）等。

四面下锯法的优点：

① 整边锯材多，可减少裁边的工作量；

② 能充分利用原木边材部分优质板皮锯出质量好的宽、长板材；

③ 可减少大三角形板皮，有利于提高出材率。

其缺点是原木在大带锯上翻转次数较多，影响机床生产效率。

四面下锯法又叫毛方下锯法，即在大带锯上将原木锯成两面毛方，然后将毛方给主力小带锯剖成板、方材，若原木径级较大，则毛方仍由大带锯剖几个锯口后再转给主力小带锯剖分成板、方材。

（2）三面下锯法。三面下锯法也是翻转下锯法之一，它的锯解顺序是首先在原木边部锯去一侧板皮或带制一块边板，然后90°向外翻转，以锯解面扣在搁凳上，再锯去相邻的一侧板皮，继而平行于这个锯解面依次锯成板材。在锯到一定程度时再以180°向里翻转，再锯去板皮，然后依次锯成板材。三面下锯法的锯解顺序如图2-21。

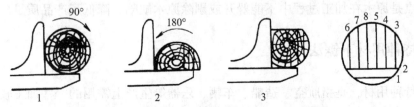

图2-21　三面下锯法锯解顺序及下锯图

三面下锯法锯解原木，原木在跑车上共翻转两次，其锯口顺序和翻转角度为：

$1 \longrightarrow 2 \xrightarrow[\text{向外}]{90°} 3 \longrightarrow 4 \longrightarrow 5 \xrightarrow[\text{向里}]{180°} 6 \longrightarrow 7 \longrightarrow 8$

生产的材种为一面带毛边的板、方材，必要时再由别的机床生产方材或枕木等。

三面下锯法的优点：

① 翻转次数少些，因此可提高大带锯的生产效率；

② 由于部分毛料宽度大，在锯解中、小方材时可利用一部分边材锯解主产品，因而方材出材率较高；

③ 便于小带锯看材下料剔除缺陷，提高锯材质量。

其缺点是与四面下锯法比较则三角材较多，因此出材率稍低。

三面下锯法一般适用于锯解方材（例如门窗料），也适用于专供本企业需要的毛料生产，因为用毛边板截取毛料，出材率较高。在锯解50 cm左右直径原木时，采用三面下锯法，易于翻转和利用一部分边皮锯解主产品。三面下锯法有利于看材下料，剔除缺陷。整边板材应以四面下锯法为主，如果用小径级原木锯解宽材时，也可采用三面下锯法。

（3）毛板下锯法。毛板下锯法也叫两面下锯法。它的锯解顺序是原木在大带锯上先锯下一块板皮，或带一块毛边板，然后毛料180°翻转以锯解面紧贴立桩，再锯去一侧板皮，继而平行地依次锯成毛边板。如用排锯机作主锯加工时，原木不翻转，一次通过排锯机加工成毛边板。其锯口顺序如图2-22。

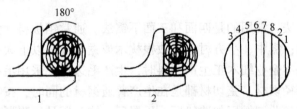

图2-22　毛板下锯法锯解顺序及下锯图

毛板下锯法的优点：

① 用毛板下锯法生产专供箱板用材，可使工艺过程简化，不需配置较多台小带锯，甚至用两台大带锯配置一台小带锯就可组成流水线生产，这样可大大缩短车间长度，避免较多的重复劳动，从而提高劳动生产率；

② 专供本企业所需要的毛边板截取家具毛料，出材率较高；

③ 用大带锯锯解相同厚度的毛边板，简化了工艺，可以提高大带锯机械化和自动化程度。

其缺点是原木在加工过程中不能躲开或剔除原木缺陷，降低了产品质量。

2.3.3 特种用材下锯法

所谓特种用材，是指航空、造船、车辆、乐器等生产上需用的一些加工较细、材质较高的一些专业用材。这种材由于对木材年轮在材面上分布位置和木材纹理被割断程度有一定的规定，而采用不同的下锯法。

特种用材下锯法，根据木材年轮在材面上的分布位置，分为径切材下锯法、弦切材下锯法及胶合木下锯法。

(1) 径切材下锯法。锯材端面年轮切线与宽材面所夹的角大于45°的锯材称为径切材。如图2-23 (a)。

径切材是通过木材髓心，按端面为径向纹理的要求，沿着原木端面的直径或半径下锯而成的。如图2-24。

径切材由于在板宽方向收缩较小，木材纹理完整，利用价值较高。车辆材、乐器材、仪器材及其他贵重用材，多采用径切材。有些重要的建筑材也需要径切材。

扇形径切法，是通过髓心先锯成四个扇形材，然后再按径向纹理的要求制成径切板。

弓形径切法，先是沿端面直径方向锯成两个弓形材然后再沿原木端面直径或半径方向制成径切板。

(2) 弦切材下锯法。径向角 α 为 0°~45° 的锯材称为弦切材。其年轮在材面上呈峰状花纹。如图2-23 (b)。

弦切材是沿着原木年轮切线方向锯割，年轮切线与宽材面夹角不足45°的板材。如图2-25。

弦切板板面具有美丽的花纹，板面不易透水，船甲板材、桶板材和装饰用阔叶材，多采用弦切材。

上述几种下锯方法，常用的是四面和三面下锯法。通常锯板材、大方材，偶数根枕木多采用四面下锯法；锯中、小方材，奇数根枕木或锯50 cm以上大径级原木时，采用三面下锯法；专门供本企业细木工生产用料时，生产毛边板，采用毛板下锯法。

一般制材厂生产径切材、弦切材都是在生产普通锯材的同时，按径向或弦向纹理要求带制出来。只有在专业制材厂如造船厂、乐器厂、体育用品厂附属的制材车间才进行归口专制。

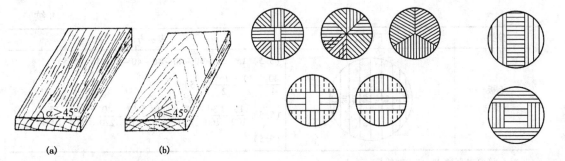

图 2-23　径切材与弦切材木纹特征　　图 2-24　径切材下锯图　　图 2-25　弦切材下锯图
(a) 径切材　(b) 弦切材

2.4　下锯图和划线设计

原木锯解前，按锯材规格在原木小头端面上排列出的锯口图式，称为下锯图。下锯图是结合原木条件按产品订制任务的规格、质量和用途而制定的。下锯图是下锯的指示图，也是制材生产的命令。按下锯图锯解，不但能保证完成订制任务的品种和数量，而且能提高原木出材率和木材的利用率。

2.4.1　下锯图的分类

按下锯方法分类，下锯图可分为四面下锯图、三面下锯图、毛板下锯图等，见表2-12。

表 2-12　下锯图表示方法

分类	下锯图	表示方法
四面下锯法		15-25-180-25-15 15-30-40-40-40-40-30-15
三面下锯法		[30]-40-210 15-30-40-40-40-40-30-15

(续)

分类	下锯图	表示方法
毛板下锯法	（图：原木断面，标注 15-30-40-40-40-40-30-15）	$(5.5)\ 15-30-40-40-40-40-30-15\ (5.5)$ $\dfrac{40}{4}-\dfrac{30}{2}-\dfrac{15}{2}\ (5.5)$ $(5.5)\ \dfrac{15}{100}-\dfrac{30}{160}-\dfrac{40}{220}-\dfrac{40}{270}-\dfrac{40}{270}-\dfrac{40}{220}-\dfrac{30}{160}-\dfrac{15}{100}$ (5.5)

注：该原木直径 28 cm，材长 6m。

2.4.2 下锯图的计算

2.4.2.1 下锯图计算的理论依据 下锯图的计算，是指用数学方法求得锯材最大材积，其计算的依据是：

① 将原木形状看作是抛物线回转体；
② 沿原木纵轴剖开，材面呈抛物线面，可用抛物线方程式 $y^2 = 2px$ 表示；
③ 将原木分成圆柱体部分和削度部分。圆柱体部分长度等于原木长度，削度部分短于原木长度，这两部分都应充分利用；
④ 板材裁边截断后应获得最大材积的锯材。

2.4.2.2 原木最大方材出材率 我国的制材生产大多采用以带锯为主的制材工艺，原木的主产出材率，主要是由大带锯从原木小头断面所下的与原木同长的内接四边形的体积中锯得。而圆内接四边形又以正方形面积为最大，如图 2-26。

当原木断面的内接矩形为正方形，边长为原木直径 (d) 的 0.71 倍时，其断面积最大，所以在这个范围内锯得的锯材，其主产出材率最高。

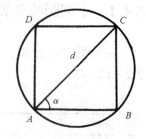

图 2-26 圆内接正方形

但在实际生产中，要求锯解的锯材尺寸，必须符合订制任务明细表中所规定的尺寸。因此在下锯时就要按订制规格下锯，这样下锯时就很难保证主产锯材一点不差的正好都安排在断面 $0.71d$ 范围内锯出，有时出现超出断面 $0.71d$ 范围，有时小于断面 $0.71d$ 范围，为了使主产出材率最大，又能满足锯材规格的要求，在实际下锯时，就要允许有一个接近最大出材率的摆动范围，根据实验和计算，这个摆动范围就是原木端面 $(0.6 \sim 0.8)d$ 范围，见表 2-13。

表 2-13 方材横截面面积与最大方材材积横截面面积的比较

方材高度 (BC)	方材的一边宽度 (AB)	直径中横截面面积 ($AB \times BC$)	方材横截面面积与最大方材材积横截面面积的百分比（%）
0.30	0.95	0.258	57.0
0.35	0.94	0.328	65.6
0.40	0.91	0.364	72.8

（续）

方材高度 (BC)	方材的一边宽度 (AB)	直径中横截面面积 (AB×BC)	方材横截面面积与最大方材材积横截面面积的百分比（%）
0.45	0.89	0.396	79.2
0.50	0.86	0.432	86.5
0.55	0.84	0.462	91.3
0.60	0.80	0.480	96.0
0.65	0.76	0.494	98.8
0.707	0.707	0.500	100.0
0.75	0.65	0.495	99.8
0.80	0.60	0.480	96.0
0.85	0.53	0.470	90.0
0.90	0.44	0.396	81.5
0.95	0.33	0.314	62.8

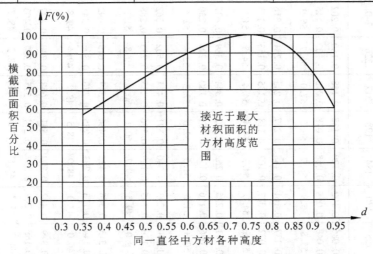

图 2-27 方材高度与横截面面积变化曲线

曲线图 2-27 是根据方材的不同高度所得出的方材横截面面积变化曲线。

从曲线图上可看出，接近于方材最大材积面积的方材高度范围也是直径的 (0.6~0.8)d 范围。也就是说在这个范围内既能够满足订制任务中锯材规格尺寸的要求，又能得到最大的主产出材率。

实际应用时，在原木锯解中，尽量使主产锯材在接近原木小头断面 (0.6~0.8)d 范围内锯出，而原木的边围部分，可带制比主产规格小的连、副产品，提高原木综合出材率。

按国家木材标准，加工用原木小头直径自 18 cm 起，针叶原木检尺长 2~8m，阔叶原木检尺长 2~6 m，按原木材积表计算其主产出材率，见表 2-14。

表 2-14 各径级原木主产出材率计算表

材长	项目	原木直径(cm) 最大方材宽度(mm)	18	20	22	24	26	28	30	32	34	36	38	40	42	44	46	48	50
			127	141	155	170	184	198	212	226	240	255	269	283	297	311	325	339	354
2	原木材积(m³)		0.059	0.072	0.086	0.102	0.120	0.138	0.158	0.180	0.202	0.226	0.252	0.278	0.306	0.336	0.367	0.399	0.432
	最大方材材积(m³)		0.032	0.040	0.048	0.058	0.068	0.078	0.090	0.102	0.115	0.130	0.145	0.160	0.176	0.193	0.211	0.230	0.251
	主产出材率(%)		54.2	55.6	55.8	56.9	56.7	56.5	57.0	56.7	56.9	57.5	57.5	57.6	57.5	57.4	57.5	57.6	58.1
3	原木材积(m³)		0.093	0.114	0.137	0.161	0.188	0.217	0.248	0.281	0.316	0.353	0.393	0.434	0.477	0.522	0.570	0.619	0.671
	最大方材材积(m³)		0.048	0.060	0.072	0.087	0.102	0.118	0.135	0.153	0.173	0.195	0.217	0.240	0.265	0.290	0.317	0.345	0.376
	主产出材率(%)		51.6	52.6	52.6	54.0	54.3	54.4	54.4	54.5	54.7	55.2	55.2	55.3	55.6	55.6	55.6	55.7	56.0
4	原木材积(m³)		0.132	0.160	0.191	0.225	0.262	0.302	0.344	0.389	0.437	0.487	0.541	0.597	0.656	0.717	0.782	0.849	0.919
	最大方材材积(m³)		0.065	0.079	0.096	0.116	0.135	0.157	0.180	0.204	0.230	0.260	0.289	0.320	0.353	0.387	0.423	0.460	0.501
	主产出材率(%)		49.2	49.4	50.3	51.6	51.5	52.0	52.3	52.4	52.6	53.4	53.4	53.6	53.8	54.0	54.1	54.2	54.5
5	原木材积(m³)		0.174	0.210	0.250	0.293	0.340	0.391	0.444	0.502	0.562	0.626	0.694	0.765	0.840	0.918	0.999	1.084	1.173
	最大方材材积(m³)		0.081	0.099	0.120	0.145	0.169	0.196	0.225	0.255	0.288	0.325	0.362	0.400	0.441	0.484	0.528	0.575	0.626
	主产出材率(%)		46.6	47.1	48.0	49.5	49.7	50.1	50.7	50.8	51.2	51.9	52.2	52.3	52.5	52.7	52.8	53.0	53.4
6	原木材积(m³)		0.219	0.264	0.313	0.366	0.423	0.484	0.549	0.619	0.692	0.770	0.852	0.938	1.028	1.123	1.221	1.324	1.431
	最大方材材积(m³)		0.097	0.119	0.144	0.173	0.203	0.235	0.270	0.306	0.345	0.390	0.434	0.481	0.529	0.580	0.634	0.689	0.752
	主产出材率(%)		44.3	45.1	46.0	47.3	48.0	48.5	49.2	49.4	49.8	50.6	50.9	51.3	51.5	51.6	51.9	52.0	52.6
7	原木材积(m³)		0.268	0.321	0.379	0.442	0.509	0.581	0.658	0.740	0.827	0.918	1.014	1.115	1.221	1.331	1.446	1.556	1.691
	最大方材材积(m³)		0.113	0.139	0.168	0.202	0.237	0.274	0.315	0.357	0.403	0.455	0.506	0.561	0.617	0.677	0.739	0.804	0.877
	主产出材率(%)		42.2	43.3	44.3	45.7	46.6	47.2	47.8	48.2	48.7	49.6	49.9	50.3	50.5	50.9	51.5	51.3	51.8
8	原木材积(m³)		0.321	0.383	0.450	0.522	0.600	0.683	0.771	0.865	0.965	1.069	1.180	1.295	1.416	1.542	1.674	1.811	1.954
	最大方材材积(m³)		0.129	0.159	0.192	0.231	0.271	0.314	0.359	0.409	0.461	0.521	0.579	0.641	0.706	0.774	0.845	0.919	1.003
	主产出材率(%)		40.2	41.5	42.7	44.3	45.2	46.0	46.6	47.3	47.8	48.6	49.1	49.5	49.9	50.2	50.5	50.7	51.3

从表 2-14 可看出，原木的主产出材率为 40.2%~58.1%；原木长度对出材率影响最大，即随着原木长度的增加，主产出材率逐渐减小，8 m 原木比 2 m 原木出材率减少很多；原木径级的变化对主产出材率影响较小。

椭圆形原木最大出材率的计算：

设椭圆形长轴为 $2a$，短轴为 $2b$，其内接矩形 $ABCD$ 的面积为 S，B 点的坐标为 x，y，如图 2-28。

则　$S = 4xy$

计算结果得出：

① 椭圆形内最大矩形的长边应为：

$$2x = 0.71 \times 2a$$

即为椭圆形长轴的 0.71。

② 椭圆形内最大矩形的短边应为：

$$2y = 0.71 \times 2b$$

即为椭圆形短轴的 0.71。

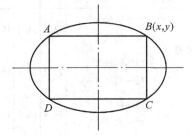

图 2-28　椭圆形原木最大方材图

③ 椭圆形内最大矩形面积为椭圆形长半轴与短半轴之积的 2 倍。

因此，在实际生产中，从上述椭圆形最大矩形范围内锯解主产，其主产出材率最高。

2.4.2.3　带钝棱最大方材出材率的计算　根据锯材国家标准规定，生产锯材可允许带一定尺寸的钝棱。其钝棱最严重的缺角尺寸：一等材不得超过材宽的 25%，二等材不得超过材宽的 50%，三等材不得超过材宽的 80%。其带钝棱最大方材宽度的计算如下：

$$a = cd$$

式中：a——带钝棱的最大方材宽度，cm；

　　　d——原木直径，cm；

　　　c——常数，由表 2-15 查出。

表 2-15　不同材质等级的 c 值

锯材等级	特　等	一　等	二　等	三　等
c 值	针　叶 0.74 阔　叶 0.76	0.80	0.89	0.98

例如：原木直径 30 cm，锯制带 25% 的带钝棱的一等大方材。则可出最大方材宽度为 $0.80 \times 30\ \text{cm} = 24\ \text{cm}$，即能锯出 240 mm × 240 mm 的最大方材。

同样道理可求出原木直径 18~50 cm 锯制特等、一等、二等、三等带钝棱或不带钝棱方材标准尺寸，见表 2-16。

2.4.2.4　各种规格方材的计算　各径级原木锯制正方材材宽，以及生产不同宽度的正方材所需要的原木直径，可按前述的求圆断面内接正方材的出材率的计算公式求之。但锯制各种规格的方材时，即各径级原木锯制不同厚度方材的出材宽度和锯口尺寸，计算方法如下（图 2-29）。

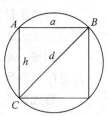

图 2-29　方材计算图

第一步：先求最大方材宽度 a 和方材厚度 h。

表2-16　带钝棱最大方材各等级标准尺寸

项目		原木直径(cm)	18	20	22	24	26	28	30	32	34	36	38	40	42	44	46	48	50
		最大方材一边尺寸(cm)	12.7	14.1	15.5	17.0	18.4	19.8	21.2	22.6	24.0	25.5	26.9	28.3	29.7	31.1	32.5	33.9	35.4
特等	10%钝棱方材一边尺寸		13.3	14.8	16.3	17.8	19.2	20.7	22.2	23.7	25.2	26.6	28.1	29.6	30.1	32.6	34.0	35.5	37.0
	15%钝棱方材一边尺寸		13.7	15.2	16.7	18.2	19.8	21.3	22.8	24.3	25.8	27.4	28.9	30.4	31.9	33.4	34.9	36.5	38.0
一等	25%钝棱方材一边尺寸		14.4	16.0	17.6	19.2	20.8	22.4	24.0	25.6	27.2	28.8	30.4	32.0	33.6	35.2	36.8	38.4	40.0
二等	50%钝棱方材一边尺寸		16.0	17.8	19.6	21.4	23.1	24.9	26.7	28.5	30.3	32.0	33.8	35.6	37.4	39.2	40.9	42.7	44.5
三等	80%钝棱方材一边尺寸		17.6	19.6	21.6	23.5	25.5	27.4	29.4	31.4	33.3	35.3	37.2	39.2	41.2	43.1	45.1	47.0	49.0

按最大出材率原理，原木直径的 0.71 倍，找出锯解原木的最大方材宽度：

$$AB = a = 0.71d$$

即在最大宽度 a 的范围内锯解不同厚度的方材。

最大方材厚度 h，从直角三角形 BAC 中得：

$$h = \sqrt{d^2 - a^2}, \text{mm}$$

式中：a——方材宽度，mm；

h——方材宽度，mm；

d——原木直径，mm。

第二步：在求出最大方材宽度和厚度基础上，依照锯材规格，进一步算出所能锯得的不同规格的方材块数，从而保证方材最大出材率。

为便于计算，将原木直径 18~50 cm 锯解为方材厚度为 3~30 cm 时，方材材面宽度值列于表2-17。

例如，原木直径 36 cm，长 6 m，锯解 80 mm×80 mm 的方材，能出多少块方材？其总的下料尺寸是多少？

首先按最大出材率原理求最大方材宽度：

$$a = 360 \times 0.71 = 256, \text{mm}$$

最大方材厚度：

$$h = \sqrt{360^2 - 256^2} = 253, \text{mm}$$

表 2-17 各径级原木锯制方材出材表 cm

原木直径 / 方材厚度	18	20	22	24	26	28	30	32	34	36	38	40	42	44	46	48	50
最大方材厚度	12.7	14.1	15.5	17.0	18.4	19.8	21.2	22.6	24.0	25.5	26.9	28.3	29.7	31.1	32.5	33.9	35.4
方材厚度	方材出材宽度																
3	17.7	19.8	21.8	23.8	25.8	27.8	29.8	31.9	33.9	35.9	37.9	39.9	41.9	43.9	45.9	47.9	49.9
4	17.5	19.6	21.6	23.7	25.7	27.7	29.7	31.7	33.7	35.8	37.8	39.8	41.8	43.8	45.8	47.8	49.8
5	17.3	19.4	21.4	23.5	25.5	27.5	29.6	31.6	33.6	35.7	37.7	39.7	41.7	43.7	45.7	47.7	49.7
6	16.9	19.1	21.2	23.2	25.3	27.3	29.4	31.4	33.5	35.5	37.5	39.5	41.6	43.6	45.6	47.6	49.6
7	16.6	18.7	20.8	22.9	25.0	27.1	29.2	31.2	33.3	35.3	37.3	39.4	41.4	43.4	45.5	47.5	49.5
8	16.1	18.3	20.5	22.6	24.7	26.8	28.9	30.9	33.0	35.1	37.1	39.2	41.2	43.3	45.3	47.3	49.4
9	15.6	17.8	20.1	22.2	24.4	26.5	28.6	30.7	32.8	34.8	36.9	39.0	41.0	43.1	45.1	47.1	49.2
10	14.9	17.3	19.6	21.8	24.0	26.2	28.3	30.4	32.5	34.6	36.7	38.7	40.8	42.8	44.9	46.9	49.0
12	13.4	16.0	18.4	20.7	23.1	25.3	27.5	29.7	31.8	33.9	36.1	38.1	40.2	42.2	44.4	46.5	48.5
15	9.9	13.2	16.1	18.7	21.2	23.6	26.0	28.3	30.5	32.7	34.9	37.1	39.2	41.4	43.5	45.6	47.7
16	8.2	12.0	15.1	17.9	20.5	22.9	25.4	27.7	30.0	32.2	34.5	36.7	38.8	41.0	43.1	45.3	47.4
18		8.7	12.6	15.9	18.7	21.4	24.0	26.5	28.8	31.2	33.5	35.7	37.9	40.1	42.3	44.5	46.6
20			9.2	13.3	16.6	19.6	22.4	25.0	27.5	29.9	32.3	34.6	36.9	39.2	41.4	43.6	45.8
22				9.6	13.9	17.3	20.4	23.2	25.9	28.5	31.0	33.4	35.8	38.1	40.4	42.6	44.9
24					10.0	14.4	18.0	21.2	24.1	26.8	29.5	32.0	34.5	36.9	39.2	41.6	43.9
25					7.1	12.6	16.6	20.0	23.0	25.9	28.6	31.2	33.7	36.2	38.6	41.0	43.3
27						7.4	13.1	17.2	20.7	23.8	26.7	29.5	32.2	34.7	37.2	39.7	42.1
30								11.0	16.0	19.9	23.3	26.4	29.3	32.2	34.8	37.5	40.0

注:本表按不带钝棱方材计算,如带钝棱的方材出材宽度可略有增加。

按订制规格锯解 80 mm×80 mm 的方材,则从下料宽度和厚度上看,各是 80 mm 的 3 倍多些,所以可确定锯解 240 mm×240 mm 的方材中,可锯出 9 块 80 mm×80 mm 的方材。

此外,在计算方材总宽度和总厚度时,应加上锯口尺寸,根据合理下锯的要求,厚度上加大、小带锯锯口各一个计 5 mm,宽度上加小带锯锯口 2 个计 4 mm,因此,方材的总尺寸为 245 mm×244 mm。其下锯图如图 2-30。

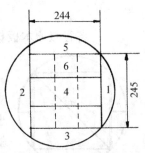

图 2-30 下锯图举例

2.4.2.5 板材出材量的计算 锯解板材时,也是按原木径级和最大出材率原理,先计算方材的宽度和厚度,再算出板块数。因此设计板材宽厚尺寸时,应力求等于或接近该原木最大方材的尺寸为宜。其方材所能锯解的板材块数,仍按直角三角形求之。如图2-31。

$$b = \sqrt{d^2 - a^2}$$

板材块数 n

$$n = \frac{b+m}{h+m} = \frac{\sqrt{d^2 - a^2} + m}{h+m}$$

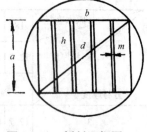

图 2-31 板材下锯图

式中:d——原木直径,mm;
    a——板材宽度,mm;
    b——下料厚度,mm;
    h——板材厚度,mm;
    m——锯口尺寸,mm。

按上述公式,如已知原木直径,板材规格和使用的锯机,就可求出板材块数。

如所锯板材厚度相等时,则下料总厚度:

$$b_{总} = nh + m(n-1)$$

如板材厚度不相等时,则下料总厚度:

$$b_{总} = h_1 + h_2 + \cdots + h_n + m(n-1)$$

式中:h_1,h_2,…,h_n——板材的不同厚度,mm。

例如:原木直径 30 cm,排锯机锯剖厚度 25 mm 的板材,求能锯制板材的块数及下料的总厚度是多少?

按最大出材率原理求板材最大宽度 $a = 300 \times 0.71 = 213$ mm,根据国家木材标准规定加以修正,则下料的标准厚度(板材宽度)为 210 mm。

板材块数

$$n = \frac{\sqrt{d^2 - a^2} + m}{h + m} = \frac{\sqrt{300^2 - 210^2} + 3.3}{25 + 3.3} = 7.69 \approx 8,\text{块}$$

下料总厚度

$$b_{总} = n \cdot h + m(n-1) = 8 \times 25 \times 3.3(8-1) = 223,\text{mm}$$

各径级原木板材标准出材表见表 2-18。

2.4.2.6 板皮厚度与材面宽度的计算 板皮计算如图 2-32。

原木采用四面下锯法锯制主产品后,一般可得到四块完整板皮,其板皮的大小与主产品是否带钝棱有关(如主产品带钝棱,边板就相对缩小),与原木直径及长度也有直接关系(原木直径大,边皮的厚度和宽度就越大;原木长度越长,不仅边皮长,而且板皮的大头厚度、宽度也越大)。

(1) 不带钝棱最大方材板皮的宽度、厚度尺寸的计算。

设原木直径为 d,最大方材一边之长为 a,板皮的厚度为 h

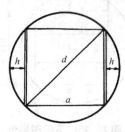

图 2-32 板皮计算图

表 2-18 各径级原木板材标准出材表

厚度 (mm)	径级 (cm)	18	20	22	24	26	28	30	32	34	36	38	40	42	44	46	48	50
	最大方材尺寸	127^2	141^2	155^2	170^2	184^2	198^2	212^2	226^2	240^2	254^2	268^2	283^2	297^2	311^2	325^2	339^2	353^2
	下料标准宽度 下料及出材	130	140	150	170	180	200	210	220	240	250	270	280	300	150+160	160+160	160+180	170+180
12	下料厚度	124	138	166	166	194	194	208	236	236	264	264	292	292	306	334	334	362
	出材块数	8	10	12*	12	14	14	15	17	17	19	19	21	21	22	24*	24	26*
15	下料厚度	134	151	168	168	185	202	219	236	236	253	270	287	287	304	338	338	355
	出材块数	8*	9	10*	10	11	12*	13*	14*	14	15	16*	17	17	18	20*	20	21
18	下料厚度	118	138	158	178	198	198	238	238	258	258	278	298	318	338	338	358	
	出材块数	6	7	8	9	10*	10*	11*	12*	12	13	13	14	15*	16*	17*	17	18*
21	下料厚度	136	136	159	159	182	205	205	228	251	251	274	297	297	317	317	343	366
	出材块数	6*	6	7	7	8	9*	9	10	11*	11	12	13	13*	14*	14	15*	16
25	下料厚度	133	133	160	160	187	187	214	241	241	268	268	295	295	322	322	349	349
	出材块数	5*	5	6	6	7	7	8	9*	9	10*	10*	11	11*	12*	12	13*	13
30	下料厚度	126	158	158	158	190	190	222	222	254	254	254	286	286	318	318	350	350
	出材块数	4*	5*	5	5	6*	6	7	7	8*	8	8	9	9	10*	10	11*	11
40	下料厚度	124	166	166	166	208	208	206	250	250	250	250	292	292	292	336	336	376
	出材块数	3	4*	4*	4	5*	5*	5	6*	6*	6	6	7*	7	7	8*	8	9*
50	下料厚度	102	154	154	154	206	206	208	258	258	258	258	310	310	310	310	362	362
	出材块数	2	3*	3	3	4*	4*	4	5*	5*	5	5	6*	6*	6	6	7*	7
60	下料厚度	122	122	184	184	184	184	246	246	246	246	246	308	308	308	308	370	370
	出材块数	2	2	3*	3*	3	3	4*	4	4	4	4	5*	5*	5	5	6*	6

注：出材块数带 * 号者，是指带钝棱，用小带锯剖分板材。

则
$$h = \frac{d-a}{2}$$

而
$$a = 0.71d$$

∴
$$h = 0.145d$$

考虑锯口尺寸，则实际板皮厚度为：

$$h = 0.145d - 3, \text{mm}$$

(2) 不同厚度板皮着锯面宽度的计算。在制材生产中，为了锯制出一定规格的锯材，第一个锯口的位置或着锯面的尺寸是非常关键的。第一个锯口如下锯不准，就会因一锯之差，不能锯出所要求规格的锯材，因此需要准确计算第一个锯口板皮着锯面的尺寸。

设板皮的厚度为 h，板皮的宽度为 a，原木断面直径为 d，如图 2-33。

可证得图中两个三角形相似，故：

$$\frac{h}{a/2} = \frac{a/2}{d-h}$$

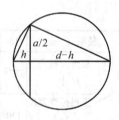

图 2-33 板皮着锯面计算图

整理得：

$$a = 2\sqrt{h(d-h)}, \text{mm}$$

依此公式，知道板皮厚度，就能算出板皮着锯面宽度尺寸。

例如：原木直径 36 cm，第一锯口下厚度 20 mm 的板皮，求毛板着锯面宽度尺寸？

根据公式：

$$a = 2\sqrt{h(d-h)} = 2\sqrt{20 \times (360-20)} = 165, \text{mm}$$

为便于实际应用，兹将直径 18~50 cm 的原木，锯取各种厚度板皮、毛料时，其板皮厚度与材面宽度的关系计算见表 2-19。

表 2-19 各径级原木锯制不同厚度板皮时板皮宽度查定表　　　　　　　cm

原木直径 最大方材厚度 板皮厚度	18 12.7	20 14.1	22 15.5	24 17.0	26 18.4	28 19.8	30 21.2	32 22.6	34 24.0	36 25.5	38 26.8	40 28.3	42 29.7	44 31.1	46 32.5	48 33.9	50 35.3
0.4	53	56	59	62	64	66	68	70	72	74	77	80	82	83	85	87	89
0.5	59	63	65	68	71	72	75	79	82	85	87	90	92	93	95	97	99
0.6	64	68	71	74	77	80	83	86	89	91	94	98	100	102	104	107	109
0.8	74	78	81	84	89	92	96	100	104	106	110	112	115	117	120	123	127
1.0	82	87	92	96	100	104	108	111	115	118	122	125	128	131	134	137	140
1.5	99	105	111	116	121	126	131	134	140	144	148	152	156	160	164	167	171
2.0	113	120	126	133	138	144	150	155	160	165	170	174	179	182	188	192	196
2.5	124	132	140	146	153	160	166	172	177	183	188	194	198	204	208	214	218
3.0	134	143	151	159	166	173	180	186	193	199	205	211	216	222	227	232	237
3.5	142	152	161	170	177	185	192	200	207	214	220	226	232	238	244	251	255
4.0	149	160	170	179	188	196	204	212	219	226	233	240	247	253	259	265	271
4.5	155	168	177	187	196	206	214	222	230	236	245	253	260	267	274	280	286
5.0	161	173	184	195	205	214	223	232	241	249	257	264	272	279	286	293	300
5.5	165	179	190	202	212	222	232	241	250	258	267	276	284	291	298	306	313
6.0	169	183	196	208	219	230	240	250	259	268	277	286	294	302	310	317	325
7.0	175	191	205	218	231	242	254	264	276	285	295	304	313	322	330	339	348
8.0	178	196	212	226	240	253	265	277	288	299	310	320	330	339	349	358	367
9.0	180	199	216	232	247	261	275	288	300	312	323	334	345	355	365	375	385
10.0	179	200	219	237	253	268	283	297	309	322	335	346	358	369	379	390	400

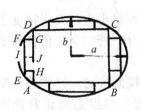
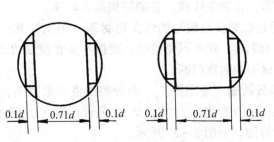
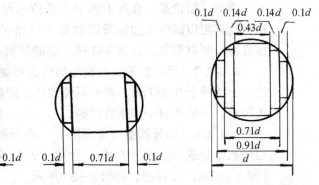

图 2-34 椭圆形边部板皮最大出材率图

图 2-35 毛方材下锯理论最大出材率下锯图

图 2-36 毛板下锯理论最大出材率下锯图

(3) 原木边部板皮最大出材率。

① 圆形断面原木边部板皮最大出材率：在实际生产中，由原木断面内锯取方材外的四块板皮，一般以锯解中、薄板为宜，其厚度与原木直径之比，一般为 0.1。

应用数学极大值原理计算可以证明，在直径为 d 的原木边部取厚度等于 $0.1d$ 宽度为 $0.43d$ 的板材时，其出材率为最大。

② 椭圆形原木边部板皮最大出材率的计算：如图 2-34，椭圆形原木锯制最大扁方后，其周边板皮通常锯制中、薄板，其厚度与椭圆长半径 a，短半径 b 之比，以 0.2 为宜。

长半轴边部板材，其厚度为 $0.2a$ 时，出材率最大。同理，短半轴边部板材，其厚度为 $0.2b$ 时，出材率也最大。

综合上述最大出材率理论：

当采用毛方或四面下锯法时，理论上最大出材率下锯图如图 2-35。

原木中央部分可锯出 $0.71d$ 毛料一块，在 $0.71d$ 范围内锯相同宽度的板材，其主产出材率最高。边围部分可锯出厚 $0.1d$、宽 $0.43d$ 最大断面积的板材，所锯板材出材率最大。

当采用毛板下锯法时，则理论上最大出材率下锯图如图 2-36。

原木中央部分可锯出板材宽 $0.91d$，厚 $0.43d$ 的矩形毛料，两侧可锯出宽 $0.71d$，厚 $0.14d$ 的板材两块，最外侧两块板材宽 $0.43d$，厚 $0.1d$。实际测定证明，按最大出材理论下锯，可使订制材出材率提高 4%~5%，主产出材率可达到 58%~59%。

关于裁边损失问题，毛边板锯解整边板时，需裁掉两个三角形板条，通称"三角子"边条，这种"三角子"损失的大小，取决于下列条件：

① 板材厚度一定时，"三角子"损失大小取决于板材距原木中心的远近，即距原木中心越近，"三角子"越小；距原木中心越远"三角子"越大；靠原木外围，毛边板的"三角子"损失最大。

② 板材位置一定时，"三角子"损失大小取决于板材的厚度，即板材厚度越小，其损失也越小。

③ 板材厚度位置一定时，"三角子"损失可以由于钝棱的增大而减小。

因此，结论是：在原木的中心部位尽量生产厚板，在原木的外围部位尽量生产薄板，这样可以减少毛边板裁边时的"三角子"损失；毛边板裁边时，必须按锯材国家标准及订制材要求，合理带钝棱，就能够提高出材率。

2.4.2.7　毛边板截头与裁边的最大出材率　根据计算，当板材小头与大头宽度之比大于或等于 0.557 时，就可不要截断，而按小头宽度裁边。由于长板材利用价值高于短板材，一般长材不能随意截断。

2.4.2.8　四分圆图（象限图）　四分圆图也称象限图，是按四分之一原木直径断面形状绘制成图。横坐标表示材宽，纵坐标表示材厚，图中原木削度是按正常削度（即 1 cm/m）计算的。如图 2-37 所示。

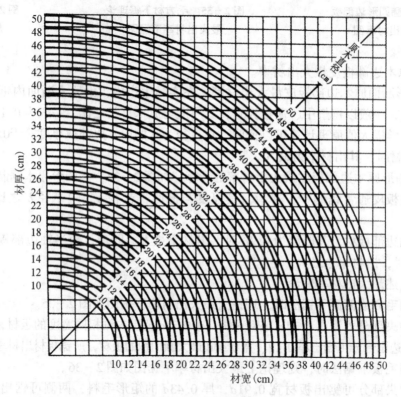

图 2-37　四分圆图

利用四分圆图可查出如下尺寸：
① 已知原木直径，可查出不带钝棱最大方材尺寸、带钝棱方材尺寸。
② 已知原木直径，剖去一定厚度板皮，可查出着锯面的宽度。
③ 已知原木直径和锯材断面尺寸，可查出带钝棱的缺角尺寸。

[例 1]　已知原木直径 30 cm，求锯制一根不带钝棱的最大方材尺寸？
首先从四分圆图的中间斜线上，查出与直径 30 cm 圆弧相交之点，再从此点向左与横坐标平行划线，则交于纵坐标一点，该点的纵坐标数值 216 mm，即为所求不带钝棱最大正方材一边尺寸。

[例 2]　直径 38 cm 的原木，剖去 3 cm 厚的板皮，求板皮着锯面尺寸？

首先从四分圆图横坐标 32 cm 处向上划线，交于 38 cm 原木圆弧上一点，再从此点与横坐标平行向左划线，则交于纵坐标一点，该点数值 205 mm，即为所求板皮着锯面尺寸。

[例3]　直径 26 cm 的原木，锯制 240 mm × 210 mm 的大方材，求所带钝棱百分比？

首先从四分圆图上横坐标 24 cm 处向上划线与直径 26 cm 圆弧线相交一点，再从纵坐标 21 cm 处与横坐标平行划线交于 26 cm 圆弧线上又一点，则该两点的垂直间距 9 cm，即为材宽上的两个缺角尺寸之和，则按锯材国家标准评定材质的规定计算钝棱百分比：

$$\frac{9}{24} \times 100\% = 37.0\%$$

[例4]　已知原木直径 26 cm，锯材的断面尺寸 240 mm × 140 mm，长 4 m，原木削度为 1 cm/m，求所得锯材带钝棱长度及整边锯材（不带钝棱）的长度？

首先从四分圆图上横坐标 24 cm 处向上垂直引线，再从纵坐标 14 cm 处平行横坐标引线，两线之交点为 28 cm 的原木直径断面，才能保证锯出板宽 24 cm，则 28 − 26 = 2 cm，根据原木平均削度值关系得知，该锯材钝棱长度为 2m，整边锯材（不带钝棱）的长度为 2m。

[例5]　已知桥枕断面尺寸宽 20 cm，高 22 cm，求所需原木直径？

首先从四分圆图横坐标 22 cm 处垂直向上引线，再从纵坐标 20 cm 处平行横坐标划线，两线交点所在圆的直径 29.7 cm，根据原木直径的进级规定，则所需原木小头直径为 30 cm。

四分圆图（象限图）是设计下锯图简便可行的工具，它可用于制材划线设计、套裁下料各项设计计算。

2.4.3　划线设计

原木划线设计是我国东北地区制材工人和技术人员，经过多年生产实践总结出来的一项理论与实践相结合的比较先进的锯材生产技术。这一生产技术，将制材生产引向了科学制材、设计制材的轨道上。

原木划线设计就是对加工的每根原木主要锯口进行科学、合理设计，在原木端面上合理地安排锯口位置和锯解顺序，求得在一定的原木中，生产出数量多、质量好、价值高的订制产品。

（1）划线设计的工艺准备。为了搞好原木划线设计，制材厂要作好如下几方面工作：

① 加强进厂原木的验收工作。弄清厂存原木树种、径级、长级、等级情况及其数量，为计划投料和精确计算经济效益打好基础；

② 作好原木区分、归楞工作，保证对车间按产供料，合理配料；

③ 设置调头机，实行原木小头进锯；

④ 要以标准下锯图设计为指导，作为划线设计的依据；

⑤ 要用激光指示器，实行对线下锯。

(2) 划线设计的原则。总结生产经验，在划线下锯时要遵循如下原则：

① 根据订制任务的要求，结合本厂原木条件，依照原木最大出材率原理，合理搭配产品，以求最大限度地提高每根原木完成订制产品的出材率。

② 掌握木材价格率，切实做到长材不短用，优材不劣用，大材不小用的原则，例如长的原木或半成品不得任意截短，应锯制大规格材［桥枕、岔道枕木（以下简称岔枕）、普通枕木（以下简称普枕）、大规格板方材等］。长的板材也不应随便截短，要尽量锯制长材或配合截制，减少截头损失。

③ 锯材品种上的搭配：要根据不同树种、材长、径级和材质的原木，以条件基本相同的订制产品为重点，将大规格材与中小规格材、长材与短材、高等级材与低等级材，合理地搭配在一起。同时应注意将原木的优质部分用在质量较高的锯材品种上。并且要积极利用边心材，特别是从低等级原木的边心材中生产出优质的订制材，以达到材尽其用的目的。

④ 原木用料要做到：在树种使用上，优质针叶材应尽量锯制特种材、汽车材等品种。一般阔叶材符合枕木标准的，应尽量锯制枕木。

⑤ 下锯方法要考虑到：在生产板材时，一般宜采用四面下锯法。四面下锯法所下毛方高度与原木直径之比值，应在 0.6~0.8，其所下的板皮宜锯制中、薄板。

⑥ 合理分配各机床加工锯口的工作量，照顾各生产工序间的密切配合，确保均衡生产，提高生产效率。

(3) 划线设计的内容和方法。划线设计的内容包括原木端面设计和原木材长设计。

① 原木端面设计：就是在原木小头端面上，以划线设计原则为指导，根据锯材订制任务的要求，结合原木条件，以主产品为主，带制连、副产品，设计出主副产品合理搭配的下锯路线图。特别要选准第一、二个锯口位置，最后对出材率进行设计核算。

例如：原木直径 32 cm，长 5m，等内落叶松，主产普枕，带制汽车材，设计下锯图。

端面设计图如图 2-38。

第一步：首先在原木小头直径 (0.6~0.8) d 范围内安排主产品（枕木），以保证主产的最大出材率，剩余部分带制汽车材。

第二步：根据原木直径和材质条件，结合枕木标准设计下锯图，可划出两根Ⅱ类型枕木。划线时，选准第一、二个锯口位置，使之满足第二个锯口着锯面不小于 250 mm，边部带制出一块汽车材。采取四面下锯法，依此划出主产和带制产品下锯图。

第三步：设计核算，依上述下锯图，其设计核算列于表 2-20。设计核算可以进行几种下锯图设计方案的比较，从中选出最佳方案。

② 原木材长设计：主要针对长原木、弯曲原木、削度大的原木以及端部有严重缺陷的原木，本着合理利用木材、提高出材率、提高质量、提高售价为原则，进行材长划线，合理截断。

对长原木合理划线截断时，为避免截头损失，可按表 2-21 所示标准截制。

表 2-20 设计核算

原木直径 (cm)	原木材积 (m³)	制材品种		材积 (m³)		主产加套材材积 (m³)	出材率 (%)		出材率合计 (%)
		主 产	套 制	主 产	套 制		主 产	套 制	
		普 枕	汽车材	普 枕	汽车材		普 枕	汽车材	
32	0.502	Ⅱ类4根	40×220×5000 两块	0.29	0.088	0.378	57.8	17.53	75.33

表 2-21 长原木标准截法

原木长度 (m)	标准截法的长度 (m)	特殊截法的长度 (m)	原木长度 (m)	标准截法的长度 (m)	特殊截法的长度 (m)
4	2+2	2.5+1.5	8	4+4	6+2
6	2+4	3+3	7.5	2.5+5	2.5+2.5+2.5

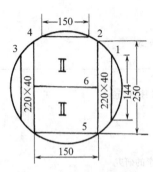

图 2-38 端面设计图

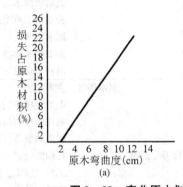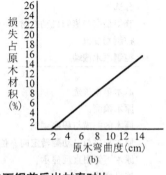

图 2-39 弯曲原木划线下锯前后出材率对比
(a) 划线下锯前 (b) 划线下锯后

对弯曲原木材长设计,通过划线下锯前后实验锯解得出,原木弯曲度在2 cm以下时,对出材率的影响很小;弯曲度大于2 cm时,对出材率有较大的影响。其二者关系基本呈直线规律变化,如图2-39。

对削度大的原木划线,如5m长的原木中间径级比检尺径大2 cm以上者,截断后加工枕木,可多出枕木根数。

2.4.4 计算机辅助设计下锯图

在制材生产中,为了提高原木的出材率和锯材的质量,并达到最佳经济效果,必须在原木的小头端面设计下锯图后再进行锯解。下锯图的设计是依据原木的条件、锯材的规格、质量标准,在符合最大出材率原理和最好的经济效益的前提下,经过周密思考,确定锯口的位置和顺序。在实际生产中,制材工人要在很短时间内,通过目测判断,靠心算来确定合理下锯是很困难的。因此,应用计算机设计下锯图是必然趋势。

在制材生产的其他方面也可以应用计算机,包括检尺、分选、造材、主锯机控制、裁边锯控制、截锯控制和存货控制等等,见表2-22。

表 2-22　计算机在制材工业中的应用

伐　区	
盘存	线性规划
存货的管理和控制	操作数据收集
原木特性的说明	电子记录本巡回记录
原木分析	研究程序的设计
场地分析	系统分析
衡量风险	购销方案的财务分析
模型模拟	
贮　木　场	
存货的管理和控制	分选
检尺	电子记录数据收集
原 条 楞 台	
检尺	造材后原木的定楞位、发送和记录
分选	控制原木单根挑选
获得最高产值的自动造材	原木调头
控制剥皮机	加工剩余物测量和记录
控制原木截端	出材率理论计算
原木楞台、主锯机组	
原木单根挑选	毛方程序锯剖前的扫描和定位
原木检测	板皮的检测与输送
原木的扫描与程序锯剖	锯卡的检测与定位
原木扫描与自动翻转定向、位置检测与控制	扎钩的检测和控制
原木下锯图直观显示	工时、成本、生产率的研究
摇尺机构控制	原料的平衡
带锯机控制	
剖分锯机组	
锯条变化的检测	毛方的扫描和程序锯剖
进料速度的控制	参照剖分锯机组的多种用途
锯解误差的控制	
截锯机机组	
扫描挑选不需要锯截的板材	选出改锯材的扫描
扫描材端发出锯截信号	含水率分选扫描
扫描缺陷发出锯截信号	扫描和记录，用于存货管理、生产管理
等级分选扫描	平衡和故障排除；销售业务的管理
干　燥　窑	
干燥窑前扫描锯材，按长度、宽度、厚度分选	质量控制
	数据分析
用扫描法分选锯材尺寸	"过湿"和"过干"材的检测和分选
生产进度的计划和控制	确定最佳的干燥界限
根据仪表反馈控制	成本分析
干燥窑的干燥程序	

（续）

	刨床机组
扫描出"过湿"的锯材并将其剔出	生产进度的计划和控制
扫描出严重缺陷（一般是破裂的锯材）并将其剔除	按产品规格换算成本
	物资平衡
扫描并统计材积	工时和成本的研究
检查和记录质量	
	贮存与装运
存货的控制	销售业务管理
生产的控制	销售分析
装运的控制	
	研究、发展和工程设计
制材厂模拟	过程控制的开发
制材厂设计	最佳加工流程和机械设计
性能评估技术/统筹方法	设备选择
线性规划	经济可行性研究
试验与实验设计	

2.4.4.1 理论依据

（1）原木的形状特性。原木下锯图的设计与原木端面形状有直接的关系。根据调查资料表明：原木端面形状以椭圆形和近似圆形为大多数，而圆形又是椭圆的特殊情况。故选取椭圆形端面作为研究对象。

（2）原木的直径和长度分布。我国原木的径级以 2 cm 进位，且连续变化。在正常的情况下，原木直径的分布接近于正态变化。可以根据实际情况，选取一定的径级范围。

原木长度决定了锯材的长度和价格。据调查，原木长度一般以 4 m 为多，又因原木的长度规格有限，故对原木长度不加限制。

（3）锯材价格。目前市场上锯材的价格是变动的，选用价格按材种、等级表示，使用时可根据市场情况加以调整。

（4）评价标准。如何评价下锯图最优是一个极为重要的问题，一般采用如下三种评估方法：

① 充分利用主产区域，并依据所需规格合理选取；

② 综合出材率最高；

③ 锯材的价格最高。

在实际编制中，对同一根原木设计不同的下锯方案，其主产出材率最高时，综合出材率不一定最高；当出材率最高时，其价格不一定最高。所以，在实际生产中，制材工人应依据计算机提供的几个较佳方案和具体的生产任务，择优选取。

2.4.4.2 数学模型

(1) 原木形状的假设。原木的径级繁多，形状各异，为了便于选取适当的数学模型，有必要对原木的形状作一些许可的数学理想化，将原木外形看作是抛物线回转体。

(2) 数学模型的确定。根据以上假设和原木最大出材率原理可确定下列数学模型：

① 椭圆标准方程：

$$\frac{x^2}{a^2} + \frac{y^2}{b^2} = 1$$

式中：x——椭圆横坐标变量；
$\quad\quad y$——椭圆纵坐标变量；
$\quad\quad a$——椭圆长半轴，cm；
$\quad\quad b$——椭圆短半轴，cm。

② 椭圆内接最大矩形面积 (S)：

$$S = 0.71 \times 2a \times 0.71 \times 2b = 2ab$$

在此区域内确定主产。

③ 主、副产锯材规格的确定：

主产块数 N：

$$N = \frac{14.2a + M_2}{H_2 + M_2}$$

式中：H_2——主产厚度，mm；
$\quad\quad M_2$——主产锯路宽度，mm。

主产宽度 B_z：

$$B_z = (0.6 \sim 0.8)\, 20b, \text{ mm}$$

副产宽度 B_F：

$$B_F = 20b\sqrt{1 - \frac{A^2}{a^2}}, \text{ mm}$$

式中：A——原木中心到两外材面距离之和，mm。

2.4.4.3 程序编制

原木下锯图辅助设计程序由一个主程序和三个子程序组成。主程序主要完成主产锯材设计，计算主产出材率和综合出材率。子程序Ⅰ对副产锯材进行排列处理。子程序Ⅱ根据锯解后所得出的锯材出材率和价格进行比较，选择出最佳的下锯方案。子程序Ⅲ依据所选方案在小头端面上反映出的尺寸，绘制出下锯图，并输出打印有关数表。

该程序具有计算精确、图像直观、操作简便等特点，适用于制材生产，对提高原木出材率、劳动生产率和经济效益具有一定的意义，为进一步实现我国制材工业自动化打下了基础。

2.4.4.4 BOF 下锯法

美国 Hiram Hallok 提出 "Best Opening Face" (BOF) 下锯

法，译为"最佳剖面"下锯法，该法说明第一道锯口位置与原木出材率的关系，强调选好第一道锯口位置的重要性，并合理分布其余锯口，美国 Madison 林产品研究所随之编制出"BOF 锯解程序"，使理论上的潜在出材率成为现实。此程序可以根据原木直径和长度尺寸、产品规格、产品价格、质量标准等制材生产的变量，来确定所能实现的出材率和效益，同时可以通过工艺过程自动控制系统进行原木的定向和定位，保证原木在跑车上以最佳位置进入锯机锯解，使制材工艺趋于完善。如图 2-40。

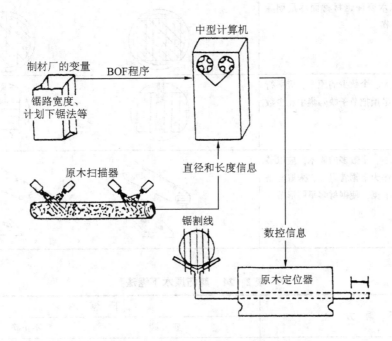

图 2-40　BOF 下锯法示意

2.5　原木锯解加工

2.5.1　缺陷原木的锯解

影响木材质量的主要缺陷为节子、腐朽、裂纹、弯曲、扭转纹等。

缺陷原木的下锯原则：要尽量减少原木缺陷对锯材质量的影响；要根据原木缺陷分布情况，下锯时要将最严重的缺陷集中或剔除，一般缺陷要适当地分散在少数板材上；下锯时要使在锯材材面上缺陷尽量减少。

缺陷原木的锯解方法见表 2-23 至表 2-29。

表 2-23　节子原木下锯法

下锯方法	下锯图 正确	下锯图 不正确
要根据节子在原木内部分布规律来锯解 1. 根段原木要在无节区部位锯解高质量锯材 2. 中段原木要使锯材材面尽量剔除死节，保留活节	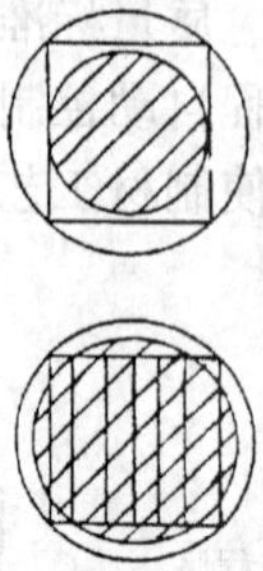	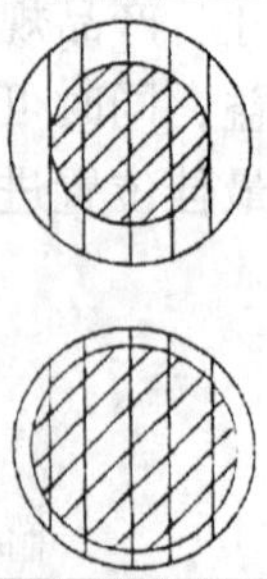
节子直径大、个数少的原木，应平行于节子下锯，尽量把节子缺陷集中在少数板材上	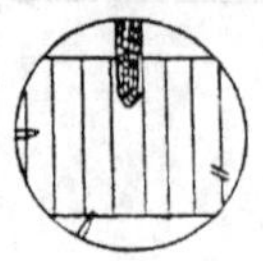	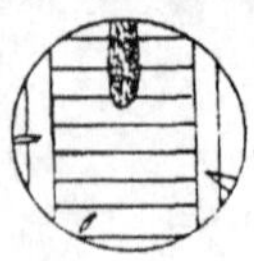
节子直径小、个数多的原木，应以节子密集的一面作为下锯着眼点，采取与密集节垂直方向下锯，使锯材多呈圆形节	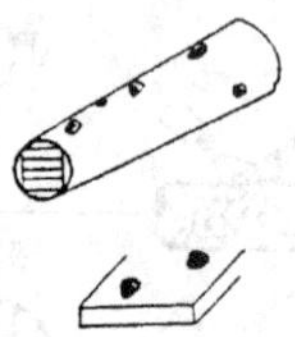	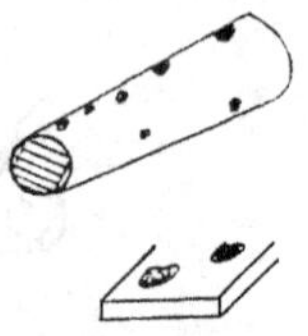

表 2-24　腐朽原木下锯法

下锯方法	下锯图 正确	下锯图 不正确
根段原木的大头断面中心有雪茄形空洞俗称"铁眼"，若空洞较大应平行于原木外缘下锯，即"抽心下锯"或"楔形剔除法"，将腐朽部分全部剔除	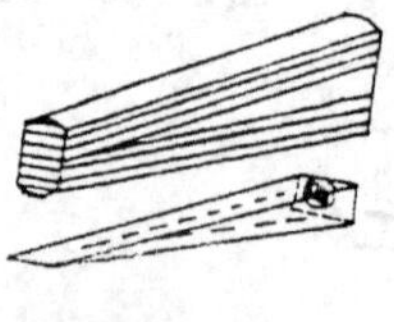	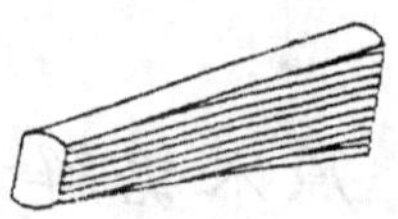
心腐原木，要根据腐朽分布情况，尽量使缺陷集中到少数板材上	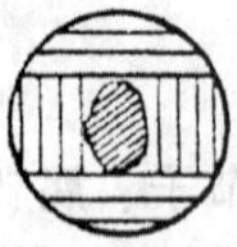	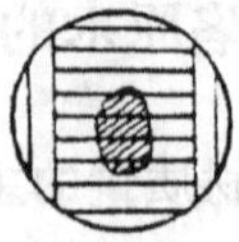
边腐原木下锯时，按腐朽厚度下板皮，要注意不使锯材中部带有腐朽，以便裁边时去掉	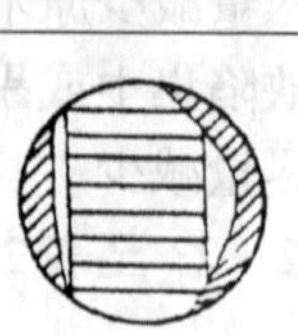	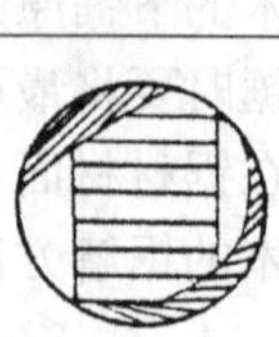

表 2-25 裂纹原木下锯法

下锯方法	下锯图	
	正确	不正确
原木裂纹有纵裂和环裂两种,均应沿裂纹方向平行下锯,尽量使裂纹缺陷集中在一两块板材上,避免每块板材都带有裂纹	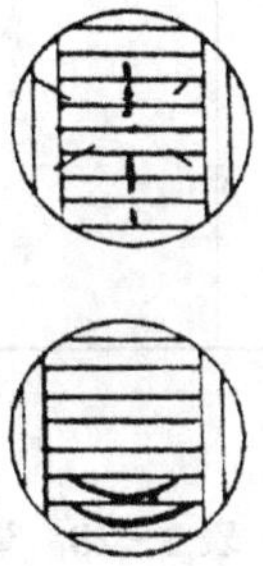	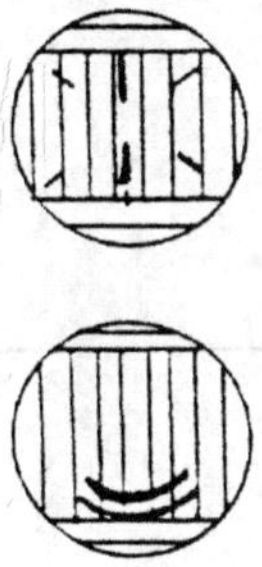

表 2-26 偏心及双心原木下锯法

下锯方法	下锯图	
	正确	不正确
偏心原木如锯解板材时,应把年轮疏密部分分别锯解,否则容易产生翘曲和开裂	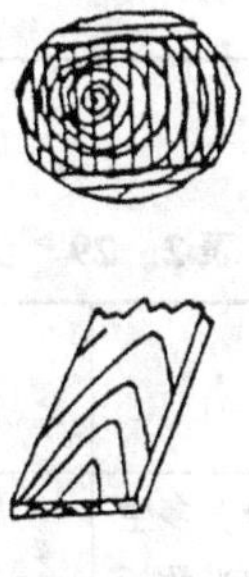	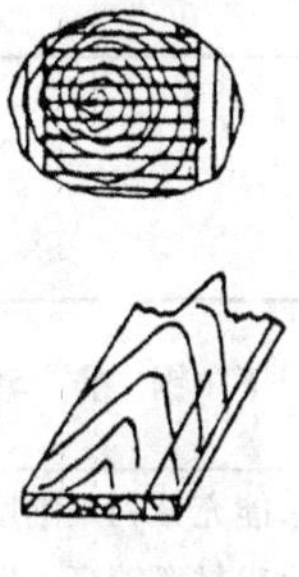
双心原木应沿短径方向锯解板材,逐渐锯解到中央部分,将夹皮集中在一块板材上予以剔除	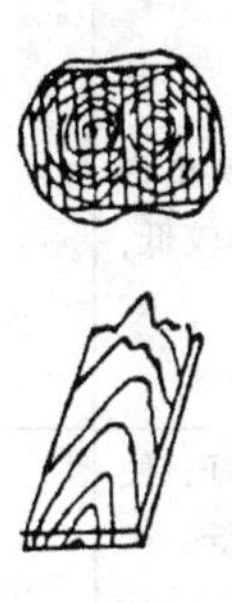	

表 2-27 扭转纹原木下锯法

下锯方法	下锯图	
	正确	不正确
扭转纹原木是严重缺陷,这种原木应锯解成枕木,大方材,不能用于生产板材		

表 2-28 弯曲原木下锯法

下锯方法	下锯图
侧面下锯法适用于无腐朽的一般弯曲原木,也适用于弯曲原木锯解毛边板。此种下锯法得到板材较宽,短材较多,出材率略高	
腹背下锯法适用于边腐弯曲原木,得到长材较多,材宽略窄,出材率略低	

表 2-29 尖削原木下锯法

下锯方法	下锯图
偏心下锯法能充分利用削度肥大部分,多生产短板材,综合出材率较高,但所生产的半数板材具有斜纹,易于断裂	
平行纹理下锯法可得到平行木纹高质量锯材,但锯解时要经常调整"搬垫",效率较低,所以一般不常用此法	
平行原木轴心下锯法所得产品质量较好,使用价值较高,但综合出材率较偏心下锯法低	

2.5.2 板、方材的锯解

2.5.2.1 板材下锯法 板材的生产批量较大，在综合性制材厂当中，一般来说厚板可以选用原木专料专制；而薄板不单独选用原木，应在生产方材、专用锯材、枕木当中，进行带制；非订制中板因价格率低，尽量不生产或少生产。板材下锯时应遵守以下原则：

① 除特殊材种外，一般针阔叶材厚、薄、中板，应尽量锯制较宽的板材，以提高锯材质量等级，增加经济效益。

② 小径级原木要采取毛板下锯法；中径级原木要采取三面下锯法；大径级原木采取四面下锯法。

③ 大径级椭圆形的原木，要将长径作为板厚，短径作为材宽；中、小径级椭圆形的原木则相反，要将长径作为板宽，短径作为材厚，以求尽量增加板材宽度。

④ 小、中径级原木影响板材等级主要缺陷是节子直径和个数。为此，大节子要夹在厚板中间，不使节子显露在宽材面上；而小节子尽量锯成圆形节，可以显露在宽材面上。

⑤ 大径级原木影响板材等级的主要缺陷是腐朽。因此，下料时轻微腐朽要落在板头和边角上，以便截头、截边时除掉；凡是严重的腐朽，应尽量剔除，严防特等、一等板材带有腐朽。

⑥ 相应等级的板材，应注意带有相应比例的钝棱，要防止钝棱超标而降低板材等级。

2.5.2.2 方材下锯法 批量大的大方材选用原木专料专制，而小批量中、小方材，则在生产大规格材中进行带制，通常不单独耗用原木指标，但大批量门窗料和家具料的中、小方材，是可以单独选用原木生产的。方材下锯时，应遵守以下原则：

① 方材的生产要做到合理使用，注意充分利用原木的径级，切忌大材小用。特等针叶大方材，允许钝棱10%，其理论正方材最大出材宽度是$0.74d$；一等大方材，允许钝棱25%，其理论正方材最大出材宽度是$0.8d$；二等大方材，钝棱50%，其理论正方材最大出材宽度是$0.89d$。方材要合理带钝棱，但注意不得超标。

② 大带锯下方材时，单料或偶数料应采取四面下锯法；三块以上奇数料应采取三面下锯法。

③ 除指定订制正方材外，根据原木断面形状和质量情况，尽量生产扁方材，因为木材标准规定窄材面上虫眼、斜纹不计，窄材面上钝棱以着锯为限，所以扁方材平均等级略高、经济效益略好。

④ 方材有关节子、腐朽缺陷的下锯原则与板材基本相同，要努力提高特等、一等品率。

此外，其他特殊订制板、方材，如载重汽车锯材、铁路货车锯材、罐道木、机台木、造船材、乐器材等，规格质量要求较严，需要严格挑选原木，采取专料专制或在生产一般板、方材时，择优配制、套裁下料，以保证质量，从而提高经济效益。

2.5.3 截断和裁边

2.5.3.1 截断 根据长材不短用的原则和锯材长级价格率的规律，长的板、方材，不得随意截断，以免造成损失浪费，但毛头板材和毛头方材，必须把未着锯材头认真截除；订制门窗料、成套箱板、集装箱板、箱夹板，应按订货要求，整齐地截成规定长度；有缺陷的一般锯材，凡截断后能提高两个等级时，可以考虑截断，只能提高一个等级时，须经核算确认等级率高于长级率时，方可截断。

厚板皮及半成品原则上先纵锯成一定厚度板材后，再按要求截去材头或按订制规格要求可以截断，要防止长板皮不论缘由，一律拦腰截断的做法。

近年来，国外采用先进的截断优化控制器，可以检测出板材上缺陷和所带钝棱，能做到截齐端部、截去缺陷、提高等级，增加产品价值，并且能避免截去过长的差错，提高了出材率。

2.5.3.2 裁边 毛边板裁边时，所得板材越宽，出材率越高，另外，板材越宽，节子允许直径越大，有利于提高锯材的等级，因此，裁边时要锯制尽量宽的板、方材，并将影响等级的缺陷裁除掉或缩小其影响程度。其次，毛边板裁为整边板时，要按锯材等级合理留相应的钝棱，以提高出材率。一般的板材，钝棱按宽材面缺棱大小计算，而铁路货车锯材则按窄材面的缺棱不得超过材厚的 50%（两边窄材面有缺角尺寸，则一边 50%，另一边 40%），宽材面以着锯为限。

裁边工序，通常在双圆锯裁边机、单锯片纵锯圆锯机或立式小带锯上进行，最好采用激光投影划线自动定宽的双圆锯裁边机，可以得到比较满意的效果。

在美国和加拿大，在跑车带锯机或其他头道锯后，直接采用裁分锯。裁分锯是一种多锯片圆锯机，它不仅有裁去带有树皮的边部和过大钝棱、生产出矩形板材的作用，还可以或将宽板材分剖成两块或数块窄板或小方材，将价值较高的优质部分与低质材部分分割开，以达到优材优用的目的。裁分锯在北美洲、北欧获得广泛应用，20 世纪 70 年代中期瑞典 Saab – Totem 公司和芬兰 Ahlstrom 公司研制成计算机控制的最佳扫描裁分机，通过扫描，能确定板材上钝棱大小，调整板材和锯片的相对位置，并锯出最大宽度的板材，获得由该毛边板（或毛方）可能得到的最大出材率。后来瑞典 Saab Wood AB 公司又于近几年研制成裁分机优化控制器，可以自动检验木材质量，并判定每块板材所能达到的最大价值。试验证明，使用这种装置，可以提高锯材价值率 3.8%。

2.5.4 小径原木的锯解

2.5.4.1 小径原木制材生产 随着全球天然森林面积的锐减，人工林的比例迅速增长，原木平均直径不断减小，小径原木已是当今世界上主要的木材资源之一。

我国林区生产的小径原木用于农业、轻工业、木材工业、市场民需及其他用料，分为针叶树小径原木和阔叶树小径原木，检尺长 2~6 m，东北、内蒙古地区检尺径为 6~

12 cm。检尺长按 0.2 m 进级，检尺径按 2 cm 进级，长级公差允许 +6、-2 cm。

材质要求见表 2-30。

表 2-30　小径原木缺陷限度

缺陷名称	检量方法		限度
漏节	在全材长范围内		1 个
边材腐朽	厚度不得超过检尺径的		10%
心材腐朽	面积不得超过检尺径断面面积的	小头	不许有
		大头	9%
虫眼	任意材长 1m 范围内的个数		10 个
弯曲	最大拱高不得超过该弯曲内水平长的		6%

南方地区用于造纸的针叶树小径原木，除弯曲不予限制外，其他缺陷执行表 2-30 规定。材质要求低于表 2-30 规定者为烧火柴。

小径原木来源复杂，主要包括人工林的小径原木，大径级原木的树苗梢与枝桠，天然次生林间伐和短轮伐期皆伐下来的木材等。来源不同的小径原木材质差异较大，但所有小径原木有一个共性，即幼龄材的比例很大，而幼龄的材质及变异性是决定小径原木材性特征的关键。目前，针叶树小径原木是世界上小径原木资源的主要组成部分，其木质部比例较大，木材密度低，含水率高，年轮较宽且由里向外呈渐小的不均匀过渡状态。阔叶树小径原木主要特点是拉应木居多，从树干根段到树梢具有比较均匀的材质，即无明显的幼龄材与成熟材的区别。

小径原木的制材生产线应具有较高的自动化水平，如为了精确定位，降低偏差和材料损耗，就必须使用先进的导向装置和计算机控制系统。高效小径原木制材生产线还需要对原料进行严格的分选，一般按径级、弯曲度、长度、尖削度和树种等参数进行分选。加工前先通过原木整形，再以小头朝前进料。小径原木的下锯法有：方材下锯、平切板下锯、薄板下锯和方条下锯。采用的加工设备包括：削片制材联合机、双联带锯机、两头或四头削片铣方机、多轴或组合圆锯机等。小径原木制材厂提高经济效益的另一要素是生产专业化、规格化强的产品，或加工单一品种，以利于提高生产线的自动化程度。

2.5.4.2　胶合木的锯解　随着科学技术的发展，日本和欧美等一些发达国家在木材利用方面发生了许多变化，其中一个新的重要进展是，购进的木材不直接加工成建筑制品、装饰制品及家具制品等，而是先加工成一种新的基材——胶合木，然后再将胶合木加工成各个行业的用品。

胶合木是一种用板材或木材加工剩余物板材截头之类的材料，经干燥后，去除节子、裂纹、腐朽等木材缺陷，加工成宽度一致的矩形板材，再将这些板材两端加工成指形连接榫，一块一块地接长，再进行刨光加工，最后施胶将它们沿纤维方向相互平行地粘合成为一种新材料。这种材料由于没有改变木材的结构和特点，因此它仍和木材一样是一种天然基材，但从物理性能来看，在抗拉和抗压强度方面优于木材，在材料质量的均匀性方面也优于木材。胶合木根据用途分为三类：一般胶合木，主要用于制作不太受力的部件制品，适用于装饰和家具行业；结构用胶合木，主要用于制作受力的部件制品，适用于建筑业的梁柱、桁架等；大断面胶合木，断面在 75 mm×150 mm 以上的胶合木，主要用于制作受力大的部件制品，适用于建筑行业的大型柱、梁、桁架等。

胶合木具有以下特性：胶合木材料均匀、含水率低，其强度性能超过天然实木的 1.5 倍；胶合木制品与工字钢制品和钢筋混凝土制品相比，可大幅度减轻重量，便于施工，降低建筑成本；胶合木的长、宽、厚可以设计成任意尺寸，也可设计成大材料和弯弓形材料，但要经过严密的结构设计计算，才能达到可靠的强度；木材是能燃烧的，大断面胶合木的表面能产生烧焦炭化层，隔断氧的供给，能确保材料的强度；胶合木的热传导率与木材一样低，只有铁的 1/200，混凝土结构的 1/4，保温性能良好，胶合木吸音性能强，音响效果好，是建造音乐厅、会馆、电影院等的最佳建筑材料；胶合木和木材一样，具有呼吸的特点，空气湿度高时，能吸收蓄存空气中的水分，在冬季干燥时，能排出水分，保持"调湿性能"，给人们创造舒适的室内环境。

(1) 胶合木的生产工艺简介。胶合木生产的工艺流程如下：

① 板材加工：将小径原木锯解为板材后，经木材干燥，板材含水率应符合 8%~15% 的要求，为了使板材与当地平衡含水率一致，板材应在当地堆放 20 天左右。板材经过两面刨光，然后通过多锯片圆锯机纵剖为胶合木木条，其宽度为板材的厚度。

② 去除缺陷：按特等品及一、二等品材面质量的要求，去除胶合木木条的节子、裂纹、腐朽、虫眼、变色等木材缺陷。

③ 指接：在胶合木木条的端部开指形榫后进行胶拼接长。指接材的指接接缝应与板面垂直，并不得有间隙存在。

④ 指接材刨光：指接材要进行四面刨光，刨光应采用锋利的刀具，刨光后的指接材表面不得有啃头、钝棱、棱形等缺陷，指接材表面应平整、清洁、无油污、灰尘等。

⑤ 组坯：组坯时，相邻木条指接接缝的间距不得小于 50mm，尽量将木条无缺陷部分作为胶合木表面，并在胶合木两侧配置质量好的木条。

⑥ 涂胶：要求对胶合面进行双面涂胶，不得漏胶。涂胶量应以加压后挤出的胶料在整个胶缝两侧形成完整的硬化胶层为宜。

⑦ 胶拼：为了保证胶合质量，胶合加压应在装有压力计的专用设备上进行。加压压力：针叶材 $0.5 \sim 1 \text{ N/mm}^2$，阔叶材 $1 \sim 1.5 \text{ N/mm}^2$。加压时间随胶种而异，进口高分子水溶性异氰酸酯树脂胶约为 40~50 min。常温固化时，温度必须在 18℃ 以上。

⑧ 砂光：胶合木砂光采用 180# 砂带。砂光表面不得有砂痕、毛刺、烧痕等缺陷。

⑨ 后期处理：产品压力解除后，要有足够的后期处理时间方可进行后面工序的加工。

⑩ 修补：胶合木的面板和背板允许进行修补，可以采用埋木修补法、木粉和合成树脂填充修补法。

(2) 胶合木下锯法。为了扩大和提高小径原木的利用，目前国内外大多采用小径原木生产胶合木。胶合木下锯法，是将小径原木锯解成长度较短，宽度较窄，厚度为 10~30 mm 的板材，而后在板材的端部和侧面用胶黏剂拼接而成。

小径原木用普通下锯法，其出材率仅达到30%~50%，而用胶合木下锯法，出材率可提高到55%~60%，并能提高木材的使用价值。

① 橘瓣形下锯法：这种下锯法是一种将小径原木先截成普通标准长度，旋成圆柱体，锯成四开材，再剖成橘瓣形材，然后将橘瓣形材彼此颠倒，沿长度方向面与面胶拼在一起，拼成任意宽度的胶合板材，如图2-41所示。

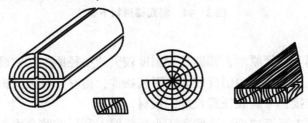

图2-41 橘瓣形材下锯法

如将两个橘瓣形胶合成的板材，端头与端头采用指形胶接，可制成任意长度的板材。用橘瓣形材选择拼板，可使材面不露节子和其他缺陷，结构强度大。这种新下锯法可以克服原木尖削度大的不利条件，将两块橘瓣形材大小头相互调转拼合，彼此补偿了削度。

② 梯形材下锯法：梯形材下锯法是另一种提高小径原木出材率的办法。它是将小径（约10~14 cm）原木先截成短木段（长2.4 m），旋成直径相同的圆柱体，再用带锯机剖分三个锯口（两侧锯口与中央的锯口平行）得到侧边呈弧形的毛方，如图2-42所示。毛方上下两面刨平，侧边弧形铣削成斜面，使材端成等腰梯形，梯形的四个角大致与半圆木的外围轮廓相接。直径稍大的约15 cm以上的旋圆木，剖分五个锯口，外侧锯出两块薄块，铣削成边角有键槽的梯形板，以免胶拼时移动错位，如图2-43所示。板材侧边施胶后，梯形材上下底彼此颠倒相互对齐，侧边拼接在一起成任意宽度的胶合木（胶拼时加热加压）。如端头指形胶接，可成任意长材，以后根据规格需要，可再锯解成一定尺寸的板材。

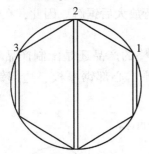

图2-42 梯形板

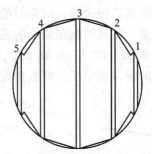

图2-43 带键槽的梯形板

梯形材下锯法的另一种形式为毛边板斜面裁边（或铣边）成梯形材。即先从原木两侧锯出等厚的毛边板，不垂直裁边，不裁成两头一样宽的方正板材，而是顺着削度成斜角裁边（或铣边）成斜面梯形材，板材的材面呈梯形，材端也呈等腰梯形，如图2-44所示。将两块裁好边的板材宽端与窄端，上材面与下材面相互调转胶拼在一起，成

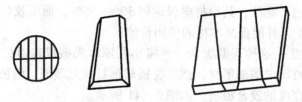

图 2-44 斜面梯形材下锯法

任意宽度的锯材。

这种方法适用于小径原木,特别是尖削度较大的小径原木,它既减少了通常裁边时木材的损失,又克服了原木尖削度较大的不利条件,出材率可大大提高。如果再将板材端头与端头指形胶接,可制成任意长度的板材。

目前大径级原木逐渐减少,这些适于小径级原木利用的胶合木下锯法,值得进一步研究推广。

2.6 原木出材率、锯材质量及工艺措施分析

2.6.1 影响原木出材率的因素分析

(1) 原木条件。原木直径、长度、尖梢度和原木的质量与出材率密切相关。直径大的原木比直径小的原木出材率高;原木较长,形状差异较大,主产出材率较低;同理尖削度大的原木,主产出材率也低,但综合出材率较高;原木质量好的,出材率也能相应提高。图 2-45、图 2-46 反映了原木的直径、长度与出材率的关系。

(2) 锯路宽度。是由使用的锯条厚薄及锯条的修磨状况决定的,厚锯条不仅会增加锯路宽度,有时会影响到锯材的规格,即少锯一块厚板,增加了木材损耗,降低了出材率。如图 2-47。

(3) 锯材的余量。亦称后备量,它包括干缩余量、截头余量和加工余量。在锯制板材时必须考虑这几种余量,对锯材的名义尺寸进行放大后锯解。因此,在锯解毛料时应合理留取余量,将其控制在最小的范围。

(4) 产品配制。在同一根原木中,锯制同种规格的产品还是配制产品对出材率影响较大。加工时通常将厚板、薄板搭配生产,采用原木心部锯厚板、边部锯薄板的原

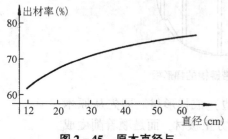

图 2-45 原木直径与出材率的关系

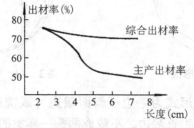

图 2-46 原木长度与出材率的关系

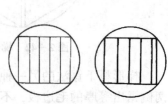

图 2-47 锯路对主产规格的影响

则，对方材、板材进行合理套制，主产、副产合理套制，以提高原木出材率。

（5）操作水平。操作工的操作技术水平直接影响到原木出材率，特别是没有实现计算机优化控制的制材厂，起着决定性的作用。从下锯方案的设计到锯口位置的实现；从原木的几何形状的判别到原木的卡紧定位，从材质对进料速度的影响到板材的裁边、截断等，都要操作工的合理运作，所以应加强操作工的理论素质和技术水平的培养。

（6）生产条件和设备维修。生产条件和设备维修的精良，可减少误差。此外，如果设备状况不佳，即使再好的锯解方案也难以实现。因此，对制材设备应定期检修，保持在良性状态下运行，不仅能提高出材率，还能提高锯材的合格率及质量。

（7）下锯法。根据原木的条件和锯材的要求，采用不同的下锯法，可得到明显不同的效果，毛方下锯法与毛板下锯法所得到的产品规格上差异较大，其中以毛板下锯法的板材宽度最大，四面下锯法板材的宽度最窄，其板材平均宽度约为毛板下锯法的75%左右，三面下锯法的板材宽度介于其间，三种不同的下锯法在主产出材率（$P_主$）与综合出材率（$P_综$）上也显著不同，图2-48中的三条曲线反映出原木在锯制25mm厚的中板（带有20%缺钝棱的一等材）时，下锯法与出材率的关系，图2-48（a）和图2-48（b）分别表示出主产出材率和综合出材率与不同下锯法的关系。从图中看出以毛板下锯法（曲线2）出材率最高，特别是原木直径在30cm以下，其差别更大。因此，在锯解原木时应合理地选择下锯法。

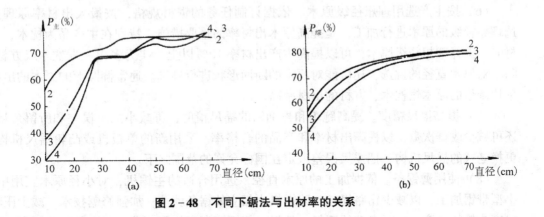

图2-48 不同下锯法与出材率的关系

对缺陷原木的加工和具有特殊要求的锯材，要选用特殊的下锯法，合理的下锯法对提高原木的出材率具有重要的意义。

2.6.2 提高原木出材率的工艺措施

（1）分类生产。是对原木的树种、直径、长度和等级进行分选，对要加工的锯材规格进行分类。这样可在一段时间内，使原木的树种、直径等不变，锯制的产品单一，操作工艺大大简化，通过分类生产利于实现下锯图设计和划线下锯，操作工更易于操作。因此，为了提高原木的出材率，必须科学地组织生产，实行分类生产加工。

(2) 小头进锯。原木在锯解时，以小头先着锯进行锯解，称之小头进锯，小头进锯有利于估测小头端面的直径、形状，通常原木的大头端面形状不如小头端面规整。这样有利于操作工确定锯口位置和看材下料。小头进锯在跑车带锯上锯的板皮、毛方都是小头向前，为下道工序的再剖或裁边、截断的合理锯剖和剔除缺陷创造了条件。

(3) 设计下锯图。根据原木的直径、形状和质量，按最大出材率原理设计出合理的下锯图，下锯图的设计可依据所需产品规格由计算机设计出原木锯解工艺卡片。锯解工艺卡片是由不同下锯方案中比较选择出的最佳方案，可提高出材率2%~3%。原木锯解工艺卡的应用，避免了操作工的运作失误，减少了操作工估测下锯方案的时间，对锯解质量较高的针叶材效果尤为明显。

(4) 划线下锯。划线下锯和采用激光对线下锯，有利于确定第一个锯口的位置，有利于下锯方案的实施，避免了人工估测的误差。特别是在原木条件和锯材规格变化较大时，配合原木锯解工艺卡进行划线下锯，效果更为明显。在锯制方材、枕木时，划线下锯是必不可少的工序。

(5) 编制下锯计划。根据原木条件和锯材要求，使其在规格、质量上相互适应。在原木加工前进行下锯计划编制，做到按材配料，心中有数，又用它作为技术文件指导生产，进行定额管理。下锯计划的编制还能为"代客加工"提供判别能否完成订制任务的理论依据。下锯计划的编制可借助计算机进行辅助设计，是现代制材企业生产管理的重要手段。

(6) 按主产选用理想径级原木。依据订制任务的锯材规格，按最大出材率原理挑选理想径级的原木进行加工，是提高原木出材率的重要措施。特别在主产品为枕木、方材时，选择理想径级原木，可以提高主产出材率10%以上，实为多出一根枕木或方材。除了对原木直径的挑选，还可能对原木的断面形状进行挑选。通常椭圆形的原木的出材率比圆形的原木锯枕木、方材的出材率高。

(7) 提高摇尺精度。提高跑车和再剖锯的摇尺精度，可减小加工误差和所留余量，还可减少改锯次数，以提高出材率和产品的合格率。采用新的单板机或凸轮摇尺机构，更换老式的摇尺机构，把摇尺误差限定在国标允许的范围之下。

(8) 使用薄锯条。依据加工的原木直径，选用合适的主锯机，对小径原木宜用中、小型带锯加工，以减少锯路损耗，因锯机小相应的锯条就薄，加强修锯技术，减少压料幅度或拨料宽度，实行自动的压料、整料，使锯口宽度均匀一致。对有条件的厂家，可引进高张紧、薄锯条的锯机设备，以减少锯路损耗。

(9) 合理套制产品。在加工主产品时，为了提高出材率，应合理套制副产品，在锯制枕木方材时，应配制板材，在锯制板材时，应考虑原木中心锯厚板、边部锯薄板的原则。在锯制特殊用材时，带制普通锯材。合理地套制，对提高原木的出材率能获得较好的效果。

(10) 合理地裁边、截断。在原木进车间前需依据弯曲度、尖削度情况进行合理截断，还应根据订制任务的长度进行截断造材。如无特殊情况，一般长材不短截，增加使用价值。对锯制出的毛边板和板皮，要按照最大出材率原理进行截断、裁边，有时还要尽可能地满足订制规格。对拼宽材和自用材，按实际宽度进行裁边，尽量出宽板。

(11) 按标准留钝棱。根据国家标准规定的锯材等级所允许的缺棱量合理地留钝棱，对方材、枕木也应按有关标准留取钝棱。留取的原则是以不降低产品的等级为依据，通过留钝棱可提高出材率3%左右。

(12) 采用合理的下锯法。下锯法的选用要依据原木的条件和产品的要求进行，对缺陷原木应采用相应的下锯法：对主产品为中、厚板并要求板材的宽度规格较少，应选取用毛方下锯法；对于板箱用材和家具毛料尽可能用毛板下锯法锯制毛边板；锯制整边板时，采用四面下锯法，充分利用优质边材，减少裁边量，而且能提高原木的主产出材率和综合出材率。

(13) 胶拼接长。锯材用做某些用途时，需进行胶拼拼宽，因此，在原木锯解时就可考虑锯制梯形板并采用橘瓣下锯法，以提高出材率，充分利用小规格材进行胶拼接长，生产优质的胶合木，也是提高出材率的另一途径。

2.6.3 影响锯材质量的因素分析

工业产品质量与人们的生活息息相关，特别是锯材，它普遍应用于房屋建筑、桥梁、枕木、造船、矿柱、家具等，它的质量关系到千千万万人的生命安全和日常生活。因此，提高锯材质量是社会主义建设和人民生活的迫切需要。

提高锯材质量的途径主要是，加强产品质量管理、精选原木、按产供料、合理用料、合理下锯，增加优质产品比例，实行工艺设备改革，加强锯机检修、确保修锯质量，提高锯材加工精度等。

锯材加工精度主要包括锯材加工尺寸精度，锯材的几何形状精度，锯材的相互位置精度，锯材的表面粗糙度。与之相应，可把上面四种精度误差分别称为尺寸误差、几何形状误差、相互位置误差和表面粗糙度。

不论哪种形式的加工误差，都是由于许多误差因素所造成的，在一定的场合下，根据其对加工材料的影响、作用和性质的不同，可分为二类，即系统性误差和偶然性误差。

系统性误差：一批锯材的加工误差是固定的或有规律的变化着的，前者称为常值系统误差，后者称为变值系统误差，刀具和机床零件的磨损、机床调整不正确等都会产生系统性误差。

偶然性误差：一批锯材的加工误差不是固定的，变化时没有明显的规律，这种误差称为偶然性误差。加工材料的性质变化、加工条件的变动和机床操作不慎等，都会产生偶然性误差。

无论是尺寸误差、几何形状误差和相互位置的误差，都是由于系统性误差和偶然性误差综合作用而形成的。为了获得必要的加工精度，必须知道哪些因素影响加工精度，采取必要的措施来消除和控制加工误差。

2.6.3.1 锯解缺陷产生原因及纠正方法　见表2-31。

表 2-31 锯解缺陷产生原因及纠正方法

缺陷名称	产生原因	纠正方法
端部突出	① 锯条邻近齿根处有膨瘤 ② 锯轮歪斜 ③ 进锯过猛 ④ 锯卡调整不好，一面松、一面紧或螺丝没拧紧，致使进料时锯条左右摆	① 在有膨瘤处四周用辊压或在平台用手锤修整 ② 需要挂线校正锯轮，进锯方向跑车轨道与锯轮本应90°相交，可改为89°45′相交 ③ 开始进锯时，可适当减缓速度，进锯速度以 20 m/min 左右为宜，进锯 20 cm 后再提高速度 ④ 将锯卡稍拧紧些，约束锯条不使其左右摆动
偏沿子	① 车盘与车桩或锯比子与锯台平面不成直角 ② 材面未靠车桩即挂钩；小带锯的毛料平面与锯比子没有全面接触	① 要经常检查各接触面是否保持直角，发现误差要及时校正 ② 精心操作，提高技术熟练程度 ③ 对立桩、靠山进行检测校正
波浪弯	① 锯条张紧力不足 ② 进料速度不当 ③ 锯机上轮缘不在一条线上，锯解时串条 ④ 锯卡间隙过大，两锯卡间距过大	① 提高锯条张紧力 ② 调整进料速度 ③ 调整锯轮，使轮缘在一直线上 ④ 调整锯卡
凸腹（材面凸肚）	① 锯料或锯齿向一面偏倚或锯身向一侧凸起 ② 锯卡子调整不当 ③ 遇大节子未减缓进料速度	① 修整偏倚锯料或锯齿；将向一侧凸起的锯身修平 ② 使锯卡子木块与锯条间隙调整一致 ③ 遇大节子时，应提前减缓进料速度
洗衣板纹	① 个别锯齿凸出、偏斜、脱落或飞齿 ② 锯料角磨损	① 提高锉锯质量 ② 补接脱落齿
板面起毛刺	① 齿刃过钝，切削不良 ② 齿端角大，齿喉角小的锯齿也容易起毛刺	① 勤研磨锯齿，使其经常保持锐利 ② 采用齿喉角大些的锯齿
入口小或入口大	① 开始进锯时木料偏离锯条方向偏斜进锯后才贴紧锯比子 ② 进锯时用力过猛或锯卡松动，锯条左右摆动	① 进锯前就要将木料放正，并贴紧锯比子，以直线方向进料 ② 进锯时不宜猛力推料，并经常校正锯卡

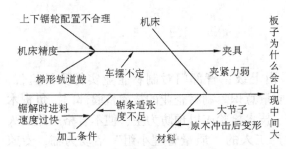
图 2-49 板材出现中间缺陷的因果分析图

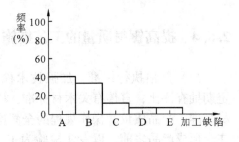
图 2-50 加工缺陷排列图
A. 中间大 B. 水波纹 C. 入口小
D. 偏沿子 E. 其他

2.6.3.2 制材质量管理控制常用图表

（1）因果分析图。按原木、锯机、刀具、工艺、生产环境、技术操作等因素，必要时再依次细分因素，绘成鱼刺型因果分析图，如图 2-49。

（2）因素频率排列图。按一定时期锯材残次品种类及频率绘成直方图，加以分析，最好每隔一段时间绘一张，便于每个时期对比分析，如图 2-50。

（3）质量分布图。锯材质量在公差范围内变化原因及频率可绘成质量分布（直方）图，如图 2-51。各种形式的直方图如图 2-52。

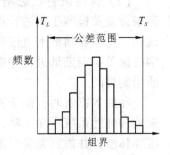
图 2-51 质量分布图

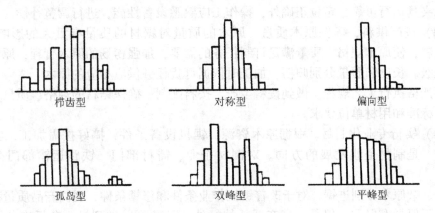
图 2-52 各种形式的直方图

栉齿型：说明产品的测量方法及读数有问题；
对称型：表示符合正常生产条件下一般分布规律；
偏向型：表示局部或通盘尺寸超差，偏大或偏小；
孤岛型：检测不当造成极端值，或加工中出现条件变异；
双峰型：机床调整或操作技术水平高低不等，造成的差异；
平峰型：某些缓慢因素如刀具磨损、操作者疲劳、动作迟缓等。
查看直方图是否都落在容许公差范围，分析其主要问题和较普遍的形状差异。

2.6.4 提高锯材质量的工艺措施

(1) 严格执行标准，加强技术检验。由上级主管部门对制材企业实行质量监督，定期抽查评比，宣传有关木材标准，树立质量意识。制材企业的技术检验部门，负责木材标准、产品质量、操作规程的全面检查。技术检验应以预防为主，使不合格产品消灭在未形成产品之前，以专业检验为主，生产工人的"质量管理小组"活动为辅，专兼配合，防止不合格的半成品流转，防止不合格的产品出厂。要经常征求用户意见，定期作产品质量分析总结，不断提高产品质量。

(2) 保持设备状态精良。制材企业定期对锯机设备、进料机构、辅助工艺设备、运输设备及检测工具进行检修，对影响加工精良的机床误差，如主轴的径向跳动和轴向跳动，跑车导轨的平直度和平行度，导轨对主轴中心线的平行度或垂直度，有关传动机构的误差应定期地进行检查调整，以保证机床处于较合理的状态下工作，达到提高锯材质量的目的。

在原木锯解时，由于刀具磨损变钝以及修整不良，导致切削阻力增加，使刀具发生颤动和弹性系统刚度下降，因而增大了材料的加工误差，因此必须使锯条有适当的适张度和弧度，并做到锯身平滑，开齿均匀，焊接牢固和锯料整齐。锯卡的形状和间隙是否合理也是产生锯条抖动，影响加工质量的因素之一，因此应经常检修调整，材料的安装与夹具有关，在夹紧时，材料产生弹性变形、位移和偏移，改变了定位时原木或锯材的正确位置，此外，定位基准面和夹具支承面之间的接触变形，都会产生夹紧误差。因此，除夹具运行可靠，定位正确外，操作工应熟悉设备性能，进行调整补偿。

(3) 按产供料，确保原木质量。原木的质量对锯材的质量有重大的影响，因此，按产供料，使原木规格、质量满足订制任务的需要，加强楞场的原木管理，原木应按树种、径级、长度和质量分别归楞，加工时依据订货任务供应相应的原木。

要严格执行工艺规程。做到按料生产，按料配制，确保锯材的规格、质量，完全达到木材标准和用材单位要求。

(4) 实行专业化制材。根据原木资源，锯机设备条件，搞好按需加工，实行专业化制材，是制材企业发展的方向。对制材企业、需材部门、铁路运输部门都有很大好处。

松、杂原木分别进锯，对于改善锯机作业条件和修锯条件，提高产品质量都有积极作用。不但具有保质、保量、高产低耗的好处，而且可以做到松、杂板皮分别削制木片，分别利用，对提高产值有明显作用。

松、杂原木分别进锯，也为提高修锯质量创造了条件。因为锯解松木时，齿距要大，锯料应该略宽；锯解硬杂木时，齿距应该略小，锯料可以略窄。同理，夏季齿距要大，锯料略宽；冬季齿距要小，锯料略窄。松、杂木分别进锯时，在一台带锯机上，可使用齿距不同的两种以上的锯条，对提高质量有明显的作用。

(5) 锯材合理保管。锯材进入板院应进行合理的截造，尽可能从等外材中截制等内锯材；从低等级锯材中截制高等级锯材，对后备长度及公差范围内的腐朽、钝棱等缺陷应截除掉，将保管期过长引起的降等材，重新改锯，使其成为合格材。

严格分选、评等规程，做到优材不劣用，减少评等误差。

加强锯材保管，严格地按材种、规格和等级分别堆放，根据锯材的规格和含水率情况，选用合理的堆垛方法，对珍贵树种和特殊用材（高质量的）应及时进行人工干燥，入库保管。对易开裂锯材，除了板垛加顶盖外，还应在锯材端面涂化学药剂或涂料，以控制水分蒸发过快，导致开裂，对已开裂的锯材应采用 S 形钉、C 形钉、螺旋串钉和铁丝捆头等方法，防止裂缝扩大。

思 考 题

1. 制材设备的基本类型及其主要内容是什么？
2. 带锯机、圆锯机和排锯机的各自技术特性有哪些？
3. 联锯机与普通带锯机的主要差异在哪里？有何优越性？
4. 削片制材联合机主要特点是什么？
5. 原木下锯法有哪几种？每种下锯法锯解顺序如何？
6. 特种用材下锯法有哪几种？各自有何特点？
7. 什么叫下锯图？下锯图如何表示？
8. 原木最大出材率原理是什么？实际生产中如何应用这一原理？
9. 原木端面设计是怎样进行的？
10. 计算机辅助设计下锯图具体有哪些步骤？
11. 如何依据原木的缺陷进行合理下锯？缺陷原木下锯的一般原则是什么？
12. 影响原木出材率的因素有哪些？如何制订提高出材率的工艺措施？
13. 提高锯材质量的关键是什么？结合本地实际情况，提出几条切合实际的措施。

第 3 章

锯材的分选与检验

[本章重点]　锯材尺寸检量及评等的方法。

锯材在运出制材车间后和进入板院前，在选材场要进行分选和检验。分选是按照锯材的材种、规格、质量和用途等进行分门别类的区分，便于板院的堆垛保管和调拨。检验是按照国家锯材标准规定的木材缺陷、材质等级允许限度，对锯材进行检验评等。因此，选材和检验是制材厂的重要工序，选材场是制材厂的重要组成部分。

3.1　锯材分选的方式及装置

3.1.1　锯材分选的方式

根据制材厂的生产规模、选材区分要求的程度以及场地大小和运输条件，选材区分有不同的方式。

小型制材厂，其生产规模较小，产品的种类数量相应较少，场地面积小，故选材区分通常在板院进行，以人工分选为多。

大、中型制材厂，生产规模大，产品种类多，要求对锯材区分细致。因此，应根据生产量大小和运输速度，确定选材区分在选材线上进行，或者先抽分、后选材。因此，选材区分的大部分工作是在选材场进行。

根据锯材选材线与车间的配置，选材方式又可分为纵向区分、横向区分和圆盘式区分。纵向选材区分适用于中、小型制材厂，或者先抽分后评等的工艺；横向和圆盘式区分运输速度可减慢，适合于大型制材厂，或者选材区分都在选材线上进行的方式。

选材区分的过程是：首先对制材车间运出的锯材，按照锯材标准来检验评等，并作等级记号，再由抽板工人或分选机械，将各等级、尺寸、材种的锯材抽出而分开堆放，然后运送至板院。

对专用材或特殊用材，除进行一次区分外，由于在保管过程中的原因会引起部分变质，因此调拨前在板院还需进行二次选材区分。对不符合质量和尺寸标准的锯材，需要进行改锯，选材工按合理利用原则，在材面上标明改锯记号，并单独抽出堆放，以便返回车间。这些锯材在改锯后再进行检验评等。

3.1.2 选材区分装置简介

选材区分装置有各种类型。按机械化程度可分为人工分选装置和机械分选装置；按选材线与车间的配置分为锯材纵向移动、横向移动和圆周移动的选材装置；按锯材的分选方式可分为侧向分选和自动坠落式分选装置；按分选材的层数又分为单层和多层区分装置。

（1）人工分选装置。在国内的制材生产中，选材大多是采用人工分选，多数采用锯材纵、横向移动选材装置。

（2）机械自动分选装置。机械自动分选装置有各种坠落式分选装置（图 3-1）和多层链式分选装置等。在完成锯材的检验评等后，依据其规格送入相应的料仓，结合微机控制具有较好的效果。

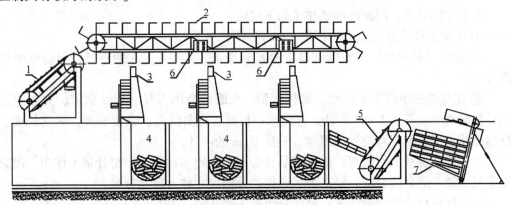

图 3-1 坠落式自动分选装置
1. 链式运输机 2. 锯材分选运输机 3. 投卸装置 4. 框兜 5、7. 堆垛机 6. 自动测定器

（3）应力分等装置。锯材应力分等装置是根据木材的强度和刚度来进行分等，即根据木材的弹性模量和抗弯强度的相互关系来确定锯材等级。经过无损检测，可预报出锯材的强度，为锯材的合理利用提供了理论上的依据，特别适用于建筑结构用材。

如图 3-2，锯材由两对滚柱进料，同时由两光面驱动支承滚柱支承，由加压滚柱 9 向上突出使锯材达到一恒定挠度，弯曲力由磁性弹力转换器（传感器）测量。只要测出弯曲力，就可以由公式算出锯材的强度。

锯材应力分等在国内仍处于研究阶段，需制订相应的国家标准，逐步推广实行，具有广阔的前景。

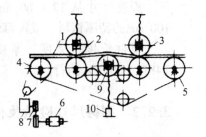

图 3-2 锯材应力分等装置
1. 锯材 2、3. 滚柱 4、5. 驱动支承滚柱
6. 电机 7. 皮带 8. 减速箱 9. 加压滚柱
10. 磁力弹性转换器

3.2 锯材检量及评等方法

锯材检量及评等的正确与否,直接关系到锯材的材积计算和锯材等级的确定,影响到锯材的质量和销售,为此,国家对有关检量方法进行了规定,是锯材尺寸检量和等级评定的依据。

3.2.1 锯材标准尺寸进位

根据国务院关于统一我国计量制度的命令规定,木材标准各计量单位均采用国际通用的符号表示。目前,我国木材计量单位统一使用 m（米）、cm（厘米）、mm（毫米）、cm^2（平方厘米）和 m^3（立方米）。

为了计算方便,国家标准还作了如下规定:

① 锯材长度检量到厘米,不足 1 cm 的不计。

② 锯材（板方材）的宽度和厚度检量到毫米,不足 1 mm 的不计,但合格率检验除外。

③ 锯材缺陷中的节子尺寸、腐朽面积、虫眼的最小直径、裂纹宽度、夹皮宽度等均检量至毫米,不足 1 mm 不计。弯曲水平长度、弯曲拱高、纵裂长度、夹皮长度、斜纹高度及水平长度等均检量到厘米,不足 1 cm 的不计。

为了提高检量工作效率,搞好商品材管理,节约木材,在锯材计量工作中,国家规定了尺寸统一进舍的办法。经进舍后所得的分档尺寸称为尺寸分级。

根据锯材尺寸的检量计算,尺寸分级有下面几种:

按一定进位尺寸计算的长度,称为长级。长度为 1～8 m,长度进级 2 m 以上按 0.2 m 进级;不足 2 m 的按 0.1 m 进级。

宽度尺寸以 10 mm 为进级单位,自用材或代加工材可用自由宽度。

厚度尺寸从 12～60 mm 共 11 种,如特殊需要可锯 70 mm、80 mm、90 mm、100 mm 的特厚锯材,或按订制规格加工。

锯材长度、宽度、厚度的详细规定按锯材国家标准（GB/T153—1995、GB/T4817—1995）执行。

3.2.2 锯材尺寸检量及材积计算

在锯材的各项标准中所列的厚度、宽度和长度,都是指锯材的名义尺寸（又称标准尺寸）。在检量这些尺寸时,都以实际检量的尺寸为依据,然后对照标准中允许偏差限度确定其名义尺寸。

（1）长度检量。锯材的长度应沿材长方向检量两端面之间的最短距离。如实际长度小于标准规定的长度,但没有超过负偏差的规定,仍按标准长度计算;若超过负偏差规定的,则按下一个标准长度计算,其多余的部分不计,如图 3-3。

例如：现有两块锯材，一块的实际长度为 2.97 m，另一块为 2.98 m，按锯材尺寸公差的规定，第一块锯材按 3 m 确定，但负偏差超过了标准规定的 2 cm，所以其检尺长只能按下一级计算，即检尺长为 2.8 m，多余不计。而第二块锯材正好在负偏差允许的范围 2 cm，故检尺长为 3 m。

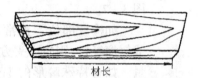

图 3-3　锯材长度的量法

(2) 宽度、厚度的检量。锯材的宽度、厚度应在检尺长范围内除去两端各 15 cm 左右的任意一处无钝棱部位检量。计算检尺宽或检尺厚时，正负偏差允许同时存在。如检量材宽最宽部位的尺寸没有超过正偏差，最窄部位的尺寸又没有超过负偏差，仍认为合格。检量带有钝棱的材面宽度时，以完全着锯的材面宽度为准，如图 3-4。

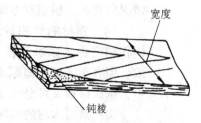

图 3-4　带钝棱锯材宽度的量法

检量出来的宽度或厚度，如果超过了标准规定的负偏差，应按下一级的尺寸计算。

例如：有一块锯材的实际厚度为 27 mm，宽度为 196 mm。因此，按规定此锯材的检尺厚为 25 mm，检尺宽为 190 mm。因为国标中规定的厚度只有 25 mm 和 30 mm，而此锯材作为 30 mm 就超过了允许的 2 mm 的负偏差，所以只能按 25 mm 计算。同理检尺宽也由此而来。

图 3-5　锯材材头未着锯

对于超过正偏差的锯材，多余部分不算材积外，原则上应进行改锯，使其符合国家标准。因此，在制材生产中减少或不带正偏差，以节约木材，减少刨削量，提高出材率和合格率。

对订制的特殊材、专用材和自由宽锯材等，不受上述规定的限制，检量方法由供需双方商定。

由于加工设备或技术不良，造成材宽或材厚有不着锯和凹陷部分。对于这种情况，检量时可以让尺，即少算长度、宽度或厚度，并以损耗材积较少的一个因子为准。如有一块锯材，材头未着锯（图 3-5），根据规定要让尺，经检量计算少算宽度所得材积，比少算长度所得的材积大，因此，让宽度，不让长度。反之，则让长度，不让宽度。

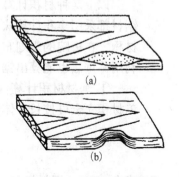

图 3-6　材身有机械损伤
(a) 按钝棱评等　(b) 按让尺处理

如果材身有机械损伤、缺角的可以按钝棱评等；如整个材面去掉一块的，应作让尺处理，如图 3-6。

(3) 毛边锯材的检量。毛边锯材的检量，除了宽度是以检尺长 1/2 处量得的上材面着锯部分尺寸加下材面的尺寸，用 2 除便得该块毛边锯材的宽度外，毛边锯材的长度、厚度和等级评定，除另有注明外，其他均按整边锯材的检验方法进行。

为了简化毛边锯材的宽度检量手续和计算方法，在检量毛边锯材的宽度时，可以用检尺长 1/2 处量得的上材面着锯部分的尺寸与较小毛边的尺寸之和，作为该块毛边锯材的宽度，如

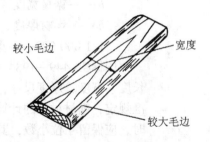

图 3-7　毛边锯材宽度的量法

图 3-7。

如检量部位不正常（如毛边部分有节疤或树瘤等），则向小头方向延伸至正常部位检量。如有特殊畸形的毛边锯材，例如"蜂腰形"（即中间窄，两头宽）或"大肚形"（中间宽，两头窄）的，其检量方法可根据具体情况处理，以供需双方满意为原则。

(4) 锯材的材积计算方法。材积是木材体积的简称。原木和锯材的材积含义基本一致，但有所区别，即原木的材积经换算得来的。在此仅讨论锯材的材积。在实际工作中，锯材材积又可分为实积和容积（原木称为层积）两种，如图 3-8。

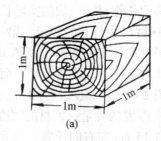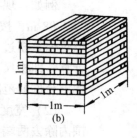

图 3-8 锯材的实积与容积
(a) 实积　(b) 容积

实积是指木材的实际体积，即长度、宽度、高度各 1m 木材所占的空间，称为一个实积立方米。它在一个立方米体积内几乎没有什么空隙，完全充满着木材。

容积则指锯材堆垛起来的体积。虽然它有同样的长度、宽度、高度，但锯材与锯材之间有一定的空隙，所以一个容积立方米锯材，实际小于一个实积立方米的锯材。其相差的程度通常用系数来表示，此系数称为板垛充实系数，一般在 0.5~0.7，取值大小依板垛的堆垛方式和密集程度计算而得，板垛充实系数（K）用式子表示为：

$$K = 容积中木材的实积 / 板垛几何容积$$

以上两种材积计算方法，第一种实积法应用较广，特别是规格尺寸符合标准规定的锯材都采用实积计算法；只有那些短小材（即非规格材）和板皮等才采用容积法计算材积，在板院的规划布置时，也要用到板垛的容积。此外，依据锯材的含水率和密度，利用称重法也能算出锯材的材积。

① 锯材材积计算：锯材（包括枕木）为一长方体，其材积计算公式比较简单，其单材积完全可按长方体的体积公式计算，用数学表达式表示为：

$$v = \frac{l \times b \times h}{1\,000\,000}, \text{ m}^3$$

式中：v——锯材材积，m^3；
　　　l——锯材长度，m；
　　　b——锯材宽度，mm；
　　　h——锯材厚度，mm；
　　　$1/1\,000\,000$——单位换算系数。

国标 GB 449—1984《锯材材积表》就是利用上式编制而成的，只要按锯材检尺的长度、宽度、厚度尺寸，查对材积表中的对应数字，即可得到锯材的材积。依照锯材标准规定，锯材材积的计算在长度为 2 m 以下时，应保留 5 位小数；长度等于或大于 2 m 时，应保留 4 位小数，其后 1 位的数字按四舍五入处理。

② 板垛材积计算：板垛的材积等于其几何容积乘以充实系数。板垛充实系数应根据锯材规格、堆垛方式等进行具体测定，然后确定较为合理，否则，会产生一定误差。

$$V = K \cdot L \cdot B \cdot H, \text{m}^3$$

式中：V——板垛中锯材实积，m^3；
　　　K——板垛充实系数，取 0.5~0.7；
　　　L——板垛长度，m；
　　　B——板垛宽度，m；
　　　H——板垛高度，m。

3.2.3　锯材的检验评等

锯材的检验评等是制材企业的一道重要的工艺环节，检验评等的技术水平直接影响到锯材的质量和企业的经济效益。检验人员必须熟练掌握有关国家标准和检验方法，为制材企业把好质量关，提高企业的信誉和效益。

(1) 锯材检验评等的有关标准。

① 锯材缺陷（GB/T 4823—1995）：此标准规定了锯材可见缺陷的分类、术语、基本检量和计算方法。可见缺陷包括影响木材质量和使用价值或降低强度或耐久性的各种缺点。

② 锯材尺寸名称及定义（GB 4822.1—1984）：此标准规定了锯材尺寸名称及定义，适用于锯材生产、验收和调拨全过程。

③ 锯材尺寸检量（GB 4822.2—1984）：此标准适用于锯材产品，对锯材产品有关的尺寸检量作出了规定。

④ 锯材等级评定（GB 4822.3—1984）：此标准适用于锯材产品。根据 GB/T—1995《锯材缺陷》中有关锯材检量方面的规定，对锯材的等级评定作出了具体规定。

⑤ 毛边锯材（GB 11955—1989）：此标准规定了毛边锯材的树种、技术要求和检验方法等。它主要适用于华东、中南、西南各地毛边锯材的生产。

⑥ 锯材干燥质量（GB/T 6491—1999）：此标准适用于仪器、模型、乐器、航空、纺织、家具、车辆、船舶建筑、包装箱、鞋楦、钟表壳、文体用品及其他用途的干燥锯材。它主要规定了不同用途的干燥锯材的含水率范围、质量指标和检验方法等。

⑦ 锯材材积计算（GB 449—1984）：此标准适用于锯材产品的材积计算。锯材尺寸按 GB 4822.2—1984《锯材检验　尺寸检量》的规定检量，材积按此标准的材积表查定或直接按公式计算。

(2) 锯材等级评定的几项规定。

① 评定锯材等级时，在同一材面上有两种以上缺陷同时存在的，应以降等严重的一种缺陷为准。

② 标准长度范围外的缺陷，除端面腐朽外，其他缺陷均不计，宽度、厚度上多余部分的缺陷，除钝棱外，其他缺陷均应计算。

③ 各项锯材标准中未列入的缺陷，均不予计算。

④ 凡检量纵裂长度、夹皮长度、弯曲高度、内曲面水平长度、斜纹倾斜高度和斜

纹水平长度的尺寸时，均应量至厘米，不足 1 cm 的舍去；检量其他缺陷尺寸时，均量至毫米，不足 1 mm 舍去。

（3）各种锯材缺陷的检量方法。锯材的等级评定的具体做法与原木一样，先检量缺陷的尺寸，然后用各等级的允许限度乘以检尺宽或检尺长或内曲面水平长度，得出各等级锯材对该种缺陷的最大允许尺寸，看所量得的缺陷尺寸符合哪一个等级，超过了三等材的规定，即评为等外材。锯材中常见的各种缺陷的检量计算方法以及评等，可参看国家标准（GB/T 4823—1995）《锯材缺陷》的有关规定。

思 考 题

1. 锯材分选有哪些方式和装置？
2. 掌握锯材检量方法，并了解锯材评等的有关国家标准及规定。

第 4 章

制材工艺设计

[本章重点]
1. 制材工艺设计的步骤和工艺流程图。
2. 制材工艺平面布置。

4.1 制材工艺设计基本内容

制材车间工艺设计是根据设计任务书及一些必要的基础资料进行的，其工艺设计的基本内容包括 7 个方面：

① 根据车间的生产任务，编制原木消耗明细表和锯材明细表；
② 根据原木消耗，编制产品计划，进行全年综合产品分析，并列出木材利用平衡表；
③ 拟定车间的工作制度；
④ 根据原料和锯材的种类、规格，确定生产工艺过程；
⑤ 计算机床数量，选择机床类型及车间运输设备；
⑥ 绘制车间工艺布置图，计算车间所需工人及其他工作人员数量；
⑦ 编制车间技术经济指标，评价车间设计的经济效果。

4.1.1 制材工艺设计原则

设计制材车间时，最关键的是工艺过程的设计。工艺过程设计是否先进、合理，直接影响到车间生产率的高低、各工序间生产的均衡性、劳动安全以及合理地使用原料，合理地利用机床设备、车间面积和劳动组织等。要想使车间工艺过程的设计能在经济上合理、技术上先进，设计者必须考虑如下 7 项原则：

① 锯制锯材的全部过程必须是流水作业，才能保证车间有高度的生产效率，使各工序有节奏地协调生产。运输设备的生产率要高于工艺机械的生产效率，以保证材料能及时接纳、运走，不致造成积压和阻塞现象；

② 各工序间最好不留缓冲储备，或者留得最少，缩短原料、半成品在车间的运输距离和停留时间，缩小车间的宽度，有效地利用车间面积；

③ 设计制材生产流水作业线，要使之有一定的灵活性，使之适应各种质量的原木进行有效的锯剖，并能从质量差的原木中生产出尽可能多的优质材，能够担负起不同的生产任务和锯割方式；

④ 在技术条件许可时，尽量采用先进技术和设备，以使车间生产实现连续化、自动化，提高生产效率，减少体力劳动，实现制材生产现代化；

⑤ 流水线上材料的运输距离应最短，材料运输不应有逆流现象，防止运输线路彼此交错、互相干扰，妨碍生产；

⑥ 工艺过程的设计，要保证工人有良好的工作条件，生产安全。工作位置的布置要留有操作余地，设备的操纵和常用工具、物品的存放要安设在工人随手能取到的范围内，使工人在操作过程中不会感到任何的不便；

⑦ 废料运输线（板皮、边条、板头、锯屑）应设在锯材运输线的下方，以便集中运输和处理，避免与成品运输线路互相交错、干扰。

4.1.2 制材工艺设计的步骤和方法

为了进行工艺设计，必须了解原料的来源、年供应量、运输和方法、采伐年限、材种、规格尺寸（长度和径级）、树种的比例、材质、形状等情况及需材单位对产品规格、数量（包括年产量）及技术上的要求。

(1) 原料和产品的计算。

① 编制原木明细表和锯材明细表：按照锯切用原木、锯材的规格和数量编制原木明细表（表4-1）和锯材明细表（表4-2）。

表4-1 原木明细表

树种_____ 等级_____ 削度_____ cm/m

序号	原木直径 （cm）	长度 （m）	百分比 （%）	单材积 （m³）	总材积 （m³）	原木根数
1	14~16	4	7	0.0945	1400	14 815
2	18~20	4	25	0.146	5000	34 247
3	22~24	4	35	0.208	7000	33 654
4	26~28	4	15	0.282	3000	10 638
5	30~32	4	7	0.3665	1400	3820
6	34~36	4	5	0.462	1000	2165
7	38~40	4	3	0.569	600	1054
8	42~44	4	1.5	0.6865	300	437
9	46~48	4	1.0	0.8155	200	245
10	50~52	4	0.5	0.9205	100	109
	合　计		100		20 000	101 184

表4-2 锯材明细表

厚度（mm） ＼ 宽度（mm）	190	100	80	60	35	合计（%）
60			40			40
45	5	20	2	20	1	48
18		12				12
合计（%）	5	32	42	20	1	100

② 原木和锯材平均尺寸的计算：如果所提供原木不是平均直径和长度，而是不同比率的各种径级、长度的原木，或所加工产品是不同宽厚度，不同比率的多规格锯材，在确定下锯法之前须进行原木和锯材平均尺寸的计算。原木平均材积 Q_p，原木平均长度 L_p，原木平均直径 D_p；锯材平均厚度，平均宽度 B_p，平均长度 L_p，平均材积 V_p。

③ 原木和锯材尺寸之间的关系：根据计算出的原木平均直径 D_p 和锯材的平均宽度 B_p，按原木和锯材尺寸之间的关系式，验算原木明细表所列原木能否完成锯材明细表的任务，从而进一步确定单、双方锯剖的百分比。

原木和锯材之间的关系式如下：

$$D'_p = B_p \left(\frac{C}{\alpha'} + \frac{1-C}{\alpha} \right)$$

式中：D'_p——完成锯材平均宽度为 B_p 的锯材明细表所必需的原木平均直径，cm；

B_p——锯材明细表中的锯材平均宽度，cm；

C——毛方下锯所占原木总材积的百分比；

α'——毛方下锯系数，见表 4-3；

α——毛板下锯系数，见表 4-4。

表 4-3 毛方下锯系数

h/d	0.51	0.61	0.71	0.81
α'（大直径原木）	0.48	0.545	0.605	0.655
α'（小直径原木）	0.51	0.58	0.64	0.69

注：h——毛方高度，cm；d——原木小头直径，cm。

表 4-4 毛板下锯系数

原木直径（cm）	14	16	18	20	22	24	26	30
α	0.763	0.75	0.74	0.73	0.723	0.715	0.708	0.70

100% 的毛方下锯时，$C=1$：

$$D'_p = \frac{B_p}{\alpha'}$$

100% 的毛板下锯时，$C=0$：

$$D'_p = \frac{B_p}{\alpha}$$

三面下锯法系数等于毛板下锯系数乘以 0.95。

若按 100% 毛方下锯法计算时，原木明细表中的原木平均直径 $D_p \geq D'_p$，说明这批原木能完成这批锯材规格的要求，完全可以采用毛方下锯法。

若 $D_p \ll D'_p$ 则说明这批原木不能完全采用毛方下锯法，应根据原木和锯材的规格、特点和锯材的用途，改变下锯法，将一部分原木实行毛板下锯法，减小 C 值，加大锯

材的平均宽度 B_P 以增大 D_P'，从而提高木材的利用率。或者在毛方下锯法中增大 $\dfrac{h}{d}$ 的比值，即按最大出材率原理增大中间方材的下料宽度、厚度，其值不超过 0.8。总之，若 $D_P \gg D_P'$，说明这批原木完全可以采用毛方下锯。但其中一部分原木，尤其是大径级原木须采用双方下锯，否则完全采用单方下锯会降低木材的利用率。

（2）确定单、双方锯剖的百分比。

① 求单、双方下锯锯材平均宽度 B'

$$B' = \alpha' \cdot \beta \cdot D$$

式中：B'——单、双方下锯锯材平均宽度，cm；
α'——毛方下锯系数；
β——毛方下锯原木直径对锯材宽度的影响系数（表4-5）。

表4-5 β 值

原木平均直径（cm）	14	16	18	20	22	24	26	28	30
β 值	1.04	1.025	1.01	1.0	0.987	0.975	0.966	0.957	0.948

② 求单、双方下锯百分比：由单、双方下锯锯材总平均宽度，可推算出单、双方下锯百分比 B_p'。

$$B_p' = \dfrac{1}{\dfrac{x_1}{b_1} + \dfrac{1-x_1}{b_2}}$$

式中：b_1——单方下锯锯材平均宽度；
b_2——双方下锯锯材平均宽度，$b_2 = 2b_1$；
x_1——单方下锯所占百分比，%；
$1-x_1$——双方下锯所占百分比，%。

③ 单、双方下锯原木分配表（表4-6）。

表4-6 单、双方下锯原木分配表

原木直径（cm）	占总材积的（%）		单、双方下锯原木百分比换算（%）	
	单方	双方	单方	双方
14～16	7		48	
18～20	7.61	2.5	52	
18～20		17.39		20.36
22～24		35		40.99
26～28		15		17.57
30～32		7		8.2
34～36		5		5.86
38～40		3		3.503
42～44		1.5		1.76
46～48		1		1.17
50～52		0.5		0.59

④ 求单、双方下锯的原木平均直径 D_{p_1}，D_{p_2}。

(3) 分别作单、双方下锯的原木下锯图（图4-1，图4-2）。依据计算出原木平均直径 D_{p_1}、D_{p_2} 和锯材规格，本着最大出材率和最佳经济效益的原则，考虑原木尖削度，合理搭配主产品和副产品，给出原木平均直径的端面设计图（图4-1，图4-2）。注明比例，标示采用不同机床锯割的路线及锯口顺序，作为所需设备计算的依据。

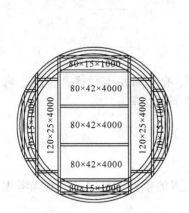

图4-1　单方下锯锯剖图　　图4-2　双方下锯锯剖图

(4) 编制单、双方下锯锯材材积表（表4-7）。

表4-7　单、双方下锯锯材材积表

单 方 下 锯						双 方 下 锯					
原木直径（cm）	锯材厚度（mm）	宽度（mm）	长度（m）	块数	材积（m³）	原木直径（cm）	锯材厚度（mm）	宽度（mm）	长度（m）	块数	材积（m³）
纵 向 锯 口											
16	80		4	1		24	163	120	4	1	0.024
	25	110	2	2	0.011		25	120	4	2	
	15	90	1	2	0.0027		15	70	1	2	0.0021
横 向 锯 口											
16	42	80	4	3	0.040 32	24	42	80	4	8	0.107 52
	15	80	1	2	0.0024		25	150	2	2	0.015
							15	80	1	2	0.0024

(5) 单、双方下锯原木出材率。

$$P_\text{单} = \frac{V_1}{Q_1} \qquad P_\text{双} = \frac{V_2}{Q_2}$$

式中：V_1，V_2——单、双方下锯原木平均直径锯得的锯材材积，m³；
　　　Q_1，Q_2——单、双方下锯原木平均直径的材积，m³。

(6) 编制木材平衡表。

锯材	_____ m³	_____ %
长材	_____ m³	_____ %
短材	_____ m³	_____ %
小规格材	_____ m³	_____ %
边条、碎板皮和截头	_____ m³	_____ %
锯屑	_____ m³	_____ %
自然损耗	_____ m³	_____ %
总计	_____ m³	100%

木材平衡表反映木材的利用程度,受各种因子的影响,如原木径级、长度、弯曲度、尖削度和材质;锯材的材种、规格、等级、锯口和下锯法等。

4.2 拟定车间生产工艺流程图

工艺流程图是车间设备选择、计算以及车间工艺布置的重要依据之一,必须考虑采用先进的、典型的,又符合生产实际的工艺流程。

(1) 带锯制材工艺流程。

① 狭长型带锯制材工艺流程:又称"一条龙"工艺,是传统制材工艺。图4-3所示工艺流程中,采用一台跑车带锯机锯割原木,五台台式带锯机锯割毛方和板皮(1:5型)。优点是各带锯机分工明确、专业化强,有利于提高质量和效率。缺点是车间窄长、传送带负荷较大、成品和半成品混杂传送易压叠,不利于搬卸。在跑车带锯机出现故障时,会造成整条生产线停顿。

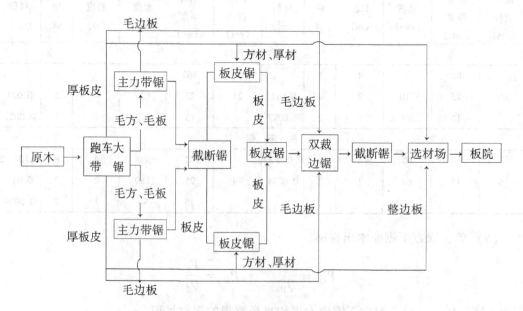

图4-3 1:5型带锯制材工艺流程图

② 短宽型带锯制材工艺流程：图4-4所示工艺流程中两台跑车带锯，同时承担剖料和剖分，一台卧式带锯剖分板皮（2:1型），该工艺主机自割能力强，产品规格质量好，适合于原木条件好的大、中径级原木加工方材和厚板。

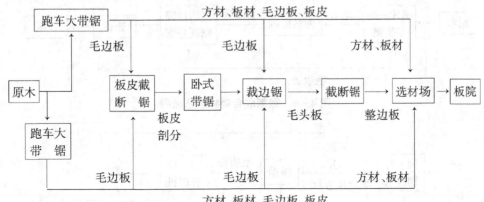

图4-4　2:1型带锯制材工艺流程图

③ 1:1型工艺：以带锯为主的工艺除上述几种类型外，由一台跑车带锯和一台卧式带锯组成的1:1型工艺在国内广大地区占着绝对优势。其设备简单，投资少，易操作，易上马，易普及。

（2）跑车带锯、排锯配合的制材工艺流程。多采用四面下锯，跑车带锯用以加工毛方或板材，给排锯提供下锯基准，排锯用于毛方的剖分（图4-5）。

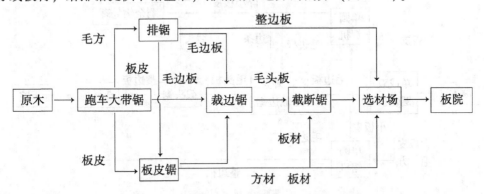

图4-5　带锯和排锯配合的制材工艺流程图

（3）锯削联合制材工艺。原木通过削片机将板皮削成工艺木片；并通过跑车带锯锯得一块毛边板，依此法加工原木相对一侧，余下的毛方经四联带锯剖分成齐边板（图4-6）。

（4）削片制方机和排锯联合制材工艺流程。该工艺专门用于小径原木加工薄板，其生产连续化好，劳动生产率和综合出材率高（图4-7）。

（5）圆锯为主锯机的制材工艺流程。该工艺与带锯制材工艺流程相似，但锯路较宽，且锯解原木直径不宜过大，因其设备结构简单，安装费用低，而适合于小型厂或林

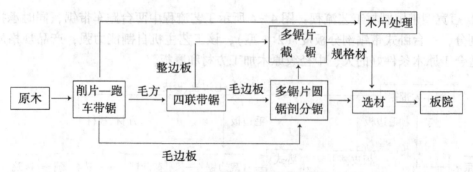

图 4-6　锯削联合制材工艺流程

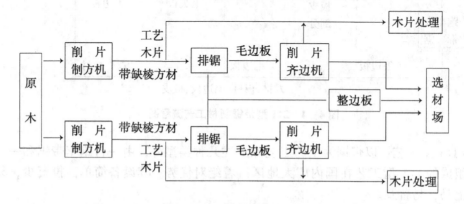

图 4-7　削片制方机和排锯制材工艺流程

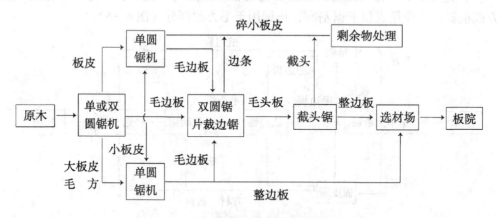

图 4-8　圆锯为主锯机的制材工艺流程

区简易制材厂锯解中、小径级原木（图 4-8）。

4.3　制材车间设备选择与计算

　　生产设备的选择与数量确定，是制材车间设计中最基本和最重要的环节，直接影响到制材企业生产中各项技术经济指标的好坏。设备的选择应按工艺流程进行，从主锯开始，选择时应充分考虑原木的直径、质量和产品的技术要求，同时也要考虑机床的生产率、锯路消耗、机床的工艺精度、功率消耗、价格等诸多因素。

4.3.1 跑车大带锯的选择与计算

（1）跑车带锯机的选型。跑车带锯机的选型应根据加工原木的平均直径或最大直径，通过查表或计算，确定与之相应的锯机基本规格，再根据相关设备说明书，查定相应的型号、技术指标及生产厂家。

① 查表法：根据原木平均直径，查出带锯锯轮直径（表4-8）。

表4-8 锯轮直径与原木平均直径对应表

原木平均直径 D_p（cm）	锯轮直径 D		原木平均直径 D_p（cm）	锯轮直径 D	
	公制（mm）	英制（in）		公制（mm）	英制（in）
≤28	1060	42	42~80	1500	60
30~40	1250	48	82~120	1800	72

② 计算法：

$$锯轮直径 D = (1.2 \sim 1.6) d_{max}$$

式中：d_{max}——原木最大直径，cm。

一般常用查表法，计算法用于验算。

（2）跑车带锯的台数计算。

① 根据工时定额计算加工一根原木实耗时间：

$$T = t_1 + mt_2 + n(t_3 + t_4 + t_5) + t_6$$

式中：T——按工时定额加工一根原木实耗时间，s；
　　　t_1——原木装上跑车时间，s；
　　　m——根据下锯图确定的原木翻转次数；
　　　t_2——原木翻转一次所需时间，s；
　　　n——锯口分配在跑车带锯加工的锯口数量；
　　　t_3——跑车往程时间，s；
　　　t_4——锯解时间，s；
　　　t_5——跑车返程时间，s；
　　　t_6——卸料时间，s。

② 跑车带锯生产率的计算：

$$A = \frac{t}{T} K, 根/班$$

式中：A——每班锯割原木根数，根/班；
　　　t——每班工作时间，s；
　　　K——工作时间利用系数，$K = 0.8 \sim 0.9$。

③ 跑车带锯机台数（n_a）：

$$n_a = \frac{aK_1}{A}$$

式中：a——班锯割原木任务量，根/班；
A——大带锯生产率，根/班；
K_1——生产不平衡系数，$K_1 = 1.1$。

④ 机床负荷系数（η）：

$$\eta = \frac{n_a}{n_b}$$

式中：n_a——计算台数；
n_b——采用台数。

有关跑车带锯锯割定额，有关设计单位和高等院校曾在几个厂对原木平均长度4 m，平均直径30 cm 的3万根原木进行锯割定额测定，其定额的平均值见表4-9。此定额可在相应工艺、设备及原木和锯材的技术条件下，在计算锯机台数时可作参考。

表 4-9 各等松杂原木一次锯割的剖料工时定额 s

等 级	树 种	上 木	翻 木	往 程	锯 口	返 程	卸 料
一 等	松 软	4.2	3.3	3.3	9.5	3.8	1.9
	松 硬	4.2	3.3	3.3	10.9	3.8	1.9
	硬 杂	5.7	3.9	3.6	13.9	3.8	2.2
	软 杂	5.7	3.9	3.6	11.4	3.8	2.2
二 等	松 软	4.2	3.3	3.3	9.5	3.8	1.9
	松 硬	4.2	3.3	3.3	10.9	3.8	1.9
	硬 杂	5.7	3.9	3.6	13.9	3.8	2.2
	软 杂	5.7	3.9	3.6	12.0	3.8	2.2
三 等	松 软	4.6	3.7	3.3	9.8	3.8	1.9
	松 硬	4.6	3.7	3.3	11.3	3.8	1.9
	硬 杂	6.2	5.0	3.6	14.3	3.8	2.2
	软 杂	6.2	5.0	3.6	11.8	3.8	2.2
等 外	松 软	7.2	4.8	3.5	10.7	4.0	2.1
	松 硬	7.2	4.8	3.5	12.3	4.0	2.1
	硬 杂	8.8	5.8	3.8	15.5	4.0	2.4
	软 杂	8.8	5.8	3.8	12.8	4.0	2.4

注：此表适用于1型制材工艺，即1:3，1:4，1:5型。

如设计任务书所给原木直径和长度同上述定额原木条件不一致时，可按表4-10中系数换算。

表 4-10 系数换算表

	径 级			材 长 (m)			
	大	中	小	2.5	4	5	6
上 木	1.40	1.0	0.85	1.0	1.0	1.1	1.20
翻 木	1.25	1.0	0.85	1.0	1.0	11	1.20
往 程	1.15	1.0	0.90	1.0	1.0	1.0	1.00
锯 口	1.35	1.0	0.80	0.75	1.0	1.25	1.45
返 程	1.10	1.0	0.95	1.0	1.0	1.15	1.25
卸 料	1.25	1.0	0.85	1.0	1.0	1.10	1.15

4.3.2 排锯机的选择与计算

根据原木的最大直径来选择排锯的开档，参照排锯的技术特性来选择排锯型号。

(1) 排锯的开档 (S)

$$S = d + al + 2c, \text{cm}$$

式中：d——最大原木的小头直径，cm；
　　　a——原木削度，cm/m；
　　　l——原木长度，m；
　　　c——开档的后备宽度，取 5 cm。

(2) 排锯机生产率 (A)

$$A = \frac{\Delta \cdot n \cdot t \cdot k}{1000 l_p}, \text{根/班}$$

式中：Δ——排锯轴每转进料量，mm/行程；
　　　n——排锯轴每分钟转数，r/min；
　　　t——班工作时间，min；
　　　k——排锯机机动时间利用系数，取 0.9；
　　　l_p——原木平均长度，m。

(3) 排锯机台数 (n_a)

$$n_a = \frac{1.1a}{A}$$

式中：a——班锯割原木最大量，根/班；
　　　A——排锯生产率，根/班；
　　　1.1——生产不平衡系数。

(4) 排锯机负荷系数 (η)

$$\eta = \frac{n_a}{n_b}$$

式中：n_a——计算台数；
n_b——采用台数。

排锯机进料量 Δ 值，可查进料量表 4-11。然后依排锯行程和原木树种不同进行修正。

表 4-11 行程 500 mm 立式排锯的进料量（拨料齿）   mm

a \ d	10~12	13~14	15~16	17~18	19~20	21~22	23~24	25~26	27~28	29~30	31~32	33~34	35~36	37~38	39~40	41~44	45~48	49~55
0	33	33	31	28	26	24	22	20	19	17	16	15	14	13	12	12	11	10
10			32	29	26	25	23	20	19	17	16	15	14	13	12	12	11	10
12				30	27	26	24	21	19	17	16	15	14	13	12	12	11	10
14					28	26	24	22	20	17	16	15	14	13	12	12	11	10
16						27	24	23	21	18	17	15	14	13	12	11	11	10
18							25	24	22	19	17	16	15	14	13	12	11	10
20								24	23	20	18	16	15	14	13	12	11	10
22									24	21	19	17	16	15	13	13	11	10
24										22	20	18	16	15	14	13	11	10
26											21	19	17	16	14	14	12	11
28												20	18	16	15	14	12	11
30													20	16	15	14	12	11

表 4-11 说明：

① d——原木小头直径或毛方厚度，cm；

② a——毛方下锯法通过第一道排锯时毛方厚度，cm；

③ 毛板下锯，进料量数值是在 $a=0$（第一行）按原木径级查得；

④ 锯解原木时（第一次通过），进料量数值按原木径级 d 和规定的毛方厚度 a 确定；

⑤ 锯解毛方时（第二次通过），进料量数值按径级 d 和毛方厚度 $a=0$ 进行确定；

⑥ 若原木长于 7 m，或根端特大，则应采取接近大直径的进料值进行锯解，原木短于 6 m 和形状较正规的应取接近小直径进料值进行锯解；

⑦ 表中所列进料量数值，是在行程 500 mm 立式排锯上采用的。立式排锯行程大于或小于 500 m 时，表中所列的进料量数值，需按比例进行修正，其修正公式如下：

$$\Delta_1 = \frac{H}{500}\Delta$$

式中：Δ_1——修正后的进料量，mm；
Δ——表中查到的进料量数值，mm；
H——所采用排锯的行程，mm。

此外，表中所列的进料量数值，是指锯解松木、云杉等木材而言。若锯解其他树种，则所查得的进料量数值应按如下百分比加以修正：白桦为 80%；落叶松为 85%；

柞木为65%；水青冈为70%；白杨为100%；山毛榉为85%。

4.3.3 剖分带锯的选择与计算

采用跑车主力小带锯者，根据锯剖图，参照大带锯的选择与计算办法，配合大带锯选取；采用台式小带锯，按加工锯口总长度计算机床生产任务。

(1) 剖分带锯应承担的生产任务 (A_0)

$$A_0 = 1.1 N \cdot M \cdot L, \text{m}$$

式中：N——每小时加工毛方根数；

M——分配的锯口数；

L——每个锯口平均长度，m；

1.1——生产不平衡系数。

剖分板皮时的辅助小带锯还要乘以重复系数1.25。

(2) 剖分带锯的生产能力 (A)

$$A = t \cdot V \cdot K_1 \cdot K_2, \text{m}$$

式中：t——每小时时间，min；

V——进料速度，m/min；

K_1——工作时间利用系数，取0.8~0.9；

K_2——机床时间利用系数，手工进料0.6，机械进料0.8。

(3) 机床台数 (n_a)

$$n_a = \frac{A_0}{A}$$

式中：A_0——生产任务，m/h；

A——生产能力，m/h。

(4) 机床负荷系数 (η)

$$\eta = \frac{n_a}{n_b}$$

式中：n_a——计算台数；

n_b——选取台数。

4.3.4 裁边锯的选择与计算

主锯机或剖分锯锯割出来的毛边板需经裁边锯进行裁边，以获所需规格的锯材，任务量大时采用双圆锯片裁边，否则采用单圆锯片或带锯机裁边，常用锯片直径304~508 mm。

(1) 裁边任务 (L_0)

$$L_0 = 1.1 N \cdot L \cdot K, \text{ m/h}$$

式中：N——每根原木毛边板块数；

L——每小时加工原木总长度，m；

K——裁边系数，双圆锯取1，单圆锯取2；

1.1——生产不平衡系数。

(2) 裁边机生产能力 (L)

$$L = t \cdot V \cdot K_1 \cdot K_2, \text{ m/h}$$

式中：t——每小时时间，min；

V——进料速度，m/min；

K_1——工作时间利用系数，取0.8~0.9；

K_2——机床时间利用系数，手工进料0.6，机械进料0.8。

(3) 机床台数 (n_a)

$$n_a = \frac{L_0}{L}, \text{ 台}$$

式中：L_0——生产任务，m/h；

L——生产能力，m/h。

(4) 机床负荷系数 (η)

$$\eta = \frac{n_a}{n_b}$$

式中：n_a——计算台数；

n_b——选取台数。

4.3.5 截断锯的选择与计算

截断锯有单圆锯片断锯（吊截锯、脚踏截锯、自动截锯）和多圆锯片截断锯。安置在车间末端裁边锯下方纵向运输机旁边。专门截断由裁边锯下来的毛头板；有的截断锯安置在板皮锯前面，主力锯后的纵向运输机旁边，截去如节子、弯曲、开裂等影响到锯材的质量、等级的木材缺陷，为了使锯材获得国标所规定的长度，也需截锯将原木的余量或将长材截断成数块短材；

多锯片截锯通常设在车间末端横向运输链前，对板材采取集中截断或截除缺陷。截断圆锯 $d = 457 \sim 762$ mm，锯片厚度 $S = 0.889 \sim 1.65$ mm。

(1) 截断任务量 (M_0)

$$M_0 = \frac{N \cdot P}{60}, \text{ 次/min}$$

式中：N——每小时加工原木根数；
P——每根原木中应截断的锯口数（每块毛头板根端截 1 次，梢端截 1.25~1.5 次）。

(2) 截锯生产能力（M）

$$M = 8 \sim 10，\text{次/min}$$

(3) 机床台数（n_a）

$$n_a = \frac{M_0}{M}，\text{台}$$

式中：M_0——截断任务量，次/min；
M——截锯生产能力，次/min。

(4) 机床负荷系数（η）

$$\eta = \frac{n_a}{n_b}$$

式中：n_a——计算台数；
n_b——选用台数。

有的工厂为了合理下锯和工艺上的需要，在大带锯和辅助锯之间也安装一台截锯。它的利用率虽不高，但对合理加工板皮大有好处。这台截锯可不计入上述计算台数之内。

若截锯安装在车间最后的横向链上集中截断，只须验算链条运行速度即可。

考虑后面选材工的工作便利，链速不宜太快，以在 12~15 m/min 为宜。

4.4 车间工艺平面布置

制材车间工艺平面布置图，应根据生产工艺过程先后顺序来布置。布置时遵照工艺设计原则，参照原料、半成品和成品的尺寸、缓冲储备地点和数量，设备之间距及协调关系等来确定最合理的工艺布置方案。务求使所设计的方案尽量在技术上先进，经济上合理，生产安全而生产率又高。

在车间平面布置图上应表示出：
(1) 工艺方面。
① 机床及其他设备；
② 运输设备；
③ 机床工人工作位置；
④ 原料、半成品、成品放置位置；
⑤ 贮藏工具及其他用品的橱柜位置等。
(2) 建筑方面。
① 墙壁、门窗；

② 间壁；
③ 柱子中心线及基础外廓线（虚线）；
④ 楼梯和过道阶梯。

除生产车间以外，其他部分只作概略的规划布置或仅表示出在平面图上的位置和界限。

锉锯室的大小要根据设备类型、数目和布置情况决定。与生产车间规划一同考虑。

办公室的面积、间数，要看车间管理人员名额和每人平均占地指标确定。生活间包括更衣室、休息室、厕所等。各室面积大小应根据最多的一班人数，按每人占地面积定额确定的。男女生活间应同时分别考虑。

办公室和生活间在平面图上只要求勾画出其位置和范围。

4.4.1 制材车间机床的轮廓图

在布置机床的工作位置时，应画出机床的轮廓图（图4-9）。机床的轮廓应画出最大尺寸，包括运动部分伸出的最外边缘。

在工艺布置图上，机床旁边还应标出工人工作地点的位置。工作地点以圆圈表示之，圆圈半边涂黑色，白色的一半表示面向的方向。

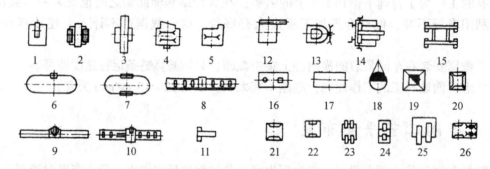

图4-9 机床轮廓图

1. 带锯机 2. 排锯机 3. 卧式带锯机 4. 双锯片裁边圆锯 5. 圆锯机 6. 锉锯机 7. 开齿锯条架 8. 截断圆锯 9. 带锯条焊接装置 10. 辊压锯条装置 11. 开齿机 12. 砂轮机 13. 圆锯锉锯机 14. 铣床 15. 带锯锯条架 16. 锤打台 17. 虎钳 18. 铁砧子 19. 烘炉 20. 制方机 21. 铣方机 22. 铣边机 23. 四联带锯机 24. 双联带锯机 25. 串联带锯机 26. 锯削联合机

4.4.2 典型制材车间工艺布置

我国制材生产所使用的锯机，基本上是以带锯、排锯和圆锯三类为主。由于所采用的主锯机不同，制材工艺方案也各不相同。目前国内以带锯机为主的制材生产占多数，以排锯和圆锯作为主锯的制材生产仅在南方有一定数量。制材生产比较典型的工艺方案基本有三种：即以带锯为主的、以带锯和排锯相配合的和以圆锯为主的。

（1）以跑车大带锯和卧式带锯组成的双层制材车间工艺布置（图4-10）。该工艺

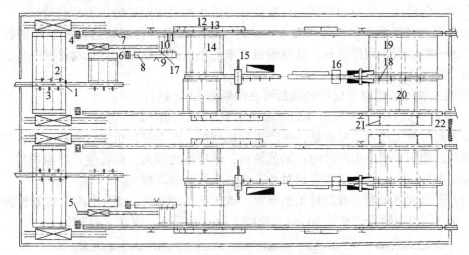

图 4-10 跑车大带锯和卧式带锯组成的双层制材车间工艺布置

1. 原木纵向运输机 2. 踢木机 3. 贮木台横台链 4、5. 1565mm（60″）大带锯 6. 1060mm（42″）大带锯 7. 滚筒运输机 8. 小滚筒运输机 9. 限位控制器 10. 自动转向器 11. 横向链 12. 截断锯操纵台 13. 截断锯 14. 横向上料链 15. 卧式带锯 16. 双圆锯裁边锯 17. 锯材转向器 18. 毛头板转向器 19. 锯材横向链 20. 毛头板自动横向链 21. 锯材截端锯 22. 成材皮带运输机

是年加工 13 万 m^3 原木，年产锯材 9 万 m^3 的以跑车大带锯自剖自割锯材为主的短工艺。以松、杂木为主，原木平均直径为 28 cm，平均长 4 m，等内材占 90%，主产品为枕木、汽车材、火车材及工厂自用毛边板。每 3 台跑车大带锯，下设 1 台卧式带锯。采用四面下锯，原木一锯到底，仅少量板皮供卧式带锯以及适量的毛边板供裁边锯。

3 台跑车大带锯下来的成品、半成品和板皮，均由 2 条纵向运输机运送，板皮和毛边板运送给卧式带锯，卧式带锯起着锯解和运输的联动作用，从而节省了 3 条横向链。

其生产工艺过程如下：

① 原木由楞场经原木纵向运输机运至车间调头房附近，经电锯截断（弯曲原木）、划线定向后，进入调头机调头，保证小头进锯，再经原木运输链，由气动踢木机踢到横向原木转运链上，由斜原木运输链运至二楼车间。

② 原木进入车间后，由 1 人在原木分配台上通过踢木机向 3 台跑车大带锯分配原木。1060 mm（42″）大带锯只锯 5 m 以下的中、小径级原木。

③ 由各台带锯下来的板皮和毛边板均由纵向滚筒运输机、横向上料链、翻板器送给卧式带锯，当来料是板皮时，卧式带锯进行锯解剖分成毛边板，直接送入双圆锯裁边锯裁边；当进入卧式带锯的是毛边板时，则快速从卧式带锯通过，送入双圆锯裁边锯裁边。

④ 各台跑车大带锯对原木一割到底，以自行生产锯材为主，下少量板皮和毛边板。所生的锯材，经纵向滚筒运输机和皮带运输机直接送到车间外面的纵向选材线上。

⑤ 由裁边锯下来的整边板，通过成材转向器，由成材横向转运链运到纵向滚筒运输机上，再由皮带运输机送给选材线；由裁边锯下来的毛头板通过毛头板转向器，由毛

头板自动横向链运给锯材截端锯进行端截，整边板则由皮带运输机送给选材线。

⑥ 3台大带锯下来的长度不足1.5m的板材，落于各自滚筒运输机起端的投料口内，作为一楼箱板车间的原料；其他锯机下来的小板皮、边条和截头均投到一楼，经箱板车间分选加工。

⑦ 连二枕木、弯曲毛板等的截断可在截断锯13上进行。

⑧ 各台锯机下来的锯屑由气力运输机运到车间外面的锯屑仓。

带锯制材短工艺方案特点是，生产流程比较短，跑车带锯机实行自剖自割，工时效率比较高，缩短了辅助生产时间；工艺灵活，适应性比较大，即可生产普通锯材，也可生产特殊用材。但此种工艺布置相对长工艺的投资和电耗较大。

(2) 带锯和排锯配合的制材工艺布置。该工艺为年加工4万m³单工组制材流水线（图4-11），可锯解平均直径30 cm，长度2~6m的原木。其工艺过程如下：

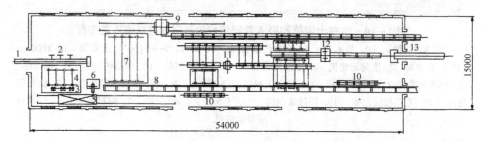

图4-11 带锯和排锯配合的制材工艺布置
1. 原木纵向运输机 2. 踢木机 3. 档木、翻木、上料装置 4. 横向原木链式运输机 5. 跑车
6. 大带锯 7. 横向链式运输机 8. 滚筒运输机 9. 排锯 10. 截断锯 11. 卧式带锯
12. 双圆锯裁边锯 13. 皮带运输机

① 原木纵向运输机1将原木运进车间，由踢木机2将原木踢卸到楞台上贮备，经上木装置和顶木装置将原木送上跑车。

② 由大带锯下来的毛方，通过排锯9锯解成整边板，由滚筒运输机8运出车间，送到选材场。

③ 由大带锯所下的锯材，直接由滚筒运输机8运出车间，到选材场或经截断锯10横截，从而提高锯材等级。

④ 大带锯、排锯、卧式带锯下来的毛边板，统由滚筒运输机8经横向链式运输机7送给裁边锯12裁边，所得整边板经皮带运输机13运出车间到选材场。

⑤ 各锯机下来的板皮，需截断时经截断锯10截切后送卧式带锯11锯成毛边板，通过双圆锯裁边锯裁边后送出车间到选材场。

⑥ 各台锯机的锯屑统由刮板运输机运出车间堆存。

带锯和排锯相配合制材工艺方案的特点：

① 工艺灵活性较大，当排锯加工紧张时，大带锯可少下毛方给排锯，而自行生产锯材，当排锯工作松缓时，大带锯可给排锯多供毛方，充分发挥各台锯机的工作效率。

② 能有效地利用原木，对高质量的原木，大带锯尽量下毛方，由排锯锯出规格好的锯材；若形状不规整且质量差的原木，大带锯可采取翻转下锯锯出较高等级的锯材，

提高木材利用率和出材率。

③ 锯机少，工人少，机械化程度高，有利于劳动生产率的提高。

④ 但国产排锯性能不够理想，进口又大大增加投资。

(3) 圆锯制材的工艺布置。该工艺方案是由锯解原木的双圆锯、剖分毛方的多锯片圆锯、裁边圆锯等组成的一条制材流水线（图 4-12）。采用毛方下锯，锯解原木平均直径为 16 cm，长 2~6 m。

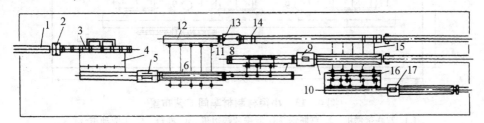

图 4-12 圆锯制材工艺布置

1. 原木纵向运输机 2. 截断锯 3. 滚筒运输机 4. 横向链式给料器 5. 双锯片剖料圆锯机
6. 滚筒运输机 7. 毛方转运链 8. 具有对中心装置的滚台 9. 多锯片剖分圆锯机 10. 滚筒运输机
11、15. 横向链式运输机 12. 机床前面滚台 13. 单锯片剖分圆锯 14. 具有分板器的滚筒运输机
16. 链式分配机构 17. 双圆锯片裁边锯

工艺过程如下：

① 原木纵向运输链将原木运进车间，通过截断锯 2 将原木截成所需长度，然后踢木机将原木推到横向链式给料器 4 上贮存。

② 当需要锯解时，横向链式给料器上档木器逐个地将原木送到双锯片剖料圆锯前的进料装置上。

③ 原木从双锯片剖料圆锯机 5 上，锯下毛方和二块大板皮，送给带分板器的滚筒运输机 6。

④ 毛方通过可起升的横向链式运输机 7，再通过档木器挨个地将毛方送给多锯片剖分圆锯机 9 前面的进料滚台上，借助滚台上的对中心装置，使毛方向多锯片剖分圆锯机 9 进料锯解。

⑤ 由毛方锯下的整边板、毛边板和板皮送给滚筒运输机 10，整边板由皮带运输机运往选材装置。毛边板和板皮落到横向链式运输机 15 上转给链式分配机构 16。

⑥ 由双锯片剖料圆锯机 5 锯下的大板皮，通过横向链式运输机 11 转运给单锯片剖分圆锯机 13 剖分成毛边板和板皮，由具有分板器的滚筒运输机 14、横向链式运输机 15 转送给链式分配机构 16。

⑦ 毛边板由链式分配机构 16 逐个地送给双圆锯片裁边锯 17 锯解，小板皮投入投料口，由下面的皮带运输机运出车间。

圆锯制材工艺的特点是：制材设备简单，成本低，占地面积小；锯片厚，锯屑多，出材率较低；锯材精度低，质量较差。适用于小型厂的中、小径原木加工。

(4) 小径原木制材工艺布置（图 4-13）。工艺设计要点是：

① 剥皮后的小径材，按小头进锯要求由装载机运上原木楞台，划线后经双联带锯

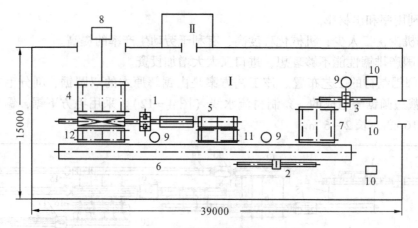

图 4-13 小径材制材车间工艺布置
1. 双联带锯机 2. 截断锯 3. 双锯片裁边机 4. 楞台 5. 无驱动滚台
6. 滚台运输机 7. 上料链 8. 装载机 9. 单机吸尘机 10. 胶轮车
11. 下料链 12. 下料链

机按下锯图锯成毛边板，再经截断锯、双锯片裁边机加工成整边厚板和中、薄板成品；

② 板皮、边条、截头等废料送削边机加工成工艺木片；

③ 采用单机吸尘机清除锯屑作燃料，既轻便灵活，又节省矿物能源。

（5）多联带锯制材工艺布置。多联带锯制材是双联带锯、三联带锯或五联带锯等单独组成或相互配合组成的制材工艺，它是国外林业发达国家研究应用的一种新型的制材生产工艺流水线，具有自动化程度高、生产效率高和锯材质量及出材率高的特点。

如图 4-14 所示，它是由四对双联带锯和一台再剖带锯机依次排列组成的生产流水线。整个生产流水线布置在一座双层的厂房内，第一层进行原木锯解前的准备工作，第二层为制材生产主车间。其生产工艺过程简述如下：

① 原木经纵向运输链送进车间后，由剥皮机 1 进行剥皮。然后通过环形金属探测器 2，如发现原木中含有金属物，踢木机自动将此原木踢至横向运输链，经人工清除金属物后，横向运输链又将原木送回纵向运输线上。

② 操作工人 5 借助 X 光和电视装置探查原木的缺陷和外部形状特性，并将所得结果输送给计算机 11，计算机综合所获得的信息设计出最佳下锯方案供操作工 6 下锯时选择。

③ 原木提升至二层，由原木运输机送入原木检测装置 8，然后按下锯图确定的方向进行调整定位，架空跑车悬臂卡紧原木进料。

④ 第一对双联带锯从原木上锯下两块板皮，板皮由横向链投入投料口；毛方经转向再锯两块板皮后，后面的每对双联锯即可锯下两毛边板或整边板；最后一台带锯对髓心板进行最终剖分，最终剖分的最小厚度是 80 mm，最大厚度为 220 mm。

⑤ 这种流水线当采用毛方下锯法锯解原木时，原木通过第一台双联锯后，将所得毛方翻转 90°，再依次通过其他各对带锯机得到整边板、毛边板和两块板皮。

⑥ 卡木臂通过双联带锯的最小规格为两台带锯锯条间所必须的间隔。当卡木臂脱

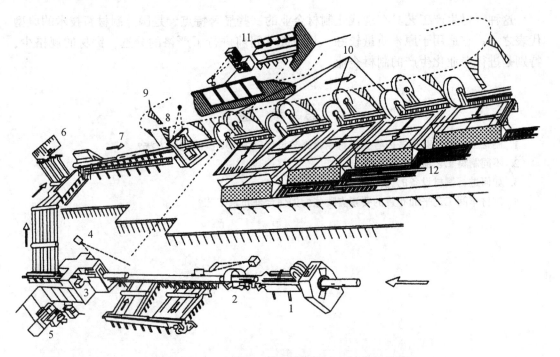

图 4-14 双联带锯一通到底制材车间工艺布置图
1. 剥皮机 2. 金属控测器 3. X 光装置 4. 电视装置 5. 操纵台 6. 楼上操纵台 7. 原木输送机
8. 原木检测装置 9. 架空跑车悬臂 10. 双联带锯机 11. 计算机 12. 锯材分选装置

开后,最后的髓心板在通过再剖带锯之前由进料辊装置自动定位而被剖分成两块锯材或毛边板。

⑦ 所有带锯加工的锯材,通过锯材横向运输链送给肋形装置,按厚度和材质由计算机自动进行分选。

⑧ 锯材进行裁边、截断加工后,所有的整边板可浸入防腐剂水溶液中进行防腐处理,然后进行天然或人工干燥。最后进行包装打捆,送板院贮存或装车调拨。

这种制材生产流水线的特点是:

① 应用了现代化的先进设备和技术,如光电检测、计算机优化设计、X 光和金属探测技术,自动化程度较高。

② 劳动生产率高,因采用了原木"一通到底"的锯解工艺,使锯机的纯锯解时间增加至 70%,辅助时间减少到 30%。调整一对带锯机仅需 3s,机床进料速度为 15~60 m/min。锯解原木直径为 16 cm、长度为 4 m 时,流水线的平均生产率为每分钟 6 根原木,最多可锯 9 根,每班车间仅需 4 人操作。

③ 重视原木锯解前的准备作业,不仅实现了文明生产,减少事故的发生,更主要的是采用计算机对下锯图的优化设计,提高了原木的出材率和锯材质量。

④ 采用架空跑车悬臂卡木进料,不占地面面积,并且改变了传统的进料方式。

⑤ 其缺点是不能看材下锯,对弯曲原木不宜锯解,机构庞大、复杂,占用车间面积大,相对投资较大,对生产操作和维修技术要求高。

这种制材生产工艺具有现代化制材企业的一些显著特点，是国外制材新技术的典型代表之一。它适用于原木质量较好，并在进车间前进行了严格的分选，锯材的规格少，特别是进行专业化生产的制材企业。

思 考 题

1. 制材工艺设计有哪些内容？进行制材工艺设计应考虑哪些原则和方法？
2. 不同制材工艺流程有何特点？
3. 如何进行制材设备的选择计算？
4. 制材车间工艺平面布置的要素有哪些？如何合理布置工艺？

第 1 篇 参考文献

1. 区炽南. 制材学 [M]. 北京：中国林业出版社, 1992.
2. 孙友富. 制材生产技术 [M]. 北京：中国林业出版社, 1999.
3. 张守政. 木材工业实用大全·制材卷 [M]. 北京：中国林业出版社, 1999.
4. 宗子刚, 等译. 制材技术 [M]. 北京：中国林业出版社, 1987.
5. 陈宝德. 木材加工工艺学 [M]. 哈尔滨：东北林业大学出版社, 1998.
6. 汪奎宏, 朴世一. 木材竹材识别与检验 [M]. 北京：中国林业出版社, 2000.
7. 陆继圣. 制材学 [M]. 北京：中国林业出版社, 1998.
8. 高家炽. 制材工艺与设备 [M]. 哈尔滨：东北林业大学出版社, 1992.
9. 高祥柏, 孙冰. 制材 [M]. 北京：中国林业出版社, 1988.

第 2 篇

木材干燥

概　论　*110*
第 5 章　对流干燥介质　*114*
第 6 章　木材水分与环境　*132*
第 7 章　木材干燥时的传热、传湿及应力、变形　*145*
第 8 章　木材干燥窑及其主要设备　*169*
第 9 章　木材干燥工艺　*205*

概 论

1 木材干燥学的研究对象和内容

木材干燥指在热力作用下，以蒸发或沸腾的汽化方式排除木材中水分的过程。蒸发是发生在空气中的水蒸气分压低于该温度下的饱和蒸汽压的时候，一般湿空气中的水蒸气均为不饱和蒸汽，所以蒸发在任何温度下均可发生。湿原木及由它锯制成的锯材（成材），含有大量的水分，通常都会从表面向周围空气中蒸发水分，随时都在干燥之中。当木材在常压下被加热到100℃以上时，就会产生沸腾汽化现象。木材干燥主要指按照一定的基准有组织有控制的人工干燥过程，也包括受气候条件制约的大气干燥。

木材干燥学的研究对象主要为实体木材（solid wood），即锯材（成材）的干燥，研究干燥介质，木材的干燥特性及其干燥过程中的热、质转移规律，研究木材干燥设备、工艺及干燥窑的设计。因此，木材干燥学是一门综合木材学、热工、机械、建筑、控制等多科性的应用学科，是木材加工学科领域的一个重要分支。

2 木材干燥的目的及其对于国民经济的意义

木材干燥的目的，概括起来主要有以下四个方面：

（1）预防木材腐朽变质和虫害。当木材含水率降低到20%以下，或贮存于水中时，可以避免木材的腐朽、变色和昆虫的危害。如马尾松在我国南方分布较广，木材密度和强度中等，宜作建筑、车辆、家具等用材。此木材易腐朽、变色和虫蛀，但若干燥到20%以下的含水率，可以有效地保持木材的固有品质。

（2）防止木材的变形和开裂。将木材含水率干燥到与使用环境相适应的程度，就能防止木材干缩和湿胀，从而防止木材的变形和开裂。如我国干旱的西北地区，木材的平衡含水率为10%左右，木料需相应干燥到7%~9%的含水率。东南沿海地区，气候潮湿，木材干燥的终含水率应为12%~13%。东北地区使用及出口到北美洲的木制品，因考虑到室内采暖条件的要求，应干燥到6%~8%的终含水率。

（3）提高木材的力学强度，改善木材的物理性能。含水率低于纤维饱和点时，木材的力学强度随着含水率的降低而增高。另外含水率适度降低，可改善木材的物理性能，提高胶合质量，充分显现木材的花纹、光泽和绝缘性能等。

（4）减轻木材的质量。经过窑干的木材，质量可减轻30%~50%。如在林区将原木就近制材，并将锯材干燥到运输含水率（20%），然后外运，会节约大量的运输吨位和运费。同时可防止木材运输途中遭到菌虫危害，保证木材的质量。

总之，木材干燥是合理利用木材、节约木材的重要技术措施，是木材加工生产中的重要工序。木材干燥涉及的行业很多，包括家具、室内装饰、建筑门窗、车辆、造船、纺织、乐器、军工、机械制造、文体用品、玩具等，几乎所有使用木材的部门都要进行木材干燥。木材干燥对于合理、节约利用我国的有限森林资源，保持生态平衡，对于发展国民经济和现代化建设都具有非常重要的意义。

3 木材干燥的方法

木材干燥的方法概括分为天然（大气）干燥和人工干燥两大类。人工干燥又可分为窑干（含低温、常规和高温窑干）、除湿干燥、太阳能干燥、真空干燥、高频和微波干燥、红外辐射干燥以及接触（热压）干燥等。

(1) 大气干燥。简称气干，即把木材堆积在空旷场地上或棚舍内，利用大气作传热传湿介质，利用太阳辐射的热量，排除木材的水分，达到干燥目的。气干又分为普通气干和强制气干。强制气干时间可比普通气干约缩短 1/2~2/3，且木材不致霉烂变色，干燥质量较好，但干燥成本约增加 1/3。大气干燥的优点是：简单易行，节约能源，比较经济，可满足气干材的要求。若与窑干等其他干燥方法相结合，还可缩短干燥时间，保证干燥质量，降低干燥成本。缺点是受自然条件的限制，干燥时间较长、干燥终含水率偏高，占用场地大，气干期间木材易受菌、虫危害等。目前，单纯的大气干燥使用渐少，但作为一种预干法与其他干燥法相结合，在我国南方地区还是经济可行的。

(2) 窑干。指在干燥窑内人工控制干燥介质的参数对木材进行干燥的方法。按照干燥介质温度的高低可分为低温窑干、常规窑干及高温窑干。应根据被干木材的树种、厚度、用途等条件，正确选用适当的窑干方法。窑干的优点是干燥质量好，干燥周期较短，干燥条件可灵活调节，便于实现装卸、搬运机械化，干燥介质参数调节自动化，木材可干燥到任何终含水率。缺点是设备和工艺较气干复杂，投资较大，干燥成本较高。

(3) 除湿（热泵）干燥。与窑干的区别是将湿热空气部分流过除湿机，先经冷却使部分水蒸气冷凝成水排出，同时回收水蒸气的汽化潜热；湿空气变干，再经加热后流入材堆，干燥木材。除湿干燥的优点是能量消耗显著低于常规窑干，特别是在干燥过程的前期；基本没有环境污染，干燥质量较好。缺点是干燥温度较低，干燥周期长；由于采用电能，干燥成本较高；一般无蒸汽发生器，难以进行调湿处理。

(4) 真空干燥。即在密闭容器内、在负压条件下对木材进行干燥。按作业方式可分为间歇真空干燥和连续真空干燥两种。间歇真空干燥是按常压加热和负压干燥两个阶段交替进行，用蒸汽或热水加热，也有少数用烟气或电加热。连续真空干燥是加热和真空同时连续进行，用热板（以热水为热媒）、电热毯或高频电介质加热。真空干燥的优点是可以在较低的温度下加快干燥速度，保证干燥质量，特别适合于渗透性较好的硬阔叶树厚板或方材的干燥。缺点是设备较复杂，容量较小，投资较大。

(5) 太阳能干燥。太阳能干燥是利用集热器吸收太阳的辐射能加热空气，再通过空气对流传热干燥木材。太阳能干燥窑可分为温室型和外部集热器型。太阳能干燥窑的干燥速度一般比气干快，比窑干慢，因气候、树种、集热器的结构和比表面积等而异。太阳能干燥的突出优点是：节约能源，可利用取之不尽的太阳能，没有环境污染；运转费较低；干燥降等比气干少，终含水率比气干低，干燥质量较好。缺点是受气候影响大，高纬度地区冬季干燥效果差；设备投资与窑干相仿，但干材产量却比窑干少得多。

（6）高频、微波干燥。是将湿木材作为电介质，置于高频或微波电磁场中，在交变电磁场作用下，木材中水分子极化，摩擦生热，干燥木材。微波的频率远高于高频电磁波的频率，对木材的加热干燥的速度也快得多；但对木材的穿透深度不如高频电磁波。高频干燥的应用趋向于联合干燥，如高频—对流联合干燥，高频—真空联合干燥等。高频与微波干燥的优点是木材内外同时均匀加热，干燥速度很快，干燥质量好，可以保持木材的天然色泽等。缺点是使用电能作热源，干燥成本高，设备投资及维修费用较大。

（7）热压（压板）干燥。将木材置于热压平板之间，并施加一定的压力，进行接触加热干燥木材。特点是传热及干燥速度快，干燥的木料平整光滑。但难干的硬阔叶树材干燥时易产生开裂、皱缩等缺陷。此法适合于速生人工林木材的干燥，可以有效地防止木材的翘曲，还可增加木材的密度和强度。

4 木材干燥技术的进展

改革开放以来，木材干燥工业发展迅猛，2007年我国人工干燥的锯材总量已达1300万 m^3/年左右，约占全年锯材及毛料生产总量的20%。

当前，我国木材干燥技术进一步发展，需要注意原料更新、设备优化、正确导向、工艺细化、加强基础5个方面的问题。

我国是人口众多而森林资源严重短缺的国家，国家实施天然林保护工程之后，天然林木材产量锐减。解决木材供需缺口的主要途径是培育速生人工林木材，如松、杨、杉、桉树、橡胶木等。且速生的中、小径材和幼龄材会占相当大的比例，这些木材的材性和干燥特性与天然林成熟材有较大的差异。干燥中会出现新的问题，需进一步深入研究，另一方面，近来我国木材进口量猛增，主要来自俄罗斯、东南亚、非洲和南美洲。俄罗斯木材与我国东北材相近，而东南亚、非洲和南美洲木材的名称非常混乱，材性及干燥特性比较生疏。更缺乏成套的干燥基准，今后需花大力气进行研究和推广。

国内木材干燥设备的现状是新老并存，良莠不齐。今后窑型、容量和窑内配置应根据被干木材的树种、规格、数量和具体条件而定，应先行规划与设计。窑内配置应尽量采用耐温、防潮、防腐电机与铸铝轴流风机直连，以提高传动效率，便于维修。散热器应采用钢铝复合轧片式的，以利传热和防腐。因此，大型窑（容量50～200 m^3）建议采用顶风机、风机由电机直接驱动型窑；中、小型窑（容量45 m^3 以下）采用端风机型窑。窑壳以全金属装配式为好。窑内介质状态和木材含水率宜用计算机自动控制，以保证干燥基准的正确执行。木材干燥方法的选择应正确导向。今后较长的时间内，木材干燥方法还应以常规干燥为主，同时适当采用其他干燥方法，并提倡联合干燥。所谓常规干燥应指以湿空气为干燥介质的温度适中的强制循环窑干法，过去通常指蒸汽为热源的。现生产实践证明，采用高温热水加热的常规窑干法，具有蒸汽干燥的优点，且设备投资和干燥成本不高，热能利用率较高，是一种有前途的干燥法。对于中、小型企业，干燥批量不大的，可选用以木废料为能源的炉气间接加热干燥法（经济实用），或除湿干燥法（基本无环境污染）。对于渗透性较好的硬阔叶树材厚板或方材，中、小规模干燥量，可选用真空干燥。每种干燥方法都有它的优缺点和一定的适用范围，因此，提倡不同方法的联合干燥，如气干预干与常规窑干联合，高频与真空联合，高频与窑干联合等。以取长补短，提高使用效果，当然，设备投资加大。进口干燥窑与国产干燥窑的选择问题也需正确导向。国产干燥窑的总体技术性能和工艺匹配并不比进口干燥窑差，但窑内介质温湿度和含水率控制系统一般不如进口干燥窑精确，窑外形不如进口干燥窑美观。因此，大多数情况下，应推荐采用国产干燥窑，必要时可进口一些控制元件，以减少设备投资。

木材干燥工艺应精细化、模型化，对干燥质量须有严格要求。不但应有详细的工艺规程，而且对木材干燥过程中的水分移动、热量传递、气流循环等都应有数学模拟，为干燥过程的自动程序控制提供可靠的理论基础。

木材干燥基础理论的研究是提高干燥技术的基础。我国在干燥理论的研究方面相当薄弱。今后木材干燥基础理论的研究应侧重以下几方面：①木材干燥过程的数值模拟——建立数学模型；②木材干燥过程的传热传质；③木材干燥过程中木材的应力、应变；④高精度的木材含水率无损检测方法；⑤木材干燥的节能及环境保护问题等。

第 5 章

对流干燥介质

[本章重点]
1. 相对湿度的概念和计算方法。
2. 湿空气 Id 图上的线系及 Id 图的功用；Id 图上干燥过程的表示。
3. 木燃料的热值（发热量）及其计算方法。

在干燥窑或其他密闭容器中，对锯材（板材、方材）进行干燥处理时，首先需把冷木材及其所含的水分预热到一定温度，这是加热过程；还需使已预热的水分蒸发为水蒸气，排出木材，这是干燥过程。预热和干燥都要消耗热能。这就需要一种媒介物质（通常为气体），把热量传给木材，同时将木材排出的水蒸气带出窑外。这种传热传湿的媒介物质称为干燥介质。木材干燥技术中所用的干燥介质主要有湿空气、炉气和过热蒸汽。

5.1 湿空气的性质

湿空气是含有水蒸气的空气，即干空气和水蒸气的混合气体。自然界中的大气和木材干燥窑内的空气都是湿空气。

根据道尔顿定律，湿空气的总压力 p 等于干空气的分压力 p_a 与水蒸气的分压力 p_v 之和

$$p = p_a + p_v \tag{5-1}$$

研究湿空气的性质时，可将干空气和湿空气视为理想气体。其状态参数之间的关系，可用理想气体状态方程来表示

$$pv = RT \tag{5-2}$$

式中：p——气体的压力，Pa；
v——气体的比容，m³/kg；
R——气体常数，表示 1kg 气体在压力不变的条件下，当它的温度升高 1℃ 时，因膨胀所做的功，以 J/（kg·K）计。干空气的气体常数 R_a 等于 287.14 J/（kg·K）；水蒸气的气体常数 R_v 等于 461.5 J/（kg·K）。

5.1.1 空气的湿度

空气的湿度有绝对湿度和相对湿度两种概念。

表 5-1 干燥介质相对湿度表 φ% (气流速度为 1.5~2.5m/s)

干燥介质温度 t(℃)	干湿球温度差 Δt(℃)																												干燥介质温度 t(℃)
	0	1	2	3	4	5	6	7	8	9	10	11	12	13	14	15	16	17	18	19	20	22	24	26	28	30	32	34	36	38	
-1	100	81	61	42	25	6	—	—	—	—	—	—	—	—	—	—	—	—	—	—	—	—	—	—	—	—	—	—	—	—	-1
2	100	83	67	50	35	19	5	—	—	—	—	—	—	—	—	—	—	—	—	—	—	—	—	—	—	—	—	—	—	—	2
4	100	85	71	57	43	29	17	—	—	—	—	—	—	—	—	—	—	—	—	—	—	—	—	—	—	—	—	—	—	—	4
7	100	87	74	62	49	37	26	15	—	—	—	—	—	—	—	—	—	—	—	—	—	—	—	—	—	—	—	—	—	—	7
10	100	88	76	65	55	44	33	24	14	—	—	—	—	—	—	—	—	—	—	—	—	—	—	—	—	—	—	—	—	—	10
13	100	89	78	68	59	49	40	31	22	13	5	—	—	—	—	—	—	—	—	—	—	—	—	—	—	—	—	—	—	—	13
16	100	90	80	71	62	53	44	36	28	20	13	5	—	—	—	—	—	—	—	—	—	—	—	—	—	—	—	—	—	—	16
18	100	91	82	73	65	56	49	41	34	27	20	13	7	—	—	—	—	—	—	—	—	—	—	—	—	—	—	—	—	—	18
21	100	91	83	75	67	59	52	46	38	32	25	19	13	8	3	—	—	—	—	—	—	—	—	—	—	—	—	—	—	—	21
24	100	92	84	76	69	62	55	49	43	36	31	24	19	14	10	4	—	—	—	—	—	—	—	—	—	—	—	—	—	—	24
27	100	92	85	77	71	64	58	52	46	40	35	29	24	19	15	10	5	—	—	—	—	—	—	—	—	—	—	—	—	—	27
30	100	93	86	79	73	66	60	55	50	44	39	34	30	25	20	16	—	—	—	—	—	—	—	—	—	—	—	—	—	—	30
32	100	93	87	80	73	67	62	57	52	46	41	36	32	28	23	19	16	—	—	—	—	—	—	—	—	—	—	—	—	—	32
34	100	94	87	81	74	68	63	58	54	48	43	38	34	30	26	22	19	15	—	—	—	—	—	—	—	—	—	—	—	—	34
36	100	94	88	81	75	69	64	59	55	50	45	40	36	32	28	25	21	18	14	—	—	—	—	—	—	—	—	—	—	—	36
38	100	94	88	82	76	70	65	60	56	51	46	42	38	34	30	27	24	20	17	14	—	—	—	—	—	—	—	—	—	—	38
40	100	94	88	82	76	71	66	61	57	53	48	44	40	36	32	29	26	23	20	16	—	—	—	—	—	—	—	—	—	—	40
42	100	94	89	83	77	72	67	62	58	54	49	46	42	38	34	31	28	25	22	19	16	—	—	—	—	—	—	—	—	—	42
44	100	94	89	83	78	73	68	63	59	55	51	48	43	40	36	33	30	27	24	21	18	—	—	—	—	—	—	—	—	—	44
46	100	95	89	84	79	74	69	64	60	56	51	48	44	41	38	34	31	28	25	22	20	16	—	—	—	—	—	—	—	—	46
48	100	95	90	84	79	74	70	65	61	57	52	49	46	42	39	36	33	30	27	24	22	17	14	—	—	—	—	—	—	—	48
50	100	95	90	84	79	75	70	66	62	58	54	50	47	44	41	37	34	31	29	26	24	19	16	—	—	—	—	—	—	—	50
52	100	95	90	84	80	75	71	67	63	59	55	51	48	45	42	38	36	33	30	27	25	20	18	14	—	—	—	—	—	—	52
54	100	95	90	84	80	76	72	68	64	60	56	52	49	46	43	39	37	34	32	29	27	22	19	15	—	—	—	—	—	—	54
56	100	95	90	85	81	76	72	68	64	60	57	53	50	47	44	41	38	35	33	30	28	23	20	17	14	—	—	—	—	—	56
58	100	95	90	85	81	77	73	69	65	61	58	54	51	48	45	42	39	36	34	31	29	25	21	18	15	—	—	—	—	—	58
60	100	95	91	86	82	77	73	69	66	62	59	55	52	49	46	43	40	37	35	32	30	26	22	19	17	14	—	—	—	—	60
62	100	95	91	86	82	78	74	70	66	63	60	56	53	50	47	44	41	38	36	33	31	27	23	20	18	15	—	—	—	—	62
64	100	95	91	86	82	78	74	70	67	63	60	57	54	51	48	45	42	39	37	34	32	28	24	22	19	17	—	—	—	—	64
66	100	95	91	87	82	78	75	71	67	64	60	57	54	51	49	46	43	40	38	35	33	29	25	23	20	18	15	—	—	—	66
68	100	95	91	87	83	78	75	71	68	64	61	58	55	52	49	46	44	41	39	36	34	30	26	23	21	19	16	—	—	—	68

(续)

干燥介质温度 t(℃)	干湿球温度差 Δt(℃)																					干燥介质温度 t(℃)
	0	1	2	3	4	5	6	7	8	9	10	11	12	13	14	15	16	17	18	19	20	
70	100	96	91	87	83	79	76	72	68	64	61	58	55	52	50	47	44	41	39	37	35	70
72	100	96	91	87	83	79	76	72	69	65	62	59	55	53	50	47	45	42	40	38	36	72
74	100	96	92	87	84	80	76	72	69	65	63	60	56	53	51	48	46	43	41	39	37	74
76	100	96	92	88	84	80	77	73	70	66	64	61	57	54	52	49	47	44	42	40	38	76
78	100	96	92	88	84	80	77	73	70	66	64	61	58	55	53	50	48	45	42	40	38	78
80	100	96	92	88	84	80	77	73	70	67	65	62	59	56	53	51	48	45	43	41	39	80
82	100	96	92	88	84	80	77	74	71	38	65	62	59	56	54	51	49	46	44	42	40	82
84	100	96	92	88	84	80	78	74	71	69	66	63	60	57	55	52	49	46	44	42	40	84
86	100	96	92	88	84	81	78	75	72	69	66	63	60	57	55	52	50	47	45	43	41	86
88	100	96	92	88	85	81	78	75	72	69	66	63	61	58	55	53	50	48	46	44	42	88
90	100	97	93	89	85	82	79	75	72	69	67	64	61	59	56	53	51	49	47	45	43	90
92	100	97	93	89	86	82	79	76	73	70	67	64	62	59	57	54	52	50	47	45	44	92
94	100	97	93	90	86	82	79	76	73	70	68	65	62	60	57	54	52	50	48	46	44	94
96	100	97	93	90	87	83	80	77	74	71	68	65	63	60	58	55	53	51	48	46	45	96
98	100	97	93	90	87	83	80	77	74	71	68	66	63	61	58	55	53	51	49	47	45	98
100	100	97	93	90	87	83	80	77	75	72	69	66	64	61	59	56	54	52	49	48	46	100
102	—	97	94	91	87	84	81	78	75	72	69	67	64	62	59	57	54	52	50	48	46	102
104	—	—	94	91	88	84	81	78	75	72	69	67	64	62	60	57	55	53	50	48	46	104
106	—	—	—	91	88	84	81	78	75	72	69	67	64	62	60	57	55	53	50	48	46	106
108	—	—	—	—	88	—	81	—	75	—	69	—	64	—	60	—	55	—	51	—	46	108
110	—	—	—	—	—	—	—	—	—	—	69	67	65	63	61	58	56	54	51	49	46	110
112	—	—	—	—	—	—	—	—	—	—	—	—	65	63	61	58	56	54	52	50	47	112
114	—	—	—	—	—	—	—	—	—	—	—	—	—	—	61	58	56	54	52	50	48	114
116	—	—	—	—	—	—	—	—	—	—	—	—	—	—	—	—	57	55	53	51	49	116
118	—	—	—	—	—	—	—	—	—	—	—	—	—	—	—	—	—	55	53	51	50	118
120	—	—	—	—	—	—	—	—	—	—	—	—	—	—	—	—	—	—	—	51	50	120
125	—	—	—	—	—	—	—	—	—	—	—	—	—	—	—	—	—	—	—	—	—	125
130	—	—	—	—	—	—	—	—	—	—	—	—	—	—	—	—	—	—	—	—	—	130

干燥介质温度 t(℃)	干湿球温度差 Δt(℃)									干燥介质温度 t(℃)
	22	24	26	28	30	32	34	36	38	
70	—	—	—	—	—	—	—	—	—	70
72	31	27	24	20	17	—	—	—	—	72
74	32	28	25	21	18	—	—	—	—	74
76	33	29	26	22	19	14	—	—	—	76
78	34	30	27	23	20	15	—	—	—	78
80	34	31	27	24	21	16	—	—	—	80
82	35	31	28	25	22	17	—	—	—	82
84	36	32	29	26	23	18	14	—	—	84
86	36	32	29	26	23	19	15	—	—	86
88	37	33	30	27	24	20	16	—	—	88
90	38	34	31	28	25	21	18	16	—	90
92	39	35	32	29	26	22	19	17	—	92
94	39	36	33	30	26	22	20	18	16	94
96	40	37	33	30	27	23	21	19	17	96
98	41	37	34	31	28	24	22	20	18	98
100	41	38	34	31	28	25	23	21	18	100
102	42	38	35	32	29	26	23	22	19	102
104	42	39	35	32	29	26	24	22	20	104
106	43	39	36	33	30	27	24	22	20	106
108	43	40	36	33	30	27	25	23	21	108
110	44	41	37	34	31	28	26	24	21	110
112	45	42	38	35	32	29	27	24	22	112
114	46	42	38	35	33	30	27	25	22	114
116	46	43	39	36	33	30	28	25	23	116
118	46	43	40	37	34	31	29	26	23	118
120	47	44	41	38	35	32	29	26	24	120
125	—	—	41	38	35	33	30	27	25	125
130	—	—	—	—	35	33	31	28	26	130

(改编自 Союзнаучщрепром，1985)

(1) 绝对湿度。1 m³ 湿空气中所含水蒸气的质量，称为湿空气的绝对湿度。在数值上等于水蒸气在其分压力 p_v 和温度 t 下的密度，用 ρ_v（kg/m³）表示。它只能表明湿空气中实际含水蒸气的多少。

(2) 湿容量。饱和湿空气的绝对湿度称为湿容量，用 ρ_0 表示。

湿容量表示湿空气容纳水蒸气的能力，它与温度有关，随着温度升高明显增加。

(3) 相对湿度。湿空气中水蒸气的实际含量 ρ_v，与同温同压下饱和湿空气的水蒸气含量 ρ_0 的比值，称为相对湿度，即绝对湿度与湿容量之比，用 φ 表示

$$\varphi = \frac{\rho_v}{\rho_0} \tag{5-3}$$

又由理想气体状态方程式得：

$$\rho_v = \frac{1}{v_v} = \frac{p_v}{R_v T} \qquad \rho_0 = \frac{1}{v_0} = \frac{p_0}{R_v T} \tag{5-4}$$

所以 $\varphi = \dfrac{\rho_v}{\rho_0} = \dfrac{p_v}{p_0}$

即相对湿度又可定义为湿空气的水蒸气分压力 p_v 与饱和湿空气的水蒸气分压力（即饱和蒸气压）p_0 之比。由于 p_0 随温度升高而增大，故当 p_v 一定时，相对湿度 φ 随温度升高而减少。

相对湿度可称做空气的饱和度，表明一定温度下空气被水蒸气饱和的程度，常用百分率表示。φ 值越小，表明湿空气继续容纳水蒸气的能力越强，当 $\varphi = 0$ 时，就是干空气。相反，φ 值越大表明它吸收水蒸气的能力越小，当 $\varphi = 100\%$ 时，就成为饱和湿空气，失去了吸收水分的能力。

相对湿度既可用湿度计来测定，也可用经验公式计算。

湿度计由两支精度相同的温度计组成。一支温度计的温包外裹着洁净且吸水性好的纱布，纱布下端浸在清水中，使纱布保持湿润状态。这支包裹着湿纱布的温度计叫做湿球温度计，用它测得的温度叫做湿球温度 t_M。另一支温度计的温包外不包纱布叫做干球温度计，用它测得的温度叫做干球温度 t。在不饱和空气中，湿球纱布所含的水分向空气中蒸发；水分蒸发时从湿球吸取热量，使得湿球温度小于干球温度（即空气温度）。干球温度和湿球温度之间的差值（$\Delta t = t - t_M$）叫做湿度计差，或干湿球温度差。空气越干，湿度计差越大，湿物料的水分蒸发越快。反之，空气越湿，湿度计差越小，湿物料的水分蒸发越慢。当空气被水蒸气饱和时（$\varphi = 100\%$），湿度计差为零，此时湿物料的水分停止蒸发。

根据干球温度和干湿球温度差，查表 5-1 可求得相对湿度值。

相对湿度也可由卡锐尔—卡喷特尔（Carrier - Carpenter）1982 年的经验方程来计算：

由于相对湿度 $\varphi = \dfrac{p_v}{p_0}$

式中：p_0——干球温度下的饱和蒸汽压，kPa，可由表 5-2 查得；
p_v——湿空气的水蒸气分压力，kPa，可用卡锐尔—卡喷特尔方程计算。

$$p_v = p_{0w} - \frac{(p - p_{0w})(t - t_m)}{1546 - 1.44 t_m} \tag{5-5}$$

式中：p_{0w}——湿球温度下的饱和蒸汽压，kPa，查表 5-2；
p——大气压，kPa，随海拔高度而异，查表 5-3；
t 和 t_m——分别为干球和湿球温度，℃。

[例] 已知在海拔高度 750m 处的空气干球温度 20℃，湿球温度 10℃，求相对湿度。

[解] 由表 5-2 查得：$p_0 = 2.337$kPa，$p_{0w} = 1.227$kPa，由表 5-3 查得，在海拔 750m 处，大气压 $p = 92.5$kPa，以上数值代入公式（5-5）得：

$$p_v = 1.227 - \frac{(92.5 - 1.227)(20 - 10)}{1546 - 1.44 \times 10} = 0.63 \text{kPa}$$

相对湿度 $\varphi = \dfrac{p_v}{p_0} = \dfrac{0.63}{2.337} \times 100\% = 27\%$

用卡锐尔—卡喷特尔方程计算相对湿度，对不同海拔高度处的相对湿度求解很有效，也足够精确。而根据干湿球温度查表 5-1，只能求得接近海平面处的相对湿度，若海拔高度较大，则不够精确。

表 5-2 不同温度下的饱和蒸汽压 p_0 和湿容量 ρ_0

T (℃)	p_0 (kPa)	ρ_0 (g/m³)	T (℃)	p_0 (kPa)	ρ_0 (g/m³)	T (℃)	p_0 (kPa)	ρ_0 (g/m³)
0	0.611	4.85	27	3.565	25.8	45	9.586	65.3
5	0.872	6.80	28	3.780	27.2	50	12.34	82.8
10	1.227	9.40	29	4.006	28.7	55	15.75	104
12	1.402	10.7	30	4.243	30.3	60	19.93	131
14	1.598	12.1	31	4.493	32.0	70	31.17	198
16	1.817	13.6	32	4.755	33.8	80	47.37	294
18	2.063	15.4	33	5.031	35.6	90	70.11	424
20	2.337	17.3	34	5.320	37.6	100	101.33	598
21	2.486	18.3	35	5.624	39.6	110	143.3	827
22	2.643	19.4	36	5.942	41.7	120	198.5	1122
23	2.809	20.6	37	6.276	43.9	140	361.4	1968
24	2.983	21.8	38	6.626	46.2	160	618.1	3265
25	3.167	23.0	39	6.993	48.6	180	1003	
26	3.361	24.4	40	7.378	51.1	200	1554	

（自 Siau，1995）

表 5-3 不同海拔高度下的大气压 p

海拔高度 (m)	海平面	300	600	900	1200	1500	1800	2100	2400	2700	3000	4500	6000	9000
p (kPa)	101.3	97.7	94.2	90.8	87.4	84.2	81.2	78.1	75.2	72.3	69.4	58.0	47.0	30.6

(自 Siau, 1995)

5.1.2 湿含量

湿含量指含有 1 kg 干空气的湿空气中所含的水蒸气的质量,用 d 表示,常用单位为 g/kg 干空气。设有 G_v kg 水蒸气和 G_a kg 干空气,则:

$$d = 1000 G_v/G_a = 1000 \rho_v/\rho_a, \text{ g/kg 干空气} \tag{5-6}$$

又 $\rho_v = \dfrac{p_v}{R_v T}$ $\rho_a = \dfrac{p_a}{R_a T}$ 代入式(5-6)

得:

$$d = 1000 \frac{p_v \cdot R_a \cdot T}{p_a \cdot R_v \cdot T} = 1000 \frac{p_v}{p_a} \cdot \frac{287.14}{461.5}$$

$$= 622 \frac{p_v}{p_a} = 622 \frac{p_v}{p - p_v}, \text{ g/kg 干空气} \tag{5-7}$$

和

$$p_v = \frac{p \cdot d}{622 + d} \tag{5-8}$$

公式(5-7)表明,大气压力 p 不变时,空气的湿含量 d 只依水蒸气的分压力 p_v 而异,随着水蒸气分压力的增大而增大。

5.1.3 热含量(焓)

湿空气的热含量(焓)等于干空气的焓与水蒸气的焓之和。因为焓以 1 kg 干空气为计算单位,故湿空气的焓等于 1 kg 干空气的焓与 0.001d kg 水蒸气的焓之和,即(1+0.001d) kg 湿空气的焓:

$$I = i_a + 0.001 d i_v, \text{ kJ/kg 干空气} \tag{5-9}$$

式中:i_a——1kg 干空气的焓,kJ/kg;

i_v——1kg 水蒸气的焓,kJ/kg。

1kg 干空气的焓 i_a 等于把空气从 0℃加热到 t℃所需的热量。1kg 水蒸气的焓 i_v 等于在 0℃下蒸发 1kg 水和把所形成的水蒸气从 0℃加热到 t℃所需的热量。因此,

$$i_a = C_a t \quad i_v = r + C_v t$$

式中:C_a——干空气的比热,在 0~150℃下可取为 1kJ/(kg·℃);

C_v——水蒸气的比热,为 1.85kJ/(kg·℃);

r——水在 0℃时的汽化潜热,为 2500kJ/kg。

将以上数值代入式（5-9），得

$$I = 1t + 0.001d(2500 + 1.85t), \text{kJ/kg 干空气}$$

5.1.4　湿空气的密度和比容

湿空气的密度是单位体积（m³）的湿空气所具有的质量，用 ρ 表示，单位常用 kg/m³。

湿空气的比容 v 指在一定湿度和压力下，1 kg 干空气及其包含的水蒸气（kg）所占有的体积，即 1 kg 干空气与压力为 p_v 的 $0.001d$ kg 水蒸气占据着同样的容积。因此

$$v_{1+0.001d} = \frac{R_a T}{p_a} = \frac{R_v T}{p_v} 0.001d \tag{5-10}$$

将公式（5-8）代入式（5-10），且当大气压力为 10^5Pa 时得：

$$v_{1+0.001d} = 4.62 \times 10^{-6} T(622 + d), \text{m}^3/\text{kg 干空气} \tag{5-11}$$

由式（5-11）可见，在一定大气压力 p 下，湿空气的比容 v 与湿含量 d 及温度 T 有关，比容随温度成正比例增加，也随湿含量的增大而增加。

5.2　湿空气的参数图

为了简化计算，便于确定湿空气的状态参数及分析研究湿空气的状态变化过程，常采用湿空气的参数图，即焓—湿图或 Id 图。

图 5-1 所示的湿空气参数图，是针对大气压力 $p = 10^5$Pa 的条件绘制的。应用此图作湿空气的分析计算时，若压力与 10^5Pa 相近，则计算误差很小。

5.2.1　参数图上的线系

如图 5-1 湿空气参数图以热含量 I 和温度 t 为纵坐标，以湿含量 d 为横坐标。在图上绘有五组线系：①热含量等于常数线系（I = const），在图中为一组倾斜的直线。②湿含量等于常数线系（d = const），为一组垂直于横坐标的垂直线。③温度等于常数线系（t = const），为一组近似水平的直线。④相对湿度等于常数线系（φ = const），为一组向右上方延伸的曲线。⑤水蒸气分压等于常数线系（p_v = const），在图上方表示的一组垂直线。

另外，在图上还表示湿空气的密度等于常数线系（ρ = const）及比容等于常数线系（v = const），此两组线系皆为用虚线表示的倾斜的直线，其中 v = const 线系更陡峭些。

图 5-1 表示的 Id 图为苏联 Кречетов 于 1980 年绘制的 Id 图，此图中包含的湿含量及水蒸气分压力范围较大，但相对湿度及热含量分度不细。图 5-2 表示的 Id 图为美国

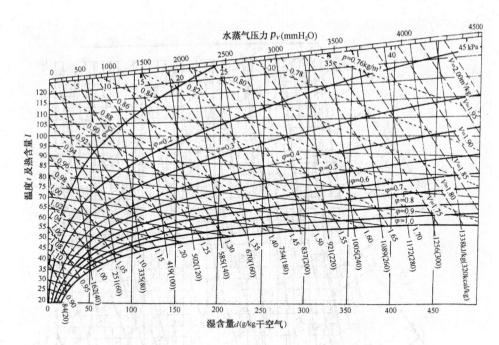

图 5-1　补充有 ρ = const 及 v = const 线系的 Id 图（Кречетов，1980）

Carrier 绘制的，此图中的热含量及相对湿度分度相当细，特别是 10% 以下的相对湿度，分度很细，很精确。图中还绘有湿球温度等于常数线系，为一组倾斜的直线（与 I = const 线系相平行），湿球温度的数值标明在图左上方 φ = 100% 的曲线上。

5.2.2　参数图的应用

（1）湿空气状态参数的确定。若已知任意两个独立的参数，就可根据 Id 图确定湿空气的状态，并求出其他状态参数。

[例]　用悬挂在湿空气中的湿度计测得干球温度为 80℃，湿球温度为 60℃，确定此湿空气的状态点，并求其他参数。

[解]　先在 Id 图上查出 t = 60℃ 的直线与 φ = 100% 的曲线的交点 A，从 A 点沿 I = const 线向上与 t = 80℃ 线相交于一点，则 B 为所求的状态点。该点的热含量为 461kJ/kg，湿含量为 145g/kg。相对湿度 0.39（39%），水蒸气分压 19.8kPa；从图 5-1 查得湿空气密度 0.91kg/m³，比容 1.27m³/kg。

（2）湿空气的加热和冷却。湿空气的加热或冷却过程，是在湿含量 d 保持不变的情况下进行的，因此，在 Id 图上状态点将沿着垂线上下移动（图 5-3）。设有状态点 A 的湿空气被加热，它的温度和热含量升高，但相对湿度减小，点 A 上升；冷却时点 A 下降，继续冷却，空气将在湿含量不变的情况下被水蒸气饱和，B 点相当于饱和空气状态。空气冷却到饱和状态时（φ = 100%）的温度叫露点温度（即 B 点温度）。如果饱和湿空气继续冷却，它的湿含量将因一部分水分的排出而减小，这时状态点 B 将沿 φ = 100% 线向下移动。排出的水分将以露滴的形状凝聚在冷却表面上或以雾珠的形状悬浮

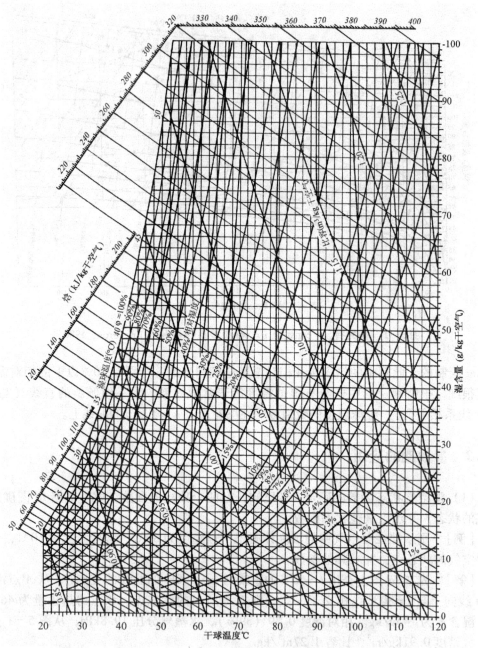

图 5-2　常压 (1.013×10^5 Pa) 时湿空气的参数图 (自 Carrier, 1975)

在空气中。

(3) 水分蒸发过程。设有状态为 A 的空气与 0℃ 的水相接触 (水的焓为 0),而与外界无热量交换,空气的 $\varphi < 1$,则水蒸发。此时空气供给水分蒸发的热量 (汽化潜热),又被蒸发出来的水蒸气带回到空气中去,即水分蒸发前后空气的焓不变。

在热含量不变的条件下水分蒸发的过程叫绝热蒸发过程。此过程在 Id 图上由 A 点

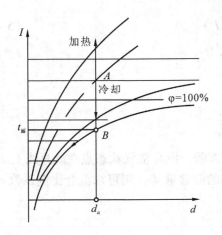
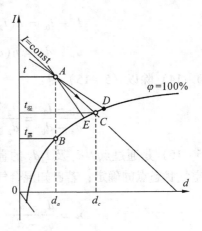

图 5-3　Id 图上的空气的加热与冷却　　图 5-4　Id 图上的蒸发过程

沿热含量常数线进行，直至与 $\varphi=100\%$ 线相交于一点 C（图 5-4）。水分绝热蒸发时，空气达到饱和状态时的温度叫冷却极限温度，或湿球温度。注意：湿球温度是在绝对蒸发过程中出现的，是 $I=\mathrm{const}$ 线与 $\varphi=100\%$ 线交点的温度；而露点温度是在冷却过程中出现的，是 $d=\mathrm{const}$ 线与 $\varphi=100\%$ 线交点的温度。

干球温度与湿球温度之差（$\Delta t = t - t_M$）称为干燥势，表示空气蒸发液态水分的能力。

绝热蒸发过程是理论上的蒸发过程，实际上被蒸发的水分温度大于 0℃，其焓大于 0，因此，空气在吸收从木材中蒸发出来的水蒸气的同时，其热含量将会增加。实际蒸发过程将沿着倾斜角小于 $I=\mathrm{const}$ 线而进行（AD 线）。过程终点 D 的热含量将比开始时的 A 点大些。

另外，在各种干燥装置内建立有效蒸发过程时，还存在透过壳体的热损失，此时的蒸发过程将沿着倾斜角比 $I=\mathrm{const}$ 线大的 AE 线进行。过程终点 E 的热含量将比开始时的 A 点小些。但这种减小或实际蒸发过程的热含量增加，数值通常很小，因此，可近似认为蒸发过程为绝热过程。

（4）不同状态空气的混合过程。

① 两种状态空气的混合：木材窑干过程中，常需从窑外引入新鲜空气与窑内循环空气相混合，混合过程可在 Id 图上绘出，并可进行相应的计算。

设状态为 0（参数为 I_0，d_0）的新鲜空气 $G_0\mathrm{kg}$，与状态为 2（参数为 I_2，d_2）的窑内循环空气 $G_2\mathrm{kg}$ 相混合。若 $G_2/G_0 = n$，n 为混合比例系数，又称循环空气补充系数。设混合气体参数为 I_c，d_c，由此可得：

$$I_0 + nI_2 = (n+1)I_c \tag{5-12}$$

$$d_0 + nd_2 = (n+1)d_c \tag{5-13}$$

移项得：

$$I_c - I_0 = n(I_2 - I_c) \tag{5-14}$$

$$d_c - d_0 = n(d_2 - d_c) \tag{5-15}$$

用公式（5-14）除以（5-15）得：

$$\frac{I_c - I_0}{d_c - d_0} = \frac{I_2 - I_c}{d_2 - d_c} \tag{5-16}$$

式（5-16）是通过点 $I_0 d_0$ 及 $I_2 d_2$ 的直线方程，混合空气状态点在此直线上。

混合空气状态点的确定：若已知混合气体的湿含量 d_c，则可求混合比例系数 n：

$$n = \frac{d_c - d_0}{d_2 - d_c}$$

若已知 n，则可根据公式（5-14）和（5-15）求 I_c 和 d_c：

$$I_c = \frac{I_0 + nI_2}{1+n}; \qquad d_c = \frac{d_0 + nd_2}{1+n}$$

总之，两种状态（0点和2点）的空气混合过程，沿着02线进行，混合空气点 CM 点把02线分成两段，两段长度的比值等于混合比例系数 n，且 CM 点靠近组分量较大的状态点，如 $n>1$，则靠近2点（图5-5）。

② 三种及多种状态空气的混合：设有状态参数 $I_1 d_1$ 的空气1份（质量份），状态 $I_2 d_2$ 的空气 m 份，状态 $I_3 d_3$ 的空气 n 份相混合。求解的方法是先使1份 $I_1 d_1$ 状态的空气和 m 份状态为 $I_2 d_2$ 的空气相混合，混合空气的状态为 $I_{c1} d_{c1}$，份量为 $m+1$；再使混合空气与状态为 $I_3 d_3$（n 份）的空气相混合，得到 [$(m+1)+n$] 份，参数为 $I_{c_2} d_{c_2}$ 的第二次混合气体。即采取两两混合依次图解的方法求解。

③ 混合点的虚假状态与真实状态：若用上述方法求出的混合点 C' 位于 $\varphi=100\%$ 线的下方，那么这一点就不是真实的，而是虚假的。为了求出混合气体的真实状态，必须通过 C' 点引直线 $I_c=\text{const}$ 向上与 $\varphi=100\%$ 线相交得 C 点，这 C 点才是混合气体的真实状态点（图5-6）。

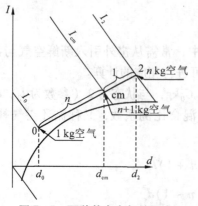

图5-5 两种状态空气的混合

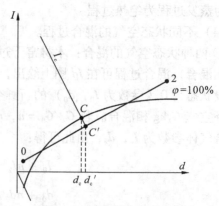

图5-6 真实混合点的确定

④ 空气与蒸汽的混合：木材干燥调湿处理时及干燥硬阔叶树材时，常需向窑内喷射蒸汽以增湿。此时窑内循环空气状态 I_2d_2 为已知，混合后的状态 I_c 则是工艺预先指定的，蒸汽的焓 $I_汽$ 也已知，那么用公式（5-14）可求混合比例系数 n：

$$n = \frac{I_c - I_汽}{I_2 - I_c}$$

若窑内循环空气量为 G_2（kg），则需喷入的蒸汽量为 $G_汽$，$G_汽 = G_2/n$（kg）。

5.2.3　Id 图上干燥过程的绘制

理论干燥过程是沿着等焓线进行的，即干燥过程中，热含量既不增加，也不减少。另外，在干燥窑及其他干燥设备中，被加热的空气在窑内作反复循环，通过材堆多次，称为多次循环。

多次循环理论干燥过程在 Id 图上的表示如图 5-7。流入干燥室的新鲜空气与从材堆流出的废气 2 混合成混合气体 3，经加热器加热成热空气 1（3-1 为湿含量常数线），再流过材堆，蒸发木材的水分，变成废气 2（1-2 为等焓线），其中一小部分排出窑外，大部分再与新鲜空气相混合，如此反复循环。由混合过程 2-3，加热过程 3-1，水分蒸发过程 1-2 组成的三角形称为干燥三角形。

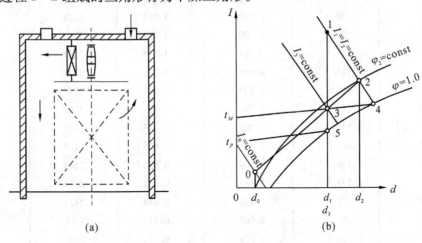

图 5-7　多次循环理论干燥过程
（a）干燥窑示意　（b）Id 图上的过程
1. 流出加热器的热空气　2. 流出材堆的废气　3. 混合气体　4. 加热器　5. 材堆

5.3　水蒸气

水蒸气简称蒸汽，在状态上可分为饱和蒸汽和过热蒸汽。当液体在密闭的容器中汽化时，在一定温度下，从液体逸出的蒸汽分子数与返回液体的分子数相等，即处于动平衡状态，这种状态称为饱和状态，饱和状态下的蒸汽称为饱和蒸汽。饱和状态下的水称为饱和水。在饱和水汽化的过程中，容器中同时存在着饱和水和饱和蒸汽的混合物，即含有悬浮沸腾水滴的蒸汽称为湿饱和蒸汽（简称湿蒸汽），呈白色、雾状；当容器中的饱和水全部汽化成饱和蒸汽时，即不含水滴的饱和蒸汽称为干饱和蒸汽（简称饱和蒸汽），无色、透明。如果对饱和蒸汽继续加热，则蒸汽温度又开始上升，比容继续增大，这时蒸汽温度已超过饱和温度，温度高于相同压力下饱和温度的蒸汽称为过热蒸汽。过热蒸汽是不饱和蒸汽，有容纳更多水蒸气分子而不致凝结的能力。过热蒸汽温度与同压力下饱和蒸汽温度之差值称为过热度。过热度越大，容纳水蒸汽的能力越大。

木材干燥生产中的饱和蒸汽通常是由锅炉产生的。饱和蒸汽的温度、密度、比容、汽化潜热及焓都随蒸汽压力的大小而异。饱和蒸汽的各项参数见表 5-4。

表 5-4 干饱和蒸汽参数

压力 (MPa)	温度 (℃)	密度 (kg/m³)	比容 (m³/kg)	汽化潜热 (kJ/kg)	焓 (kJ/kg)
0.001	6.9	0.0077	129.3	2484	2514
0.002	17.5	0.0149	66.97	2460	2533
0.005	32.9	0.0355	28.19	2423	2561
0.01	45.8	0.0681	14.68	2393	2584
0.02	60.1	0.131	7.65	2358	2609
0.05	81.3	0.309	3.242	2305	2646
0.10	99.6	0.590	1.694	2258	2675
0.12	104.8	0.700	1.429	2244	2684
0.14	109.3	0.809	1.236	2232	2691
0.16	113.3	0.916	1.091	2221	2697
0.18	116.9	1.023	0.977	2211	2702
0.20	120.2	1.129	0.885	2202	2707
0.25	127.4	1.392	0.718	2182	2717
0.30	133.5	1.651	0.606	2164	2725
0.35	138.9	1.908	0.524	2148	2732
0.4	143.6	2.163	0.462	2134	2738
0.45	147.9	2.416	0.414	2121	2744
0.5	151.8	2.669	0.375	2108	2749
0.6	158.8	3.169	0.316	2086	2756
0.7	165.0	3.666	0.273	2066	2763
0.8	170.4	4.161	0.240	2047	2768
0.9	175.3	4.654	0.215	2030	2773
1.0	179.9	5.139	0.1946	2014	2777
1.2	188.0	6.124	0.1633	1985	2783
1.5	198.3	7.593	0.1317	1946	2790
2.0	212.4	10.04	0.0996	1889	2797
2.5	223.9	12.50	0.0799	1839	2801

（自 Ривкин и Александров，1975）

在木材干燥作业中，有时需把饱和蒸汽直接喷入窑内，对木材调湿处理；在干燥阶段也需把饱和蒸汽通入窑内的加热器中，通过干燥介质加热木材。

一个绝对气压下的饱和蒸汽温度约为100℃，若强迫此饱和蒸汽通过加热器，使其温度升高到100℃以上，此种压力为一个大气压，而温度高于100℃的蒸汽称为常压过热蒸汽。

常压过热蒸汽的压力（一个大气压）与同温度的饱和蒸汽压力之比值或常压过热蒸汽的密度与同温度的饱和蒸汽密度之比值称为过热蒸汽的饱和度，用 φ 表示，单位是%。

$$\varphi = \rho_s/\rho_0 = p_s/p_0 \qquad (5-17)$$

式中：ρ_s——常压过热蒸汽的密度，kg/m^3；

ρ_0——同温度的饱和蒸汽的密度，kg/m^3；

p_s——常压过热蒸汽的压力，Pa；

p_0——同温度的饱和蒸汽的压力，Pa。

过热蒸汽的饱和度表示过热蒸汽被水蒸气饱和的程度，在物理含义上相当于相对湿度。常压过程蒸汽的饱和度、密度、比容、焓都随其温度而异，见表5-5。常压过热蒸汽和高温湿空气的相对湿度 φ（饱和度）见表5-6。

表5-5 常压过热蒸汽参数（$p_{汽}=0.1MPa$）

蒸汽温度 t (℃)	过热温度 Δt (℃)	饱和度 φ	密度 ρ (kg/m³)	比容 $v=1/\rho$ (m³/kg)	蒸汽焓 i (kJ/kg)	过热蒸汽焓 i_0 (kJ/kg)
99.6	0	1.000	0.590	1.695	2675	0.0
100	0.4	0.992	0.589	1.697	2676	0.8
102	2.4	0.916	0.586	1.709	2679	5.0
105	5.4	0.814	0.581	1.722	2683	11.3
110	10.4	0.677	0.573	1.746	2691	21.8
115	15.4	0.566	0.565	1.770	2698	31.8
120	20.4	0.477	0.557	1.794	2706	41.9
125	25.4	0.405	0.550	1.818	2713	51.9
130	30.4	0.346	0.543	1.842	2721	62.0
135	35.4	0.298	0.536	1.866	2727	72.0
140	40.4	0.258	0.529	1.890	2734	81.7
145	45.4	0.224	0.522	1.914	2740	91.4
150	50.4	0.196	0.515	1.938	2746	101.0

（自 Кречетов，1980）

常压过热蒸汽为不饱和蒸汽，有吸收从木材中蒸发出来的水蒸气的能力，在木材高温干燥作业中可用做干燥介质。但生产上使用的常压过热蒸汽不是从锅炉直接供给的，从锅炉通入窑内加热器中的蒸汽仍为（带压力的）饱和蒸汽，但此加热器的热功率较

表 5-6 常压过热蒸气与高温湿空气的湿度（表内数字为 φ% 的数值）

湿球温度(℃)	干球温度(℃)																																											
	97	98	99	100	101	102	103	104	105	106	107	108	109	110	111	112	113	114	115	116	117	118	119	120	121	122	123	124	125	126	127	128	129	130	131	132	133	134	135	136	137	138	139	140
100	97			97	94	90	87	84	81	78	75	73	71	69	66	64	62	60	58	56	55	53	51	50	48	47	45	44	43	42	40	39	38	37	36	35	34	33	32	31	30	29	28
99				97	93	90	87	84	81	78	76	73	71	68	66	64	62	60	58	56	54	53	51	49	48	46	45	43	42	41	40	38	37	36	35	34	33	32	31	30	29	28	27
98			96	93	90	87	84	81	78	75	73	70	68	66	64	61	59	57	56	54	52	51	49	48	46	44	43	42	41	39	38	37	36	35	34	33	32	31	30	29	28	27	26
97		96	93	90	87	84	81	78	75	73	70	68	66	64	61	59	57	55	54	52	50	49	47	46	44	43	42	40	39	38	37	36	35	34	33	32	31	30	29	28	27	26	26	25
96	96	93	90	87	84	81	78	75	73	70	68	66	63	61	59	57	55	53	52	50	48	47	45	44	43	41	40	39	38	37	36	35	34	33	32	31	30	29	28	27	26	25	25	24
95	93	90	87	84	81	78	75	72	70	67	65	63	61	59	57	55	53	51	50	48	46	45	44	42	41	40	38	37	36	35	34	33	32	31	30	29	28	27	26	25	24	24	23
94	90	86	83	80	78	75	72	70	67	65	63	61	59	57	55	53	51	49	48	46	45	43	42	41	39	38	37	36	35	34	33	32	31	30	29	28	27	26	25	24	23	23
93	86	83	80	78	75	72	70	67	65	63	61	59	57	55	53	51	50	48	46	45	43	42	41	39	38	37	36	35	34	33	32	31	30	29	28	27	26	25	24	23	22	22
92	83	80	77	75	72	70	67	65	63	60	58	56	54	52	50	49	47	45	44	42	41	40	38	37	36	35	34	33	32	31	30	29	28	27	26	25	24	23	22	22	21
91	80	77	74	72	69	67	65	62	60	58	56	54	52	50	48	46	45	43	42	40	39	38	37	35	34	33	32	31	30	29	28	27	26	25	24	23	22	21	20	20
90	77	74	72	69	67	64	62	60	58	56	54	52	50	48	47	45	43	42	40	39	38	36	35	34	33	32	31	30	29	28	27	26	25	24	23	22	21	20	19	19
89	74	72	69	67	65	62	60	58	56	54	52	50	49	47	45	44	42	41	39	38	37	35	34	33	32	31	30	29	28	27	26	25	24	23	22	21	20	19	19
88	71	69	66	64	62	60	58	56	54	52	50	49	47	45	44	42	41	39	38	37	36	34	33	32	31	30	29	28	27	26	25	24	23	22	21	20	19	18	18
87	69	66	64	62	60	57	56	54	52	50	48	46	45	44	42	41	40	38	37	36	35	33	32	31	30	29	28	27	26	25	24	23	22	21	20	19	19	18	17
86	66	64	61	59	58	56	53	52	50	48	46	45	43	42	40	39	38	37	36	35	34	32	31	30	29	28	27	26	25	24	23	22	21	20	19	19	18	17	17
85	64	61	59	57	55	53	51	50	48	46	45	43	42	41	39	38	37	36	35	34	33	31	30	29	28	27	26	25	24	23	22	21	20	19	18	18	17	16	16
84	61	59	57	55	53	51	49	48	46	44	43	42	41	39	38	37	36	35	34	33	32	30	29	28	27	26	25	24	23	22	21	20	19	18	18	17	17	16
83	59	57	55	53	51	49	47	46	44	43	41	40	39	38	37	36	35	34	33	32	31	29	28	27	26	25	24	23	22	21	20	19	19	18	17	17	16
82	56	54	53	51	49	47	46	44	43	41	40	38	37	36	35	34	33	32	31	30	29	28	27	26	25	24	23	22	21	20	20	19	18	18	17	16	16

大，当从木材中蒸发出来的水蒸气及由喷蒸管喷出的饱和蒸汽流过此加热器时，被加热成常压过热蒸汽（温度大于100℃，压力为一个大气压）。常压过热蒸汽热含量大，且不含氧气，是一种较常用的高温干燥介质。

5.4 炉 气

炉气是指用煤、石油、天然气或木废料作燃料，在炉灶内完全燃烧所生成的由氮（N）、氧（O）、二氧化碳（CO_2）、二氧化硫（SO_2，燃烧木废料时无）及水蒸气（H_2O）等成分所组成的湿热气体。不完全燃烧时，生成的气体中还含有一氧化碳（CO）及碳氢化合物。

炉气既可作干燥介质，又可作载热体，通入炉气加热管中，间接加热干燥木材。

目前国内外木材加工企业使用木废料为燃料，生成炉气直接或间接加热干燥木材的实例相当多，因此对木燃料及炉气的性质作简要介绍。

5.4.1 木燃料的成分

木燃料又称木材加工剩余物，包括制材和木制品车间的树皮、锯屑、边条、刨花及胶合板车间的截头、碎单板、锯屑、合板边条、人造板砂光木粉等。它们是一种数量大、热值高的能源。若工厂每年加工2万m^3原木（制造木制品），折算约可产生4416 t全干木废料（以木材基本密度0.46 g/cm^3计）。燃烧后产生的热量约相当于3500 t标准煤，约可满足4.4万m^3板材干燥的热源需要（以25mm厚松木生材干燥到12%终含水率计）。

木废料的化学组成：木材由纤维素、半纤维素和木素三种化学成分组成，此外还含有少量的提取物及灰分，见表5-7。

木材和树皮的化学元素组成，见表5-8。

表5-7 阔叶树材的化学组成

化学组成	百分含量（%）
纤维素	33.8~48.7
半纤维素	23.2~37.7
木 素	19.1~30.3
提取物	1.1~9.6
灰 分	0.1~1.3

表5-8 木材和树皮的化学元素组成

元素组成	木材（%）	树皮（%）
碳	50.8	51.2
氧	41.8	37.9
氢	6.4	6.0
氮	0.4	0.4
灰分	0.9	5.2

5.4.2 木燃料的发热量

单位燃料完全燃烧后，生成气体所放出的全部热量（包括水蒸气汽化热在内）叫高发热量，用Q_g表示，单位为kJ/kg。

绝干木材的高发热量约为18 000~20 511 kJ/kg。通常针叶材的发热量比阔叶材稍大，通常取 18 837 kJ/kg 作平均值。树皮的高发热量约为 17 581 kJ/kg。

绝干木材的高发热量 Q_g，也可通过元素分析由下式计算：

$$Q_g = 339 \cdot C + 1254 \cdot H - 109 \cdot O, \text{ kJ/kg} \tag{5-18}$$

式中：C，H 和 O 分别为绝干木材中碳、氢和氧的百分含量。

实际上，木废料都有一定含水率，从高发热量减去所含水分及燃烧生成水分的汽化热后，即为低发热量 Q_d，这是可以利用的热量。Q_d 可由下式算得：

$$Q_d = Q_g - 25.1(9H + M_0), \text{ kJ/kg} \tag{5-19}$$

式中：H 和 M_0——分别为氢的百分含量和废料的相对含水率（以百分数表示）。若木材的含水率以绝对含水率 M 表示，则两种含水率的换算为：

$$M_0 = \frac{M}{1+M} \times 100\% \tag{5-20}$$

或

$$M = \frac{M_0}{1-M_0} \times 100\% \tag{5-21}$$

从式（5-19）可见，废料含水率 M_0 越高，则可利用的发热量（Q_d）越低。气干木废料（绝对含水率约为 15%）的低发热量约为 14 651 kJ/kg。

5.4.3 燃烧空气量与炉气量

为使木废料燃烧，必须供给一定量的空气（氧气）。在理想条件下，燃料完全燃烧时，必需的最少空气量称为理论空气量。燃烧木废料所需的理论空气量为 G_0：

$$G_0 = 0.115 \cdot C + 0.345 \cdot H - 0.043 \cdot O, \text{ kg 干空气/kg 木废料} \tag{5-22}$$

式中：C，H 和 O 分别为木废料中碳、氢和氧元素的百分含量。将表 5-8 中的有关数值代入式（5-22），得燃烧绝干木废料的理论空气量为 6.26 kg 干空气/kg 木废料，化为标准空气体积 L_0 为 5.2 Nm^3/kg。

燃烧时生成的理论炉气量 V_0：

$$V_0 = \frac{0.213}{1000}Q_d + 1.65, \text{ Nm}^3/\text{kg} \tag{5-23}$$

实际上，为了保证燃料的充分燃烧，还必须供给过量空气，使空气与燃料充分混合，实际空气量与理论空气量之比，称为过量空气系数，用 α 表示。燃烧木废料时，过量空气系数 α 一般取 1.25~2.0。过量空气系数太小，燃烧不充分；太大，炉气的热含量降低，炉膛温度也降低，燃烧不稳定，且燃烧效率下降。故考虑到过量空气系数后，实际空气量应为 $L_a = 7 \sim 10 \text{ Nm}^3/\text{kg}$。

实际燃烧时，生成的炉气量 V_a 为：

$$V_a = V_0 + (\alpha - 1)L_0$$

$$= \frac{0.213}{1000}Q_d + 1.65 + (\alpha - 1)L_0, \text{Nm}^3/\text{kg} \qquad (5-24)$$

式中：Q_d——低发热量，kJ/kg；
　　　α——过量空气系数，1.25~2.0；
　　　L_0——理论空气量，Nm³/kg。

思 考 题

1. 绝对湿度和相对湿度的物理意义有何不同？两者又有何联系？
2. 湿容量和湿含量有何区别？
3. 确定湿空气的相对湿度有哪两种方法？哪种更精确且使用范围更广？为什么？
4. 理论干燥过程在 Id 图上如何表示？实际干燥过程如何表示？
5. 湿球温度和露点温度的物理意义有何区别？
6. 新鲜空气吸入窑内与窑内循环空气混合后，流过加热器，再流过材堆（蒸发木材中的水分），这一系列过程在 Id 图上如何表示？
7. 饱和蒸汽和过热蒸汽哪种用做干燥介质？哪种用做载热体？为什么？
8. 木材干燥窑内的常压过热蒸汽通常是从哪里来的？
9. 木废料的热值及实际燃烧空气量如何确定？

第 6 章

木材水分与环境

[**本章重点**]
1. 吸湿、解吸和平衡含水率的概念、影响因子及其在木材工业中的应用。
2. 木材干缩率、干缩系数的概念、计算；木材径弦向干缩率的差异对锯材变形的影响；速生人工林木材的干缩特性带来的新问题。

6.1 木材中的水分

活树的树根（主根和须根）不断地从土壤中吸取水分，送到树干，经过木质部中的管胞或导管输送到树枝和树叶。树叶内的水分一部分向大气中蒸发，另一部分在叶绿素中参与光合作用。因此，树干里含有大量的水分。活树被伐倒并锯解成各种规格的锯材后，水分的一部分或大部分仍保留在木材内部，这就是木材水分的由来。

用新采伐的树木制成的板材和方材叫生材。表 6-1 是我国东北林区 5 种主要树种的生材含水量，由此可了解一般树种的生材含水量。

表6-1 生材含水量

树 种	含 水 量（%）		
	心 材	边 材	平 均
红 松	70	200	135
臭冷杉	130	200	165
春 榆	125	100	113
色 木	90	90	90
紫 椴	130	130	130
5 种树种总平均			126.6

6.1.1 水分含量的测定

木材中水分的含量叫含水率或含水量，用水分的质量对木材质量之比的百分率（%）表示。

含水率可用全干木材的质量作为计算基础，算出的数值叫绝对含水率或简称含水率，用 M 表示：

$$M = \frac{G_\text{湿} - G_\text{干}}{G_\text{干}} \times 100\% \qquad (6-1)$$

式中：$G_湿$ 和 $G_干$——分别为湿材的质量和全干材质量。

含水率也可用湿材质量为计算基础，算出的数值叫相对含水率 M_0：

$$M_0 = \frac{G_湿 - G_干}{G_湿} \times 100\% \qquad (6-2)$$

木材干燥生产和科研中一般采用绝对含水率（即含水率）。对于木燃料则多用相对含水率。

木材含水率的测定通常采用以下几种方法。

（1）称重法（烘干法）。先称出湿材质量和全干材质量。求全干材质量的方法是从湿木材上截取一小试片，刮去毛刺，立即称重并作记录，然后放入烘箱，在 $103 \pm 2℃$ 的温度下烘干。在试片烘干过程中，每隔一定时间称重并作记录。到最后连续两次称出的质量相等或相差极小时，表明试片中的水分已全部排出，此时的试片质量就是全干重。再用（6-1）式计算木材含水率。

用称重法测定木材含水率，其优点是数值较可靠；其缺点是要从整块木材上截取试片，而且试片的烘干要较长时间。另外，如果木材中含有较多的松节油或其他挥发性物质，这些挥发物的质量都算到水分当中，也会引起一定的误差。

（2）电测法。即利用木材的电学性质如电阻率、介电常数等与木材含水率之间的关系，来测定木材的含水率。

电测法的木材含水率仪主要有两类：一类是直流电阻式，即利用木材中所含水分的多少对直流电阻的影响，来测定木材的含水率；另一类为交流介电式，即根据交变电流的功率损耗与木材含水率的关系而设计的含水率仪。结构简单、生产上用得最广的是直流电阻式。这种含水率仪实质上是一种兆欧表，其动作原理是：在相当大的范围内，木材的电阻率（即单位长度、单位横截面积的木材电阻）随其含水率的变化而变化，且在室温下，在 $6\% \sim 30\%$ 的含水率范围内，木材电阻率的对数与木材含水率呈直线关系（图6-1）。

所以只要用兆欧表测得木材的电阻值，就可知道含水率之值。制造公司已经过换算，把含水率数值直接显示在表面上。

这种含水率仪使用方便，能很快测出含水率，不破坏木材。但使用时，要注意以下4点，才能得出较精确的含水率数值：

① 这种含水率仪测定的含水率范围有限：含水率高于30%及低于6%时，电阻随含水率的变化都不明显，精确测量范围只有 $6\% \sim 30\%$。

② 需要进行温度校正：除了木材含水率影响木材电阻之外，木材温度也影响其电阻，当木材含水率不变化时，温度越高，木材的电阻率越小。所以热木材测出的含水率数值偏大，需要校正。以20℃为准，温度每高出10℃，测出的读数需减小1.5%。

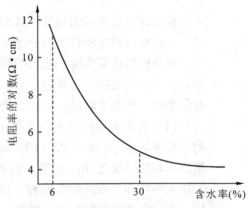

图6-1　木材电阻率随含水率变化曲线

通常制造厂已将温度校正值标定在表面上。

③ 树种校正：树种不同，其密度也不同，也影响到含水率读数。通常制造厂已在仪表反面列出了树种选择表。

④ 含水率仪测针插入木材的深度和方向：被干燥的木材，在厚度方向上含水率分布是不均匀的，表层干，内部湿。所以测针插入木材厚度的 1/4～1/3，测出的读数能代表木材含水率的平均值。又木材横纹电阻率是顺纹的 2～3 倍，故测针需垂直于木材纹理方向。

(3) 蒸馏法。对于含树脂较多或经油性防腐剂处理后的木材，采用蒸馏法测定其含水率较合适。蒸馏法测定的简易装置如图 6-2。

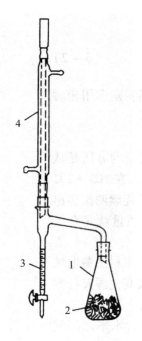

图 6-2　蒸馏法测定装置
1. 烧瓶　2. 木材试样
3. 收集管　4. 冷凝器

待测的试样削成 2～3 mm 厚的碎片，共约 20～50 g，置于容量约 500～1000 ml 的烧瓶内。将不溶于水的溶剂（常用二甲苯）120～130 ml 倒入烧瓶，以淹没试样且不超过烧瓶容量的 3/4 为准。再用带刻度的收集管将烧瓶与冷凝器连接。用水浴或砂浴加热烧瓶，试样中的水分和可蒸发的二甲苯一同流入冷凝管，经冷凝后，流入带刻度的收集管。由于水的密度大于二甲苯而下沉，上浮的二甲苯可回流至烧瓶中。从收集管上的刻度可读出木材试样中的水分含量。

木材可按干湿程度分为 6 级：

湿材：长期置于水内，含水率大于生材的木材。

生材：和新采伐的木材含水率基本上一致的木材。

半干材：含水率小于生材的木材。

气干材：长期在大气中干燥，基本上停止蒸发水分的木材。因各地气候干湿不同，含水率变化范围为 8%～18%。

窑干材：经过干燥窑等人工干燥处理，含水率约为 7%～15% 的木材。

全干材：含水率为 0 的木材。

6.1.2　木材中水分的状态

根据材料与水分的关系，凡湿润性的材料可分为三类：① 毛细管多孔体，如焦炭、砖等。这些材料在所含的水分增加或减少时，均不改变其尺寸。② 胶体，如面团、黏土等。这类材料在吸水时，能无限膨胀，直至丧失其几何形状为止。③ 毛细管多孔胶体，如木材等。能吸收一定量的水分，在吸水和失水时，不丧失其几何形状，但其尺寸发生有限变化，即吸水时尺寸增大，失水时尺寸缩小。

(1) 自由水和吸着水。木材由多种细胞组成。细胞又有细胞壁和细胞腔。细胞腔的半径平均为 1×10^{-3}～2×10^{-3} cm。细胞壁由微纤丝构成。微纤丝又由基本纤丝构成。微纤丝与微纤丝之间，及基本纤丝与基本纤丝之间，皆有空隙，其半径一般不超过 0.25×10^{-5} cm。木材的细胞腔、细胞间隙及细胞壁中的空隙组成错综复杂的毛细管系统。木材中的水分即包含在这些毛细管系统之内。

毛细管对水分的束缚力与其半径有关。若毛细管半径在 10^{-5} cm 以上，管内水表面上的水蒸气分压接近或等于自由水表面上的水蒸气分压。即此种毛细管对水分的束缚力很小甚至无束缚力。毛细管半径越小，水分在管内的表面张力越大，毛细管对水分的束缚力越大。

因此，木材中的毛细管可分为两大类。一类由相互连通的细胞腔及细胞间隙构成，对水分的束缚力很小甚至无束缚力，叫大毛细管系统；另一类由相互连通的细胞壁内的微毛细管构成，对水分有较大的束缚力，叫微毛细管系统。大毛细管系统内的水分叫自由水。而且大毛细管系统只能向空气中蒸发水分，不能从空气中吸收水分。微毛细管系统中的水分叫吸着水。微毛细管系统既能向空气中蒸发水分，也能从空气中吸收水分。

(2) 纤维饱和点。潮湿木材置于干燥的环境中，由于木材内水蒸气压力高于大气中的水蒸气压力，水分会由木材向大气蒸发。首先蒸发的是自由水，当细胞腔内液态的自由水已蒸发殆尽而细胞壁内的吸着水仍处于饱和状态时，这时木材的含水率状态叫纤维饱和点。纤维饱和点随树种和温度而异，随着温度升高，纤维饱和点降低。就多种树种的木材来讲，在空气温度为20℃与空气湿度为100%时，纤维饱和点含水率为30%；100℃时，降为22.5%。这说明温度越高，木材从饱和空气中吸湿的能力越低。

纤维饱和点是木材性质变化的转折点。木材含水率在纤维饱和点以上变化时，木材的尺寸、形状、强度、热学和电学性质等几乎不改变。而木材含水率在纤维饱和点以下变化时，上述材性就会因含水率的增减产生显著而有规律的变化。因此，纤维饱和点是木材的既有实用价值又有理论意义的重要材性参数。

(3) 吸湿与解吸。木材细胞壁内有无数的微毛细管，组成微毛细管系统。当较干的木材存放在潮湿的空气中，木材微毛细管内的水蒸气分压小于周围空气的水蒸气分压，则微毛细管能从周围空气中吸收水分，水蒸气在微毛细管内凝结成凝结水。这种细胞壁内的微毛细管系统能从湿空气中吸收水分的现象叫吸湿。吸湿过程初始时，进行得很强烈，即木材的吸着水含水率增加得很快；随着时间的延续，吸湿过程逐渐缓慢，最后达到动态平衡或稳定，此时木材的含水率叫吸湿稳定含水率，用 $M_{吸}$ 表示，如图6-3。

若木材含水率较高，存放在较干燥的空气中，木材细胞壁微毛细管中的水蒸气分压大于周围空气中的水蒸气分压，则微毛细管系统能向周围空气中蒸发水分，这种现象叫解吸。解吸过程初始时，木材向周围空气的水分蒸发很强烈，即木材的吸着水下降很快；随着时间的延续，解吸过程逐渐缓慢，最后达到动态平衡或稳定，此时木材的含水率叫解吸稳定含水率，用 $M_{解}$ 表示。注意，解吸与干燥是两个不同的概念：解吸仅指细胞壁中吸着水的排除，而干燥则指自由水和吸着水两者的排除。

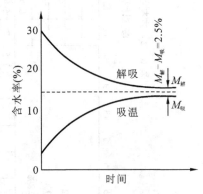

图6-3 木材的解吸与吸湿

干木材吸湿的过程中，吸湿稳定含水率或多或少地低于在同样空气状态下的解吸稳定含水率。这种现象叫吸湿滞后，用 ΔM 表示。产生吸湿滞后的原因是：①吸湿的木材必定是已经过干燥的，在干燥过程中，木材的微毛细管系统内的空隙已部分地被渗透进来的空气所占据，这就妨碍了木材对水分的吸收。②木材在先前的干燥过程中，用以吸

表6-2 木材平衡含水率表

例：
干球温度 = 82℃
湿度计差 = 11℃
平衡含水率 = 8%

干球温度(℃) \ 湿度计差(℃)	0	1	2	3	4	5	6	7	8	9	10	11	12	13	14	15	16	17	18	19	20	21	22	23	24	25	28
120																			4.5	4.5	4.5	4	4	4	3.5	3.5	3
118																			5	4.5	4.5	4	4	4	4	3.5	3.1
116																		5	5	4.5	4.5	4	4	4	4	3.5	3.1
114																	5	5	5	4.5	4.5	4.5	4	4	4	3.5	3.2
112															5.5	5.5	5.5	5	5	5	4.5	4.5	4.5	4	4	3.5	3.2
110														6.5	6	5.5	5.5	5.5	5	5	4.5	4.5	4.5	4	4	4	3.3
108														6.5	6	5.5	5.5	5.5	5	5	4.5	4.5	4.5	4	4	4	3.3
106														6.5	6	5.5	5.5	5.5	5	5	4.5	4.5	4.5	4	4	4	3.4
104													7	6.5	6	5.5	5.5	5.5	5	5	4.5	4.5	4.5	4	4	4	3.4
102													7	6.5	6	5.5	5.5	5.5	5	5	4.5	4.5	4.5	4	4	4	3.3
100												7	7	6.5	6	5.5	5.5	5.5	5	5	4.5	4.5	4.5	4	4	4	3.3
98											7.5	7	7	6.5	6	5.5	5.5	5.5	5	5	4.5	4.5	4.5	4	4	4	3.3
96										8	7.5	7	7	6.5	6	6	5.5	5.5	5.5	5	5	4.5	4.5	4	4	4	3.3
94									8.5	8	7.5	7	7	6.5	6	6	5.5	5.5	5.5	5	5	4.5	4.5	4	4	4	3.3
92									8.5	8	7.5	7	7	6.5	6	6	5.5	5.5	5.5	5	5	4.5	4.5	4	4	4	3.3
90								9.5	8.5	8	7.5	7.5	7	6.5	6	6	5.5	5.5	5.5	5	5	4.5	4.5	4	4	4	3.3
88								9.5	9	8.5	8	7.5	7	6.5	6.5	6	5.5	5.5	5.5	5	5	4.5	4.5	4	4	4	3.3
86							10	9.5	9	8.5	8	8	7.5	7	6.5	6	6	5.5	5.5	5	5	4.5	4.5	4	4	4	3.3
84							10	9.5	9	8.5	8	8	7.5	7	6.5	6	6	5.5	5.5	5	5	4.5	4.5	4	4	4	3.3
82						11	10	9.5	9	8.5	8	8	7.5	7	6.5	6	6	5.5	5.5	5	5	4.5	4.5	4	4	3.5	3.3
80						11	10	10	9	8.5	8.5	8	7.5	7	6.5	6.5	6	5.5	5.5	5	5	4.5	4.5	4	4	3.5	3.2
78					12	11.5	11	10	9.5	8.5	8.5	8	7.5	7	6.5	6.5	6	5.5	5.5	5	5	4.5	4	4	4	3.5	3.2
76				13	12	11.5	11	10	9.5	9	8.5	8	7.5	7	6.5	6.5	6	5.5	5.5	5	5	4.5	4	4	4	3.5	3.2
74			15	13	12	11.5	11	10	9.5	9	8.5	8	7.5	7	6.5	6.5	6	5.5	5.5	5	5	4.5	4	4	4	3.5	3.2
72		20	15	13.5	12.5	12	11	10	9.5	9	8.5	8	7.5	7	6.5	6.5	6	5.5	5.5	5	5	4.5	4	4	4	3.5	3.2
70	26	20	15.5	13.5	12.5	12	11	10.5	9.5	8.5	8	8	7.5	7	6.5	6.5	6	5.5	5.5	5	5	4.5	4	4	4	3.5	3.2

（续）

干球温度(℃)	温度计差(℃)																												
	0	1	2	3	4	5	6	7	8	9	10	11	12	13	14	15	16	17	18	19	20	21	22	23	24	25			28
68	26	20	17.5	15.5	13.5	12.5	11.5	10.5	9.5	9	8.5	8	7.5	7	6.5	6.5	6	5.5	5.5	5	5	4.5	4	4	4	3.5			3.1
66	26.5	20.5	17.5	15.5	13.5	12.5	11.5	10.5	10	9	8.5	8	7.5	7	6.5	6.5	6	5.5	5.5	5	5	4.5	4	4	4	3.5			2.9
64	26.5	20.5	17.5	15.5	13.5	12.5	11.5	10.5	10	9	8.5	8	7.5	7	6.5	6.5	6	5.5	5.5	5	5	4.5	4	4	4	3.5			2.8
62	27	21	17.5	15.5	13.5	12.5	11.5	10.5	10	9	8.5	8	7.5	7	6.5	6.5	6	5.5	5.5	5	5	4.5	4	4	4	3.5			2.7
60	27	21	18	15.5	14	12.5	11.5	10.5	10	9.5	8.5	8	7.5	7	6.5	6.5	6	5.5	5	5	4.5	4.5	4	3.5	3.5	3.5			2.6
58	27	21	18	15.5	14	12.5	11.5	10.5	10	9.5	8.5	8	7.5	7	6.5	6.5	6	5.5	5	5	4.5	4.5	4	3.5	3.5	3.5			2.4
56	27	21	18	15.5	14	13	11.5	10.5	10	9.5	8.5	8	7.5	7	6.5	6.5	6	5.5	5	4.5	4.5	4	3.5	3.5	3	3			2.2
54	27.5	21	18	15.5	14	13	11.5	10.5	10	9.5	8.5	8	7.5	7	6.5	6	5.5	5.5	5	4.5	4.5	4	3.5	3	3	3			2
52	27.5	21.5	18	16	14	12.5	11.5	10.5	10	9	8.5	8	7.5	7	6.5	6	5.5	5	4.5	4.5	4	4	3.5	3	2.5	2.5			1.6
50	28	21.5	18.5	16	14	12.5	11.5	10.5	10	9	8.5	8	7.5	7	6.5	5.5	5.5	4.5	4.5	4	4	3.5	3.5	3	2.5	2			1.3
48	28	21.5	18.5	16	14	12.5	11.5	10.5	10	9	8.5	7.5	7	6.5	6	5.5	5	4.5	4	4	3.5	3	2.5	2.5	2				0.9
46	28.5	21.5	18.5	16	14	12.5	11.5	10.5	9.5	9	8.5	7.5	7	6.5	6	5.5	5	4.5	4	4	3.5	3	2.5	2					0.4
44	28.5	22	18.5	16	14	12.5	11.5	10.5	9.5	9	8	7.5	7	6.5	6	5.5	5	4.5	4	3.5	3	2.5	2						
42	28.5	22	18.5	16	14	12.5	11.5	10.5	9.5	9	8	7.5	7	6.5	6	5.5	4.5	4.5	4	3.5	3.5	3	2.5						
40	29	22	18.5	16	14	12.4	11	10.3	9.4	8.8	8	7.4	6.9	6.3	5.7	5.2	4.5	4	3.5	3.1	2.4	1.6	0.7						
38		21.5	18	15.6	13.8	12.4	10.9	10.2	9.3	8.6	7.9	7.1	6.6	5.9	5.3	4.8	4	3.4	2.9	2.2	1.5								
35		21.5	18	15.6	13.8	12.2	10.8	10	9.1	8.3	7.6	6.8	6.3	5.5	4.9	4.2	3.4	2.6	2	1.2	0.4								
32		21.5	17.8	15.4	13.5	12	10.8	9.7	8.8	8	7.2	6.4	5.8	5	4.3	3.4	2.5	1.5	0.8										
29		21.4	17.6	15.2	13.3	11.8	10.6	9.3	8.4	7.6	6.8	5.9	5.1	4.3	3.4	2.4	1.2	0.3											
27		21.2	17.4	15	13.1	11.6	10.2	8.9	8	7.1	6.2	5.2	4.3	3.3	2.2	0.9													
24		21.1	17.2	14.7	12.7	11.2	9.9	8.5	7.5	6.5	5.5	4.4	3.2	2	0.6														
21		20.8	16.9	14.4	12.3	10.9	9.5	7.9	6.9	5.9	4.5	3.2	1.8	0.4															
18		20.4	16.6	13.9	12.1	10.4	9.1	7.2	6.0	4.7	3.2	1.5																	
16		20.1	15.9	13.4	11.4	9.9	8.4	6.3	5.0	3.4	1.3																		
13		19.7	15.4	12.9	10.8	9.3	7.8	5.1	3.4	1.1																			
10		19.2	14.9	12.2	10.1	8.5	6.9	3.4	1.0																				
7		18.5	14.3	11.5	9.3	7.5	5.5	0.9																					
4		17.8	13.6	10.7	8.4	6.2	3.8																						
2		17.0	12.6	9.7	7.1	4.5	1.2																						
-1		16.1	11.6	8.4	5.3	1.6																							

（改编自梁世镇，1994）

收水分的羟基借副价键彼此直接相连,使部分羟基相互饱和而减小了以后对水分的吸着性。

吸湿滞后的数值与树种无关,但随木材尺寸的增大而增大。细碎或薄木料(如刨花、单板、薄木等)吸湿滞后很小,平均仅约为0.2%,可忽略不计。但锯材(板、方材)吸湿滞后较大,且随先前干燥温度的升高而加大,其变异范围为1%~5%,平均值为2.5%。

(4)平衡含水率及其应用。木材的吸湿和解吸过程是可逆的,在过程中既存在水蒸气分子碰撞木材界面而被吸收——吸湿,同时也有一部分被吸收的水蒸气分子脱离木材向空气中蒸发——解吸。此相反过程同时进行的速度一般是不等的,若木材是较干的,存放在潮湿的空气中,在过程开始时,单位时间内木材自空气中吸着水蒸气分子的数目远大于由木材表面向空气中蒸发的水蒸气分子数目。如木材是较湿的,情况就会相反,即木材从空气中吸着的水分子数少于向空气中蒸发的水分子数。随着过程的进行,木材吸湿或解吸过程达到与周围空气相平衡时的木材含水率叫平衡含水率,用$M_衡$表示。即薄小木料在一定空气状态下最后达到的吸湿稳定含水率或解吸稳定含水率,叫平衡含水率。

气干材及薄小木料的吸湿滞后数值不大,生产上可忽略。因此对气干材可粗略认为:

$$M_解 = M_吸 = M_衡$$

窑干材的吸湿滞后数值较大。且干燥介质温度越高,则干锯材的吸湿滞后越大。平均为2.5%。

因此,对于窑干材,可以认为:

$$M_衡 = M_解 = M_吸 + 2.5\% \quad (6-3)$$

或

$$M_吸 = M_衡 - 2.5\% \quad (6-4)$$

木材平衡含水率随树种的差异变化很小,生产上并不考虑。平衡含水率主要随周围空气的温度和湿度而异,尤以湿度的影响最为重要。知道了介质(空气)的干球温度和湿球温度(或相对湿度),可查曲线图(图6-4)求出木材的平衡含水率。也可根据表6-2由介质的干球温度和湿度计差(即干、湿球温度之差)查出木材的平衡含水率。

木材平衡含水率在木材加工利用上很有实用意义。木材在制成木制品之前,必须干燥到一定的终了含水率$M_终$,且此终了含水率必须与木制品使用地点的平衡含水率相适应。即符合下式:$(M_衡 - 2.5\%) < M_终 < M_衡$。如使用地点

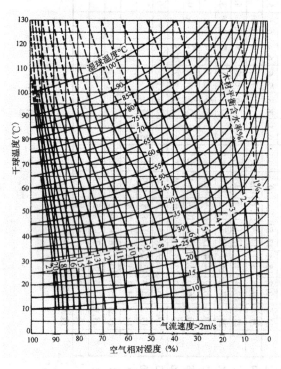

图6-4 木材平衡含水率

(自 U.S Forest Prod. Lab.)

的平衡含水率为15%，则干燥的终了含水率以13%较为适宜。在这样的含水率条件下，木制品的含水率能基本保持稳定，从而其尺寸和形状也基本保持稳定。

按气象资料查定的木材平衡含水率可作为确定干燥锯材最终含水率的依据。本篇附录1列出了我国160个主要城市木材平衡含水率的气象值，可供参考应用。根据我国各地城镇的气象资料，并按照干燥锯材最终含水率比使用环境下木材平衡含水率低2%~3%的要求，在我国地图上绘出各地区木材的平衡含水率和干燥锯材最终含水率变化规律图（图6-5），供木制品生产时参考。从图6-5可见，我国各地区木材平衡含水率从西北向东南逐渐增高，变化规律明显，并可划分为9%、11%、13%、15%几个带状区。干燥锯材最终含水率也相应作7%、9%、11%和13%的分布。

以上分析是根据我国各地区的气候条件得出的结论。没有考虑室内人工小气候的情况。实际上我国黄河以北的北方广大地区，每年都有相当长的采暖期，这时室内的空气条件与室外的大气条件相距很大。采暖时室内温度约为18~20℃，相对湿度约为28%，这时平衡含水率只有6%，而夏天北京及东北广大地区的平衡含水率高达15%。但室内木制品含水率的实际波动范围远没有这么大。如北京地区室内木材稳定含水率的年平均值为9.4%，1月份最低时为8%，8月份最高为11.5%。这是由于木材的吸湿需要较长时间，又有吸湿滞后，且木制品的油漆涂层也阻碍了木材对水分的吸附。所以北方地区室内所用的木制品，应干燥到约8%~9%的含水率。但南方广大地区，全年气候温暖潮湿，一般无采暖，故木制品只需干燥到10%~12%甚至13%的含水率。

必须强调，干燥锯材终含水率或木制品含水率的确定，除了考虑大气候及室内小气候的因素外，还要考虑木制品的用途，详见国家标准GB/T 6491—1999《锯材干燥质量》。

美国林产品研究所也推荐，在美国使用的木制品，其木材干燥的终了含水率应符合表6-3的数值。表中推荐的数值不仅在美国适用，还可供我国木制品出口到加拿大、北欧和西欧等发达国家的含水率要求作借鉴。

日本专家推荐，在日本长期使用的各种木制品的含水率要求见表6-4。

表6-3 在美国使用的木制品木材含水率推荐值

锯材用途	木材含水率（%）					
	干燥的西南部		湿润的南部沿海		全美国	
	平均	范围	平均	范围	平均	范围
室内用细木工制品和地板	6	4~9	11	8~13	8	5~10
室外用壁板和框架	9	7~12	12	9~14	12	9~14

（自美国林产品研究所，1968）

表6-4 日本长期使用的各种木制品的含水率要求

品名	树种	含水率（%）	品名	树种	含水率（%）
桌椅	白蜡、榆木、栎木	11~12.5	木工工具		15以下
壁板	北美黄杉	11~12.5	农机具		15以下
地板	北美黄杉	12以下	包装箱		18以下
门窗框	松木、柳杉	11~12			

（改编自满久崇麿，1983）

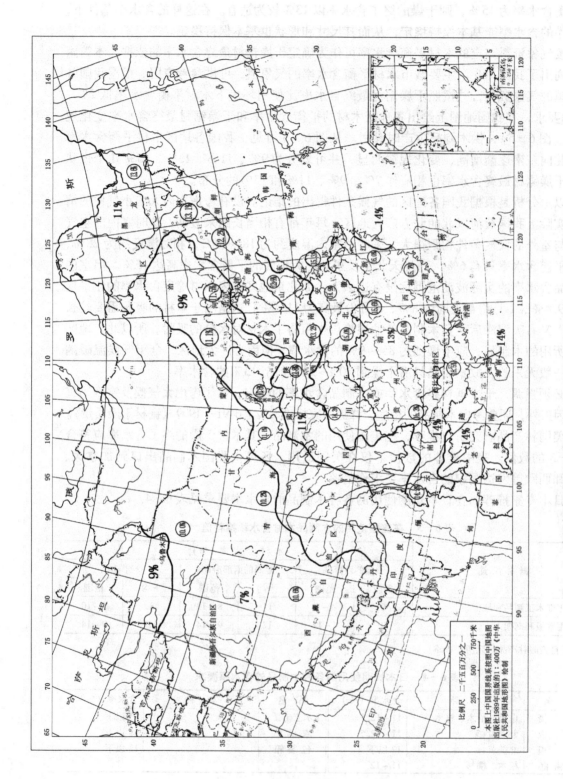

图 6-5 我国各地区木材平衡含水率和干燥锯材最终含水率（自朱政贤，1985）
（注：图中圆圈内数字为各省（自治区）平均平衡含水率，无圆圈数字为干燥锯材最终含水率。）

干锯材的贮存过程中，也需考虑木材的平衡含水率。

干锯材的贮存有三种方法：敞棚贮存、常温密闭仓库贮存和加温密闭仓库贮存。

敞棚贮存时，棚内温、湿度随周围大气环境的变化而变化。木材的含水率很不稳定，干材的吸湿回潮大。因此，敞棚不适宜贮存人工干燥后的干锯材。在敞棚下进行湿材或半干材的气干是可行的。

常温密闭仓库贮存是国内常用的干锯材贮存方法。被贮存材应密实堆积；库内地面须铺设混凝土，且须用混凝土垛基和木方横梁将材堆架空，以减少干材吸湿。尽管如此，干锯材贮存于常温密闭仓库内，仍会受大气影响而吸湿回潮，但比室外或敞棚内贮存减少很多。据美国林产品研究所研究：1 in 厚的南方松板材，密实堆积贮存于密闭仓库内一年后，其含水率由原来的 7.5% 升至 10.5%；但同法堆积贮存于室外的同样板材，却升至 13.5%。

窑干材贮于密闭仓库内，也会减少材堆中最湿材与最干材间的含水率差距；如美国林产品研究所试验 1 in × 6 in 的花旗松，密实堆积，贮于密闭仓库内一年后，其含水率差距由原来的 20% 降为 13%。这是由于水分从含水率较高的木材扩散入含水率较低的木材中缘故。另外，仓库的屋顶和墙壁会吸收太阳的辐射热而增加库内的温度。但温暖的空气会滞于库内上部，使温度不均匀，形成材堆上部平衡含水率低、下部高的现象。在库内装轴流风机，使气流强制循环，可有效消除此缺陷。为节约电能消耗，每天白天开动风机运转 6~8 h 即可。

加温密闭仓库贮存。是在常温密闭仓库内安装蒸汽或热水散热管而成。由于仓库可以加温，木材的平衡含水率自然会降低，从而有效地防止干材吸湿回潮。由于木材平衡含水率受周围空气湿度的影响远比温度的影响大，故在仓库内设置恒湿器来控制库内的平衡含水率较为方便。如将恒湿器的相对湿度设定为 35%，则空气的温度在 10~36℃ 之间变化时，木材的平衡含水率变化范围只有 7.1%~6.5%。这说明只要保持空气的相对湿度不变，即使空气温度变化范围较大（如 26℃），但平衡含水率变化却很小（只有 0.6%）。若工厂没有条件安装恒湿器，则通常可人工调节仓库温度，使其比户外大气温度高出 5~11℃（风和日暖时取低值，寒冬阴雨天取高值；且木材要保持 10%~12% 的含水率时取低值，要保持 6%~8% 的含水率时取高值），也可达到降湿防潮的目的。

6.2　木材的干缩和湿胀

6.2.1　干缩与含水率的关系

木材干燥时，首先排除细胞腔内的自由水，这时木材的尺寸不变。当细胞壁内的吸着水从木材中排出时，木材的尺寸随着减小。在纤维饱和点以下，随着吸着水含水率的降低，木材干缩量随之增大，直至木材含水率为零时，其干缩量达最大值。

在木材由全干状态逐渐湿润到纤维饱和点的过程中，可以观察到木材的膨胀现象，这叫做木材的湿胀。

干缩和湿胀是木材的固有性质。这种性质使木制品的尺寸不稳定，带来不利的影响。例如南京的木材加工厂为北京和海口各制造一批家具，若木材干燥不当，这批家具在北京使用时会发生开裂；在海口使用时，柜门和抽斗会不易开闭。因此，木材干燥时要按木制品使用地点的气候条件，干燥到相应的终含水率，以最大程度地减小木材的干缩或湿胀。

木材干缩的原因是由于木材解吸时，细胞壁内的吸着水向外蒸发，使细胞壁的纤维之间、微纤丝之间的水层变薄，而相互靠拢，从而细胞壁也变薄致使整个木材的尺寸减小。

木材的干缩用干缩率 y 表示，其计算方法如下：

$$y = \frac{L_{\max} - L_0}{L_{\max}} \times 100\% \tag{6-5}$$

式中：y——木材从纤维饱和点至全干的全干缩率，%；
$L_{\max}$——湿材尺寸，mm；
L_0——全干材尺寸，mm。

木材由纤维饱和点至气干的干缩率 y_a，可用下式计算：

$$y_a = \frac{L_{\max} - L_a}{L_{\max}} \times 100\% \tag{6-6}$$

式中：L_a——气干材尺寸，mm。

木材的干缩率与木材的吸着水含水率有关。纤维饱和点以下，吸着水含水率每减小1%，引起的木材干缩率的数值叫干缩系数 K（%）。木材干燥到全干时的干缩系数

$$K = \frac{y}{30},\ \% \tag{6-7}$$

我国主要木材的密度、干缩系数和干燥特性见参考书《木材学》。

利用干缩系数可以算出纤维饱和点以下，任何含水率 M 时，木材干缩率的数值 y_M：

$$y_M = K(30 - M)\% \tag{6-8}$$

知道了干缩系数和终含水率，可算出木材加工中应留的木材干缩余量。

[例] 水曲柳抽斗面板的成品厚度为 20 mm，成品含水率为 10%，求湿材下锯时，板材厚度应为多少？

[解] 水曲柳的径向干缩系数 0.184%，弦向 0.338%（由《木材学》查出）。为保证尺寸，用弦向干缩系数计算。由湿材到 10% 的干缩率 $y_M = K(30 - M) = 0.338\% \times (30 - 10) = 6.76\%$。

设板材的刨削余量为 3 mm，则刨削前干板的厚度为 20 + 3 = 23（mm）

则湿板厚度 $L_{\max} = \dfrac{L_a}{1 - y_a} = \dfrac{23}{1 - 0.0676} = 24.7$（mm）

6.2.2 木材干缩的各向异性

由于木材构造上的各向异性，木材不同方向上的干缩是不同的。纵向最小，全干缩

率约为 0.1%~0.3%；径向居中，约 4.5%~8%；弦向最大约 8%~12%。

纵向干缩很小的原因，是由于木材细胞壁中次生壁的中层（S2 层）厚度最大，又 S2 层的微纤丝方向与木材纵向几乎平行，木材干缩时微纤丝相互靠拢，而其长度几乎不变，故纵向干缩很小。

径弦向干缩的差异，主要是由于：

① 木射线对径向收缩的抑制：因木射线是沿径向排列的细胞，木射线的纵向（即树干的径向）收缩小于其横向（弦向）收缩。

② 晚材收缩量大，增加了弦向干缩：木材的干缩量与其细胞壁物质含量有关，晚材密度大于早材，其细胞壁物质含量大于早材，因此晚材的干缩大于早材。又在弦向，早晚材是并联的，晚材的较大的干缩迫使早材与它一道干缩。

树种不同，干缩的差异也很大。通常阔叶树材的干缩大于针叶树材。密度高的木材干缩大于密度低的木材。但也有例外，例如椴木密度较小，但干缩不小。又抽提物含量高的树种，如桃花心木，其干缩较小。

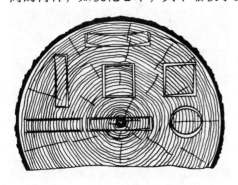

图 6-6 原木横断面上的锯材由于干缩不均匀引起的变形

由于木材径弦向干缩的差异，引起原木横断面上不同位置的锯材在干燥后的变形如图 6-6。

尽管正常木材纵向干缩很小，但应力木和幼龄材的纵向干缩相当大，可达 1%~1.5%。当前，人工林木材越来越广泛地应用，幼龄材的应用也越来越多，其较大的纵向干缩及其对翘曲的影响已成较严重的问题。

理论上讲，木材的干缩只有含水率降到纤维饱和点以下才发生。但实际生产上发现，当锯材含水率远高于纤维饱和点时，干缩就已发生。这主要由于锯材干燥时，厚度方向上有较大的含水率梯度，当锯材平均含水率远高于纤维饱和点时，其表层含水率早已降到纤维饱和点以下，发生了干缩。从而使整块锯材产生少量的干缩。另外，干缩系数实际上也不是常数，当含水率较高时，干缩系数较小；含水率较低时，干缩系数一般较大。

径弦向干缩率及干缩系数的差异也会影响到木材的开裂。径弦向干缩系数差异大，且干缩系数绝对值也大的木材容易开裂。

思 考 题

1. 吸着水的最大含水率是多少？
2. 用称重法和直流电阻式含水率仪测定木材含水率各有何优缺点？直流电阻式含水率仪测定木材含水率时要注意哪些问题？
3. 何谓木材的纤维饱和点？它有何实用价值？
4. 何谓平衡含水率及吸湿滞后？它们在木材工业中有何实用价值？
5. 在南京生产的一批木制品，其木材窑干到 10% 的终含水率，运到北京和广州使用后，其含水

6. 宽度 200mm 的马尾松湿材弦切板，干燥到 12% 的终含水率，其终了宽度为多少？
7. 图 6-6 所示的原木横断面上，不同位置锯出的锯材，干燥后为什么会有图示的各种变形？请分别说明原因。
8. 速生人工林木材干燥时在变形方面有何新问题？
9. 木材干燥生产中出现的干缩问题与理论上有何不同？为什么？

第 7 章

木材干燥时的传热、传湿及应力、变形

[**本章重点**]
1. 木材在饱和介质中对流加热的计算。
2. 木材渗透性的计算和测量。
3. 毛细管张力与木材解剖结构的关系。
4. 木材中自由水移动的规律。
5. 吸着水非稳态扩散的规律和计算方法。
6. 木材干燥时应力、变形产生的原因及发展规律；切片法测定应变和应力的方法。

木材干燥作业中，牵涉到木材与周围介质（气体或液体）的传热、传湿现象。例如窑内介质对木材的加热，透过窑壳的散热，干燥时木材内水分的移动以及木材表面的水分向干燥介质（湿空气等）中的蒸发等。

传热有导热、对流和辐射三种基本形式。木材干燥作业中，导热和对流具有更重要的意义。

7.1 木材的对流加热

木材在气体或液体介质中的加热是在对流换热边界条件下的不稳定导热现象，即温度场随时间而变化。木材加热过程中，木材内任意一点的温度变化，可用下列傅立叶偏微分方程确定：

$$\frac{\partial t}{\partial \tau} = a\left(\frac{\partial t^2}{\partial x^2} + \frac{\partial t^2}{\partial y^2} + \frac{\partial t^2}{\partial z^2}\right) \tag{7-1}$$

式中：t——木材中任意一点（坐标为 x、y、z）在时间 τ 时的温度，℃；
　　　τ——时间，h；
　　　a——木材的导温系数，m^2/h；

$$a = \frac{\lambda}{c \cdot \rho}$$

式中：λ——导热系数，$W/(m \cdot ℃)$；
　　　c——木材的比热，$kJ/(kg \cdot ℃)$；

ρ——木材的密度,kg/m³。

方程式 (7-1) 用于锯材加热时,应作两点变化:

① 锯材长度相对于厚度和宽度要大得多,锯材加热时,可以只考虑宽度和厚度（x 和 y）方向、忽略长度（z）方向的温度变化,即:

$$\frac{\partial t}{\partial \tau} = a\left(\frac{\partial t^2}{\partial x^2} + \frac{\partial t^2}{\partial y^2}\right) \tag{7-2}$$

② 木材是各向异性体,故径向导温系数为 a_r,弦向为 a_t,因此,(7-2) 式可写成:

$$\frac{\partial t}{\partial \tau} = a_r \frac{\partial t^2}{\partial x^2} + a_t \frac{\partial t^2}{\partial y^2} \tag{7-3}$$

在下列边界条件下,可解方程式 (7-3):

开始加热时,$\tau = 0$,$t = t_0$

当 $x = 0$,$y = 0$ 或 $x = b$,$y = h$ 时,$t = t_1$

式中:t——木材中指定点的温度,℃;

t_0——加热前木材的初温,℃;

t_1——加热时木材的表面温度,℃,对于饱和水蒸气或饱和湿空气或热水加热时,t_1 可近似为加热介质的温度;

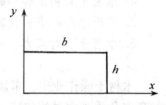

图 7-1 锯材宽度和厚度坐标

x,y——木材内指定点的横坐标和纵坐标;

b,h——木材在 x 轴和 y 轴方向的尺寸,即宽度和厚度(图7-1);

τ——加热时间,h。

将上述边界条件代入方程式 (7-3),则可得出:

$$t = t_1 + (t_0 - t_1)\frac{16}{\pi^2}\left[e^{-\pi^2 \cdot \tau\left(\frac{a_r}{b^2} + \frac{a_t}{h^2}\right)} \sin\frac{\pi x}{b} \cdot \sin\frac{\pi y}{h}\right] + \cdots \tag{7-4}$$

式 (7-4) 是傅立叶级数的展开式,此式是迅速收敛的,大多数情况下,前两项已给出足够精确的解。又求木材中心点温度时,$x = \frac{b}{2}$,$y = \frac{h}{2}$（图7-1）,因此,$\sin\frac{\pi x}{b} = 1$,$\sin\frac{\pi y}{h} = 1$。

又导温系数 a_r 和 a_t 受木材密度和含水率的影响,略有变化,但变化不大;且 a_r 和 a_t 相差也很小,故取 $a_r = a_t = a$,a 依木材密度和含水率而异,见表 7-1。

表 7-1 依密度和含水率而异的木材导温系数

全干密度 ρ_0 (g/cm³)	含水率 M (%)	导热系数 λ [W/(m·℃)]	比热 c [kJ/(kg·℃)]	导温系数 a (m²/h)
0.20	10	0.066	1.612	0.000 68
	20	0.074	1.825	0.000 63

(续)

全干密度 ρ_0 (g/cm³)	含水率 M (%)	导热系数 λ [W/(m·℃)]	比热 c [kJ/(kg·℃)]	导温系数 a (m²/h)
	30	0.083	2.009	0.000 59
	50	0.099	2.298	0.000 54
	100	0.142	2.771	0.000 52
0.40	10	0.107	1.612	0.000 56
	20	0.121	1.825	0.000 53
	30	0.134	2.009	0.000 50
	50	0.160	2.298	0.000 47
	100	0.227	2.771	0.000 41
0.60	10	0.144	1.612	0.000 51
	20	0.163	1.825	0.000 49
	30	0.180	2.009	0.000 47
	50	0.216	2.298	0.000 44
	100	0.307	2.771	0.000 38
0.80	10	0.181	1.612	0.000 49
	20	0.205	1.825	0.000 48
	30	0.227	2.009	0.000 46
	50	0.272	2.298	0.000 43

(自 F. P. Kollmann, 1968)

用式（7-4）可算出锯材或原木在饱和介质（饱和湿空气、水蒸气、热水或石蜡油）中加热到指定温度所需的时间，或算出在一定时间内，木材中指定点可以达到的温度。

[例] 50mm×150 mm 的松木板材，密度 $\rho_0 = 0.39$ g/cm³，含水率 $M = 67\%$，初温度 $t_0 = 23.5$℃，在100℃的饱和蒸汽中加热 3 h，求板材中心温度 t。

[解] 已知，$b = 150$ mm $= 0.15$ m，$h = 50$ mm $= 0.05$ m，当 $\rho_0 = 0.39$ g/cm³，$M = 67\%$ 时查表 7-2 得 $a = 0.000\ 45$ m²/h，$\tau = 3$h，$t_0 = 23.5$℃，$t_1 = 100$℃。

则板材中心温度：

$$t = t_1 + (t_0 - t_1) \frac{16}{\pi^2}\left[e^{-\pi^2 \cdot \tau(\frac{a}{b^2}+\frac{a}{h^2})}\sin\frac{\pi x}{b} \cdot \sin\frac{\pi y}{h}\right]$$

$$= 100 + (23.5 - 100)\frac{16}{\pi^2}\left[e^{-\pi^2 \cdot 3(\frac{0.000\ 45}{0.15^2}+\frac{0.000\ 45}{0.05^2})}\right] = 99.6℃$$

为了检验方程式（7-4）计算的精度，用一对热电偶（铜-康铜组成）嵌入板材中心，实测加热 3 h 后，板材中心温度 99.7℃，与计算的温度 99.6℃ 几乎一致。说明方程式（7-4）的计算方法是相当精确的。

若木材在不饱和的介质如湿空气（$\varphi < 1$）中加热，此时在边界层中由于部分热阻

而产生明显的温度差,这时木材表面温度 t_1 小于介质温度,方程式(7-4)无法直接求解。可采用无因次温度和相似准数借助于图解法求解(见《木材干燥学》教材)。

7.2 流体对木材的渗透

流体穿过木材的迁移分为两种主要类型:①集流,即流体在毛细管压力梯度的作用下,穿过木材组织孔隙的流动。②扩散,即水蒸气穿过细胞腔中空气的扩散及吸着水在细胞壁中的扩散。

流体(液体或气体)穿过木材流动的数量大小,由木材的渗透性决定。渗透性是流体在压力梯度作用下,流过多孔固体(包括木材)的容易程度的度量。木材的渗透性又与其孔隙率有关。但并非所有有孔隙的物体都有渗透性,只有物体中的孔隙彼此相连通时,才有渗透性。例如,针叶树材管胞的细胞腔通过纹孔膜上的小孔相互连通。但如果这些纹孔膜上的小孔被木材中的抽提物堵塞或纹孔闭塞,使木材成为封闭的细胞结构,则其渗透性接近于零。自由水沿细胞腔和纹孔的移动,液体防腐剂对木材的防腐处理都与木材的渗透性密切相关。

7.2.1 达西(Darcy)定律

流体穿过木材及其他孔隙固体的稳定状态的流动可用达西定律来说明。达西定律用文字表示为:渗透率(性)=流动强度/压力梯度。木材为毛细管多孔体,流体流过木材时,受到的黏性阻力是相当大的,因此,流速不可能高,基本上都是层流。然而,木材结构很复杂,且各向异性;又木材细胞壁表面对水分有吸引力(氢键力),因此,水和水溶性液体对木材的渗透性比相同黏度的非极性液体小。

对液体,达西定律可写作:

$$k = \frac{流动强度}{压力梯度} = \frac{Q/A}{\Delta P/L} = \frac{QL}{A\Delta P} \tag{7-5}$$

式中:k——渗透率(性),$m^3/(m \cdot Pa \cdot s)$;

Q——流量,m^3/s;

L——试件在流动方向上的长度,m;

A——试件垂直于流动方向的横截面积,m^2;

ΔP——压力差,Pa。

当达西定律应用于气体流动时,因气体在流动过程中的膨胀,引起压力梯度和流量的连续变化。因此,对气体,达西定律可改写成如下形式:

$$k_g = \frac{Q}{A dp/dx} = \frac{QLP}{A\Delta P \overline{P}} = \frac{VLP}{tA\Delta P \overline{P}} \tag{7-6}$$

式中:$\Delta P = P_2 - P_1$,$\overline{P} = \dfrac{P_2 + P_1}{2}$;

P——流量为 Q 处的压力，Pa；
t, V——时间，s，流过的气体体积，m³。

7.2.2 泊萧（Poiseuille）定律

流体流过木材中的毛细管束时，其流量可用泊萧定律来计算。

对液体，泊萧定律可写成：

$$Q = \frac{N\pi r^4 \Delta P}{8\eta L} \tag{7-7}$$

式中：Q——流量；
N——相互平行的均布毛细管数；
r——毛细管半径；
L——毛细管长；
ΔP——压力差；
η——流体的黏度。

当泊萧定律用于短毛细管（即 $L/r < 100$）时，考虑到毛细管端部的压力降，引入修正长度 L'，则：

$$Q = \frac{N\pi r^4 \Delta P}{8\eta L'} \tag{7-8}$$

式中：$L' = L + 1.2r$。

又平均流速

$$\bar{v} = \frac{Q}{A} = \frac{Q}{N\pi r^2}$$

所以平均流速

$$\bar{v} = \frac{r^2 \Delta P}{8\eta L} \tag{7-9}$$

当泊萧定律用于气体时，同样要考虑气体的膨胀。因此，对气体，泊萧定律可写成：

$$Q = \frac{N\pi r^4 \Delta P \bar{P}}{8\eta L P} \tag{7-10}$$

对达西定律式（7-5）作变换得：

$$Q = k \cdot A \Delta P / L \tag{7-11}$$

对比式（7-7）和式（7-11）得：

$$k = \frac{N\pi r^4}{A 8\eta} = \frac{n\pi r^4}{8\eta} \tag{7-12}$$

式中：n——每单位横截面积的毛细管数量，$n = N/A$；
η——流体的黏度。

由 (7-12) 式可见，木材的渗透率正比于毛细管的数量和半径。

再引入渗透系数的概念：

$$K = k \cdot \eta \tag{7-13}$$

式中：K——渗透系数，m^3/m；
η——流体的黏度，$Pa \cdot s$；
k——渗透率，$m^3/(m \cdot Pa \cdot s)$。

将式 (7-12) 代入式 (7-13) 得：

$$K = \frac{n\pi r^4}{8} \tag{7-14}$$

由式 (7-14) 可见，当木材为均布的相互平行的圆形毛细管结构时，渗透系数仅为毛细管数量和半径的函数。

7.2.3 木材渗透性的测量

液体透过木材的流动相当复杂，因毛细管中有截留的空气存在，产生的毛细管张力大大超过液体流动时的黏性阻力，此力决定了木材的渗透性。因此，需要脱气泡处理。此外，液体中含有的微粒也会堵塞纹孔膜上的小孔，需要用微薄膜过滤，此处不讨论。

气体对木材渗透率的测量要简单得多，因为没有毛细管张力，但测量时要考虑气体膨胀和分子滑流。气体中以空气测量最简单，但必须小心地排除水分和微粒（用干燥剂和微薄膜过滤）。现介绍简单且适用性广的测量方法。

升水容积置换法测量装置如图 7-2。在木材试样下游抽部分真空，引起置换管中水柱上升。测量置换已知容积 V_d 所需的时间 t，和水银压力计的压力差 ΔP_m。然后，对照达西定律，可计算木材的气体渗透性。Siau 在 1995 年提出计算公式如下：

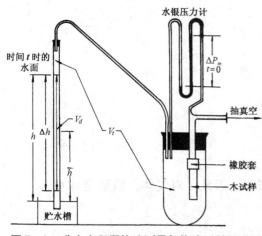

图 7-2 升水容积置换法测量气体渗透性的装置
（自 Siau，1995）

$$k_g = \frac{CVL\left(P_a - \dfrac{\bar{h}}{13.6}\right)}{t \cdot A\left(\Delta P_m - \dfrac{\bar{h}}{13.6}\right)\left(P_a - \dfrac{\Delta P_m}{2} - \dfrac{\bar{h}}{27.2}\right)} \cdot \frac{0.76}{1.013 \times 10^5} \tag{7-15}$$

式中：k_g——木材表面气体渗透率（性），m^3（气体）/$(m \cdot Pa \cdot s)$；
C——考虑到由于静压力的变化引起的气体膨胀以及置换管中水的黏性的修正系数；

V——在压力 $P_a - \dfrac{\bar{h}}{13.6}$ 下，被测量管中的水置换的气体体积 V_d 及压力计中的水银置换的气体体积 V_m，m^3；$V = V_d + V_m$，希望 V_m 的数值比 V_d 小；

P_a——大气压，m 汞柱；

ΔP_m——当置换管中的水处于水槽平面时，压力计的初始读数，m 汞柱；

$\bar{h}$——测量期间水柱高出水槽表面的平均高度，m；

$\dfrac{1}{13.6}$——$\bar{h}$ 水柱高（m 水柱）换算到 m 汞柱的系数，$\bar{P} = \dfrac{\bar{P}_2 + \bar{P}_1}{2}$，$\Delta P = \bar{P}_2 - \bar{P}_1$；

$\bar{P}_2$——试样上游的平均压力，$\bar{P}_2 = P_a - \dfrac{\bar{h}}{13.6}$；

$\bar{P}_1$——试样下游的平均压力，$\bar{P}_1 = P_a - \Delta P_m$；

$$\bar{P} = \dfrac{\left(2P_a - \Delta P_m - \dfrac{\bar{h}}{13.6}\right)}{2} = P_a - \dfrac{\Delta P_m}{2} - \dfrac{\bar{h}}{27.2};$$

$\dfrac{1}{27.2}$——测量管中水柱每升高 1 m 时，压力计中水银柱上升的米数；

A——试样的横截面积，m^2；

C——修正系数。

$$C = 1 + \dfrac{V_r\,(\Delta h/13.6 + 6 \times 10^{-5} \cdot \eta \cdot \Delta h^2/R^2 \cdot t)}{V(P_a - h/13.6)} \qquad (7-16)$$

式中：V_r——气体流动结束时，残留在系统内的气体体积，m^3，希望 V_r 的数值比 V_d 小，以减小测量误差；

h——时间 t 时水槽表面上水柱高度，m；

Δh——测量时间 t 时水柱高度的变化，m；

η——水的黏度，Pa·s；

R——测量管的管径，m。

7.2.4 木材渗透性的变异

木材流体渗透性的变异范围非常大，不同科、属、种甚至同株不同部位之间，其渗透性都有极大差异。中国林业科学研究院鲍甫成（1992 年）测定了 40 种中国重要树种木材的流体渗透性。

测定表明，就木材纵向气体渗透性而言，针叶材黄杉心材最低 0.007 59 darcy[*]，马尾松边材最高 1.871 73 darcy，两者之比为 1∶250。阔叶材渗透性相差更大，最低漆树心材 0.001 95 darcy，最高为木麻黄边材 13.498 67 darcy，两者之比为 1∶7000。国外

注：1 darcy = $9.87 \times 10^{-13}\,\mathrm{m}^3/\mathrm{m}$。

Smith 等测定的渗透性相差更大。阔叶材最低与最高之比为 $1:5 \times 10^6$；针叶材为 $1:5 \times 10^5$，详见表 7-2。

表 7-2 常用木材纵向渗透性分级表

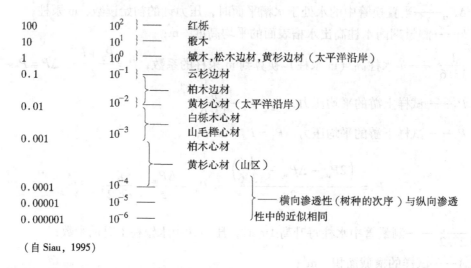

（自 Siau, 1995）

木材渗透性的高低，无论针叶材或阔叶材，种间或种内，均与密度无关。影响渗透性高低的诸因素中，最主要因素为有效纹孔膜微孔半径和数量。若要改善木材的渗透性，似应从纹孔入手，用人为的方法增大和增多有效纹孔膜微孔半径和数量，以减小毛细管张力，降低木材浸注时的使用压力，提高渗透性。

7.3 干燥过程中木材内水分的移动

干燥时木材中水分的移动与木材的渗透性有关。木材中水分的移动分为纤维饱和点以上时和纤维饱和点以下时两部分。纤维饱和点以上时，液态自由水的移动是由毛细管力引起的，在毛细管力作用下，液态自由水沿细胞腔和细胞壁上的纹孔作毛细管运动（图 7-3a）。纤维饱和点以下时，木材细胞壁横断面上的含水率梯度（或水蒸气分压梯度）已形成，液态吸着水穿过细胞壁，包括穿过连续的细胞壁（沿着壁 b_1）及间歇穿过细胞壁（横穿壁 b_2）和纹孔膜，作扩散运动。此外，水分的移动不仅以液态而且以蒸汽形成出现。在水蒸气分压梯度的作用下，水蒸气从压力高处向压力低处作扩散运动。水蒸气的扩散无论在纤维饱和点以上或以下都会发生。水蒸气沿相邻的细胞腔、纹孔腔及纹孔膜上的微孔向木材表面扩散（图 7-3a）。

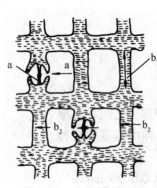

图 7-3 木材横断面上水分移动的途径

7.3.1 纤维饱和点以上时木材中水分的移动

生材刚开始干燥时,木材内外层含水率都在纤维饱和点以上。木材表层的自由水首先向空气中蒸发,然后自由水的蒸发逐渐深入到木材内部。这时木材中的水分向表面移动靠毛细管力,而毛细管力又是由毛细管内气水交界面上水分的表面张力引起的。

(1) 表面张力。表面张力是液体-气体交界面上的一种特性,它是由分子之间的吸引力(Van der Waals)不平衡引起的。液体内部分子间的力基本上是平衡的,但液体表面没有向上的分力,因此表面有垂直于液面的向下的净力(图7-4),使液面处于拉伸状态。表面张力定义为液体-气体交界面上单位长度上的作用力,即

$$\gamma = \frac{F}{x} \qquad (7-17)$$

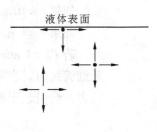

图 7-4 液体-气体交界面上的表面张力

式中:γ——交界面上的表面张力,N/m;
F——沿长度 x 上的作用力,N;
x——作用线的长度,m。

表面张力也可定义为单位面积的表面能量(比表面能量)。由于有表面张力,所以一定数量的液体都力图保持最小的表面积,呈现最低的能量状态,即呈球形。要增加表面积,就要做功;表面积再次缩小时,能量又释放出来。所以表面张力又可表示为:

$$\gamma = \frac{dw}{dA} \qquad (7-18)$$

式中:dw——增加表面积 dA 所需要的功,J;
dA——表面积的增加,m²。

(2) 毛细管张力。液体在毛细管中,如果液体与毛细管壁润湿(例如木材毛细管中的水分),由于液体与毛细管壁之间有较强的附着力,则液体在毛细管中升起。此时,向上的表面张力与向下的力(压力差)相平衡(图7-5),即

$$2\pi r \cdot \gamma \cdot \cos\theta = (P_0 - P_1) \cdot \pi r^2 \quad 或 \quad P_0 - P_1 = \frac{2\gamma \cdot \cos\theta}{r}$$

式中:P_0——气相压力,Pa;
P_1——液相压力,Pa;
θ——润湿角;
r——毛细管半径,m。

当气-液交界的弯月面为半球形时,$\theta = 0°$。

$$P_0 - P_1 = \frac{2\gamma}{r} \qquad (7-19)$$

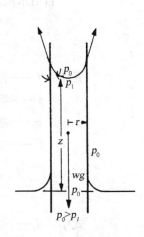

图 7-5 毛细管张力

又水的表面张力 γ 在20℃的气温下为 0.073 N/m 所以

$$P_0 - P_1 = \frac{1.46 \times 10^5}{r}, \text{Pa}$$

或

$$P_0 - P_1 = \frac{1.46}{r}, \text{atm}^*$$

式中：r——毛细管半径，μm。

如果 $r = 10 \ \mu\text{m}$，为典型的针叶材管胞半径，则 $P_0 - P_1 = 0.146 \ \text{atm}$；

如果 $r = 1 \ \mu\text{m}$，为典型的纹孔膜上大微孔半径，则 $P_0 - P_1 = 1.46 \ \text{atm}$。

若 $P_0 = 1 \ \text{atm}$，则 $P_1 = P_0 - 1.46 = -0.46 \ \text{atm}$，这种毛细管中液相的负压力，称为毛细管张力。当毛细管半径 r 很小时，产生很大的毛细管张力，对细胞壁产生很大的吸引力，会引起干燥时木材的皱缩，纹孔闭塞等。

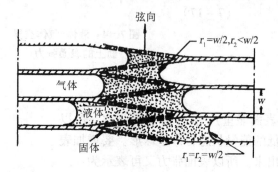

图7-6 针叶材管胞中自由水移动示意

（3）自由水的移动。以针叶材管胞为例，用图7-6表明自由水沿大毛细管的移动。针叶材管胞锥形端部是相互交搭的，且纹孔多在锥形端部的径面壁上。当自由水沿管胞腔移动时，由于木材表层水分蒸发最快，靠近表面的管胞腔中存在的自由水较少。而管胞锥形端部毛细管半径较小，因此，毛细管张力增大。而木材内部含水率较高，气液交界面上毛细管半径较大，毛细管张力较小，因此，木材中存在从内到外的毛细管张力梯度。在这种毛细管张力梯度的作用下，迫使自由水沿管胞腔及管胞壁上的纹孔由内向外移动（流动），且流动方向沿管胞的弦向，因纹孔多在管胞的径面壁上。

自由水流动的强度，根据达西定律，可用如下偏微分方程表示：

$$J = -E_l \cdot \frac{\partial p}{\partial x} \qquad (7-20)$$

式中：J——自由水流动强度，$\text{kg}/(\text{m}^2 \cdot \text{s})$；

p——毛细管张力，Pa；

x——木材中自由水流动的距离，即板厚的一半，m；

E_l——液体流动的有效渗透性，与木材的液体渗透性有关；

$$E_l = \frac{K_l \cdot \rho_l}{\eta_l} \qquad (7-21)$$

式中：K_l——木材的液体（水）渗透系数，m^3/m；

注：1 atm = 101 325 Pa。

ρ_l——水的密度，kg/m³；

η_l——水的黏度，Pa·s。

7.3.2 纤维饱和点以下时木材中水分的扩散

木材中水分的扩散包括两方面：①吸着水间歇穿过纹孔膜和细胞壁（横穿壁）以及连续穿过细胞壁（沿着壁）的扩散；②水蒸气通过细胞腔及细胞壁上的纹孔由内向外扩散。两种扩散同时进行。

(1) 稳态扩散。

① 等温状态下的菲克（Fick）第一定律：扩散是浓度梯度作用下，分子物质自发的运动和散开。Fick 第一定律和 Darcy 定律相似，代表了稳定状态下（即扩散强度和浓度梯度不随空间和时间而变化）扩散强度和浓度梯度之间的关系。

对于吸着水或水蒸气穿过木材的扩散可写成：

$$D = \frac{w/(t \cdot A)}{\Delta C/L} \tag{7-22}$$

式中：D——水分扩散系数，m²/s；

w——在时间 t 内穿过木材扩散的水分质量，kg；

A——木材试样的横截面积，m²；

L——扩散方向上的长度，m；

t——时间，s；

ΔC——水分浓度差，kg/m³。

为方便起见，水分浓度差可用含水率差的形式表示，即 $\Delta C = \Delta M \cdot \rho$，其中：$\Delta M$ 为含水率差，以小数表示；ρ 为木材密度，kg/m³。

则菲克第一定律可写成

$$J = \frac{dm}{dt} = \frac{w}{tA} = -D\frac{dc}{dx} \tag{7-23}$$

或

$$J = \frac{dm}{dt} = -D\rho\frac{dM}{dx} \tag{7-24}$$

式中：$\dfrac{dm}{dt}$——水分扩散强度，即单位时间内通过单位面积水分扩散的质量，kg/(m²·s)；

D——水分扩散系数，m²/s；

$\dfrac{dc}{dx}$——水分浓度梯度，kg/(m³·m)；

$\dfrac{dM}{dx}$——木材中水分扩散方向上的含水率梯度，%/m。

式（7-24）说明，等温条件下，水分扩散强度取决于扩散系数 D 和含水率梯度

dM/dx。若木材经过加热处理,在随后的短暂干燥过程中,木材内各部分的温度相差不大,这时的水分扩散可近似认为是等温扩散。

② 不等温水分扩散:干燥过程中,通常木材内各部分的温度是不同的,这时的水分扩散除了含水率梯度的作用之外,还有温度梯度$\left(\dfrac{dT}{dx}\right)$的影响,即水分从温度高处向温度低处扩散。不等温条件下,水分的扩散强度可用下式计算:

$$J = \frac{dm}{dt} = -D\rho\left(\frac{dM}{dx} + \delta\frac{dT}{dx}\right) \tag{7-25}$$

式中:δ——热力梯度系数,%/℃。

$\delta = \dfrac{\Delta M}{\Delta t}$,即木材内1℃温差造成的含水率差,可由图7-7确定。

木材中的水分扩散强度都与扩散系数D有关。关键是要求出扩散系数D。

③ 水分扩散观念的争议:水分扩散的传统观念都认为水分浓度梯度(或含水率梯度)和温度梯度是水分扩散的动力。而加拿大的 G. Bramhall 认为温度差和水分浓度差(含水率差)本身使水分移动的观念是难以置信的。他认为温度差只能使热量传递,只有水蒸气压力差才能使物质——水分移动。温度或含水率的提高都会使水蒸气分压提高。因此,只有水蒸气分压梯度,才能直接导致水分扩散运动。他提出的水分扩散方程为:

$$F = -D_p \cdot \frac{dP}{dx} \tag{7-26}$$

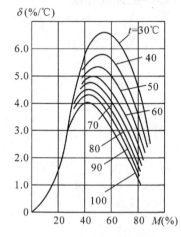

图7-7 热力梯度系数
(自 щубцн,1983)

式中:F——垂直于分压梯度$\dfrac{dP}{dx}$方向上,单位面积的扩散强度;

D_p——由水蒸气压力引起的水分扩散系数;

$\dfrac{dP}{dx}$——水蒸气分压梯度。

他还提出温度梯度和含水率梯度都与水蒸气分压梯度有关,还可从水蒸气分压梯度导出:根据理想气体状态方程:

$$PV = nRT \quad \text{或} \quad P = \frac{n}{V}RT = R(CT)$$

式中:P——绝对温度T时,体积为V的n克分子理想气体任何组分的分压力;

R——气体常数;

C——浓度。

P对x的导数,得分压梯度:

$$\frac{dP}{dx} = R\left(T\frac{dc}{dx} + C\frac{dT}{dx}\right) \tag{7-27}$$

上式表明,分压梯度反映了水分浓度梯度(含水率梯度)和温度梯度两者的作用。

(2)非稳态扩散。当水分扩散强度和梯度随空间和时间而变化时,为非稳态扩散。

板材的水分扩散问题可以简化认为水分扩散只沿板材厚度方向进行,则扩散变为一维问题。垂直于板面的非稳态水分扩散,可用 Fick 第二定律表示:

$$\frac{\partial M}{\partial t} = \frac{\partial}{\partial x}\left(D \frac{\partial M}{\partial x}\right) \tag{7-28}$$

式中:M——板厚方向某点的瞬时含水率,%;
  t——时间,s;
  x——距板厚中心层的距离,m;
  D——水分扩散系数,m^2/s,是含水率的函数。

板材表层的初始条件和边界条件如下:

$$t = 0, M = M_i, -a < x < a$$

$$t > 0, \pm D \frac{\partial M}{\partial x} = S(M_e - M_0), x = \pm a$$

式中:M_e——与周围空气的水蒸气压力相平衡的木材平衡含水率,%;
  M_0——瞬时的板材表层含水率,%;
  a——板材厚度的一半,m;
  S——板材表面蒸发(emission)系数,m/s。

Crank(1956 年)提出非稳态扩散方程(7-28)的解析解,必须基于如下假设:①扩散系数是常数;②木材试样内的初含水率是均匀的;③木材试样表面含水率与周围空气湿度能很快达到平衡;④在整个试样内热量和水分的传递是对称的。

在不大的含水率范围内,相应的水分扩散系数变化不大,因此,可得到近似的结果。

非稳态扩散方程(7-28)转化为通用的无因次方程,则方程(7-28)的解可大大简化。无因次方程:

$$\bar{E} = \frac{\bar{M} - M_i}{M_0 - M_i} \tag{7-29}$$

式中:$\bar{E}$——木材试样平均含水率的变化率,%;
  $\bar{M}$——某干燥阶段,试样的平均含水率,%;

$$\bar{M} = M_1 + \frac{2}{3}(M_2 - M_1)$$

式中:M_2,M_1——这阶段的高含水率和低含水率,%;
  M_i——木材试样的初含水率,%;
  M_0——木材的表层含水率,%,近似认为与木材在介质中的平衡含水率 M_e 相等。

引入无因次时间:

$$\tau = \frac{tD}{a^2} \tag{7-30}$$

式中：t——时间，s；
　　　D——扩散系数，m^2/s；
　　　a——板材厚度的一半或圆柱体半径，m。

对四面平行的板材，Crank（1956 年）提出了一个计算 $\bar{E}$ 的方程：

当 $\tau > 0.2$ 时，$\qquad \bar{E} = 1 - 0.811/\exp(2.47\tau) \tag{7-31}$

将（7-31）式代入（7-30）式得：

$$D = \frac{L^2}{9.88t} \ln \frac{0.811}{1-\bar{E}} \tag{7-32}$$

当 $\tau < 0.2$ 时，$\qquad \bar{E} = 1.13\sqrt{\tau} \tag{7-33}$

将（7-33）式代入（7-30）式得：

$$D = \frac{(\bar{E})^2 L^2}{5.1t} \tag{7-34}$$

式中：L——板材厚度，$L = 2a$。

对于圆柱体，Crank 也提出了计算 $\bar{E}$ 的方程：

当 $\tau \geq 0.1$ 时，$\qquad \bar{E} = 1 - 0.693/\exp(5.78\tau) \tag{7-35}$

当时间很短时，$\qquad \bar{E} = 2.26\sqrt{\tau} - \tau \tag{7-36}$

在实际应用中，可用实验与解析相结合的方法求解水分扩散系数 D。方法如下：①用含水率试片法测定试材的初含水率 M_i；②将试材放入调温调湿箱中，并调节箱中各个干燥阶段的干球温度和湿球温度，从而查出各阶段的木材平衡含水率 M_e；③用称重法求出试材在各干燥阶段的平均含水率 $\bar{M} = M_1 + \frac{2}{3}(M_2 - M_1)$；④将以上参数代入方程式（7-29），求出 $\bar{E}$；⑤根据 $\bar{E}$ 代入方程式（7-32）或（7-34），可求出水分扩散系数 D。

木材在纤维饱和点以下的干燥过程，基本上都是水分非稳态扩散过程。水分横向扩散系数受多种因素的影响，如木材的含水率，木材纹理方向，周围空气的温、湿度等。

无论在什么条件下，木材的水分横向扩散系数的最大值均在纤维饱和点附近，并随着吸着水含水率的降低而减少。因此，木材的干燥速度会越来越慢。

无论在怎样的外部环境中，木材的径向水分扩散系数均大于弦向扩散系数。这主要由于木材中，径向排列的木射线的扩散阻力较小的缘故，此外，在许多针叶树材中，径向排列的水平树脂道也有利于水分的扩散。

另外，木材周围介质的温度和湿度不同，影响到木材的平衡含水率，也影响木材水分的扩散速度。温度越高，湿度越低，则木材的平衡含水率越低，水分扩散系数越大。

7.4 木材的对流干燥过程

木材在气体介质中对流干燥过程，包括木材含水率高于纤维饱和点的干燥过程和含水率低于纤维饱和点的干燥过程。干燥技术上通常用干燥曲线即木材含水率随干燥时间的变化曲线来分析干燥过程。

7.4.1 含水率高于纤维饱和点的干燥过程

初含水率为 M_i 的生材刚开始干燥时，木料内外层的含水率都高于纤维饱和点，这时木料内没有水分移动。最初，木料表层的水分向周围空气中蒸发，表层的含水率降低，当表层水分降低到纤维饱和点时，木料内部的细胞腔内还充满了液态水，而表层的大毛细管系统内液态的自由水已几乎蒸发完毕。这时内部和表层之间产生了毛细管张力差，在毛细管张力差的作用下，促使液态自由水由木料内部向表层移动（流动）。在这一时期内，木材的干燥速度保持不变，且由木料表面的水分蒸发强度来决定。这一时期木料厚度上的含水率分布如图 7-8 (a) 中的曲线 1。

以后，随着水分蒸发面向木材内深入，水分由内部向表面移动的速度逐渐减小，且移动速度小于蒸发面的蒸发速度，木料表层的含水率即降低到纤维饱和点 ($f.s.p$) 以下。此后，木料厚度上就形成了两个区域：含水率低于纤维饱和点的外层和含水率高于纤维饱和点的内部。木料横断面上出现了明显的交界线——湿线。外层出现了含水率梯度，水分在含水率梯度的作用下，向外作扩散运动；而内部的自由水在毛细管张力作用下，由内向外移动到上述两个区域的交界处，一部分蒸发为水蒸气，另一部分仍以液态形式在外层的细胞壁内向外作扩散运动。这一时期木料厚度上的含水率分布如图 7-8 (a) 中的曲线 2、3。

含水率高于纤维饱和点时，干燥过程的干燥曲线，又分为等速干燥时期 [图 7-8 (b) 中的 ab 段] 和减速干燥时期（bc 段）。另外，干燥过程开始前的 oa 段为预热时

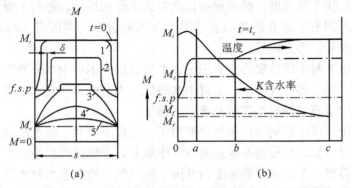

图 7-8　木材厚度上的含水率分布曲线 (a) 及干燥曲线 (b)

(自 Серговский)

期，若木材表层温度低于环境空气的露点，则木材表层会出现水蒸气凝结，木材含水率增加；若木材初温高于露点，则表层不会有凝结现象，此时木材的初含水率 M_i 基本不变。等速干燥时期内，由表层蒸发自由水，表层含水率保持在接近纤维饱和点的水平，此时内部有足够数量的自由水移动到表面，供表面蒸发，干燥速度保持不变。在减速干燥时期内，表层含水率低于纤维饱和点，由心部向表面移动的水分数量，小于表面的蒸发强度，干燥速度逐渐减小。

等速干燥期结束，减速干燥期开始这一时刻的含水率，叫临界含水率 M_c。由于木料厚度上含水率分布不均匀，当表层含水率低于纤维饱和点时，整块木料的平均含水率可能还远高于纤维饱和点，因此临界含水率通常高于纤维饱和点。干燥速度越大，被干木料越厚、越致密，临界含水率越向初含水率 M_i 靠近，等速干燥期就越短。在实际窑干业务中，干燥一定尺寸的锯材时，等速干燥阶段实际上是几乎不存在的。

7.4.2 含水率低于纤维饱和点的干燥过程

当含水率低于纤维饱和点时，木材内不含自由水，细胞腔内充满空气和水蒸气。由于表层水分向周围空气中蒸发，表层含水率远低于纤维饱和点，因此，在整个木料横断面上产生了含水率梯度。在含水率梯度的作用下，水分由内部向表面作扩散运动，木料整个断面上的含水率也随之降低，如图 7-8（a）中的曲线 4、5。随着吸着水含水率的降低，干燥速度越来越慢，干燥曲线越来越平缓。当木料含水率接近与周围介质相平衡的平衡含水率 M_e 时，干燥速度趋近于零。

实际上干燥过程并没有进行到木材平衡含水率的时候，因为这需要太长的时间，而是在达到规定的终了含水率 M_f 时结束。

7.4.3 影响木材干燥速度的因子分析

木材干燥过程中，一方面木材内部的水分向表面移动，另一方面表面的水分向周围空气中蒸发。为了加快干燥速度，必须促进这两方面水分的移动。影响干燥速度的因子有外因也有内因。外因有干燥介质的温度、湿度和气流速度；内因有木材的树种、厚度、含水率、心边材和纹理方向等。

介质温度是促进木材干燥速度的主要因子。木材温度和木材中水分的温度都随介质温度的升高而提升。水分温度升高后，木材中水蒸气压力升高，液态水的黏度降低，这都有利于促进木材中水蒸气的向外扩散及液态水移动。

介质湿度是对干燥速度起制约作用的重要因子。温度不变时，湿度越高，空气内水蒸气分压越大，木材表面的水分越不容易向空气中蒸发，干燥速度越小。

气流循环速度是另一个影响干燥速度的外因。高速气流能吹散木材表面上的饱和蒸汽界层，从而改善介质与木材之间传热、传湿的条件，加快干燥过程。

以上三因子是可以人为控制的外因，如控制得当，可在保证质量的前提下，加快干燥速度。例如，干燥针叶材或软阔叶材薄板时，可大幅度提高干燥温度，适当降低介质湿度并采用较高的气流速度以加快干燥过程。但干燥硬阔叶材特别是厚板时，宜采用较低的温度和较高的湿度特别是干燥前期，以免木材开裂等缺陷产生。此外，气流速度的提高也大大增加了电力消耗，且干燥硬阔叶材厚板时，木料内部的水分较难移动到表面，因此，木材内部水分的移动制约了干燥速度，这时加大气流速度，以加速表面水分的蒸发，已没有实际意义了。故干燥硬阔叶材时，宜采用较低的气流速度。

木材的树种是影响干燥速度的主要内因。密度大、木射线宽的环孔硬阔叶树材，内部水分很难向表面移动，又木材很容易开裂，这就影响了干燥速度。

木料厚度、含水率也影响干燥速度，厚度越小，含水率越高，木材中的水分越容易向表面移动，干燥速度越快。

心材细胞中内含物较多，一定程度上妨碍了木材内部的水分移动，故心材干燥速度通常低于边材。

木射线是木材中水分横向移动的主要通道，又木料中水分主要靠沿厚度方向的移动，因此，弦切板通常比径切板干燥速度快。

7.5 木材干燥时的应力与变形

锯材干燥过程中，厚度上各层的含水率往往不均匀，木材内外层的干缩也不均匀，因此会产生木材的应力变形。另外，木材是各向异性体，径、弦向的干缩也不同，也会引起木材的应力变形。情况严重时会产生木材的干燥缺陷甚至报废。我们研究木材干燥的应力变形，就是要研究应力变形产生的原因、发展规律、测定方法和预防措施，从而保证木材干燥质量。

7.5.1 应力变形产生发展的基本要点

（1）木材任何部分的含水率降到纤维饱和点（f.s.p）以下，就要产生干缩。

（2）木材的正常干缩受到抑制，在木材中就会产生拉伸应力。

（3）木材的一部分受拉伸应力，则其他部分就会产生压缩应力与此拉伸应力相平衡。

（4）当木材受应力，就会产生变形或应变。应变按传统观点分两种：①弹性应变，受短时间的应力作用，且在比例极限范围之内，当力除去之后，此应变就消失。弹性应变又叫含水率应变。②残余应变，应力超过了比例极限或虽在比例极限范围之内，但作用时间很长，产生的应变在力除去之后并不消失，这种永久的应变叫残余应变，也叫塑化固定（set）。

木材干燥过程中，影响干燥质量的既有弹性应变，又有残余应变，干燥结束后，待木材厚度上含水率分布均匀，弹性应变已经消失，这时继续影响干燥质量的是残余应变。

7.5.2 木材内外层干缩不一致引起的应力与变形

干燥过程中应力变化可分为四个阶段：

(1) 干燥刚开始还未产生应力的阶段。此阶段中木材内外各层的含水率都在纤维饱和点以上。若从木料中取应力试片，把试片锯成梳齿形，每根梳齿长度和未锯开之前原来尺寸一样。若把试片剖为两条，每条都保持平直形状。表明这时木材中不存在含水率应力，也没有残余应力。

(2) 干燥初期，应力外拉内压阶段（图7-9，Ⅰ）。干燥过程开始后，木材表层的自由水先蒸发，然后蒸发吸着水，从而出现含水率梯度，木材中出现扩散现象。木材横断面上出现"湿线"（图7-10），"湿线"以内区域的木材中充满自由水，"湿线"以外区域的木材含水率降到纤维饱和点以下，有含水率梯度。干燥过程中"湿线"不断

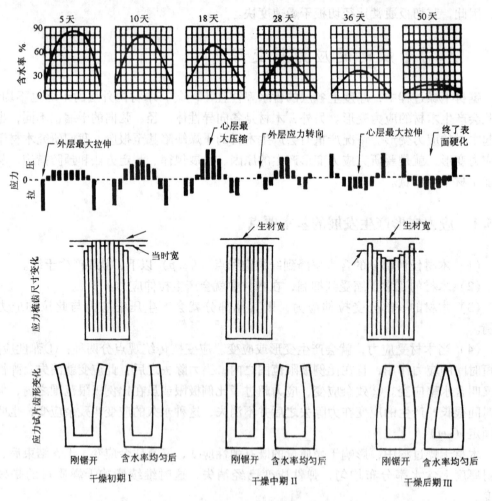

图7-9　5cm厚红栎干燥过程中各阶段的含水率、应力与变形

向木材内部移动，即含水率在纤维饱和点以上的区域不断缩小。

当木材表层及其附近区域的含水率降到纤维饱和点以下时，表层及其附近区域要收缩，但受到内部各层的牵制，因内部含水率还在纤维饱和点以上。由于木材内外层是一整体，故表层受拉应力，同时内部受压应力。这时若将应力试片剖成梳齿形，表层及次表层的梳齿由于吸着水的排除而不同程度地缩短了长度，而内部各层的梳齿长度不变。又干燥初期木材横断面上，含水率降到纤维饱和点以下的区域较薄，相应受拉应力的区域较小，而受压应力的区域较大，又总的拉力与压力相平衡，所以表层单位面积上的拉应力相当大，而且发展很快，很快达到最大拉应力（图7-9，Ⅰ）这时很容易出现木材表裂，而内部单位面积上的压应力较小。

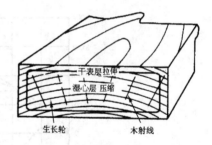

图7-10 木材横断面上的"湿线"

由于木材是弹性-塑性体，木材表层受拉应力作用，当应力超过木材的比例极限时，就会产生塑性变形，或虽然拉应力没有超过比例极限，但受力的时间长，也会产生蠕变，从而产生塑化固定。这一阶段若把应力试片剖成梳齿形，刚锯开后它们各自向外弯曲。但它们含水率均匀后，由于表层塑化固定没有干缩到应该干缩的尺寸，而靠内部的木材在含水率降低时还可自由干缩。因此，含水率均匀后，两片的形状就变得和原来的相反，此时向内弯曲。

随着干燥过程的进行，表层的拉伸塑化固定逐渐加重，而且表层以下的一些区域含水率也降到纤维饱和点之下，受拉应力的区域逐渐扩大；而内部在纤维饱和点以上的受压应力作用的区域逐渐减小。因此，表层单位面积上的拉应力逐渐减小，而内部单位面积上的压应力逐渐增大，并达到最大值，但内部压应力发展较慢。

(3) 干燥中期，内外层应力暂时平衡阶段（图7-9，Ⅱ）。此阶段表层严重塑化固定（也称表面硬化），由于表层的拉伸塑性变形，表层的干缩不完全，表层梳齿的长度比应该达到的尺寸大。而内层含水率下降后，尽管含水率还高于表层，但由于表层的表面硬化，内部的干缩已逐渐赶上了表层，这时木材中内外层的应力暂时平衡。应力梳齿片中各层的梳齿在刚锯开时一样长，且梳齿平直。但含水率均匀后，内部由于含水率的降低而进一步缩短了尺寸，使得应力试片的齿形向内弯曲。

(4) 干燥后期，应力外压内张阶段（图7-9，Ⅲ）。这阶段木材横断面上含水率梯度已减缓。表层由于塑化固定早已停止了收缩，内层由于干燥前期压应力的增加超过比例极限，又随时间的延续产生压缩塑化固定，更使内部各层缩短（尺寸小于应该达到的齿长）。但在整体木材中内部各层的收缩受到硬化表层的牵制，内层受拉应力，表层受压应力。这阶段的应力已经过转换，与干燥初期的相反。应力转换之后，表层迅速达到最大压应力，紧接着内部达到最大拉压力。

此阶段若把试片锯成梳齿，中间的一些齿在脱离了外层的束缚后得到了自由干缩，内部几层小于正常干缩后应有的尺寸，而表层由于拉伸塑化固定，比正常干缩应有的尺寸大。若把试片锯成两齿，刚锯开时两齿向内弯曲，待含水率均匀后，由于内部吸着水的进一步排除，内层尺寸进一步缩短，两片向内弯曲更厉害。

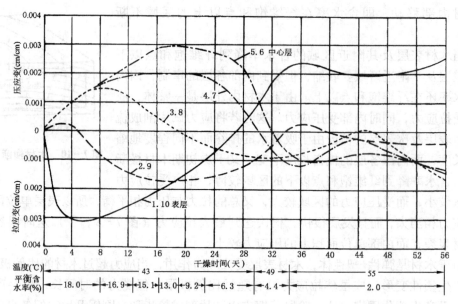

图 7-11　50mm×175mm 红栎在 43~55℃温度下干燥时应力随干燥时间变化曲线

以后木材的应力、应变保持近似相同的类型直至干燥结束。

以 50 mm×175 mm 的红栎为例，若干燥温度前期 43℃，中期 49℃，后期 55℃，平衡含水率从干燥初期的 18%，逐渐减小到后期的 2%，在这样的干燥条件下，应力随干燥时间的连续变化曲线如图 7-11。

干燥开始后，表层（1 层，10 层）受拉伸应力，而且发展很快，很快达到最大值，内部各层都是压缩应力。然后表层拉伸应力减小，而内层压缩应力增加。中心层（5 层，6 层）在 18 天后达到最大压缩应力，且保持此最大值直至外层从拉伸应力转为压缩应力时。表层转为压缩应力后不久，中心层转为拉伸应力。应力转换不久，外层达到最大压缩应力，几乎同时，中心层达到最大拉伸应力，但明显小于表层在干燥初期达到的最大拉伸应力。以后各层应力的大小虽稍有变化，但应力的类型在转换后都保持不变，直至干燥结束。

以上干燥过程中，木材应力变形发展变化的分析，是没有进行中间调湿处理的情况。实际木材干燥过程中，特别是硬阔叶树材的干燥，应不失时机地进行中间调湿处理，即向干燥窑内喷射低压饱和蒸汽或雾化水，使已塑化固定的表层吸湿、软化重新成为可塑，从而得到补充干缩，以防止干燥初期的表裂及后期的内裂。中间处理一般在应力转向且暂时平衡的中期进行。但干燥硬阔叶树材厚板时，木料中的含水率梯度较大，表面硬化生成得早且较严重，所以需要提早进行中间处理，且不止一次地处理。

7.5.3　木材径弦向干缩不一致引起的应力与变形

木材干缩分三种情况分析：

（1）径切板，两个板面都是径切面，干缩均匀，不会引起附加的应力和变形。

(2) 弦切板，外面（靠近树皮的面）接近弦向，它的干缩大于接近径向的内板面（距树皮较远的面），因此，板材干燥时力图向外板面翘曲［图7-12（a）］，但实际干燥作业中，板材都堆积成材堆，由于材堆及顶部压块的重量，对板材产生附加的压力以抑制其翘曲。这样板材的外面就产生附加的拉应力，而内板面产生附加的压应力。这种附加的应力与含水率梯度无关。但板

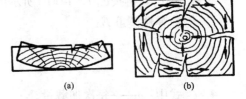

图7-12 木材径弦向干缩不一致引起的变形

材外面附加的拉应力与含水率不均匀引起的表层拉应力相叠加，很容易引起外板面的表裂。

(3) 带髓心的方材，四个表面接近弦切面，其干缩大于直径方向的干缩，干燥时四个表面的干缩受到内部直径方向木材的抑制，结果在表层区域产生附加的拉应力，中心区域产生附加的压应力。这种表层的拉应力与干燥初期含水率梯度引起的拉应力相叠加，很容易引起四个表面的表裂和径裂。因此，大断面髓心方材干燥时，很容易产生缺陷［图7-12（b）］。

7.5.4 应力与变形的测定和计算

(1) 切片法。这是国内外应用较早也较成熟的测定木材干燥应力和变形的方法。美国的 J. M. Mcmillen 和原苏联的 Уголев 是这种方法的代表人物。

因为弹性应力 $\sigma_e = \varepsilon_e E$，Pa (7-37)

式中：ε_e——弹性应变，即相对变形；

E——弹性模量，Pa。

只要测出相对变形 ε_e 和弹性模量 E，就可算出弹性应力。

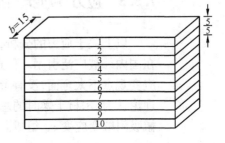

图7-13 测定相对变形的试片

① 相对变形的测定：预先刨光的应力检验板测定其板宽 L_0，然后放在窑内与材堆一同干燥，定时取出，截取 15mm 厚的相对变形试片和 15mm 厚的弹性模量试片。用刀刮去试片上的毛刺，在板材厚度方向按 3~5mm 划分层线。并在每层两端中心标出测试点（图7-13），用千分表对准测试点，测出每层试条劈开前的长度 L_1；再用劈刀对准分层线对称劈开（即按 1,10；2,9；3,8 等顺序），并用夹板夹直小试条，测定劈开后的长度 L_2。然后可按下式计算相对变形 ε_e：

$$\varepsilon_e = \frac{L_2 - L_1}{L_0} \quad (7-38)$$

② 弹性模量的测定：将弹性模量试片按 10mm 厚度截成试条；在试条两端各留 10mm，然后四等分划线［图7-14

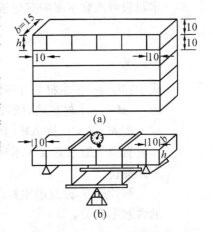

图7-14 弹性模量的测定
(a)测弹性模量的试片 (b)试条加载方法

(a)]。再按图7-14(b)所示的方法加载荷,每次加载1.96N,同时测挠度。再按下式计算弹性模量 E：

$$E = \frac{11pl^3}{64bh^3f}, \text{Pa} \qquad (7-39)$$

式中：p——每次加载量,N；

b,h——分别为试条宽度和高度,m；

f——挠宽,m；

l——两支点间距,m。

在干燥应力的理论分析中,一般假定木材的弹性模量为常数,实际上 E 不是常数,它与木材含水率、温度、木材纹理方向等因子有关。干燥过程中,横纹静曲弹性模量在纤维饱和点以上时,变化较小；在纤维饱和点以下时,随着吸着水含水率的下降,弹性模量增大。

(2)应力梳齿法。从应力检验板上截取应力试片,再锯成梳齿形,根据梳齿弯曲的程度来表明应力的大小(详见第九章木材干燥工艺)。

7.5.5　应力、应变理论的新发展

以上关于应力的分析,是美国 J. M. Mcmillen 和原苏联学者 Уголев 传统的应力观点,在国内外被广泛引用。但近年来,国际上引入流变学理论来分析干燥应变。认为传统的应变观点不太全面,没有考虑木材干燥过程中的黏弹性蠕变应变及干缩应变。新的应变理论认为,木材干燥时的总应变 ε_T 由干缩应变 ε_s、弹性应变 ε_e、黏弹性蠕变应变 ε_{ve} 和机械吸附蠕变应变 ε_{ms} 组成。

即
$$\varepsilon_T = \varepsilon_s + \varepsilon_e + \varepsilon_{ve} + \varepsilon_{ms} \qquad (7-40)$$

自由干缩应变 ε_s 是与木材含水率有关的木材固有特性。它与木材的自由干缩系数 α 及木材吸着水含水率的变化量 ΔM 成正比,即

$$\varepsilon_s = \alpha \cdot \Delta M \qquad (7-41)$$

又
$$\Delta M = M_{f.s.p} - M$$

式中：$M_{f.s.p}$——木材的纤维饱和点含水率,%；

M——木材在某时刻的吸着水含水率,%；

若 $M > f.s.p$,则 $\Delta M = 0$。

自由干缩系数 α 为木材在不受任何力作用下的干缩系数,可用薄小试条在低温下慢干来测得。

弹性应变 ε_e 反映木材的弹性性质,是仅在干燥过程中产生的瞬时应变,与木材当时的含水率有关。

$$\varepsilon_e = \frac{\sigma}{E} \qquad (7-42)$$

式中：σ——弹性应力，Pa；
E——横向（径向或弦向）抗弯弹性模量，Pa。

E 的数值可用实验方法测定，见图 7-14 和公式（7-39）。

黏弹性蠕变应变 ε_{ve}，是反映木材黏弹性的延迟弹性变形，随木材受应力时间的延续而增加，它是可恢复的而不是永久的应变。

常用 Bailey-Norton 方程来拟合恒定载荷下的黏弹性应变，即

$$\varepsilon_{ve} = A\sigma^q \cdot t^n \quad (7-43)$$

式中：A、q、n 均为参数，对不同树种，调整到适当的值。在恒定载荷下，$q=1$，则方程式（7-43）可简化为

$$\varepsilon_{ve} = A\sigma t^n \quad (7-44)$$

式中的系数 A 和 n 可用顺纹小试件施加一定的拉伸载荷（载荷数值在木材的黏弹性范围内）试验测得。

机械吸附蠕变应变 ε_{ms}，是永久的残余应变，随木材的含水率及温度而变化，且在干燥过程中及干燥结束后均会产生。

机械吸附蠕变应变 ε_{ms} 可用 Leicester 方程来拟合，即

$$\varepsilon_{ms} = m\sigma \Delta M \quad (7-45)$$

式中：m——机械吸附系数，与温度及木材含水率有关，m 的值可用小试件进行拉伸试验测得；
σ——机械吸附应力，Pa；
ΔM——吸着水含水率的变化量，%。

机械吸附蠕变应变 ε_{ms} 也可由受载时的干缩率与无载（自由干缩）时的干缩率之差得到。

知道了上述各项应变，就可求得木材干燥时的总应变 ε_T，见公式（7-40）。

木材干燥时，各项应变之值也可用切片法实验测定：①先测定刨光的湿材应力板的宽度，即试条初始长度 L_0；②将应力板放入干燥窑中与材堆中木料一同干燥，干燥过程中定时取出应力板，截取应力试片，画分层线（如图7-13），测定劈开前各层的长度 L_1；③沿分层线将各层劈开，测定劈开后各层长度 L_2；④将劈开的试条用塑料膜裹几层，使其在含水率不变化的情况下，应变得以延迟恢复至尺寸稳定，测稳定后试条的长度 L_3；⑤试条自由（基本）干缩长度 L_4，是干燥前在同一块样板上截取试片，劈成试条，缓慢气干后，再缓慢烘至与应力板相同含水率后的长度。自由干缩也是最大的干缩。试条的长度变化如图 7-15。

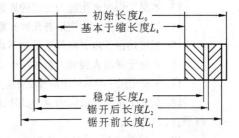

图 7-15 应变试条在干燥前后的长度变化

自由干缩应变 $\quad \varepsilon_s = \dfrac{L_0 - L_4}{L_0}$ (7-46)

弹性应变 $\quad \varepsilon_e = \dfrac{L_2 - L_1}{L_0}$ (7-47)

黏弹性应变 $\quad \varepsilon_{ve} = \dfrac{L_3 - L_2}{L_0}$ (7-48)

机械吸附应变 $\quad \varepsilon_{ms} = \dfrac{L_4 - L_3}{L_0}$ (7-49)

总应变 $\quad \varepsilon_T = \varepsilon_s + \varepsilon_e + \varepsilon_{ve} + \varepsilon_{ms} = \dfrac{L_0 - L_1}{L_0}$ (7-50)

若不考虑木材的自由干缩应变 ε_s,则木材干燥过程中的净应变:

$$\varepsilon_{net} = \varepsilon_T - \varepsilon_s = \varepsilon_e + \varepsilon_{ve} + \varepsilon_{ms} \quad (7-51)$$

思 考 题

1. 板、方材在饱和介质中对流加热时,木材中心温度如何计算?若要将木材中心加热到指定温度,其加热时间如何计算?
2. 木材的液体和气体渗透性如何计算?木材的渗透性与木材的解剖构造有何关系?
3. 木材的渗透性如何测量?
4. 木材的渗透性变异如何?为什么?
5. 木材中水分移动的途径和动力?
6. 木材中的毛细管张力是如何产生的?怎样计算?与木材的解剖构造有何关系?
7. 木材中的自由水如何向表面移动?
8. Fick 第一定律的适用条件?它说明什么问题?
9. 水分稳态扩散的动力?
10. Fick 第二定律的适用条件是什么?水分非稳态扩散系数如何求解?
11. 试描述理论干燥曲线及实际干燥曲线。
12. 影响木材干燥速度的因子有哪些?哪些是可以人为控制的?干燥针叶材薄板时及干燥硬阔叶材厚板时,如何控制干燥因子?
13. 木材干燥时产生应力变形的原因是什么?
14. 按传统观点应力变形有几种?哪种对干燥质量危害更大?为什么?
15. 试描述由于木材内外层干缩不均匀引起的应力变形产生发展的过程。
16. 木材干燥时表裂和内裂各在什么阶段可能产生?为什么?
17. 木材干燥中期木材中是否没有应力?为什么?木材在干燥后期的应力与初期有何不同?为什么?
18. 从被干木料中截取的应力试片,刚锯开时梳齿向外弯,含水率均匀后,多数情况向内弯,但也有时平直,为什么?
19. 干燥结束后,从被干木料中截取应力试片,刚锯开时梳齿平直,能否说明木材中无应力?为什么?
20. 为什么弦切板的外表面及带髓心的方材四个表面易出现开裂?
21. 根据流变学理论如何用切片法测定木材的各种应变?哪种应变对干燥质量影响最大?

第8章

木材干燥窑及其主要设备

[本章重点]
1. 顶部风机干燥窑、端部风机干燥窑、侧向风机干燥窑的结构特征及优缺点。
2. 木材干燥方法的选用。
3. 相似风机性能参数间的相互联系。

木材干燥窑是指装配有加热设备、调湿设备和通风装置，并能控制干燥介质温、湿度和气流循环方向及速度的密闭建筑物或金属容器。从使用较早的烘烤式木材干燥窑到目前使用较普遍的现代化木材干燥窑，在干燥窑的构造、加热器的结构、循环风机的材质、类型及控制方式，都发生了巨大的变化。

8.1 木材干燥窑

8.1.1 木材干燥窑的分类

根据干燥作用方式、载热体种类及干燥介质循环特性等特征，木材干燥窑可分为许多不同的类型。

(1) 根据干燥作业方式进行分类。木材干燥窑可分为周期式干燥窑和连续式干燥窑。周期式干燥窑是同时装满木料，干好后干燥过程停止，同时卸出木料，再装入一批新木料，此干燥作业是周期性的。连续式干燥窑作隧道状，部分干好的木料由窑的一端（干端）卸出，同时由窑的另一端（湿端）装入部分湿木料，装卸料时干燥过程不停止，此干燥作业是连续的。

(2) 根据干燥温度进行分类。

① 低温干燥窑：温度操作范围为 21~48℃，一般不超过 43℃。

② 常规干燥窑：温度操作范围为 43~82℃。大多数阔叶材和针叶材都采用常规干燥。

③ 加速干燥窑：温度操作范围为 43~99℃。最后阶段的干燥温度通常为 87~93℃。

④ 高温干燥窑：干燥温度超过 100℃，温度操作范围通常为 110~140℃。这类干燥窑主要干燥结构材。

(3) 根据热源种类进行分类。

① 蒸汽加热干燥窑：以蒸汽为热源的干燥窑为蒸汽加热木材干燥窑。蒸汽是一种

传统的干燥木材的热源，它是由蒸汽锅炉提供的。蒸汽锅炉常用的燃料是煤炭。在木材加工过程中会产生大量的加工剩余物，为了节约能源，可将加工剩余物和煤炭混合使用。

② 炉气加热干燥窑：木材干燥用的炉气热源，是燃烧煤、油、天然气和木质燃料产生的。

根据我国的能源结构，我国木材干燥的炉气热源基本上来自于燃烧木材加工过程中产生的木质废料。

所谓炉气直接加热干燥技术，是燃烧产生的炉气体经除尘、调湿后直接送入干燥窑内加热和干燥木材的方法。所谓炉气间接加热干燥技术，是燃烧产生的炉气体经除尘后送入干燥窑内的炉气加热器以加热干燥窑内的湿空气，再用湿空气加热和干燥木材的方法。

③ 热水或导热油加热干燥窑：以热水和热油作为木材干燥的热源，与蒸汽热源相比具有下列优点：一是热水、热油锅炉运行安全、可靠；二是热水或热油的热量可回收循环利用，热效率高；三是省去了为避免锅炉结垢必须的水软化装置，而只需配备一台循环泵，结构简单，投资少。

④ 以电作为热源的干燥窑：干燥方法有除湿干燥、高频干燥和微波干燥等。以电作为热源的干燥方法总的热能利用率最低，一般不超过13%（水力发电不在此列），因为电是靠发电厂提供的，发电厂先烧煤、油等燃料，产生蒸汽，再用蒸汽发电，远距离传输到使用单位后，又把电能再转化为热能，加热木材。这种能量的反复转换和远距离输送，使得从燃料算起总的热能利用率很低，能量浪费很大。加之我国电力工业目前还不能满足社会生产的需要，因此，在相当长的时期内，除了水电站附近及某些特种用途外，一般来讲，采用电加热干燥木材，经济上是不可行的。

⑤ 太阳能干燥窑：太阳能是一种清洁的再生资源，取之不尽，用之不竭。但太阳能又是一种低密度、间歇性的能源，且受自然条件的制约，使木材很难全年连续、有效地干燥。

（4）根据干燥介质循环特性进行分类。木材干燥窑可分为自然循环干燥窑和强制循环干燥窑。自然循环是因冷热气体密度上的差异引起的，热气体轻而上升，冷气体重而下降。所以在自然循环干燥窑内，干燥介质的流动方向大体是垂直的，循环速度很低。强制循环是用通风机械鼓动干燥介质造成的，流过材堆的理论循环速度为 1 m/s 以上。为了干燥均匀起见，强制循环最好是可逆的，也就是定期改变干燥介质流过材堆的方向。

干燥窑的类型，是把它的主要特征组合起来称谓的，如周期式强制循环蒸汽干燥窑，周期式自然循环炉气干燥窑，如此类推。

目前，在生产中使用的干燥窑基本上均为周期式干燥窑，连续式干燥窑在生产中很少见，因此，本章重点介绍周期式强制循环干燥窑。根据风机在干燥窑内的布置，周期式强制循环干燥窑又可分为顶部风机干燥窑、端部风机干燥窑和侧面风机干燥窑。

8.1.2　周期式强制循环干燥窑

8.1.2.1　蒸汽加热木材干燥窑

（1）顶部风机干燥窑。类型特征是循环风机安装在干燥窑的顶部风机间。根据风机的传动方式又分为风机直连型顶部风机干燥窑、短轴型顶部风机干燥窑及长轴型顶部风机干燥窑。

① 风机直连型顶部风机干燥窑：图8-1为目前我国使用最为普遍的风机直连型顶部风机干燥窑。整个干燥窑由假天棚分成上下两个部分，上部为风机间，下部为干燥间。在风机间，轴流风机与耐高温、防潮电机直连，安装在风圈支架上。

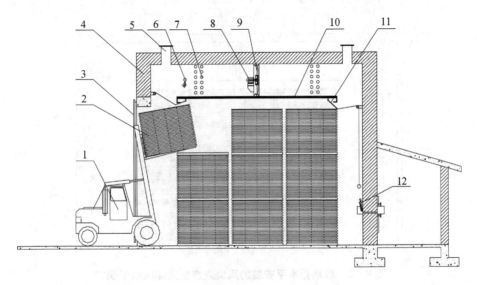

图8-1　风机直连型顶部风机干燥窑
（自 Simpson，1991）
1. 叉车　2. 材堆　3. 窑门　4. 窑体　5. 进、排气窗　6. 喷蒸管　7. 散热器
8. 电机　9. 风机　10. 假天棚　11. 挡风板　12. 干湿球温度计

风机间距一般为2m左右，风机为金属模压铸铝质风机，风机的直径一般为800～900 mm，以800 mm较常用。风机叶片为机翼型扭曲对称叶片。风机两侧设有挡风板。在干燥窑顶部风机前后设有进、排气窗，进、排气窗的大小和数量视干燥窑容积大小而定。进、排气窗的开启与关闭一般由进、排气用伺服电机驱动实现。在风机间的风机前后，安装有整体轧制式钢铝或铜铝复合翅片管加散热器，散热器的散热面积与干燥窑的容量成正比，一般来说，常规蒸汽加热木材干燥窑的散热面积的配置为1:3，即1 m³木材配置3 m²散热面积的散热器。在风机间还设有喷蒸管，必要时，由喷蒸管向窑内喷射蒸汽，以增加窑内干燥介质的湿度。在干燥间放置木堆。

当窑内轴流风机开动时，空气（干燥介质）被吹向风机的一边，在挡风板的导流下，经散热器加热，向下流到干燥间，横向流过材堆，加热、干燥木材。流出材堆的湿、冷空气，在风机的吸引下，向上流到风机间，同时经散热器加热，再被风机所吸取，如此形成"垂直—横向"的往复循环。必要时在风机产生正压的一侧，打开排气窗，使窑内部分潮湿空气通过排气窗排出窑外。当窑内湿度太大，仅打开排气窗还不足以排除窑内的湿空气时，可在窑内轴流风机产生负压的另一侧，打开进气窗，使窑外的干、冷新鲜空气经进气窗进入窑内，与往复循环的窑内热湿空气混合。当风机反转时，进、排气窗随之互换功能，即原先排气的一侧改为进气，而原先进气的一侧改为排气，如此进行换气。窑内干燥介质流过材堆的循环速度，约为 1.5 m/s 左右。

干燥窑内的散热器除按图 8-1 所示的垂直安装外，也可水平安装（图 8-2）。散热器水平安装时，须安装在假天棚与干燥窑前后端墙或侧墙间的风道处。

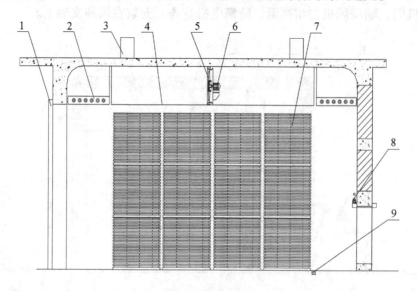

图 8-2　散热器水平安装的风机直连型顶部风机干燥窑
1. 窑门　2. 散热器　3. 进、排气窗　4. 假天棚　5. 风机
6. 电机　7. 材堆　8. 干湿球温度计　9. 喷蒸管

　　木料的装窑方式可分为叉车装窑和轨道小车装窑两种形式。当采用叉车装窑时，被干木料事先码堆成一定规格的小单元，由叉车将小单元按要求码放在窑内，干燥结束后，再由叉车将干燥好了的小单元材堆叉出窑外。当采用轨道小车装窑时，被干木料在窑外按一定的要求码放在装料小车上，码放好了的木料连同小车一起被送入干燥窑内进行干燥处理，干燥结束后，再将干燥好了的木料和轨道小车一起拉出窑外。一般地说，叉车装窑的干燥窑容积较大，适合干燥长度规格较为单一的木料。图 8-1 为叉车装载式风机直连型顶部风机干燥窑，图 8-3 为轨道小车装载式风机直连型顶部风机干燥窑。

　　风机直连型顶部风机干燥窑的优点是窑内空气循环比较均匀，干燥质量较高，能够满足高质量的干燥要求；安装和维修方便；干燥窑的容量较大，能适合较大规模干燥作业的要求；动力消耗较小。其缺点是建窑投资相对较高。

　　②短轴型顶部风机干燥窑：结构特点是轴流通风机横向地（与窑长方向垂直）分别安装在每根短轴上，通过皮带轮各用一台电机传动。

第8章 木材干燥窑及其主要设备 · 173 ·

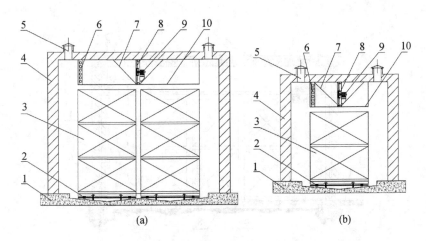

图8-3 轨道小车装载式风机直连型顶部风机干燥窑
(a) 双轨 (b) 单轨
1. 基础 2. 轨道小车 3. 材堆 4. 窑体 5. 进、排气窗 6. 散热器
7. 风机拉杆 8. 风机 9. 电机 10. 假天棚

图8-4为具有代表性的一种短轴型顶部风机干燥窑。这类干燥窑主要作为高温干燥窑使用，窑内干燥温度可达160~180℃。

短轴型顶部风机干燥窑除了图8-4所示的形式外，还有一些变异的形式，如图8-5。

图8-5所用风机为高效离心风机叶轮，干燥窑内的干燥介质首先被叶轮沿轴向吸入，随后沿径向吹出，流经散热器而被加热，再水平横向地流过材堆，实现对木材的加热干燥。由于离心风机的叶轮只能使干燥介质实现单向不可逆循环，因此，图8-5所

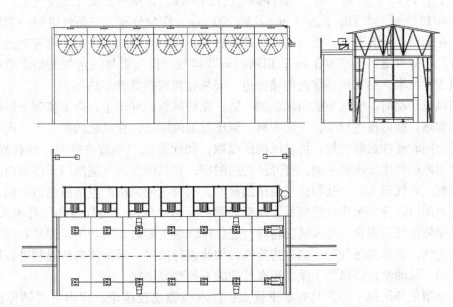

图8-4 短轴型顶部风机干燥窑

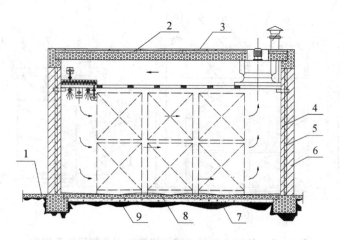

图 8-5 短轴型顶部风机干燥窑
(自 Hildebrand, 1970)
1. 混凝土基础 2. 实心混凝土天花板 3. 水泥涂层 4. 煤渣砖墙 5. 空气隔离层
6. 蜂窝砖墙 7. 模压炉渣填充物 8. 钢筋混凝土 9. 炉渣混凝土

示的干燥窑沿气流循环方向的材堆宽度尺寸不宜太大，否则影响木材干燥的均匀性。

③长轴型顶部风机干燥窑：类型特征是数台轴流通风机沿着轴的长度方向串联地安装在一根长轴上，轴的一端伸至管理间，用一台电动机通过皮带来传动。

图 8-6 所示为进、排气道互相通连的长轴型顶部风机干燥窑。用假天棚将干燥窑分为上下两部分，上部为风机间，下部为干燥间。在风机间，安有 6 台轴流通风机，风机间距一般 2 m 左右，即在一个 6 m 长的材堆上配置 3 台通风机。风机的机号一般采用 $8^\#\sim16^\#$，而以 $12^\#$ 的比较普遍。风机两侧设有挡风板。窑顶两侧设有三角气道，气道斜边上开有 13 个圆形气孔，孔距 1 m，孔径 200 mm，均匀分布。三角气道的一端连通管理间，在端口上设有闸门，借闸门开关调节进气。在三角气道的上边，沿着窑的长度方向设有二个排气道，直径 400 mm，用闸板调节排气。排气道与三角气道是连通的。在干燥间放置材堆，材堆两侧靠近侧墙旁边，安装有铸铁圆翼管加热器。

当风机开动时，空气被吹向风机的一边，在挡风板的导流下，向下流到干燥间，经加热器加热，横向流过材堆，干燥木料。流出材堆的空气，在风机的吸引下，向上流到风机间，同时经加热器加热，再被风机所吸取，如此形成"垂直—横向"的往复循环。必要时在风机产生正压的一侧，打开排气道闸板，并关闭三角气道闸门，使窑内的潮湿废气通过三角气道上的气孔和排气道排出窑外。同时在通风机产生负压的另一侧，打开三角气道闸门，并关闭排气道闸板，使管理间的新鲜空气经三角气道和气孔流入窑内，与往复循环空气相混合。当风机反转时，进、排气道也随之互换功用，即原先排气的一侧改为进气，而原先进气的一侧改为排气，如此进行换气。根据风机位置和进、排气结构的不同，长轴型顶部风机干燥窑还有其他的一些变异形式。

长轴型顶部风机干燥窑具有如下优点：技术性能比较稳定，窑内空气循环比较均匀，干燥质量较高，能满足高质量的干燥要求；动力消耗较少，每窑只用一台电动机。

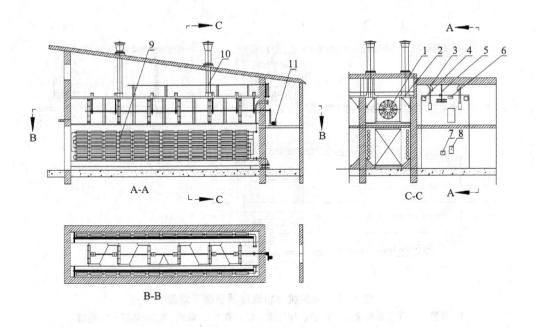

图 8-6　周期式强制循环长轴型顶部风机干燥窑
1. 通风机　2. 进气道　3. 进气阀　4. 进气门　5. 蒸汽管道　6. 润滑装置
7. 取样口　8. 湿度计窗　9. 加热器　10. 排气道　11. 调速电动机

此类型的干燥窑由于具有以上优点，20世纪50～60年代在我国华北、东北地区建设较多，在我国的木材干燥史上曾发挥过重大作用，但由于其存在一些致命缺点，如：长轴安装不易平衡、轴承易坏、故障较多、投资高、钢耗多、腐蚀重及维修工作量大，从70年代开始就较少建设，目前在生产上已少见这些类型的干燥窑。

（2）端部风机型干燥窑。类型特征是轴流风机安装在材堆的端部。

端部风机型干燥窑的后部由竖向挡板将干燥窑分成风机间和干燥间两部分。在风机间，根据材堆的高度，可布置一台或两台轴流风机。干燥间的两侧壁自后部或中部向前逐渐倾斜，成为斜壁或折壁形。散热器一般布置在风机间轴流风机的前后，进、排气窗设在风机间轴流风机前后的窑顶上。

图 8-7 为单风机单轨端部风机型干燥窑。散热器布置在风机一侧，轴流风机通过皮带轮由电机传动。轴流风机一般选用 12# 或 14#，转速 500～550 r/min，风机叶轮外围设有风圈，进、排气道位于风机前后的窑顶。轴流风机可以正反方向旋转。当风机旋转时，驱动干燥介质，造成"水平—横向"的气流循环。当风机反转时，进、排气道功能互换。

端部风机型干燥窑的优点是：在材堆高度上气流循环比较均匀；气流循环为"水平—横向"的可逆循环，特别适合于毛边板的干燥；安装、维修方便。其缺点是：干燥窑内材堆长度不宜过长，一般不超过 6 m，故干燥窑的容量均不太大，一般适合于中、小型企业的干燥；斜壁角度、气道宽度不当或气道内的挡风板设置不妥，将会影响沿材堆长度方向气流循环的均匀性。

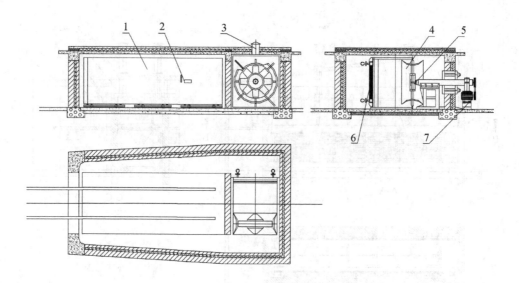

图 8-7 单风机单轨端部风机型干燥窑
1. 材堆 2. 干湿球温度计 3. 进、排气窗 4. 风圈 5. 风机 6. 散热器 7. 电机

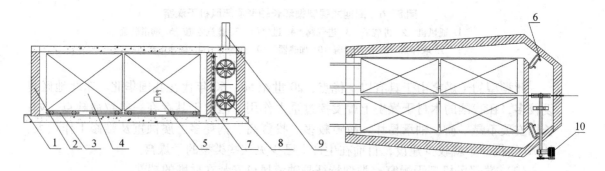

图 8-8 双轨道端部风机型干燥窑
1. 地基 2. 窑体 3. 材车 4. 材堆 5. 干湿球温度计 6. 喷蒸管
7. 散热器 8. 风机 9. 进、排气道 10. 电机

为扩大干燥窑的容量，端部风机型干燥窑可建设为双轨道的。但材堆的总宽度尺寸一般不超过4m。图8-8为双轨道端部风机型干燥窑。

端部风机型干燥窑所用轴流风机也可与耐高温防潮电机直连，安装在风机间。直连型轴流风机的机号较小，一般为8#或10#。

端部风机型干燥窑除采用轨道小车进窑外，也可采用叉车进窑。采用叉车进窑时，窑门较宽，且安装在干燥窑的侧面。图8-9为风机直连叉车进窑端部风机型干燥窑。叉车进窑可减少干燥设备投资，还可减少干燥作业周转所占用场地。

（3）侧风机型干燥窑。结构特征是轴流风机安装在材堆的侧边，每台风机配用一台电动机。根据风机位置高度可分为风机位于堆高中部的侧风机型干燥窑和风机位于堆高下半部的侧下风机型干燥窑。

图8-10为轴流风机位于堆高中部的侧风机型干燥窑。风机直径接近堆高，一般采

用 14# ~16# 风机，一个 6m 长的材堆一般配置 2 台，每台风机配备一台电动机。在风机与风机之间及风机对面的侧墙与材堆之间设有散热器。排气窗位于风机一侧材堆与侧墙间的窑顶，进气窗位于风机对侧材堆与侧墙间的窑顶。

为了尽量使气流循环均匀，此类型干燥窑风机均为吸风式的。当风机开动时，干燥介质被风机吸入，水平流经散热器加热后，横向经过材堆，以加热、干燥木材，流出材堆的湿空气再经散热器加热后在风机的吸引下，再流经材堆而被风机吸入，形成如此的"水平—横向"气流循环。当窑内介质湿度太高时，可打

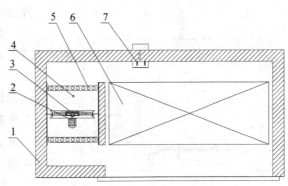

图 8-9　风机直连叉车进窑端部风机型干燥窑
1. 窑体　2. 电机　3. 直连风机　4. 喷蒸管
5. 散热器　6. 材堆　7. 干湿球温度计

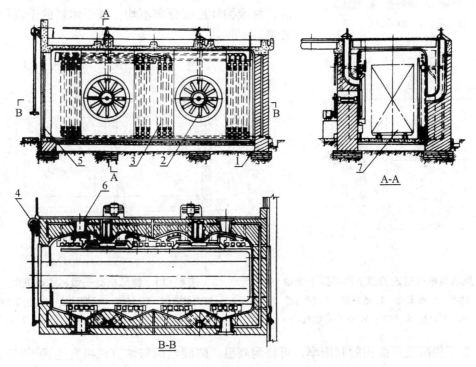

图 8-10　轴流风机位于堆高中部的侧风机型干燥窑
1. 砖墙　2. 风机　3. 散热器　4. 手轮　5. 窑门　6. 温度计窗　7. 材车

开排气窗排除部分湿空气，必要时可打开进气窗，引入部分新鲜空气。

此类型的干燥窑，材堆高度不宜太大，一般不超过 2 m，故干燥窑的容量较小（≤10 m³）。为了增加侧风机型干燥窑的干燥容量，其风机可布置在材堆高度的下部。

图 8-11 为轴流风机位于堆高下半部的侧下风机型干燥窑。风机直径接近堆高的一半，一般采用 12# 风机。窑内干燥介质的循环是"垂直—横向"的，即干燥介质在材堆

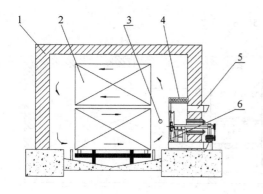

图 8-11 轴流风机位于堆高下半部的侧下风机型干燥窑
1. 窑体 2. 材堆 3. 喷蒸管 4. 散热器
5. 排气道 6. 循环风机

外面的流动是垂直的,通过材堆是横向的。

侧风机型干燥窑,风机不论位于材堆高度的中部或下半部,气流通过风机一次,都可以流过材堆两次,与其他窑型相比,在材堆尺寸相同、循环风量相同的情况下,材堆高度上的通风断面(风机位于堆高下半部)或材堆长度上的通风断面(风机位于堆高中部)等于减少一半,干燥介质的循环速度提高近一倍。

侧风机型干燥窑的优点是:结构比较简单,干燥窑的容积利用系数较高,投资相对较少;安装维修较为方便;容易获得较大的气流循环速度。其缺点是:每两间干燥窑须配置一个管理间,生产面积利用不经济;材堆循环速度分布不均,被干木料的干燥均匀性较差。

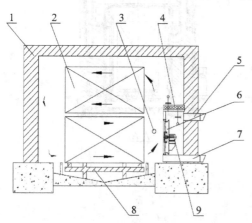

图 8-12 风机与电机直连的侧下风机型干燥窑
1. 窑体 2. 材堆 3. 喷蒸管 4. 散热器 5. 排气道
6. 风机 7. 进气道 8. 材车 9. 耐高温电机

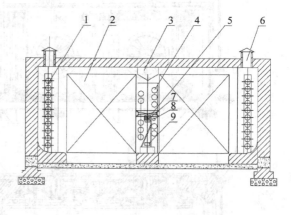

图 8-13 侧风机型干燥窑的改进型
1. 侧面散热器 2. 材堆 3. 挡风板 4. 中间散热器
5. 风机 6. 排气道 7. 电机 8. 喷蒸管 9. 进气道

为了提高生产面积的利用率,可将耐高温、防潮电机与轴流风机直连置于窑内,如图 8-12。进气窗及排气窗设在侧壁上。进气窗位于风机下部,开口在风机前边负压区,排气窗位于风机侧上部,开口在风机后正压区。加热器在侧气道内大约材堆高度的中部,呈水平放置。

为了使侧风机型干燥窑实现可逆循环,提高被干燥木料的干燥均匀性,侧风机型干燥窑可改进为图 8-13 的形式。图 8-13 为双轨道干燥窑,风机位于两列材堆之间,约堆高中部,呈水平布置,风机与电机直连,气流循环为"垂直—横向",排气窗位于靠侧墙的窑顶上,进气窗位于风机下部的端墙上。此改进型的侧风机型干燥窑,循环速度分布较为均匀,干燥质量较高,每单位材积的装机功率较小,经济性较好。

8.1.2.2 炉气加热木材干燥窑 周期式强制循环炉气加热木材干燥窑有间接加热和直接加热两种形式。在生产中使用广泛的炉气加热木材干燥窑均以木材加工厂的木材加工剩余物作燃料。实践与研究证明，木废料是木工厂的一种数量大、热值高又就地可得的能源，用来高效、廉价地干燥木材。

（1）炉气间接加热木材干燥窑。

① 侧风机型炉气间接加热木材干燥窑：图8-14及图8-15为侧风机型炉气间接加热木材干燥窑及其供热系统图。整个系统由燃烧系统和干燥窑两部分组成。

燃烧系统又由料斗及螺旋进料机、送风机、燃烧炉、除尘器及引风机组成（图8-14）。刨花锯屑及打碎的边皮等废木料装入料斗后，由下方的螺旋进料机输送并从燃烧炉炉排下部向上挤入炉膛。在此过程中废木料被预热和预干以利燃烧。因此，此炉不仅能烧干木废料，而且含水率很高的湿废料也很好烧。

由燃烧炉顶部排出的炉气体，被吸入除尘器。除尘器由四个小旋风子组合而成，靠气力旋转摩擦除尘。再经下部的灰斗出灰。

经除尘后的炉气体，送入干燥窑内的炉气加热管，然后吸入引风机，从烟囱排出废气。

干燥窑两座毗邻为一组，一座为预干窑，另一座为二次干燥窑（图8-14、图8-15）。

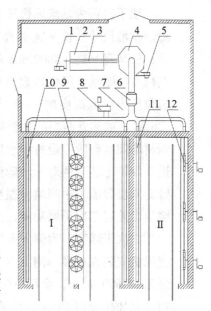

图8-14 木废料能源联合干燥设备平面布置图

Ⅰ．预干窑　Ⅱ．二次干燥窑

1. 变速电机和减速器　2. 料斗　3. 螺旋进料机　4. 燃烧炉　5. 送风机　6. 除尘器　7. 炉气总管　8. 引风机　9. 预干窑循环风机　10. 预干窑加热管　11. 二次窑加热管　12. 二次窑循环风机

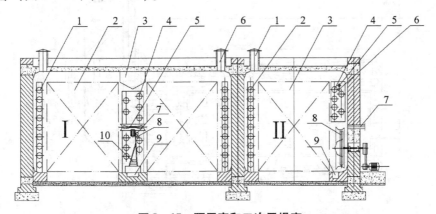

图8-15 预干窑和二次干燥窑

Ⅰ．预干窑：1. 炉气加热管　2. 材堆　3. 顶部挡风板　4. 中间加热管　5. 风机　6. 排气道　7. 喷蒸管　8. 喷水管　9. 积水坑　10. 进气道

Ⅱ．二次干燥窑：1. 进气道　2. 炉气加热管（左）　3. 材堆　4. 炉气加热管（右）　5. 喷蒸管　6. 喷水管　7. 排气管　8. 风机　9. 积水坑

预干窑：为轴流风机置于两列材堆之间的横向垂直循环双轨窑。实积容量 40 m³ 木材。材堆尺寸：长×宽×高×堆数 = 2000 mm × 2000 mm × 2600 mm × 8，窑内净空尺寸：长×宽×高 = 8800 mm × 6100 mm × 3100 mm，6 台 8# 轴流风机分别由 6 台耐热防潮电机直接驱动，风机转数为 960 r/min。电动机功率 2.2 kW。叶轮材料为铸铝。风机安装位置为材堆高度的一半。炉气加热管沿窑两侧及两列材堆之间配置，总加热面积 136 m²。加热管两端的集管箱上设有清灰口。6 台轴流风机下方装有喷蒸管和喷水管，两材堆间的台阶上设有积水坑，以增湿。窑顶两侧各有 3 只排气道，端墙下方设有进气道。端墙上装有两对干湿球温度计。窑门为双层铝板吊挂门，由杠杆式吊门器启动。窑壁为双层砖墙，中间填保温层。窑顶为现浇钢筋混凝土，上铺保温层和防水层。此预干窑也可兼有二次干燥功能，即材堆的预干和二次干燥都可在此窑内完成。

二次干燥窑：为侧下风机式窑，实积容量 20 m³ 木材。3 台 12.5# 12 叶片的铸铝轴流风机安装在材堆一侧下方，风机轴伸出窑外，由 4 kW 的电机通过皮带传动。风机风量为 35 600 m³/h，全压 203.8 Pa。炉气加热管安装在风机的上方及材堆另一侧的侧墙边，总加热面积 68 m²。轴流风机上方设有喷蒸管和喷水管，风机底部的台阶上有积水坑，以增湿。风机后部的侧墙上有 2 只排气道，另一侧的顶部有 3 只进气道。

②端风机型炉气间接加热木材干燥窑：图 8-16 为端风机型炉气间接加热木材干燥窑及其供热系统图。整个系统由燃烧系统和干燥窑两部分组成。

该燃烧系统由振动料斗 1、进料风机 2、燃烧炉 3 和炉气除尘、混合室 4 等几部分组成。刨花、锯屑等木碎料由振动料斗落入进料风机，再与空气一道鼓入炉下部的双头

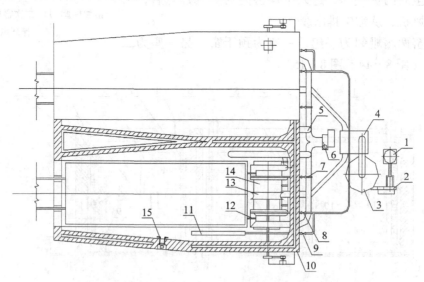

图 8-16 木废料燃烧系统及端风机型炉气间接加热木材干燥窑总图
1. 振动料斗 2. 进料风机 3. 燃烧炉 4. 炉气除尘、混合室 5. 炉气排出管
6. 引风机 7. 喷水管 8. 喷蒸管 9. 蒸汽加热管 10. 干燥窑壳 11. 蒸汽散热器
12. 炉气加热管 13. 轴流风机 14. 积水坑 15. 干湿球温度计

进料螺旋，被预热和预干后，沿切向从圆周的两对面同时喷入炉膛。这种双头螺旋结构使燃料能更均匀地喷洒入炉内，在炉膛空间充分燃烧。炉的上部为蒸发器，产生的蒸汽分两路（分别有阀门控制），一路通过喷蒸管直接喷入干燥窑内，以提高空气湿度；另一路流入窑内的蒸汽散热器，以提高空气温度。炉内产生的燃气引入炉气调制室，先沉降除尘，再与空气混合调制到约350℃，再引入窑内的炉气加热管。

干燥窑为端部风机斜壁型窑。内部净空尺寸：长8.6 m、宽3.8～2.8 m、高3.3 m，可装材堆尺寸：长×宽×高＝6.5 m×2.6 m×2.8 m。每窑实积容量22.5 m³（以25 mm厚的整边板计）。两窑毗邻为一组，由一套燃烧系统供热。窑内气流由位于一端的两台上、下配置的轴流风机驱动，风机由12叶片组成，叶轮直径1.2 m，每台风机风量28 000 m³/h。材堆各处的风速相当均匀，材堆上下前后25个测点的出口平均风速为1.75 m/s，标准差0.41 m/s。

窑内一端在风机两侧配有主加热器，为排管结构，由炉气供热。每窑炉气管折算总长70 m，散热面积55 m²。另外还配有辅助加热器，散热面积28 m²，由燃烧炉的蒸汽供热。

③燃烧炉内置的端部风机型炉气间接加热木材干燥窑（图8－17）：这种干燥窑为端风机型窑。在风机间上下布置两台8#轴流风机，风机与耐高温防潮电机直连。燃烧炉和散热器布置在风机间。

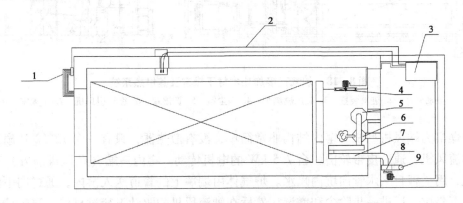

图8－17 燃烧炉内置的端风机型炉气间接加热木材干燥窑
1. 木材含水率探测仪 2. 信号传导线 3. 主控制系统 4. 风机
5. 燃烧炉 6. 蒸发器 7. 加热管 8. 引风机 9. 烟囱

燃烧炉由钢板卷焊而成，筒内不砌耐火砖，筒外也不设保温材料，它既是燃烧装置，又起散热器的作用，因此，窑内排管结构的散热器面积与常规干燥窑相比数量少。木废料在炉内燃烧产生的炉气体经窑内加热器，在引风机的吸引下由烟囱排往大气。

在风机间还设有蒸发器。在蒸发器内有若干根烟火管，当需要提高窑内湿度时，木废料在蒸汽发生器的炉堂内燃烧，产生的炉气经烟火管与管外水换热而再经窑内换热器，在引风机的吸引下由烟囱排往大气。产生的常压蒸汽直接排入干燥窑内。

当窑内湿度较大时，可打开设在窑顶的进、排气窗以排除窑内多余的湿空气。

端部风机型炉气间接加热木材干燥窑的优点是：结构简单，投资费用较少，运转费用低；以木废料为能源，干燥成本低；升温速度快，调湿灵活，干燥质量较好。其缺点是：干燥窑的容量小，干燥量较小；手工操作，劳动强度较大。

(2) 炉气直接加热木材干燥窑。指木废料燃烧后产生的炉气体经除尘、调湿后直接加热、干燥木材。

图8-18为我国具代表性的炉气直接加热木材干燥窑及其供热系统示意。供热系统由振动料斗、进料装置、旋风燃烧炉、除尘室、调湿箱及循环引风机等部分组成。刨花、锯屑等碎木料贮存在圆锥形的料斗中，料斗容量约 1 m³，斗壁右下方装有 0.8 kW 电动机直接驱动的偏心轮，使料斗不断振动以连续落料，落料量由料斗下端的闸门控制。落下的碎木料经过料槽被吸入离心风机，然后与空气一道送入旋风燃烧炉。旋风燃烧炉产生的炉气体，流入除尘室、调湿箱，先翻过几道隔板，沉降除尘，然后曲折流过三层水槽，以提高炉气体的湿度，降低温度，再被循环引风机送入干燥窑。水槽中的水位用浮球阀自动调节。炉气的流量由节气阀控制。

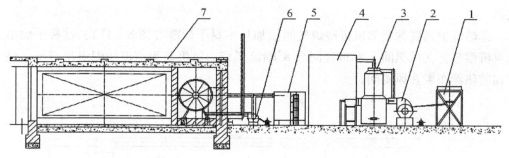

图 8-18　炉气直接加热木材干燥窑及其供热系统
1. 振动料斗　2. 进料装置　3. 旋风燃烧炉　4. 除尘室　5. 调湿箱　6. 循环引风机　7. 干燥室

干燥窑为端风机型窑。窑内结构非常简单，没有散热器，只有一台 12#12 片扇形叶片的轴流风机，通过皮带轮由一台 7.5 kW 的电机传动。窑内一端（在风机前方）有一沉降坑，用一根自来水管向坑内喷水。炉气体由端墙上的管道送入窑内，通过向下的弯管流入沉降坑，以进一步除尘和增湿，然后在轴流风机的驱动下穿过材堆。窑端墙拐弯处有一根排气管，排除从木材中蒸发出来的水蒸气，并由闸门控制排气量的大小。

炉气直接加热木材干燥窑的优点是：投资少；干燥成本低；热效率高。其缺点是：若炉气体除尘不彻底，被干木料表面有轻微的烟尘污染；调湿处理不够灵活。

8.1.2.3　高温干燥窑　木材的高温干燥系指干燥介质的温度超过100℃的干燥法。高温干燥包括以常压过热蒸汽为介质的高温干燥和以湿空气为介质的高温干燥。以常压过热蒸汽为介质的高温干燥过程中，介质的湿球温度保持沸点约100℃不变，且不含有空气；以湿空气为介质的高温干燥，介质的湿球温度低于100℃，是空气和水蒸气的混合体。

高温干燥窑的窑型可以是顶部风机型干燥窑，也可是端部风机型干燥窑及侧风机型干燥窑。顶部风机型干燥窑性能较好。短轴型顶部风机高温干燥窑结构参见图8-4。

8.1.3 周期式自然循环干燥窑

在我国的干燥生产历史上，有蒸汽加热自然循环干燥窑、烟道加热干燥窑及熏烟干燥窑。其中蒸汽加热自然循环干燥窑基本上已不再新建，已有的也基本上已改造成强制循环干燥窑。烟道加热干燥窑及熏烟干燥窑仍有一定的应用市场。

（1）烟道加热干燥窑。是一种简易干燥设备，为小型企业所采用。它的结构形式较多，图 8-19 所示为比较完备的一种。干燥窑长 8.5 m、宽 3.6 m、高 4.5 m。在干燥窑一端地下设有小型炉灶 1，炉灶后端有四个开口，分别接连四条地下水平烟道 2，每条烟道在靠近门端附近汇合，并通连一侧的火墙 3（侧墙），火墙烟道 4 呈垂直走向，至末端与烟囱 5 底部相连。由炉灶燃烧生成的炽热烟气，分别流过水平烟道，经过两侧火墙，最后流入烟囱排出。窑内的空气由水平烟道及火墙加热，对流传热，加热和干燥木料。

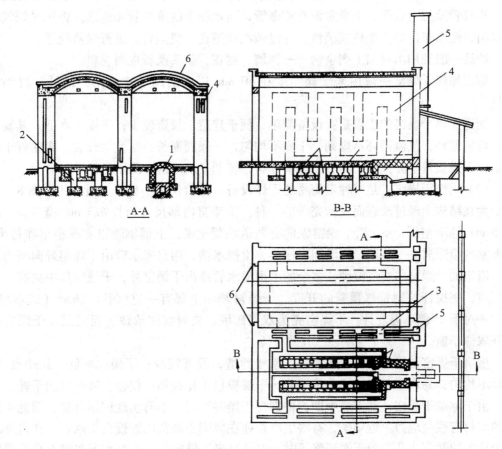

图 8-19　烟道干燥窑
1. 炉灶　2. 地下水平烟道　3. 火墙　4. 火墙烟道　5. 烟囱　6. 排气孔

炉灶由耐火砖建成。炉箅由10根1.2 m长的炉条构成，在长度上略带倾斜，炉箅面积约0.4 m²，炉膛宽0.8 m，高0.6~0.8 m。炉膛温度可达700℃以上。水平烟道在靠近炉灶及窑的中央部分采用耐火砖，其他部分采用普通砖。用耐火泥砌筑，要求灰缝不得大于3 mm。烟道壁厚240 mm，断面宽340~350 mm、高600 mm。火墙为普通砖砌体，厚360 mm（两窑相邻为两方火墙并联一起，计厚720 mm），火墙内部的烟道断面为750 mm×180 mm。烟囱高7.85 m，内部断面为360 mm×360 mm。

窑内设有轨道，用小车装卸木料。轨梁为钢筋混凝土造，下设10个砖基础，断面为360 mm×360 mm（4个）及240 mm×240 mm（6个），砖垛用100#普通砖及耐火泥砌筑，砖垛与梁接触处用铁片塞紧。

在一方端墙的上部，开有二个排气孔，断面为150 mm×200 mm，用来排除窑内的潮湿废气。

烟道加热干燥窑原无喷蒸设备，为了弥补这一缺陷，经初步试验可在炉灶一旁设立一只水箱，水箱为用10 mm厚钢板做成的圆筒，长1.2 m、直径0.4 m。水箱安有进水管、蒸汽管及压力表等，干燥室设有喷蒸管，与水箱上的蒸汽管相连通。将炽热烟气引过水箱，使水箱内的水加热成蒸汽，通过蒸汽管道送给喷蒸管，进行喷蒸处理。

炉灶一般利用木材加工剩余物——锯屑、刨花、截头及板皮当燃料。

烟道加热干燥窑一般用来干燥厚度在60 mm以内的用于建筑用途的针叶材等易干材。

烟道加热干燥窑的优点是：设备简单，便于建造，投资较少；干燥成本低。其缺点是：自然循环，气流循环不规则，干燥不均匀，干燥周期长；易发生开裂、翘曲等干燥缺陷，干燥质量不易控制；不宜干燥阔叶材，特别是较厚的、难干的阔叶材。

(2) 熏烟干燥窑。是一种最简易的干燥设备，目前仅为小型企业所采用，图8-20所示为在结构上经过改进而较为完善的一种。干燥窑内部尺寸为长6.5 m、宽3 m、高3~5 m；地下室深2 m。沿干燥窑纵向有两道混凝土墩，上铺钢轨以支撑小车和材堆。地下室内填锯屑——热源。两墩间有横梁，上搁水槽，用自来水管由干燥窑外向槽内加水，以增加干燥窑内空气湿度，多余的水由溢水管排出干燥窑外，干燥窑顶中央有三只排气道，用拉杆控制排气顶盖的开度。干燥窑端墙下部有一进气孔。侧墙（或端墙）上有一对干、湿球温度计。干燥窑壳为双层砖墙，夹衬膨胀珍珠岩保温层。干燥窑门上开取样小窗。

熏烟干燥窑的优点是：设备简易，易于建造，投资很少；干燥成本低。其缺点是：干燥不均匀；易产生开裂、翘曲等缺陷，干燥质量不易控制；仅适合针叶材的干燥。

由于熏烟干燥窑，在干燥中期，特别在干燥终了时，不易实现调湿处理，因此干燥后的木材有残余应力。近年来，有些生产企业在熏烟干燥窑内铺设自来水管，在自来水管上均匀地钻有小孔。当干燥到终了时，打开自来水管阀门，自来水通过管上小孔撒向坑内熏烟锯末层，产生蒸汽而达到调湿目的，具有一定的调湿效果。

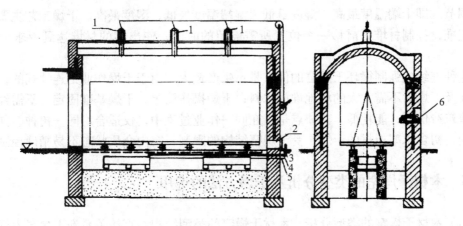

图 8-20 熏烟干燥室
1. 排气道 2. 进气道 3. 进气闸门 4. 自来水管 5. 溢水管 6. 干、湿球温度计

8.1.4 连续式强制循环干燥窑

连续式强制循环干燥窑，在我国木材干燥历史上用来干燥成材的极少，一般用来干燥薄料如铅笔板等，为数不多。目前我国生产上已不采用。国外如瑞典、芬兰、俄罗斯等国，有些制材厂采用连续式干燥窑。

连续式干燥窑在结构上主要有三种类型：①空气横向循环、材堆纵向放置；②空气纵向逆行循环、材堆纵向放置；③空气纵向逆行循环、材堆横向放置。

图 8-21 所示为第三种连续式干燥窑。窑内上部为风机间，布置有三台用耐高温电机直接传动的轴流风机，以及加热器与进、排气装置等。进排气装置可以回收排气的部分余热。下部为干燥间，可装 10 个材堆。材堆横向装窑，定时定向前移，同时由右端（湿端）装入湿材堆，由左端（干端）卸出干材堆。气流逆向循环，即经加热后的热空气干燥介质由干端进入材堆，由湿端出堆。各干燥阶段的温、湿度变化完全靠区段位置

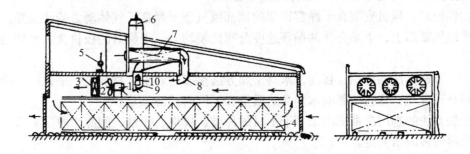

图 8-21 连续式干燥窑
1. 电机 2. 风机 3. 加热器 4. 材堆 5. 电动执行器 6. 排气管
7. 热回收装置外壳 8. 进气管 9. 排气管吸气口 10. 辅助风机

自然调节。即干端温度最高，湿度最低，湿端温度最低，湿度最高。干燥工艺主要采用时间基准，控制材堆每前移一个位置所需停留的时间，使出窑的材堆达到要求的终含水率。

这种连续式强制循环干燥窑的优点是：生产量大；由于干燥作业是连续式的，故在干燥前及干燥后不需太大的场地堆放木料；干燥操作简单，干燥基准固定，不需经常调节；建筑造价低，能耗低。其缺点是：在同一作业过程中，仅适合对同一树种、同一厚度、同一初含水率板材的干燥；受干燥窑结构的限制，窑内介质状态不易精确控制。

8.1.5　木材干燥窑的类型分析及干燥方法的选用

（1）木材干燥窑的类型分析。木材干燥窑的类型结构，直接关系到干燥窑内气体动力学特性，最终影响木材的干燥效果。对于现代周期式强制循环干燥窑来说，在类型结构上的基本要求是窑内干燥介质能实现均匀的横向循环。

按照空气动力学特性，周期式强制循环干燥窑在类型结构上可分为三类：①风机安装在干燥窑顶的顶部风机型干燥窑［图8－22（a）］；②风机安装在干燥窑端部的端部风机型干燥窑［图8－22（b）］；③风机安装在干燥窑侧面的侧风机型干燥窑［图8－22（c）］。

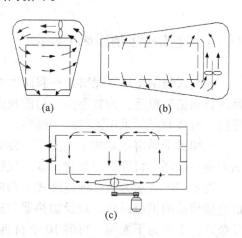

实践证明，风机安装在干燥窑侧面的侧风机型干燥窑，干燥窑内干燥介质在材堆长度上及高度上不能得到均匀分配，循环速度差异明显，干燥后的板材含水率差异相对较大，同时单位材积的装机功率相对较大，干燥成本也较大。风机安装在干燥窑端部的端部风机型干燥窑，基本可消除干燥窑内干燥介质在材堆长度和高度上分配不匀的缺陷，干燥后的板材含水率均匀性较好。风机安装在干燥窑顶部的顶部风机型干燥窑，气体动力特性最好，在材堆整个迎风断面上，干燥介质的循环速度分布比较均匀，干燥后的板材含水率均匀性也最好。

图8－22　周期式强制循环干燥窑空气动力图
(a)顶部风机型　(b)端部风机型　(c)侧风机型

（2）干燥方法的选用。目前，木材干燥方法很多，对于木材加工厂来说，干燥方法选择得是否合理，将直接影响木制品的质量和工厂的经济效益。

干燥方法的选用应根据木工厂干木材的种类、规格、数量、能源、质量要求、含水率情况等诸多因素而定。

① 产量：当需干木材的数量较大，年干燥量5000 m³以上时，为了减少投资额，降低干燥成本，从原则上讲，应建大容量的干燥窑。在这种情况下，蒸汽干燥、热水加热干燥和炉气间接加热三种方法比较理想，这三种方法的投资额相对较低，干燥成本也较低，尤其是炉气间接加热干燥方法。因为该方法不需要蒸汽锅炉和水处理设施，以工

厂的加工剩余物为能源，对于没有蒸汽锅炉的工厂来说更为合适。

如果年干燥量适中，约2000~5000 m³，在这种情况下，上述的干燥方法均是可选的。但从投资额和干燥成本角度考虑，炉气间接加热干燥方法更为适当。当然在有蒸汽锅炉或除维持工厂正常生产外尚有余汽的情况下，应首先蒸汽干燥。

如果干燥量较小，年产量少于2000 m³，在这种情况下，如工厂尚有余气，则首选蒸汽干燥。如工厂没有多余的蒸汽供干燥使用，则应考虑以木废料为能源的炉气间接加热干燥法和除湿干燥法，因为这两种方法的设备投资小，又能满足小型企业对木材干燥的要求。

② 能源：木材干燥是木材加工中能耗最大的工序，约占总加工能耗的60%~70%。因此，干燥方法的选择是否合适，对木材加工厂的能量消耗关系很大。

木材加工厂每年要生产出很多加工剩余物，因此在没有蒸汽锅炉或没有足够的余汽用于木料干燥的情况下，选择以木废料为能源的热水加热或炉气间接加热木材干燥窑最为合适。现在这种类型的干燥窑既有小容量的，又有大容量的，从10~150 m³，规格较全，既可满足小批量的干燥要求，又可满足大规模生产要求。以木废料为能源的热水加热或炉气间接加热木材干燥方法，不但清除了工厂的废料垃圾，减少干燥设备投资，降低了能耗和干燥成本，而且做到了能源自给。如某加工厂年加工2万 m³ 原木以制造木制品，约可产生4416 t全干木废料，燃烧后产生的热量约相当于3500 t标准煤，约可满足4.4万 m³ 板材的干燥热源需要。现在加工以木废料为能源的干燥设备的厂家较多，设备的燃烧效率、燃烧效果等情况也参差不齐。由一些林业院校、科研机构研究开发的热水加热或炉气间接加热干燥设备质量较好，使用很广。

当然，如果工厂已有足够的蒸汽用以干燥木材，那么应首先蒸汽干燥。

如果某地区有充足的电力资源，并且电费很便宜，则宜选除湿干燥。或者，在城市市区，不允许建烟囱，也应选择除湿干燥。

在日照量较长的地区，如我国的西北或青藏高原，可建太阳能干燥窑，作为木材的预干，特别是硬阔叶材的预干。

③ 含水率：如果被干木材的初含水率较高，且要求的终含水率较低，小于15%，这种情况下，可选蒸汽干燥、热水干燥和炉气干燥，除湿干燥是不太合适的。因为在高含水率区，木材的自由水大量蒸发，而除湿机的除湿能力是一定的，不能及时地除去从木材中蒸发出来的水分。在低含水率区，从排气中回收的汽化热减少，节能率也随之减少。因此，一般地说，除湿干燥最合适的含水率范围是40%~20%。

④ 木材厚度：随着人们生活水平的提高，对高档次实木家具的质量要求也越来越高，特别是一些珍贵木材制造的高档家具已成为人们追逐的目标。然而，一般地讲，制作实木家具的桌、椅脚均要用较厚的木材制作。厚度较大的硬阔叶树材的干燥可谓是一大难题，用常规干燥方法干燥，保证了干燥质量，但干燥速度很慢，若加快干燥速度，干燥质量就很难保证。

真空干燥可以把干燥质量和干燥速度有机地结合起来，在保证干燥质量的前提下，可大大缩短干燥时间，而且沿厚度方向上的含水率均匀性较好。

在长期备有一定贮存木料的条件下，应该注意窑干与气干的可能配合，注意预干与常规干燥、高温干燥等的联合干燥，特别是在南方。

总之，选择木材干燥方法时，需考虑的因素较多。只有在正确理解各种木材干燥方法、木材干燥窑类型的特点及深入了解木材加工厂的具体情况的基础上，才能做到正确地选择木材干燥方法及干燥窑型，达到在保证干燥质量、干燥产量的前提下，节约能耗、降低干燥成本的目的。

8.2 木材干燥设备

木材干燥窑的主要设备包括供热与调湿设备、气流循环设备、检测与控制设备及木材运载与装卸设备等。

8.2.1 干燥窑壳体

建筑木材干燥窑，除需满足坚固耐久和费用小的一般建筑要求外，更重要的是满足密闭、保温与防腐蚀的特殊要求。

对于现代干燥窑，密闭得好与坏，直接关系到干燥窑内基准的保持（如高温高湿）、干燥窑的热能与电能消耗（如热量损失）及干燥窑的寿命（如腐蚀损坏），因此密闭的意义是很重要的。

干燥窑的保温，以不容许在干燥窑的内表凝结水分为准，可用传热系数的大小来决定。传热系数大的内壁，热量损失也大，内表也较冷。湿空气的露点比其湿球温度低不了多少，当其接触冷的内表时就会降到露点而凝结水分，结果空气变干，这样在高温下维持高湿也就困难。墙壁面的凝结水渗入墙内，危害较大，而天棚上的凝结水滴落在材堆上会使材堆干燥不均，由此可见，在墙壁和天棚表面凝结水分，是传热系数太大的主要特征。研究指出：对于干燥窑来说，砖和混凝土的实际传热系数要比计算值来得大，在50℃以内要大一半，50℃以上大一倍。

木材干燥窑的外壳包括基础、地面、墙壁、天棚，以下分别加以叙述。

(1) 基础。木材干燥窑是跨度不大的单层建筑，但工艺要求壳体不能开裂，因此，基础必须有良好的稳定性，不允许发生不均匀沉降。通常采用刚性条形基础。

干燥窑的基础深度，应视建窑地的不同而有所差异。北方地区应当低于冻结线10 cm，一般取1.6~2.0 m（从地表算起），南方地区取1~1.2 m。干燥窑的基础一般有六层组成：最下层为夯实的素土层，次下层为70~80 mm厚夯实的道渣层，然后为100 mm厚的C10混凝土垫层，再上层为400 mm厚的T型钢筋混凝土层，次表层为500~800 mm厚的砖砌层，最上层为300 mm厚的地圈梁。

(2) 地面。地面必须结实，防止陷落，干燥窑的地面结构一般由六层组成：最下层为夯实的素土层，次下层为150 mm厚碎石垫层，然后为100 mm厚的C10混凝土垫层，再上层为50 mm厚的PVC防水及保温层，次表层为200 mm厚的混凝土地坪（有条件的应铺设钢筋，且每隔3000~5000 mm留一伸缩缝），最上层为15 mm厚1:2水泥沙浆抹面层。

轨道车装料的干燥窑地面应设排水明沟，坡度为0.3%~0.5%，最大不超过1%，以便排水，叉车装料的干燥窑地面向外侧设0.15%的坡度，或向内侧坡，冷凝水汇入一明沟，集中排出干燥窑外。

（3）墙壁。为加强整体牢固性，现代大、中型干燥窑采用框架结构，即干燥窑的四角用钢筋混凝土柱与基础圈梁、天棚梁连成一体。

墙体一般采用标准砖砌成。采用双层墙夹保温层的结构，横向竖向每隔360 mm必须设一砖拉接，北方地区：外层墙1.5砖厚，内层墙1砖厚；南方地区：外层墙1砖厚，内层墙0.5砖厚。保温材料采用膨胀珍珠岩或砭石，厚60~100 mm。近年来，由于新建筑材料的不断出现，干燥窑墙有用空心砖砌筑的，也有用轻质增压加气混凝土板（ALC）砌筑的，效果较好。

（4）天棚。现代干燥窑天棚一般为4层结构，下层为120 mm现浇的钢筋混凝土结构层，中间层为120 mm厚膨胀珍珠岩块保温层，坡度为0.5%，最薄处80 mm厚，顶层为40 mm厚的细石钢筋混凝土层，加3%防水剂，最顶层铺防水层。

金属壳体干燥窑的窑壳结构。基本上分为两大类，一类为无框架结构，这类干燥窑壳体由双面彩钢板，或一面彩钢板另一面铝板，中间夹聚酯保温材料的复合板材搭接而成，窑内设备包括散热器，循环风机及窑顶的雨雪荷载均由墙体复合板材支撑，这类干燥窑结构简单，造价较低，但结构稳定性、牢固性、耐久性欠佳，主要用于除湿干燥和低温干燥。另一类为框架结构，窑内设备吊装在金属桁架上，再由金属立柱支撑在地面上。金属桁架可为钢质的，也可为铝质的。窑壁内侧为铝合金或不锈钢，外侧为彩钢板，离心玻璃棉或聚酯板为保温材料。这类干燥窑结构较复杂，造价较高，但结构稳定性、牢固性及耐久性较好。无论为无框架结构，还是有框架结构，窑内表面所有拼缝都需涂封能耐温、防老化、弹性好的硅橡胶。

8.2.2　干燥窑大门

密封、保温对干燥窑来说，是最基本的，也是最重要的要求。而干燥窑大门是干燥窑密封、保温最薄弱的部分。对干燥窑大门的要求是：气密性好，热传率小，经久耐用，开启轻便，安全可靠。

干燥窑门的形式归纳起来有5种类型，即单扇或双扇铰链门，多扇折叠门，多扇吊拉门，单扇吊挂门，单扇升降门，如图8-23。

窑门几乎都用铝合金材料做成，即用特制的铝合金型材作框架和骨架；用铝合金板作内面板，瓦楞板作外面板；用超细玻璃棉或离心玻璃棉板作保温材料（也可用聚氨酯泡沫塑料）。保温层厚度不应小于100 mm，内面板的拼缝用硅橡胶涂封。门扇的四周应嵌密封圈。窑门的密封圈通常用氯丁橡胶特制的"Ω"形空心垫圈，可装于门扇内表面四周的"嵌槽"中。对砖混结构窑，可直接用钢筋混凝土门框，也可在混凝土门框上嵌装合金角铝或角钢门框。

铰链门适用于门洞宽度不超过4 m的单体窑。因铰链门的门扇受力矩的作用容易变形，门扇的宽度一般不超过2 m，即对2 m宽的门洞，采用单扇门；4 m宽的门洞采用

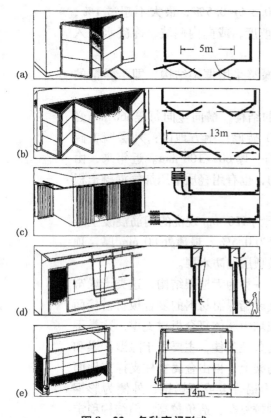

图8-23 各种窑门形式
(a) 铰链门 (b) 折叠门 (c) 吊拉门
(d) 吊挂门 (e) 升降门

对开双扇门，或在门洞中间增设一门柱，采用两扇对开的单扇门。铰链门用螺旋紧门器，可确保门的气密性能。

多扇折叠门和多扇吊拉门适用于门洞较宽的单体窑，且干燥温度不高，对气密性要求不高的除湿干燥窑或预干窑，因为这种门的气密效果较差，开关操作也不方便。

吊挂门适用于多座联体窑，门扇借倾斜挂叉压在门框上，门扇受力均匀，不会变形。靠重力压紧门框，气密效果较好，门扇由一个可在轨道上横向移动的专用提门器操纵其开启或关闭。提门器的操纵机构有手压叉动型、手摇机械传动型、手操液压传动型和葫芦吊车型等多种类型。除手压叉动型不能自锁，操作不够安全可靠外，其余几种都能自锁，操作方便，安全可靠，吊挂门是现代干燥窑应用最多的一种窑门形式。

升降门适用于门洞较大的单体窑。用带自锁的机械传动（电控）将大型窑门吊起或放下。当窑门放下时，门扇靠自重沿导轨槽自动压紧门框，确保窑门的密闭性。

8.2.3 木材干燥主要设备

木材干燥主要设备有供热与调湿设备，气流循环设备，检测与控制设备，木材运载与装卸设备等。

8.2.3.1 供热与调湿设备 按载热体（热媒）的种类，木材干燥的供热设备分为蒸汽散热器（载热体为蒸汽）、热水或高温水散热器（载热体为热水）和火力散热器（载热体为炉气），热水散热器和蒸汽散热器结构类似，不同之处是热水散热器的衬管直径较蒸汽散热器的衬管直径大些，以减少热水的循环阻力。

散热器应满足下列要求：
① 应能均匀地放出足够的热量，以保证窑内温度合乎干燥基准的要求；
② 应能灵活可靠地调节被传递的热量；
③ 在热、湿干燥介质的作用下，应有足够的坚固性。

调湿设备的作用是向干燥窑内补充水蒸气，或排除窑内过多的水蒸气，以调节窑内干燥介质的湿度，在蒸汽加热的干燥窑内，调湿设备主要是喷蒸管和进、排气道，热水加热、导热油加热或炉气间接加热干燥窑中的调湿设备是喷雾水管和进、排气道，炉气直接加热的炉气窑中的调湿设备是水管、水箱、蒸汽发生器及与之相配合的进、排气道。

(1) 蒸汽供热和调湿设备。蒸汽供热设备主要有肋形管散热器、平滑管散热器和片式散热器。

① 肋形管散热器：木材干燥中使用的肋形管散热器，大多为铸铁的，分为圆翼管（圆形肋片）和方翼管（方形肋片）两种。铸铁肋形管散热器的优点是坚固，耐腐蚀，散热面较大，与平滑管相比，当管径和长度相等时，散热面积比平滑管大 6~7 倍，总散热量约大 3 倍。

由于铸铁肋形管散热器的质量大，耗用金属多，另外受管长限制需分段连接，法兰接头多，安装和维修不便，故在现代木材干燥设备中很少使用。

② 平滑钢管散热器：平滑钢管散热器构造简单，接合可靠，制造与检修方便；承受压力的能力较大；传热系数较大；不易积灰。

由于平滑钢管散热器的散热面积小，且易生锈，使用寿命不长，因此，这种散热器在干燥生产实践中已较少使用，仅见于生产规模较小、自建的木材干燥窑中。

③ 片式散热器：分为螺旋绕片式散热器、套（串）片式散热器及双金属轧片式翅片管式散热器三种。

螺旋绕片式散热器由 1~2 排螺旋翅片管组装而成，这类散热器在我国各地暖风机厂已有定型产品。按使用的金属材料分，有钢管绕钢翅片然后镀锌的 SRZ 型；钢管绕铝翅片的 SRL 型；钢管绕镶铝翅片的 SXL 型及铜管绕铜翅片然后镀锡的 S 型、B 型和 U 型等。

套（串）片式散热器（又称板状散热器），由直径 20~30 mm 的平行排列的钢管束紧密套上许多薄钢片或薄铝片，然后组装而成。

螺旋绕片式散热器和套（串）片式散热器的主要优点是散热面积大，结构紧凑，质量轻，安装方便。缺点是对气流的阻力大；翅片间容易被灰尘堵塞；钢质翅片（或套片）很容易腐蚀，铜质翅片耐腐蚀性及传热性能都好，但材料紧缺，造价高。铝质翅片较耐腐且经济。

双金属轧片管是将铝管紧套在基管（通常为钢管）上然后经粗轧、精轧等多道工序，轧成翅片。两层管壁之间结合牢固，传热性能很好，此外，双金属轧片管防腐蚀性能好，强度高，是一种性能理想的散热管。此种散热管国内已定型生产，在现代木材干燥窑中也已普遍采用。双金属轧片管的结构如图 8-24，其主要技术特性见表 8-1。

图 8-24 双金属轧片管

表 8-1 双金属轧片管的主要技术特性

序号	衬管外径 (mm)	翅片片距 (mm)	翅片外径 (mm)	翅片根径 (mm)	翅片片厚 (mm)	单位长度散热面积 (m²/m)	最高工作温度 (℃)
1	16	5.1	34	17.2	0.64	0.332	250
2	16	3.2	34	17.2	0.33	0.506	250
3	16	2.3	34	17.2	0.31	0.676	250
4	16	1.8	34	17.2	0.31	0.844	250
5	19	2.8	44	20.4	0.38	0.926	250
6	19	2.3	44	20.4	0.43	1.125	250
7	22	2.3	44	23.5	0.43	0.855	250
8	22	2.8	44	23.5	0.38	1.015	250
9	25	5.1	50	26.4	0.56	0.625	250
10	25	2.8	50	26.4	0.43	1.112	250
11	25	2.3	50	26.4	0.38	1.341	250
12	25	2.5	57	26.4	0.41	1.648	250
13	25	2.3	57	26.4	0.38	1.791	250

④喷蒸管：喷蒸管是干燥窑内喷射蒸汽提高窑内介质湿度的设备。喷蒸管是两端封闭（从中间进汽）或一端封闭（从另一端进汽）的钢管，管上钻有直径2~4 mm的小孔，孔间距为200~300 mm。喷蒸管的直径通常为40~50 mm，安装喷蒸管时要注意不把蒸汽直接喷射到木材上，以免使木材产生污斑或开裂。

由于直接向窑内喷射蒸汽会引起窑内介质温度较大幅度的波动。在短时间内不但不能增加相对湿度，反而会使相对湿度有所减少。因此，近年来，现代木材干燥技术较多采用向窑内喷射雾化水的方法或通过加热器加热水而使之成为常压水蒸气的方法来提高窑内介质的湿度。

a. 雾化水装置：由一扬程式大于30 m的扬程式泵、管道和雾化喷头等组成。扬程泵的流量和雾化喷头的数量视干燥窑的容量而定。雾化水装置如图8-25。

图 8-25 雾化水装置

向窑内喷雾化水可增加介质的相对湿度，但会引起干燥介质温度较大幅度地下降。因为欲使1kg 100℃的热水变为100℃的水蒸气，约需2300 kJ的热能，另外，雾化水需仔细过滤，雾化喷头需经常清洗，以免堵塞。

b. 常压水蒸气发生装置：由置于干燥窑气道内的水槽（一般由不锈钢制作）、平滑不锈钢管散热器和管阀等组成。当需要增加窑内介质湿度时，打开阀门（可自动控制），向不锈钢散热器内通入蒸汽（热油或其他热媒），加热水槽中的水使之成为水蒸气。从而达到增加窑内湿度的目的。此方法增湿较为方便，但投资较大。

为既可灵活增湿，又不致投资增加许多，可将高温蒸汽直接通入水槽中，消除过热后成为常压蒸汽再用以增湿。

⑤疏水器：又叫疏水阀，其作用是排水阻气，即排除散热器及蒸汽管道中的凝结水，同时阻止蒸汽的漏失，从而提高加热设备的传热效率，节省蒸汽消耗。

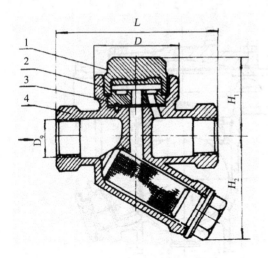

图 8-26 热动力疏水器结构
1. 阀盖 2. 阀片 3. 阀座 4. 阀体

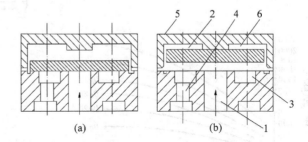

图 8-27 热动力式疏水器工作原理
(a) 关闭状态 (b) 开放状态
1. 进水孔 2. 阀片 3. 环形槽 4. 出水孔 5. 阀盖 6. 控制室

疏水器的类型较多，木材干燥中常用的有热动力式和静水力式两类。

a. 热动力式疏水器：是一种体积小排水量大的自动排水阀门。常用的有 S19H-16C 型，适用于蒸汽压力不大于 1570 kPa，温度不大于 200℃ 的蒸汽管路及蒸汽设备上，安装位置一般在室外。其结构如图 8-26，工作原理如图 8-27。

当进口压力升高时，通过进水孔 1 使阀片 2 抬起，凝结水经环形槽 3 从出水孔 4 排出，随后由于蒸汽通过阀片与阀盖 5 间的缝隙进入阀片上部的控制室 6，控室的气压因而升高，使阀片上部所受的压力大于进水孔压力，于是阀片下降，关闭进水孔，阻碍蒸汽向外漏逸；随后又由于疏水器向外散热，控制室内的气压因冷却而下降，进口压力又大于控制室内的压力，阀片又被抬起，凝结水又从疏水器排出。

此种疏水器的性能曲线如图 8-28，疏水器的选用主要根据疏水器的进出口压力差 $\Delta P = P_1 - P_2$，及最大排水量而定。进口压力 P_1 采用比蒸汽压力小 1/10～1/20 表压力的数值。出口压力 P_2 采用如下数值：若从疏水器流出的凝结水直接排入大气，则 $P_2 = 0$；如排入回水系统，则 $P_2 = (0.2～0.5)$ 表压。疏水器的最大排水量：因蒸汽设备开始使用时，管道中积存有大量的凝结水和冷空气，需要在较短时间内排出，因此按凝结水常量的 2～3 倍选用。

[例] 已知干燥窑加热器的平均耗汽量为 240 kg/h；蒸汽压力为 3.2×10^5 Pa，凝结水排入大气，试选疏水器型号。

[解] 疏水器进口压力为 $P = 0.95 \times 3.2 \times 10^5 = 300$ kPa；压力差 $\Delta P = P_1 - P_2 = 300$ kPa；疏水器最大排水量为 $240 \times 2.5 = 600$ (kg/h)，按图 8-28 选用公称直径 Dg32 的 S19H-16 型热动力式疏水器。

b. 静水力式疏水器：有自由浮球式、倒吊桶式、钟形浮子式等。它们的工作原理都是利用凝结水液位的变化而引起浮子（球状或桶状）的升降，从而控制启动阀片工作。

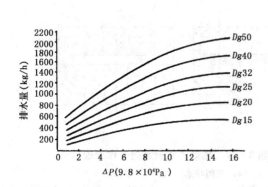
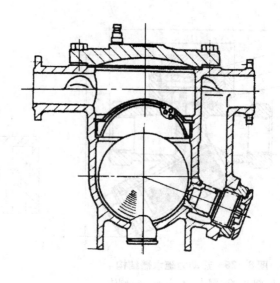

图 8-28　S19H-16 热动力式疏水器的性能曲线　　图 8-29　S41H-16C 型自由浮球式疏水器的结构

S41H-16C 型自由浮球式疏水器的结构如图 8-29。这种疏水器适用于工作压力不大于 1570 kPa、工作温度不大于 350℃的蒸汽供热设备及蒸汽管路上，它结构简单，灵敏度高，能连续排水，漏汽量小但抗水击能力差。

c. 疏水器的安装：疏水器应安装在室外低于凝结水管的地方，地点要宽敞，以便维修。疏水器进出口的位置要水平不可倾斜，以免影响疏水器的阻气排水动作。为了使疏水器检修期间不停止散热器的工作，必须在疏水器的管路上装设旁通道（图 8-30），且装在疏水器的同一平面内。正常使用时关闭阀门 2，打开阀门 1，使疏水器正常工作；检修时关闭阀门 1，打开阀门 2，使加热系统不停止工作，开始通汽时，管道中积存的大量凝结水也通过旁通管排除，以免疏水器堵塞。定期检查疏水器的严密性。定期清洗滤网和壳体内的污物。冬季要做好防冻工作。

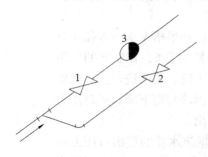

图 8-30　装有旁通管的疏水器管路
1、2. 阀门　3. 疏水器

⑥蒸汽管路：常规木材干燥窑使用的蒸汽压力为 0.3~0.5 MPa，过热蒸汽窑为 0.5~0.7 MPa。若蒸汽锅炉压力过高时，需在蒸汽主管上装减压阀，减压阀前后要装压力表，蒸汽主管上还应安装蒸汽流量计，以便核算蒸汽消耗量。

每座干燥窑或相邻两座窑应设一个分汽缸，以便给各组散热器及喷蒸管均匀配汽。分汽缸下面应装有疏水器，以排除蒸汽主管中的凝结水。

管道沿蒸汽及冷凝水流动方向上需带 0.2%~0.3% 的坡度，以便凝结水的排除。

散热器应从蒸汽主管的上边连接，不应从下边连接，否则蒸汽主管内的冷凝水会流入散热器中。但热水或导热油加热的散热器，应从散热器集管下端进热水或导热油，从集管上端流出，以排除系统内的空气。

蒸汽管路的安装可参考图 8-31。

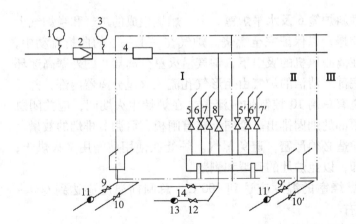

图 8 – 31　干燥窑蒸汽管道图
1、3. 压力表　2. 减压阀（若锅炉压力不高时，可省）　4. 蒸汽流量计　5、6 和 5′、6′. 散热器的供汽阀门　7、7′. 喷蒸管的供汽阀门　8. 蒸汽主管阀门　9、9′、12. 疏水器的阀门　11、11′、13. 疏水器　10、10′、14. 旁通管阀门

(2) 炉气供热和调湿设备。

① 炉灶：炉气加热的干燥窑需配有炉灶，以煤或木材加工剩余物作燃料，产生炉气体，作为传热、传湿的介质，加热并干燥木材。

炉灶为砖砌体（外层为普通砖，内层为耐火砖），由燃烧室、沉降室、火星分离器及炉气道等部分组成，如图 8 – 32。对炉气的要求是无烟、无火星、无燃烧不完全物质。

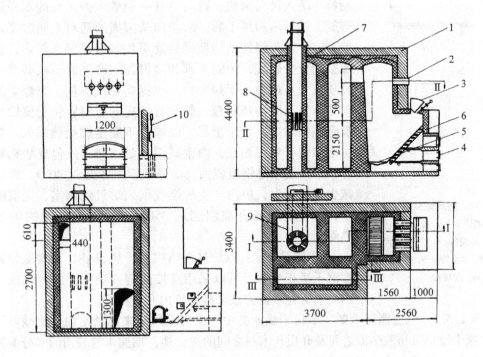

图 8 – 32　炉灶结构图
1. 炉灶外壳　2. 二次进风口　3. 装料斗　4. 掏灰口　5. 水平炉箅　6. 倾斜炉箅
7. 炉灶内壳　8. 火星分离器　9. 炉气道　10. 总闸

燃料由装料斗 3 定期装在倾斜炉箅 6 及水平炉箅 5 上，燃烧生成的炉气和半炉气上升并和由二次进风口来的空气相遇，以保证完全燃烧。炉气在一上一下的曲折流动中，夹杂着的灰尘逐渐沉降，然后在离心风机的吸引下，炉气沿火星分离器 8 的外壁高速环流而下，使火星和烟尘沉降于底部，清洁的炉气由矩形气孔流入火星分离器内部，并经过炉气道 9 流至混合室。炉气道有总闸 10 控制炉气流量，在炉灶生火期间，应关闭总闸，使烟气由位于火星分离器顶部的烟囱排出。烟囱上装有闸板，可调节排烟的数量。

炉灶应能长期连续使用，建造必须严密，避免漏气。炉灶在使用前需用文火烘干；停烧或重新使用时，应缓慢冷却，以免炉灶的开裂和剥落。

木燃料完全燃烧时，炉灶燃烧室的温度应达到 900℃，总闸前温度应达到 600~700℃。过剩空气系数应为 2 左右。

这种炉灶既可烧煤，也可以烧木废料。

炉灶长期在高温下工作，为了保持燃烧室的正常工作条件，延长使用寿命，每年需要检修一次。检修的主要工作是清灰去渣、检查炉体、校正仪表、修复或革新设备等。

② 旋风燃烧炉：图 8-33 为南京林业大学干燥技术研究所于 20 世纪 90 年代初研制开发的旋风燃烧炉。

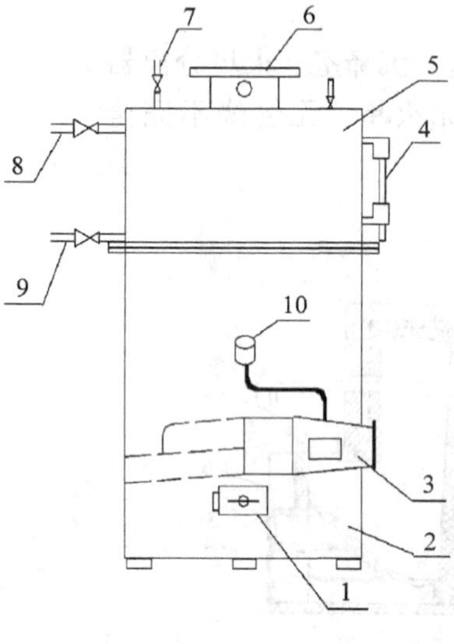

燃烧炉由上、下两部分组装而成。带有双头进料螺旋和顶部蒸发器，是热风、蒸汽混合炉。刨花、锯屑木碎料由振动料斗落入进料风机，再与空气一道鼓入炉下部的双头进料螺旋，被预热和预干后，沿切向从圆周的两对面同时喷入炉膛，这种双头螺旋结构使燃料能更均匀地喷洒入炉内，在炉膛空间充分燃烧。炉的上部为蒸发器。产生的蒸汽必要时通过喷蒸管直接喷入干燥窑内，以提高空气湿度。燃烧炉的出口处有扼流圈和挡灰板，使没有烧完的燃料颗粒受惯性作用被阻挡在炉内，直至燃尽，以减少不完全燃烧热损失。炉筒由耐热钢板卷焊而成，内砌高铝质耐火砖，外包硅酸铝耐火棉，最外层用薄钢板覆面。炉外表温度不超过 40℃，以尽量减少辐射损失，炉内产生的燃气引入炉气调制室，先沉降除尘，再与空气混合调制到约 350℃，再引入窑内的炉气加热管。

③ 调湿装置：以炉气为热媒的干燥设备，其增湿装置与蒸汽干燥相类似，可以采用直接向窑内喷射微压蒸汽或向窑内喷射雾化水的方法来提高窑内介质湿度。

8.2.3.2 气流循环设备 木材干燥业务中，采用通风机来驱动窑内气流循环，从而加速干燥介质与散热器之间及介质与木材之间的热交换，加速木材表面的水分蒸发。

(1) 通风机的主要性能参数。流量 Q（又叫风量，m^3/h）、风压 H（又叫全压，N/m^2）、主轴转数 n（r/min）、轴功率 N（kW）、效率 η。

把尺寸大小不同，但几何构造相似的一系列通风机可归纳为一类，叫相似风机。相似风机的风量 Q、风压 H、转速 n、轴功率 N 和效率 η 之间的关系（表 8-2），可绘制

图 8-33 旋风燃烧炉
1. 炉门 2. 燃烧室 3. 螺旋进料管
4. 水位表 5. 蒸发器 6. 炉气引出管
7. 蒸汽管 8. 进水管 9. 排污管
10. 观察孔

表 8-2 相似风机性能参数

按介质比重 γ 的换算	按转速 n 的换算	按叶轮直径 D 的换算	按 γ、n 及 D 的换算
$Q_2 = Q_1$	$Q_2 = Q_1(n_2/n_1)$	$Q_2 = Q_1(D_2/D_1)^3$	$Q_2 = Q_1(n_2/n_1)(D_2/D_1)^3$
$H_2 = H_1(\gamma_2/\gamma_1)$	$H_2 = H_1(n_2/n_1)^2$	$H_2 = H_1(D_2/D_1)^2$	$H_2 = H_1(n_2/n_1)^2(\gamma_2/\gamma_1)(D_2/D_1)^2$
$N_2 = N_1(\gamma_2/\gamma_1)$	$N_2 = N_1(n_2/n_1)^3$	$N_2 = N_1(D_2/D_1)^5$	$N_2 = N_1(\gamma_2/\gamma_1)(n_2/n_1)^3(D_2/D_1)^5$
$\eta_2 = \eta_1$	$\eta_2 = \eta_1$	$\eta_2 = \eta_1$	$\eta_2 = \eta_1$

注：风机性能为标准状况下的风机性能。

成性能曲线图，按性能曲线图或性能参数表选择风机。

[例] 某型号的轴流风机，叶轮直径 $D_1 = 800$ mm，转速 $n_1 = 600$ r/min，流量 $Q_1 = 8000$ m³/h，风压 $H_1 = 120$ Pa，轴功率 $N_1 = 1$ kW，若将轮直径放大到 $D_2 = 1600$ mm，转速减少至 $n_2 = 300$ r/min，问流量、风压及轴功率有何变化？

[解]

$$\frac{Q_2}{Q_1} = \left(\frac{D_2}{D_1}\right)^3 \frac{n_2}{n_1}$$

$$Q_2 = Q_1\left(\frac{D_2}{D_1}\right)^3 \frac{n_2}{n_1} = 8000 \times \left(\frac{1600}{800}\right)^3 \times \frac{300}{600} = 32\,000, \text{ m}^3/\text{h}$$

$$\frac{H_2}{H_1} = \left(\frac{D_2}{D_1}\right)^2 \left(\frac{n_2}{n_1}\right)^2$$

$$H_2 = H_1\left(\frac{D_2}{D_1}\right)^2 \left(\frac{n_2}{n_1}\right)^2 = 120 \times \left(\frac{1600}{800}\right)^2 \times \left(\frac{300}{600}\right)^2 = 120, \text{ Pa}$$

$$\frac{N_2}{N_1} = \left(\frac{D_2}{D_1}\right)^5 \left(\frac{n_2}{n_1}\right)^3$$

则：

$$N_2 = N_1\left(\frac{D_2}{D_1}\right)^5 \left(\frac{n_2}{n_1}\right)^3 = 1 \times \left(\frac{1600}{800}\right)^5 \times \left(\frac{300}{600}\right)^3 = 4, \text{ kW}$$

该例说明，若相似风机的叶轮直径增大到原来的 2 倍，同时把主轴转速减小到原来的一半，则风量可增大到 4 倍，风压不变，功率消耗也增大到 4 倍。同理，若相似风机的直径不变，若将主轴转数加大到 2 倍，则风量也加大到 2 倍，但轴功率将增加至原来的 8 倍。由此可见，当干燥窑内的气流阻力不大时，利用加大风机叶轮直径并适当降低主轴转数的方法（即大风机低转速）来提高风量，从而提高流过材堆的气流速度是经济有效的。

我国现行的强制循环木材干燥窑中采用的通风机，以轴流通风机为多，约占 95% 以上，离心通风机极少使用，仅在热风式干燥窑中使用。因此本教材仅对常用轴流通风机进行介绍。

(2) 轴流通风机。与回转面成斜角的叶片转动所产生的压力使气体流动，气体流动的方向和旋转轴平行。此类风机风量较大，风压较低，一般直接安装在干燥窑内促成气流强制循环。

轴流通风机有可逆转和不可逆转的。可逆转的叶片横向断面的形状是对称的，或者叶片断面形状不对称而相邻叶片在安装时倒转180°，可逆转的通风机无论正转或逆转，都产生相同的风量和风压，不可逆转通风机叶片横断面是不对称的，它的效率比可逆通风机高。

轴流通风机的类型较多，我国现行木材干燥生产上采用的轴流通风机主要有下列三种。

① 对称型扭曲叶片轴流通风机（可逆型）：这类通风机叶片横断面的形状是对称的，为可逆转风机在现代木材干燥窑中已普遍使用，约占70%以上，机号有 No. 8、No. 9 和 No. 10，叶片数为6或8，叶片和轮毂经精密压铸而成。材料为铝质。叶片角度可调节。图 8-34 为该类风机的外形。

图 8-34 对称型扭曲 8 叶片铝质轴流通风机外形

这类风机的特点是质量轻，风量大，功率消耗低，安装方便，但价格较高。表 8-3 为该类风机的性能参数表。

表 8-3 对称型扭曲叶片轴流通风机性能参数

机号 No.	叶轮转速 （r/min）	叶片安装角度 （°）	风量 （m³/h）	效率 （%）	电机功率 （kW）
8	1450	30	26 000	90	3
8	1450	25	22 000	90	2.2
8	960	30	20 000	90	1.5
6	1450	25	12 000	90	1.5
6	1450	20	10 500	85	1.1
6	960	25	10 000	85	0.75

② 平板型扭曲叶片轴流通风机——T30 型：这类风机是一种结构简单，噪音较小的低压轴流通风机（图 8-35）。

叶轮直径 250~1000 mm，依叶轮直径的大小分为 No. 2.5、No. 3、No. 3.5、No. 4、No. 5、No. 6、No. 7、No. 8、No. 9、No. 10 共 10 种机号，干燥窑中使用的为 No. 5 至 No. 10，常用 No. 8 至 No. 10，叶片安装角度有 10°、15°、20°、25°、30°、35°等 6 种。叶片数为 3~8 片。

风机由叶轮、风圈、集风器组成，叶轮又由叶片、轮盘和轮毂组成。毂比为 0.3。这类通风机在我国已有定型产品，可根据该类通风机性能规范表选用。

③ 扇形平板叶片的轴流通风机：这类通风机多为使用工厂自行制造。叶轮直径为 1000~1680 mm，常用的为 12 叶片直径为 1680 mm 及 1400 mm 的大通风机。叶片安装角为 35°，叶轮转数较低；叶轮直径为 1680 mm，转数为 300 r/min，风量约为 36 000

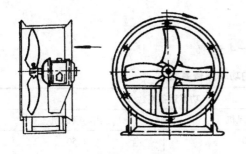

图8-35　T30型低压轴流通风机

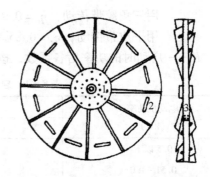

图8-36　扇形平板叶片的轴流通风机
1. 轮毂　2. 叶片　3. 轮箍

m³/h，采用的电动机功率为 4 kW；叶轮直径 1400 mm，转数为 550 r/min，风量为 40 000 r/min，采用的电动机功率为 7.5 kW。

叶轮结构是装配式的，由轮毂、叶片和轮箍三部分组成（图 8-36）。轮毂的材料为铸铁；叶片的材料可为 2 mm 厚的钢板，也可用 3.5 mm 厚的铝合金板。叶片呈扇形，并在大头处冲成弧形突起，以增加刚性。叶片用螺栓紧固在轮毂上。轮箍由 3~4 mm 厚的扁钢制成，紧固在叶片的外圈。这类通风机结构简单，制作方便，可以逆转。这类通风机宜采用大直径、低转数，叶轮转数最好不超过 550 r/min，否则风机效率会降低。

（3）通风机的传动和安装。通风机产生的风量 Q 和风压 H 取决于通风机的类型结构和叶轮的圆周速度，叶轮的圆周速度又取决于其直径和转数。

通风机每秒钟的风量 Q_s，计算如下：

$$Q_s = V_c F_c, \text{ m}^3/\text{s}$$

式中：F_c——通风机出口的横截面积，m²；
　　　V_c——通风机出口处的气流速度，m/s。

通风机所需的理论功率 N_n，按下式计算：

$$N_n = \frac{Q_s H}{1000\eta} = \frac{QH}{3600 \times 1000\eta}, \text{ kW}$$

式中：Q_s 和 Q——为通风机每秒钟的流量和每小时的流量，m³/h；
　　　H——通风机的全风压，Pa；
　　　η——通风机的效率。

驱动通风机所需要的电动机的功率 N，

$$N = \frac{N_n K}{\eta_c}, \text{ kW}$$

式中：η_c——传动功率，其值如下：
　　　　　　通风机叶轮直接安装在电动机上，$\eta_c = 1$；
　　　　　　用连轴器与电动机连接，$\eta_c = 0.95$；

用三角胶带传动，$\eta_c = 0.9$；

用平皮带传动，$\eta_c = 0.85$。

K——启动时的功率后备系数，按表8-4选取。

表8-4 启动时的功率后备系数

电动机功率 (kW)	功率后备系数 K	
	轴流通风机	离心通风机
0.5 以下	1.20	1.50
0.51~1.0	1.15	1.30
1.01~2.0	1.10	1.20
2.01~5.0	1.05	1.15
大于5.0	1.05	1.10

若安装电动机的管理廊的温度高于35℃时，按上述算出的电动机功率 N 的数值，还应乘以如下系数：温度 $t = 36 \sim 40$℃时，乘以1.1；$t = 41 \sim 45$℃时，乘以1.2；$t = 46 \sim 50$℃时，乘以1.25。

有条件的干燥窑，建议采用双速电动机：木材干燥第一阶段（由初含水率 $W_初$ 到 $W = 20\%$），通风机用高转数，使窑内保持较高的气流速度，促使木材表面水分的最大蒸发；而在干燥第二阶段（由 $W = 20\%$ 到结束），采用较低的转数，这样可节省约30%的电能。

安装通风机时，应使通风机的叶轮装在窑内（指轴流通风机），而通风机的两只轴承应尽可能地装在窑外，以便于轴承的润滑、修理和更换。

近来，国内外越来越多的工厂把轴流通风机直接安装在耐热防潮的电动机上，电动机装在干燥窑内。使通风机的传动结构大为简化，且效率高，但对电动机的耐热和防潮性能要求较高。此类电动机国内已专业化生产。

轴流通风机转动时，会产生一定的轴向推力，同时，通风机轴难免有微量的径向跳动（靠近通风机一端），因此，靠通风机一端的轴承通常采用双列向心球面滚子轴承，可以自动调心；而另一端的轴承采用双列圆锥滚子轴承，可以承受双向的轴向推力。通风机过墙处，要有气密装置，以达到气密目的。

8.2.3.3 检测控制设备 锯材干燥过程中介质的状态（如温度和湿度）、木材的含水率是基本的测控对象。为使干燥过程的正确实施，要借助一些仪表进行测量，以便加以控制。

（1）手动控制检测设备。目前，我国的木材干燥过程人工控制仍占有一定比例，尤其是中小型木材加工企业，人工控制的比例较大。

① 温度检测仪表：

a. 玻璃温度计：是利用玻璃管内（毛细管）的液体（水银、酒精）受热而均匀膨胀的原理测量温度。玻璃温度计按结构可分为棒式、内标式和外标式三种；按形状分有直形、90°角形和135°角形。干燥窑通常采用有金属保护的内标式90°角形玻璃温度计。

玻璃温度计的优点是：使用方便，稳定可靠，价格便宜；缺点是：不能遥测，热惰性较大，读数时易产生误差。

b. 双金属温度计：属固体膨胀式温度计，具有一定的耐振性能，可用来测量气体或液体的温度。它采用叠焊在一起的双金属片测量元件。当温度变化时，因两种金属的线膨胀系数不同，而使金属片弯曲，弯曲的程度与温度高低成比例。

这种温度计的优点是：数值读取方便、直观；缺点是：误差较大。

c. 电阻温度计：由热电阻、导线和测量电阻值变化的仪表组成。它具有精度高、测量距离远和容易实现多点测量等优点，应用很广泛。这种仪表的测量范围是 -200 ~ +500℃。其原理是导体或半导体材料的电阻值随温度不同而变化，因此，用电阻温度计测量温度，实际上就是测量热电阻的电阻值。

d. 热电高温计：是根据热电效应制成的。它由热电偶、测量仪表和导线组成，具有精度高、测量范围广，便于远距离和多点测量的优点，应用十分广泛。

② 湿度测量仪表：测定气体介质湿度的方法很多，有露点法、温差法、介质平衡含水率法等，在人工控制的锯材干燥窑中使用最多的是温差法，即使用最广泛的测湿计是干湿球温度计。这种干湿球温度计是由两支精度相同的温度计组成（图 8-37），其中一支温度计的感温部分用纱布套包上，纱布套的末端浸在水槽中。此温度计称湿球温度计（简称湿球）。由于水分蒸发需要热量，所以湿球温度计的读数比相邻的温度计（干球温度计，简称干球）低。而水分蒸发快慢与周围介质的湿度有直接关系。若温度计周围介质越干燥（即湿度越低），则湿球纱布套上水分蒸发越快，由于蒸发消耗热量，则使湿球温度计的读数降低，即干、湿球的温度差值越大。根据干、湿球温度差值就可以从湿度表中查得介质的相对湿度。

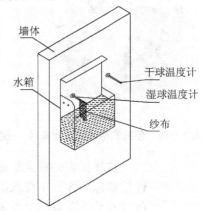

图 8-37 干湿球温度计

另一种使用较多的方法是平衡含水率法。图 8-38 为平衡含水率法测介质湿度的装置，该装置由平衡含水率试片（木片或纸片）、试片夹持架、导线及转换仪表等组成。其测量原理是借系统平衡含水率试片的含水率来了解介质的平衡含水率，即用平衡含水率试片的含水率来代表干燥介质的平衡含水率。该套装置中，平衡含水率试片是核心，试片的湿敏度将直接影响到整个装置测量介质湿度的准确度。

图 8-38 用平衡含水率法测介质湿度的装置

平衡含水率法与干湿球温度计法相比，具有以下优点：安装方便，不需水槽及其他自来水设施；反映直观，显示读数直接反映了介质湿度状况。

其缺点是：精度不高，因其本质是用电测法测量试片的含水率，再用试片的含水率来反映介质的湿度，电测法测量含水率存在一定的误差，再加上试片的湿敏性也存在一定的误差，因此平衡含水率测量法的精度较低；平衡含水率试片为专用试片，一旦缺货，将影响工厂的生产。

③ 木材含水率测定仪：锯材干燥过程除了用烘干称量法精确地测定木材含水率以外，为快速得到测量结果，常采用各种电测方法确定木材含水率。属于这类仪表的有电阻式含水率仪、介电式含水量水率仪及微波测湿仪等，其中尤以电阻式含水率仪应用最广。图8-39为较典型的便携式电阻式含水率仪，其特点是质量轻，携带方便，测定快捷，显示直观。其缺点是不能对干燥窑中的木材进行在线测量，基本上仅对干燥后出窑的木材进行含水率的测定，图8-40为木材干燥窑用含水率在线测定仪。该仪器除能在线检测干燥窑内木材含水率外，还可检测干湿球温度，根据要求可打印出多时间段的干湿球温度和木材的含水率。

 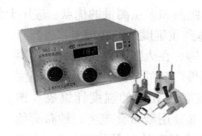 

图8-39　便携式电阻式含水率仪　　图8-40　干燥窑用含水率在线测定仪　　图8-41　介电式含水率测定仪

这些仪表的特点是能快速测定木材的含水率，但由于木材的电学性能和木材的其他性能指标一样，不仅取决于其含水率，而且与木材的密度、生物学构造及测量时环境条件等有关，所以测量尚不够精确，而且常常要根据上述条件指标对仪表读数加以修正。例如木材的电阻一般只在含水率25%~35%以下时与含水率成明显的线性关系，所以电阻式含水率仪测定范围一般只能在30%以下，有一定的局限性。尽管如此，由于其测量快速，准确度尚能满足工业要求，在生产中仍得到广泛应用。

便携式电阻式含水率仪受结构等原因限制，只能测定距表面层一定深度木材的含水率。当木材较厚时，较难测得木材的平均含水率。图8-41为介电式含水率测定仪。该测定仪可不受木材厚度的影响，快速地测定木材的含水率。其缺点是无温度修正档。

(2) 自动控制设备。人工控制不仅工人的劳动强度大，劳动条件差，而且，由于某些工人知识水平和责任心的限制，木材干燥质量也往往得不到保证，为了把工人从枯燥烦琐的手工操作中解放出来，为确保木材的干燥质量，提高经济效益，节约宝贵的木材，木材干燥过程实行自动控制非常必要。

① 控制仪：目前，木材干燥自动控制仪分为两大类，一类为仪表控制，另一类为程序控制，这两类的性能差别较大，程序控制类的性能较好，使用也较广泛。

a. 仪表自动控制仪：图8-42为意大利INCOMAC公司生产的仪表自动控制仪外观图。仪表控制仪由于没有微处理器硬件软件支持，而只作简单的显示和简单的开关量输出。其主要特点是：电路复杂，体积大，控制简单；执行工艺简单，无法实现模糊工艺控制。

b. 程序自动控制仪：木材干燥程序自动控制仪是一种选用当今先进的微处理器及

外围电路,根据实际采集到的窑内干球温度、介质湿度、木材含水率的数据,实时地自动控制多种执行器件(如加热电动阀、喷蒸或喷雾电磁阀、进、排气电机等)的动作。程序自动控制仪可根据事先设定的工艺基准进行控制,控制精度高,从而保证木材的干燥质量,最大限度地降低干燥成本。

图 8-43 为南京林业大学干燥技术研究所研制的半自动控制程序控制仪面板图。根据干燥窑内的含水率,人工设定多含水率阶段的干燥基准,控制仪即可将干燥窑内的介质状态维持在设定的水准。

图 8-44 为意大利某公司生产的全自动程序控制仪外观图。该控制仪内存储了上百个干燥基准。操作工只要根据被干燥树种、厚度等要素选择基准号,则控制仪即会自动地根据被干木料的含水率状态调整干燥介质的参数,直至干燥结束。在整个干燥过程中,无需人工干预。该控制仪的优点是:自动化程度高,最大限度地减少了人工消耗;

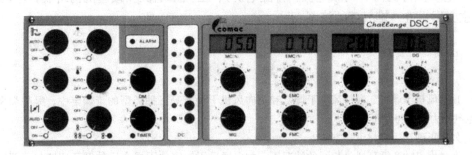

图 8-42　INCOMAC 仪表自动控制仪

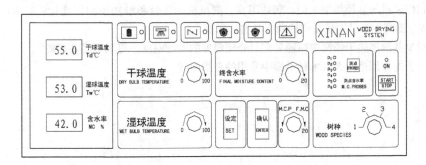

图 8-43　半自动程序控制仪面板图

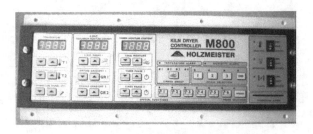

图 8-44　全自动程序控制仪

缺点是：木材的性质千差万别，即使是同一种树种的木材，材性差异及含水率等差异依然存在，由于无需人工干预，因此，为了保证被干木材的干燥质量，干燥基准势必较软，故干燥周期相应较长。

② 执行元件：

a. 电磁阀：靠电磁铁的动作控制阀门。当线圈接通电源时，产生励磁作用，铁芯被吸引，通过阀杆拉动阀芯，开启阀门，电磁阀有常开型和常闭型之分。电磁阀主要用于喷蒸管的控制。

b. 电动阀：靠微型电机的动作控制阀门。它由微型电机、减速机构、转换机构和阀门等主要部分组成。接通电源时，电机旋转，经减速后，通过转换机构和连接器把电机出轴的转动变成为阀杆的直线运动。电机旋转方向不同，阀心的动作方向也不同，从而可自动打开或关闭阀门。电动阀可实现比例调节，电动阀主要用于加热器的控制。

c. 电动执行机构（伺服电机、排湿电机）：由微型电机和减速机构组成，电动执行机构主要用于进、排气道的控制。

思 考 题

1. 顶部风机干燥窑、端部风机干燥窑和侧向风机干燥窑等三种类型的干燥窑中，哪种类型的干燥窑空气动力循环特性最好？
2. 如何正确选用木材干燥方法？
3. 在材堆尺寸和循环风量相同的情况下，侧向通风干燥窑内干燥介质的循环速度与顶部风机干燥窑、端部风机的干燥窑内介质的循环速度有何区别？区别多大？
4. 若相似风机的直径增加一倍，转速不变，则风机的风量和轴功率如何变化？若风机的直径不变，而将转速提高一倍，则风量和轴功率又将如何变化？
5. 为减少蒸汽加热干燥窑内喷蒸处理时介质温度的波动幅度，可采取哪些措施？
6. 疏水器的作用是什么？木材干燥中常用的是哪两种？

第 9 章 木材干燥工艺

[本章重点]
1. 木材干燥基准的种类、编制方法和性质。
2. 干燥工艺过程的实施。
3. 干燥质量的分析。

木材干燥常用窑干，窑干是指在特制的建筑物或金属容器内，人为地控制干燥介质的温度、湿度及气流循环速度，主要利用气体介质的对流传热，对木材进行干燥处理。它是国内外广泛采用的一种干燥方法。目前，国内外使用的干燥窑的种类较多，各种不同类型的干燥窑，使用时其干燥工艺过程及测试的方法皆大同小异。其中以窑干工艺为最典型，因此，本章主要介绍木材的窑干工艺，其次也介绍大气干燥及特种干燥方法。

9.1 干燥前准备

9.1.1 干燥窑壳体和设备的检查

同使用任何设备一样，干燥窑在使用前也要进行壳体和内部设备的检查，特别是对长期运行的干燥窑是否处于完好状态必须进行检查，以保证干燥生产过程的正常运行。

(1) 干燥窑壳体。系指窑顶、地面和墙壁而言，起围蔽作用。壳体结构的完好，能保证木材干燥过程的正常运行。所以，对木材干燥窑壳体要进行定期的检查和维修。常见砖砌体干燥窑壳体的损坏有：墙壁出现自上而下的裂隙，抹灰层灰泥脱落，内壁涂饰的防护层脱落，暴露的砖块粉碎，以及大小门使用后腐蚀和关闭不严等。金属壳体的损坏有：铆焊处开裂，局部损坏，壳体与地基间出现裂隙等。上述缺陷如果出现，应及时修复，以确保木材干燥窑壳体的完整性、保温性、密封性和使用寿命。这样才能充分发挥干燥窑和内部各种设备的性能，保证木材干燥工艺过程正常地按干燥基准操作。

(2) 通风设备。包括通风机、轴承、润滑系统、机架和导向板等。通风机开动后要求风机运转平稳，以防系统和壳体发生振动。润滑系统包括油杯和油管等。主要故障是油路堵塞使润滑油不能畅流，以致使轴承磨损烧掉。因此，要对润滑系统进行定期的检查和维护。另外，要对通风机的转数定期检查，以保证转数的恒定，并使干燥窑内有足够的通风量。

(3) 供热和调湿设备。包括加热器、疏水器、蒸汽管路、喷水管或喷蒸管和喷头等。生产时，加热器在阀门打开 10~15min 后，应均匀热透。如果加热器配置和安装不合理，或是在长期使用过程中，由于表面积污和内部冷凝水淤积在某一段管路中，将会使加热器的局部或大面积不热，从而降低和阻碍加热器的传热和防热能力。有的因操作不当，散热片发生变形，应及时修理或更换。疏水器要定期检查维修，清除内部污物和水锈，磨损失灵的部件要及时更换，或换用新的疏水器。喷水管或喷蒸管工作时，全部喷头应均匀地喷出蒸汽或水流，射流方向应与循环气流方向一致，不能直接喷向材堆。在热力输送管道中，法兰和弯头连接处易发生漏汽和漏水，若发现上述现象应及时修理。

(4) 检测设备与仪表。包括温度计，湿度计，自动控制系统，含水率测定仪，风压、风速、流量测定仪等，这些仪表要定期校正。湿度计的湿球纱布要始终保持在湿润状态，而不能使湿球温包浸在水中。为使湿球纱布经常保持湿润状态，需通过连通水管，向纱布下面盛水容器不断地供应净水。平衡含水率测试片要每次必换。

总之，对于木材干燥窑的壳体、设备和仪表等，要按规定检查和维修，发现问题和故障要及时解决、排除和更换，这样才能保证干燥窑的正常工作和运转。

9.1.2 锯材的堆积

锯材的干燥效果与干燥窑的结构、设备的性能以及操作人员的技能有关，同时也与材堆的堆积是否合理有关。另外，材堆的堆积方式也直接影响板材的干燥质量。

(1) 材堆的规格和形式。材堆的堆积要有利于循环气流均匀地流过材堆的各层板面，使材堆和气流能够充分地进行热湿交换。根据干燥窑的结构和干燥方法的不同，材堆的堆积形式大致可分为两种，一种是内部既留水平气道又留垂直气道，如图9-1(a)，这种形式的材堆适用于自然循环木材干燥窑和气干；另一种材堆形式是只留水平气道，不留垂直气道，如图9-1(b)，这种形式的材堆适用于各种周期式强制循环空气干燥窑。这些干燥窑的气体动力学特征大致相同，其材堆的形式基本相同。目前，国内周期式强制循环空气干燥窑材堆的装卸有轨车装卸和叉车装卸两种方法，单材堆的形状大同小异。这种形式的材堆如图9-2。

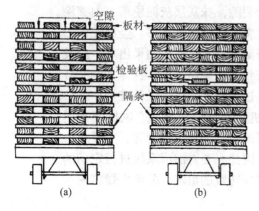

图9-1 窑干材堆的堆积方式
(a)自然循环干燥的材堆 (b)强制循环干燥的材堆

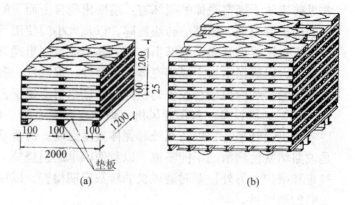

图9-2 单元小材堆和轨车材堆
(a)用叉车装卸的单元小材堆 (b)用轨车装卸的单元小材堆

图9-1和图9-2可见，在材堆的高度方向上，每两层木材用均匀分布的隔条隔开，这样就造成了水平方向的气流通道，使每层木材的主要蒸发面都能从流过表面的循环介质中充分吸收热量，排除湿气。

自然循环木材干燥窑，其内部的气流循环特性不同于强制循环空气干燥窑，其内部的气流循环是自然形成的，自然循环的气流运动速度慢，气流循环方向自下而上。

材堆的外形尺寸大小是根据干燥窑的结构和内部尺寸确定的，是在设计木材干燥窑时就确定下来的技术参数。对于轨车式干燥窑，材堆的宽度与材车等宽，长度与材车等长，若材车较短时，也可两个材车联合使用，装垛较长的木材。若用只有纵向车轮梁，没有横向车轮梁的单线车，装堆时需要配置木方(100 mm × 100 mm) 作横梁，横梁的长度即为材堆的宽度，材堆侧边与门框间距为 100 mm。材堆的高度也由门框决定，材堆顶与门框梁的距离为 100 mm，若材堆不太高，或是用于叉车装卸的材堆，可将材堆设计为小规格的单元，如图9-2 (a)，材堆的规格由板材的尺寸和干燥窑的规格确定。小材堆由叉车直接横向装入干燥窑，干燥窑的内部宽度即为宽度方向上材堆长度的总和，堆顶至假天棚的距离为 200 mm，通常单元小堆的尺寸是宽1.2 m 或1.5 m，高1.2 m 或1.5 m，窑内宽度方向通常装2~4节，纵深方向装3~4列，高度方向上装3个小材堆。

轨车装卸的材堆，可以将那些长度不一致的锯材装成材堆两端齐平的，尺寸较大的材堆，如图9-2 (b)。这种材堆通常取：宽1.8~2.2 m；高2.5~2.8 m；长4~8 m；以宽1.8 m×高2.6 m×长6m 为最多见。在设计干燥窑时，材堆的外形尺寸可参考如下经验数据：

材堆外形：与门框之间的距离为 100 mm；与顶板的距离为 200 mm；与侧墙之间的距离为 800~1200 mm、600~800 mm（侧风型）；材堆底部与轨面的距离为 300 mm。

(2) 隔条。在材堆中，相邻两层木材要用隔条均匀隔开，在材堆的高度上造成水平方向的气流通道。在这些通道中间干燥介质和木材表面进行着有利于木材逐渐变干的热湿交换。

隔条的作用：

① 使材堆在宽度方向上稳定；

② 使材堆中的各层木材互相夹持，防止或减轻木材的翘曲和变形；

③ 在上下木材之间造成水平式气流循环通道。

隔条的尺寸：一般情况下，强制循环空气干燥窑采用 20~25 mm 厚的隔条，自然循环木材干燥窑采用 25~35 mm 厚的隔条。隔条的横断面一般为正方形，也有采用矩形，锯制为 25 mm × 35 mm，以适用于不同情况。据有关资料报道，因板材的厚度不同，所需木材表面的气流循环速度不同，其隔条的厚度也不同，表9-1列出板材厚度与隔条厚度之间的关系。

隔条长度应与材堆宽度一致。每根隔条的厚度要求均匀，隔条之间厚度容许误差为1 mm。

表 9-1　板材厚度与隔条厚度之间的关系

风速	板材厚度（mm）	隔条厚度（mm）	风速	板材厚度（mm）	隔条厚度（mm）
材间风速较高	10	15	材间风速较低	<30	13
	15~24	20		30~40	20
	25~35	25		40~60	25
	40~50	30		60~80	30
	50~70	35		>80	40
	70~100	40			

隔条在生产上，反复经受高温高湿的作用，因之要求隔条木材的物理力学性能好，材质均匀，纹理通直，能经久使用。

（3）堆积锯材时的注意事项。锯材堆积的是否合理，直接影响到木材的干燥质量，不能因为锯材堆积作业简单而繁重而忽视其重要性。对于堆积作业有如下一些要求：

① 在同一个干燥窑的材堆中，木材的树种、厚度要相同，或树种不同而材质相近。木材厚度的容许偏差为木材平均厚度的 10%，初含水率力求一致。

② 材堆中，各层隔条在高度上应自上而下地保持在一条垂直线上，并应着落在材堆底部的支撑横梁上。

③ 支持材堆的几根横梁，高度应一致，因而应在一个水平面上。

④ 木材越薄，要求的干燥质量越高，或是要求的终含水率越低，配置的隔条数目应该越多。

仅木材厚度而言，25 mm 厚的板材，隔条间距不应超过 0.35 m；50 mm 厚的板材隔条间距可按 0.5~0.7 m 布置，50 mm 以上的厚木材，隔条间距可取 0.8 m。

⑤ 材堆端部的两行隔条，应与板端齐平，以免发生端裂。若木材长短不一，应把短料放在中部，长料放在两侧。

⑥ 为防止材堆上部几层木材发生翘曲，材堆装好后，应在材堆顶部加压重物或压紧装置，重物应放在有隔条的位置上，不要放在两个隔条的中间。如无压顶，最上面 2~3 层应为质量较差的木材，或要求干燥质量不高的木材。

⑦ 将含水率检验板放在合适的位置，以便准确测量干燥过程木材的含水率。目前生产上多采用电测含水率法的自动控制系统，应在干燥窑中布置 3 个以上的含水率测量点，即选 3 块以上含水率检验板，并预先将探针装好。也有通过检验窗放取含水率检验板的手动操作，装堆时，应在对着检验窗的材堆上，预留放置检验板的位置。

⑧ 干燥毛料时，若厚度小于 40 mm，宽度小于 50 mm 时，毛料可作为隔条，若毛料尺寸超过上述数据，应放置隔条，否则会影响板材的干燥质量。

⑨ 自然循环干燥窑，材堆内一系列垂直气道应自上而下保持在一条线上，必要时可留中央气道。

9.2 干燥基准

木材的干燥过程是木材中水分向表层移动及表面水分蒸发的过程,由于木材中各种水分和木材的结合关系不同,各阶段木材中水分的性质就不同,而与此对应的木材的性质就不同。因此,在木材的干燥过程中我们要合理地控制木材中水分的蒸发过程,以做到在保证干燥质量的前提下,尽量提高干燥速度。那么如何合理地控制水分蒸发过程呢?通常的做法是根据木材的性质、规格和含水率,控制木材中水分蒸发的强度。干燥基准就是根据干燥时间和木材状态(含水率、应力)的变化而编制的干燥介质温度和湿度变化的程序表,在实际干燥过程中,正确执行这个程序表,就可以合理地控制木材的干燥过程,从而保证木材的干燥质量。

9.2.1 干燥基准的种类

按干燥过程的控制因素通常将干燥基准分为时间干燥基准和含水率干燥基准。

(1)时间干燥基准。是按干燥时间控制干燥过程,制定介质参数的大小,即把这个干燥过程所需要的时间分为若干个时间阶段,规定每个时间阶段的权重,并按每一时间阶段规定相应的介质温度和湿度。

时间干燥基准是在长期使用含水率基准的基础上总结出的经验干燥基准。操作者对使用的干燥设备和被干木材的性能相当了解,只要按干燥时间控制干燥过程就可以干燥出合格的板材。一般情况下不推荐使用时间干燥基准。

(2)含水率干燥基准。是按木材的含水率控制干燥过程,制定介质参数的大小,即在整个干燥过程中按含水率阶段的幅度划分成几个阶段,并按阶段指定出相应的介质温度和湿度。含水率干燥基准见本篇附录2。将整个干燥过程划分为2个或3个含水率阶段的,叫做双阶段或三阶段干燥基准,其实也是含水率基准。双阶段干燥基准见表9-2和表9-3。

表9-2 双阶段高温干燥基准

试验号	干燥介质参数					
	第一阶段 ($w>20\%$)			第二阶段 ($w<20\%$)		
	t	Δt	φ	t	Δt	φ
I	130	30	0.35	130	30	0.35
II	120	20	0.50	130	30	0.35
III	115	15	0.58	125	25	0.42
IV	112	12	0.65	120	20	0.50
V	110	10	0.69	118	18	0.53
VI	108	8	0.75	115	15	0.58
VII	106	6	0.81	112	12	0.65

注:t为干球温度,℃;Δt为干湿球温差,℃;φ为相对湿度。

表9-3 双阶段高温干燥基准选择表

树种	锯材厚度（mm）				
	<22	22~30	30~40	40~50	50~60
松、云杉、冷杉、雪松	Ⅰ	Ⅱ	Ⅲ	Ⅴ	Ⅵ
桦木、白杨	Ⅱ	Ⅲ	Ⅳ	Ⅵ	—
落叶松	Ⅳ	Ⅴ	Ⅵ	Ⅶ	—

注意按高温基准干燥时，若稍有疏忽，很容易产生干燥缺陷，故需慎用。

（3）波动基准。对于那些硬阔叶树材的厚板，因其干燥较为困难，在干燥过程中容易产生很大的含水率梯度。为了加快干燥速度，避免产生较大的含水率梯度，可采用波动式干燥基准。在整个含水率阶段介质的温度做升高、降低反复波动变化的，叫做波动式干燥基准；介质温度在干燥前期逐渐升高、在干燥后期做波动变化的，叫做半波动干燥基准，见表9-4。

表9-4 半波动式干燥基准

含水率（%）	干球温度（℃）	湿球温度（℃）	相对湿度（%）		
>50	60	57	86		
50~40	62	58	82		
40~35	64	58	74		
35~30	68	60	68		
30~25	70	59	59		

	波动周期	干球温度（℃）	湿球温度（℃）	相对湿度（%）	延续时间（h）	
					6.8~7.7cm	7.8~9.2cm
25~20	升温	84	81	89	16	18
	冷却	60	47	49	20	20
	常温	74	60	52	72	72
20~15	升温	88	84	85	16	18
	冷却	60	45	43	24	24
	常温	80	62	44	72	72
15~10	升温	92	87	82	17	19
	冷却	60	43	38	24	24
	常温	80	62	37	72	72
<10	升温	96	90	80	17	19
	冷却	60	40	31	28	28
	常温	88	62	31	72	72
终了处理		90	85	82	18	20

波动干燥工艺是使干燥温度不断波动变化，即周期性地反复进行"升温—降温—恒温"的过程，升温过程只加热木材而不干燥，当木材中心温度接近介质温度时，即转入降温干燥阶段，降到一定程度再保持一定时间的恒温，以便充分利用内高外低的温度梯度。当木材中心层的温度降低，温度梯度平缓时，需再次升温，如此反复，以确保内高外低的温度梯度。在生产上，通常采用半波动工艺，即前期干燥采用常规干燥工艺，后期采用波动工艺。

(4) 连续升温干燥基准。20世纪60年代末，D. S. Dedrick申请了连续升温工艺专利，此工艺的原理是：干球温度从环境实际温度开始，在干燥过程中，根据锯材的树种、厚度和干燥质量要求，等速上升干球温度，相对湿度不控制，也不进行中间处理。为了保持干燥介质和木材温度之间的温差为常数，在木材的整个干燥过程中，匀速升高干燥介质的温度，从而恒定干燥介质传给木材的热流量，并使木材的干燥速度基本保持一致。可见，连续升温干燥工艺是一种方法简单、操作方便，干燥快速节能的干燥工艺。在美国广泛应用在针叶材的干燥。连续升温干燥基准见表9-5、表9-6。

表9-5 连续升温干燥基准（30mm厚红松）

工艺过程 空气参数	开始	升温速度 （℃/h）	最高	终了处理2h
干球温度（℃）	43	3	123	100
湿球温度（℃）	34	2	86	95

表9-6 连续升温干燥基准（50mm厚红松）

工艺过程 空气参数	开始	升温速度 （℃/h）	最高	终了处理2h
干球温度（℃）	45	1.5	118	90
湿球温度（℃）	37	1.0	85	86

（自唐一夫，1985）

对30mm和50mm厚的红松板材用连续升温干燥基准进行初步试验，并与常规干燥相比较，有如下特点：干燥时间比常规干燥要短；干燥板材的物理力学性能与常规干燥、中高温干燥相比无明显区别。

连续升温干燥基准因介质湿度不易控制，故一般只用于针叶材的干燥。若用于硬阔叶树材，易产生干燥缺陷。

(5) 干燥梯度基准。部分自动控制木材干燥过程采用了干燥梯度基准，干燥梯度就是木材的平均含水率与木材平衡含水率之比，这是木材干燥学上特殊的梯度，并非严格意义上的梯度。这一意义下的梯度可直接反映木材干燥的快慢。

在自动控制木材干燥过程中，木材的含水率和木材的平衡含水率都可以用电测含水率法实现动态测量，而木材的平衡含水率是可以通过调节介质温度和湿度得以控制，从而控制干燥梯度。在干燥梯度基准中，规定了不同阶段的干燥梯度，这样可以根据木材的含水率随时控制木材的平衡含水率，并得以控制木材的干燥速度。

干燥梯度的制定是根据木材的厚度和干燥的难易程度，以及不同含水率阶段木材水分移动的不同性质，使干燥梯度维持在一定的范围内，从而保证木材的干燥质量。

现以德国GANN公司安置在Hydromat TKV-2型自动控制装置上的干燥梯度基准为例加以说明：该基准分为三组，每组又分为温和、适中和强烈三种干燥强度，即共9个干燥基准。基准及其选用见表9-7、表9-8。干燥基准的选用是根据树种选择基准组，根据板材的厚度选择干燥强度，厚度在60 mm以上的选用温和基准，厚度在30～60 mm之间的选用适中基准，厚度在30 mm以下的选用强烈基准。

表 9-7 干燥梯度基准

基准组别		各含水率阶段的平衡含水率值（斜线上方,%）和干燥梯度（斜线下方）								
		60%	50%	40%	30%	25%	20%	15%	10%	6%
第一组	温和	14.3	14	13.7	13.3/2.3	13.1/1.9	10.5/1.9	7.4/2.0	4.2/2.4	1.7/3.5
	适中	13.3	13	12.7	12.3/2.4	12.1/2.1	9.5/2.1	6.4/2.3	3.2/3.1	0.7/9
	强烈	12.3	12	11.7	11.3/2.7	11.1/2.3	8.5/2.4	5.4/2.8	2.2/4.5	0
第二组	温和	11.7	11.4	11.1	10.8/2.8	10.6/2.4	8.4/2.4	5.8/2.6	3.2/3.1	1.1/5
	适中	10.7	10.4	10.1	9.8/3.1	9.6/2.6	7.4/2.7	4.8/3.1	2.2/4.5	0.1/60
	强烈	9.7	9.4	9.1	8.8/3.4	8.6/2.9	6.4/3.1	3.8/3.9	1.2/8.0	0
第三组	温和	9.3	9.1	8.9	8.7/3.4	8.5/2.9	6.7/3.0	4.5/3.3	2.4/4.2	0.6/10
	适中	8.7	8.1	7.9	7.7/3.9	7.5/3.3	5.7/3.5	3.5/4.3	1.4/7.0	0
	强烈	7.3	7.1	6.9	6.7/4.5	6.5/3.8	4.7/4.3	2.5/6.0	0.4/25	0

表 9-8 干燥梯度基准选用表

树种	树种组别	基准组别	最初温度（℃）	最终温度（℃）	树种	树种组别	基准组别	最初温度（℃）	最终温度（℃）
赤杨	3	2	50~60	70~80	樟木	3	2	50~60	70~80
白蜡树	3	2	50~60	65~75	杨木	3	2	60~70	70~80
椴木	2	3	55~65	70~80	铁树	3	3	60~70	70~80
桦木	3	2	60~70	70~80	槭树	3	1	45~55	60~70
黑桤木	3	2	50~60	70~80	红木	3	2	60~70	75~80
黑刺槐	3	1	50~55	65~75	橡胶木	1	2	50~60	65~75
黑核桃	3	2	45~55	65~75	木棉	3	2	65~75	75~85
蓝桉木	3	1	35~45	50~55	栗树	2	2	50~60	70~80
变色桉木	3	1	35~40	60~65	栎木	3	1	45~55	60~70
山核桃	2	1	45~55	65~75	三角叶杨	3	2	60~70	70~80
核桃	3	2	45~55	65~75	苹果木	3	1	50~60	60~70
黄杨木	2	1	40~50	55~65	榆木	3	2	50~60	65~75

(续)

树种	树种组别	基准组别	最初温度（℃）	最终温度（℃）	树种	树种组别	基准组别	最初温度（℃）	最终温度（℃）
七叶树	3	2	40～50	65～75	紫树	3	2	45～50	65～70
冬青	3	1	35～40	55～60	香槐	3	1	45～50	65～70
月桂树	3	2	60～70	70～80	紫杉	3	2	45～50	65～70
红栎	2	1	40～45	60～70	红松	3	3	60～70	75～85
白栎	2	1	40～45	60～70	白松	3	3	65～75	75～80
梨木	2	1	50～60	60～70	落叶松	3	2	60～70	70～80
李木	2	1	50～60	65～75	铁杉	3	3	60～70	70～80
柚木	2	1	50～55	65～75	云杉	3	3	65～75	75～85

（自 GANN, Hydromat TKV-2）

9.2.2 干燥基准的制定

新树种的干燥基准需要制定，在制定新干燥基准以前，需了解木材的构造和其物理力学性能，特别是木材的密度和干缩系数，并以性质相近的树种的干燥基准作为参考。或者锯取小试样放在干燥箱内干燥，观察其干燥状况。还可以将各种待拟订干燥基准的木材放在一起做烘干实验，观察各种试材的干燥状况，再根据各种锯材对干燥的反映，分树种进行以下的试验，来制定干燥基准。制定干燥基准的方法有：

（1）比较法。

① 根据被干木材的性质，参考性质与其相近的木材的干燥基准，并考虑小试验的干燥状况，制定假设基准。

② 按照假设基准或初步基准进行试验，将各个含水率阶段的分层含水率的结果绘成含水率梯度曲线，并注明各个阶段发生的干燥缺陷的性质和数量。

③ 根据上述试验结果对假设基准和初步基准进行重新修订。

④ 比较几次试验的结果，将干燥缺陷最小、含水率梯度最大的曲线作为暂定标准曲线。

⑤ 将暂定标准曲线的干燥过程中介质温湿度的变化数据作为暂定基准，进行生产性试验。

⑥ 如果生产性试验成功，就认为暂定基准是合理的，并在生产上继续考察和修改，并最终定为该树种的干燥基准。

（2）分析研究法。如果被干树种没有现成的干燥基准可以参考，干燥基准的制定先从研究木材的干燥特性和构造开始，然后用分析和试验相结合的方法在实验室进行干燥工艺试验。

木材的主要干燥特性一般包括：木材的基本密度、弦径向干缩系数和比率、干燥速度；与干燥有关的构造特征有：木射线的粗细和数量、细胞壁的壁厚和壁上纹孔的数量和性质、内含物分布和数量等。

根据上述木材的干燥特性和与干燥有关的构造特性，制定初步的干燥基准，在制定初步的干燥基准时要掌握如下原则：

① 干燥前期干球温度应低，湿度要偏高，以保证干燥质量。易发生表裂和端裂的木材更应如此。

② 当硬阔叶材的含水率降低到4/5～3/4时，其表面的张应力一般可达到最大，此时木材极易发生表裂。这时可适当进行前期调湿处理。

③ 当木材的含水率降低到35%～25%时，木材内应力暂时处于平衡状态，此时提高温度和降低湿度的范围可以大一些。

④ 当木材的含水率降低到25%～20%时，消除表面硬化是最关键的，如果表面硬化已消除，可以较大幅度地提高木材的温度，降低介质的湿度。对于不易发生内裂的针叶材和软阔叶材，干燥后期可以采用较硬的干燥条件，而对于硬阔叶材等，后期不宜采用较硬的干燥条件。

在掌握以上原则的基础上，对被干木材进行小型试验，根据试验过程中出现的干燥缺陷和总体干燥时间，不断修改干燥基准，直到完善为止。

（3）图表法。Keylwerth 研究了此种方法，干燥基准可以通过图表直接查到。这种方法是根据木材的含水率规定木材的平衡含水率和干燥梯度。

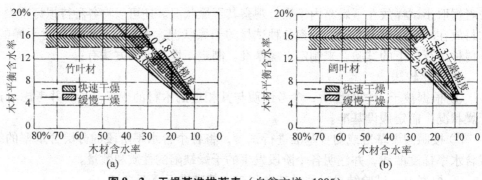

图9-3　干燥基准推荐表（自翁文增，1985）
(a) 适用于针叶材　　(b) 适用于阔叶材

依据木材的初含水率，根据图9-3确定木材的平衡含水率，当锯材的含水率在纤维饱和点以上时，木材的平衡含水率取定值，一般在14%～18%，木材的含水率在纤维饱和点以下时，木材平衡含水率状态随木材含水率的变化而变化，但它们的比例关系即表征干燥基准软硬程度的干燥梯度基本保持不变，此值由树种和干燥速度要求由图9-4确定，同时可得木材平衡含水率值。

干燥梯度的取值在1.3～4.0，当干燥质量要求较高时，建议按如下取值：

针叶材：干燥梯度取2；阔叶材：干燥梯度取1.5。

当木材厚度小于30mm时，若可以进行快速干燥，建议按如下取值：

针叶材：干燥梯度取3.0～4.0；

阔叶材：干燥梯度取2.0～3.0。

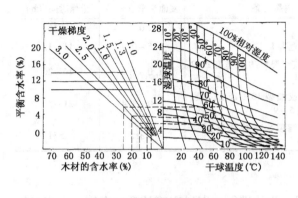

图 9-4 基准参数确定图
（自翁文增，1985）

表 9-9 干燥温度推荐表

树 种	最初温度（℃）	纤维饱和点以下的最高温度（℃）
栎木	T_1 40	50
栎木、黄杨、桉木	T_2 40	60
栎木	T_3 40	80
巴西松	T_4 50	70
黑核桃	T_5 50	80
山毛榉、鸡爪槭、山核桃	T_6 60	80
桦木、落叶松、松木	T_7 70	80
黄杉属、松木	T_8 70	90
冷杉、云杉、松木	T_{10} 100	120

表 9-9 推荐的干燥温度，根据干燥温度和平衡含水率再由图 9-4 查出对应的相对湿度和对应的湿球温度，从而制得干燥基准。

(4) 百度试验法。百度试验法是寺沢真教授（1965）根据 37 种树种的木材干燥特性，采用欧美干燥基准系列研究出来的。其特点是将标准尺寸的试件放在 100℃ 的干燥箱中进行干燥，并根据试材的初期开裂（端裂和表面开裂）、内部开裂与塌陷（截面变形）三项干燥缺陷的程度（等级）来确定被试树种木材的干燥基准的初期温度、末了温度和干湿球温度差（相对湿度）。用标准试件确定出的是厚度为 25 mm 板材的干燥基准。另外，根据试件在干燥过程中含水率的变化和干燥时间，还可以估计被试树种木材在进行窑干时所需要的时间。

百度试验法的试验方法如下：

从试验试材中选择标准的弦切板，锯取规格为厚 20 mm × 宽 100 mm × 长 200 mm 的刨光标准试件最少 8 块。同时在紧靠试件两端截取两片顺纹厚度为 10~12 mm 的初含水率试片，用烘干法测定试件的初含水率。标准试件测得初重后，横立于 100℃ 恒温干燥箱内烘干。每隔 1 h 称量试件的变化，测定其干燥速度。并在开始的 1~3 h 内，注意观察试件端头和表面开裂的情况，当开裂达到最大程度时，取出试件，测量开裂的程度，对照以下规定和表 9-10 确定初期开裂的等级。

长细表裂、端表裂：长度 ≥ 50 mm，宽度 < 2 mm；

短细表裂、端表裂：长度 < 50 mm，宽度 < 2 mm；

宽表裂、宽端表裂：宽度 ≥ 2 mm。

因试件的初含水率不同，干燥时间差异很大。为了使不同试件之间的干燥速度具有可比性，取试件从含水率 30% 干燥到 5% 的干燥延续时间作为干燥时间分级的指标，见表 9-10。

表 9-10 百度试验法干燥特性分级标准

等级	初期开裂（条）	内裂（条）	截面变形（mm）	干燥时间（h）
1	无或仅有短端表裂	无	≤0.4	≤10
2	短端表裂、短细表裂	细裂≤4 或宽裂 1	0.5~0.9	11~15
3	长端裂、长细表裂≤2 或短细表裂≤15	宽裂 2~4 或细裂 5~9 或宽裂 1~2 且细裂 3~4	1.0~1.9	16~20
4	短细表裂>15，或长细表裂、宽表裂≤5	宽裂 5~8 或细裂 10~15 或宽裂 2~4 且细裂 5~9	2.0~3.4	21~30
5	长细表裂>5 或宽表裂>5	宽裂>8 或细裂>15 或宽裂 5~8 且细裂≥10	≥3.5	≥31

（自何定华等，1989）

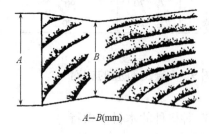

图 9-5 截面变形测量法

随着干燥过程的进行，木材表面的裂纹会变小，直至绝干（约需 30~80 h）。绝干后，取出试件，并从中间锯断，测量试件中间的变形和内裂程度，截面变形程度按图 9-5 所示方法测量，并对照表 9-10 确定变形和开裂的等级。

根据初期开裂、截面变形和内裂的等级查表 9-11，得主要干燥条件即初期温度、前期干湿球温度差和后期最高干燥温度的推荐值，得出初步的干燥基准。

表 9-11 干燥特性等级与干燥条件对应表

干燥缺陷	干燥特性等级	1	2	3	4	5
初期开裂	初始温度	80	70	60	50	40
	前期干湿球温差	5~7	4~6	3~4	2~3	1.5~2
	后期最高温度	95	95	90	80	75
截面变形	初始温度	80	70	60	50	40
	前期干湿球温差	5~7	4~6	3~5	2~4	2
	后期最高温度	95	90	85	75	70
内裂	初始温度	80	70	50	40	38
	前期干湿球温差	5~7	4~7	3~5	2~4	2
	后期最高温度	95	75	75	70	65

（自何定华等，1989）

9.2.3 干燥基准的评价

根据被干木材的干燥质量、干燥时间可以评价干燥基准性能，用下列三个指标去评价干燥基准的使用效果。

效率：用干燥延续期的长短作为评价标准。在同一干燥室内用两个不同的基准干燥同样的木材，在同样质量标准下，延续期短的效率高。

安全性：保证木材不发生干燥缺陷的程度。用干燥过程中木材内存在的实际含水率梯度与应力大到使木材发生缺陷的含水率梯度的比值来表示，比值越小，安全性越好。

软硬度：在一定介质条件下，木材内水分蒸发的程度。当木材的树种、规格和干燥性能相同时，干球温度高、干湿球温度差大和气流速度快的干燥基准为硬基准；反之为软基准。同一干燥基准对某一树种或规格的锯材是软基准，对另一规格或树种的锯材可能就是硬基准。

9.3 干燥过程的实施

9.3.1 锯材含水率和应力测试

（1）检验板和试验板。在木材的干燥过程中，含水率和应力的检验通常使用检验板；干燥质量的评价使用试验板。特别是在按含水率基准进行工艺控制时，用检验板的含水率和应力掌握干燥锯材的干燥状况，并调节干燥介质参数，控制整个干燥工艺过程。用时间干燥基准进行操作时，一般不使用检验板。干燥过程结束后，用布置在整个干燥窑中的试验板检验干燥质量，并用于评价干燥基准的软硬度、干燥窑性能的优劣和其他技术经济指标。

检验板和试验板均选自被干燥的木材，随机选取材质较好、纹理通直、无节疤、无开裂和其他明显缺陷的木材。检验板和试验板的锯取按国家标准《锯材干燥质量》规定的方法进行，先把锯材的一端截去 250~500 mm 再按图 9-6 分别锯取。

图 9-6 检验板和小试验片的锯制
1、5. 10~15 mm 应力试验片　2、4. 10~12 mm 含水率试验片　3、6. 1.0~1.2m 检验板

2、4 两试验片含水率的测定采用烘干法，取两试验片含水率的平均值作为检验板的初含水率。检验板（3、6）称重后按设定位置放在材堆中，并按下列公式计算检验板的绝干重：

$$G_干 = (100 \times G_初)/(100 + M_初) \qquad (9-1)$$

式中：$G_初$——检验板初重；
　　　$M_初$——检验板初含水率。

在干燥过程中只要称取检验板的当时重量，就可以通过含水率的计算公式得知检验板当时的含水率。

试验板选取后，截去两端约 300 mm，并分别锯取含水率试验片，以其平均值作为试验板的含水率。并按图 9-7 放置在材堆中。

（2）分层含水率的测定。测定试材在不同厚度上的含水率，通常将试验片等厚分成 3 层或 5 层，用烘干法测定每一层的含水率，以此求得板材的分层含水率偏差。分层

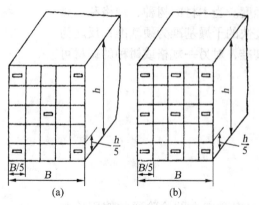

图 9-7 试验板在材堆中的位置
(a) 5 块试验板 　　(b) 9 块试验板

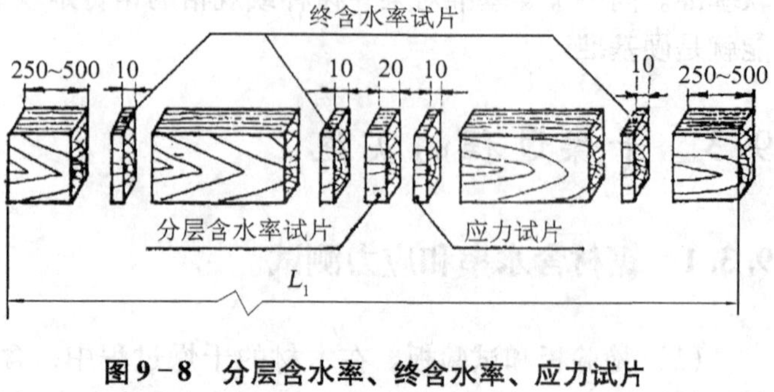

**图 9-8 分层含水率、终含水率、应力试片
从含水率试验板上锯取方法**

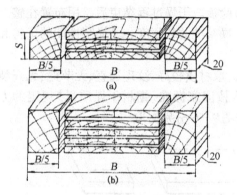

图 9-9 分层含水率试验片锯制方法
B. 板材宽度　*S.* 板材厚度

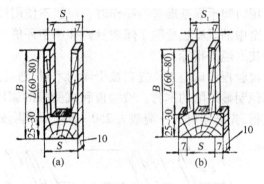

图 9-10 应力试验片锯解方法

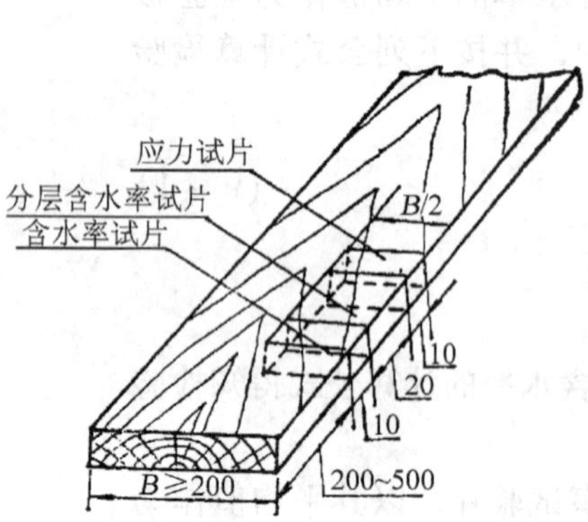

含水率试验片的锯取方法按图 9-8 和图 9-9 进行。

厚度上含水率偏差 ΔM 按下式计算：

$$\Delta M = M_2 - (M_1 + M_{3或5})/2 \qquad (9-2)$$

ΔM 值越小，表明干燥锯材厚度上的含水率分布越均匀，意味着干燥工艺和干燥基准合理。在干燥过程中若 ΔM 值过大，则应调整干燥介质参数，及时进行调湿处理，使木材表面有限吸湿，均衡厚度上的含水率分布，以确保木材的干燥质量。

(3) 应力的检测。应力试验片的锯制方法如图 9-10。锯材厚度（S）小于 50 mm 时按图 9-10（a）锯制，大于或等于 50 mm 时按图 9-10（b）锯制。应力的大小用应力指标 Y 表示，并按下式计算：

$$Y = 100(S - S_1)/2L, \% \qquad (9-3)$$

图 9-11 宽材应力试验片的锯解

式中：S，S_1——分别为应力试验片锯解前和含水率平衡后的齿宽；

L——齿的长度。

当锯材宽度 $B \geqslant 200$ mm 时，按图 9-11 的方法锯制应力试验片，含水率和分层含水率试验片也可以按此法进行。

9.3.2 锯材干燥工艺过程

周期式强制循环木材干燥工艺过程包括：准备工作、干燥基准（工艺）的控制、干燥结束和干材贮存等工序。

（1）准备工作。干燥前的准备工作包括干燥设备的检查、制定或选择干燥基准、确定终含水率和干燥质量指标、锯制检验板和试验板，并测试其含水率、材堆进干燥窑等。

设备的检查：干燥设备除定期检查外，每次干燥开始以前，还必须再检查干燥设备，如为湿球温度计更换纱布、换平衡含水率测试片、注润滑油等，以确保干燥设备处于无故障状态。

制定或选择干燥基准：根据被干木材的树种、规格、干燥质量要求和干燥设备的性能选择或制定干燥基准。

确定终含水率和干燥质量指标：根据客户或生产要求确定最终含水率和干燥质量指标。一般干燥锯材的最终含水率是依据使用木材地区的平衡含水率来确定的，同时要参考锯材的用途。按用途要求的锯材干燥的最终含水率参见表 9-12。在一般情况下，干燥锯材的最终含水率比当地的平衡含水率低 2%~3%，若是在室内使用干燥锯材的最终含水率还可以低一些。锯材的干燥质量根据用途和使用要求来确定。

表 9-12 我国不同用途的干燥锯材含水率

干燥锯材用途	含水率（%） 平均	含水率（%） 范围	干燥锯材用途	含水率（%） 平均	含水率（%） 范围
电气器具及机械装置	6	5~10	缝纫机台板	9	7~12
木桶	6	5~8	建筑门窗	10	8~13
鞋楦	6	4~9	精制卫生筷	10	8~12
鞋根	6	4~9	乐器包装箱	10	8~13
铅笔板	6	3~9	运动场用具	10	8~13
精密仪器	7	5~10	火柴	10	8~13
钟表壳	7	5~10	火车制造：		
乐器制造	7	5~10	客车室内	10	8~12
室内装饰用材	8	6~12	客车木梁	14	12~16
工艺制造用材	8	6~12	货车	12	10~15
枪炮用材	8	6~12	文具制造	7	5~10
体育用材	8	6~11	机械制造木模	7	5~10
玩具制造	8	6~11	采暖室内用料	7	5~10
家具制造：			飞机制造	7	5~10
胶拼部件	8	6~11	纺织器材：		
其他部件	10	8~14	梭子	7	5~10
细木工板	9	7~12	纱管	8	6~11

（续）

干燥锯材用途	含水率（%）		干燥锯材用途	含水率（%）	
	平均	范围		平均	范围
织机木构件	10	8~13	军工包装箱		
汽车制造：			箱壁	11	9~14
客车	10	8~13	框架滑枕	14	11~18
卡车	12	10~15	指接材	12	8~15
实木地板块：			室外建筑用料	14	12~17
室内	10	8~13	普通包装箱	14	11~18
室外	17	15~20	电缆盘	14	12~18
船舶制造	11	9~15	弯曲锯材	15	15~20
农业机械零件	11	9~14	铺展道路用材	20	18~30
农具	12	9~15	远道运送锯材	20	16~22

锯制检验板和试验板，测试其含水率：每次干燥都必须有检验板，但可以没有试验板。

材堆进干燥窑要注意如下事项：

① 同一干燥窑被干木材必须树种相同或材性相近，厚度一致，初含水率基本一致。

② 装窑时应小心，不要碰坏窑门、窑壁和窑内设备，材堆停放或叠放要稳定、整齐。

③ 迎风面必须装满材堆，不留空档。即对于轨车式窑，气流横向通过材堆，沿干燥窑的长度方向和高度方向必须装满；对于叉车装卸式窑，气流纵向通过材堆，沿干燥窑的宽度方向（或材堆的长度方向）和高度方向必须装满。若材堆不足以装满一窑，可以减小总材堆的宽度（或减少材堆的列数），但材堆的总长度和总高度，或每列材堆的节数和叠数不可减少，以免留下空档，使气流短路，导致干燥不均，并易产生干燥缺陷。

④ 同一列堆的各节材堆首尾尽量靠拢，不留空档，相毗邻的列堆，前后位置略为错开，以免材堆首尾相连处或端头难以避免的空档相互贯通。

⑤ 注意堆顶加压重物。

⑥ 放置好含水率检验板和应力检验板。如采用电测含水率法，含水率测量点应不少于3处，并均衡地布置在材堆中的不同位置，最后将连接导线插入装于窑壁上的相应的插座。如采用检验板称量法，应测量好含水率检验板的初含水率、初重，并推算检验板的全干质量，将检验板端头涂封防水油漆后，由检验窗或检查门放入材堆中，并要防止冷凝水滴上。

（2）干燥基准的控制。

① 干燥窑的启动：关闭进、排气道；启动风机，对有多台风机的可逆循环干燥窑，应逐台启动风机，不能数台风机同时启动，以免电路过载；打开疏水器旁通管的阀门，并缓慢打开加热器阀门，使加热系统缓慢升温同时排出管系内的空气、积水和锈污，待旁通管有大量蒸汽喷出时，再关闭旁通管阀门，打开疏水器阀门，使疏水器正常工作。当窑内干球温度升到40~50℃时，必须保温0.5 h，使窑内壁和木材表面预热，然后再

逐渐开大加热器阀门，并适当喷蒸，使干、湿球温度同时上升到预热处理要求的介质状态。处理结束后进入干燥阶段时，打开进、排气道，然后按工艺要求进行操作。

② 锯材预热：木材干燥窑启动后，首先对木材进行预热处理。预热处理的目的是加热木材，并使木材热透，使含水率梯度和温度梯度的方向保持一致，消除木材的生长应力，对于半干材和气干材还有消除表面应力的作用，对于生材和湿材，预热处理可使含水率偏高的木材蒸发一部分水分，使含水率趋于一致。同时，预热处理也可以降低纤维饱和点和水分的黏度，提高木材表面水分移动的速度。

预热温度：约等于或稍高于基准第一阶段的温度。

预热湿度：预热处理时，介质的相对湿度根据锯材的初含水率确定，含水率在25%以上时，相对湿度为98%~100%；含水率在25%以下时，为90%~92%。

预热时间：决定于锯材的树种、厚度和最初温度，从干燥窑温度达到基准规定温度起，锯材的预热时间大约是：夏季为1~1.5h/cm（厚度）；冬季为1.5~2h/cm（厚度）。基于周期式强制循环木材干燥窑在预热阶段消耗的能量是干燥阶段消耗能量的1.5~2倍。因此，几间干燥窑不能同时进行预热处理。

③ 干燥窑温度和湿度的调节：木材经预热处理后，已处于干燥的最佳状态，可以转入按干燥基准进行操作，进入干燥阶段。在干燥过程中，干燥介质参数的调节严格按照干燥基准进行。在做温度转换时，不应急剧地升高温度和降低湿度。否则，使木材表面水分蒸发强烈，造成表面水分蒸发太快，易发生表裂。

按含水率干燥基准控制的干燥过程，干燥介质是温度逐步提高，湿度逐步降低的。温度提高和湿度降低的速度，根据被干木材的树种和厚度确定，调节误差：温度不得超过±2℃；湿度不得超过±5%。

在进行干燥操作的过程中要注意如下事项：

① 关闭进、排气口可以提高介质湿度，喷蒸的同时可提高介质温度；

② 干燥窑的供汽压力为0.4 MPa，且要稳定；

③ 干球温度的控制精度±2℃，干湿球温度差波动±1℃；

④ 干球温度由加热器阀门控制，湿球温度由喷蒸管阀门和进、排气道控制；

⑤ 在干燥阶段，加热时不喷蒸；喷蒸时不加热，同时须关闭进、排气道；进、排气道开时不加热；

⑥ 对于周期式可逆循环木材干燥窑，要定期（4h或8h）使风机换向运转，改变循环气流的方向，提高木材干燥均匀度；

⑦ 如遇停电或因故停机，应立即停止加热和喷蒸，并关闭进、排气道；

⑧ 采用干湿球温度计的干燥窑，要每窑次更换纱布，并保持一定的水位；

⑨ 对于自动控制干燥窑，除应正确设定输入参数外，还要注意经常检查各含水率测量点的读数，如出现异常读数，应立即取消。

④ 中间处理：在木材干燥过程中，由于木材表面水分的蒸发速度比木材内部水分移动的速度大10倍左右，因此木材表面的含水率首先降低到纤维饱和点，并开始发生干缩，而此时木材内部的含水率还远远高于纤维饱和点，干燥基准越硬，这种现象越突出，木材发生开裂的可能性就越大。因此，在实际干燥操作过程中，要根据木材的干燥

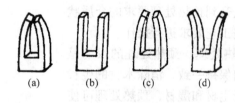

图9-12 中间处理前后应力试验片齿形的变化

状态，及时地进行中间处理。也就是对木材进行喷蒸处理，使木材表面的水分蒸发停止，甚至有一点吸湿，让木材内部的水分向木材表面移动，从而减少木材中的应力。从检验板上锯取的应力试验片可知（图9-12），在未处理以前木材中存在较大的应力[图9-12(a)]，经中间处理后，这种应力消除[图9-12(b)]或减少[图9-12(c)]，如果中间处理过度，则会出现图9-12(d)的情况。

中间处理的次数，根据木材的树种、厚度和木材用途（即对干燥质量的要求）和已经存在的应力大小来定。中间处理的全过程需要应力检验板检验处理的效果，从应力检验板的齿形就可以判断处理的效果。

⑤终了处理：当锯材干燥到终含水率时，要进行终了高湿处理。终了高湿处理的目的：消除木材横断面上含水率分布的不均匀，消除残余应力。要求干燥质量为一、二和三级的锯材，必须进行终了处理。材堆各部位的含水率差异超过干燥质量规定值的木材，在高湿处理前应先进行平衡处理。

平衡处理时干燥介质的条件如下：

温度：等于干燥基准最后阶段的温度。

相对湿度：比终含水率低2%的平衡含水率的相对湿度；

时间：直至各检验板终含水率均匀为止。

高湿处理介质条件：

温度：等于平衡处理温度；

相对湿度：比终含水率高4%的平衡含水率的相对湿度；

时间：具体见表9-13。

⑥干燥结束：干燥过程结束以后，关闭加热器和喷蒸管的阀门。为加速木材冷却

表9-13 终了处理时间   h

树 种	材厚（mm）			
	25, 30	40, 50	60	70, 80
红松、樟子松、马尾松、云南松、柳杉、云杉、杉木、铁杉、陆均松、竹叶松、毛白杨、沙兰杨、椴木、石梓、木莲	2~4	4~8	6~10*	10~15*
拟赤杨、白桦、枫桦、橡胶木、黄檗、枫香、白兰、野漆、毛丹、油丹、檫木、米老排、马蹄荷	4~6	8~12*	12~18*	
落叶松	4~6	8~15*	15~20*	
水曲柳、核桃楸、色木、白牛槭、梓叶槭、光皮桦、甜槠、荷木、灰木、桂樟、紫荆、野柿、裂叶榆、春榆、水青冈、厚皮香、悬铃木、柞木	10*	15~20*	25~30*	30~40*
白青冈、红青冈、椆木、高山栎、麻栎	16*			

注：①表列值为一、二级干燥质量锯材的处理时间，三级干燥质量锯材的处理时间为表列值的1/2。有*号者表示需要进行中间处理，处理时间为表列值的1/3。②改编自LY/T1068—1992，锯材窑干工艺过程。

卸出，通风机继续运转，进、排气口呈微启状态。待木材冷却后（冬季30℃左右；夏、秋60℃左右）才能卸出，以防止木材发生开裂。

干木料存放期间，技术上要求含水率不发生大幅度波动。因此，要求存放干木料的库房气候条件稳定，力求和干木材的终含水率相平衡，不使木料在存放期间含水率发生大的变化。这样，就要求有空气调节设备，或安装简易的采暖装置，使库房在寒冷季节能维持不低于5℃的温度；相对湿度维持在35%~60%。对于贮存时间较长的木料，应按树种、规格分别堆成互相衔接的密实材堆，可以减轻木料含水率的变化程度。

9.4 干燥质量的分析

根据国家标准，锯材的干燥质量指标包括平均终含水率 $\overline{M}_z$、干燥均匀度即材堆内不同部位木材含水率允许偏差、锯材厚度上含水率偏差 ΔM_z、应力指标和可见干燥缺陷（弯曲、干裂等）。依据这些指标的大小，将锯材的干燥质量分为四个等级：

一级：获得一级干燥质量指标的锯材，基本保持锯材固有的力学强度。适用于仪器模型、乐器、航空、纺织、精密机械、鞋楦、工艺品、钟表壳等生产。

二级：获得二级干燥质量指标的锯材，容许部分力学强度有所降低。适用于家具、建筑门窗、车辆、船舶、农业机械、军工、文体用品、实木地板、细木工板、缝纫机台板、室内装饰、卫生筷、指接材、纺织木构件等生产。

三级：获得三级干燥质量指标的锯材，容许力学强度有一定程度的降低，适用于室外建筑用料、普通包装箱、电缆箱等生产。

四级：指气干或窑干至运输含水率（20%）的锯材，完全保持木材的力学强度和天然色泽。适用于远道运输锯材和出口锯材等。

各等级锯材对应的质量指标值见表9-14，表9-15。

表9-14 含水率及应力质量指标

干燥质量等级	平均最终含水率（%）	干燥均匀度（%）	均方差（%）	厚度上的含水率偏差（%） 锯材厚度（mm）				残余应力指标（%）	平衡处理
				≤20	21~40	41~60	61~90		
一级	6~8	±3.0	±1.5	2.0	2.5	3.5	4.0	不超过2.5	必须有
二级	8~12	±4.0	±2.0	2.5	3.5	4.5	5.0	不超过3.5	必须有
三级	12~15	±5.0	±4.0	3.0	4.0	5.5	6.0	不检查	按技术要求
四级	20	+2.5 -4.0	不检查	不检查				不检查	不要求

（自 GB/T6491—1999）

表 9 - 15　可见干燥缺陷质量指标

干燥质量等级	弯曲（%）								干裂		
	针叶树材				阔叶树材				内裂	纵裂（%）	
	顺弯	横弯	翘弯	扭曲	顺弯	横弯	翘弯	扭曲		针叶材	阔叶材
一级	1.0	0.3	1.0	1.0	1.0	0.5	2.0	1.0	不许有	2	4
二级	2.0	0.5	2.0	2.0	2.0	1.0	4.0	2.0	不许有	4	6
三级	3.0	2.0	5.0	3.0	3.0	2.0	6.0	3.0	不许有	6	10
四级	1.0	0.3	0.5	1.0	1.0	0.5	2.0	1.0	不许有	2	4

干燥质量指标的检验方法：

① 平均最终含水率 $\overline{M}_z$：可用含水率试验板的平均最终含水率来检查，并用下列公式计算：

$$\overline{M}_z = \sum M_{zi}/n \quad (9-4)$$

式中：M_{zi}——试验板最终含水率，%；

n——含水率测定次数。

② 干燥均匀度 ΔM_z：可用均方差来检查。并用下列公式计算（精确至 0.1%）：

$$\sigma = \sqrt{\frac{\sum_{i=1}^{n}(M_{zi} - \overline{M}_z)^2}{n-1}} \quad (9-5)$$

③ 厚度上含水率偏差：ΔM_h（表、心层含水率的差值）：

$$\Delta M_h = M_s - M_b \quad (9-6)$$

式中：M_s，M_b——心层及表层含水率，%。

木材干燥时，经常发生的干燥缺陷有：内裂、表裂、端裂、弯曲、皱缩、炭化、表面严重变色和干燥不均匀等。

（1）表裂。多发生在木材干燥的初期，在弦切板上沿木射线方向发生的纵向裂纹。由于木材表面水分蒸发速度远远大于木材内部的水分移动速度，因此，木材表面先于木材的内部发生干缩，并使木材表面承受拉应力，当拉应力大于木材的横纹抗拉强度时，木材表面发生开裂。若裂纹不太严重，在干燥的中后期可以完全闭合。表裂主要是由于介质温度太高、湿度低等原因造成。如遇这种情况，及时调整干燥基准，降低干球温度，提高湿度，必要时可做表面喷蒸处理。如图 9-13。

（2）内裂。又称蜂窝裂，是开裂缺陷中较为严重的一种，它一般发生在干燥的后期阶段，是由于木材表面硬化严重，木材内部所受的拉应力大于木材的横纹抗拉强度时发生的。较厚的木材，特别是密度较大的硬阔叶树材，木射线较粗、内含物较多的锯材，如：栎木、柯木、锥木、枫香等硬阔叶材等易产生内裂。发生内裂的木材，有时只有锯断才能发现，且其强度有大幅度的降低，有的甚至报废。为了防止木材发生内裂，在干燥过程中要适时进行中期调湿处理，降低后期温度，或干燥前将木材进行改性处理。如图9-14。

(3) 端裂。由于木材端部水分蒸发速度是木材横纹方向水分蒸发速度的30~40倍，因此木材端部的水分先蒸发，先干缩，厚度较大的锯材，尤其是木射线粗的硬阔叶材或髓心板，在干燥应力和生长应力的联合作用下发生端部开裂。在生产上，为了防止端裂，在装堆时，最外端的一根隔条的外侧面一定要和木材的端面在一个平面，以减少木材端部水分蒸发面积。对于贵重用材，在木材的端部涂刷耐高温的黏性防水涂料，如高温沥青和石蜡等。如图9-15。

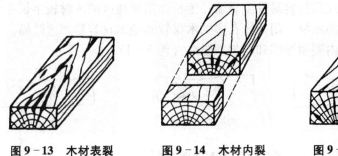

图9-13 木材表裂　　　图9-14 木材内裂　　　图9-15 木材端裂

(4) 弯曲。包括横弯、侧弯、顺弯和扭翘等。横弯是指沿锯材横向弯曲，如图9-16 (a) 所示，一般发生在弦切板，特别是小径材的弦切板，是由于锯材上下两个表面的弦径向干缩差异太大。侧弯是由于应力木或幼龄材局部纵向受缩过大引起的，如图9-16 (b)。顺弯和扭翘是沿着木材的纹理方向发生弯曲，如图9-16 (c) 和 (d)，是由于板材纵向纹理不直 (d)，或在干燥过程中局部受压 (c) 而引起的。木材纹理不直属于木材固有的性质，在生产上，对于这些木材，可以采取合理堆积材堆，或在干燥开始对木材进行高温高湿处理，或在材堆顶部压重物，均可以减少弯曲。

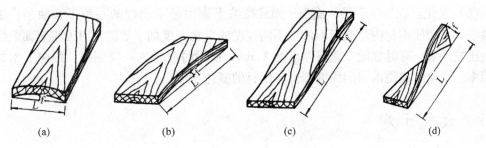

(a)　　　　(b)　　　　(c)　　　　(d)

图9-16　锯材的弯曲变形
(a) 横弯　(b) 侧弯　(c) 顺弯　(d) 扭翘

(5) 皱缩。亦称溃陷 (collapse)，是木材干燥时由于水分移动太快所产生的毛细管张力和干燥应力使细胞溃陷而引起的不正常不规则的收缩。皱缩通常是在干燥初期由于干燥温度高，自由水移动速度快而产生的一种木材干燥缺陷，其他木材干燥缺陷都是在纤维饱和点以下产生的，而木材皱缩则是在含水率很高时就有可能产生，且随着含水率的下降而加剧。木材皱缩的宏观表现是板材表面呈不规则的局部向内凹陷并使横断面呈不规则图形；微观表现通常是呈多边形或圆形的细胞向内溃陷，细胞变得扁平而窄小，皱缩严重时细胞壁上还会出现细微裂纹。皱缩不仅使木材的收缩率增大，损失增加5%~10%，而且因其并非发生在木材所有部位或某组织的全部细胞，因而导致木材干燥时产生变形。皱缩时还经常伴随内裂和表面开裂，开裂使木材强度降低甚至报废。研究结果表明，虽多数木材在干燥时均会发生程度不同的皱缩，但某些木材更易发生，已经发现容易发生皱缩的树种有澳大利亚桉树属、日本大侧柏、美洲落羽杉、北美香柏、北美红杉、胶皮糖香树、杨木、苹果木、马占相思、栎木等。即使是同一种木材，因在树干中的部位不同，其皱缩的程度也不同，其中心材较边材、早材较晚材、树干基部和梢部较中部的木材、幼龄材较成熟材容易发生皱缩；生长在沼泽地区的木材较生长在干燥地区的木材、侵填体含量大的木材、闭塞纹孔多的木材较其他木材容易产生皱缩。木材皱缩的类型有条沟型皱缩、内裂型皱缩和均匀型皱缩（图9-17）：

图9-17 木材皱缩的类型

木材细胞的皱缩过程可以通过干燥工艺产生的外界条件来实施调控。如通过预冻处理可以在细胞腔内产生气泡，使纹孔膜破裂，使细胞的气密性下降；蒸汽处理也可以破坏细胞的气密性；用有机液体代替木材中的水分等。上述预处理均改变了细胞皱缩的基本条件，使本来能够产生皱缩的细胞不发生皱缩。另外通过调控干燥工艺条件，降低水分移动的速度，同时降低了毛细管张力，也可以减少皱缩。对木材进行压缩处理可以使木材细胞发生变形，破坏细胞的气密性；在受拉状态下干燥木材时，也可以减小毛细管张力。

（6）炭化。在炉气干燥、熏烟干燥或微波干燥中经常出现的一种干燥缺陷，是由于温度太高而使木材内部或表面发生不同程度的炭化。熏烟干燥的锯材发生表面炭化的现象比较严重，有时表面炭化层厚度达3 mm，使用时需将这一层刨掉，影响了木材的利用率。炭化通常使木材的强度降低，木材的颜色变深。

9.5 大气干燥

我国广大人民群众从古代开始就使用大气干燥木材的方法，直至今天还在使用这种方法，如在广大林区，人们将锯好的板材堆放在凉房，1~2年后拿出制作家具、门窗等，实际上就是利用了木材的大气干燥。

木材的大气干燥就是利用太阳能干燥木材的一种方法，又叫天然干燥，简称气干。木材气干是将木材堆放在空旷的板院内或通风的棚舍下，利用大气中的热力蒸发木材中的水分使之干燥。尽管木材气干方法看似简单，但干燥过程涉及许多物理规律，应该说也是一项技术。如将大气干燥和其他干燥方法联合，是节约能源的一项很好的干燥工艺。

9.5.1 木材大气干燥的原理和特点

在大气干燥过程中，干燥介质的热量来自太阳能，干燥介质的循环靠材堆之间和材堆内形成的小气候。材堆内，吸收水分的空气，由于密度增加，此部分湿空气就要下降，温度高的湿空气就要上升，从而形成气流的循环，并使木材得以干燥。

大气干燥的优点：利用太阳能干燥木材，不需要蒸汽和电；不需要干燥窑和设备；干燥工艺简单，容易实施；干燥成本低。

大气干燥的缺点：干燥过程受自然条件的限制，不能人为控制木材的干燥过程，干燥时间长，干燥质量难以保证；最终含水率受地区的限制，一般只能干燥到12%~20%，不能低于当地的平衡含水率；占地面积大；雨季时间长，木材易发生虫蛀、变色和腐朽等，并使木材降等；容易发生火灾。

由于大气干燥受当地气候条件的影响，所以各地大气干燥的特点不同。我国幅员辽阔，各地气候不同，南部沿海地区温暖潮湿，干燥条件适中，大气干燥可以常年进行；东北地区气候干寒，大气干燥的季节较短；西北地区气候干旱，冬季气温较低，每年春夏是大气干燥的最好季节。

大气干燥速度的测量：把表面敞开的容水器置于材堆内外各处，定时测定自由水的蒸发量，用每平方米每小时蒸发水分的量，作为材堆内外各处木材中水分蒸发强度的指标，从而进行比较。某次试验的结果见表9-16。

表 9-16 锯材材堆内外水分蒸发的强度

观察期间的气象特征	观察时期（8月）	水分蒸发强度 $[m^3/(m^2 \cdot h)]$				
		下层	中层	上层	顶棚下	堆外空地
多云，无风，寒夜	9日20：00~10日8：00	59.5	49.6	52.1	59.6	89.4
晴，东北风，1m/s，15℃	10日8：00~14：00	69.3	84.2	108.9	207.9	772.2
晴，东北风，2m/s，20℃	10日14：00~20：00	110.5	148.8	178.5	408.0	790.5
多云，无风，寒夜，有雾	10日20：00~11日8：00	42.2	42.2	54.6	59.6	29.8

（自朱政贤，1992）

从表9-16中可知，水分蒸发的强度以风速为2m/s的下午为最大，此时材堆中层的蒸发强度达到148.8 $cm^3/(m^2 \cdot h)$；风速为1m/s的上午居中，此时中层的蒸发强度为84.2 $cm^3/(m^2 \cdot h)$；无风的夜晚最小，中层的蒸发强度只为42.2~49.6 $cm^3/(m^2 \cdot h)$，为下午（风速为2 m/s）的1/3。材堆中各部位的蒸发强度也不一样，顶棚下水分的蒸发强度为最大，上层次之，下层最小，一般以中层的蒸发强度代表整个材堆的平均蒸发强度。材堆内外的蒸发强度相比，在有风的下午，材堆中部的蒸发强度仅为堆外空地上的1/5，但在有雾的寒夜，由于材堆内中层的气温比材堆外的高，此时材堆内的水分蒸发强度比材堆外空地的大。

9.5.2 大气干燥材堆的堆积方法

大气干燥时，材堆的堆积法与自然循环木材干燥窑材堆的堆积方法相似，但当大气干燥和其他干燥方法实施联合干燥时，材堆一次堆积成功，与强制循环干燥时材堆的堆积方法一样。对于尺寸较小的针叶材、软阔叶材和比较不易开裂的硬阔叶材，在数量不大的情况下，为了提高干燥速度，可采用如下方法：

X形堆积：长而薄的板材可以堆成X形，如图9-18（a），此种堆积法，木材表面干燥速度快，可防止木材变色，但也容易产生不均匀干缩、表裂、端裂和翘曲等。

垫条堆积法：每铺一层板材垂直交叉地放数根垫条，如图9-18（b）。

无垫条纵横交叉堆积法：从堆底第一层起，按规定的横向间隔依次铺放板材，然后直角交叉铺放第二层板材，如图9-18（c）。

宽材堆的自然堆积法：第一层板材横向不留间隔，材堆宽度等于固定米数，最好等于材长，第二层按规定横向间隔垂直交叉放置板材，如图9-18（d）。

抽匣式堆积法：用两块板做垫条，分别放置在材堆的两端和中间，如图9-18（e）。

井字形堆积法：短而小的毛料用此法，如图9-18（f）。

组堆堆积法：先将相同树种、规格的板材用垫条堆成断面为1.1 m×1 m，材长2~6 m的小堆，再用叉车将小堆组成材堆，如图9-18（g）。

荫棚堆积法：具有活动遮荫的简易棚架，如图9-18（h）。

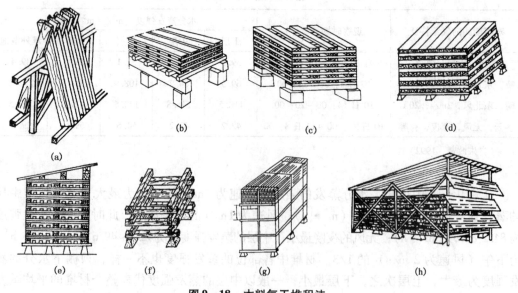

图9-18　木料气干堆积法

9.5.3 大气干燥的实施

大气干燥需要较大的板院，对板院的技术要求如下：板院地势平坦；略带坡度，便于排水；场地无杂草和垢物，通风良好。材堆要堆在垛基上，垛基高 0.4~0.6 m，可用钢筋混凝土、砖、石或木材制备。设置堆基的主要目的是为了堆底有良好的通风，防止雨水浸湿木材。材堆的顶部还需有顶盖，以遮住雨水和光照。

堆放材堆时要注意如下事项：

① 在一个材堆内，最好堆放同一树种，同一厚度的木料，木料数量少时也可将材质相近的木材堆积在一起。

② 木料应先行分类，分别堆积，长材置于材堆外边，短材放在材堆的里边，木堆的两端应堆齐，上下垂直。

③ 材堆在板院内应按主风方向来配置，即薄而易干的材堆放置在迎风的一边，中等厚度的材堆放置在背风的一边，木料厚而难干的材堆放置在板院的中部。

④ 材堆的长度应与主风方向平行。

⑤ 为使材堆中气流很好地循环，在堆积时木料之间应留有空隙，上下对应，形成垂直气道。比较宽大的材堆，中部干燥缓慢，空隙的宽度应由两边向中央逐渐增大，中央空隙的宽度应为边部的 3 倍。

⑥ 低等级的板材可以采用平头堆积法，等级较高的针叶材，以及阔叶材可以采用埋头法，或端面遮盖法，也可在厚板或方材的端面涂饰沥青、石灰等涂料。

在气干过程中，应该按时测定木材含水率的变化和检验锯材的外部状态。根据检验板重量的变化，检查和结束干燥过程。在检验外部状态时，应该观察锯材端面有无开裂的迹象，并注意采取防止开裂的措施。

9.5.4 强制气干

由于大气干燥过程中，材堆内气流循环是自然形成的，气流速度慢。为了提高材堆内的气流循环速度，可在材堆的旁边设置风机，这种操作叫做强制气干。

强制气干和窑干法不同，它是在露天下或在稍有遮盖的棚舍内进行，也不控制空气的温度和湿度。在强制气干过程中锯材表面的风速可达 1m/s 以上，从而提高木材干燥速度。

根据风机在材堆中位置的不同，可以将强制气干分为下列几种（图 9-19）：

① 堆底风道送气；
② 两材堆间送气；
③ 两材堆间抽气；
④ 材堆侧面送气；
⑤ 风机来回移动送气和抽气；
⑥ 风机回转移动送气和抽气。

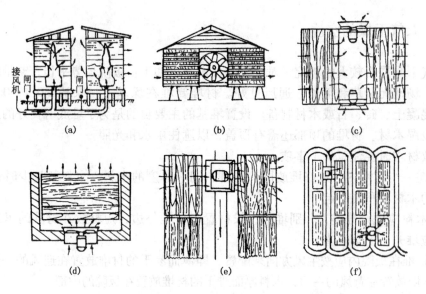

图 9-19 强制气干的方式
(a) 堆底风道送气 (b) 两材堆间送气 (c) 两材堆间抽气 (d) 材堆侧面送气
(e) 风机来回移动送气和抽气 (f) 风机回转移动送气和抽气

当强制气干的气流循环速度为 4 m/s 时,其干燥时间比普通气干缩短 1/2~2/3。在空气相对湿度小于 90%,温度大于 5℃ 时,空气的强制循环是有效的。但强制气干的成本比普通气干高 1/3;木材的干燥质量也相对较高。强制气干和普通气干的干燥时间和干燥速度的比较见表 9-17。

表 9-17　北京地区初冬季节强制气干与普通气干速度比较 (1966 年 11 月)

	含水率(%)	90~80	80~70	70~60	60~50	50~40	40~30	30~20	20~15
干燥时间(h)	普通气干	48[①]	51	51	66	84	84	114	108
	强制气干	6[②]	18	18	24	30	27	67	74
干燥速度(%/h)	普通气干	0.22	0.20	0.20	0.15	0.12	0.12	0.088	0.046
	强制气干	0.53	0.56	0.56	0.42	0.33	0.37	0.15	0.068
比值(%)		241	280	280	280	275	308	170	148

(自《木材学》,1985)

注:①普通气干含水率由 90.4%~80% 的干燥时间;②强制气干含水率由 83.2%~80% 的干燥时间。

从表 9-17 中可见,强制气干的干燥速度比普通气干快一倍左右。木材含水率在纤维饱和点以上时,干燥速度较快,低于纤维饱和点时,干燥速度逐渐缓慢。

强制气干由于干燥条件比较温和,可以提高干燥质量,减少降等率,减少开裂,防止变色,并使最终含水率均匀。因此,如把强制气干作为两段干燥方法的前段预干使用,干燥成本将降低。

9.5.5 联合干燥

将大气干燥和其他干燥方法联合使用,发挥大气干燥成本低,操作简便的优点,结合其他干燥方法干燥速度快的优势,扬长避短,能获得十分满意的经济效果。生产上经常使用的两段干燥就是联合干燥的例子。所谓两段干燥,是指第一阶段在制材厂将锯材用大气干燥到含水率20%;第二阶段由使用单位用其他干燥方法干燥至所需要的最终含水率。

联合干燥虽然增加了工序,但在制材厂进行集中的大量干燥可以使干燥成本大为降低,也可以节约运输费用。同时可以看到,在第二阶段干燥时,由于缩短了干燥时间,降低了风速,节约了能量。所以,联合干燥是降低能耗和干燥成本的有效方法。它兼有常规窑干的效果、除湿干燥和太阳能干燥的节能等多方面长处,并且成功地解决了下列问题:

① 常规窑干能耗高;
② 除湿干燥时间长,终含水率小于10%困难,60 mm以上的厚板心部难干等;
③ 太阳能干燥受气候条件的影响,蓄热设备昂贵,有可靠性差等技术经济问题。

9.6 特种干燥

近年来,木材干燥技术发展迅速,木材真空干燥、微波干燥、除湿干燥和太阳能干燥技术被广泛采用。

9.6.1 真空干燥

木材真空干燥法是20世纪70年代中期在欧洲发展起来的一项木材干燥技术,我国在20世纪80年代初期开始研究和推广这项技术。之后有一些小型的木材真空干燥设备在生产上得到应用。

木材干燥过程中,木材内部水分移动的速度决定木材干燥的速度。木材内部水分移动速度受介质条件和树种等因素的影响。在这些因素中,周围空气的压力是决定性因素之一,在压力为8000 Pa时,透气性较好的木材内部水分移动速度大约是压力为101 325 Pa时的5倍。此外在真空条件下,水分的沸点降低,增加了水分子的活动能力,可促进木材内部水分的蒸发强度。木材真空干燥就是基于上述结论发展的。

真空干燥的原理:真空干燥是将木材放在圆筒型的密闭容器内,在减压情况下,降低水分的沸点,使木材表面水分快速蒸发,造成木材断面上内高外低的含水率梯度,从而实行木材的快速干燥。另外由于干燥罐内形成真空,而木材内部水分的压力仍很高,这样可以利用内高外低的压力差促使水分快速移动。

木材真空干燥按照干燥过程可分为连续式和间歇式两种,我国多采用间歇式。

间歇式真空干燥窑的干燥罐是圆柱体形,水平安装,一端是一个半球状室门。将干燥罐制成圆柱状，是因为在抽真空时，圆柱状干燥罐抵抗外界大气压力的性能最好，干燥罐是用相当厚的钢板经滚压焊接制成，容积一般不很大，仅 $15\sim20\ m^3$。干燥罐的内壁要进行防腐蚀处理，通常用专用的油漆涂刷，且要有良好的保温性能，一般均置于厂房内，外包有保温层。

我国研制的间歇式真空干燥窑多为对流加热或高频加热。图 9-20 所示，为带有热水夹层的对流加热真空干燥机，以湿空气为干燥介质，干燥罐外部安装有真空表，干湿球温度计，进、排气道等。

间歇真空干燥法的工作原理：

① 加热阶段：此阶段与常规木材干燥法相同，首先将木材及其内部的水分加热，直到木材材芯的温度达到规定的基准温度。为了控制加热时间，可采用电热温度计，插于木材材芯，随时根据材芯温度变化，调节干燥过程。

② 真空阶段：一旦木材达到预定的温度，立即停止加热并启动真空泵，将干燥罐空气及水蒸气抽出。随着干燥罐内压力降低，水的沸点随之降低，这对木材干燥有促进作用。由于表面水分蒸发速度较快，表面温度将低于材芯温度。真空阶段开始时，木材内的温度梯度和含水率梯度都比较大，然后逐渐减小，直到木材内部和外部的温度相同。当干燥罐内的温度降到露点温度时，木材干燥就中止。此时应恢复常压，并启动风机，再进行加热，不断往复循环，直至达到木材的终含水率。

上述间歇式真空干燥窑加热过程和抽真空过程交替进行，且在抽真空过程中有很多热量都释放到大气中。为了进一步缩短干燥时间，节约能源，近期又研制了双联真空干燥窑，其原理如图 9-21。它是将两台间歇式真空干燥窑串联使用，一台抽真空时抽出的热量经除湿后送入另一台干燥机，实现其干燥过程。这种双联式真空干燥窑可以节约 1/4 能量。

真空干燥法的优缺点：

真空干燥的最大优点是能加快干燥速度，且能在一定程度上保证干燥质量。对某些

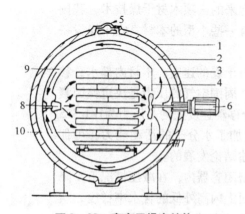

图 9-20 真空干燥窑结构
1. 筒壁　2. 热水夹层　3. 中层壁　4. 内层壁
5. 热水进口　6. 通风系统　7. 材车　8. 可上下的风嘴　9. 循环空气层　10. 材堆

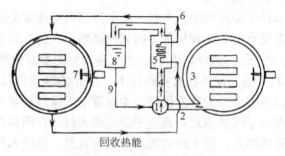

图 9-21 双联真空干燥窑
1. 真空泵　2、4、6、9. 管道　3、7. 干燥筒
5. 热交换器　8. 真空泵工作液回收槽

树种木材缩短干燥周期的幅度相当大，因而干燥速度可以和高温干燥相比。由于降低了水的沸点，可在没有高温的条件下达到高温干燥的效果。此外，真空干燥可以缩短不同厚度板材的干燥周期，且木材不同厚度上的含水率比较均匀。

其缺点是干燥罐容量较小，真空系统复杂，难以保证工艺上需要的真空度，整个材堆的木材终含水率不均匀，难以检查干燥罐内的板材干燥状态。

真空干燥法的适用范围：
① 透气性好的木材；
② 短材，厚材；
③ 含有树脂的木材。

9.6.2 微波干燥

9.6.2.1 微波干燥的基本原理 微波能是一种电磁辐射，可用金属波导管传输。波导管通常是由高导电性的金属管组成，管的横断面为矩形。金属壁起着反射镜的作用。微波在金属壁之间往返反射，并沿着波导管向前运动，进入谐振腔，加热木材。

微波干燥是以湿木材作为电介质，置于微波场中，在微波电磁场的作用下，引起湿木材中水分子的极化。由于电磁场的频繁交替，引起水分子的迅速摆动。这样，极化的水分子之间就产生了类似摩擦的相互作用，产生热量，从而加热和干燥木材。

微波电场强度越强，极化水分子摆动的摆幅就越大，摩擦产生的热量就越多，加热和干燥的速度就越快。

9.6.2.2 微波干燥设备 主要设备包括微波发生器、微波加热器、传动系统、通风排湿系统、控制和测量系统。

(1) 微波发生器。微波发生器的主要部分是产生微波的电子管——微波管。目前用于加热和干燥的微波管主要采用磁控管。国内用得较多的是 915 MHz，波长 32.8 cm，20～30 kW 的磁控管和 2450 MHz，波长 12.2 cm，5 kW 的磁控管两种。其中功率较大的 915 MHz 的磁控管比较适合木材干燥生产使用。国外已生产出 100 kW 的大功率管，可降低大规模生产的投资和干燥成本。

(2) 微波加热器。用于木材干燥的微波加热器有谐振腔加热器和曲折波导加热器。

① 谐振腔加热器：图 9-22 是一种矩形谐振腔加热器，它由矩形箱体、输入波导管、反射板和搅拌器等组成。

微波由输入波导管送入箱体内。箱体由铜材或铝材制成。箱壁从不同方向对微波进行反射。因此，被加热的木料在谐振腔内各个方向均可受热。微波能在箱壁上的损失极小，而木料一次不能吸收的能量，通过箱壁反射又重新返回木材中，形成多次折射，因而微波几乎全部被木材利用，能量的利用率极高。为了使木材受热均匀，在波导管出口处装有反射板和搅拌器。箱壁上开有排湿小孔，以排除木材中蒸

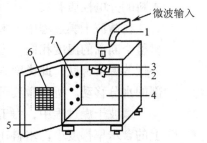

图 9-22 谐振腔加热器结构示意
1. 波导管 2. 反射板 3. 搅拌器 4. 腔体
5. 门 6. 观察窗 7. 排湿口

发出来的水蒸气。门上开有观察孔，以观察箱内木材的干燥状况。

图9-23为隧道式（或连续式）谐振腔加热器。被加热的木料由传送带输送。传送带必须选择不吸收微波的材料（聚四氟乙烯网带），隧道两端装有金属链条，以防止微波能的泄漏。此外也有两端上下两面装有群岛滤波器，外镶石墨吸收材料，此种方法的效果优于链条。

② 曲折波导加热器：此种加热器横断面为矩形，呈曲折形状的波导管。如图9-24。在波导管宽边的中央沿传输方向开槽缝，因为此处电场强度最大，被加热的木料从槽缝中通过时吸收的微波能最多。微波能从波导管的一端输入，在波导管中被木料吸收后，没有吸收完的能量进入后一个波导管。这样不但利用了能量，而且还起到了改善加热均匀性的作用。波导管的终端负载一般采用水或其他具有吸收性的材料，以吸收剩余微波能。

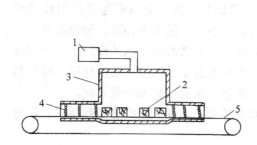

图9-23 隧道式谐振腔加热器
1. 微波源 2. 被加热木材 3. 腔体
4. 金属链条 5. 传送带

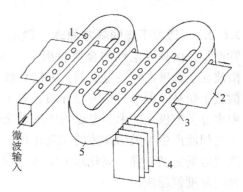

图9-24 曲折波导加热器
1. 排湿小孔 2. 传送带 3. 宽边中央的槽缝
4. 终端负荷 5. 曲折波导

9.6.2.3 微波干燥特点 微波干燥最大的特点在于其热量的传递方式，一般蒸汽干燥热量是由木材表面传入木材内部，而微波干燥则是热量直接产生在木材内部，木材沿整个厚度均匀热透，热透所需的时间与木料厚度无关，而与电场强度、微波频率以及木料的介电性质有关。

在微波干燥过程中，木材中的水分也是通过木材表面蒸发的。微波加热木材时，木材整个断面的温度相同，当木材表面蒸发水分时，表面温度就降低了，从而产生了内高外低的温度梯度，此梯度方向与木材内的含水率梯度方向一致，同时同方向促进木材内部的水分移动。所以微波干燥木材的时间比普通对流干燥木材的时间大大缩短了。

微波干燥过程中，由于干燥速度快，特别是木材内部水分移动速度快，木材沿厚度上的含水率梯度小，木料在厚度上同时热透。因此，干燥时产生的内应力小。

综上所述，木材微波干燥的特点：
① 加热均匀，干燥速度快；
② 干燥质量高，如内应力小，材色不变化；
③ 易于连续化、自动化生产。

9.6.2.4 微波干燥工艺 国内外微波干燥还处于小批量生产阶段，缺乏成熟的工艺。从经济观点和效果来看，采用气干与微波干燥，或者对流干燥与微波干燥相结合是可行的。如国内有的将木材放在大气中气干一段时间，使木材含水率达到25%左右，然后再进行微波干燥，这样可大幅度减少电能消耗，降低干燥成本。在国外，用对流热空气干燥和微波干燥联合，取得了良好的效果。这种联合方法是基于木材预热时期和纤维饱和点以上的干燥时期，需要消耗大量的热能。这时应向干燥窑输送较高温度的热空气，同时间歇地输入微波能，这样木材加热和表面水分蒸发所需的热量可由对流热空气供给，而让微波能加热木材内部。间歇地输入微波能，还可以使木材内的水蒸气有足够长的时间移到木材表面，从而减少木材横断面上的含水率梯度，防止其表层和内层的不均匀收缩。当木材含水率降到纤维饱和点以下时，随着水分蒸发量的减少，热能消耗也渐渐降低。此时，可降低热空气的温度，同时增加微波输入功率，以促使木材内的水分移到表面，防止表面硬化。

木材微波干燥时，若工艺不当，会出现内裂、表裂和炭化。

内裂：常发生在纤维饱和点以上，由于干燥初期过量地输入微波能，木材内部形成大量的水蒸气，过量的水蒸气压力使木材内部沿着木射线方向开裂。为了防止内裂可减少微波输入量，或增加每次输入微波能的间歇时间。

表裂：由于热空气温度太高，表面水分蒸发速度太快而致，多发生在心材表面。

炭化：是在干燥后期，木材含水率低于纤维饱和点，出现在木材内部及棱边附近。为了防止炭化，可适当地控制木材的终含水率，不要太低，并减少微波能输入。

微波干燥是一种先进的干燥技术，其干燥速度快，干燥质量高，是一大优点。但由于其耗能大，干燥成本高，设备维修复杂，需要专门的防护措施，使得此种方法的应用受到了限制。

在下列情况下可选用微波干燥：

① 干燥贵重的高档木材，如工艺雕刻用材、乐器用材、体育用材等；
② 常规干燥难干的木材；
③ 与气干或对流热空气联合进行干燥。

9.6.3 太阳能干燥

木材干燥是木材加工工业中需要巨大能耗的一个工序。由于能源短缺，人们研究利用太阳能干燥木材的方法。经过多年的研究，现在世界上的太阳能干燥有两种主要形式：一种是温室型太阳能干燥窑；另一种是带辅助热源的太阳能干燥窑。太阳能干燥的优点是可利用来自太阳的无限无污染能源，干燥周期比气干短。缺点是对气候的依赖性大，属低温干燥，干燥时间比常规大，目前应用范围较小，且仅作为预干。

(1) 温室型太阳能干燥窑。它拥有对日照透明的窑顶和墙。窑内吸收的太阳能的热量由循环空气传给木材，从而蒸发并排出水分。可以用玻璃或紫外线稳定塑料作为建造窑顶或透明墙的材料，以减少对于射入的短波太阳能的阻隔，而增强对于从窑内太阳能吸收面向外散发的长波辐射线的阻挡。

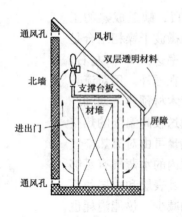

图 9-25　温室型太阳能干燥窑

① 结构：图 9-25 为温室型太阳能干燥窑横断面图，除窑顶与普通干燥窑不同外，其余与普通干燥窑相同。为了很好地接受太阳光能，窑顶需要倾斜，倾斜角度与当地的地理位置有关，其构造主要有以下几部分：

太阳能集热器：太阳能集热器为两块沿顶棚和南墙装置的铝板及覆盖在铝板上双层透明板，沿顶棚安装的集热器有倾斜，以利于空气更好地吸收太阳能。太阳能集热板均涂成暗黑色，使其光学性能尽可能接近黑色物体。

通风系统：风机安装在北墙上部的两个通风口处，由通风口向干燥窑吹入新鲜空气，湿空气则通过北墙下部的两个排气口排出。从通风口抽进来的干空气流经集热板时被加热，再经流材堆，将热能传给木材，并将木材内排出的水分带出干燥窑。

② 干燥效果：干燥 70mm 厚的针叶材，特别是干燥那些经过预干的木材时，干燥速度比大气干燥快，这种干燥窑特别适用于干燥厚度较大的硬质阔叶材。但因为此类干燥窑介质参数不好控制，干燥周期受季节的影响，所以影响对木材流通情况的预测。

(2) 带辅助热源的太阳能干燥窑。这种太阳能干燥窑和常规木材干燥窑很相似，两者都使用加热器，加热器内部流动着载热流体，惟一的区别就是给载热流体加热的方法不同，也就是能源不同，配有辅助热源的太阳能干燥窑，既无温室型太阳能的缺点，又具有常规木材干燥窑的优点。

窑型可任意选择，这种太阳能干燥窑受天气变化影响很小，和其他能源配合可实现高温干燥。其缺点是设备成本较高。

9.6.4　除湿干燥

除湿干燥又叫热泵干燥，以湿空气作为干燥介质。它和常规窑干的不同在于除湿干燥利用低沸点的致冷剂由气体变为液体时放出的热量将空气加热，又利用它由液态变为气态时吸收热量的作用，使木材蒸发出来的水分冷凝成液体而排出室外。

(1) 热泵理论。除湿器的热力学理论和热泵相同，热泵用来从低温区 (Q_L) 吸收热量，并使此热量伴随着某些输入的机械功 (W) 而传递到高温区 (Q_H)，如图 9-26。

固定式热泵的主要组成构件包括有蒸发器、冷凝器、压缩机和控制阀（图9-27）。蒸发器和冷凝器二者构成空气与致冷剂之间的交叉流动的热交换器。空气在热交换器外部流动。致冷剂在热交换器内部流动。经常使用的致冷剂为氟利昂，此类致冷剂不易燃烧，无毒，热学和化学性质稳定，沸点低。

空气流过蒸发器表面时，蒸发器管内的液体致冷剂处于低温状态，从空气中吸收热量后引起蒸发，直到全部转化为蒸汽为止，空气在蒸发器管外失去热量，引起冷却，所含水蒸气冷凝成水，从疏水管排出，被排出的干空气向冷凝器流动。蒸汽状态的致冷剂流入压缩机，压缩机的作用是使致冷剂在除湿器系统内循环运转。

由压缩机流出的致冷剂蒸汽处于较高温度状态，所含热量可用来加热较冷的空气。

 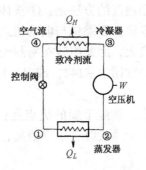

图 9-26　热泵的热力学模型　　　　图 9-27　热泵的主要部件

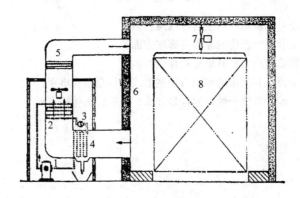

图 9-28　成材除湿干燥窑（自 Simpson，1992）
1. 压缩机　2. 冷凝器　3. 热膨胀阀　4. 蒸发器　5. 辅助加热器
6. 干燥窑外壳　7. 轴流风机　8. 材堆

　　在冷凝器内，致冷剂对流过它的空气加热时被冷却，并由气体转化成液体，然后从冷凝器排出。致冷剂必须从高压冷凝器流往低压蒸发器，因此其压力必须降低。用一种液流面积为可变的热膨胀阀降低致冷剂的压力。致冷剂离开热膨胀阀时的压力和在蒸发器内时的相等。致冷剂如此反复循环，直至干燥结束。

　　锯材除湿干燥主要采用往复式压缩机。压缩机可以是半密封式的或者是密封式的，以密封式的较为普遍。

　　(2) 锯材的低温除湿干燥。图 9-28 所示，为一座有代表性的锯材除湿干燥窑，干燥窑中的空气由于风机的驱动，穿过材堆，这一点和常规干燥窑相同。其不同点是：循环空气的一部分离开材堆后就流过除湿器，在此处排走一部分水蒸气，并对空气供热。

　　除湿器的大多数采用致冷剂 R-12、R-22 和密封式压缩机。室内最高运转温度为 54℃，较高的室内温度能引起压缩阀门的粘结。此外，在较高的温度下致冷剂的压力将接近于压缩机可能承受的最高压力。因此，使用致冷剂 R-12 和 R-22 的常规除湿器限用于低温干燥（低于 54℃）。

　　(3) 成材的高温除湿干燥。为了进一步提高压缩机的工作温度，可将它安装在室外，但同时也带来了较大的热量损失和较低的运转效率。

　　常用的提高工作温度的方法是：①液体致冷剂从蒸发器上方分出的支管渗入压缩机壳体，并流过一根盘绕在压缩机与电动机之外的小管，在流动中吸取热量，这样由于液体的冷却能力比蒸汽大，因此组装在密封壳体内的压缩机与电动机能在较冷的条件下运转。②改换致冷剂，常用 R-142，或 R-114，可使窑内温度大幅度提高。③在干燥窑内增加辅助加热器。

　　和常规窑干相比，除湿干燥的优点是：节能，适用于含水率大于 20% 的阶段。缺点是：干燥速度慢，干燥最终含水率偏高，含水率小于 20% 阶段节能效果不明显。

思 考 题

1. 表裂和内裂产生于什么阶段？产生的原因是什么？
2. 皱缩的表现形式是什么？产生的原因有哪些方面？
3. 干燥过程中如何消除内应力？其原理是什么？
4. 大气干燥有哪些特点？其材堆的堆积有哪些形式？注意哪些事项？
5. 微波干燥、除湿干燥和真空干燥的原理是什么？各有什么优缺点？

第 2 篇 参考文献

1. 马寿康,译. 木材的干燥 [M]. 北京:轻工业出版社,1983.
2. 王子介,译. 热泵的理论与实践 [M]. 北京:中国建筑工业出版社,1986.
3. 朱政贤. 木材干燥 [M]. 北京:中国林业出版社,1992.
4. 成俊卿. 木材学 [M]. 北京:中国林业出版社,1985.
5. 庄寿增,等. 高效节能木材真空干燥技术研究 [J]. 林产工业,1996 (3).
6. 杜国兴. 木材干燥质量控制 [M]. 北京:中国林业出版社,1997.
7. 杜国兴,等. 低压工业汽水炉供热系统及其在干燥进口地板材中的应用 [J]. 林产工业,2001 (6).
8. 宋闯,译. 木材干燥——理论、实践和经济 [M]. 北京:中国林业出版社,1985.
9. 李庆宜. 通风机 [M]. 北京:机械工业出版社,1981.
10. 苗平. 马尾松木材高温干燥的水分迁移和热量传递 [D]. 南京林业大学博士学位论文,2000.
11. 国家机械工业委员会. 风机产品样本 [M]. 北京:机械工业出版社,1988.
12. 南京林产工业学院. 木材干燥 [M]. 北京:中国林业出版社,1981.
13. 张永照,等. 工业锅炉 [M]. 北京:机械工业出版社,1982.
14. 张昌煜,等. 锅炉基本知识 [M]. 重庆:科学技术文献出版社重庆分社,1983.
15. 顾炼百,等. 木废料作能源的高温水木材干燥设备 [J]. 林产工业,1992 (2).
16. 梁世镇,顾炼百,翁文增,等. 木材工业实用大全·木材干燥卷 [M]. 北京:中国林业出版社,1998.
17. Avramidis S. Exploratory radio-frequency / vacuum drying of three B. C. coastal Softwoods [J]. Forest Prod. J.,1992,42 (7/8).
18. Bramhall G. Fick's laws and bound-water diffusion [J]. Wood Sci,1975,8 (3).
19. Keey R B,etc. Kiln-Drying of Lumber [M]. Springer,Berlin,Heidelberg,New York,2000.
20. Milota M R. Applied drying technology 1988 to 1993 [J]. Forest Prod. J.,1993,43 (5).
21. Siau J F. Transport Processes in wood [M]. Springer,Berlin,Heidelberg. New York,1984.
22. Siau J F. Wood:Influence of moisture on physical properties [M]. Virginina Polytechnic Institute and State University,1995.
23. Tu Dengyun,Gu Lianbai,Liu Bin,etc. Modeling and on line measurement of drying stress of Pinus massoniana board [J]. Drying Technology. J.,2007,25 (3).

附录 1

我国 160 个主要城市木材平衡含水率气象值

省区名	地名	1	2	3	4	5	6	7	8	9	10	11	12	年平均
黑龙江	呼玛			13.0	10.7	10.0	12.7	14.9	16.0	14.5	12.7	14.3		13.6
	嫩江			13.4	10.5	10.4	12.5	15.5	16.0	14.7	13.0	14.5		14.0
	伊春		15.1	13.0	10.9	11.0	13.5	15.6	16.8	15.4	13.2	14.8		14.2
	齐齐哈尔	14.9	13.5	11.0	9.6	10.0	11.5	13.9	14.4	13.9	12.2	12.8	14.2	12.7
	鹤岗	13.2	12.2	10.7	9.7	10.3	12.2	15.8	15.9	13.7	11.2	12.3	13.4	12.5
	安达	15.6	14.0	11.5	9.5	9.5	11.2	14.0	14.3	13.1	12.7	13.2	14.8	12.8
	哈尔滨	15.6	14.5	12.0	10.5	9.7	11.9	14.7	15.5	13.9	12.6	13.3	14.9	13.3
	鸡西	14.2	13.2	12.0	10.5	10.6	13.4	14.8	16.2	14.6	12.4	12.4	14.2	13.3
	牡丹江	15.3	13.7	12.2	10.6	10.7	13.3	14.8	15.8	14.6	13.3	13.6	14.9	13.6
吉林	吉林	15.7	14.8	12.8	11.2	10.6	12.9	15.6	17.0	14.9	13.7	14.0	14.9	14.0
	长春	14.5	13.0	11.2	10.1	9.8	12.2	15.0	15.8	13.8	12.3	13.1	14.1	12.9
	敦化	14.3	13.5	12.4	11.0	11.4	14.5	13.8	14.1	15.3	13.3	13.6	14.2	13.5
	四平	14.4	12.9	11.2	10.3	9.8	12.4	15.0	16.0	14.3	12.9	13.0	13.0	13.0
	延吉	13.0	11.9	11.0	10.5	11.1	13.9	15.8	16.2	14.9	13.0	12.8	13.2	13.1
	通化	15.8	14.2	13.0	11.0	10.8	13.6	15.8	16.6	15.6	13.9	14.6	15.0	14.2
辽宁	阜新	11.6	10.5	9.7	9.5	9.2	11.9	14.4	14.8	12.7	12.1	11.8	11.5	11.6
	抚顺	15.1	13.7	12.4	11.5	12.2	13.0	15.0	16.0	14.5	13.4	13.6	14.9	13.8
	沈阳	13.5	12.2	10.8	10.4	10.1	12.6	15.0	15.1	13.7	13.1	12.7	12.9	12.7
	本溪	13.4	12.4	11.0	9.7	9.5	11.6	14.1	14.7	13.5	12.5	12.7	13.7	12.4
	锦州	11.2	10.4	9.7	9.7	9.7	12.6	15.3	15.0	12.4	11.6	10.9	10.6	11.6
	鞍山	13.0	11.9	11.2	10.2	9.6	11.9	14.6	15.6	13.4	12.6	12.7	12.7	12.5
	营口	12.9	12.3	11.7	11.3	11.1	13.0	15.0	15.3	13.4	13.0	13.0	13.0	13.0
	丹东	12.4	12.0	12.5	12.9	14.1	6.8	19.4	18.3	15.3	14.0	13.0	12.7	14.5
	大连	12.0	11.9	11.9	11.5	12.0	15.2	19.4	17.3	13.3	12.3	11.9	11.8	13.4
新疆	克拉玛依	16.8	15.3	11.0	7.4	6.3	5.9	5.6	5.4	6.8	8.8	12.6	16.1	9.8
	伊宁	16.8	16.9	14.8	11.0	10.7	10.9	10.8	10.2	10.5	11.9	14.9	16.9	13.0
	乌鲁木齐	16.8	16.0	14.4	9.6	8.5	7.7	7.6	8.0	8.5	11.1	15.2	16.6	11.6
	吐鲁番	11.3	9.3	7.1	5.8	5.5	5.6	5.7	6.4	7.4	9.2	10.3	12.5	8.0
	哈密	13.7	10.5	7.8	6.1	5.7	6.1	6.2	6.4	6.9	8.1	10.3	12.7	8.4
青海	祁连	10.0	9.8	9.5	9.8	10.9	11.0	12.9	13.0	12.6	11.3	10.9	10.4	11.1
	大柴旦	9.5	9.1	7.1	6.6	7.3	7.6	8.0	7.9	7.6	7.6	8.4	9.3	8.0
	西宁	10.7	10.0	9.4	10.2	10.7	10.8	12.3	12.8	13.0	12.8	11.8	11.4	11.3
	共和	9.3	10.1	8.1	8.7	9.9	10.6	12.0	12.3	12.3	11.8	10.4	10.0	10.5
	格尔木	9.6	8.0	6.9	6.4	6.6	6.7	7.2	7.3	7.6	8.8	9.4		7.7
	同仁	9.0	9.2	9.1	9.7	11.0	11.9	13.2	12.8	13.5	12.4	11.4	9.4	11.0
	玛多	11.6	11.2	10.5	10.2	11.1	11.9	13.0	12.8	12.8	11.3	11.8		11.8
	玉树	9.6	9.1	8.9	9.6	10.8	13.4	13.7	13.9	12.4	10.1	9.3		10.9

(续)

省区名	地名	月份												年平均
		1	2	3	4	5	6	7	8	9	10	11	12	
甘肃	安西	11.6	9.9	7.5	6.6	6.2	6.4	6.9	7.1	6.9	7.6	9.6	11.6	8.2
	玉门镇	11.7	10.0	8.1	6.8	6.4	7.0	8.2	7.9	7.5	8.1	9.4	11.3	8.5
	敦煌	11.0	9.6	7.6	6.9	6.8	7.0	7.7	8.8	7.8	8.4	10.1	11.4	8.6
	酒泉	11.7	10.7	10.3	7.6	7.2	7.7	9.1	9.7	8.7	9.0	10.0	11.7	9.4
	张掖	12.1	10.7	9.3	8.3	8.6	9.1	10.1	10.2	10.4	10.9	11.8	12.6	10.3
	兰州	12.1	10.8	9.8	9.5	9.5	9.5	10.8	11.9	12.8	13.3	12.8	13.3	11.3
	天水	12.3	12.5	11.7	11.5	11.6	11.5	13.5	14.0	15.7	15.7	14.8	13.8	13.2
宁夏	石嘴山	10.6	9.7	8.8	8.5	8.6	8.7	10.3	11.2	10.8	11.1	11.3	11.4	10.1
	银川	12.4	11.0	10.3	9.4	9.2	9.8	11.6	13.0	12.6	12.5	13.0	13.4	11.5
	盐池	9.7	10.0	8.8	8.6	8.2	8.3	10.6	12.2	11.6	11.6	10.7	11.1	10.1
	中宁	10.4	9.7	9.0	8.6	9.0	9.2	10.6	12.0	12.2	11.8	11.9	11.3	10.5
	同心	10.5	9.6	8.8	8.7	8.7	8.2	10.2	11.5	12.0	12.3	11.8	11.2	10.3
	固原	10.8	11.1	10.8	10.8	10.7	10.3	13.6	14.2	14.7	14.5	13.1	11.6	12.2
陕西	榆林	11.9	12.0	9.9	9.3	8.7	8.9	11.1	12.5	12.0	12.3	12.2	12.7	11.1
	延安	11.2	11.0	10.7	10.3	10.5	10.7	13.7	14.9	14.8	13.8	13.0	12.2	12.2
	宝鸡	12.6	12.8	12.6	12.9	12.2	10.3	12.7	13.3	15.7	15.6	14.7	14.0	13.3
	西安	13.2	13.5	12.9	13.4	13.2	10.0	12.9	13.7	15.9	15.8	15.9	14.5	13.7
	汉中	15.4	15.1	14.6	14.8	14.4	13.4	15.1	15.9	17.6	18.4	18.6	17.7	15.9
	安康	13.8	12.4	12.8	13.5	13.6	12.1	13.7	13.2	15.2	16.0	16.9	14.8	14.0
内蒙古	满洲里		15.4	12.7	9.6	8.9	10.0	13.4	14.2	12.9	12.2	14.1		12.7
	海拉尔			15.1	11.2	9.7	11.1	13.6	14.5	13.6	12.7	13.9		13.8
	博克图		14.6	11.7	10.1	9.1	12.4	15.6	16.0	13.6	12.0	13.8	15.5	13.3
	呼和浩特	12.0	11.3	9.2	9.0	8.3	9.2	11.6	13.0	11.9	11.9	11.7	12.1	10.9
	根河			14.3	14.0	11.0	13.0	16.5	16.5	15.6	14.0	16.4		14.7
	通辽	11.7	10.3	9.3	8.8	8.5	11.2	13.6	14.2	12.4	11.4	11.3	11.6	11.2
	赤峰	10.1	9.8	8.8	7.4	7.6	9.8	12.0	12.5	10.7	9.8	9.8	10.1	9.9
山西	大同	11.0	10.5	9.7	8.9	8.5	9.8	12.0	13.0	11.0	11.2	10.7	10.9	10.6
	阳泉	9.2	9.6	10.0	9.0	8.6	9.7	9.1	14.8	12.7	11.8	10.5	9.7	10.4
	太原	10.6	10.4	10.2	9.4	9.5	10.1	13.1	14.5	13.8	12.9	12.6	11.6	11.6
	晋城	10.9	11.2	11.6	11.2	10.7	10.8	14.7	15.4	14.2	12.8	11.9	10.9	12.2
	运城	11.4	11.0	11.2	11.6	11.0	9.5	12.7	12.6	13.6	13.4	14.2	12.5	12.1
河北	北京	9.6	10.2	10.2	9.3	9.4	10.7	14.6	15.6	13.0	12.6	11.6	10.4	11.4
	天津	10.8	11.3	11.2	10.2	10.0	11.7	14.8	14.9	13.3	12.6	12.5	11.8	12.1
	承德	10.1	9.8	9.1	8.2	8.4	10.2	13.7	13.9	12.1	11.3	10.7	10.6	10.7
	张家口	10.3	10.0	9.2	8.3	7.9	9.4	12.2	13.7	10.9	10.4	10.3	10.2	10.2
	唐山	10.6	10.9	10.6	10.1	9.7	11.5	15.2	15.6	13.1	12.8	12.0	11.2	12.0
	保定	11.3	11.5	11.3	9.8	9.8	10.2	14.0	15.6	13.1	13.2	13.4	12.4	12.1
	石家庄	10.7	11.3	10.7	9.4	9.6	9.8	14.0	15.6	13.1	12.9	12.8	12.0	11.8
	邢台	11.7	11.6	11.1	10.3	9.9	10.0	14.3	16.0	13.8	13.4	13.5	12.9	12.4
	德州	12.1	12.2	11.1	10.3	9.5	9.6	14.0	15.2	13.0	12.7	13.0	13.2	12.2
山东	济南	10.9	11.2	10.2	9.3	8.9	9.3	9.3	9.8	9.9	10.9	10.0	11.6	10.1
	青岛	13.5	13.6	12.9	12.9	13.2	15.5	19.2	18.2	15.2	14.4	14.5	14.6	14.8
	兖州	12.9	12.5	11.4	10.8	10.7	10.4	15.2	15.5	14.0	12.9	13.7	13.6	12.8
	临沂	12.2	12.5	12.0	11.7	11.6	12.4	16.8	15.8	14.3	12.8	13.2	13.0	13.2

(续)

省区名	地名	月份												年平均
		1	2	3	4	5	6	7	8	9	10	11	12	
江苏	徐州	13.4	13.0	12.4	12.4	11.9	11.7	16.2	16.3	14.6	13.4	13.9	14.0	13.6
	上海	14.9	16.0	15.8	15.5	13.6	17.3	16.3	16.1	16.0	15.0	15.6	15.6	15.6
	连云港	13.4	13.5	12.6	12.3	12.0	12.8	15.8	15.1	14.0	13.0	13.6	13.6	13.5
	镇江	13.7	14.4	14.6	14.9	14.6	14.6	16.2	16.1	15.7	14.2	14.7	14.2	14.8
	南通	15.5	16.4	16.6	16.6	16.4	16.9	18.0	18.0	16.9	15.4	15.9	15.6	16.5
	南京	14.4	14.8	14.7	14.5	14.6	14.6	15.8	15.5	15.6	14.5	15.2	15.0	14.9
	武进	15.1	15.7	15.8	16.1	15.9	15.6	16.1	16.5	16.9	15.4	15.9	15.9	15.9
安徽	蚌埠	14.2	14.1	14.1	13.6	13.0	12.2	15.0	15.2	14.8	13.7	14.3	14.4	14.1
	阜阳	13.5	13.4	13.9	14.3	13.8	12.0	15.5	15.5	14.8	13.6	13.6	13.9	14.0
	合肥	14.9	14.8	14.8	15.1	14.6	14.4	15.8	15.0	15.0	14.1	15.0	15.0	14.9
	芜湖	15.5	16.0	16.5	15.8	15.5	15.1	15.9	15.4	15.7	15.0	16.0	15.9	15.7
	安庆	14.6	15.3	15.8	15.7	15.5	15.1	15.0	14.4	14.6	13.9	14.8	15.0	15.0
	屯溪	15.7	16.3	16.5	16.0	16.1	16.4	14.8	14.7	15.0	15.4	16.4	16.7	15.8
浙江	杭州	16.0	17.1	17.4	17.0	16.8	16.8	15.5	16.1	17.8	16.5	17.1	17.0	16.8
	定海	13.6	15.0	15.7	17.0	18.0	19.5	18.5	16.5	15.2	13.9	14.1	14.1	15.9
	鄞县	15.6	17.0	17.2	17.0	16.7	18.3	16.5	16.1	17.7	16.8	17.0	16.6	16.9
	金华	14.8	15.6	16.5	15.4	15.5	16.0	13.3	13.4	14.4	14.5	15.1	15.9	15.0
	衢州	16.0	16.8	17.1	16.0	16.1	16.3	14.1	13.9	14.4	14.5	15.5	16.1	15.6
	温州	14.7	16.5	18.0	18.3	18.5	19.4	16.0	16.5	16.8	15.0	14.9	14.9	16.8
江西	九江	15.0	15.6	16.5	16.0	15.8	15.7	14.1	14.4	14.8	14.5	15.1	15.2	15.2
	景德镇	15.4	16.1	16.9	16.0	16.6	16.8	15.0	14.8	14.4	15.0	15.5	16.2	15.7
	南昌	15.0	16.6	17.5	16.9	16.5	16.2	13.9	13.9	14.1	13.9	15.0	15.2	15.4
	萍乡	17.6	19.3	19.0	17.8	17.0	16.2	13.8	14.8	15.6	16.0	18.0	18.3	17.0
	赣州	14.9	16.5	17.0	16.5	15.3	15.5	12.8	13.3	13.1	13.2	14.6	15.4	14.8
福建	南平	15.7	16.4	16.1	15.9	16.0	16.8	14.1	14.5	14.9	14.9	15.8	16.4	15.6
	福州	14.2	15.6	16.6	16.0	16.5	17.2	14.8	14.9	14.9	13.4	13.7	13.9	15.1
	龙岩	13.8	15.0	15.8	15.2	15.4	16.8	14.5	14.8	14.3	13.5	13.7	13.9	13.7
	厦门	13.9	15.3	16.1	16.5	17.4	17.6	15.8	15.4	14.0	12.4	12.9	13.6	15.1
台湾	台北	18.0	17.9	17.2	17.5	15.9	16.1	14.7	14.7	15.1	15.4	17.0	16.9	16.4
河南	开封	13.0	13.2	12.7	12.0	11.6	10.8	15.1	15.9	14.3	13.8	14.5	13.8	13.4
	郑州	12.0	12.6	12.2	11.6	10.8	9.7	14.0	15.1	13.4	13.0	13.4	12.3	12.5
	洛阳	11.4	12.0	11.9	11.6	10.8	9.7	13.6	14.9	13.4	13.3	13.4	12.0	11.3
	商丘	14.3	14.0	13.5	13.0	12.1	11.4	15.5	15.8	14.8	14.0	14.4	14.6	14.0
	许昌	12.4	12.7	12.9	12.8	12.1	10.5	14.8	15.5	14.0	13.5	13.6	13.0	13.2
	南阳	13.5	13.2	13.4	13.0	11.4	15.1	15.2	13.8	13.8	14.3	13.9	12.9	
	信阳	15.0	15.1	15.1	14.9	14.4	13.5	15.5	15.9	15.5	15.1	15.8	15.4	15.1

(续)

省区名	地名	月份												年平均
		1	2	3	4	5	6	7	8	9	10	11	12	
湖北	宜昌	14.8	14.5	15.4	15.3	15.0	14.6	15.6	15.1	14.1	14.7	15.6	15.5	15.0
	汉口	15.5	16.0	16.9	16.5	15.8	14.9	15.0	14.7	14.7	15.0	15.9	15.5	15.5
	恩施	18.0	17.0	16.8	16.0	16.1	15.1	15.5	15.1	15.4	17.3	19.0	19.8	16.8
	黄石	15.4	15.5	16.4	16.5	15.5	15.1	14.4	14.7	14.5	14.5	15.4	15.8	15.3
湖南	岳阳	15.4	16.1	16.9	17.0	16.1	15.5	13.8	14.8	15.0	15.3	15.9	15.8	15.6
	常德	16.7	17.0	17.5	17.4	16.1	16.0	15.0	15.5	15.4	16.0	16.8	17.0	15.0
	长沙	16.4	17.5	17.6	17.4	16.6	15.5	13.5	13.8	14.6	15.2	16.2	16.6	15.9
	邵阳	15.6	17.0	17.1	17.0	16.6	15.2	13.6	13.9	13.3	14.4	15.9	15.8	15.5
	衡阳	16.4	18.0	18.0	17.2	16.0	15.1	12.8	13.4	13.2	14.4	16.1	16.6	15.6
	郴县	17.6	19.2	18.0	16.8	16.5	14.8	12.5	14.2	15.7	16.4	18.0	18.9	16.6
广东	韶关	13.8	15.5	16.0	16.2	15.6	15.5	13.8	14.4	13.7	13.0	13.5	14.0	14.6
	汕头	15.5	17.0	17.5	17.5	17.9	18.5	17.0	17.0	16.2	15.0	15.3	15.4	16.7
	广州	13.1	15.5	17.3	17.5	17.5	18.0	17.0	16.5	13.5	13.4	12.9	12.8	15.6
	湛江	15.4	18.8	20.2	18.9	16.5	17.0	15.8	16.5	15.7	14.4	14.6	15.0	16.6
	海口	18.2	19.8	19.0	17.5	16.6	17.0	16.0	18.0	18.0	16.7	17.0	17.7	17.6
	西沙	15.0	15.6	16.0	15.8	15.6	17.0	17.0	17.0	17.5	15.8	16.0	15.0	16.1
广西	桂林	13.7	15.1	16.1	16.5	16.0	15.5	14.7	15.1	13.0	12.8	13.7	13.6	14.7
	梧州	13.5	15.5	17.0	16.6	16.4	16.5	15.4	15.8	14.8	13.2	13.6	14.1	15.2
	南宁	14.4	15.8	17.5	16.5	15.5	16.1	16.0	16.1	14.8	13.9	14.5	14.3	15.5
四川	阿坝	11.1	11.2	11.1	11.3	12.5	14.2	15.5	15.6	15.8	14.6	12.8	11.6	13.1
	绵阳	15.4	15.2	14.5	14.1	13.5	14.5	16.5	17.1	16.6	17.4	19.0	16.6	16.7
	万州	17.5	15.8	15.9	15.6	15.8	15.9	15.4	15.0	16.0	18.0	18.0	18.6	16.5
	成都	16.3	17.0	15.5	15.3	14.8	16.0	17.6	17.7	18.0	18.8	17.5	18.0	16.9
	雅安	15.6	16.1	15.2	14.5	14.0	13.8	15.1	15.2	17.0	18.5	17.5	17.5	15.9
	重庆	17.0	15.7	14.9	14.5	15.0	15.2	14.2	13.6	15.3	18.2	18.0	18.1	15.8
	乐山	16.1	17.0	15.2	14.6	14.8	15.2	17.0	17.1	17.5	18.7	18.0	17.6	16.6
	宜宾	17.0	16.9	15.1	14.6	14.8	15.6	16.6	16.0	16.9	19.1	16.5	17.0	16.5
贵州	铜仁	15.4	15.5	16.0	16.0	16.6	16.0	15.0	15.1	14.5	16.0	16.2	15.8	15.7
	遵义	16.6	16.5	16.4	15.4	15.9	15.4	14.6	15.3	15.4	17.9	17.6	18.0	16.3
	贵阳	16.0	15.9	14.7	14.2	15.0	15.1	14.9	15.0	14.6	15.7	16.0	16.1	15.3
	安顺	17.7	17.6	15.4	14.5	15.6	15.2	16.5	16.6	15.5	17.5	17.1	18.0	16.5
	榕江	14.7	15.1	15.2	15.2	16.1	16.8	17.0	16.9	15.2	15.9	16.1	15.7	15.8
云南	丽江	9.0	9.3	9.4	9.6	10.7	14.6	16.5	17.5	17.0	14.4	11.5	10.2	12.5
	昆明	13.2	11.9	10.9	10.3	11.8	15.3	17.0	17.7	16.9	17.0	15.0	14.3	14.3
西藏	昌都	8.4	8.5	8.3	8.6	9.3	11.2	12.1	12.8	12.5	11.1	9.1	8.8	10.1
	拉萨	7.0	6.7	7.0	7.6	8.1	9.9	12.6	13.4	12.3	9.5	8.2	8.1	9.2
	日喀则	7.2	5.7	6.1	6.2	7.1	9.5	12.4	13.8	11.8	9.9	7.5	7.6	8.7
	江孜	6.1	5.8	6.5	7.1	8.1	9.8	12.5	14.3	12.5	8.9	7.5	6.9	8.0

(自朱政贤,1985)

附录2 含水率干燥基准示例[*]

表1 20~30 mm 国产针叶材干燥基准

含水率（%）	干球温度（℃）	干湿球温差（℃）
50 以上	70	5
50~40	70	6
40~30	75	8
30~25	78	14
25~20	82	18
20~15	85	20
15 以下	90	25

注：此基准适用于厚 20~30 mm 的松木、云杉、冷杉、铁杉及杉木板材。

表2 20~30 mm 落叶松干燥基准

含水率（%）	干球温度（℃）	干湿球温差（℃）
40 以上	70	3
40~30	72	4
30~25	75	7
25~20	78	10
20~15	80	15
15 以下	85	25

表3 20~30 mm 国产软阔叶材干燥基准

含水率（%）	干球温度（℃）	干湿球温差（℃）
50 以上	70	5
50~40	70	6
40~30	72	8
30~25	76	14
25~20	80	18
20~15	85	20
15 以下	85	25

注：此基准适用于厚 20~30 mm 的椴木、杨木、拟赤杨、白桦等板材。

表4 20~30 mm 国产硬阔叶材干燥基准

含水率（%）	干球温度（℃）	干湿球温差（℃）
40 以上	55	3
40~30	60	4
30~25	65	7
25~20	70	10
20~15	75	15
15 以下	82	25

注：此基准适用于厚 20~30 mm 的水曲柳、榆木、黄波罗、核桃楸、榉木、色木、枫香、西南桦、橡胶木等。

---

[*] 自顾炼百，2002。

表5 20~30 mm 栎木、青冈类木材干燥基准

含水率（%）	干球温度（℃）	干湿球温差（℃）
40 以上	40	1.5
40~35	43	2~2.5
35~30	43	3
30~25	45	5
25~20	50	8
20~15	55	12
15~12	65	15
12 以下	72	25

表6 20~30 mm 柚木、康帕斯、波罗格干燥基准

含水率（%）	干球温度（℃）	干湿球温差（℃）
40 以上	50	3
40~35	55	4
35~30	60	5
30~25	62	7
25~20	65	10
20~15	70	15
15 以下	80	25

表7 20~30 mm 重黄娑罗双、子京木等干燥基准

含水率（%）	干球温度（℃）	干湿球温差（℃）
40 以上	40	2
40~35	40	2.5
35~30	42	3
30~25	45	5
25~20	50	8
20~15	55	12
15~12	65	15
12 以下	68	25

第3篇

木制品加工工艺

概　论　*248*
第10章　木制品的材料与结构　*253*
第11章　机械加工工艺基础　*274*
第12章　实木零件加工　*289*
第13章　板式部件制造工艺　*325*
第14章　弯曲成型　*350*
第15章　木制品装饰　*375*
第16章　木制品装配　*404*
第17章　工艺设计　*410*

概 论

1 木制品的分类及所用材料

木制品是指以木质材料为主体所制成的制品。由于木材具有强重比高，可再生，纹理和色泽赏心悦目，触感好等特点，同时又是深受人们喜爱的环保材料，所以得到了广泛应用。其制品种类繁多，但本篇主要以木家具、建筑木结构、木质船舶等方面内容为主要研究对象。

木制品所包含的范围比较广泛。

军工方面：主要有枪托、手榴弹柄、模型机、救生艇等；

工业方面：主要有渔船（包括船架、船壳、甲板、舵、尾轴筒及轴承等部件）；纺织用的木梭、纱管、走梭板等；人造板，包装箱（军工包装箱、茶叶包装箱、食品包装箱、工业用品包装箱等），车辆的厢板（客车、货车、火车的厢板）；

民用方面：木质家具、木质地板、铅笔、制图板、木座、木雕、印章、玩具、木贴画、宫灯、折扇、镜框、屏风、乐器、农具；

体育用品方面：主要有运动器材（赛艇、乒乓球台、球拍、高尔夫球棍、网球拍、箭、平衡木、单杠、双杠等）；

建筑方面：主要有门、窗、梁等及目前应用广泛的室内木装修制品等。

木制品生产对木材材质的要求见下表：

类别	材质要求	常用材料及树种	应用部位
车辆用材：			
1. 外部用材	强度大（抗弯、抗压），耐磨，耐久性强	水曲柳、柞木、樟子松、色木、落叶松、竹胶合板	卡车、货车的厢板和地板
2. 内部用材	具有一定的强度，纹理美观，变形小，耐久性强	水曲柳、柞木、榆木、色木、红松、柳安等人造板	客车桁架、内部装饰及木地板
船舶用材	强度大（抗弯、抗压、抗剪），耐磨，有韧性，不腐蚀金属	柏木、杉木、落叶松、红松、柚木、水曲柳、榉木、檫木等	松木、杉木适合做门、窗、甲板和地板。其他用做船舱和内部装饰
建筑用材	抗弯、抗压、耐久性强，变形小，易施工	杉木、红松、马尾松、落叶松、集成材、层积材	杉木和红松适合于做门窗，其他可做桁架

(续)

类别	材质要求	常用材料及树种	应用部位
家具用材	木材质量适中，材色悦目，纹理美观，易于油漆装饰，变形小，具有足够的强度 表面装饰用材主要采用珍贵的树种木材	水曲柳、榆木、楸木、黄波罗、柞木、桦木、椴木、栲木、楠木、柚木、花梨木、桃花心木、酸枝木等进口的硬阔叶材	硬阔叶材用于装饰表面或框架
地板	木材的质量较重，强度高，纹理美丽，材色悦目，不易变形	水曲柳、柞木、桦木、柚木、红木、竹材及人造板材等，康巴斯、波罗格、山毛榉等进口硬阔叶材	实木地板、复合地板等

（自刘忠传，1983）

2 木制品加工工艺的发展

木制品加工在我国是一门传统产业，但是随着社会的发展该行业也发生了相当大的变化。

（1）生产方式发生了变化。木制品行业自古以来，就以手工操作为主，无论是建筑木结构，还是木质家具、木盆、木桶等器皿都是以手工、现场操作为主，而且前店后坊，家庭手工作坊的生产方式比较普遍。建国后，其生产方式和生产规模发生了一些变化，改革开放以后该行业才实现了真正的飞跃。生产技术和管理体制发生了显著而且深刻的变化，其生产方式主要以机械化生产线、自动化流水线为主，其规模也越来越大。专业化分工（也就是专业协作厂）生产模式日趋成熟，如家具企业需要的制材、干燥、刨切薄木、贴面、胶合弯曲、拼板等都有专门厂家生产，彼此之间进行订货即可。如实木地板生产由制材、干燥、地板白坯生产及涂饰等不同的企业来完成，实现了专业生产，为提高产品质量、生产效率和效益奠定了基础；生产管理模式从发挥劳动者的生产积极性出发，变固定工资、等级工资为计件工资制、计时工资制、效益工资制、责任工资制、基础工资制等多种方式；销售模式也从区域式发展到全国、全球，变"前店后厂"的地产地销为多层次多渠道跨地区流通。总之，基本上实现了大流通、大生产、专业化的生产方式。

（2）木制品的原材料、结构、工艺也发生了变化。传统木制品的原料主要指天然原木，但随着环境保护的加强及天然林蓄积量的减少，现在已经发展到天然原木板材、人造板材、集成材等多种材料并存，根据使用场合、产品性能、零件强度要求不同而合理选用的生产模式。天然原木板材作为家具用材主要是用在结构部件及需要铣、雕刻等部位上，并且经常以胶合拼板或集成材的形式出现，其他用材则大多数为人造板或经过贴面装饰的人造板材。建筑用材多数为集成材、层积材及定向刨花板等材料，这些材料在强度和耐久性等方面都有优于原木的性能。

随着各类人造板生产设备与板式家具生产线设备的引进和创新，中密度纤维板和刨花板在家具业中得到了广泛的应用，从而促进了板式家具不断发展和完善，其表面装饰种类和技术也有了较大的发展。

由于原材料运用的不同，其产品结构也随之发生了变化。传统上主要采用榫卯结构、木栓及竹签连接，几乎没有金属连接件，但随着人造板的普及运用，金属机械加工业的发展，现代五金件、圆榫也被广泛地运用，从而出现了板式家具、待装家具（RTA）、拆装家具等家具结构形式。机械化和自动化流水线是新型家具结构的基础，同时新型家具结构又充分发挥了流水线生产效率高、加工精度高的特点。传统木制品采用综角榫结合及斜角暗套榫等结构，与当时的手工生产方式相适应，但与现代化的生产方式及加工特点不适应，所以目前更多的木制品结构形式是采用金属连接件、圆榫、长圆形榫和直角榫等方式连接。

木制品的连接方式的发展，不仅能适应流水线生产，提高生产效率，提高产品质量，而且便于产品运输、包装、贮存，实现大生产、大流通。随着连接件高速发展及其性能的提高，实木家具结构也开始采用金属连接件进行连接。

（3）木制品设计变化。木家具设计是木制品设计的代表，其变化最大。首先是沿用传统的图样、结构、加工形式，其次是以广东为代表的模仿国外款式，然后再从南向北，从沿海向内陆迅速扩展传播开来，最后以已初具规模的企业为代表，开始注重品牌，注重知识产权。特别是随着加入WTO，外资和国外的产品进入中国，国际竞争局面的形成，促进了我们家具工业的全面进步，特别在产品设计上开始走自己的路。

在设计思想上也发生了变化，以往更多考虑其功能性设计和强度设计，而现在更注重造型设计及如何体现以人为本的设计思想，在设计中大量应用人体工程学知识就是一个例证；此外色彩的运用也更加鲜明、更加体现个性；在材料运用上，主要表现为多材质的搭配，如金属、塑料及各种装饰材料的大量运用，更能体现时尚、体现现代感。与此同时，另一种设计思潮是复古设计，如果不是作为艺术品，而是工业品，那就要通过先进的设备来实现，如采用数控加工中心（CNC）进行雕刻及加工复杂曲面等。

（4）新材料、新技术促进了木制品的发展。随着现代科学技术的飞速发展，新技术、新材料不断涌现。木材表面的强化处理技术、压缩技术、弯曲技术、木塑复合技术、木材塑化、人造木技术、重组木技术、木材漂白技术、染色技术、防火技术、防腐技术、冲压技术、烙花技术、油印技术、贴面技术等，这些技术为提高木材的利用范围，拓展材质较差材料的使用范围和使用性能提供了可能性。防火技术为木质门、窗、木质室内装饰材料在高层建筑中的安全使用创造了条件。人造木技术的成熟为劣材优用提供了技术条件，现已应用很多，例如用杨木模仿榉木已经获得成功。

木材表面的强化处理技术：用物理、化学或两者兼用的方法处理木材，使处理剂沉积填充于细胞腔内，或与木材组分发生交联，从而使木材密度增大、强度提高。主要形式为浸渍木（impreg）、胶压木（compreg）、压缩木（staypak）、强化木（densified）等。

弯曲技术：通过物理或化学的方法改变木材的形状。

木塑复合材：木材中注入不饱和烯烃类单体或低聚体、预聚后，利用射线照射或催化加热手段提供能量，使其在木材内聚合固化后所得到的材料。WPC与素材相比，尺寸稳定性高，各种强度指标（硬度、抗压、耐磨性等）都大幅度上升，外观美丽，维护保养方便，是耐久、优质的建筑用材。在发达国家已经商品化。

木材的漂白技术、染色技术扩大了木材的应用范围，特别对有色差及材色不正的木材能大大地提高其附加值。木材冲压技术、烙花技术、油印技术应用又能进一步提高木质工艺品的品质及艺术价值，如可在木扇上印、烙国画等。

木皮厚度变得越来越薄，现在最薄的木皮已达 0.2 mm（也有低于 0.2 mm 的），再配上成熟的贴面技术，使珍贵树种应用范围越来越广泛，从而能满足更多人们追求名贵木材的心理，提高了产品档次。木材贴面技术不仅能贴木皮，也能贴各种不同图案、颜色及性能的纸、装饰板，使被贴表面的外观具有一定的装饰性及防火、耐酸、耐碱性能。目前贴纸技术不仅应用于人造板，而且应用在实木（如橡胶木）上，目的是为取得一致的装饰效果。

对于木材或人造板表面经过铣削后，再利用真空覆膜技术将聚氯乙烯（PVC）、木皮或其他材料进行表面覆面，能取得具有一定立体感的装饰效果，如工艺门等。

木制品表面涂饰总的趋势是向环保方向、简单工艺方向发展，水性涂料及光固化漆（UV 漆）在涂饰及使用过程中都不会对环境产生污染。

数控机床的应用促进了木制品的加工技术及加工精度的发展：应用数控机床的效益主要表现为提高生产效率，减少现场操作工人数量，提高产品质量，避免了对工人操作技能的依赖，实现 CAD 设计和 CAM 制造控制系统一体化。避免中间信息传递失误（包括对图纸的理解，设备调整误差等），有利于零废品率生产。如用五轴机床加工最复杂的仿古式椅子靠背部件，生产 1 万件都毫无差异，确保形状和尺寸精度，提高产品档次。

（5）计算机的应用促进了木制品行业的发展。以计算机为代表的信息技术，促进了木制品的生产、管理和设计的发展，引进高新技术改造传统产业，是振兴中国木制品产业实现二次创业的关键。

计算机在产品造型设计、零部件图绘制、自动算料和编制零部件明细表等方面都已经得到普及，并在材料的利用率、成本管理等方面都有相当好的业绩。

CIMS（计算机集成制造系统）就是利用现代信息技术、管理技术和生产技术对生产企业从产品设计、生产设备、生产管理、加工制造直到销售与用户服务的全过程的信息进行统一管理、控制，以优化企业的生产活动，提高企业效益和市场竞争能力。美国 CIMS 理论和技术比较发达，他们不是将 CAD（计算机辅助设计）、CAM（计算机辅助制造）、CAPP（计算机辅助生产管理）等孤立地运用，而是组织起来，研制用于木工家具的集成化软件系统。应用该软件就可以使在同一网络下各个部门不仅拥有同样的信息，而且可以通过删除多余的相互矛盾的数据，来节约许多无效劳动，减少停机待料的时间，提高准确性。由于实行自动化生产，复杂的劳动全部由设备完成，生产过程中工人只是进行一些简单的操作，从而避免了人为的错误。网络技术、条形码技术、生产控制技术、数据库技术都以专用软件为基础。

采用柔性化制造系统即非标准化的生产方式，小批量多品种，而且同样是高效率的生产体系。应用 CAD、CAM、CAPP 等技术手段，按事先编好的程序，在同一台设备或同一条生产线上，高效、准确地生产多种型号的产品，每种型号就是一个标准。

及时化生产是在需要的时间和地点，及时生产必要数量和质量的产品和零部件，以杜绝超量生产，消除无效劳动和浪费，达到用最少的投入实现最大的产出的目的。及时化生产主要是将传统的月计划改为日计划，从而实现零库存。

木制品零件特别是家具零件的标准化，互换性技术的采用为家具大批量、多品种生产创造了条件，也提高了产品的生产效率、生产效益等。在这个知识、信息的新世纪中，许多新技术的出现将为木制品生产创造更广阔的发展空间。

在可预见的未来，木制品业将向着软科学方面发展，如采用极其科学的管理方法，包括成本管理和物质管理，来提高产品质量。随着计算机与机床结合的日益紧密，木材行业的全面自动化生产不会太远。

3 木制品加工工艺学的研究内容

木制品加工工艺学的研究内容包括：木制品材料的选用、木制品结构及木制品加工工艺等。

材料研究指如何选择材料，如何利用材料的特性，如何改变材料的特性来满足木制品的需要。通过物理方法、化学方法或二者联合方法来改变材料的颜色、强度、硬度、性能、纹理、密度等方面性能从而达到木制品的要求。目前采用比较多的改性方法：木材的软化、木材的漂白及染色、木材表面强化、人造薄木及木材的塑化等。

结构研究就是使木制品的结构更合理，生产效率更高，装配、加工、运输更简单、更方便，研究结构与木制品强度及性能之间的关系，从而使木制品能满足不同层次人们的需求。如 RTA 拆装结构的研究就是为了便于运输、销售、生产等。

工艺研究主要目标是提高生产率，降低成本，提高材料的利用率，挖掘设备潜能和扩大其使用范围，提高和保证木制品的产品质量，合理的工艺设计及设备选型，同时研究采用新工艺来适应新型木制品的加工需要。工艺研究还包括生产管理的研究，如生产定额、成本核算等内容。

随着人们生活水平提高、国民经济和科学技术的发展，木制品生产工艺学也将会拓展其研究的范围，采用新的研究手段和方法来满足社会飞速发展的需要。

第 10 章　木制品的材料与结构

[本章重点]

1. 各种板材（刨花板、中密度、细木工板、集成材、空心板、贴面材料、贴面板）的特性及适用范围。
2. 主要胶种［UF、PVAc（白乳胶）、PF、R/PF、热熔胶、皮骨胶等］的特性。
3. 五金件的种类、形式及连接方式、特点。
4. 木制品基本结构件的种类、结构形式（接合形式）及适用场合。

10.1　材料与配件

10.1.1　锯　材

锯材是指原木经制材加工所得到的产品。锯材按厚度尺寸分为薄板（主要指21 mm以下的板材）、中板（主要指25～35 mm的板材）和厚板（主要指40～60 mm的板材），具体请参阅 GB/T153—1995.1 和 GB/T4817—1995。普通锯材按材质（节疤、钝棱、腐朽等缺陷所占的比重）分为一、二、三等。

按锯材年轮切线与宽材面的夹角分类，锯材又分为径切板和弦切板，例如钢琴的共鸣板就要求用径切板；为了防止地板翘曲变形，实木地板也应首选径切板；从防渗水的角度考虑，船甲板、木桶等器皿就要求采用弦切板。

径切板具有抗弯强度高、变形小等特点，适合于结构用材；弦切板花纹美丽，抗渗透能力强，但抗弯强度低，容易变形，适合于要求外观美观及防渗透的木制品，如木盆、木桶等器皿。总之，各种不同用途的木制品对锯材材质的要求也有所侧重。

天然木材具有如下特点：

(1) 木材具有较高的强重比，在建筑上应用较多。

(2) 虽然绝干木材是电、热的不良导体，但却是声波的良导体，且随着含水率的增加，导电性也增强。

(3) 易于机械加工，能车、磨、铣、刨、钻等加工；易于接合，如可采用胶、钉、螺钉、圆榫及金属连接件等形式。

(4) 由于木材具有美丽的天然色泽、纹理、较好的触感和易于装饰，且能冬暖夏凉，使人有安全感等特点，所以被广泛地应用于木家具业和室内装饰业。

(5) 随着环境温度和空气湿度的变化，木材会发生干缩或湿胀，严重时会出现变形、翘曲或开裂。

(6) 不同树种及同一树种的不同部位材料都具有明显的物理力学性能差别，其变形能力也完全不同。

(7) 锯材宽度受原木直径的限制，并具有天然缺陷，如节子、斜纹理等。

所以在木制品设计和制造过程中，就应该充分发挥木质材料的优点及特性，同时避其缺点，使木制品达到高质量、高使用性能的效果。

10.1.2 人造板

为了克服天然木材的各向异性，特别是变形和力学性能差异，充分合理地利用森林资源，人造板得到了迅速的发展。常用人造板种类为胶合板、刨花板、纤维板等，其共性是：幅面大（多数为 1.2 m×2.4 m），长度和宽度方向上质地均匀，缺陷少等，但各自性能也存在着不小的差异，所以应根据木制品使用环境和要求有目的地选择使用。

10.1.2.1　胶合板　是用三层或奇数多层的单板胶合而成。单板常见有旋制和刨制两种，其中刨制单板由于花纹比较美丽，多用于胶合板面层，用其制成的胶合板多用于家具、车厢、船和房屋内部装修等。为了克服木材各向异性所带来的不良影响，同时又能保持木材固有优点，经常采用相邻层单板间纤维方向互相垂直的制造方法，其层数多为 3、5、7、9 等，厚度为 3 mm、3.5 mm、4 mm、5 mm、6 mm 等。市场上常见三夹板的厚度为 2.7 mm，主要是减少表面单板厚度而形成的。

单板也可以与钢、锌、铜、铝等金属片材复合，从而使该复合材料在强度、刚度、表面硬度等方面得到提高，常被用于箱、盒及飞机等产品制造。

胶合板分类：

① Ⅰ类（NQF）：耐候、耐沸水胶合板。采用酚醛树脂胶或相当性能的胶黏剂进行胶合制成的，具有耐久、耐煮沸或蒸汽处理和抗菌等性能，适合于室外使用。

② Ⅱ类（NS）：耐水胶合板。能在冷水浸渍，能经受短时间热水浸渍，并具有抗菌特性，但不耐煮沸。主要采用脲醛树脂胶进行胶合。

③ Ⅲ类（NC）：耐潮胶合板。能在短时间内冷水浸渍，适合于室内常态下使用。

④ Ⅳ类（BNC）：不耐潮胶合板。室内常态下使用，具有一定的胶合强度。

10.1.2.2　刨花板　是利用木材加工的下脚料、小径材及枝丫材所制成的刨花与胶料拌合，经过热压而成。刨花板按制造方法分为挤压法、平压法等。挤压法刨花板目前应用得较少，而平压法刨花板应用得相当普遍。平压法一般又分为单层、三层、渐变等三种结构形式。刨花板的厚度尺寸有 6 mm、8 mm、10 mm、13 mm、16 mm、19 mm、22 mm、25 mm、30 mm 等。

单层结构刨花板：由大小不同的刨花经拌胶、铺装和热压而成。由于该刨花板表面的刨花粗细不均，如该板被用于贴面，特别是饰面材料比较薄时，容易产生表面不平整，而且其强度不如其他结构的刨花板，所以现在使用较少。

三层结构的刨花板：外层为较细的机械刨花，用胶量较大，芯层为较粗的刨花，用胶量也较小。三层结构的刨花板适合于制造家具，但其结构应该是对称的，否则贴面时容易翘曲变形。

渐变结构刨花板：在板的厚度方向上，由外到里，其刨花的形状和尺寸逐渐加大，并且没有明显界限，这种刨花板强度较高。

目前在建筑上应用较多的是定向刨花板（OSB），主要用于墙体装饰、工字梁、包装箱等方面，其刨花尺寸比普通刨花尺寸大得多，所以其强度也增强了许多，纵向的强度增加得更多，表面的平整度比较差，不适合表面贴薄材料装饰。另外农作物秸秆刨花板主要用于建筑墙体材料、包装箱垫块及家具用材等，但该板子的防腐、防霉性能应该进一步加强。除此之外，刨花板的家族中还有水泥刨花板、石膏刨花板、矿碴刨花板等多种类型，其性能也不尽相同，选用时具体问题具体分析。

刨花板的特点：

① 板材幅面各个方向的性质一致，结构比较均匀，且湿胀干缩比较小，遇水主要是在板材的厚度方向上膨胀。

② 对于连续法生产的刨花板可以根据需要进行截断。

③ 刨花板可根据用途选择所需要的厚度规格，使用时厚度上不需要再加工，只能少量地砂光，否则影响板子的强度。

④ 刨花板的握钉力与其密度成正比。三层结构的刨花板，内层密度小于表面的密度，其握钉力也低于表层，所以垂直板面的握钉力高于平行板面的握钉力。

⑤ 刨花板可直接使用不需干燥，在贮存时应放平，防止变形。

⑥ 一般来说板子密度与其强度成正比，与其制品的质量也成正比。

⑦ 刨花板边缘暴露在空气中容易使边部刨花脱落、且边部吸湿产生膨胀，影响其质量，故应进行封边处理。

⑧ 刨花板的表面贴面质量与其表面刨花的颗粒均匀程度有关。表面刨花细而均匀，易贴薄的装饰材料。

⑨ 便于实现生产自动化、连续化。

10.1.2.3 纤维板 是利用木材或其他植物纤维制成的一种人造板。根据密度不同可分为硬质纤维板、中密度纤维板和软质纤维板。硬质纤维板结构均匀，强度较大，可以代替薄板使用，缺点是表面不美观，易吸湿变形，可用于建筑、家具制造等方面，目前由于湿法生产的硬质纤维板污染环境，所以生产量已经很少了。软质纤维板，密度较小，物理力学性质不及硬质纤维板，但其绝缘、保温、吸音及装饰等性能优良，因此是室内装修的理想吊顶饰面材料。中密度纤维板主要用于家具制造、包装、音箱及电视机壳等方面，是目前应用较广泛的一种材料。

中密度纤维板（MDF）的特点：

① 中密度纤维板强度高，其抗弯强度为刨花板的 2 倍。

② 表面平整光滑，无论是厚度方向上，还是宽度方向上都可以胶合和涂饰，且胶合后的加工性能较好。

③ 加工性能良好，如锯截、开槽、磨光、钻孔、涂饰等，类似天然木材。

④ 结构均匀致密，可以雕刻、镂铣。

⑤ 边部可以铣削，且不经过封边就可直接涂饰。

⑥ 可直接使用不需干燥，但贮存时应放平，防止变形。

⑦ 板材的性能与施胶量有关。

10.1.2.4 饰面材料 种类很多，主要有：PVC装饰薄膜、高压三聚氰胺贴面板（HPL）、中压三聚氰胺贴面卷材（CL）、低压速固型三聚氰胺浸渍纸（LPM）、预油漆装饰纸、酞酸乙二烯（DAP）树脂浸渍纸、天然刨切薄木等。饰面材料的主要功能是增加板材的表面装饰性，增强板材的耐酸、耐碱、耐水、耐候等性能。

常用饰面材料的品种：

(1) 薄木和单板。被制成厚度为0.1~3 mm的天然木材称为薄木。制造薄木的方法有3种。用锯割方法所得的薄木称为锯制薄木；用刨削方法得到的为刨制薄木；用旋切的方法得到的称为旋制薄木，也称单板。

① 锯制薄木：表面无裂纹，但锯路损失比较大，有时锯路宽度比薄木本身厚度还大。一般被锯材料质地紧密，属硬杂木较多，因此主要用于特定产品，如复合地板的表层等。

② 刨制薄木：纹理美观，表面裂纹小，通常被刨制的木材为珍贵材，需经过蒸煮软化处理后才能进行刨切，多用于人造板和家具外露部件的贴面，通用厚度为0.2~1 mm，对于少数材种其刨削厚度可达3 mm。刨制薄木的厚度不同，其刨切工艺要求也不同。

③ 旋制薄木：纹理是弦向的，花纹不太美观，薄木表面裂纹较大，且较深。一般的厚度为0.5 mm以上。根据其质量（完整性、幅面大小、缺陷多少），质量好的作为面层材料，质量差的作为芯层材料及单板胶合弯曲材料。

④ 人造薄木：单板经染色处理后，模仿天然珍贵木材的纹理进行胶合，再刨切而成的装饰材料，一般采用深色涂饰来淡化人造的痕迹。

为了减少珍贵木材的消耗量，近年来已将薄木厚度减少到0.1 mm左右。由于该类型薄木强度很低，所以只能与特殊纸胶合后才能使用，这种薄木称为微薄木。它是由两层材料组成，一层是用光滑而且强度较高的纸，另一层是用贵重树种旋制的极薄单板，将这两种材料胶合并经干燥即制得微薄木，这种成品是成卷的，专供各种零件饰面用。当然也可能与铝箔复合形成具有阻燃功能的薄木。

(2) 塑料薄膜。它是一种压制而成的热塑性树脂膜。常用的有聚氯乙烯薄膜。近年来在聚氯乙烯薄膜的制造方面以及胶合技术方面都有较大进展，特别是无增塑剂聚氯乙烯薄膜的制造以及凹版印刷、表面压纹等技术的应用，可得到色调柔和、立体感强的装饰表面。

(3) 装饰板（塑料贴面板、防火板）。将几种特制的专用纸张分别浸渍改性的三聚氰胺树脂、酚醛树脂后，经过干燥叠在一起，用高温高压而制成的一种热固性片材。它具有如下特点：

① 表面平滑光洁；

② 色泽鲜艳，花纹多样；

③ 质地坚硬，具有较高的耐磨性、耐水性、耐热性；

④ 化学稳定性好，对一般的酸、碱及酒精等溶液具有抗蚀能力。

(4) 合成树脂装饰板。不预先压成装饰板，而是直接把浸渍纸贴在已经加压成型的人造板表面，贴面时浸渍树脂本身与基材起胶合作用，从而省去了把浸渍纸预先压制成装饰板的工作，使工艺过程简化，提高了生产率，减少了材料的消耗。常用于饰面磨损较小的部件，如柜子的门、旁板、床屏等。

(5) 印刷装饰纸。印有木纹或其他图案的，且没有浸渍树脂的纸。直接贴在基材上后，再涂饰表面或再贴上一层透明的塑料薄膜。其特点是工艺简单，成本低，装饰性能良好，有一定光泽，具有一定的耐热性、耐化学性和柔软性。可用于装饰弯曲表面，但因装饰层薄，表面光洁度较差，耐磨性差，只适合于木制品的立面部件的装饰。如果采用在表面涂饰的方法，其耐磨性主要决定于所涂饰的油漆性能。

10.1.2.5 集成材 是将去除缺陷后的小规格材或短料接长，按木材色调和纹理配板，经过胶拼而成的板材，可以指接也可以平接（图10-1）。国外将其作为建筑结构材，即用来代替大径级原木所制成的梁或其他结构用材。如果用于家具制造，其所采用的胶种和树种与用做建筑结构材有所不同。

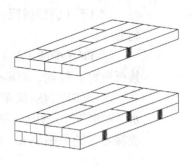

图 10-1 集成材

集成材基本上没有改变木材本来的结构，或者说集成材中天然木材特性仍然占据主导作用，因此集成材仍属于天然材料。其抗拉和抗压强度优于同规格的天然板材。通过选拼，集成材的均匀性和尺寸稳定性优于同规格的天然木材。集成材的加工生产实现了小材大用、劣材优用、狭材宽用、短材长用，大大地提高了木材利用率。

集成材在建筑结构件以外的应用：木制门窗、家具、沙发扶手、餐桌的台面、教具、挂镜线、踢脚线、镜框、墙围压条、楼梯扶手、活动房屋用组装墙板、屋面板和空心门的内框架等。

(1) 材料。

① 树种：适合树种主要是指所有的针叶材及气干密度小于 0.75 g/cm³ 的阔叶材，目前生产上常用柞木、水曲柳、榆木、桦木、落叶松等树种。

② 板材厚度：板材的厚度视集成材的规格而定，一般在 10~15 mm，也有厚度达到 40 mm 的。板材太薄，出材率低，胶黏剂用量大，产品成本高；板材太厚，干燥困难，胶合时易产生压力不均匀现象。

③ 木材含水率：木材含水率对于集成材的胶合性能影响很大。一般应控制在 8%~13%，但要根据胶黏剂种类、胶合条件、树种的具体情况而定。板与板之间的含水率差应控制在 3% 以内。

④ 胶黏剂：一般分指接胶合用聚醋酸乙烯酯乳液（白乳胶），积层胶合用水性高分子材料，如异氰酸酯胶黏剂。

(2) 集成材评定标准。一般指接材等级分为优等品 G、一等品 F、合格品 P。

① 优等品：同批任意两件相比较，树种或气干密度一致，纹理一致、色泽相近；同批任意两件任意部位无胶，接合严密，接缝均匀，无根部劈裂；含水率 8%~15%，同批任意两件含水率差值小于 2%；接合强度符合 GB11954—1989。

② 一等品：同批任意两件相比较，树种或气干密度基本一致，纹理一致、色泽有

轻微区别；同批任意两件任意正位无胶，接合基本严密，但错位无胶接合允许个别接缝有可见差异，无根部劈裂；含水率8%～15%，同批任意两件含水率差值小于3%；接合强度符合GB11954—1989。

③ 合格品：同批任意两件相比较，树种或气干密度相近，纹理色泽有明显差异；同批任意两件任意正位无胶，接合有可见接缝缝隙，允许个别根部劈裂；含水率8%～15%，同批任意两件含水率差值小于5%；接合强度符合GB11954—1989。

(3) 指接材的胶种影响其性能。

① PVA（聚醋酸乙烯乳液）：室内及干燥环境使用，耐水性差，蠕变较大。

② UF（脲醛树脂）：室内及干燥环境使用，耐光照，耐水性及胶接强度低于酚醛树脂。

③ PF（酚醛树脂）：室内、外相对湿度较大或温度较高的环境使用，耐水性及胶接强度好、性脆、剥离强度较差，不适合于气干密度大于 0.7 g/cm³ 的木材胶接。

④ P/RF（酚/间苯二酚甲醛树脂胶）：室内潮湿环境、室外各种气候条件使用，耐水、耐水蒸气、耐化学蒸汽、耐老化条件好，能满足所有规格及气干密度不大于 0.7 g/cm³ 胶接木材的最高要求，成本较高。

10.1.2.6 细木工板 是由木芯与上下两面单板（上下各两层）胶合而成的夹心板（图10-2）。细木工板的木芯是由许多同厚度的木条按一定方向排列组合而成的。木芯通常是利用家具或其他产品加工的边脚余料作为原料，经过锯、刨、胶拼（或不胶拼）等加工，再在上下两面胶合两层单板，则为细木工板。细木工板的质量与拼板近似，它的特点是具有高的抗弯强度，板面平整，形状稳定，不变形，可以开榫、打眼，能适应各种接合方法，但制造较复杂。主要应用，如缝纫机台板，高级家具的柜门、旁板、抽屉面及室内装修等。

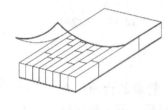

图10-2 细木工板

木芯条的侧边之间是否胶合，经试验证明，对细木工板的强度并无影响，因为细木工板的破坏主要克服板面与木条间的剪切力。细木工板面纤维均应与木芯纤维成90°方向排列。木芯的板条上不许有腐朽缺陷。细木工板的含水率规定为8%～12%，一般应略低于当地木材的年平均平衡含水率。

细木工板木芯的厚度与上下两面单板的总厚度之比4:1左右时，实践证明，具有这一比值的细木工板强度最佳，板子形状稳定。为了提高细木工板的尺寸稳定性，木芯应以针叶材及软阔叶材为主，避免软、硬材混合使用，否则容易造成板面凹凸不平，甚至脱胶开裂。

细木工板不但与胶合板一样具有较高的材料利用率，并能广泛地用于家具、建筑水泥模板、地板、活动房屋等。细木工板与胶合板相比，具有较小的密度和较廉的价格、加工简单、成本低等优点。

厚度为 16 mm 或者 19 mm。

10.1.2.7 空心板 种类较多，主要是中间的填充物不同：木条、蜂窝纸、波纹单板、方格状单板、竹圈等（图10-3）。由于空心板轻，节约木材，尺寸稳定性好，并具有一定的强度，可作为门扇、家具的柜门、面板、旁板和活动房屋板、墙壁板等。其缺点是表面抗压强度较低，常用于制作立面部件。

常用空心板是由方框和以一定间隙排列于框内的木条组成，方框与木条之间的连接方式有榫接合或钉接合。该种空心板具有比细木工板更轻和更节省材料的特点，但不能在板的幅面上任意裁割，可以封边。仅限于定型规格部件生产。

蜂窝空心板内芯是用 100~120 g/m² 牛皮纸和其他性能类似的纸张，胶合成六角形蜂窝状的纸芯，再浸渍胶液固化定型（也可以不浸胶液，烘干定型），以增加其强度，然后根据定型部件的规格要求，用定型规格的框架把纸蜂窝芯嵌入框架内，以二层单板或三层单板作为表面板，再用胶料胶压而成。

蜂窝空心板纸芯的规格：蜂窝纸芯六角形孔径的规格，一般为内切圆直径 9.5 mm、13 mm、19 mm，但也可根据用途要求来决定。孔径过大影响其板子的强度；孔径过小，强度较高，但是浪费纸张。纸芯浸过胶的蜂窝空心板具有热稳定性（在 50℃ 条件下烘烤 20 h，试件无变化），冷稳定性（在 -20℃ 条件下 20 h，试件无变化），防潮性（温度为 36℃，相对湿度为 100% 条件下，放置 40 h，试件无变化）。

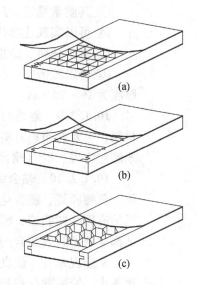

图 10-3　空心板
(a)方格状单板空心板　(b)木条空心板
(c)蜂窝空心板

蜂窝空心板主要用于柜类家具的门板、旁板部件，不宜用于受重载荷较大的面板、搁板等部件。其幅面尺寸可根据实际生产的需要而自行决定，但加工成成品后，不宜再进一步分割。

蜂窝空心板的特点：
① 蜂窝空心板质轻，适合制造板式家具，特别适合作活动部件；
② 经过化学胶液浸渍处理后的纸蜂窝芯，不易虫蛀；
③ 蜂窝空心板物理性能良好，在自然条件下不变形，力学性能符合家具部件的使用要求；
④ 节约木材，简化加工工艺。

10.1.2.8　单板层积材（LVL）　是将较厚的单板接长，再按纹理方向相同组坯后胶合而成的材料，其工艺类似于多层胶合板，所以又称平行胶合板。LVL 要求所选单板质量较高。单板层积材可以作为家具用材，如桌子、椅子等，也可以作为建筑用的结构材，如楼梯、门、窗、屋梁等。

由于单板层积材的纹理的排列方向是相同的，所以其材性与天然板材相似，只是剔除了树节、虫孔、裂缝等天然板材的缺陷，因此加工方法与天然板材相同。单板层积材的强度变异系数小，许用应力高，尺寸稳定性好。在北美洲及日本已广泛用于建筑行业。主要是预制构件，属于理想的承重结构材料，可预制成工字梁增加房屋的抗震性能。

LVL 与锯材相比较所具有的优点：
① LVL 可以利用小径级材、弯曲木、短材，出材率 60%~70%；
② 可以通过合理的结构设计能降低缺陷对产品强度的影响；

③ 其质量稳定，尺寸规格等均匀一致，变异性小，其性能接近无节材；

④ 可以实现连续化生产；

⑤ 对于防腐、防虫、防火等改性处理，可以施加在胶黏剂中完成，简化工艺；

⑥ 可以按需要进行规格尺寸生产，一般是宽度为 100~1200 mm，长度为2400 mm，厚度为 19~75 mm。

10.1.2.9 封边材料 木制品生产过程中，主要是在家具或木门的生产中采用封边材料，主要的封边材料为 PVC、ABS（丙烯腈 - 丁二烯 - 苯乙烯）、三聚氰胺封边条、聚酯封边带、PP（聚丙烯）封边条、单板封边条、实木封边条等。

10.1.2.10 粘合材料 传统胶黏剂是指动物蛋白胶和植物蛋白胶，常见的是皮骨胶、鱼鳔胶等，随着化学工业的发展合成树脂胶黏剂的应用变得越来越广泛了，例如常见的有脲醛树脂胶、酚醛树脂胶、聚醋酸乙烯乳液等。无论传统胶黏剂，还是新型胶黏剂都应该了解其胶合的原理，才能真正地掌握胶合特性。

从宏观来看，优良的胶合性能要求胶黏剂能与被胶合材料紧密地结合在一起。其机理是由于胶黏剂与被胶合材料之间发生机械结合、物理吸附、相互扩散和形成化学键等作用而产生粘附力。极性分子与极性分子或非极性分子与非极性分子之间，当分子的距离极小时出现作用力，并形成化学键的作用即所谓电子吸附理论；木材是一种多孔性材料，胶液扩散、渗入孔隙中形成胶钉，产生机械结合作用就形成所谓胶钉理论，后者的作用也是不可忽视。

用于木材加工的合成树脂胶黏剂有热固性和热塑性树脂胶黏剂两大类型。

热固性树脂胶黏剂的固化是通过在胶液中加入固化剂后产生聚合化学反应，从而使胶黏剂得到固化，例如脲醛树脂胶、酚醛树脂胶、三聚氰胺树脂胶和间苯二酚胶等；热塑性树脂胶黏剂的固化是物理过程，如通过挥发胶黏剂中水分或溶剂以及冷却胶层得到固化，其胶合强度与被胶合试件的含水率和温度有关，例如聚醋酸乙烯酯乳液胶、热熔胶和皮骨胶等。

在木材与木材或木质材料胶合时，常用的胶黏剂有：脲醛树脂胶、酚醛树脂胶、聚醋酸乙烯酯乳液胶、动物胶、水性异氰酸酯树脂胶以及三聚氰胺树脂胶和间苯二酚树脂胶黏剂，后两种胶黏剂国外使用较多，但呈深色，且价格较高，所以选用时应注意。酚醛树脂胶、间苯二酚树脂胶黏剂和三聚氰胺树脂胶具有良好耐水性，可用于室外木制品、货车车厢等制品。耐水性胶黏剂一般都是不可逆的热固性胶黏剂。脲醛树脂胶耐水性中等，主要用于室内。随着脲醛树脂胶中摩尔比不同，游离甲醛的散发量不同，低摩尔比的散发量较少，加入捕捉剂能减少游离甲醛的散发量，效果也不错。室内使用应该是低游离甲醛散发，否则影响人们的身体健康。

胶黏剂选择原则：

① 考虑被胶合材料的性质、特点及产品质量要求。

② 考虑生产条件、成本等因素，具体地说就是应选用价格低、常温下固化、调胶方便、活性期长、便于操作、耐热性好、污染小、对刀具磨损小的胶黏剂。

③ 考虑材料之间的热胀冷缩、湿胀干缩的不同，胶黏剂应具有可塑性，才能减少胶合界面的破坏。如橡胶胶黏剂以及常温固化的胶黏剂。

④ 考虑使用要求：胶合强度、耐水性、耐久性、耐热性、耐腐、耐污染性及加工性。

⑤ 同一种胶黏剂，其胶黏剂的原料配比及生产工艺不同，胶黏剂的特性变化很大。可参考其固体含量、黏度、胶液活性期、胶液固化条件及固化时间等指标。

⑥ 不污染木材，不使木材材质劣化。pH 值在中性范围内较好。

常用胶黏剂基本性能见表 10-1。木材与各种材料胶合所用适合胶种见表 10-2。

表 10-1 常用胶黏剂的基本性能

胶黏剂种类	活性时间 (h)	胶压条件			耐水性	耐热性	损刀程度
		温度 (℃)	压力 (N/mm²)	时间			
动物胶	48	15~25	0.1~0.5	1~8h	差	60~70	小
聚醋酸乙烯酯乳液	—	15~25 80	0.3~0.7 0.5~1.0	2~4h 15min	中	70~80	小
脲醛树脂胶	>24	15~25	0.1~0.5	2~6h	良	90~100	大
酚醛树脂胶	24 2~3	15~25 130~150	0.1~0.5 0.5~2	20~25h 4~12min	优	120~150	大
橡胶类胶		15~25	0.5~1	10min	良~优		中

注：橡胶类胶黏剂主要指氯丁、丁腈类橡胶胶黏剂。

表 10-2 木材与各种材料胶合所用适合胶种

被胶合材料	聚醋酸乙烯乳液 (PVAc)	脲醛树脂 (UF)	酚醛树脂 (PF)	环氧树脂 (EX)	橡胶类胶黏剂 (R)	热熔性胶	三聚氰胺树脂胶 (MF)	异氰酸酯树脂胶 (MDI)	间苯二酚树脂
木材及人造板	√	√	√	√	√	√			√
三聚氰胺装饰板	(√)	√	√	√	√	√	√		√
聚氯乙烯薄膜		(√)			√	√			
聚酯薄膜和人造革	(√)				√	√		√	
皮革	√				√				
织物	√				√				
橡胶					√				
玻璃				√	√				
布、毛毡	√		√		√	√			√
铝箔	√								

常用胶黏剂的种类有：

① 皮骨胶：特点是粘结力强，弹性好，调制方便，固化后不伤刀。皮胶的强度高于骨胶。但缺点是不耐水，不抗菌，当胶的含水量高于 20% 时，很容易被微生物菌类所腐蚀变质，同时使用时应采取保温措施。一般采用与甲醛并用。

② 三聚氰胺树脂胶：三聚氰胺树脂和甲醛在碱催化剂作用下，生成羟甲基三聚氰

胺为主要成分的胶黏剂。特性与脲醛树脂胶相类似，但在常温下不会固化。耐水和耐热性与酚醛树脂胶相接近。常温下活性期较长，固化时需要65℃以上热压。在120～130℃可以不需催化剂而固化。纯三聚氰胺树脂胶保存期很短，但是与尿素共缩合树脂的木材胶黏剂则保存期长。加尿素的固化时间为2.5～3 h。

③ 环氧树脂胶黏剂：属于反应型胶黏剂，在10℃以下固化时间长，在高温下活性期变短。溶剂为甲苯、混合二甲苯、甲乙酮、醇、醚类等，用于稀释和擦拭。环氧树脂胶黏剂的典型固化剂：速固化（芳香族磺酸）固化时间为2～5 min，活性期为1～2 min，胶结强度低；室温固化（第一级胺）固化时间为2～4 h，活性期为30 min，用于大表面的建筑用横梁的胶结；高温固化型（芳香族胺）固化时间在120℃温度下2 h，活性期为12 h，高温时的胶结强度大。

④ 间苯二酚树脂胶黏剂：该胶为紫红色的粘稠液。在温度为15～40℃，活性期为10～200 min，温度升高活性期变得更短，采用减少固化剂用量延长活性期的方法不可取，因为这使与间苯二酚结合的甲醛不足，胶结强度低。调整pH值能延长活性期即pH值为3～4。理想的固化温度为20℃以上，但是在10℃也可以。被胶结材为酸性时不利于固化。其胶结的耐久性较强。

⑤ 脲醛树脂胶：尿素和甲醛经缩聚而成的高分子化合物。加入固化剂能较快地结成硬固体物质，对竹、木材结合力强，胶合部件的强度超过了自身强度，并有一定的耐水性。可以冷压或热压，所加的固化剂量与胶合环境气温成反比。活性期为2～4 h。实际应用时，可根据需要通过混合其他胶种对其进行改性来满足特殊要求。

⑥ 酚醛树脂胶有醇溶性和水溶性两种：水溶性酚醛树脂胶因含水量高，一般采用热压胶合；而醇溶性酚醛树脂胶热压、冷压都可以，其耐水性相当好，能在开水中浸煮也不开裂。手工使用一般为醇溶性酚醛树脂胶。室温与固化剂用量成反比，一般酚醛树脂胶的活性期为2～3 h。

⑦ 聚醋酸乙烯乳液（PVAc）：一种高分子乳化聚合物，呈乳白色、无毒、无臭、无腐蚀性，不适用于高温场所。能抵抗稀酸，但吸水性大。粘结木材时可直接使用不需要加固化剂。木材的含水率不能超过12%，否则影响胶合强度。如黏度太大，可以用10%～30%清水稀释。

为改善胶的脆性，可以加入适量的增塑剂，如用邻苯二甲酸二丁酯和邻苯二甲酸二乙酯按1:1的混合物作增塑剂，用量为白乳胶液量的8.8%，可使木材的胶合强度提高15%～20%。

改性可以改善聚醋酸乙烯乳液不耐水、不耐热等这方面的缺点。在25℃时，胶压时间为20～90 min。一般白乳胶的使用范围为5～40℃，如果加入脲醛树脂胶、三聚氰胺甲醛树脂胶或其他胶黏剂加以改性，也可以在70～80℃温度下使用，同时还能提高耐水性。

脲醛树脂胶:白乳胶=90:10或80:20，可提高胶的耐水性和耐热性，固化速度由酸固化剂的量来决定。

⑧ 乙烯-醋酸乙烯共聚乳液：特点为对疏水性物质如聚乙烯、聚苯乙烯、聚酯等薄膜有良好的胶合性能和耐久性能。

胶合条件：乙烯-醋酸乙烯共聚乳液（EVA）：氢化松香甲苯溶液 = 10∶1。

在室温固化，涂胶量为 100~110 g/m²，时间为 30s。

⑨ 乙烯-醋酸乙烯热熔胶：能迅速胶合如木材、塑料、金属、玻璃等多种材料，适合各种人造板、细木工板、空心板等板材的封边，且能重复胶合。具有无污染、无毒、无味，并具有耐水、耐霉、耐酸、耐碱等特点。耐热温度为 120~160℃，温度超过 230℃ 时，易分解。由于黏度高且固化速度快，只适合于专用设备，如板式家具的封边机。

10.1.3 五金配件

木制品的五金配件主要以家具五金配件为主。随着现代科技的发展，家具五金件也发生了很大的变化，最重要的体现是种类繁多，发展速度快，为选择和设计家具提供越来越大的空间。

国际标准（ISO）已将现代家具五金分为九大类：锁、结构连接件、铰链、滑动装置、位置保持装置、高度保持装置、支承件、拉手、脚轮及脚座。

（1）连接件。如图 10-4 至图 10-6。连接件的形式也比较多，但主要有：偏心连接件（金属、塑料）与连接杆，其中连接杆的主要形式又分为快速连接杆、拧入式连接杆及套管、终端连接杆、活动连接杆、直接拧入式连接杆等，悬挂式连接件、永久性连接件、角度连接件、用于实木家具的梯形连接件、连接螺丝、单部件连接螺丝、台面连接件、柜边连接件（胀栓）、背板连接件等。图 10-7 是实木家具的连接件。

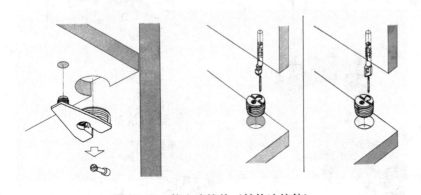

图 10-4 偏心连接件（结构连接件）

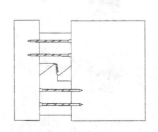

图 10-5 悬挂式连接件

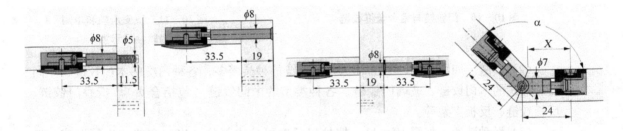

图 10-6 偏心连接件与连接杆（结构连接件）

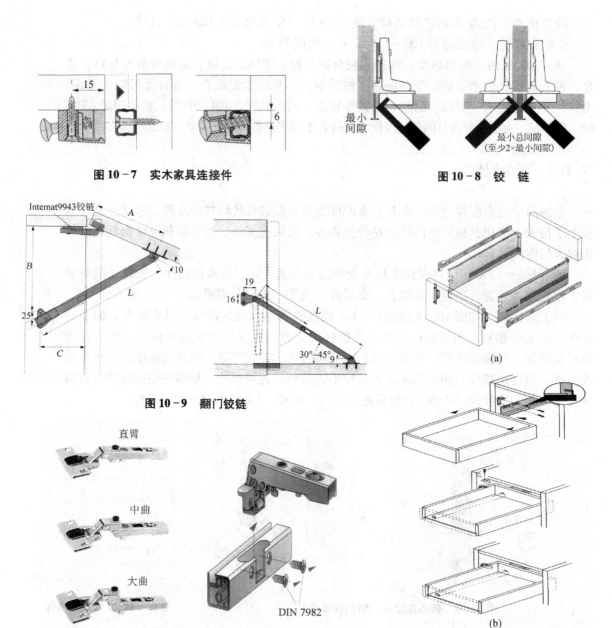

图10-7 实木家具连接件

图10-8 铰链

图10-9 翻门铰链

图10-10 门铰链与铝合金框铰链

图10-11 双侧滑轨和单侧滑轨抽屉示意

(2)铰链。如图10-8至图10-10。铰链的种类繁多,各种角度的木门铰链、不同安装形式的木门铰链、玻璃门铰链、各种类型的中间铰链(包括合页)、折叠门铰链、反板铰链、反板支架等。

(3)滑动装置。如图10-11。按拉出长度可分为部分拉出、全部拉出等形式;按使用方法可分为推入式和自闭式;按安装方式分为双侧和单侧安装;按用途分电视机滑轨、抽屉滑轨、键盘滑轨等。传统木制品是通过木制滑道来完成滑动。现代滑动装置已经可以标准化生产，抽屉滑道灵活、通畅，且具有免碰伤的防反弹设计。

（4）锁。锁的种类比较多，目前常见的形式有：整套锁心可换转杆锁、整套锁心可换抽屉锁、整套箱形锁、整套锁心可换插销锁、自动门插销锁、儿童安全锁、普通的挂锁等。采用高科技研制成功的编码识读锁，可以设置的编码为43亿个。

暗铰链、滑道和连接件是现代家具中最普遍使用的三类五金配件，因而常被称之为"三大件"。但随着现代加工技术的发展，家具零部件与家具五金配件之间的界限越来越模糊，如厨房底柜的调整脚、各种类型的抽屉本应是家具生产的零部件，但现在越来越多的由五金制造商提供（金属的）。

新式铰链的出现为吊柜采用上折门创造了条件，避免了传统上开门不符合人体工程学，即在关闭时拉手位置太高不易触摸和左右开门易碰头的问题。

综上所述，木制品的设计、结构、生产加工等诸多因素都与五金配件密切相关，随着五金配件的发展木制品的生产也必定有新的飞越。五金件的发展为木制品特别是木制家具的发展奠定了基础。

10.2 木制品的接合

木制品一般是由若干零件或部件按照一定接合方式装配而成的产品，也有不需要零部件的整体结构。木制品的整体质量受接合部位质量和方式影响。不同结构或不同用途的木制品对接合方式要求不同，板式家具一般采用连接件接合、圆榫接合方式，框架式家具采用榫卯接合、胶接合、钉子接合、圆榫接合、竹钎接合及金属连接件接合等形式。

10.2.1 榫接合

木制品常用的榫接合：直角榫接合、圆榫接合、长圆榫接合、燕尾榫接合等。

榫接合是由榫头和榫眼或榫沟所组成。如图10-12。

在柜类家具中两旁板与顶板或面板的连接，结构为圆榫、金属连接件或小木条等形式。

燕尾榫的接合主要用于箱、框接合，如现代家具中用于抽屉旁板与面板接合，首饰盒的接合等。如图10-13。

榫接合的技术要求：

（1）直角榫的尺寸。单榫厚度是方材的厚度或宽度的1/2，双榫的总厚度也接近方材厚度或宽度的1/2。榫头的厚度应根据软、硬材的不同，比榫眼宽度小0.1~0.2 mm，反之，接合处所涂胶不易存留，且容易引起榫眼的劈裂，但榫头的宽度应比榫眼的长度大0.5~1 mm。当榫头的宽度超过25 mm时，宽度再增加对于接合强度影响不大，故当榫头宽度超过40 mm时，就应将其一分为二。

（2）榫端应倒棱。

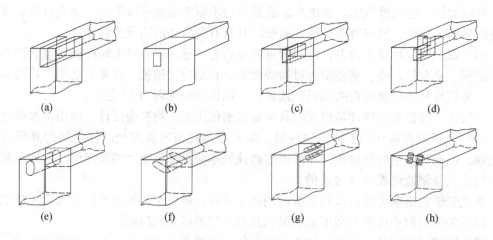

图 10-12 榫接合方式
(a) 开口、贯通直角榫接合　(b) 闭口、贯通直角榫接合　(c) 闭口、不贯通直角榫接合
(d) 半闭口直角榫接合　(e)(f) 长圆形榫接合　(g)(h) 圆榫接合

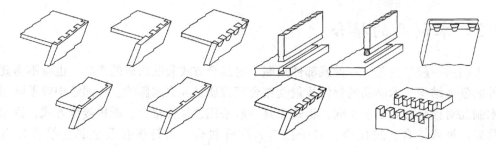

图 10-13 燕尾榫的连接

（3）圆榫的含水率应比接合材料低 2%~3%，且直径等于板厚的 1/5~1/2，长度为直径的 3~4 倍。

（4）圆榫表面的形状主要有光滑表面、螺旋压纹、网状压纹、直线压纹等形式。不同的表面含胶量也是不同的。

10.2.2　钉接合

钉子在木制品加工中主要有金属钉子、竹制钉子、木制钉子三种形式。

钉接合通常都是与胶黏剂配合使用，有时只是起辅助作用。适用于制品内部的接合处以及外形要求不高的部位，接合强度小，且容易破坏木材，如抽屉滑道的固定。施工现场制作的木制品经常使用钉接合，如室内装修中胶合板包镶的踢脚板、门套、窗套及长条企口木地板的固定。握钉力与钉子的大小有关，一般钉子越长直径越大，握钉力越大，但需指出握钉力与木材的纹理及是否开裂有关，钉子直径大也容易引起板材劈裂。如果用钉子来连接刨花板、MDF 等，随着板子的密度增加，握钉力也增加，同时还与在板子上的排列状态有关，刨花板侧面的握钉力最小。

木螺钉属于简单的连接件，不能用于多次拆装接合，否则会影响制品的强度。常用于包装箱、客车车厢、船舶内部的装饰板的固定及家具的背板等部位。随着木螺钉的长度、直径增大而增强。刨花板板面的握钉力约为端面的 2 倍。主要是与刨花板的密度有关，密度越大，则握钉力越强。

竹钉、木钉在我国手工生产中应用较普遍，主要优点是不生锈。先钻一小于钉子直径的孔，然后将其钉入。常常为增强直角榫接合强度而使用。

10.2.3 胶接合

胶接合是指单独用胶来接合。随着新胶种的不断涌现，胶接合适应范围越来越广，如常见的短料接长，窄料拼宽幅面的板材，覆面板的胶合，弯曲胶合的椅坐板和椅背板、缝纫机台板、收音机木壳的制造等均采用胶合。

胶合还经常应用于不宜采用其他接合方法的场合，例如薄木或塑料贴面板的胶贴，乐器、铅笔、体育器材、纺织机械的木配件等均属此类。其优点是可以小材大用，劣材优用，节约木材，还可以提高木制品的质量。

不同的胶种其胶合性能也是不同的。具体请参阅胶黏剂有关内容。

10.2.4 连接件接合

随着现代科技的发展，采用连接件接合越来越多，其形式也是多种多样，有拆装和固装之分，也有活动和固定之分。具体参见本章五金配件一节。

10.3 木制品的结构

10.3.1 木制品基本构件

10.3.1.1 方材 是木制品中最简单的构件。其主要的特征是断面尺寸比例通常为 1∶2 左右，而长度总是超过其断面尺寸许多倍。常见的有整体和胶合两种，其中大尺寸整体天然材越来越少，市场上主要是胶合材。胶合材要求胶合材料材性相同（或相近），含水率相近或相同，一般胶合件形状稳定。

采用锯制方法制造曲线形方材，零件的强度受到限制；采用实木弯曲省料、强度高，但是适合的树种较少；胶合弯曲采用的越来越多，另外也可以采用锯口 - 弯曲胶合和模压等工艺来制造。

10.3.1.2 拼板 将窄板接合成所需要宽度的板件称为拼板，如图 10 - 14。为了尽量减少拼板的收缩和翘曲，宜采用窄板，且树种和含水率也应一致。

（1）拼板的接合。

① 平拼：相邻两窄板间涂胶接合应完全紧密，目的是保证拼板的质量和强度。拼缝接合紧密，拼板的强度比木材本身强度还高，但是如果拼缝不严，则强度很低，所以

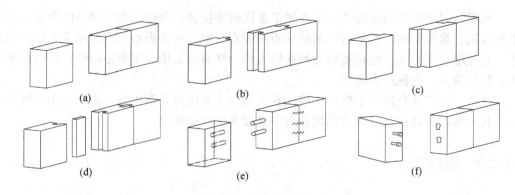

图 10-14 拼板的接合
(a) 平拼　(b) 企口拼　(c) 搭口拼　(d) 穿条拼
(e) 插入榫拼与金属片拼接　(f) 暗螺钉拼

要提高加工精度。该方法在材料利用上较经济，加工简单，应用较广。

② 企口拼：相邻窄板面通过涂胶的榫簧与榫槽配合，再胶拼起来。该法生产拼板不易发生变形，但材料消耗要比平拼多 6%~8%，且接合强度也比平拼接合低。这种拼板适合气候恶劣的条件下使用，因为接缝裂开时仍将不露缝隙。常用于面板、密封包装箱板等。

③ 搭口拼：此法易胶拼，材料消耗与企口拼接相同。

④ 穿条拼：通过木板条（或胶合板条）涂胶，将两个相邻开有凹槽的板面连接起来。加工简单，材料消耗与平拼板接合相同，强度较好。

⑤ 插入榫拼：在窄板的边部钻圆形孔，再用圆榫拼接。该种方法材料消耗与平拼的方法类似，我国南方地区常用竹钉代替圆榫进行拼接。

⑥ 暗螺钉拼：先在窄板的一侧开出钥匙头形的槽孔，在相拼的另一窄板侧面拧上螺钉，螺钉套入以后，再向下压，使之挤紧，即可获得牢固的接合。该种方法拼接比较紧密、隐蔽，也可以作为结构连接，如床等。

⑦ 金属片拼接：用于拼接的金属片的断面有波纹形、S 形等多种，拼接时在拼缝上垂直于板面打入这种金属片即可。此法常用于受力较小或还需要覆面的拼板，对于有些树种零件容易引起劈裂。

（2）减少拼板翘曲的方法。如图 10-15。

① 装榫法：在拼板的背面，距拼板端头 150~200 mm 处，加工出燕尾形或方形榫

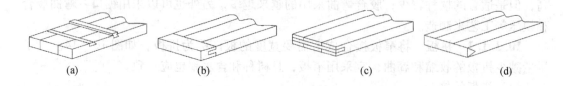

图 10-15 减少拼板翘曲的方法
(a) 装榫法　(b) 嵌端法　(c) 装板条法　(d) 贴三角形木条法

槽，然后在榫槽中嵌放相应断面形状的木条，此法常用于工作台的台面、乒乓球台面等。

② 嵌端法：将拼板的两端加工成榫簧，与方材相应的榫槽进行配合。此法多用于绘图板或工作台面上。

③ 装板条法：将拼板的两端作出榫槽，在榫槽中插入矩形或三角形断面的木条，装三角形木条能使拼板保持纵向纤维的端面，外观较好，但三角形木条阻止拼板翘曲的力量较小。

④ 贴三角形木条法：在拼板与木条上切削出相应的斜面。此法可用于门端面的接合。

10.3.1.3 木框 通常是由几根方材按一定的接合方式构成的。

(1) 木框的角接合。

① 直角接合：参见图 10-12 及图 10-16 所示部分木框的直角接合方式。开口贯通单榫，用于门扇、窗扇角接合处以及覆面板内部框架等，常以木制或竹制销钉作为附加紧固。闭口贯通榫，应用于表面装饰质量要求不高的各种木框角接合处。闭口不贯通榫，应用于柜门的立边与帽头接合，椅后腿与椅帽头的接合等。半闭口贯通榫与不贯通榫，应用于柜门、旁板框架的角接合以及椅档与椅腿的接合处等。开口贯通双榫，接合牢固。用于较厚的木框角接合。如门框、窗框等角接合处。常以木销钉作附加紧固，半搭接榫接合，制作简单，需钉或螺钉加固。燕尾榫接合，比平榫接合牢固，榫头不易滑动，应用于长沙发脚架或覆面板成型框架的角接合处。带割肩的贯通单榫，应用于框嵌板结构的角接合处，如柜门立边与帽头的接合门扇、窗扇的角接合。

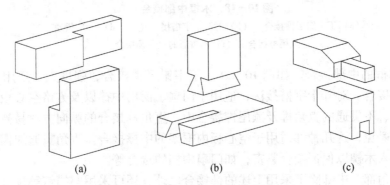

图 10-16 部分木框的直角接合
(a) 半搭接榫接合　(b) 燕尾榫接合　(c) 带割肩单榫

② 斜角接合：如图 10-17。斜角接合就是将相接合的两根方材的端部榫肩切成 45°的斜面，或单肩切成 45°斜面后再进行接合，以免露出不易涂饰的方材端部。但斜角接合与直角接合比较起来，强度较小，加工较复杂。常用于绘图板、镜框及柜门上。双肩斜角贯通单榫或双榫适合于衣柜门、旁板或床屏木框的角部接合。双肩斜角暗榫，适合于木框两侧面都需涂饰的如镜框、沙发扶手的角接部位、床屏的角接合等。插入圆榫，适用于各种斜角接合，要求钻孔准确。单肩斜角榫，适合于大镜框以及桌面板镶边等的角接合。插入暗榫与明榫，适合于断面小的斜角接合，插入板条可用胶合板和其他材料。

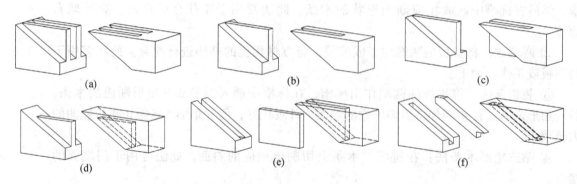

图 10-17 斜角接合
(a)(b) 双肩斜角贯通榫　(c) 单肩斜角榫　(d) 双肩斜角暗榫　(e)(f) 插榫

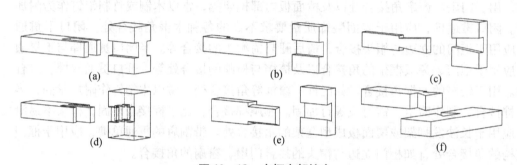

图 10-18 木框中部接合
(a) 丁字钳形榫接合　(b) 对开十字搭接　(c)(d)(e) 贯通燕尾榫接合　(f) 不贯通的直角榫接合

（2）木框的中部接合。如图 10-18。丁字钳形榫接合，强度大，适用于衣柜或写字台等处的接合。对开十字搭接法，适用于门扇、窗扇中撑以及方格空心板内部衬条的接合。贯通、不贯通的直角榫及燕尾榫接合中，直角榫接合的纵向方材易被拉开，燕尾榫接合则可避免，这几种都适用于空心板内框架的中撑接合。直角贯通加楔接合是在榫头的端面加入木楔以保证接合紧密，如门扇中档的接合等。

木框的角部、中部除了采用上述的榫接合之外，还可采用蚂蟥钉等接合方法。

10.3.1.4 木框嵌板结构 在实际应用时，常在木框内装入各种板材作成嵌板结构。嵌板的安装方法与图 10-19 中 1、2、3 三种形式基本上相同，都是在木框上开出槽沟，然后放入嵌板，不同之处在于木框方材所铣断面型面不同，这三种结构在更换嵌板时都需先将木框拆散。3 结构能在嵌板因含水率变化发生收缩时挡住缝隙。图 10-19 中 4、5、6 三种形式是在木框上开出铲口，然后用螺钉或圆钉钉上型面木条（线条），使嵌板固定于木框上。这种结构，装配简单，易于更换嵌板。采用嵌板结构时，槽沟不应开到横档榫头上，以免破坏接合强度。

木框上不仅嵌装薄板，有时也需要嵌装玻璃或镜子，如窗户、门框等。

木框内嵌装玻璃或镜子时，需利用断面呈各种形状的压条，压在玻璃或镜子的周边，然后用螺钉使它与木框紧固，如图10-19中5所示。设计时压条与木框表面不应要求齐平，以节省安装工时。但是当镜子装在木框里面时，前面最好用三角形断面的压条使镜子紧紧地压在木框上，在木框后面还需用板或板框封住，如图10-19中6、7所示。当玻璃或镜子不嵌在木框内，而是装在板件上时则需用金属或木制边框，用螺钉使之与板件相接合，如图10-19中8所示。

10.3.1.5 箱框 是由四块以上的板按一定的接合方式构成的。

（1）箱框的角接合。如图10-20。

① 直角接合：贯通开口直角多榫接合接合方法简单，接合强度较大，但当木材含水率改变时，露在外面的榫端会在表面上形成不平，影响美观，一般用于抽屉旁板、抽屉后板以及仪器箱、包装箱等角接合。

② 贯通开口燕尾榫接合：适合于各种包装箱的角接合、

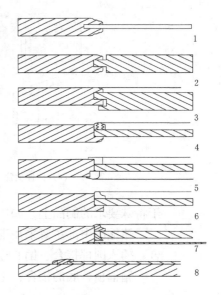

图10-19 木框嵌板结构

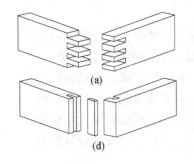 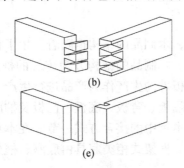 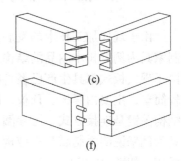

图10-20 箱框角接合
（a）直角多榫接合 （b）燕尾榫直角接合 （c）半隐燕尾榫接合
（d）插条接合 （e）槽榫接合 （f）圆榫接合

抽屉、衣箱的后角接合等。燕尾榫头有劈裂的可能。

③ 半隐燕尾榫接合：在零件的尺寸相同的条件下，由于接合处胶层面积缩小，所以接合强度低于贯通开口燕尾榫接合。接合后只有一面可见榫端，其主要优点就在于此。虽然加工这样的榫头较为复杂，但是应用仍很广泛，如抽屉的面板与旁板以及衣箱的角接合等。

④ 插条接合：其特点是制造简单，有足够的强度，适用于较小、较轻的仪器、仪表箱的接合。

⑤ 槽榫接合：强度较低，可作为抽屉接合以及包脚板的后角接合。

⑥ 插入榫接合：这种接合制造简单，有足够的强度。

⑦ 金属连接件：适合现代化生产。

（2）箱框的斜角接合。如图10-21。斜角接合中的插条接合及槽榫接合法的特点与图10-20的基本上相同，但是不露端面，外观较好。但是制造复杂，强度不大，用

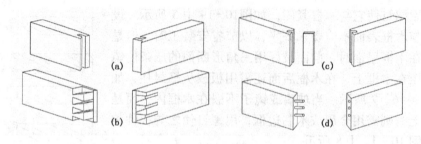

图 10-21　箱框斜角接合
(a) 槽榫接合　(b) 全隐燕尾榫接合　(c) 插条接合　(d) 圆榫接合

于特殊要求的制品上，如用于包脚板的前角接合等。

箱框的中部主要采用燕尾槽榫接合、直角槽榫接合、三角槽榫接合、直角多榫接合、插入圆榫接合、偏心连接件接合及钉接合等。

箱框顶、底的接合：主要形式有直接覆上顶板或底板、嵌板结构等形式。

10.3.2　木制品基本结构

由于现代加工技术的发展，木制品的结构也随着发生了很大的变化，因此我们以木制家具为例分析木制品的结构。木制品的结构分为传统的框架式结构和现代板式结构。由于现代板式家具生产已经将板件的生产作为产品进行生产，所以板式家具的结构也比较简单，主要由旁板、顶板、隔板、背板、底板、门板及抽屉等部分组成，该类家具的结构关键是连接方式，可参阅本章中的接合方式一节。在本章节中主要以框架式结构家具为例来说明木制品基本结构。框架式柜类家具由底座、框架、嵌板、门及抽屉等部分组成，如图 10-22。

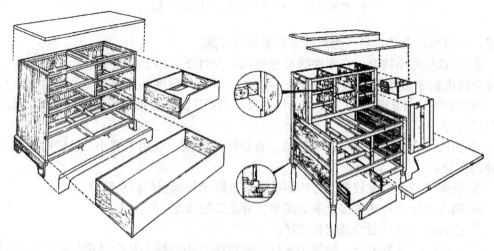

图 10-22　框架式家具结构

（1）底座。常见的是包脚式、框架式和装脚式。所用材料为实木或人造板等材料。

① 包脚式：材料为实木、刨花板或细木工板等，其承受载荷巨大，但不利于通风及平稳安放。与板式家具直接落地不同，板式家具是通常旁板与底座为一体，而框架式结构为分体式。包脚式底座连接形式多种多样。

② 框架式：由脚与望板接合而成，通常采用榫接合，如闭口或半闭口直角暗榫。要求接合部位强度较高才能满足使用要求。

③ 装脚式：主要是采用木制、金属、塑料等材料制成的脚与柜子的底板连接而成。通常可以设计成拆装式，连接采用木螺钉、圆榫或金属连接件。

（2）框架结构。是框架式家具的主体，起支撑作用。

（3）嵌板结构。主要起到封闭作用，与框架配合具有分割空间的作用。

（4）门。有平开门、移门、卷门、翻门、折门等形式。

（5）抽屉。主要有屉面板、屉旁板、屉底板、屉后板组成。连接方式主要有圆榫、连接件、半隐燕尾榫、直角榫等形式。一般采用实木、细木工板、三层胶合板、多层胶合板等材料。

思 考 题

1. 以明式家具为例，说明其基本结构形式。
2. 以现代板式家具（五金件连接形式）为例，说明其基本结构形式。
3. 比较常用板材的特点。
4. 以常用胶种（UF、PF、PVAc、热熔胶）为例，分析其中三种以上的适应场合。

第 11 章 机械加工工艺基础

[本章重点]
1. 基本概念理解。
2. 物体表面粗糙度评定方法及参数。

11.1 工艺过程

工艺过程是通过各种加工设备改变原材料的形状、尺寸、物理或化学性质,将原材料加工成符合技术要求的产品所进行的一系列工作的总和。

在安排工艺过程时不仅要考虑产量、提高劳动生产率,更重要的是要重视加工质量,加强质量检验和管理。这样才能保证产品质量,提高产品的可靠性,从而获得优质、高产、低消耗、高效率的经济效果。

11.1.1 木制品生产工艺过程的构成

根据加工方式或加工目的的不同,木制品生产工艺过程又分为若干工段,如图 11-1。

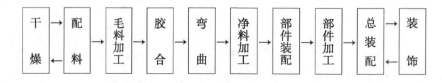

图 11-1 木制品生产工艺过程的构成

木制品生产的主要原料是锯材和各种人造板,为了保证产品质量,生产中要求原材料必须达到一定的含水率。因此,锯材加工之前,必须先进行干燥。

锯材和各种人造板的机械加工,通常是从配料开始的。经过配料锯切成一定尺寸的毛料。配料工段应力求使原料达到最合理的利用。

木材干燥与配料工段的先后顺序,因木制品的结构而有所不同。可以是先进行锯材干燥然后配料;也可以先配料而后再进行毛料干燥。在实际生产中,这两种情况都是存在的。

毛料先是加工四个表面和截去端头,使其具有精确的尺寸和几何形状,必要时进行胶合、贴面或弯曲,得到的工件称为净料。净料加工包括开榫、钻孔、打榫眼、磨光等。通过这些加工就得到符合设计要求的零件。

木制品装配工段通常是先将零件装配成部件，再进行必要的部件加工，最后完成总装配，成为白坯产品。

木制品生产工艺过程最后阶段是装饰或装配。它们的先后顺序也取决于产品的结构形式。所以可在总装配成制品后进行涂饰；也可以先进行零部件装饰，然后装配成制品或以拆装形式包装后发送至销售地点。

工艺过程各个工段是由若干个工序组成的。

工序：一个（或一组）工人在一个工作位置上对一个或几个工件连续完成的工艺过程的某一部分操作称为工序。工序是工艺过程的基本组成部分，也是生产计划的基本单元。工艺过程各工段又都是由若干个工序组成的。

为了确定工序的持续时间，制定工时定额标准，还可以把加工工序进一步划分为安装、工位、工步、走刀等组成部分。

安装：工件在一次装夹中所完成的那一部分工作称为安装。由于工序复杂程度不同，工件在加工工作位置上可以只装夹一次，也可能需装夹几次。例如，两端开榫头的工件在单头开榫机上加工时就有两次安装，而在双头开榫机上加工，只需装夹一次就能同时加工出两端的榫头，因此只有一次安装。

工位：工件处在相对于刀具或机床一定的位置时所完成的那一部分工作称为工位。在钻床上钻孔或在打眼机上打榫眼都属于工位式加工。

工位式加工工序可以在一次安装一个工位中完成，也可以在一次安装若干个工位或若干次安装若干个工位上完成。在工位式加工工序中，由于更换安装和工位时需消耗时间，所以安装次数越少，生产率越高。

工步：在不改变切削用量（切削速度、进料量等）的情况下，用同一刀具对同一表面所进行的加工操作称为工步。一个工序可以由一个工步或几个工步组成。例如，在平刨上加工基准面和基准边，该工序就由两个工步所组成。

走刀：在刀具和切削用量均保持不变时，切去一层材料的过程称为走刀。一个工步可以包括一次或几次走刀。例如，工件在平刨上加工基准面，有时需要进行几次切削才能得到符合要求的平整的基准面，这每一次切削就是一次走刀。在压刨、纵解锯等机床上，工件相对于刀具做连续运动进行加工称为走刀式加工。走刀式加工工序中，因毛料是向一个方向连续通过机床没有停歇，不耗费毛料和刀具的返回运行时间，所以生产率较高。

在开榫机上加工榫头为工位-走刀式加工。在此工序中，工件在一次安装下具有四个工位，用圆锯片对工件截端，圆柱形铣刀头切削榫头，圆盘铣刀铣削榫肩，切槽铣刀或圆锯片开双榫。但根据零件加工要求不同，也可取三个、两个或一个工位。如加工直角榫时，就只需使用前两组刀具，此时开榫工序只有两个工位。

将工序划分为安装、工位、工步、走刀等几个组成部分，对于制定工艺规程，分析各部分的加工时间，正确确定工时定额，保证加工质量和提高生产率是很有必要的。

在工件加工过程中，消耗在切削上的加工时间往往要比在机床工作台上安装、调整、夹紧、移动等所耗用的辅助时间少得多。因而，尽量降低机床的空转时间，减少工件的安装次数及装卸时间，采用多工位的机床进行加工，都可提高机床利用率和劳动生产率。

11.1.2 工序的分化与集中

工序的分化是使每个工序中所包含的工作尽量减少。即是把大的复杂的工序分成一系列小的较简单的工序。其极限是把工艺过程分成很多仅仅包含一个简单工步的工序。按照工序分化原则构成的工艺过程，所用机床设备与夹具的结构以及操作和调整工作，都比较简单，对操作人员的技术水平要求也比较低，因而便于适应产品的更换，而且还可以根据各个工序的具体情况来选择最合适的切削用量。但是这样的工艺过程，需要设备数量多，操作人员也多，生产占用面积大。

工序集中则是使工件尽可能在一次安装后同时进行几个表面的加工。也就是把工序内容扩大，把一些独立的工序集中为一个较复杂的工序。其极限是一个零件的全部加工在一个工序内完成。按照工序集中原则构成的工艺过程减少了工件的安装次数，缩短了装卸时间。当工件尺寸很大，搬运、装卸又很困难，而且各个表面的相互位置的精度要求又很高时，适于采用工序集中的方式。实行工序集中，可减少工序数量，简化生产计划和生产组织工作，缩短工艺流程和生产周期，减少生产占用面积，提高劳动生产率。如果使用高效率的专用机床，还可以减少机床和夹具数。但是工序集中后，所用机床设备和夹具的结构就比较复杂，调整这些机床耗用的时间也较多，适应产品的变换比较困难，并且要求操作者具有相当的技术水平。

在木制品生产中，工序集中广泛用于机械加工工段。工序集中有连续的、平行的和平行—连续的三种形式。连续式是工件定位以后，通过刀具自动转换机构或采用复杂刀具来完成全部工作。平行式是用联合机组和控制机构来实现加工。平行—连续式用于方材和拼板的机械加工连续流水线中。

工序的分化或集中，关系到工艺过程的分散程度，加工设备的种类和生产周期的长短。因此，实行工序分化或集中，必须根据生产规模、设备情况、产品种类与结构、技术条件以及生产组织等多种因素合理地确定。

11.1.3 工艺规程

工艺规程是规定生产中合理加工工艺和加工方法的技术文件，如工艺卡、检验卡等。在这些文件中规定产品的工艺路线，所用设备和工具、夹具、模具的种类，产品的技术要求和检验方法，工人的技术水平和工时定额，所用材料的规格和消耗定额等。工艺规程具有以下几方面的作用。

（1）工艺规程是指导生产的主要技术文件。合理的工艺规程是在总结实践经验的基础上依据科学理论和必要的工艺试验而制定的，所以按照工艺规程进行生产，就能保证产品的质量，达到较高的生产效率和较好的经济效果。工艺规程并不是一成不变的，它应及时地反映生产中的革新、创造，吸收国内外先进的工艺技术，不断地改进和完善，以更好地指导生产。

（2）工艺规程是生产组织和管理工作的基本依据。在生产中，原材料的供应，机床负荷的调整，工具、夹具的设计和制造，生产计划的编排，劳动力的组织以及生产成本的核算等，都应以工艺规程作为基本依据。

（3）工艺规程是新建或扩建工厂设计的基础。在新建或扩建工厂和车间时，需根据工艺规程和生产任务来确定生产所需的机床种类和数量、车间面积、机床的配置、生产工人的工种、等级和人数以及辅助部门的安排等。

制定工艺规程时，应该力求在一定的生产条件下，以最快的速度、最少的劳动量和最低的成本加工出符合质量要求的产品。因此在制定工艺规程时必须考虑以下几个问题：

① 技术上的先进性：制定工艺规程时，应了解国内外木制品生产的工艺技术，积极采用较先进的工艺和设备。

② 经济上的合理性：在一定的生产条件下，可以有多种完成该产品加工的工艺方案，应该通过核算和评比，选择经济上最合理的方案，以保证产品的成本最低。

③ 有良好的工作条件：在制定工艺规程时，必须考虑保证工人有良好的安全操作条件，应注意采用机械化和尽可能自动化的加工方式，以减轻工人的体力劳动。

制定工艺规程时，应首先认真研究产品的技术要求和任务量，了解现场的工艺装备情况，参照国内外科学技术发展情况，结合本部门已有的生产经验来进行此项工作。为了使工艺规程更符合于生产实际，还需注意调查研究，集中群众智慧。对先进工艺技术的应用，应该经过必要的工艺试验和质量检验。

11.2 加工基准

为了获得符合于设计图纸上所规定的形状、尺寸和表面质量的零件，需经过多道工序加工，每道工序的加工就形成新的表面，它的形成要求工件和刀具之间具有正确的相对位置。确定工件与切削刀具间相对位置的过程称为定位。

为了使零件或部件在机床上相对于刀具或在产品中相对于其他零、部件具有正确的位置，需利用一些点、线、面来定位，这些用于定位作用的点、线、面称为基准。

根据基准的作用不同，可以分为设计基准和工艺基准两大类。在设计时用来确定产品中零件与零件之间相对位置的那些点、线、面称为设计基准。设计基准可以是零件或部件上的几何点、线、面，如轴心线等。也可以是零件上的实际点、线、面，即实际的一个面或一个边。例如，设计门扇边框时，以边框的对称轴线或门边的内侧边来确定另一门边的位置，这些线或面即为设计基准。在加工或装配过程中，用来确定零件上各表面间或在产品中与其他零、部件的相对位置的点、线、面，称为工艺基准。

工艺基准按用途不同，又可分为定位基准、装配基准和测量基准。工件在机床或夹具上定位时，用来确定加工表面与机床、刀具间相对位置的表面称为定位基准。例如，在打眼机上加工榫眼，零件上与工作台接触的表面，靠住导尺的表面和顶住挡板的端面都是定位基准。如图 11-2。

加工时，用来作为定位基准的工件表面有以下几种情况：

① 用一个面作定位基准，加工其相对面。
② 用一个面作为基准，又对它进行加工。
③ 用一个面作基准，加工其相邻面。
④ 用两个相邻面作基准，加工其余两个相邻面。
⑤ 用三个面作基准。

在加工过程中，由于工件加工程度不同，定位基准还可以分为粗基准、辅助基准和精基准。

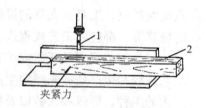

图 11-2 定位基准
1. 刀具 2. 工件

未经过精确加工且形状正确性较差的表面作为基准，称为粗基准。如在纵解圆锯上锯解毛料时，以板材上的一个面和一个边作基准，这个面及边就属于粗基准。

在加工过程中，只是暂时用来确定工件某个加工位置的基准称为辅助基准。如工件在单面开榫机上加工两端榫头，在加工时，以其一端作为基准，概略地确定零件的长度，这就是辅助基准。

已经达到加工要求的光洁表面作为基准，就称为精基准。上例中开第二个榫头时，利用已加工好的第一个榫肩作基准，就是精基准。

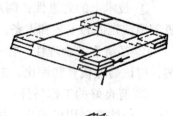

图 11-3 装配基准

在装配时，用来确定零件或部件与产品中其他零、部件的相对位置的表面称为装配基准。装配基准是指装配过程中采用的基准。如图 11-3 中木框用整体平榫装配而成，其榫头侧面和榫肩以及两端榫肩的间距都将影响到木框的尺寸和形状。所以，它们都是装配基准。

用来检验已加工表面的尺寸及位置的表面称为测量基准。工件的尺寸是从测量基准算起的。

11.3 加工精度

11.3.1 加工精度的基本概念

加工精度是指零件或部件在加工之后所得到的尺寸、形状、表面特征等几何参数和图纸上规定的零件的几何参数相符合的程度。相符合的程度越高，即二者之间的差距越小，就表明加工精度越高；反之，则表明加工误差大，加工精度低。所以，研究如何保证甚至提高加工精度问题，也就是研究限制和降低加工误差的问题。

在零件加工过程中，由于种种原因，其尺寸及几何形状往往不可能和图纸上所规定的完全一致，总有一些误差。即使在加工条件相同的情况下，成批制造的零件之间，其实际参数总存在着一定的偏差。实际上，从保证产品使用功能考虑，也允许有一定的加工误差，但必须将加工误差控制在一定的范围之内。

零件加工的实际尺寸和图纸上规定的尺寸之间的偏差称为尺寸误差。尺寸相符合的程度称为尺寸精度。

零件经过加工后，实际形状与图纸上规定的几何形状不能完全符合，两者之间产生了偏差，这种偏差称为几何形状误差。规定的几何形状和实际形状相符合的程度称为几何形状精度。

在切削加工中，应当保证零件各部分的尺寸精度、几何形状精度以及各个表面的相互位置精度。

11.3.2 影响加工精度的因素

木制品的零件是通过一系列工序加工而成的。在加工过程中，所用机床、刀具、夹具和检测时使用的量具等的状况，工件本身的特性以及操作人员的技术水平对于加工结果都有直接影响。

（1）机床结构和几何精度。木工机床本身具有一定的制造精度和几何精度。其中包括：刀轴的径向和轴向跳动；床身、导尺、刀架和工作台的平直度；导尺对刀轴轴心线的垂直度或平行度；机床各传动部分的间隙等。上述因素将直接影响被加工零件的尺寸精度和形状精度。

此外，机床在使用过程中，各运动部分必然会因磨损而逐渐丧失原有的几何精度，从而使加工误差增大。因此，必须定期对机床进行检查，加强维修保养工作，保证机床本身具有必要的精度。

（2）刀具的结构与安装精度及刀具的磨损。刀具的制造精度和刃磨质量直接影响零件的加工精度。保证刀具的制造精度并控制其磨损量，是保证加工精度的重要措施之一。

（3）夹具的精度及零件在夹具上的安装误差。夹具的制造误差或夹具在使用过程中发生变形，都会引起加工误差。因此为了减少这种误差，应使夹具的材料合格、结构合理并达到必要的制造精度，要保证具有足够的刚度，减小变形。

当工件在夹具上安装时，夹紧的着力点及夹紧的方向不恰当，也可能改变工件已确定的位置，影响加工精度。所以，在工件定位和夹紧时，应该考虑到这个因素。此外，工件本身可能因夹紧力过大而产生变形引起误差，这种情况在精加工时更要注意。

（4）工艺系统弹性变形。在切削加工过程中，由于外力（切削力、机床旋转部分不平衡，在高速旋转时产生的离心力，以及使工件移动发生摩擦力和克服摩擦力所需的进料力等）的作用，机床、夹具、刀具、工件所构成的工艺系统会出现弹性变形。同时，这个工艺系统中各部分，因其接触处有间隙也会在外力作用下产生位移。弹性变形和位移构成了工艺系统的总位移，因而引起加工误差。

在切削过程中，因工件材料的类型和硬度的不同，加工余量的大小，刀具钝化程度，材料内应力的重新分配及工人技术水平等差异，还会使外力发生变化，从而引起了弹性系统总位移的变化，也会造成零件的加工误差。

机床的刚度取决于机床各个部件的刚度。如果机床仅仅具有良好的静态刚度，仍不能保证必要的加工精度。因为在加工过程中，由于切削力等的作用，机床各部件会产生弹性变形，从而使工件与刀具间发生相对位移，或者产生强烈的振动，并与刀具、零件构成了复杂的振动系统。当切削力的变化频率和工艺系统自振频率相吻合时,就出现共振现象,使误差值急剧增加而严重影响加工精度。为减少振动对尺寸精度的影响,可以利用消振和提高刚度的方法来缩小振幅。

(5)量具和测量误差。在加工过程中,要用量具测量工件。无论量具多么精密,它本身也有制造精度问题。量具在使用过程中,也会磨损。而且在判断测量结果时,测量人员难免会有一定的主观性,这些均可能引起零件的测量误差。

因此,应当根据设计时要求的加工精度来选择合适的量具和测量方法。在度量时,还要注意测量操作和读数的准确性。

(6)机床调整误差。切削加工时,刀具与工件之间的相互位置如果调整得不精确,就会产生机床调整误差。机床调整的精确程度与调整方法、调整时使用的工具、操作人员的技术以及工作条件等因素有关。

机床的调整误差会引起工件的加工误差。所以机床调整应达到最大可能的精确,以保证工件的加工精度。

(7)加工基准的误差。在加工过程中,基准的选择和确定是否正确,对加工精度也有较大的影响。

要正确选择和确定基准面,必须遵守下列原则:

① 必须根据不同工序的要求来制定基准:在保证加工精度的前提下,尽量减少基准的数量,以便于加工。例如在压刨上进行厚度尺寸加工时,只需取工件下表面作为基准,就可以达到加工要求。而在工件上钻孔时,为了保证孔的位置精度,则必须取它的三个面作基准。

② 尽量选择较长、较宽的面作为基准面:以保证加工时工件的稳定性。

③ 尽可能选用工件上的平表面作基准面:对于曲线形零件,应选择凹面作基准。

④ 在加工时,应尽量采用经过精确加工的面作为基准面:只是在锯材配料等工序才允许使用粗糙表面作基准。

⑤ 选择工艺基准时,应遵循"基准重合"的原则:例如将设计基准作为加工时的定位基准,这样可以避免产生基准误差。

⑥ 需要多次定位加工的工件,应遵照"基准统一"的原则:尽量采用对各道工序均适用的同一基准,以减小加工误差。若在工序中需变换基准,应建立新旧基准之间的联系。

⑦ 定位基准的选择,应便于工件的安装和加工。

(8)材料的性质。在切削加工之前,锯材必须经过干燥,达到一定的干燥质量。其断面上含水率分布均匀,内应力足够小,以防止锯材加工过程中产生翘曲变形。此外,木材是各向异性的材料,其弦向、径向上的物理、力学性质是不同的;又有多节、斜纹等天然缺陷;不同树种木材的硬度不同,加工余量大小不一。这些都将导致加工过程中的切削力的变化,从而引起机床、夹具、刀具和工件这一工艺系统的弹性变形的波动,造成工件的加工误差。

综上所述,在加工过程中有多种因素影响着零件的加工精度。尽管生产条件各不相同,但是保证加工精度是必须要经常注意的问题。在机械化、自动化加工过程中,保证零件加工精度尤为重要。在以上讨论的各种因素中，机床精度固然对加工精度有直接影响，但它不是唯一的因素。高精度的机床并不意味着一定能够加工出高精度的零件来。在现有设备条件下，我们应当善于分析和掌握引起加工误差的各种因素，根据具体情况采取相应的措施，消除和减小这些因素的影响，使加工误差控制在允许范围之内，以保证必须的加工精度。

11.3.3 加工精度与互换性

互换性是指某一产品（包括零件、部件、构件）与另一产品在尺寸、功能上能够彼此相互替换的性能。互换性是现代化生产正常运行的重要条件。按照互换性原理进行木制品生产，同一用途的零、部件就具有相同的尺寸、形状和表面质量特征，不需挑选和补充加工，从中任意取出这样的零、部件，就能装配成完全符合设计和使用的质量要求并具有长期可靠性的木制品。在保证零、部件互换性的条件下，就可以组织不需预装配的木制品生产，能以拆装的形式直接提供给用户。这样就能缩短生产周期，提高劳动生产率，降低运输和包装成本，给企业带来明显的经济效益。

为实现木制品的互换性生产，首先必须按公差与配合制中规定的精度来加工制造零、部件。在设计木制品时，应当考虑产品的使用和设计要求、生产条件和材料的性质，按照标准来规定其公差与配合，并在图纸上加以标注。

由于木材具有吸湿性，为了实现木制品的互换性生产，就不仅要求严格保证干燥质量，使毛料达到规定的含水率，而且还必须控制它在加工过程中的含水率变化。研究表明：在生产条件下，当毛料含水率在高于平衡含水率1.5%和低于平衡含水率3%的范围内波动时，对其形状和尺寸没有明显的影响。所以在车间内加工的整个过程中，应当将毛料含水率的变化控制在上述范围内。如果在制造零件的过程中，需进行加热或浸湿等处理，从而会导致其含水率发生显著变化时，就应当采取相应的措施。

加工精度和互换性是密切相关的。零件的加工精度在很大程度上取决于所用机床的精度。低精度的机床设备是难以保证所加工的零、部件的互换性的。当然使用过高精度的机床设备也是不经济的。机床的工艺精度不仅决定于它本身的几何精度，而且还受到切削刀具与工件的相互位置精度以及零件加工时工艺系统的刚度等因素的影响。所以选用的机床的工艺精度应与零件尺寸不同等级的公差与配合要求相适应，以保证达到规定的加工精度要求。

在机床的工艺精度能满足加工要求的条件下，如果调整精度不够，仍有可能出现和规定的加工参数不相符合的情况，因此，调整机床要力求使所得的加工尺寸分布中心和公差分布中心相吻合。但是实际上零件的有效平均尺寸与调整值之间常有差异，而且每次调整时的误差也不尽相同，机床在指定尺寸下多次调整时将产生调整误差。因此，机床的调整精度应当使所有加工零件参数的实际精度和指定的精度相符合，它们之间的偏差应控制在公差范围以内。

工件的实际尺寸参数是否符合互换性要求，需要经过检测来确定。必须按照正确的检验方法使用可靠的量具来进行检测工作。

11.4 表面粗糙度

经切削加工或压力加工后的木材及人造板,由于在加工过程中受加工机床的状态、切削刀具的几何精度、加压时施加的压力、温度以及木材树种、含水率等各种因素的影响,表面上会具有各种不平度。这些不平度大致可归纳为以下几种:

刀具痕迹:常呈梳状或条状,其形状、大小和方向取决于刀刃的几何形状和切削运动的特征。例如,用圆锯片锯解的木材表面留有弧形的锯痕。

波纹:一种形状和大小相近的、有规律的波状起伏,这是切削刀具在加工表面上留下的痕迹或是机床—刀具—工件工艺系统振动的结果。例如,铣削加工后的表面上留有刀刃轨迹形成的表面波纹。

破坏性不平度:木材表面上成束的木纤维被剥落或撕开而形成,切削用量不适当,这种不平度就更明显,这常出现在铣削或旋切后的木材表面上。

弹性恢复不平度:由于木材的不匀质性,即材料各部分的密度和硬度的差异,切削加工时,刀具在木材上挤压,形成弹性变形量的差异,解除压力后,由于木材弹性恢复量的不同而形成表面不平。这在沿年轮层方向切削的针叶材表面最为明显。

木毛或毛刺:木毛是指单根纤维的一端仍与木材表面相连,而另一端竖起或黏附在表面上。毛刺则指成束或成片的木纤维还没有与木材表面完全分开。木毛和毛刺的形成和木材的纤维构造及加工条件有关。通常在评定表面粗糙度时,都不包括木毛,因为还没有适当的仪器和方法对它作确切的评定。而在对表面粗糙度的技术要求中,常只指明是否允许木毛存在。

上述不平度都具有较小的间距和峰谷。木材表面粗糙度就是指木材加工表面上具有的,一般是由所用的加工方法或其他因素形成的较小间距和峰谷组成的微观不平度。

此外,木材表面还存在结构不平度,这是由于木材本身多孔结构而形成的。在切削加工表面上,被切开的木材细胞就呈现出沟槽或凹坑状,其大小和形态取决于木材细胞的大小和它们与切削表面的相互位置。对于由碎料制成的木质材料或木质零件,则由其表层的碎料形状、大小及其配置情况构成结构不平度。这两种结构不平度以及木材表面可能存在的虫眼、裂缝等,由于与加工方法无关,所以通常是不包括在木材表面粗糙度这一概念范围内。

木材表面粗糙度是评定木材制品表面质量的重要指标。它直接影响木材的胶贴质量和装饰质量,影响胶料与涂料的耗用量。此外,对木材表面粗糙度的要求,关系到加工工艺的安排和加工余量的确定,因而对原材料的消耗和劳动生产率也有影响。

11.4.1 影响木材表面粗糙度的因素

木材表面粗糙度是在木材切削过程中由以下因素共同作用的结果:

① 切削用量:包括切削速度、进料速度及吃刀量(切削层厚度)。

② 切削刀具:刀具的几何参数、刀具制造精度、刀具工作面的光洁度以及刀具的

刃磨和磨损情况等。
③ 机床—刀具—工件工艺系统的刚度和稳定性。
④ 木材物理力学性质：包括硬度、密度、弹性、含水率等。
⑤ 切削方向：横向切削或纵向切削。

此外，加工方法的不同，加工余量的变化，切屑的排除情况以及其他偶然性因素，往往也对表面粗糙度有很大的影响。

总之，必须从机床的类型及精度、刀具、切削用量等多方面来寻求降低表面粗糙度的有效措施。同时，还应强调指出：要根据不同的质量要求，合理地规定其表面粗糙度，正确解决降低表面粗糙度与提高劳动生产率之间可能存在的矛盾。

11.4.2 表面粗糙度的评定

评定木材表面粗糙度是一个相当复杂的问题，目前广泛采用轮廓最大高度、微观不平度 10 点高度和轮廓算术平均偏差、轮廓微观不平度平均间距等表征参数来评定。

（1）表面粗糙度评定中的有关术语。
① 表面轮廓：即平面与表面相交所得的轮廓线。平面与实际表面相交所得的轮廓线为实际轮廓；平面与几何表面相交所得的轮廓线为几何轮廓。如图 11-4。
② 基准线：用以评定表面粗糙度所给定的线。
③ 取样长度 l：用以判别和测量表面粗糙度特征时所规定的一段基准线长度。规定和选择这段长度是为了限制和减弱表面波纹度对表面粗糙度测量结果的影响。取样长度在轮廓总的走向上量取。
④ 中线制：以中线为基准线评定的计算制。轮廓算术平均中线是具有几何轮廓形状在取样长度内与轮廓走向一致的基准线。在取样长度内，由该线划分轮廓，使上下两边的面积相等。如图 11-5。
⑤ 轮廓偏距 y：在测量方向上轮廓线上的点与基准线之间的垂直距离。

（2）木制件表面粗糙度评定参数。
① 轮廓最大高度 R_y：在取样长度内轮廓峰顶与轮廓谷底线之间的距离，如图 11-6。

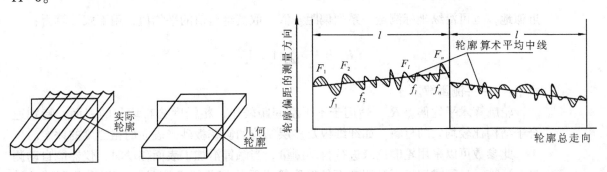

图 11-4　表面轮廓　　　　　　　　　图 11-5　轮廓算术平均中线

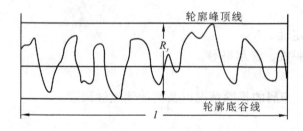
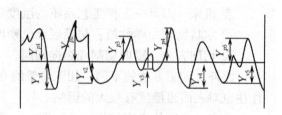

图 11-6 轮廓最大高度　　　　　图 11-7 微观不平度 10 点高度

轮廓最大高度这一参数是在加工过程中为消除上一道工序在工件上留下的不平度，而应该从加工表面切去的一层材料厚度的决定因素之一，所以它是组成工序余量的一部分，这对规定锯材表面粗糙度要求时特别重要。此外，这个参数还关系到贴面零件表面的凹陷值和胶接强度。

② 微观不平度 10 点高度 R_z：它是在取样长度内，五个最大轮廓峰高的平均值与五个最大轮廓谷深的平均值之和。如图 11-7。可用下式进行计算：

$$R_z = \frac{1}{5}\left(\sum_{i=1}^{5} Y_{p_i} + \sum_{i=1}^{5} Y_{v_i}\right)$$

式中：Y_{p_i}——是第 i 个最大轮廓峰高；
　　　Y_{v_i}——是第 i 个最大轮廓谷深。

微观不平度 10 点高度 R_z 比轮廓最大高度 R_y 有更广泛的代表性，因为它是取样长度范围内的五个轮廓最大高度的平均值。这参数适用于表面不平度较小，粗糙度分布比较均匀的表面。对于用薄膜贴面或涂饰的木材及人造板表面宜用 R_z 作为评定表面粗糙度的表征参数。

③ 轮廓算术平均偏差 R_a：它是在取样长度内，轮廓偏距绝对值的算术平均值，如图 11-8。

参数 R_a 可以用包含在轮廓线与中线之间的面积来求得。

$$R_a = \frac{1}{l}\int_0^l |y|\, dx$$

近似地，也可沿纵坐标测量一系列偏距 y 值，取其绝对值的平均值，用下式计算得：

$$R_a = \frac{1}{n}\sum_{i=1}^{n}|y_i|$$

式中：n——测量数。

轮廓算术平均偏差 R_a。适用于不平度间距较小，粗糙度分布均匀的表面，特别适合于结构比较均匀的材料，如纤维板及多层结构的刨花板砂光表面的粗糙度的评定。

此参数可以采用轮廓仪来进行自动测量，当触针沿加工表面移动时，仪器能自动测量、计算、显示或记录下被测表面的轮廓算术平均偏差值 R_a，这样可以避免繁琐的计算，缩短检测的时间。

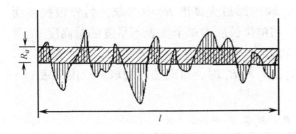
图 11-8 轮廓算术平均偏差

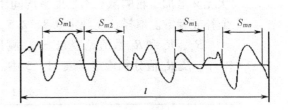
图 11-9 轮廓微观不平度间距

④ 轮廓微观不平度平均间距 S_m：它是在取样长度内轮廓微观不平度间距的平均值。如图 11-9。用下式进行计算：

$$S_m = \frac{1}{n} \sum_{i=1}^{n} S_{mi}$$

轮廓微观不平度的平均间距适用于评定铣削后的表面粗糙度，如果两个铣削后的表面，即便测得的 R_z 相同，并不能说明两者粗糙程度是相等的，因为不平度的平均间距不同，反映出粗糙度特性就会有很大的差别。

S_m 不仅反映了不平度间距的特征，也可用于确定不平度间距与不平高度之间的比例关系。胶贴零件因基材不平度的影响，而导致贴面层的凹陷的大小，不仅决定于不平度的高度，而且也决定于不平度间距与高度之间的比例。为了保证胶贴表面的质量要求，利用 S_m 作为规定基材表面粗糙度的补充参数是必要的。此参数也适用于薄膜贴面或涂饰的刨花板表面粗糙度的评定。

⑤ 单位长度内单个微观不平度的总高度 R_{pv}：在给定测量长度（l）内各单个微观不平度的高度（h_i）之和除以该测量长度。如图 11-10，并可按下列公式计算：

$$R_{pv} = \frac{1}{l} \sum_{i=1}^{n} h_i$$

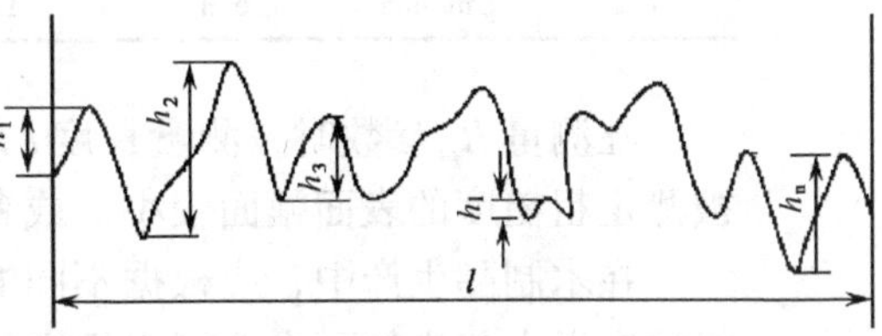

图 11-10 单位长度内单个微观不平度

对于具有粗管孔的硬阔叶材表面，由于导管被剖切等所形成的结构不平度，对经切削加工后表面粗糙度的测定带来不同程度的干扰，而采用 R_{pv} 参数相对地能削弱其影响程度，较真实地反映出表面粗糙状态，同时也能比较正确地判定出用不同砂粒粒度的砂带（砂纸）砂磨表面后的粗糙程度。因而，R_{pv} 主要是作为检测此类表面粗糙度所使用的参数。

以上各参数是从不同的方面分别反映表面粗糙轮廓特征的，实际运用时，可以根据不同的加工方式和表面质量要求，选用其中一个或同时用 2~3 个参数来评定。例如，锯材表面可以用 R_y 值，刨削和铣削表面可以用 R_z 及 S_m 值，胶贴及涂饰表面可以用 R_a（或 R_z）及 S_m 来分别确定其表面粗糙度。

（3）木制件表面粗糙度参数的数值。在 GB 12472—2003《木制件表面粗糙度参数及其数值》中，规定采用中线制评定木制件的表面粗糙度，其表面粗糙度参数从轮廓

算术平均偏差 R_a、微观不平度十点高度 R_z 和轮廓最大高度 R_y 中选取，另外根据表面状况又增加了轮廓微观不平度平均间距 S_m 和单位长度内单个微观不平度的总高度 R_{pv} 两个补充参数。取样长度规定 0.8，2.5，8 和 25 四个系列。

R_a、R_z 和 R_y 数值见表 11-1。测量 R_a、R_z 和 R_y 时，对应选用的取样长度见表 11-2。S_m 及 R_{pv} 值分别规定于表 11-3 中。

表 11-1　R_a、R_z 及 R_y 值　　　　　　　　　　　　　　　μm

参数	数值							
R_a	0.8	1.6	3.2	6.3	12.5	25	50	100
R_z、R_y	3.2	6.3	12.5	25	50	100	200	400

表 11-2　不同 R 值所选用的取样长度

R_a	R_z、R_y	l (mm)
0.8, 1.6, 3.2	3.2, 6.3, 12.5	0.8
6.3, 12.5	25, 50	2.5
25, 50	100, 200	8
100	400	25

表 11-3　S_m 及 R_{pv} 值

参数	单位	数值					
S_m	mm	0.4	0.8	1.6	3.2	6.3	12.5
R_{pv}	μm/mm	6.3	12.5	25	50	100	—

在测量 R_{pv} 参数时，测量长度 l 规定为 20～200 mm，一般情况下选用 200 mm，如果被测定粗糙度的表面幅面较小，或者微观不平度较均匀的可以选用 20 mm。

在木制品生产中，应根据不同的加工类型、加工方法和表面质量，对木制件的表面粗糙度提出相应的要求，标出规定的表面粗糙度参数和数值。用 R_a、R_z 和 R_y 参数评定粗糙度时，一般应避开导管被剖切开较集中的表面部位，如果无法避开，则在评定时应除去剖切开导管所形成的轮廓凹坑。对于表面上具有的裂纹、节子、纤维撕裂、表面碰伤和木刺等缺陷，应作单独限制和规定。

11.4.3　表面粗糙度的测量

表面粗糙度一般是用测量表面轮廓的方法来评定，为了使测量轮廓尽可能与实际表面轮廓相一致，并具有充分的代表性，就应要求仪器对被测表面没有或仅有极小的测量压力。

常用于测定木材表面粗糙度的方法有以下几种：

（1）光断面法。此法的主要优点是对被测表面没有测量应力，能反映出木材表面的微观不平度，但测量和计算较费时。这类仪器主要由光源筒和观察镜筒两大部分组

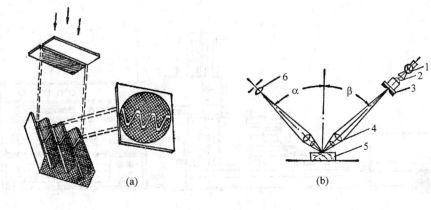

图 11-11 光断面法
(a) 仪器示意 (b) 工作原理示意
1. 光源 2. 聚光镜 3. 狭缝 4. 物镜 5. 工件 6. 显微读数目镜

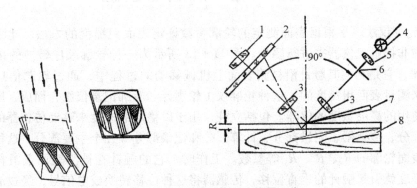

图 11-12 阴影断面法仪器示意
1. 目镜 2. 分划板 3. 物镜 4. 光源 5. 透镜
6. 小孔光栏 7. 刀片 8. 被测工件

成。这两个镜筒的光线互相垂直，均与水平成45°，而且在同一垂直平面内，从光源镜筒中发出光，经过聚光镜、狭缝和物镜形成狭长的汇聚光带，这光带照射到被测表面后，反射到观察镜筒中（图11-11）。表面的凹凸不平使照射在表面上的光带相应地曲折，所以从观察目镜中看到的光带形状，即放大了的表面轮廓，利用显微读数目镜测出峰与谷之间的距离，并计算出表面粗糙度的参数值。

此种表面粗糙度测量仪器视野较小，所以它只适用于测量粗糙度较小的木材表面，同时由于木材的反光性能较差，在测量粗糙表面时，光带的分界线往往不易分辨清楚。

(2) 阴影断面法。其原理与上述光断面法基本相同，但在被测表面上放有刃口非常平直的刀片，从光源镜筒射出的平行光束照射到刀片上，投在木材表面上的刀片阴影轮廓就相应地反映出被测量的木材表面的不平度（图11-12）。为使阴影边缘清晰，在这种仪器中宜采用单色平行光束，此法也同样可以用显微读数目镜来观测木材表面的粗糙度。

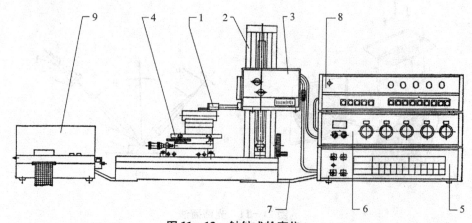

图 11-13 触针式轮廓仪
1. 转感器 2. 立柱 3. 传动电机 4. 工作台 5. 电源部分
6. 测量部分 7. 电缆 8. 计算部分 9. 记录部分

（3）轮廓仪法。是根据表面测定的轮廓参数评定表面粗糙度的方法。此法可用接触式仪器或非接触式仪器来进行测量。图 11-13 所示为一种轮廓顺序转换的接触（触针）式仪器，它是利用其触针沿被测表面上机械移动的过程中，通过轮廓信息顺序转换的方法来测量表面粗糙度的。这种轮廓仪由轮廓计和轮廓记录仪组合而成，属于实验室条件下使用的高灵敏度的仪器。包括立柱，用于以稳定的速度来移动传感器的传动电机、电源部分、传感器、测量部分、计算部分和记录部分等几个主要部分。这种轮廓仪可以测量表面轮廓的 R_y、R_z、R_a 等参数。工作时，它的触针在被测表面上滑移，被测表面的不平度就引起触针的垂直位移，传感器将这种位移转换成电信号，经过放大和处理之后，轮廓计将测量的粗糙度参数的平均结果以数字显示出来，轮廓记录仪则以轮廓曲线的形式记录在纸带上。轮廓记录仪的垂直放大倍数可达 10^5、水平放大倍数为 2×10^3。因此它能将即使是很细微的不平度测量并直接显示出来。

在生产条件下，为简便起见，也可以借助样板来检验表面粗糙度，样板的尺寸应不小于 200 mm × 300 mm，预先在实验室从仪器测定其粗糙度，再将被测表面与之进行观察对比按照两者是否相符合来对被检测表面作出总体评价。

思 考 题

1. 如何理解工艺过程？
2. 如何理解加工基准及其他基准的概念？
3. 如何理解加工精度？
4. 如何理解表面粗糙度？
5. 表面粗糙度评定参数的含义是什么？

第 12 章 实木零件加工

[本章重点]
1. 加工余量的概念及确定方法。
2. 实木零件、板材配料方案。
3. 方材加工中基准面的确定原则。
4. 方材胶合的影响因素。
5. 集成材加工工艺。
6. 实木零件的净料加工及所用设备。

12.1 配 料

12.1.1 锯材配料工艺

按照零件尺寸规格和质量要求,将锯材锯割成各种规格、形状的毛料的过程称为锯材配料。配料工作的水平直接影响到产品的质量、材料的利用率和劳动生产率,因此必须引起重视。配料时,必须掌握以下几点:

(1) 按产品质量要求合理选料。不同技术要求的产品,同一产品中不同部位的零件,对材料的要求往往不是完全相同的,因而必须根据产品的质量要求来合理选用木材的树种、等级、含水率和纹理方向等,才能在保证产品质量的前提下节约使用优质材料,合理使用纸质材料,才能提高毛料出材率和劳动生产率,做到优质、高产、低消耗。

锯材配料可采用毛边板,也可用整边板。采用毛边板可以更充分地利用木材。根据产品的质量要求,高级木制品的部件以至整个产品往往需要用同一树种的木材来配料。对于一般产品,生产中通常按硬材及软材来区分,将质地近似、颜色和纹理大致相同的树种混合配料,以达到节约代用,充分利用和节省贵重树种的木材。此外,在选料时还应该考虑到零部件的受力情况、产品强度以及某些制品的特殊要求。例如,带有榫头的毛料,其接合部位就不允许有节子、腐朽、裂纹等缺陷。又如乐器中的共鸣音板,不仅要求木材纹理平直,而且对年轮的致密程度也有规定。其他有关部门的产品标准中,对于各种木制品的用料要求也都有相应的规定。

(2) 合理确定加工余量。将毛料加工成形状、尺寸和表面质量等方面符合设计要求的零件时,所切去的一部分材料称为加工余量。所以,加工余量也就是从同一基准面起测得的毛料尺寸与零件尺寸之差。如果用湿板材配料,则加工余量中还应该包括湿毛

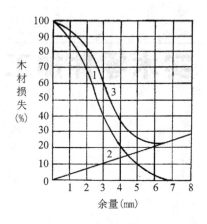

图 12-1　加工余量对木材损失的影响
1. 废品损失　2. 余量损失　3. 总损失

料的干缩量。

根据试验，加工余量大小与加工精度及木材的损耗有关。

由图 12-1 可以看出，若加工余量过小，加工出的废品就增多，因为大部分零件将由于加工余量过小而达不到设计要求。虽然消耗于切屑的木材损失较小，但是由于废品增多而使总的木材损失增加。相反，加工余量过大，虽然废品率可以显著降低，表面质量也能保证，但木材损失将因为切屑过多而增大。

加工余量和加工精度的关系也很密切。如果加工余量过大，则一次切削时，切屑层厚度也大，这将使刀具的刚度降低。切削力增加，从而使整个工艺系统的弹性变形加大，加工精度和表面质量降低。而在多次切削的情况下，又会降低生产率，增加动力消耗，同时也难以实现连续化、自动化生产。如果余量过小，为了保证加工质量，必须提高准备工序的质量，延长机床调整时间，生产率也将会降低。

因此，唯有正确规定加工余量，才能达到合理利用木材，节省加工时间和动力消耗，充分利用设备能力，保证零件的加工精度、表面粗糙度和产品质量，并有利于实现连续化和自动化生产。

加工余量又分为工序余量和总余量。

工序余量是为了消除上道工序所留下的形状或尺寸误差，应当从工件表面切去的一部分木材。所以，工序余量为相邻两工序的工件尺寸之差。

总余量是为了获得形状、尺寸和表面质量都符合于技术要求的零部件时，应从毛料表面切去的那部分木材。总余量等于各工序余量之和。

$$Z = \sum_{i=1}^{n} Z_i$$

式中：Z——总余量；

Z_i——工序余量；

n——工序数。

总余量又可分为零件加工余量和部件加工余量两部分。凡是零件装配成部件后不再进行部件加工的，总余量就等于零件加工余量。若零件装配成部件后，为消除部件形状、尺寸的不正确，还需再进行部件加工时，总余量应包括零件加工余量和部件加工余量。

要确定零件或部件的总余量，首先应该确定组成总余量的各工序余量值。工序余量的确定可以有两种方法：计算分析法和试验统计法。计算分析法是根据零部件加工工艺过程的特点进行余量分析计算的。各工序加工形式不同，工序余量中包含的误差也不同。

加工余量是受尺寸误差、形状误差、表面粗糙度误差及安装误差影响的，而构成余量的这些误差之间，又是相互作用和相互补偿的。因为往往在带有最大翘曲度的毛料中不一定都具有最大的尺寸误差，而在最小尺寸误差的毛料中却有可能出现最大的翘曲度，因而，在这些误差的相互作用下，有时会相互积累使余量增加，有时又能相互抵消而使余量减小。如果在计算余量时，将这些误差值全部算术相加，必然会使总余量过大。所以，计算分析法就是考虑到这种相互作用，在这些误差总和中是以系统性误差和偶然性误差分别考虑进行计算的，确定出各工序适当的余量值，避免产生过多的余量损耗，在保证零部件加工质量的前提下，达到降低加工余量的目的。

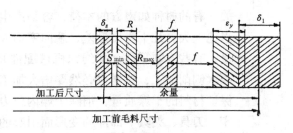

图 12-2 毛料加工余量

图 12-2 为用计算分析方法确定加工余量，从图中可看到余量包括毛料翘曲度 f、表面粗糙度 R_{max} 和最小材料层 S_{min}，这些均为系统性误差，以及毛料尺寸公差，表面粗糙度翘曲度公差等偶然性误差，所以加工余量可按下式确定：

$$Z = f + R_{max} + S_{min} + \sqrt{k_1(\delta_1/2)^2 + k_2(\Delta R/2) + k_3(\Delta f/2) + k_4(\sum y/2)}$$

式中：f——毛料翘曲度；

R_{max}——最大不平度；

S_{min}——最小材料层；锯解加工时不小于 1.5 mm，铣削加工时 0.6 mm，刨削时为 0.1 mm；

k_1、k_2、k_3、k_4——偶然性值分布规律系数，若正常分布时，$k_1 = k_2 = k_3 = k_4 = 1$；

δ_1——毛料尺寸公差；

ΔR_{max}——表面粗糙度公差；

Δf——毛料翘曲度公差；

$\sum_y$——安装误差。

因安装误差 $\sum_y$ 实际上可由毛料尺寸公差和形状误差来补偿，所以计算余量时可以不考虑。所确定的工序余量是否正确，可以用材料利用系数 K 来评估。

$$K = \frac{g_1}{g_2}$$

式中：g_1——加工前的毛料量；

g_2——在该工序加工，剔除不合格零件后的毛料量。

试验统计法是根据不同的加工工艺过程，在合理的加工条件下，对各种树种、不同尺寸的毛料及部件进行多次加工试验，对切下的每层材料厚度进行统计而定出各工序的加工余量值。

影响加工余量的因素很多，被加工材料的性质、干燥质量、设备的加工精度、切削刀具的几何参数、切削用量以及机床、刀具、工件、夹具工艺系统的刚度等均与其有关。有的树种如南方的木荷，容易产生翘曲变形，而且变形很大，因而其加工余量需适当地放大。凡干燥质量差、翘曲变形大、具有内应力、锯解后不平直的都需适当加大余量。有些木制零件（如纺织机械配件）对加工精度和表面光洁度都要求较高，需采用两次刨削加工，这样也必然要增大加工余量值。因此，为使加工余量尽量减少，应首先保证材料的干燥质量，消除干燥内应力和翘曲变形，从而减少和消除在加工过程中因机床、刀具、夹具等部件的变形而引起的加工尺寸误差。此外，还应使切削刀具具有正确的角度参数和锉磨质量，并选择合适的切削用量以降低被加工表面的粗糙度。

还应指出，如果应用湿的成材来配料，然后再进行毛料干燥，则在配料时需考虑干缩余量值。一般考虑毛料宽度和厚度方向的干缩余量，长度方向的干缩余量很小，可忽略不计。湿毛料的尺寸由零件设计尺寸、加工余量和干缩余量相加而得到。

毛料的干缩余量可按下式计算：

$$y = \frac{N(W_c - W_z)\Phi_s}{100}$$

式中：y——干缩余量，mm；

N——毛料厚度或宽度上的公称尺寸，mm；

W_c——毛料产生干缩的最初含水率，%，若毛料为湿材，则 W_c =30%，若为半干材，则 W_c 为纤维饱和点以下的毛料的含水率；

W_z——毛料最终含水率，%；

Φ_s——木材含水率从 0~30%，含水率每变化 1% 的干缩系数。

我国目前在木制品生产中采用的加工余量为经验值。如木家具生产中的加工余量是：厚度上或宽度上取 3~5 mm；对于短零件取 3 mm；1 m 以上的长零件取 5 mm。长度上加工余量为 5~20 mm；对于带榫头的零件取 5 mm，端头没有榫头的零件取 10 mm，用于整拼板的零件取 15~20 mm。

阔叶树材毛料的加工余量应比针叶材毛料取得大些。

(3) 锯材含水率应符合产品的技术要求。所用锯材含水率是否符合产品的技术要求，直接关系到产品的质量、强度及其可靠性。因此，配料时所用木材必须进行干燥，并使其含水率内外均匀一致，消除内应力，防止在加工和使用过程中产生翘曲、开裂等现象，以保证产品的质量。

由于产品的种类及使用地区的不同，锯材的含水率要求会有很大的差异，即使同一种产品，因地区不同含水率要求也不一样。因此，除了根据产品的技术要求、使用条件、质量要求外，还应该结合当地的平衡含水率，合理地确定对锯材的含水率要求。具体数值可查国家标准 GB/T 6491—1999《锯材干燥质量》。

(4) 选用的锯材规格尽量和加工零部件规格相衔接。要获得表面平整、光洁又符合尺寸要求的零部件，必须根据加工余量值来选用锯材规格，锯材规格和毛料规格配置有以下几种情况：锯材断面尺寸和毛料断面尺寸相符合；锯材宽度和毛料宽度相等，而厚度是毛料厚度的倍数或大于毛料的厚度；锯材的厚度和毛料厚度相符合，而宽度是毛料宽度的倍数或大于毛料宽度；锯材的宽度、厚度都大于毛料的断面尺寸或是其倍数。

如果锯材和毛料的尺寸规格不衔接，将使锯口数和废料增多，影响到材料的充分利用和生产效率，此外，锯材长度上要注意长短毛料的搭配下锯，使木材得到合理利用以减少损失。

（5）配料方案及加工方法。锯解锯材时，应根据板材类型、木材树种和毛料尺寸，按下列不同的方案进行配料。

① 先将板材横截成短板段，再纵向锯解成毛料；或者先将板材纵向锯开再横截成毛料。

② 在下锯前预先进行划线。

③ 在下锯前预先将板面进行粗刨。

④ 板材经锯截、刨削或开齿榫后，在长度、宽度方向胶合，然后再下锯。

第一种配料方案如图12-3是先将板材横截成短板，同时截去不符合技术要求的缺陷部分，如开裂、腐朽、死节等，再用单锯片或多锯片的纵解圆锯机或小带锯将短板纵解成毛料。此法因为先将长材截成短板，便于车间内运输。采用毛边板配料时，可充分利用木材削度部分提高出材率。还可长短毛料搭配锯截，做到长材不短用。但缺点是在截去缺陷部分时，往往同时截去一部分有用的木材。

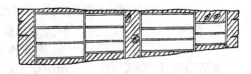

图12-3　先截断后纵解

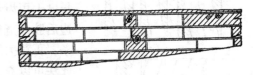

图12-4　先纵解后截断

当毛料的批量较大，而且规格尺寸比较一致时，可以按零件的宽度尺寸先纵向锯解，再根据零件的长度截成毛料，同时除去缺陷部分，如图12-4。

此方案适用于配制同一宽度（或厚度）规格的大批量毛料。可在机械进料的单锯片或多锯片的纵解圆锯机上进行。此法在截去缺陷部分时，优质材截去较少。但是，车间所占地面积大，运输也不太方便。

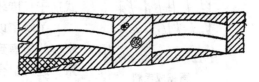

图12-5　平行划线法

第二种配料方案是根据零件的规格、形状和质量要求，先在板面按套裁法划线，然后再锯解，根据实验可以提高出材率9%，尤其对于曲线形零件，预先划线既保证了质量，又可提高出材率和生产率，但是增加了划线工序。

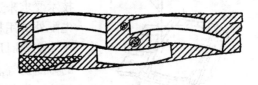

图12-6　交叉划线法

划线方法有平行划线法和交叉划线法两种。

平行划线法如图12-5所示。先将板材按毛料的长度截成短板，同时除去缺陷部分，然后用样板平行划线，此法加工方便，生产率高，但出材率稍低。

交叉划线法如图12-6。是考虑在除去缺陷的同时，充分利用板材的有用部分锯出更多的毛料，所以出材率高。但这样划线往往使毛料在材面上排列不规则，较难下锯，生产率较低，不适于机械加工及大批量生产。

为了清晰地显露板面上的缺陷、纹理及材色，以便合理选料和配料，可以采用第三种配料方式。即将锯材先经单面压刨或双面压刨加工，再进行截断或纵锯。此法便于操作人员按缺陷的分布情况合理配料，并及时剔除不适用的部分。对于某些缺陷如节子、钝棱、裂纹等可以按照用料要求所允许的限度，在配料时予以保留或进行修补，以提高出材率。另外，由于板面已先经刨削，对一些加工要求不高的，如内框之类的零件，在毛料加工时，就只需加工其余两个面，减少了加工工序。如果配料时用刨削锯锯解，还可以得到四面光洁的净料，以后就不需再进行任何刨削加工，这样毛料出材率和劳动生产率都将显著地提高。

但是刨削未经锯截的板材时，长板材在车间内运输不便，占地面积也大。此外，板材通过压刨刨削一次，往往不能使板面上的锯痕和翘曲度全部除去，因此并不能代替基准面的加工，对于尺寸精度要求较高的零件，仍需要先后通过平刨和压刨进行基准面及规格尺寸加工，才能获得正确的尺寸和形状。

第四种配料方式是将板材经刨削后锯成板段，同时锯除缺陷，长度上用齿形榫胶接后再截成毛料；或者将已锯成的板段，刨削侧边后胶成宽板，然后锯成毛料，如图 12-7；也可先将板材锯成板条，再截去缺陷，将短板条用齿形榫胶接成长料后，再锯成毛料。此法可以充分利用材料，有效地提高了毛料出材率和零件的质量。但缺点是增加了刨削、齿形榫接等工序，生产率较低，但从节约材料、提高出材率和质量的观点来看，是具有很大的意义的。此种方式适于长度较大的建筑构件的配料。

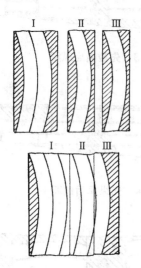

图 12-7 胶成拼板后再锯成毛料

了解了以上几种配料方式的优缺点以后，可以根据零件的要求，并考虑到提高出材率、劳动生产率和保证产品质量等方面的因素，进行组合选用，组成各种配料方案。例如，可以先划线，再按第一种方式进行；也可以先刨光板面，再按第一种方式配料；可先粗刨、划线，然后再按第一种方式进行；以及先锯截、开齿榫、胶合后再下锯等，在实际生产中，应当根据不同的生产条件，不同的技术要求来选定最合理的配料方案。原则上应先配大料后配小料，先配外部用料后配内部用料，先配弯料后配直料。

配料时用于板材截断的设备有带推车的截断锯和刀架直线移动的截断锯等。纵向锯解则采用手工进料或机械进料的（单锯片或多锯片）圆锯机或小带锯，锯解曲线形毛料需用细木工带锯。

用细木工带锯锯制曲线形毛料，除采用划线法以外，也可以使用样模，按图 12-8 所示的方法加工。

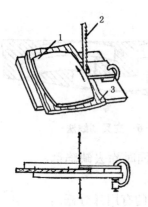

图 12-8 曲线形毛料的锯解
1. 样模　2. 锯条　3. 板材

在配料加工中使用的锯片有普通锯片和刨削锯片。普通圆锯片加工出的毛料表面较粗糙，而刨削锯片可以获得较光洁的表面和要求的尺寸，并省去了以后的刨削工序和加工余量。因而，合理地应用刨削锯片进行加工，可以减少余量消耗，节约大量木材，又省去刨削工序，是配料工作中提高工效和出材率的有效措施之一。为保证刨削锯片的加工质量，除被加工木材的含水率应当符合产品的技术要求外，所使用的刨削锯片的直径不宜太大，并应具有较好的稳定性，此外，锯机必须稳固，机床精度要高，以保证工件达到所需的加工精度。

12.1.2 毛料出材率

锯材配料的材料利用程度可用毛料出材率来表示。

毛料出材率是毛料材积与锯成毛料所耗用的成材材积之比。

$$P = \frac{V_\text{毛}}{V_\text{成}} \times 100\%$$

式中：P——毛料出材率，%；

$V_\text{毛}$——毛料材积，m^3；

$V_\text{成}$——成材材积，m^3。

影响毛料出材率的因素很多，如加工零件要求的尺寸和质量，配料方式与加工的方法以及所用锯材的规格与等级，操作人员的技术水平，采用的设备和刀具等等。如何提高毛料出材率，做到优材不劣用，大材不小用，是配料时必须重视的问题。为此，在生产实际中可考虑采取以下一些措施：

① 认真实行零部件尺寸规格化，使零部件尺寸规格与锯材尺寸规格衔接起来，以充分利用板材幅面，锯出更多的毛料。

② 配料时，截断锯上的操作人员应根据板材质量，将各种长度规格的毛料搭配下锯，纵解时可以将不合用的边、角材料集中管理，供配制小毛料时使用，使材料得到充分利用。

③ 操作人员在配料时，必须熟悉各种产品零部件的技术要求，在保证产品质量的前提下，凡是用料要求所能允许的缺陷，如缺棱、节子、裂纹、斜纹等，不做过分的剔除。

④ 有些产品和部件，在不影响强度、外观及质量的条件下，对于材面上的死节、树脂囊、裂纹、虫眼等缺陷，可用挖补、镶嵌的方法进行修补，以免整块材料被截去。

⑤ 一些短小零件，如线条、拉手等，为了便于以后加工和操作，在配料时可以配成倍数毛料，先加工成型后再截断或锯开，既可提高生产率，又可减少每个毛料的加工余量。

⑥ 规格尺寸大的零件，如纺织机械上的木配件等，根据技术要求可以采用小料胶拼的方法代替整块木材，这样既能保证强度，减少变形，又可提高木材利用率。

⑦ 对优良材种的锯材，应尽量采用划线套裁、"以锯代刨"的工艺方法，选用薄锯片、小径锯片，降低木材加工损耗。

目前，各工厂在计算出材率时常常不是分批统计零件出材率，而是加工出一批产品后综合计算出材率，其中不仅包括直接加工成毛料所耗用的材积，也包含锯出毛料时剩余材料再利用后的材积，因此，实际上是木材利用率。各工厂的木材利用率因生产条件、技术水平和综合利用程度不同而有很大的差异。从原木到净料出材率一般为原木的40%~50%，为板方材的50%~70%。因而如何提高木材利用率，合理使用木材，仍是实际生产中需要重视的问题。

12.2 毛料的加工

毛料加工是将配料后的毛料加工成合乎零件规格尺寸要求的净料的加工过程。

经过配料，将锯材按零件的规格尺寸和技术要求锯成了毛料，但有时毛料可能因为干燥不当而带有翘曲等各种变形，而且，配料加工时，都是使用粗基准，毛料的形状和尺寸总会有误差，表面也是粗糙不平的。为了保证后续工序的加工质量，以获得准确的尺寸、形状和光洁的表面，必须先在毛料上作出正确的基准面，作为后续加工时的精基准。因此，毛料的加工，通常总是从基准面加工开始的。

12.2.1 基准面的加工

基准面包括平面（大面）、侧面（小面）和端面三个面，各种不同的零件，随着加工要求的不同，不一定都需要三个基准面，有的只需将其中的一个或两个面精确加工成定位基准。有的零件加工精度要求不高，则可以在加工基准面的同时加工其他表面。直线形毛料是将平面加工成基准面，对于曲线形毛料可利用平面或曲面作成基准面。

平面和侧面的基准面用铣削方式加工，常在平刨或铣床上完成。

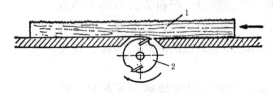

图 12-9 在平刨上加工基准面
1. 工件　2. 刀头

在平刨上加工基准面如图 12-9。此法目前在生产中仍普遍采用，它可以消除毛料的形状误差及锯痕等，为获得光洁平整的表面，应将平刨的后工作台表面调整在与柱形刀头切削圆的同一切线上，前、后工作台需平行，两台面的高度差即为切削层的厚度。

生产中使用的平刨床大多数是手工进给的，在这种机床上加工，虽然能够得到正确的基准面，但是劳动强度大，生产效率低，而且操作很不安全。机械进料可以避免这个问题，然而，为了保证加工表面的平整度和高度的精确度，平刨上的机械进料装置应当既能保证毛料能沿着平刨工作台作平稳的移动，又必须使毛料不致产生纵向变形。目前在平刨上采用的机械进料方式有滚筒、

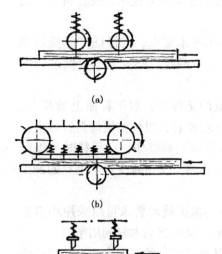

图 12-10 平刨的机械进料装置
(a) 滚筒进料装置　(b) 履带进料装置
(c) 弹簧销或弹簧爪

弹簧销、弹簧爪及履带进料装置,如图12-10。各种机械进料装置都是对毛料施加一定的压力产生摩擦来实现毛料进给的。对于本来是翘曲不平的长而薄的毛料,在垂直压力的作用下会被压直,但在经过加工和压力解除后,毛料仍将恢复原有的翘曲状态,因而不能得到精确的平面。

在平刨上加工时,一次刨削的最佳切削层厚度为1.5~2.5mm,若超过3mm,将使工件出现崩裂和引起振动,因此,对于不平度较大的表面必须通过几次刨削加工以获得精基准面。

平刨上加工侧基准面(即基准边)时,应使其与基准面(平面)具有规定的角度,这可以通过调整导尺与工作台面的夹角来达到,如图12-11。

当刨削毛料的侧边较长且数量较多时,可以用专用的刨边机,如图12-12。从图上可以看出,利用一个履带进料机构,将两个工件作相对方向进料,可以加工平的侧基准面,也可加工不同断面的两个侧边,如地板材的加工,一边开出榫槽,一边可铣出榫簧。

用铣床加工基准面时,是将毛料靠住导尺进行。对于曲面则需用夹具,这时夹具上样模的边缘必须具有精确的形状和平整度,毛料固定在夹具上,样模边缘紧靠挡环移动就可加工出所需的基准面,如图12-13。

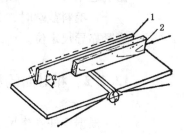

图12-11 平刨上加工侧面
1. 导尺 2. 工件

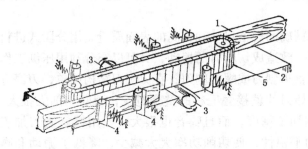

图12-12 刨边机加工侧边
1. 工件 2. 工作台 3. 刀头 4. 压紧辊 5. 履带进料机构

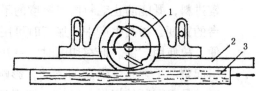

图12-13 在铣床上加工基准面
1. 刀具 2. 导尺 3. 工件

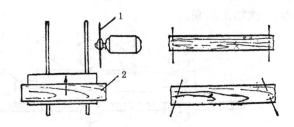

图12-14 带推架圆锯机上截端
1. 锯片 2. 工件

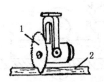 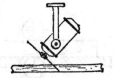

图12-15 在悬臂式万能圆锯上截端
1. 锯片 2. 工件

侧基准面的加工也可以在铣床上完成，如果要求它与基准面之间呈一定角度，就必须使铣刀具有倾斜的刃口。也可将刀轴或工作台面倾斜。对于短料需用相应的夹具。宽而长的毛料侧面在铣床上加工，可以达到放置稳固，操作安全。

基准面经刨削加工后，应检查加工面的直线度、平整度和相邻面之间的角度。

在配料时，因为所用的截断锯的精度较低，因此，毛料经过刨削以后，一般还需要再截端（精截），也就是进行端基准面的加工，使它和其他表面具有规定的相对位置与角度，使零件具有精确的长度。此项加工通常是在带推架的圆锯机（图12-14）、悬臂式万能圆锯机（图12-15）或双面截断锯上进行的。带推架的圆锯机和悬臂式万能圆锯机运用灵活，所以使用广泛，双面截断锯只适于要求端面和其他表面相垂直的情况。

宽毛料截端时，为使锯口位置精确和两端面具有要求的平行度，毛料应该用同一个边紧靠导尺定位。

12.2.2 相对面的加工

根据零件规格尺寸和形状的要求，在加工出基准面后，还需对毛料的其余表面进行加工，使之平整光洁，与基准面之间具有正确的相对位置和相对角度，使毛料具有规定的断面尺寸，所以必须进行基准相对面的加工。这可以在压刨、三面刨、四面刨或铣床上完成。

图12-16为在压刨上加工相对面的情况，如果要求相对面和基准面不平行，则应增添夹具，如图12-17。

在压刨上加工相对面，可以得到精确的规格尺寸和较高的表面质量。用分段式进料辊进料，既能防止毛料由于厚度的不一致造成切削时的振动，又可以充分利用压刨工作台的宽度，提高生产率。加工时可用直刃刨刀或螺旋刨刀，直刃刨刀结构简单，刃磨方便，故使用广泛。但在切削时，一开始刀片就接触毛料的整个宽度，瞬间切削力很大，引起整个工艺系统强烈的振动，影响加工精度，而且噪音也很大。使用螺旋刨刀加工时，是不间断的切削，增加了切削的平稳性，使切削功率大大减少，降低了振动和噪音，提高了加工质量。但螺旋刨刀的制造、刃磨和安装技术都较复杂。

对于加工精度要求不太高的零件，则可在基准面加工以后，直接通过四面刨加工其他表面，这样能达到较高的生产率。对于某些次要的和精度要求不高的零件，还可以不经过平刨加工基准面，而直接通过四面刨一次加工出来。

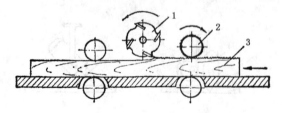

图12-16 压刨上加工相对面
1. 刀具 2. 进料辊 3. 工件

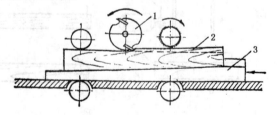

图12-17 压刨上加工斜面
1. 刀具 2. 工件 3. 夹具

在铣床上加工相对面时，应根据零件的尺寸，调整样模和导尺之间的距离或采用夹具加工，此法安放稳固，操作安全，很适合于宽毛料侧面的加工。

与基准面成一定角度的相对面加工，也可以在铣床上采用夹具进行，如图12-18。但因为是手工进料，所以生产率和加工质量均比压刨低。

综上所述，在刨床上进行毛料平面加工有以下几种方法：

① 平刨加工基准面和边，压刨加工相对面和边。此法可以获得精确的形状、尺寸和较高的表面质量，但劳动消耗大，生产效率低。在某些情况下，运用机械进料平刨，在一定程度上可以克服这一缺点。

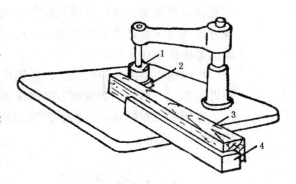

图12-18 在铣床上加工相对面
1. 刀具 2. 挡环 3. 工件 4. 夹具

② 平刨加工基准面和边，四面刨加工其他两面。此法加工精度比第一种稍低，表面较粗糙，但生产率比较高。

③ 四面刨上一次加工四个面。因没有预先刨出基准面，所以加工精度较差，但生产率高。

此外，某些断面尺寸较小的次要零件，可以先配成倍数毛料，然后按厚度（或宽度）直接用刨削锯片加工，虽加工精度稍差，但出材率和劳动生产率可以大大提高，从节约木材来考虑，这也是一种可取的加工方法。

12.3 胶 合

胶合在实木加工中占有重要位置。主要用于板材、方材的长度、宽度和厚度等方向的胶合。如果采用胶合法生产的拼板，其变形小，产品质量稳定，既可以用于家具制造，也可以用于建筑结构件的生产。

12.3.1 胶合工艺

12.3.1.1 胶合工艺过程 普通的胶合工艺主要用于木材宽度和长度上的胶合。

（1）拼宽。宽度上胶接形式主要有侧面平面胶合、侧面穿条胶合、槽簧结构胶合等形式，如图12-19。采用平面胶合比较经济、实用。平拼接合是先将小方材侧边刨平后（一般采用平刨进行加工的），再涂胶拼接而成，这种方法称为"毛拼"，主要用长度不长、板面平整的毛料，如椅子的坐面等。拼宽时要尽可能地注意木材年轮的排列方向，年轮的排列影响到拼宽后板材的几何形状稳定性，图12-19所示年轮排布是比较合适的。其排布原则：考虑木材的弦向与径向收缩不一致，同时利用其不一致达到应力平衡。板材拼宽形式有图12-20所示的多种形式，既可以采

图12-19 拼宽的方式

用先接长再拼宽，也可以将长材直接拼宽。加工时其侧向和垂直方向都要加压，其中垂直方向加压主要是使板面平整。方式可以机械齐平，也可以手工敲平。毛料之间的含水率偏差应控制在3%以下。

榫槽拼主要用长料的胶拼，先刨出基准面，然后利用铣床铣侧边，也可以利用四面刨进行加工，当然四面刨加工必须保证其加工精度，否则拼缝不严。

常用的胶黏剂有：动物胶、聚醋酸乙烯酯乳液、脲醛树脂胶及其改性胶，详见第10章10.1.2节。

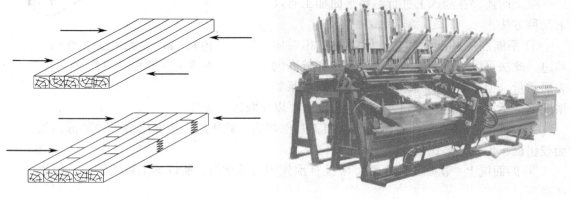

图12-20 板材拼宽　　　　　图12-21 拼板机

可采用手工刷涂、辊涂及喷涂等方法。加压的方式有：手工利用丝杆螺母加压或采用气压、油压、楔形块等形式。目前常采用间歇式拼板机(图12-21)，它主要是在拼板机上组坯、加压然后使胶固化完成生产。机械加压拼板的侧向压力为0.7~0.8 MPa，板面的压力为0.1~0.2 MPa。

目前采用较多的设备为油压式和气压式拼板机。所用原料有整块木条和纵接之后的接长材两种。板条的四个面应该被刨光，但是利用夹子夹紧的应该两个侧面刨光。常用液压或丝杆螺母夹紧。所用胶黏剂为冷压胶，手工装料。

（2）接长。分为对接、斜面接合和指形榫接合等形式，如图12-22。

对接为木材端面接合，由于木材是多孔体，端面面积小，胶合时实际接触的面积更小，所以这种形式的胶合强度最低，除作板式部件的芯材以外，一般较少采用。

斜面接合，其强度比对接有所增加，增加的幅度主要取决于斜接的面积，即斜面的长度越长则接触面积越大，强度增加的也越多。但是斜坡的长度越长，则加工的难度也就越大，同时也浪费材料。为了增加接触面积，采用如图12-22（b）等形式。

根据上述原理也就产生了指形榫的接合形式。指形榫能在有

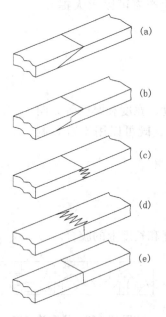

图12-22 纵向接长材的接头形式
（a）斜面接合　（b）带阶梯斜面接合　（c）指形榫接合（水平）
（d）指形榫接合（垂直）（e）对接

限的长度内尽可能地增加接触面积,所以强度相对而言也是最高的。

指形榫主要有三角形和梯形两种形式。三角形指形榫指长主要为 4~8 mm,属于微型指形榫接合。指接材一般常用梯形榫。指接材的抗弯、顺纹抗拉、抗压强度以及抗冲击性能都随着指形榫长度加长而增强。指接木材密度以 0.35~0.47 g/cm³ 为宜。指接木材的要求与集成材的要求相类似,即用同一树种或选用材性相似、密度相近的树种混合使用,含水率应一致,符合胶合工艺的要求,一般为 10%~12%。

指接材对于原材料的尺寸要求:长度 120~2000 mm;宽度最小为 20 mm,针叶材最宽为 250 mm,阔叶材最宽为 120 mm;厚度为 20~100 mm。

指形榫加工有两种方法:用下轴铣床或专门的铣指形榫机械(开指机)加工。当采用流水线进行生产时,其主要工序是:四面已加工成符合要求的小木条→运输带快速移动墩齐→水平和垂直方向夹紧→齐头圆锯→加工指形榫→反向墩齐→齐头圆锯→加工指形榫→涂胶→加压指接。

尽管流水线上开指机的加工形式比较多,但是加工原理是相同的,如图 12-23。工作原理是挡板、齐头圆锯、指形榫铣刀头和小运输带都可随工作台一起移动。挡板将工件拦截,此时运输带仍然对工件施加摩擦力,促使每一个工件向挡板墩齐,然后工作台移动,首先齐头圆锯将已经在水平和垂直两个方向夹紧的工件齐头,其次铣刀头铣出指形榫,最后运输带将流水线上两个运输带接通,将一端铣好指形榫的工件运到另一个运输带上(与前一个墩齐快速移动运输带相同,只是运转方向相反),以便对工件的另一端进行相同的加工。开指机采用的铣刀一般为组合铣刀,以便维修,成形铣刀用的较少。指接材生产流水线如图 12-24。

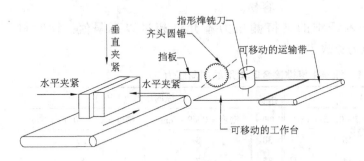

图 12-23 指形榫加工示意

图 12-24 指接材生产流水线

胶黏剂主要分为室内用和室外用两种类型。室内常用的为:脲醛树脂胶、聚醋酸乙烯酯乳液等;而用于室外的主要有:酚醛树脂胶、间苯二酚甲醛树脂胶等,其中酚醛树脂胶不适合于气干密度大于 0.7 g/cm³ 的木材胶接,间苯二酚甲醛树脂胶不适合于气干密度大于 0.75 g/cm³ 的木材胶接。

为加速胶层固化常采用高频、微波等方式加热,加热速度快,十几秒钟就能满足要求,同时也适合形状复杂的零件。但是被加热材料要具有极性分子,因为高频加热和微波加热都是利用极性分子的摆动、摩擦产生热量进行加热的。它们是里外一起热,并且具有选择性，即极性分子吸收大部分热量。我们所采用的胶黏剂都是水溶性的，而水分子是极性分子，大部分能量被水分子吸收了，所以热效率高，加热速度快。高频发生器的工作频率不得小于27 MHz，输出电压不得低于6.5 kV，输出功率不得少于5 kW。

过去普遍采用指长为20~30 mm的指形榫，20世纪70年代后，欧洲发明了短指榫，称为微型指形榫。日本主要用9~12 mm的微型指形榫。斜率为1/7.5的指形榫可作结构用接头。指底宽度和指距的比（t_2/P）与指榫接合时木材横断面接合宽度的总和和材料宽度之比[$(B-nt_2)/B$]大致相等。如果该比值大，对接部分占的比例就大，接合有效率降低，所以要尽可能的减少该比值，同时考虑到铣削刀具的寿命、相对切削阻力、刀尖刚性等诸多影响切削的因素，所以结构用指形榫应该是：指底的宽度/指距=0.1为最佳。

我国根据指顶宽与指距之比（用W表示）来划分指榫类别。当$W \leqslant 0.17$为Ⅰ类，当$0.18 \leqslant W \leqslant 0.25$时为Ⅱ类。指榫类别不同，表示负载类别不同。Ⅰ 30 - G 表示指长为30 mm的Ⅰ类指榫，等级为优等品。具体出口产品标志方法可参考GB11954中的第9条的规定。

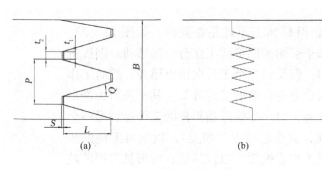

图12-25 指形榫参数与结构
L. 指长 P. 指距 S. 接合间隙 t_1. 指尖宽度 t_2. 指底宽度

图12-25所示，当梯形榫的t_1逐渐减少时，指形榫容易加工，但纵向加压时易产生破坏，并且定位困难；但是对于三角形指形榫则不存在这样的问题，定位容易。

标准指接榫生产，垂直于木纤维的夹持侧压力不允许超过以下限值：针叶材2 MPa，阔叶材3 MPa。端向压力见表12-1。

表12-1 标准指接榫接合时需用的端向压力

指长 (mm)	纵向压力（MPa）		指长 (mm)	纵向压力（MPa）	
	密度<0.69 g/cm³	密度=0.7~0.75 g/cm³		密度<0.69 g/cm³	密度=0.7~0.75 g/cm³
10	12	15	30	8	10
12	11.6	14	35	7	8
15	11	13	40	6	7
20	10	12	45	5	6
25	9	11			

微型指形榫的纵向压紧力：针叶材为4~8 MPa，阔叶材8~14 MPa；普通指形榫的纵向压紧力：针叶材为2~3 MPa，阔叶材3~5 MPa。

12.3.1.2 影响胶合质量的因素

(1) 材料性质。

① 树种和密度：木材胶合强度与其密度有关。如果不含有阻碍胶接的物质，其胶

接强度和木材的密度成正比。这是由于密度与木材的空隙度和自身的强度有关。导管粗大的木材，容易产生缺胶现象，较难形成连续的胶层，或因胶层厚薄不均而使胶层的内聚力减小，导致胶合强度降低。

② 心材和边材：当心材中含有树脂或其他抽提成分过多时，胶接性能就比边材差。

③ 年轮和晚材率：由于年轮密度影响木材的密度，所以也就影响胶接强度。针叶材的晚材比早材胶接强度差，这是由于晚材中的抽提物所致。

④ 胶接面的纹理：木材是各向异性的材料，胶合表面的木材纤维方向不同，胶合强度也不同。端面胶合比纵面胶合困难，这是由于渗透到导管中的胶量多，胶合表面实际接触面积小的原因。纵面胶合时，两块胶合材料的纤维方向平行时要比互相垂直时的胶合强度大，旋切单板正面与正面的胶合强度高于与背面胶合的胶合强度。

⑤ 胶合表面的粗糙度：由试验得出：胶合表面需经刨削、磨削加工，表面越平整光洁，用胶量越少，压力较低时的效果更好，表面粗糙，则需增大涂胶量，或在胶液中加填料，才能满足生产的需要。通常胶拼表面粗糙度 $R_y = 200 \sim 300$ μm。

⑥ 木材的含水率：木材含水率过高，除使胶液黏度降低，过多渗透，形成缺胶，降低胶合强度以外，在胶合过程中还容易产生鼓泡，胶合后木材收缩，产生翘曲、开裂等现象。反之，木材干燥过度，表面极性物质减少，妨碍胶液湿润，影响胶合层的胶合力。用脲醛树脂胶胶合时，木材含水率在5%～10%时，胶合强度最高。胶合后的部件含水率与强度也有密切关系，通常木材的含水率应为8%～10%。有的胶黏剂可以在较高的含水率的情况下胶合，但是胶合以后被胶合的材料仍会变形。

GB 11954 标准规定，木材一般含水率为8%～15%，最佳为12%，生产者或使用者具体选择应参照 GB 6491 中的规定及各地区平衡含水率的有关规定。

⑦ 木材的抽提物：阔叶材心材导管中的侵填体，对胶合性能没有什么影响，但是能用水、碱、有机溶剂等抽提出的物质，对胶合性能有很大的影响。这是由于它们可能影响到胶的 pH 值，从而影响胶的胶合，同时也可能阻碍胶的反应。对于不同的树种要选择不同的胶种，例如苏北的杨树 pH 值高，就需要对普通的脲醛树脂胶进行改性。

(2) 胶合工艺条件。胶合通常安排放在工件的成型加工之前，否则可能由于材料的变形、胶合的错位等缺陷而造成废品。胶合工艺条件对胶合质量的好坏影响是相当重要的，而作为胶合材料，则应当能使胶合层的各处强度均等而且持久。

① 涂胶量：以胶合表面单位面积的涂胶量表示。它与胶黏剂种类、浓度、黏度、胶合表面粗糙度及胶合方法等有关。涂胶量过大，胶层厚度大，胶合强度反而低，反之，涂胶量过少，也不能形成连续胶层，胶合不牢。黏度高的胶黏剂容易涂胶过度。一般合成树脂涂胶量小于蛋白质胶。脲醛树脂胶涂胶量为120 g/m², 而蛋白质胶为 160～200 g/m²。孔隙大、表面粗糙材料的涂胶量大于平滑的、孔隙小的材料。涂胶应该均匀，没有气泡和缺胶现象。冷压胶合涂胶量应大于热压时的涂胶量。

② 陈放时间：陈放时间与胶合室温、胶液黏度及活性期有关，见表12-2。陈放是为了使胶液充分湿润被胶合的表面，使其在自由状态下收缩，减少内应力。陈放期过短，胶液未渗入木材，在压力作用下容易向外溢出，产生缺胶；如陈放期过长，超过了胶液的活性期，胶液就会失去流动性，不能胶合。

表 12-2　影响陈放时间的因子

影响陈放时间的因子		陈放时间
胶黏剂的活性期	长	长
	短	短
空气的温度	高温	短
	低温	长
胶黏剂的黏度	高	长
	低	短
被胶合材料的含水率	高	长
	低	短

添加固化剂 — 开始涂胶 — 涂胶结束 — 胶不能涂胶 — 胶成胶凝状 — 解除压力

活性时间

胶压时间

陈放时间

凝胶时间

陈放分为开放式陈放和闭合式陈放。涂胶后，在开放的条件下使胶液快速稠化称为开放式陈放，对于溶剂型胶黏剂采用此法更适合，因为溶剂型胶黏剂在陈放时间内有许多溶剂要挥发，如果不采用开放式陈放，则可能在胶合时造成有气泡或鼓泡等缺陷，开放式陈放有利于溶剂的挥发，但占用场地较大；把涂胶表面叠在一起，不加压放置称为闭合式陈放，此时胶液稠化慢。常温下合成树脂胶的陈放时间应不超过 30 min。

③ 胶合条件：

木材表面活性：被胶合的木材表面应该刨光或砂光，达到平整和光滑的要求。而且要立刻涂胶，因为刚刨削的木材表面活性较好，存在着许多自由基，根据有关研究可知自由基的存在有利于胶合强度的增加，但是自由基也很容易被氧化，一般木材活性期为 4 h。对于指接材，为了保证胶合强度，从开好指接榫到胶合最长时间不允许超过 24 h。

压力：0.1～1.5 MPa，硬材高一些，软材低一些。如果压力太低，达不到均匀胶液和增加胶合强度的目的；如果压力太高，特别是在热压的情况下，容易造成被胶合木材压缩而无法恢复，对于薄的材料容易透胶，但是对于高密度材应该用高压才能达到好的胶合效果。

温度和时间：加压有两种模式即热压和冷压，采用哪种模式主要决定于所用胶种、生产方式及生产效率的要求。加热可以适应连续化生产和高生产率的要求。通常使用的聚醋酸乙烯酯乳液胶黏剂（PVAc）、异氰酸酯胶黏剂（EPI）、脲醛树脂胶和三聚氰胺改性胶黏剂可以采用冷压。前两者其固化时间较短。

当热压温度为 100℃，我们可以根据经验判定其热压时间，厚度 1 mm 为 15 s，如果厚度为 36 mm，则热压时间为 9 min，卸载后如胶黏剂不能完全固化，但在堆放的过程中，胶层仍可以继续得到进一步固化。多孔、密度高的木材，胶合时需要较长的热压时间来保证水分平衡和胶层受热均匀，因为空气是热的不良导体，孔隙越多，越不容易传热，但是高频加热不受孔隙多少的影响。高频压机能迅速使胶层固化，从而使热压时间缩短到几分钟。

(3) 加速胶合方法。主要有化学方法和物理方法。

① 化学方法：采用改性胶、快速固化胶或采用双组分胶等。改性胶主要是对常用的胶黏剂进行改性提高其固化速度；快速固化胶是指在板材封边时用的热熔胶；双组分是把固化剂和胶黏剂分别涂于胶合的两个面上，只有在胶压时才把胶黏剂和固化剂混合起来，固化剂开始起作用。因为固化剂加入量的多少影响胶活性期，量多则反应速度快，如果不是这样，预先在胶中混入大剂量的固化剂，则未等胶合加压，胶已经固化。所以采用这种做法既可以实现正常生产，又可以加速胶合，例如甲组分为脲醛树脂胶，乙组分为聚醋酸乙烯乳液胶黏剂和盐酸。

② 物理方法：预加热法和胶合时加热两种。预加热法主要是在胶合之前把要胶合的零件预先加热，然后再涂胶胶合，这样可以减少胶合时间。具体方法可以采用红外线加热或热空气喷射等方法，为胶合反应提供能量，加速反应。皮骨胶和封边的热熔胶比较适合此类方法。为加快胶合的速度，多数企业都采用胶合时加热的方法提高生产效率。最常用的方法是接触加热、高频介质加热和微波加热。特别是高频加热有许多优点，在许多方面都有所应用，例如：箱框的拼接胶合、镶边的胶合、镜框和门框的组装胶合、镶装饰线条的镶贴等许多零件和部件的生产。现在市场上已经有许多设备是把高频加热与多向压机、组框机、贴面机、集成材生产设备及热固型胶黏剂封边机械等有机地结合起来了，大大地提高了生产率和产品质量。

接触加热：通过胶压夹具（或装置）表面，把热量传导到胶压零件，通过木材层传到胶层，使之提高温度，加速胶合的过程。可用蒸汽、热水、热油或电能。由于接触加热属于传导加热，受零件的厚度、胶层与接触表面的距离、木材的密度和含水率等诸多因素的影响，所以适合厚度在 12 mm 以下的零件，胶层距表面在 6 mm 以内，胶压时间可以 1 min/mm，否则加热速度大大降低。

高频介质加热：将被加热的零件放入高频电场的两块极板之间，在高频电场的作用下板坯内的极性分子反复极化，摆动，摩擦产生热量，从而使板坯的温度升高。常见的极性分子是水，由于胶合时多数为水溶性胶黏剂，所以加热主要的热量集中在胶层上。

加热速度用单位时间内升高温度 $\Delta T/t$ 表示

$$\Delta T/t = (0.133\varepsilon \cdot \mathrm{tg}\delta \cdot f \cdot E^2)\eta/(\rho \cdot c)$$

式中：ΔT——升高温度，℃；

t——加热时间，s；

c——比热，J/(g·℃)；

ρ——材料的密度，g/cm³；

η——热损耗系数，0.5~0.7；

ε——介质的介电系数；

$\mathrm{tg}\delta$——损耗角正切；

f——电场频率；

E——电场强度。

由于胶层的损耗因子（$\varepsilon\mathrm{tg}\delta$）比木材大得多，水的损耗因子更大，所以电场的能量主要是被胶和水分吸收了，电场的强度越大，则加热速度越快，但电场的强度又不能太强，否则会击穿被加热零件。因此在使用高频加热时，应注意板材的含水率要适中（10%~12%），且分布均匀，否则局部可能会出现烧黑现象或变成干燥木材了。

高频电场的两极对于胶合零件有三种配置方式，如图12-26：

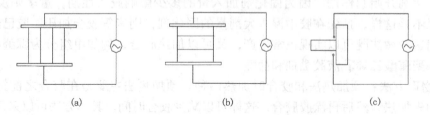

图12-26　高频电极配置
(a) 垂直配置　(b) 平行配置　(c) 杂散配置

垂直配置：木材与胶层是并联的，同时胶层的损耗因子大于木材，吸收功率多，所以胶层固化快，方材胶合和板材封边常采用此法。

平行配置：木材与胶层串联，此时损耗因子大的介质吸收功率反而小，而介电系数小的，厚度大的介质吸收功率大。没有体现选择性加热的优点，但是设置方便，可以利用压机的压板来配置电极。常用于各种贴面和胶合弯曲部件的加热。

杂散配置：适合于加热不方便的零件。例如榫头与榫眼配合部件的加热。

12.3.2　集成材的生产工艺

集成材是目前实木加工比较流行的一个工艺。其用途也是比较广泛的，可以用于实木家具的面板、支撑零件的原材料或再将其刨切成薄木用于板式家具的装饰等。

集成材是用剔除木材缺陷的短料接长后，按木材色调和纹理配板胶合而成的材料。

这种材料没有改变木材本来的结构，因此它仍和木材一样是一种天然基材。它的抗拉和抗压强度还优于木材，而且通过选拼，材料的均匀性和尺寸稳定性都优于天然木材。利用集成材可使小材大用、劣材优用、狭材宽用、短材长用，大大提高木材利用率。在家具制造中，对大尺寸的扶手（如沙发扶手）和大幅面的台面都可以使用集成材，以节约用料并提高产品质量。

集成材的加工工艺：

制材 → 干燥 → 横截 → 双面刨 → 纵剖 → 去除缺陷 → 指接 → 四面刨 → 配板 → 涂胶 → 组拼 → 砂光 → 截幅 → 修补 → 检查、包装

（1）原材料。为了保证产品质量和产品的加工性能，对材料有以下几个方面的要求：

① 树种：集成材尽量采用同一树种或气干密度差为 0~0.2 g/cm^3 为佳，避免采用密度和收缩率差别很大的不同树种木材。适合的树种主要是所有的针叶材及气干密度小于 0.75 g/cm^3 的阔叶材。目前生产上常用柞木、水曲柳、榆木、桦木、落叶松等树种。

② 板材厚度：视集成材的规格而定，一般在 10~45 mm。板材太薄，出材率低，胶黏剂用量大，产品成本高；板材太厚，干燥困难，胶合时易产生压力不均匀现象。

③ 木材含水率：对于集成材的胶合性能有很大影响，一般控制在 8%~13%，视胶黏剂种类、胶合条件、树种而定。板与板之间的含水率差应控制在 3% 以内。

(2) 胶黏剂。一般指接胶合用聚醋酸乙烯酯乳液（乳白胶），积层胶合用水性高分子异氰酸酯胶黏剂。

(3) 材料表面质量。材质标准一般根据对产品的质量要求确定。如日本农林省 2053 号标准中对 I 等材规定：节子长径 10 mm 以下，无死节，裂纹长度 20 mm 以下，虫眼长径 2 mm 以下，腐朽、变色、树脂道等缺陷要求极轻微。

(4) 指接加工。包括指形榫加工、涂胶、加压、胶合和定长截断五个工序。

集成材的指接要求：

① 指形榫接合处外表美观，即指形榫侧端结合严密，指形榫顶端无间隙；

② 指形榫的榫顶宽度较大，一般要达到 0.8~1.2 mm；

③ 为保证指接材刨削后指形榫侧面的胶缝垂直板面，一般采用带有 5 mm 指形榫榫肩的指榫。

为了保证指形榫顶部无间隙，必须调整指形榫的嵌合度，即调节加工指形榫的锯片与铣刀的相对位置。嵌合度根据树种不同而异，一般为 0.05~0.2 mm，在变换树种、更换刀具或刀具刃磨以后，都要求严格进行嵌合度的调节。指形榫一般在常温条件下胶合，加压时间控制在 2s 以上，压力根据树种和指形榫来决定。

压力具体参数为：短指形榫指接（指长为 5~15 mm）：针叶材 4~8 MPa，阔叶材 8~14 MPa；长指形榫指接（指长为 15~45 mm）：针叶材 2~3 MPa，阔叶材 3~5 MPa。

指形榫胶合后，在室温下堆放 1~3 天，使胶固化和内应力均匀后，再进行下道工序的加工。

(5) 接长材加工。锯材进行刨削加工，刨削平面不得有压痕、烧痕、凹凸等加工缺陷，刨削面的波纹宽度在 2 mm 以下，锯材各部分的厚度偏差在 0.4 mm 以下。

(6) 配板。主要掌握以下几个原则：

① 接长材纹理应按年轮反向配置；

② 允许的木材缺陷尽量配置在制品的不外露处；

③ 层积时相邻两块方材或薄板指接接头需错开配置。

(7) 集成材胶合。

涂胶量：单面涂胶量为 150~250 g/m²，双面涂胶量为 200~300 g/m²，低密度木材涂胶量选上限。

陈放时间：一般为 5~15 min。

胶合温度：一般在常温（20~30℃）和中温（40~60℃）条件下胶合，温度不宜低于 10 ℃。

压力：针叶材和软阔叶材为 0.5~1 MPa，硬阔叶材为 1~1.5 MPa。

加压时间：加压时间根据胶种、固化剂添加量和胶合温度决定。在常温条件下用水性高分子异氰酸酯胶黏剂胶合时，加压时间为 40~50 min。

陈放：在温度15℃以上，放置3~5天后才可投入下道工序加工。

（8）修补。对于集成材表面上的节子、裂纹、伤痕等缺陷要进行修补，其方法是或钻或铲，去掉缺陷部分，喷射快速固化胶，填充相应的木块或木丝，使其粘补牢固。

12.4 净料加工

毛料加工主要是经过刨削和锯截加工把毛料变为表面光洁、平整和尺寸精确的净料。而净料加工主要是按照设计要求，进一步加工出各种榫头、榫眼、孔、线型、型面、槽簧及符合要求的其他形状，同时也包括砂光工序等，使之变为一个符合设计要求的零件。净料加工工序的顺序应该根据方便且能够保证质量的原则进行安排，即定位方便且容易，并且能与装配基准相互统一协调。

12.4.1 开榫

榫接合是框架结构家具的一种基本接合方式。采用这种接合的部位，其相应零件就必须开出榫头和榫眼。榫头和榫眼加工质量的好坏直接影响到家具的接合强度和使用质量，榫头加工后就形成了新的定位基准和装配基准，因此，对于后续加工和装配的精度有密切的关系。

传统接合主要采用直角榫与方榫眼配合或燕尾榫眼与梯形榫相配合，目前采用比较多的是长圆形榫与长圆形榫眼相配合，圆榫与孔配合等。常见的各种榫头形式和其加工方法如图12-27。

开榫头时应采用基孔制的原则，即先加工出与它相配合的榫眼，然后以榫眼的尺寸为依据来调整开榫刀具，使榫头和榫眼之间具有规定的公差和配合，获得具有互换性的零件。因为榫眼是用固定尺寸刀具加工的，同一规格的新刀具和使用后磨损的刀具尺寸之间常有误差，如果不按已加工的榫眼尺寸来调节榫头尺寸，就必然产生榫头过大或过小，因而出现接合太紧或过松的现象。若采用基轴制的原则先加工出榫头，然后根据榫头尺寸来选配加工榫眼的钻头，则不仅费工费时，而且也很难保证得到精确面紧密的配合。但是对于长圆形榫接合和圆榫的接合，则不同。圆榫由于是采用标准件，所以应采用基轴制，对于长圆形榫的榫头尺寸则主要是与开长圆形榫眼时所用钻头直径有关，所以采用基孔制。

另外，榫头与榫眼的加工也受加工环境湿度的影响，两者之间的加工时间间隔不能太长，否则由于木材湿胀干缩的原因，会出现配合不好，影响接合强度。

榫头的加工应根据榫头的形状、数量、长度及在零件上的位置来选择加工方法和加工设备。同时应严格控制两榫肩之间的距离和榫颊与榫肩之间的角度，使与之相接合的零、部件的尺寸适应，以保证接合后部件尺寸正确和接合紧密。

图12-27所示的Ⅰ为开榫机加工，Ⅱ为下轴铣床加工，Ⅲ为上轴铣床加工（镂铣机）。

图12-27中的1、2、4、5几种榫头可以在单头或双头开榫机上采用带割刀的铣刀

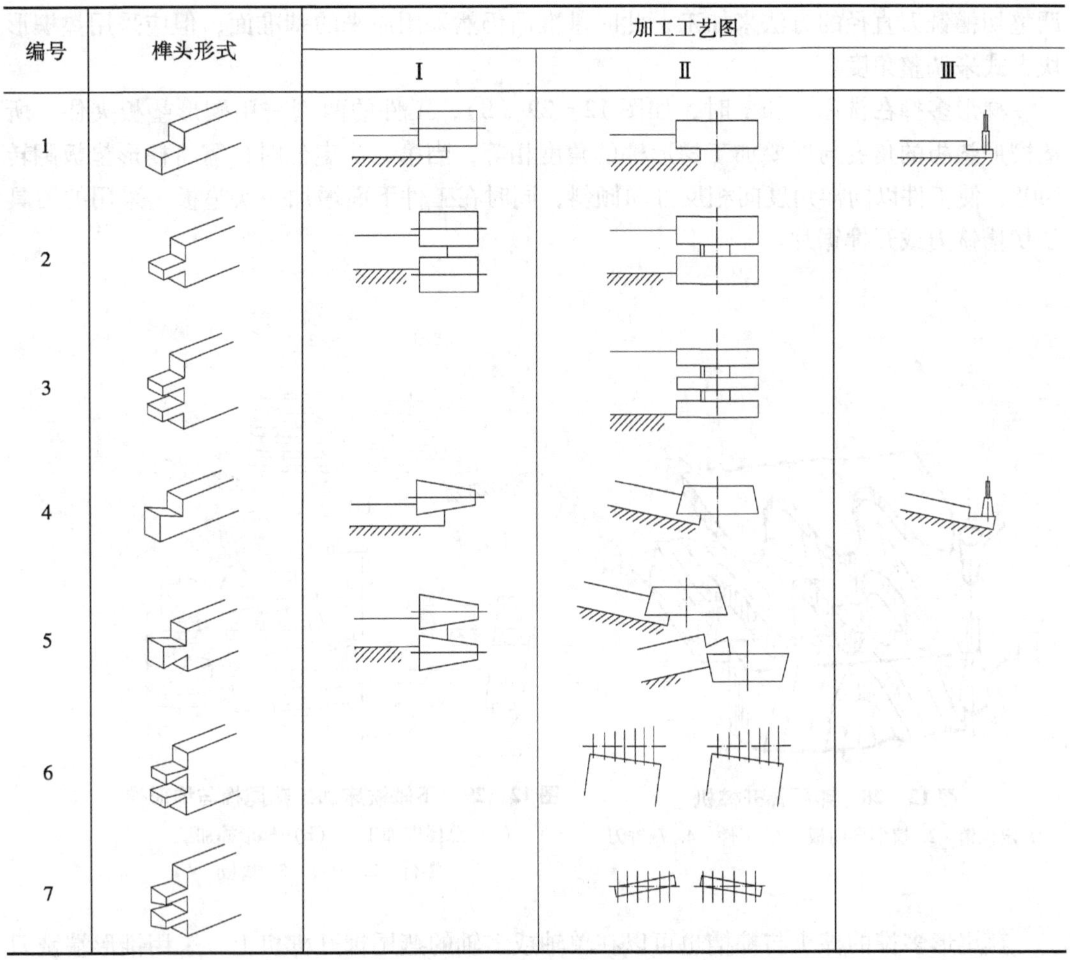

编号	榫头形式	加工工艺图		
		Ⅰ	Ⅱ	Ⅲ
1				
2				
3				
4				
5				
6				
7				

图 12-27 榫头加工

头、切槽铣刀及圆盘铣刀等进行加工。不太大的榫头也可以在铣床上加工。

榫头的加工精度除了受加工机床本身状态及刀具调整精度影响外，还取决于试件精截的精度及开榫头时是否采用同一表面定基准面，并且在工作台上不能有锯末、刨花等杂物，还要做到加工平稳，进料速度均匀。

图 12-27 中 3、6、7 中的多榫加工，可以在铣床或直角箱榫机上采用切槽铣刀组成的组合刀具进行。直角多榫也可以在单轴或多轴燕尾榫开榫机上用圆柱形端铣刀加工。

图 12-27 中Ⅲ列榫头加工是利用上轴铣床，这是一种应急的方法，不是常用的方法。

燕尾形多榫和梯形多榫可以在专用的设备上加工如图 12-28，这种方式适合于大批量生产，也可以在铣床上完成如图 12-29。

燕尾形多榫在铣床加工，如图 12-29（a），首先调整工作台倾斜一定角度或采用工作台不调，而在零件下部加垫楔形块的方法调整零件位置，以工件的一边为基准加工一次，然后将其翻转 180°，用原来基准边的相对边作新的基准再次加工；另外也采用调整切槽铣刀直径的方法来加工，此时基准面仍然采用原来的基准面，但应采用垫楔形块方式来调整角度。

梯形多榫在铣床上加工时，如图12-29（b），工件的两侧需用楔形垫板夹住，所垫楔形垫板的角度与所要加工梯形榫的角度相等，当第二次定位时，需将楔形垫板翻转180°，使工件以同样角度向相反方向倾斜，同时在工件下面增加一块垫板，采用的刀具是切槽铣刀或开榫锯片。

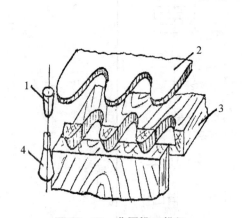

图12-28 燕尾榫开榫机
1. 定位销 2. 梳形导向板 3. 工件 4. 端铣刀

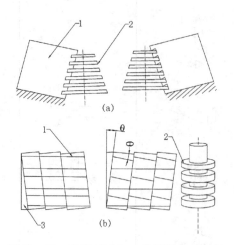

图12-29 下轴铣床加工燕尾榫与梯形榫
（a）燕尾榫加工 （b）梯形榫加工
1. 零件 2. 刀具 3. 垫板

燕尾形多榫的榫头与榫槽也可以在单轴或多轴的燕尾榫开榫机上，采用锥形端铣刀沿梳形导向板移动进行加工。如果加工燕尾榫头的数量不多，可以采用使工作台面或刀轴倾斜一定角度，或用辅助夹具以保证形状的正确性，但应先将零件精截；如果加工批量比较大，则要采用专用机床如图12-28。专用设备的种类较多，可以通过一排锥形铣刀，一次加工出燕尾榫头和榫眼，也可以一柄刀头加工出各种式样的、多种规格尺寸的燕尾榫和直角箱榫（马牙榫），有手工进给和机械进给两种方式，这样加工的配合精度比较高。

近年在我国家具生产中自动开榫机已被广泛应用。该机床上使用由圆锯片和铣刀组成的组合刀具，锯片用于截榫端，铣刀用于加工榫头的榫肩和榫颊。将方材安放在工作台上利用气缸进行压紧，当转动着的刀轴按预定轨迹与工作台作相对移动时，即可加工出相应断面形状的长圆形榫或圆榫，这种榫配合精度高，互换性好。如将工作台面调到规定角度，还可在方材端部加工各种斜榫。

长圆形榫机铣刀的运动轨迹与工作台之间的配合可以加工出如图12-30的长圆形榫。

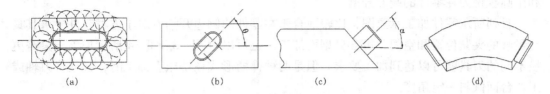

图 12-30 长圆形榫头
(a) 加工原理图　(b) (c) (d) 加工实例

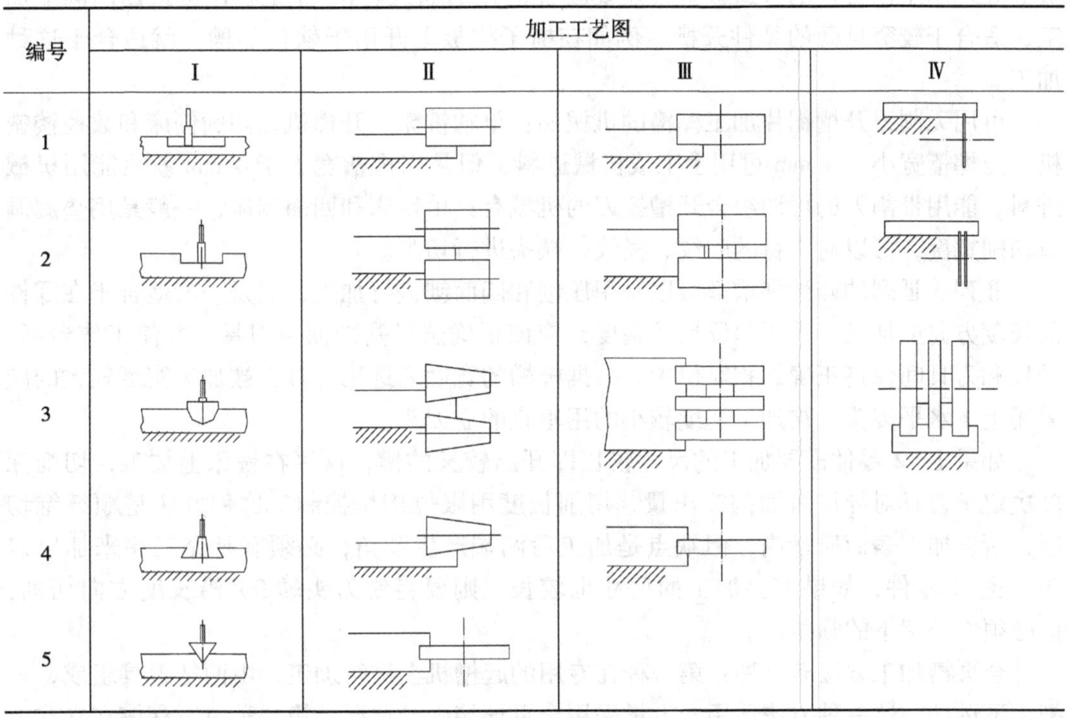

编号	加工工艺图			
	Ⅰ	Ⅱ	Ⅲ	Ⅳ
1				
2				
3				
4				
5				

图 12-31 榫槽

家具的零、部件，除采用端部榫接合外，有些还需沿宽度方向实行横向接合或开出一些槽簧，这时就要进行榫槽加工，常见的榫槽形式如图 12-31。

榫槽加工有的是顺纤维方向切削，有的是横纤维方向切削，顺纤维切削时，刀头上不需要装有切断纤维的割刀。

图 12-31 所示中，Ⅰ列为镂铣机加工；Ⅱ为开榫机加工；Ⅲ为下轴铣床加工；Ⅳ为精密推台锯（圆锯机）、压刨和四面刨床加工。

Ⅰ列所示零件加工示意图，更适合于幅面板材面上加工，特别是其幅面的尺寸超过了压刨和四面刨的加工范围，而又必须在幅面上开槽的生产情况。Ⅰ-2、Ⅰ-4 所示工件也适用于方材加工，例如椅子的后腿。Ⅰ-2 所示工件用悬臂式圆锯机加工，只要把锯片换成铣刀即可。

Ⅱ列所示零件加工示意图，比较适合于在零件的边部进行开槽，可以是幅面材料也可以是方材，但不适合于将槽开在偏离边部较远的位置。Ⅱ-5 所示是将零件齐头后，利用圆盘铣刀在零件的端部开槽。

Ⅲ列所示零件加工示意图，比较适合于在零件的侧边开槽，对于方材零件要求其具有足够的夹紧位置和空间，可参见型面加工。也可以对Ⅱ-3、Ⅱ-4所示加工，只需更换不同的刀具就可以达到加工要求。但是两种榫槽形式在铣床上加工时，必须将刀轴或工作台面倾斜一定角度。

Ⅳ列所示零件加工示意图，Ⅳ-1、Ⅳ-2是利用圆锯机加工，所开槽宽度一般较窄，3 mm、5 mm居多即所用锯片锯齿的宽度。这一类槽主要是用在家具背板、抽屉底板等处，用于作背板的人造板材（主要胶合板）的插入。Ⅳ-3是在压刨或四面刨上加工，适合于较窄且薄的零件开槽。例如在椅子望板上开用于软包的槽，就适合于这种加工。

可用无割刀开槽锯片加工榫槽的机械如：单轴铣床、开榫机、四面刨床和数控镂铣机，当榫槽宽小于4 mm可用手工或机械进料，但是当榫槽宽大于4 mm就只能用机械进料；能用带割刀的可调组合开槽铣刀的机械有：单铣床和四面刨床，一般是用垫圈调节切削宽度，可以对木材的顺纹、横纹、端头进行切削。

Ⅱ列、Ⅲ列的四种榫槽都可以采用压刨和四面刨进行加工，只是一般适合于在零件的长度方向上加工。为了保证尺寸精度，应该正确选择基准面及刀具，并使工作台面、导尺和刀具间保持正确的相对位置。根据榫槽的宽度来选用刀具，被加工宽度较大的应采用上下水平刀头，被加工宽度较小的用垂直的立刀头。

如果Ⅰ-2零件需要加工的尺寸较长即开出较长的槽，这可在铣床上加工，切削深度决定于刀具对导尺表面的突出量，切削长度用限位挡块控制。这种方法是顺纤维切削，所以加工表面质量高，但缺点是加工后两端产生圆角，必须有补充工序来加以修正。Ⅲ-1零件，如果需要加工的尺寸也较长，则要将铣刀头转90°沿长度方向切削，但必须修补留下的圆角。

合页槽加工方法有三种：第一种在专用的起槽机上进行加工，由两把刀具组成，一把上下运动，这一种方法适用于大量采用合页连接生产情况；第二种对于深槽在立式上轴铣床上用圆柱形端铣刀加工，但必须有补充工序消除圆角，如图12-32；第三种利用手提镂铣机进行现场加工，也得补充消除圆角。

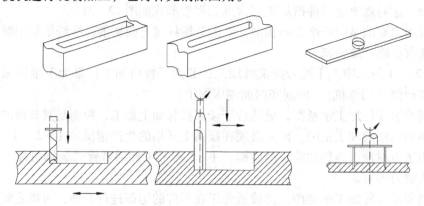

图12-32　榫眼和圆孔

12.4.2 榫 眼

榫眼和各种圆孔大多是家具中零部件的接合部位，孔的位置精度及尺寸精度对于整个家具的接合强度及质量都有很大的影响，因而榫眼和圆孔的加工也是整个加工工艺过程中一个很重要的工序。

常见的榫眼和圆孔形式：长方形榫眼、长圆形榫眼和圆孔，如图 12 – 32。

传统的榫眼是长方形榫眼，如图 12 – 32。这样的榫眼最好是在打眼机上采用方形空心套和麻花钻芯来进行加工，此法加工精度高，能保证配合紧密。方形空心套的尺寸多数为 10 mm × 10 mm，因此要想打长方形眼则是移动零件，而榫眼的宽度多数为 10 mm。

长圆形榫眼，如图 12 – 32。传统方法采用可移动工作台的单轴立式榫槽机。作为一例，现采用 TSG2T 加工的长圆形榫及与之相配套的 MOD 或 MOA 型加工长圆形榫眼。此外也可以采用卧式单轴槽钻床、立式上轴铣床等设备加工长圆形榫眼。其尺寸主要决定于端铣刀或钻头的直径，但是眼长是通过移动零件或刀具来完成的。TSG2T、MOD 等设备是通过预设参数自动控制刀头移动来完成的。长圆形榫眼机设备如图 12 – 33。

意大利产 MOD 或 MOA 型长圆形榫眼加工设备主要是主轴部件往复移动，零件被固定的工作台上，MOA 是单头的，即在一个工作台上装卸零件或切削零件；MOD 是

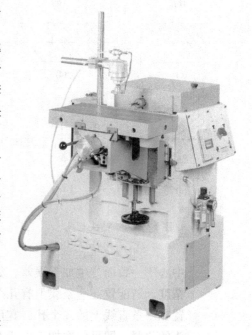

图 12 – 33　MOA 型长圆形榫眼机

双头，分别在两个工作台上装卸或切削加工，原理是一个工作台上的刀头做进给运动，准备切削，另一个工作台上的刀头就做退回运动，准备卸载。如果这两个型号设备刀头都不做往复移动时，可以用来加工圆孔。该设备的工作台可调整角度 ±20°，刀头往复移动距离最大为 120 mm，最大榫眼宽度为 50 mm，最大榫眼深度为 80 mm。

另外，长圆形榫眼的加工设备还有更专业的机床，例如对于斜榫眼的加工，弯曲零件上榫眼的加工等。

薄胶合板可以冲压加工或杯刀切割加工出圆孔。

如果要在木材、层积材及集成材等材料上钻阶梯孔，采用高速钢钻头，它适用于软材与硬材，而硬质合金则适用于硬材、热带材等。如果要钻盲孔，则应该选用有中心钻尖与割刀的钻头；如果要钻通孔，则应该选用 V 形刀。适用机械为固定式钻床和手提钻机。如图 12 – 34。

扩孔用钻头有两种，一种为固定式，加工时分两道工序；另一种为可卸式的，都可以与固定式和手提式钻配用。图 12 – 34 所示(a) ~ (d) 为钻阶梯孔形式，可以采用整体钻加工，也可以采用分体钻或不同直径钻头进行加工。其特点是：①采用整体阶梯钻头，

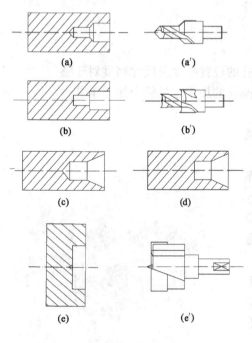

图 12-34　钻头与孔

钻孔精确，定位准确；②采用可卸式钻头，加工灵活，式样较多；③分两道工序完成，但加工精度较差，定位不准。

图 12-34 中 (e) 和 (e') 所示为铰链钻孔，可以采用专用钻床或多排钻进行加工。

各种直径的圆孔加工时，应该根据孔径大小、材料类型、零件的厚度、孔的深度来选择不同的刀具和机床。直径小的圆孔可以在钻床上加工，如果在工件上需要加工的数目较多时，宜用多轴钻床，以提高生产率，特别是能提高孔间距的精度和装配的精度。

斜面打孔有专用设备，采用专用设备的优点：定位方便，加工孔的间距比较准，加工孔与斜面的角度定位比较灵活。如果没有该专用设备，斜面的打孔也可以做一模具，在水平刀轴的钻床上或在刀轴可旋转角度的单排多钻钻床上（一般角度为 90°）定位加工，只是定位稍差一点。

在单轴立式钻床上钻圆孔可以按划线或依靠挡块、夹具和钻模来进行。划线钻孔有时会因钻头轴线和孔中心不一致而产生加工误差，如果使用定位挡块定基准，就能保证一批工件上孔的位置精度。若配置在一条线上有几个相同直径的圆孔，则可用样模夹具来定位。对于不是配置在一条直线上的几个孔，宜用钻模进行加工，工件一次定位后只需改变钻模相对于钻头的位置，即可依次加工出所有的孔。对于孔的位置要求较高时，可以采用多排钻。在钻床上加工孔的切削速度取决于材料的硬度、孔径的大小和孔的深度，随着孔深和孔径的增大，钻头定心的精度会降低。

12.4.3　型面和曲面加工

家具的一些零、部件由于使用或造型的要求，有时需加工成各种型面及曲面，型面和曲面通常是按照要求的线型采用相应的成型铣刀或端铣刀在各种铣床上加工。有些加工还需借助于夹具和模具。

从图 12-35 (a) 可以看出，零件的形状特征为断面上具有型面，而零件的长度方向上是直线，故一般采用成型铣刀进行加工，可以在下轴铣床、四面刨及木线机上进行加工，刀具相对于导尺的伸出量即为需要加工型面的深度，加工时工件沿导尺移动进行铣削。

当断面尺寸比较小时，采用四面刨和木线机加工比较安全，同时生产效率也较高，但操作时零件要放置稳妥，应将四面刨的垂直立刀头换上成型铣刀再加工。尽管四面刨加工出的线型精度较高，但是对于材料形状精度要求也较高，而木线机对于材料质量要求则

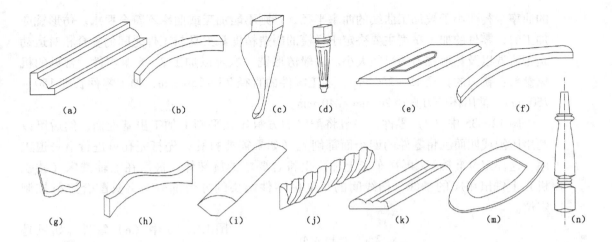

图 12-35 典型的型面和曲面

较低。当断面的尺寸比较大时,采用下轴铣床加工是比较经济的。如果改换成型铣刀的形状,则可以加工出相应其他截面形状的零件。

图 12-35（b）零件形状配料时,应该先用曲线锯锯出粗坯,然后采用压刨加工两个弧面,零件的幅面可以较宽,弧线较长,该方法适合于产量大的生产情况,同时被加工零件的厚度要前后一致以及弯曲度要小,要有模具配合才行,该方法浪费材料较多,为了得到符合要求的表面质量可能要反复操作几次。当零件的弧线长度短到一定程度无法进料或零件的厚度不一致时,则不适合采用

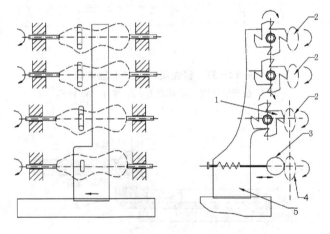

图 12-36 立式仿形铣床
1. 刀具 2. 工件 3. 仿型辊 4. 样模 5. 仿形刀架

该方法加工,但可以在下轴铣床上加工,只是该零件的尺寸必须满足夹紧的需要,该方法加工不太安全。该零件的两个侧边,可以采用自动靠模双立轴机加工。

图 12-35（c）零件一般采用立式仿形铣床进行加工。如图 12-36,其工作原理是按零件形状、尺寸要求,先做一个样模（可以是金属,也可以是木质的或其他材料,要求有一定的强度和刚度,不易变形）,将仿形辊紧靠样模,样模和工件都绕自身轴线作同步回转运动,而安装在仿形刀架上的铣刀,除作主切削运动外,还有仿形刀架与仿形辊作沿零件纵向和半径方向的同步进给运动。仿形辊滚过样模的过程也就是铣刀同步切削零件的过程,从而将零件加工成与样模尺寸、形状都完全相同的复制品。

仿形铣床所能加工零件的形状受到仿形辊轮曲率半径的影响,同时也受到加工时杯形铣刀的曲率半径影响,换言之,曲线的曲率半径要大于仿形辊的曲率半径,杯形铣刀

的曲率半径要小于被加工曲线的曲率半径，否则不能加工或曲率不符合要求。仿形铣床加工时，零件的加工精度主要决定于样模的制造精度和刀具与工件之间的复合相对运动是否协调以及杯形铣刀的半径大小。一般仿形铣一次可以加工 3~6 个零件，常见的机床参数：铣刀的直径 15~250 mm，加工零件的直径 75~250 mm，加工零件长度 150~750 mm，常用杯口刃直径 26 mm 或 40 mm。

图 12-35 中（d）零件，一般将配好的方料先在平刨上加工出基准面，然后可以利用压刨或四面刨将零件的四个面都刨光（如果需要打孔，先打完孔再进行下一道工序，这样定位准确），再在车床上加工出符合要求的旋转体，最后在上轴铣床（镂铣机）上铣出相应的槽线，槽线间的角度由零件端头的方形部分与夹具配合进行控制定位。

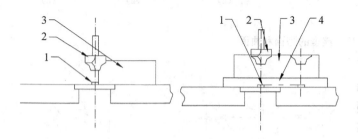

图 12-37 镂铣机（立式上轴铣床）
1. 仿形定位销　2. 端铣刀　3. 零件　4. 样模

图 12-35 中（e）零件，如果是实木或是已经胶合后的材料，其边部是由上轴铣床（镂铣机）或下轴铣床利用成型铣刀铣削而成的。其中间部分的图案及线条是由上轴铣床利用模具铣削而成的。如图 12-37。

镂铣机主要用于零件外形曲线、内部仿形铣削，花纹雕刻、浮雕等加工。为了完成上述的任务应配有相应的模具与铣刀。其原理：将被加工零件与模具固定在一起，在模具的背面（靠近导向销的一面）预先加工出符合设计要求的仿形曲线凹槽，该仿形曲线能反映被加工图案的轮廓。使仿形曲线凹槽依靠在可升降工作台面上凸出的仿形定位销（又称导向销，一般伸出高度为 6 mm）移动，由于导向销的轴线与铣刀的轴线应在同一条直线上，故在零件的表面加工相应的曲线，如果再变换铣刀的形状，则可加工多种式样的图案。

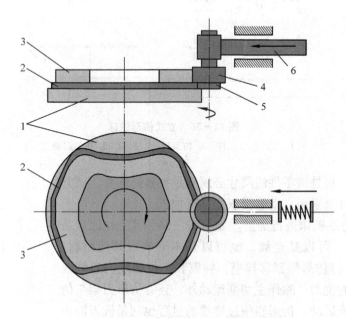

图 12-38 卧式回转工作台仿形铣床
1. 回转工作台　2. 样模　3. 被加工零件
4. 铣刀　5. 挡环　6. 压紧装置

图 12-35 中（f）零件，可以在模具的配合下在立式单轴下轴铣床、立式双轴下轴铣床及回转工作台仿形铣床上加工。

仿形铣床可以分为立式和卧式。立式仿形铣床主要用于圆柱形零件的加工，例如椅子前腿、茶几腿等形状比较复杂、曲面较多的零件。

卧式仿形铣床一般都带有回转工作台，主要用于板材的边部铣削或板材内径的铣削，所以该铣床也适合类似于图 12-35 中（e）零件的外边缘加工。卧式回转工作台进给的铣床如图 12-38。铣削量主要由挡环半径与刀具回转半径之差值所决定，铣削形状由所配的刀头形状决定。在回转水平工作台上固定有样模，零件被安装在样模上之后，由压紧装置将它们压紧，挡环位于刀轴的下部，在气动或弹簧等压紧装置的压紧力作用下，挡环紧靠在样模的边缘，并随样模曲线形状的改变而改变，从而带动刀具铣削被加工零件的边缘。零件的装卸和加工可同时进行，工作行程时间和辅助时间相重合，所以生产率高，适合于大量生产，一个样模上可安装多个零件，常见安装方法为零件成对安装。

双头下轴铣床由两个旋转方向相反的刀轴组成，如图 12-39，常用机床类型其两刀轴间距是固定不变，切削是用固定有被加工零件的样模边缘紧靠挡环移动来完成，一般是手工进料。在铣床加工零件过程中，应该尽可能地顺纹理切削，以保证较高的加工表面质量。

如果铣削过程中出现逆纹理切削时，就应立即改用双头下轴铣床另外一个转向的刀头进行加工，从而实现顺纹切削。由此可知，采用具有转动方向相反的两个刀轴的下轴铣床，能使操作者在不用换夹具或换机床情况下，迅速地根据零件纤维方向选择顺纤维方向切削，因此切削所得加工表面平滑，

图 12-39　双轴下轴铣床

不会引起纤维劈裂，加工精度也较高，因而避免了再次装夹的工序，减少了装夹误差。

无论采用哪一个转向的铣刀头，当加工部位的曲率半径较小时，都应适当减慢进料速度，以防止切削部位产生劈裂。双头下轴铣床的工作台上有滑槽，如果在其上面安装导尺，此时就能起到单头下轴铣床的作用。

图 12-35 中（g）零件可以在下轴铣床完成其曲面加工。为了保证样模边缘始终靠紧挡环，所用挡环的半径必须小于被加工曲线中最小的曲率半径，否则不能加工出符合设计要求的曲线面。

如果需要加工很小的曲率半径时，可以在悬臂式万能圆锯的刀头上安装成型铣刀进行加工，生产率可以显著地提高，但因为是横纤维切削，所以加工质量不太高。同样也可以采用镂铣机加工形状曲率半径很小的零件，也可采用成型铣刀进行切削，一般每次走刀的切削量应较少，应多次走刀才能完成，然后砂光即可。

下轴铣床有带可移动工作台和不带移动工作台两种，带可移动工作台主要用于板材、方材的开榫，不带可移动工作台适合利用样模加工曲面或线条，通常采用手工进给。采用下轴铣床加工时，挡环可以装在刀头的上方或下部，如图 12-40。铣削尺寸较大的零件周边时，挡环最好安装在刀头之上，以保证加工质量和操作安全；当加工一般的曲线形零件，切削量较少时，为使零件在加工时具有足够的稳定性，宜将挡环装在

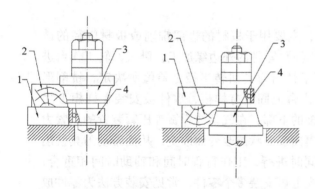
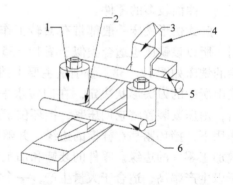

图 12-40 铣床加工型面的挡环安装方式
1. 样模 2. 零件 3. 刀具 4. 挡环

图 12-41 自动靠模双立轴铣床
1. 铣刀头 2. 挡环 3. 被加工零件 4. 模具
5. 辅助模具 6. 压力进料辊

刀头之下。

下轴铣床机械进料装置通常有链条进给及回转工作台进给两种。

图 12-35 中（h）零件先用细木工带锯机加工出留有一定加工余量的弯曲形毛料，然后在压刨床上利用模具加工成弯曲零件，如果零件较厚也可采用下轴铣床加工其两个弧面，最后再用自动靠模双立轴铣床进行加工其两个侧面的型面，如图 12-41。模具目的是帮助立刀头铣削侧型面，辅助模具是为适应弧形零件的弧度。当采用辅助模具后，刀轴能始终处于弧面的法线位置，这与采用下轴铣床加工所铣削的结果完全不同，因为下轴铣床加工不可能使刀轴始终处于弧面的法线位置，因此铣出的边型很可能会移位。

该零件弧面比较理想的加工方法是采用木材弯曲技术把实木或单板（薄木）弯曲成符合设计要求的弧形零件，然后再利用自动靠模双立轴铣床进行加工。

图 12-35 中（i）零件是一个类似椅子前腿的零件。先应该进行毛料加工得到准确的外形尺寸后，再进行打孔或眼，这样定位准确便于连接装配，反之装配精度下降，最后通过压刨加工出圆弧面（要与夹具和模具配合来完成，即适合三角形定位的夹具，采用通过式加工），最后倒角等。如果采用四面刨加工，则上水平刀头应换为成型铣刀进行加工才行。

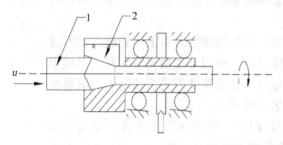

图 12-42 圆棒机
1. 零件 2. 刀头

图 12-35 中（j）零件，如果该零件螺旋纹较浅时，可以采用圆榫机加工。先加工出圆棒，其工作原理如图 12-42（进给方式有手工进给和机械进给两种，能加工直径为 5~100 mm 的零件），然后再滚压出螺旋纹，最后再将圆柱形零件一分为二，作为家具的装饰线条。如果该零件螺旋纹较深，可以采用圆棒螺旋机进行加工，该机能加工直径为 10~100 mm 的零件。操作简单，将预先加工好的小方条输入机械内，圆棒螺旋机将根据预先调整参数自动切割出需

要的螺纹，自动进料，生产能力 3~5 m/min。

图 12-35 中（k）零件属于家具装饰线条类，可以在四面刨床、压刨床和木线机上加工。四面刨加工对原材料的质量要求较高，压刨、木线机加工对于原材料要求相对较低。

图 12-35 中（m）零件首先通过胶合配成毛坯，经过双面刨光，然后铣其外侧边和内侧边。侧边铣型可以在立式内外径自动仿形铣床（分别配有两个刀头铣内外径，两个刀头的挡环分别紧靠样模的内外径边缘）上一次完成内外径的铣削加工，也可以分开在外径仿形铣床加工之后（下轴铣床、卧式回转工作台仿形铣床和镂铣机等机床配上合适的模具也可以加工其外边），再在内径仿形铣床上加工（其工作原理同卧式回转工作台仿形铣床的工作原理，如图 12-38）。

图 12-35 中（n）零件可以在普通车床、背刀式车床、仿形车床、成型刀专用车床及数控车床上进行加工。车床加工的零件一定是回转体。普通车床可以加工该零件，但很有可能加工出的产品外形与设计有一定的误差，如果批量生产，则在形状上不容易做到完全一致，因为形状及加工精度主要取决于操作者水平及熟练程度。采用背刀式车床、仿形车床及数控车床可以非常准确地加工出与设计相同零件，如果批量生产也能做到完全一致。如图 12-43。

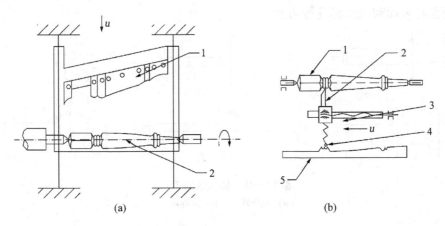

图 12-43　车床原理
（a）背刀式车床　1. 刀具　2. 零件
（b）半自动仿形车床　1. 零件　2. 车刀　3. 移动刀架　4. 仿形辊　5. 样模

背刀式车床的加工精度高，主要仿形刀架上触针沿靠模板曲线移动比较灵敏，所以能完成复杂外形零件的精确车削，其第一步粗车，第二步利用精车刀精车（得到预定的形状与尺寸），可根据形状不同自动调节进料速度。其背刀刀架上装有组合式车刀，能在最后精细修整零件表面，从而得到最理想的表面粗糙度。

半自动仿形车床，如图 12-43（b）。主轴作回转过程中，刀架在丝杆螺母机构推动下作平行于被加工零件轴线的运动，同时，在弹簧力的作用下作仿形辊紧靠着模板的曲线运动，实现车刀的横向进给，从而车削出与模板曲线相同的零件轮廓。

立式仿形铣床与自动仿形车床的最主要区别：仿形车床加工的零件一定是回转体，

而立式仿形铣床则不一定是回转体。另外，仿形车床一般一次加工一个零件，而立式仿形铣床可以加工若干个。两者的刀具不同所能加工的形状也不同，仿形车床加工的零件形状角度较小，而立式仿形铣床加工的形状则比较平缓，因为仿形铣床采用杯形铣刀，而仿形车床则采用车刀。

成形与反廓形切削主要用于实木门的加工，可以用下轴铣床、刨床、双面开榫机、封边机、CNC 机床（数控加工中心）等，主要加工硬材的顺纹和软材的横纹和顺纹及其他木质材料的零件，刀具为单件刀具或组合刀具，带割刀可用于成形搭口加工（图 12-44）。

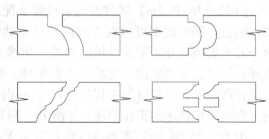

图 12-44　成形与反廓形

木材和木质材料修边镂铣，与手提镂铣机配套修边镂铣刀分有导环刀具和无导环刀具（图 12-45）。有导环就是在刀具下端增加了一滚珠轴承，主要用于带模板的切削，切削的角度分为 0°、25°、45°；无导环刀具主要是靠导板或仿形销而切削。类型有：直角修边镂铣刀、直角/斜面修边镂铣机、斜面修边镂铣刀、1/4 圆镂铣刀。有导环的刀具仅对圆柱表面进行切削，而无导环的刀具则对圆柱表面和端面都进行切削。

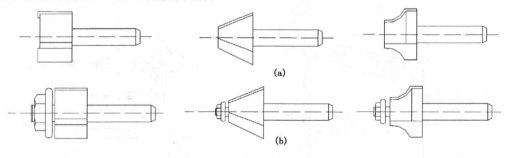

图 12-45　修边镂铣刀
(a) 无导环　(b) 有导环

铣削外表面型面时，用手工进料由于受工件及夹具重量的影响，一般进料速度为 5~10 m/min，可按型面轮廓的形状及要求的加工质量来选定，而机械进料时，其进料速度是固定不变的，所以只能根据加工质量要求，按图来选定，铣削硬阔叶材的进料速度应该比软阔叶材低，沿挡环铣削时的进料速度需比沿导尺铣削时低 25%~30%。

家具的有些装饰零部件，在工业化生产中，通常是在上轴铣床之类的机床上进行浮雕加工。这类铣床可以是单轴或多轴，由工人操作或数控装置自动控制操作。在普通单轴上轴铣床上进行雕刻加工，只需将设计的花纹先做成相应的样模，套于仿型销上，根据花纹的断面形状来选择形状。但是由于工人技术水平不同，加工质量往往会有差别，而用数控机床则可以根据已定的程序进行自动操作，既降低了工人的劳动强度，又能保证较高的加工质量。花纹较浅的零件可以在热模压花机上直接压成。此外，还可用激光加工技术来进行雕刻加工。

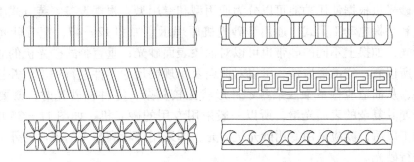

图 12 - 46 部分在刨花机加工的装饰线

现在家具采用实木的装饰线也越来越多，它们主要在木线机和刨花机（带数控的）上进行加工，当然，这些线条也用于室内装修（图 12 - 46）。

圆柱形零件的加工可在圆棒机或手动、半自动或自动进给的木工车床上进行。圆棒机只能加工出等断面的零件，而木工车床在工件长度上除能加工成同一直径外，还可以车削成变断面的或在表面上车削出槽纹，但是车床要求被加工零件的直径较大，即要求其有一定的刚度。如果采用专用设备圆棒螺旋机，不仅能够加工各种直径的圆棒，还可以加工带旋转螺纹的圆棒，也可以加工各种拉手、木质销钉及木珠等。

CNC（Computer Numerical Control）数控机床也称为加工中心，它通过真空吸引力将零件固定在工作台上（一个或两个工作台之分）。设两个工作台目的是为了节省时间，一个工作台装零件，另一个可以正在加工。它可以对被加工零件进行 6 个自由度的加工，可以钻（具有多种规格直径的钻头，可以水平，也可以垂直多角度的加工）、铣（多种铣削刀头，可以多角度铣削）、锯、砂。它可以根据已设计好的程序自动换刀，并且无论是钻孔的深度，还是曲线的形状都是准确无误，不用试加工。对于复杂形状的零件加工及刻字更能显出其优越性。

总之，加工这些零件必须与模具相配合才能加工出符合设计要求的产品。

12.4.4 砂 光

木家具零、部件表面质量直接影响后面的油漆工序，所以对前面切削加工过程中，因刀具的安装精度、工艺系统的弹性变形以及机床振动等因素影响，而在工件表面上留下微小的凹凸不平，或在开榫、打眼过程中使工作表面出现撕裂、毛刺、压痕等现象。为此，应进行砂光才能达到油漆工序的要求。有时砂光也用来倒棱角或加工有些型面曲线。

木质零、部件进行表面修整的方法也比较多。主要有净光和砂光。净光属传统木质零件表面修整方法，对于方材、平整板材表面比较适用，顺纤维方向刮削，每次刮削厚度 ≤ 0.15 mm，目前在家具生产过程中基本上被砂光机所替代。

常见砂光机根据使用功能可以分为通用型和专用型，根据设备安装方式不同可以分为固定式和手提电动工具式。通用型砂光机原理示意如图12-47，宽带砂光机主要针对板材砂光，如换上不同的砂带也可以对油漆表面砂光；垂直带式砂光机的立辊是包裹海绵的，所以有一定的适应性，可以对曲面及小规格尺寸零件进行加工，并且可以进行角度调整，从而适应性更强。某些零件形状比较复杂，零件在砂光时，既要保持其形状，又要使其复杂的表面光滑，所以一般采用专用的砂光机。如图12-35中（n）零件车床加工以后，就应采用专用砂光机砂光，即采用外轮廓与车削零件的外形相符合砂光工具进行砂光。

在家具行业使用最多的是带式砂光机，其最关键组成部分为砂带。砂带常见形状：带式、宽带式、盘状（片状）、卷状及页状等。砂带是由基材、胶黏剂和磨料三部分组成。基材主要采用棉布、纸、聚酯布和刚纸（强度比较高的纤维纸）；胶黏剂主要采用动物胶和树脂胶（部分树脂胶、全树脂胶和耐水型树脂胶）；磨料主要由人造刚玉（棕刚玉、白刚玉、黑刚玉等，又称氧化铝）、人造碳化硅（黑碳化硅、绿碳化硅等）、玻璃砂等组成。

木材磨削（图12-47）是利用磨料切割木材表面的过程，因此磨削的质量取决于磨具的特性、磨料粒度、磨削方向、磨削速度、进料速度、压力以及木材的性质等因素。

一般磨料的粒度越小，磨削量随之增大，生产效率越高，但是被砂光表面较粗糙。反之，磨料粒度越大，砂光后的表面越光洁。见表12-3。

一般应顺木纤维方向砂光，如果采用横木纤维方向砂光，沙粒会把木纤维割断，从而在零件表面留下横向条痕。对于较宽的板面，若全都是顺纤维砂光，则不易将表面砂光，因此现在的宽带砂光机一般采用砂架轻微地摆动，且

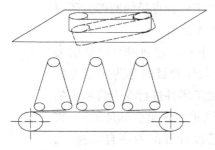

图12-47 通用型砂光机原理示意

表12-3 砂带粒度代号

磨料粒度	干磨砂布粒度代号	耐水砂纸粒度代号	类型	磨料粒度	干磨砂布粒度代号	耐水砂纸粒度代号	类型	磨料粒度	干磨砂布粒度代号	耐水砂纸粒度代号	类型
16			特粗磨	60	2			240			细磨
20				70		80		W63	4/0	360	
22				80	1½	100、120	中磨			400	
24	4			90				W50	5/0	500	精磨
30			粗磨	100	1	150				600	
36	3½			120	0	180、220		W40		700	
40	3			150	2/0	240、260		W28		800	
46	2½			180	3/0	280、330	细磨				
54			中磨	220		320					

砂带在轴向窜动，其目的是提高砂光质量和防止跑偏、滑脱。常见宽带砂光机为三砂架的，每一个砂架上的砂带都不同，先粗后细。先横后纵进行砂光，其生产率高，表面质量也光滑。

砂光机的砂带对零件表面的单位压力的大小直接影响砂光的磨削量，压力越大，则磨削量越大，留在零件表面的磨痕也越深，表面也越粗糙。

砂光机的磨削速度与进料速度是一个相关联的因素。当进料速度一定情况下，磨削速度的提高有利于提高零件表面质量；当磨削速度一定时，提高进料速度虽然有利于提高生产率，但是不利于提高零件表面质量。一般材质硬的木材有利于其表面砂光。

砂光机类型如图12－48。

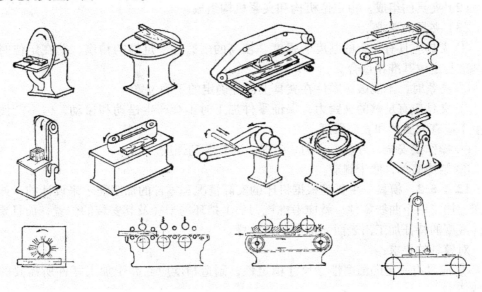

图12－48　砂光机的类型

盘式砂光机：由于磨盘上各点的转动速度不同，因此磨削不均匀，只适合零件的端面等处磨削加工。

下带式砂光机和垂直带式砂光机：适合于磨削宽板的边缘及窄、小零件。

上带式砂光机、滚筒进料或履带进料的辊式砂光机：适用于宽板或木框的砂光。上带式砂光机虽然生产效率低，但使用灵活，尤其在砂磨胶贴零件时，可以随时根据表面情况调整压力，并及时检查砂光质量。

自由带式砂光机和鼓式砂光机：分别用砂光圆柱形及曲线形、环状零件的内表面。

宽带式砂光机：用于大幅面零件的表面砂光，有定厚砂光和表面砂光两种，定厚砂光能使被砂的零件表面光滑，同时也保证被砂零件的厚度比较准确；表面砂光主要使被砂光的零件表面光滑。现在宽带砂光机在家具企业中应用得比较广泛。

12.4.5　夹具和模具

使用夹具和模具的主要目的是能迅速而且正确地定位和夹紧，从而达到扩大机床的使用范围。夹具可以自制或购买商品，而模具一般为企业根据自身需要而自制的。

12.4.5.1 夹具

（1）夹具的功能。

① 保证零件的加工精度。零件在机床定位时，由夹具来保证零件与刀具间的正确相对位置，可省去划线工序，并能提高加工精度和加工质量。

② 有利于提高机床的生产率和降低产品成本。

③ 扩大机床的应用范围。

④ 有利于平衡生产。

⑤ 减轻劳动强度，使操作安全。

（2）夹具的组成。由定位机构和夹紧机构组成。

（3）夹具的要求。

① 夹具应具有一定的刚度、强度、较高的耐磨性，足够的精度，能在定位时将设计基准与定位基准相重合。

② 夹紧时，不能破坏零件在夹具上已经确定的正确位置。

③ 夹具应有足够的夹紧力，保证零件加工时不会产生松动和振动，但不能使零件产生不应有的变形和表面压痕。

④ 操作要安全、方便、省力、省时，减轻劳动强度。

⑤ 结构简单，便于制造。

12.4.5.2 模具

主要是根据机床的实际情况和零件的加工需求来设计的。如要在铣床上加工一个曲线零件，就应考虑铣刀头上挡环的半径及其安装的位置，而且要根据零件线型的特征加工出表面光洁的曲线轮廓。

对模具的要求：

① 应具有一定的耐磨性，尺寸稳定性，制造精度应当高于加工零件所需要的精度等特征。

② 应能与相应的夹具配套使用。

③ 操作要安全、方便、省力、省时，减轻劳动强度。

④ 结构简单，便于制造。

思 考 题

1. 保证拼板平整的技术措施是什么？
2. 分析指接材质量的影响因素。
3. 分析净料加工常用机床的特点。
4. 分析砂光加工工序的特点。

第13章 板式部件制造工艺

[本章重点]
1. 板式部件制造工艺过程。
2. 薄木的制备及薄木贴面工艺。
3. 影响胶合胶贴质量的因素。
4. 板式部件的精加工及边部处理。

板式部件作为板式家具的主体,是构成家具最主要的组成部分。现已广泛用于橱、柜以及桌台类家具的生产上。板式部件翘曲变形小、尺寸稳定、便于实现产品的机械化、连续化、自动化生产,用板式部件构成的产品比实木制品木材消耗少,生产周期短,拆装运输方便,因此在家具和木制品生产中,板式部件制品是极为重要的一种木制品。

13.1 板式部件制造工艺过程

板式部件按结构通常可分为实心覆面板和空心覆面板两大类,也有板式部件不需要覆面板的。

实心覆面板是由实心芯板胶贴覆面材料制作而成,它具有形状和尺寸稳定、力学性能好、易加工、易实现五金件连接等优点。常用做旁板、面板等承重性构件。它的制造工艺过程包括:芯板材料和覆面材料的锯截、校正砂光、涂胶、配坯、胶压、齐边、边部处理和机加工。若使用饰面人造板制造板式部件,则工艺过程可简化为锯截、边部处理和机加工,如图13-1。

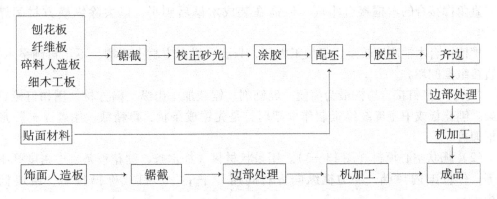

图13-1 实心覆面板加工工艺过程

空心覆面板是由空心芯板胶贴覆面材料制作而成。这种板具有形状和尺寸稳定、质量轻、表面性能好等优点，常用于门板、旁板和中隔板等非承载性部件，便于减轻整个制品的质量。空心覆面板的制造工艺过程如图13－2。它需要先制作边框和空心填料，然后将锯成一定规格的覆面材料进行涂胶和组坯，并完成胶压和裁边加工等工序。

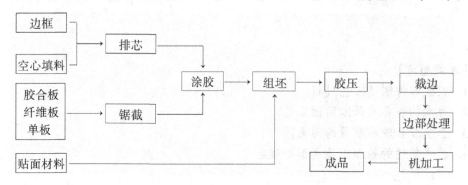

图13－2 空心覆面板加工工艺过程

13.2 材料的准备

制造板式部件的材料可分为芯板材料和覆面材料两类。实心覆面板的芯板材料主要由各种人造板素板构成，如细木工板、刨花板和中密度纤维板等。制造空心覆面板式部件的芯板由边框和空心填料构成，通常有栅状、格状和蜂窝状等几种形式。所用空心填料主要是各种木质板条和蜂窝纸。

13.2.1 空心芯板制备

空心芯板制备包括边框制作和空心填料制作两项内容。

（1）边框制作。边框材料可用木材、刨花板或中密度纤维板。实木边框要用同一树种的木材，宽度不宜过大，以免翘曲变形。边框的接合方式有直角榫接合、榫槽接合和"⊓"形钉接合等。

直角榫接合的木框接合牢固，但需在装成木框后刨平，以去除纵横方材间厚度偏差。

榫槽接合木框刚度较差，但加工方便，只要在纵向方材上开槽，不用再刨平木框，可直接组框配坯。

"⊓"形钉接合边框最为简便，经刨削、锯截加工出纵、横方材，用扣钉枪钉成框架。刨花板或中密度纤维板制作框架时，是先锯成条状，再精截，用"⊓"形钉组框即可。

（2）栅状空心填料（图13－3）。用条状材料（如木条、刨花板条、中密度纤维板条等）作框架内撑档，与边框纵向方材间用"⊓"形钉或榫槽接合，组成栅状结构。

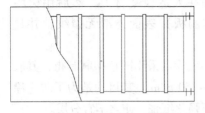 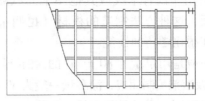 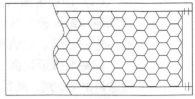

图 13-3　栅栏空心填料　　　　图 13-4　格状空心填料　　　　图 13-5　蜂窝状空心填料

(3) 格状空心填料（图 13-4）。用单板条、胶合板条、纤维板条等在多片锯上开成切口深度为板条宽 1/2，然后将加工好的板条交错插合而成方格状框架，其中板条宽度与木框厚度相等，长度与边框内腔相应，然后放入木框中组成空心板芯层，再贴上表层材料，即加工成空心覆面板。这种结构要注意格状空隙的间距不可超过表层覆面材料厚度的 20 倍，以防止格状间距太大而造成板子表面凹陷。

(4) 蜂窝状空心填料（图 13-5）。用牛皮纸或草浆纸作原料制成，可拉伸成排列整齐、大小相等的六角形蜂窝状孔格，组坯时，将表背板的反面涂上胶，木框则正反面布胶，再将木框配置到施过胶的表背板上，把蜂窝状纸格拉伸后填入木框，注意纸格在木框内拉伸到位，空格面积均匀，而且纸格的厚度应比木框厚度高 0.5~1.0 mm 以确保压制时有充分的接触面积，从而提高接合强度，对于纸质较软的牛皮纸，它们的厚度差可适当放大些。

13.2.2　覆面材料

按覆面材料在板件中所起的作用可分为加固性覆面材料和装饰性覆面材料。常用的加固性覆面材料有胶合板、纤维板和单板。常用的装饰性覆面材料有薄木、合成树脂浸渍纸、装饰板和 PVC 薄膜等。在制作空心覆面板时，表层通常同时覆有加固性单板和装饰用薄木。在这里，单板不仅起着缓冲作用，使薄木和芯板条结合的更紧密一些，更主要的是能起加强板坯的作用。在制作实心覆面板时，表层一般只需要用装饰性覆面材料贴面。

(1) 薄木。把由珍贵树种制成的薄木贴在人造板的表面，可以得到具有珍贵树种特有的美丽木纹和色调。这样的装饰方法既节省了珍贵树种木材，又使人们能享受到自然美。

制造薄木的常用树种有樱桃木、胡桃木、水曲柳、柞木、柚木、莎比利等。

薄木的种类分刨制薄木（厚度 0.2~1 mm，常用 0.35~0.45 mm）、旋制薄木（厚度 0.5 mm 以上）、锯制薄木（厚度 2~3 mm）及人造薄木等几种（详见 10.1.2.4 饰面材料一节）。

薄木的保存也是一个不容忽视的问题，要求室内要阴凉干燥，相对湿度 65% 为宜，使薄木含水率不低于 12%，保持一定弹性。厚度为 0.2~0.3 mm 的薄木，不需要干燥，要求在 5 ℃ 以下的室内保存，以免发霉。

(2) 印刷装饰纸。用印刷有木纹或其他图案的纸贴在人造板基材上，然后用树脂涂饰制成纸贴面人造板，这种方法制造的板材（也叫宝丽板）表面光滑无裂纹，并具有一定的耐磨、耐热和耐化学药剂性能。

印刷装饰纸贴面一般是用定量为 80 g/m² 的钛白纸经底涂后采用凹板印刷制得，其底涂涂料由粘结剂、颜料及溶剂配制而成，涂布量一般为 50~150 g/m²，其目的是为了防止涂层表面不平整、涂层厚薄不均，防止油墨向纸内扩散，还可强化纸张，使之不宜分层。

(3) 三聚氰胺树脂装饰板。具有木纹逼真、色泽鲜艳、耐磨、耐热、耐水、耐冲击、耐化学药品污染等优点，目前已在家具行业中广泛使用。

其配板组成为：表层纸、装饰纸、覆盖纸、底层纸、脱模纸，分别浸渍后依次由表及里排列热压而成。

表层纸主要功能是保护装饰纸，提高表面性能，它为透明的薄纸，厚度在 0.05~0.15 mm，树脂含量要求达 130%~145%，浸渍胶种为三聚氰胺树脂。装饰纸上用来印刷木纹或其他图案，覆面于人造板表面起装饰作用。这种纸要求有一定的遮盖能力、良好的印刷性能和抗拉强度，一般使用加有 5%~20% 钛白粉的定量为 120~150 g/m² 的钛白纸，三聚氰胺树脂的浸渍量为 50%~60%。覆盖纸夹在装饰纸与底层纸之间，用以遮盖深色的底层纸并防止酚醛树脂胶透过装饰纸，它同样是用定量为 120~150 g/m² 的钛白纸为原纸，为降低成本，浸渍胶种为酚醛树脂胶。底层纸用来做树脂装饰板的基材，使树脂装饰板具有一定的厚度和机械强度，要求原纸具有一定的渗透性。常用不加防水剂的定量为 120~180 g/m² 的牛皮纸，浸渍胶种为酚醛树脂胶，浸胶量为 30%~45%。脱模纸是为了防止热压过程中的粘板现象，其原纸与底层纸相同。

为简化工艺和节省材料，如今，常采取提高装饰纸树脂含量，在树脂中添加耐磨材料如 Al_2O_3、TiO_2、$Al_2(SO_4)_3$、SiC 等方法来省去表层纸；使用聚丙烯膜包覆铝垫板来取代脱模纸。

(4) 合成树脂浸渍纸。是一种高效的和高质量的覆面材料，浸渍常用胶黏剂有三聚氰胺（MF）、邻苯二甲酸二丙烯酯树脂（DAP）、酚醛树脂（PF）、鸟粪胺树脂等。这种浸渍装饰用原纸一般定量为 80 g/m² 的钛白纸，表层纸的定量约为 25 g/m²，而且要求有非常好的渗透性和一定的湿抗拉强度。它们的浸胶量见表 13-1。

表 13-1 不同树脂对不同材料的浸渍量

浸渍用树脂种类	纸种类和定量（g/m²）	浸渍树脂用量（%）	残留挥发分（%）
MF	装饰纸 80	100~150	2~4
DAP	装饰纸 80	55~65	3~5
	表层纸 25	80	
鸟粪胺	装饰纸 80	45~55	4~5
	表层纸 21~23	60	

另外在三聚氰胺树脂浸渍纸下面垫一层酚醛树脂浸渍纸，可以提高表面的抗冲击性能和增加表面的平滑度。

DAP 树脂兼具热固性树脂的坚牢及热塑性树脂的柔韧性和易加工性,这种树脂有非常良好的电绝缘性,还具耐化学药品、耐磨、耐候、尺寸稳定性好、不龟裂等优点。

鸟粪胺覆面具有化学稳定性好、耐热、耐水、耐候、不开裂、有良好光泽、易于机械加工等优点,且有很好的胶合强度,也是常用的木材贴面树脂。

(5) 聚氯乙烯薄膜（PVC）及聚丙烯薄膜（ALKORCELL）。经印刷图案、花纹并经模压处理后,有很好的装饰效果,而且价格低,已成为家具表面装饰的主要材料之一。PVC 膜是由聚氯乙烯单体聚合而成,ALKORCELL 则是由聚丙烯聚合而成,其平均聚合度为 800～1400,并加一定量的增塑剂、稳定剂、润滑剂、填充剂和色素等经混炼辊压而成。

PVC 和 ALKORCELL 薄膜印刷有表印和背印两种方式,表印效果好,但油墨易磨损;背印要求薄膜透明度好,且印刷效率低、效果差,但不易磨损。为增加木纹或图案的立体感、真实感,还需预热后在薄膜上压上一些凹凸的沟槽。

除此之外,还有聚酯树脂薄膜和聚碳酸酯薄膜等,聚酯树脂薄膜为线型结构的饱和热塑性树脂,它透明性很好,常在背面进行印刷,胶黏剂采用同系的树脂。聚碳酸酯树脂具有良好的耐冲击、抗拉、耐热、耐候性能,但价格贵,一般用厚度为 0.1 mm 以下的薄膜,使用合成乙烯类或氯乙烯类的乳液胶黏剂。

13.2.3 板材和片材的锯截

板材和片材的锯截是板件加工的先导工序,它主要是把一定幅面的板材和片材,根据板式部件尺寸要求锯解成一定规格的毛料,它是板材高效利用的关键步骤。

(1) 板材的锯截。对于胶合板、刨花板和纤维板的锯截,一般是先编制裁板图。裁板图是在标准幅面板上的毛料配置图,根据毛料的尺寸、板的幅面规格、锯口宽度和所用设备的技术特性来拟定,力求在被锯截的幅面上配置更多的毛料。常用的锯截方案有单一的和组合的两种（图13-6）。单一的锯截方案是在一块材料上只锯解一种规格的毛料,组合锯截方案是在一种幅面材料上锯出几种不同规格的毛料。最佳锯截方案还可运用计算机通过数学建模的方法来确定,以尽可能提高板材毛料出材率。

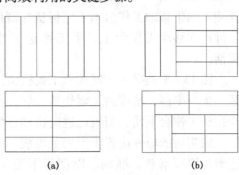

图 13-6 板料锯解方案
(a) 单一的锯解方案 (b) 组合锯解方案

常用的板材锯截设备是各种开料锯机,有立式和卧式两种基本类型。根据锯机使用的锯片数量,又分为单锯片开料锯和多锯片开料锯。锯解板材用的锯片有普通圆锯片和硬质合金圆锯片两种。普通碳素工具钢圆锯片容易磨损变钝。硬质合金圆锯片的使用周期长,加工表面光洁。常用的硬质合金圆锯片直径为 300～400 mm,切削速度为 50～80 m/s,锯片每齿进料量决定于被加工的材料,锯刨花板时为 0.05～0.12 mm,锯纤维

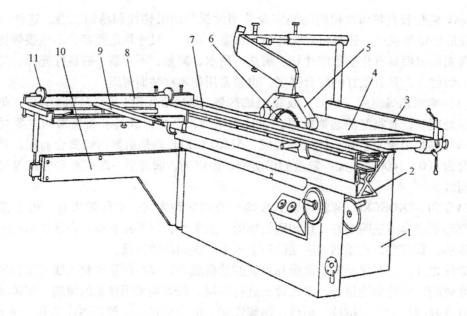

图 13-7 带移动工作台木工锯板机外观
1. 床身 2. 支承座 3. 导向装置 4. 固定工作台 5. 防护和吸尘装置 6. 切削机构
7. 双滚轮式移动滑台 8. 靠板 9. 横向滑台 10. 支撑臂 11. 挡块

板时为 0.08~0.12 mm，锯胶合板时为 0.04~0.08 mm。精密开料锯可保证毛料具有较高的加工精度和定位精度。目前，国内应用的较先进的开料锯主要有自动进料或标准导向裁板锯，国外的电子开料锯、双头锯和推台锯等。图 13-7 是目前大型家具企业中广泛使用的带移动工作台木工锯板机外观图。这类机床操作简便，加工质量好。加工时，工件放在移动工作台上，手工推送工作台，使工件实现进给运动，十分方便，机动灵活。

图 13-8 是锯片往复式木工锯板机。它是目前大多数工厂使用的一种锯机，通用性强，生产率高，精度高，锯切质量好，易于实现自动化和电脑控制。不进行加工时，锯片位于工作台下面，当板送进定位和压紧以后，锯片即升起移动，对板进行锯切。

锯割后的板件应置于干燥处堆放，一般每个货位允许堆放 50 层左右，同时要将工艺卡片填写清楚、准确，以便于下道工序的延续加工和生产计划人员的计划调度与管理。

(2) 单板及薄木的锯截。在板式部件的生产中，单板经常用做空心板和细木工板的覆面材料，在胶贴之前需对其进行锯截加工。常用的设备为脚踏裁板机，也可成摞进行锯割或铣削加工，使其达到所需的尺寸。

在薄木贴面前需根据饰面用途和要求将薄木锯解成一定的尺寸规格。锯切前需根据部件尺寸和纹理要求来设计最佳的锯切方案，并考虑除去薄木上开裂和变色等缺陷，正确确定锯口位置。锯切时不能打乱刨制薄木的叠放次序，以免给拼接花纹造成困难。锯切薄木需成摞进行，锯切后的薄木要求边缘平直，不许有裂缝、毛刺等缺陷。一般边缘直线性偏差不应大于 0.33/1000，垂直度偏差不大于 0.2/1000，以保证拼缝严密。刨制

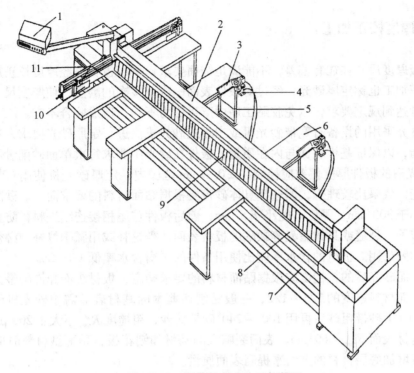

图 13-8 锯片往复式木工锯板机
1. 按钮盒 2. 压紧机构 3. 延伸挡板 4. 气动定位器 5. 导槽 6. 支撑工作台
7. 床身 8. 主工作台 9. 片状栅栏 10. 机械定位器 11. 靠板

薄木可以用锯机或用重型铡刀机铡切（图 13-9）。用圆锯机锯切后的薄木边缘还需用铣床铣平，若在铡刀机上侧切，其切边整齐平直，不需再进行刨边。锯切后的薄木送往拼缝工序胶拼成所需幅面，并在长度和宽度上留有一定加工余量，以便贴面后的再加工。

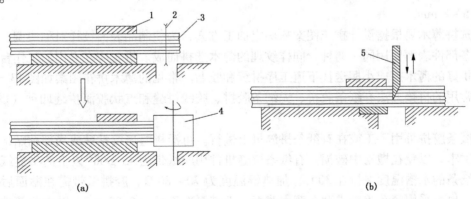

图 13-9 薄木的锯切
(a) 用锯机及铣刀头加工　(b) 用重型铡刀机加工
1. 压尺 2. 圆锯片 3. 薄木 4. 铣刀头 5. 铡刀

13.2.4 厚度校正加工

人造板厚度尺寸往往有偏差，不能满足饰面要求，所以板材需经厚度校正加工。板件厚度校正加工也称定厚砂光，经过对板件表面一次或多次的磨削，使厚度尺寸精度及表面平整度达到规定要求，以免胶贴工序中产生压力不均，造成胶合不牢。

定厚砂光采用的设备有宽带砂光机或三辊式砂光机。进行定厚砂光要求人造板两面砂削量均衡，以保证基板表面与内在质量。板件在砂光中要求每次单面砂削量不得超过 1 mm，砂光后的板件厚度偏差应控制在 ±0.1 mm 范围内；定厚砂光机使用 $60^\#$ ~ $80^\#$ 砂带进行砂光，效果比较理想，但选择具体砂带要根据贴面材料的要求而定。砂削的板件长度不能小于 300 mm，厚度不能小于 5 mm，前后板件首尾相接连续进料，防止踢边。

对有节子、裂缝或具树脂囊等缺陷的板材表面，需挖补或用腻子修补，必须保证贴面平整，牢固耐用。板材的含水率应比使用条件的平衡含水率低 1%~2%。

板材表面砂光后的粗糙度应根据贴面材料的要求确定，板材表面允许的最大粗糙度不得超过饰面材料厚度的 1/3 ~ 1/2，一般贴刨切薄木的基材表面需用砂光机砂光，通常先用 $60^\#$ ~ $80^\#$ 砂带粗砂后再用 $100^\#$ ~ $240^\#$ 砂带精砂，粗糙度 R_{max} 不大于 200 μm，贴塑料薄膜的基材表面 $R_{max} < 60$ μm。表面裂隙大的基材如刨花板，贴薄型材料时应采用打腻子填平或增加底层材料的方法来提高表面质量。

13.3 板式部件的覆面

13.3.1 薄木贴面

（1）薄木加工和选拼。在薄木贴面前要根据部件尺寸和纹理要求加工，除去端部开裂和变色等缺陷部分，截成要求的尺寸，一般长度方向留加工余量 10 ~ 15 mm，宽度方向 5 ~ 8 mm。

选拼薄木要根据设计拼花图案来确定加工方案，为使制品表面纹样对称协调，同一制品各部件表面要用同一树种、同样纹理的薄木选拼而成。拼花应在专用的工作台上进行，拼好的薄木打成小捆送往下道工序拼缝和胶贴。常见的薄木拼花图案如图 13-10。

常用的拼接方法有纸条胶拼、无纸条胶拼、胶线拼缝和点状胶滴拼缝四种（图 13-11）。

纸条胶拼可用手工或在有纸条拼缝机上进行。可沿拼缝连续粘贴或局部粘贴，端头必须拼牢，以免在搬动中破损。有纸条拼缝机常用胶纸带为 45 g/m² 以下的牛皮纸。湿润胶纸条的水槽温度保持在 30℃，加热辊温度为 70 ~ 80℃，胶拼纸带需在贴面后再砂磨掉。也可采用穿孔胶纸带贴在薄木背面，纸带厚度不超过 0.08 mm，贴面后部件表面看不到纸带。

无纸条拼缝是在薄木侧边涂胶，在加热辊和热垫板作用下固化胶合。薄木拼缝用的胶黏剂为脲醛树脂胶和皮胶。胶线拼缝法是近年来应用较广的一种方法。图 13-12 是

图 13-10　薄木拼花图案

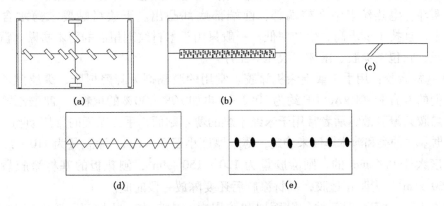

图 13-11　薄木拼缝方法

(a)(b) 纸条拼缝　(c) 无纸条拼缝　(d) 胶线拼缝　(e) 胶滴拼缝

其原理图：是用粘有热熔树脂的玻璃纤维线作为粘结材料，把薄木 3 背面向上送到胶线拼缝机的工作台 1 上，侧边紧靠在导尺 2 两侧送进，胶线从绕线筒 4 上引出，通过加热管 5，在热空气气流下吹出，使热熔胶熔化，由压辊 6 把胶线压贴到薄木上，同时加热管 5 作左右摆动，薄木前进，胶线在薄木接缝处形成"Z"形轨迹，热熔胶线在室温下固化，使薄木拼接在一起。胶线摆动幅度及薄木进料速度均可调节。胶线拼缝机可胶拼薄木厚度为 0.5~0.8 mm。用胶线拼缝的薄木应保存在干燥和密闭处。为防开缝，常于拼缝薄木端头用胶线连接。胶线拼缝不需在贴面后磨去，可改善劳动条件，提高生产效率。

图 13-13 为点状胶拼机原理图，板坯由进料辊 5 送进，由点状涂胶器 4 往薄木接缝上滴上胶滴，经压平辊 6 使之压成胶滴 7。拼接薄木厚度为 0.4~1.8 mm。

对于厚度为 0.2~0.35 mm 的微薄木，只需手工拼缝。通常在配坯同时进行，直接把薄木搭接铺放在基材上，用直尺压住接缝位置，用锋利小刀沿直尺边缘切划，然后抽出在接缝两侧裁下的薄木边条即可。

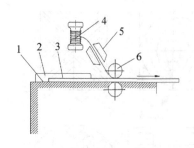 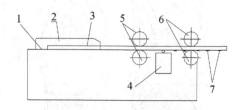

图 13-12　热熔胶线"Z"形拼缝
1. 工作台　2. 导尺　3. 薄木
4. 胶线筒　5. 加热器　6. 压辊

图 13-13　点状胶拼缝
1. 工作台　2. 导尺　3. 薄木　4. 涂胶器
5. 进料辊　6. 压平辊　7. 胶滴

（2）薄木贴面工艺。薄木贴面的方法有干法和湿法两种。干法拼贴时先在基材上涂热熔胶，待胶黏剂冷却后，按设计图案用熨斗边加热边一张张拼贴上去。熨斗是特殊的专用熨斗，电热丝集中在前端部，前端部底部凸出。干法拼贴要求薄木含水率在20%以上，且技术要求高，生产率低，一般只用于木材纹理扭曲的薄木拼贴。湿法贴面应用广泛，它包括涂胶、配坯、胶压等工序。

① 基材涂胶：用手工或辊涂机涂胶。常用的胶黏剂为脲醛树脂、聚醋酸乙烯酯乳液及它们的混合胶（PVAc∶UF 约为 10∶2~3 再加 10%~30% 的填料）、醋酸乙烯-N-羟甲基丙烯胺共聚乳液，后者常用于未经干燥的薄木贴面，手工贴面时常用动物胶。涂胶量要根据基材种类和薄木厚度来确定，薄木厚度小于 0.4 mm，涂胶量为 110~115 g/m²，薄木厚度大于 0.4 mm 的，则涂胶量为 120~150 g/m²，刨花板的基材涂胶量需加至 150~160 g/m²。为防止透胶，基材涂胶后还要陈放一段时间。

② 配坯：由于贴面部件的贴面层和胶层中有内应力，基材两面胶贴时薄木树种、厚度、含水率以及花纹图案应力求一致，使其两面应力平衡，防止翘曲变形。为了节约珍贵树种，背面不外露的部件要用价廉的材料代替，这时需根据其性能来调整背面贴面材料厚度，以达到应力平衡。基材表面平整，薄木厚度可小些，表面平整度差的，贴面薄木厚度要求不小于 0.6 mm 为宜，有时还需要一层单板作中板。由于薄木在热压过程中水分会蒸发而导致收缩，在拼贴时薄木不可绷紧，要留有一定的收缩余量，且尽量使薄木含水率一致。

③ 胶压：薄木贴面可用冷压法或热压法。

冷压时，需将板坯上下对齐，板摞每隔一定的距离放置一块厚垫板，压力为 0.5~1.0 MPa，室温下加压时间 4~8 h。

薄木贴面常用热压法。用多层压机或单层压机贴面。在热压前要喷水或 5%~10% 的甲醛溶液，尤其是薄木的周边部分，以防止热压后薄木表面产生裂纹或拼缝处开裂。由于薄木很薄，要求压机的热板平面有很高的精度，在热压过程中板坯要均匀受热、受压，为使受压均匀，一般在热板上固定一层缓冲材料（如耐热合成橡胶板或耐热夹布橡胶板或纸张）并在其上开些沟槽，如图 13-14，以调节由于基材厚度不均引起的压力不均。各层板坯应在压机中对齐。压板由升压到闭合不得超过 2min，以防胶层提前固化。各层板间隔中板坯厚度相差不得大于 0.2mm。薄木热压条件与胶黏剂、薄木厚度和基材状况有关（表 13-2），脲醛树脂胶贴面压力为 0.8~1 MPa，加热温度 110~120℃，加压时间 3~4 min。热压后应用 2%的草酸溶液冲洗热压板表面，以除去污染及透胶。

薄木厚度超过 0.4 mm 的需经干燥处理后再胶贴。为保护薄木，并使薄木的纹理更加美丽，薄木贴面后都要进行涂饰处理，常使用的涂料为氨基醇酸树脂漆、硝基清漆、聚氨酯树脂漆及不饱和聚酯树脂漆等。

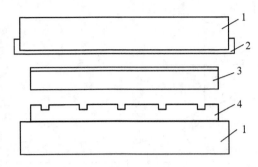

图 13-14　缓冲材料在压机内的配置
1. 热板　2. 垫板　3. 板坯　4. 缓冲材料

表 13-2　各种胶黏剂的薄木贴面的工艺参数

热压条件	PVAc 与 UF 的混合胶	醋酸乙烯-N-羟甲基丙烯胺共聚乳液		
	0.2~0.3mm（胶合板基材）	0.5mm（胶合板基材）	0.4mm*（纤维板基材）	0.6~1.0mm*（刨花板基材）
温度（℃）	115	60	80~100	95~100
时间（min）	1	2	5~7	6~8
压力（MPa）	0.7	0.8	0.5~0.7	0.8~1.0

注：*表示也可使用聚醋酸乙烯酯乳液与脲醛树脂胶的混合胶。

(3) 薄木贴面所用的主要专用设备及主要工艺。

① 普通多层压机：这是家具企业通常使用的一种贴面设备，一般可覆贴 0.3 mm 以上刨切薄木贴面人造板，这类设备多用蒸汽加热或高频加热。

② 多层冷压机或单层冷压机：这类设备的操作工艺是将单层或多层饰面的人造板整齐堆放入机内，并分层加垫衬纸或垫板加压，在无热源的常温条件下，通过一定的压力（一般是 0.5~1.0 MPa），将装饰薄木或人工合成贴面材料与基材压合为一体，形成饰面板件。这种板件物理性能稳定，板面内应力小，能够保证贴面质量，其缺点是胶层固化时间较长，一般在 4 h 以上（通常为 4~8 h）方可卸板，室温低时则时间更长。

③ 单层快速连续贴面加工生产线：如意大利 SIMI 公司出品的贴面设备，除主机外，还配有自动循环式上下料装置，贴面压机的供热介质为蒸汽，液压传动。这种专用设备在胶合天然薄木饰面人造板加工时，可选用脲醛树脂胶进行贴面加工。贴面薄木厚度为 0.5~0.7 mm 时的工艺参数如下：

单位压力：0.8~1.0 MPa；

温度：90~110℃；

加压时间：1~3 min；

进料速度：8~12 m/min。

这种设备的有效加工面积为 1400 mm×5000 mm，加工周期一般为 4~5 min。目前，单层履带连续贴面加工生产线是现代板式家具生产企业饰贴薄木和三聚氰胺贴面装饰薄膜等多种人工合成贴面材料的比较理想的加工设备。

13.3.2 印刷装饰纸贴面

印刷装饰纸贴面常采用连续化生产，其示意图见图 13-15，为此，常选用快速固化的胶黏剂，一般为 PVAc 与 UF 的混合胶，在脲醛树脂胶的制造过程中可适量加入一些三聚氰胺树脂，以提高胶黏剂的耐水性。它们的配比要考虑到耐水性、耐热性、挠曲性等各方面因素，大致的比例为 7~8:3~2。为

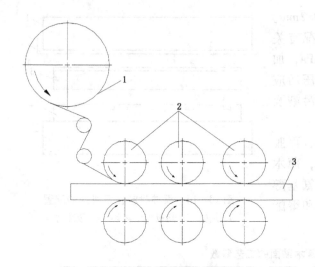

图 13-15 印刷装饰纸贴面
1. 印刷装饰纸　2. 加压辊　3. 基材

了防止基材的颜色透过装饰纸，可在胶黏剂中加入 3%~10% 的二氧化钛，以提高胶黏剂的遮盖能力。涂胶量在装饰纸和薄页纸时为 40~50 g/m^2，为钛白纸时为 60~80 g/m^2。涂胶后的基材需经过低温干燥，使胶黏剂达半干状态，排除不必要的水分，常采用红外线干燥，加热温度为 80~120℃。干燥后的基材即可与装饰纸辊压贴合，辊压压力一般为 1~3 MPa，几对辊子辊压时，第一对辊子压力最小，以后逐渐加大。辊压后的板材可经模压辊刻上导管槽，板材两边的多余纸边可由 60$^\#$ 砂带砂去。

13.3.3 三聚氰胺装饰板贴面

装饰板贴面可采用冷压或热压的方法，在贴面前一般需把装饰板背面砂毛，以提高其与基材之间的胶合强度。由于装饰板与基材人造板的热膨胀系数相差较大，热压贴面易造成内部应力，因此宜采用冷压贴面。冷压贴面时使用常温固化型脲醛树脂胶，也可加入少量聚醋酸乙烯酯乳液，涂胶量为 150~180 g/m^2，压力为 0.2~1.0 MPa；气温 20℃ 以上时时间为 6~8 h，但需堆放 24 h 以上方可裁锯。

热压贴面时使用加热固化型脲醛树脂胶，也可适当添加聚醋酸乙烯酯乳液，热压压力为 0.5~1.0 MPa，热压温度为 90~100℃，热压时间为 5~10 min。

13.3.4 合成树脂浸渍纸贴面

常用的合成树脂浸渍纸有三聚氰胺（MF）浸渍纸、邻苯二甲酸二丙烯酯树脂（DAP）浸渍纸及鸟粪胺浸渍纸三种，它们的覆面工艺大致相同。

常用的三聚氰胺配板形式如图 13-16。为降低成本，一般只在人造板表面贴一层 MF 浸渍纸，而在背面用 UF 或 PF 树脂浸渍纸，以消除因表面装饰而产生的内应力，防

止板材变形。另外在 MF 浸渍纸下面垫一层 PF 浸渍纸可以提高表面的抗冲击性能，增加表面的平滑度。合成树脂浸渍纸贴面，不用涂胶，贴面材料本身又是胶合材料，浸渍纸干燥后，合成树脂未固化完全，贴面时加热熔融，贴合于基材表面。根据浸渍树脂不同，贴面工艺可分为冷—热—冷法和热—热法。普通三聚氰胺树脂浸渍纸贴面采用冷—热—冷法。贴面时温度为 135~150℃，热压压力为 1.5~2.5 MPa，热压时间为 10~20 min，冷却温度为 40~50℃，改性的 MF 浸渍纸贴面采用热—热工艺，热压温度为 190~200℃，压力为 0.5~1.0 MPa，热压时间为 1~2 min。

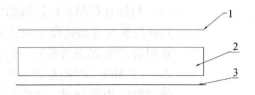

图 13-16　浸渍纸覆面形式
1. 表层纸　2. 基材　3. 底层纸

鸟粪胺树脂浸渍纸采用热—热工艺贴面时的热压条件为：压力为 1.0~1.5 MPa；温度为 135℃；时间为 10 min。

采用 DAP 浸渍纸贴面的热压条件见表 13-3。

表 13-3　DAP 浸渍纸贴面的热压条件

热压条件		基　材	胶合板 3~4 (mm)	纤维板 10~15 (mm)	刨花板 10~15 (mm)
压力（MPa）			0.8~1.2	1.0~1.5	0.8~1.2
时间 （min）	温度（120℃）		6~8	7~9	11~15
	温度（130℃）		5~6	6~8	6~11

13.3.5　塑料薄膜贴面

13.3.5.1　常规贴面技术　由于聚氯乙烯薄膜与胶黏剂之间的界面凝聚力小，并且薄膜中的增塑剂还会向胶层迁移，使胶合强度显著降低，因此常在薄膜与胶黏剂之间增加一层中间膜来提高界面的凝聚力和制止增塑剂的迁移。一般是在薄膜背面预先涂上一层涂料，常用的为氯乙烯系的聚合物。

适合于胶合聚氯乙烯薄膜的胶黏剂有丁腈橡胶类胶黏剂、聚醋酸乙烯酯乳液、丙烯-醋酸乙烯共聚乳液、乙烯-醋酸乙烯共聚乳液等。其中聚醋酸乙烯酯乳液最为常用，它的主要技术指标为：pH 值 4~6；黏度 CPS800~3000；双面涂胶量一般为 180~200 g/m^2。

常用的胶贴方法根据胶黏剂的状态有以下三种：

（1）湿润胶贴。使用乳液胶时，常在涂胶后直接进行加压贴面。

（2）指触干燥胶贴。使用溶剂型胶黏剂时往往在涂胶后先放置一段时间，让胶黏剂中的溶剂挥发，达到指触干燥状态，但还具有粘性，一般是放置 10 min 左右，然后再进行胶压贴合。

(3) 再活化胶贴。使用溶剂型胶黏剂，涂胶后使之达完全干燥状态，在加压前通过加热使胶黏剂再活化而与基材贴合。

常用的 PVC 贴面方法有冷压法及辊压法，热压法很少用。冷压工艺参数为：压力为 0.2~0.5 MPa，时间夏天为 4~5 h，冬天为 12 h，硬质薄膜的贴面压力应大些。

最常用的为辊压法，如图 13-17，即在基材上涂胶后经热空气或红外线干燥 (40~50℃) 至指触干状态即可进行辊压胶合，涂胶量为 80~170 g/m², 胶合压力为 1.0~2.0 MPa。在辊压胶合阶段，应注意以下几点：①辊压胶合时的进料速度应控制在 9±2 m/min。②涂胶机的进料速度与辊压时的进料速度可同步，也可适量慢于辊压胶合时进料速度。目的是使两贴面板件在压合时形成一定间距，一般工艺要求控制在 ±10 mm 之间为宜。③完成胶合加工后，若发现饰面层有皱褶、起泡、边缘剥落等缺陷时，应及时采取补救措施，因为这时胶层未完全固化，可以再拉伸、扫平。对于饰面加工后的板件要整齐堆放 4~24 h 方可转入下道工序加工。

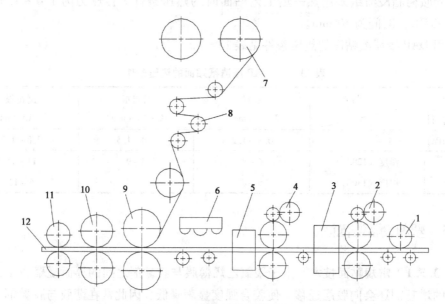

图 13-17　PVC 薄膜辊压贴合示意
1. 刷辊　2. 腻子涂布机　3. 腻子干燥装置　4. 涂胶机　5. 胶黏剂干燥装置　6. 预热装置　7. 薄膜卷　8. 张紧辊　9. 压辊　10. 压痕辊　11. 切断装置　12. 基材

13.3.5.2　真空覆膜技术　PVC 薄膜质地柔软，除了用常规方法贴面外，还经常采用弹性囊覆膜法或真空覆膜法进行贴面，这种方法加压均匀，贴面效果好，但设备投资较大，常用于表面有一定形状（如压花、装饰线条等）的板件的贴面。真空覆膜法的原理如图 13-18，即先将涂胶后的板件及待贴 PVC 薄膜置于一密闭的可以抽真空的贴面压机中，压机闭合后先将上工作腔抽真空，下工作腔通入热循环压缩空气，覆面材料被吸附到上加热板，进行加热塑化。然后将下工作腔抽真空，使 PVC 膜贴向板件，同时向上工作腔通入热循环压缩空气，将 PVC 膜紧贴于板件上。

真空覆膜使用的基材常用中密度纤维板。一般要求其密度为 0.7 g/cm³ 左右，表层

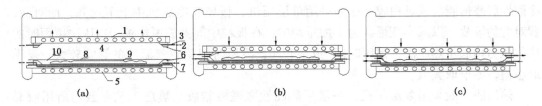

图 13-18 真空覆膜贴面压机
(a) 开启状态　(b) 闭合状态　(c) 加压状态
1. 上热板　2. 密封框　3. 上管路系统　4. 膜片室　5. 下热板　6. 密封框
7. 下管路系统　8. 热塑性贴面薄膜　9. 工件　10. 压力室

和芯层的纤维密度应均匀，没有树皮或其他杂质。在贴面前，基材表面要进行严格地砂光和除尘处理，有时还需打腻子补平。同时，材面不许有油渍，不然将影响胶合强度和贴面的表面质量。

真空贴面常用的覆面材料主要是具有各种精美图案的合成材料，主要有聚氯乙烯（PVC）薄膜，还有聚丙烯（PP）薄膜、丙烯腈-丁二烯-苯乙烯三元共聚物（ABS）薄膜、非晶态聚酯、聚烯烃、PET 薄膜、三聚氰胺浸渍薄膜等。此外，珍贵木材的刨切薄木也是真空覆膜常使用的覆面材料。各类覆面材料的厚度为 0.3~0.6 mm，过厚会加大材料的成本，过薄容易产生开裂、泛白和"橘皮"等缺陷。真空覆膜的主要工艺参数见表 13-4。

表 13-4　真空覆膜压机模压工艺主要技术参数

真空覆膜压机类型	芯料厚度(mm)	覆面材料	覆面材料厚度(mm)	上压腔温度(℃)	下压腔温度(℃)	加压压力(MPa)	加压时间(s)
单面有膜压机	18	PVC	0.32~0.4	130~140	50	0.6	180~260
	15	薄木	0.6	110~120	常温	0.6	130~180
双面有膜压机	18	PVC	0.32~0.4	130~140	130~140	0.6	180~260
无膜压机	18	PVC	0.6	130~140	50	0.5	80~120

覆面板真空覆膜技术是三维立体装饰的一项新技术，使原来造型呆板，只能在平面上变化的板式家具，具有了三维空间的立体浮雕感，是板式家具的一次革命。因此该项技术必将大大促进板式家具的发展。

13.3.6　空心覆面板胶合工艺

空心覆面板一般都采用胶合方式制作。常用胶黏剂有脲醛树脂胶（UF）和聚醋酸乙烯酯乳液（PVAc）两种，每面涂胶量为 120~150 g/m²。常用覆面材料为厚单板或 3 mm 厚胶合板。通常在覆面材料上涂胶，当空心覆面板两面各用两层单板时，在内层单板上双面涂胶。如用胶合板或纤维板作覆面材料，就将两张板面对面合起来进行单面涂胶。

胶合方法和胶合工艺条件：常用的胶压方法有冷压法和热压法两种，冷压覆面时用冷固性脲醛树脂胶或乳白胶。一般采用单层压机，板坯在冷压机中上下对齐，面对面，背对背的堆放，以减小变形。为了加压均匀，在板堆中间夹放厚垫板。冷压法覆面时的单位压力稍低于热压法，加压时间为 8~12 h，冷压时间受空气温度的影响较大，夏季取小值，冬季取大值。

热压法一般采用多层压机，一般用热固性脲醛树脂胶。热压工艺参数与所用胶黏剂、覆面材料及芯板材料的性质有关（表13-5）。

表13-5　空心覆面板常用的热压胶合工艺参数

板种	加压温度（℃）	单位压力（MPa）	加压时间（min）
栅状空心板	110~120	0.8~1.0	10~12
格状空心板	110~120	0.6~0.8	8~10
蜂窝空心板	110~120	0.25~0.3	5~6

注：空心覆面板胶合时单位压力的计算以木框及芯层填料的实际面积来计算。

13.3.7 影响胶贴与胶合质量的因素

13.3.7.1 材料性质　制造板式部件的某些芯层材料，如刨花板和中密度纤维板，它们在制造过程中，经常加入一定量的石蜡用做防水剂，在压制过程中会渗透到板件表面，如果不经处理，会阻碍胶液的润湿，使胶合性能下降，所以在进行贴面前，需对板坯进行砂光处理，以除去蜡质层。

板坯含水率也是影响胶合质量的重要因素，含水率过高，除了使胶液黏度降低，影响胶合强度外，在胶合过程中还容易产生鼓泡、翘曲、开裂等缺陷。反之，含水率过低，胶液渗透严重，且表面极性物质减少，妨碍润湿，容易缺胶。一般来说，板坯的含水率在8%~10%时，胶合质量最好。

人造板表面粗糙度直接影响胶合面的胶层形成和胶合强度，粗糙度大，表面积大，需要增大胶黏剂用量才能保证胶合强度，而且，当覆面材料非常薄时，粗糙度大时会造成覆面后的板面凹凸不平，这也是人造板在贴面前必须进行砂光处理的原因。通常是先用 60#~80# 砂带粗砂后再用 120#~240# 的砂带精砂，有时甚至在贴面前将板面打腻或增加底层材料。对于刨花板来说，在制造过程中应在表面铺一层细小刨花来增加表面光洁度。

13.3.7.2 胶黏剂的性能与调胶方法　不同种类的胶黏剂性能不同，胶黏剂的浓度、黏度、聚合度及 pH 值等都会影响胶合质量。胶黏剂能否均匀地涂布在被胶合材料上产生相应的胶合力，与它对胶合表面的浸润和黏附能力有关。胶的浓度大，固体含量高，胶合强度就好，胶的黏度小，流动性好，则有利于浸润和粘附。胶合表面不是绝对平滑的，常需施加压力使之充分浸润，均匀地扩散。胶黏剂黏度过低，容易被挤出表面和过多渗入木材，产生缺胶；黏度过大的胶黏剂，浸润性能差，易形成厚胶层，降低胶合力。胶贴薄木时，胶的黏度要大些，以防透胶；冷压胶合时，胶压时间长，应该用黏度大些的胶，可在调胶时加入填料。

胶合过程中，在不缺胶的前提下，要尽量使胶黏剂在胶合表面间形成一层薄的连续胶层。胶合强度随胶层厚度增加反而会降低，如图 13-19。胶层厚则易残留空气，使胶层内聚力减小，而且，胶层厚则胶层热应力大，容易龟裂，强度下降。胶层过薄，则易产生缺胶现象而降低胶合强度。一般情况下，动物胶胶层厚度为 0.015~0.02 mm，合成树脂胶胶层厚度为 0.05~0.4 mm。

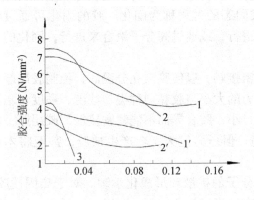 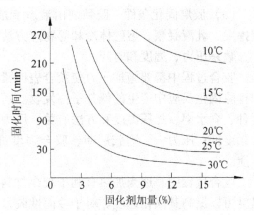

图 13-19 胶层厚度与胶合强度的关系
1. 酚醛树脂胶 1′. 酚醛树脂胶(煮沸) 2. 脲醛树脂胶
2′. 脲醛树脂胶(温水) 3. 干酪素胶

图 13-20 脲醛树脂胶加量与活性期关系

胶黏剂的调制直接影响到胶合质量。对于单组分胶（如 PVAc）在黏度达到使用要求时，可不经调制直接使用。而对于脲醛树脂胶和酚醛树脂胶等，为加速固化，需按使用条件加入适量的固化剂。图 13-20 为脲醛树脂胶活性期与加入固化剂用量的关系。通常固体氯化铵的加入量为固体胶的 0.3%~1.0%（气温高取小值，反之取大值），使胶液pH值降至 4~5，以保证胶合质量。pH值过低会使胶层变脆，过高则影响胶合时间。

气温高时为使固化速度加快，又保持一定的活性期，可使用多组分固化剂，即在加入固化剂的同时加入六次甲基四胺等抑制剂或专用的潜伏性固化剂，胶液在较低温度时pH值变化不大，而在温度升高后，pH值迅速降低，使胶液呈酸性，加快固化速度。

为改善胶的性能，常采用几种树脂胶混合使用的方法，如聚醋酸乙烯乳液与脲醛树脂胶混合使用，改善胶的耐水性和耐老化性能。用三聚氰胺树脂胶改善脲醛树脂胶可提高胶合强度和耐水性能。为降低成本，增加胶的初黏度，减少线性膨胀系数和收缩应力，可在胶中加入适量面粉等填料。

13.3.7.3 胶合工艺条件

(1) 涂胶量。通常用单位面积涂胶量表示，它与胶的种类、浓度、黏度、胶合表面的粗糙度及胶合方法等有关。一般合成树脂胶涂胶量少于蛋白质胶；材料表面粗糙度大的涂胶量应大于表面平滑的材料；冷压胶合涂胶量应大于热压时的涂胶量。涂胶要均匀，没有气泡和缺胶现象。脲醛树脂胶涂胶量为 120~180 g/m²，而蛋白质胶为 160~200 g/m²。

(2) 陈放时间。陈放时间与环境温度、胶液黏度及活性期有关。陈放是为了使胶液充分湿润表面，使其在自由状态下收缩，减小内应力。陈放期过短，胶液未渗入木材，在压力作用下会向外溢出，产生缺胶；过长，会超过胶液的活性期，使胶液失去流动性，胶合力下降。陈放可分为开放陈放和闭合陈放。开放陈放胶液稠化快，闭合陈放胶液稠化慢。一般在常温下，合成树脂胶闭合陈放时间不超过 30 min。薄木胶贴时，为防止透胶，最好采用开放陈化，使胶液大量渗入基材表面，可防止透胶等缺陷。

（3）胶层固化条件。胶黏剂由液态变成固态的过程称为固化。胶的固化可通过溶剂挥发、乳液凝聚、熔融体冷却等物理方法进行，或通过高分子聚合来进行，固化的主要参数是压力、温度和时间。

胶合过程中都要施加压力使胶合表面紧密接触，以便胶液充分浸润，控制胶层厚度和排除固化反应中产生的低分子挥发物。压力的大小与胶黏剂种类、浓度、黏度、木材树种、含水率、加压温度和方法有关。压力过小，胶合界面不能紧密接触，胶层厚，胶合强度低；压力大，则胶层薄，胶合强度高，但压力过大，会产生缺胶，甚至将木材压溃。

胶合过程中，适当加热有利于胶合材料分子的扩散和形成化学键。对于热固性胶，温度可以提高其固化速度。对于冷固性胶，在适当加热条件下，可以加速反应，缩短胶合时间。热压温度与胶种、黏度等有关。

13.4　板式部件加工

板式部件经过贴面胶压后，还需进行尺寸精加工、侧边处理、表面磨光、钻圆榫孔和连接件接合孔等加工。

13.4.1　板式部件尺寸精加工

贴面后的板件边部参差不齐，需要齐边，加工成要求的长度和宽度，并要求边部平齐，相邻边垂直，表面不许有崩坏或撕裂。

板式部件尺寸精加工设备均需设置刻痕锯片，刻痕锯与主锯片的配置方式如图 13-21，刻痕锯的作用是在主锯片切割前先在板面划出一条深约 1~2 mm 的锯痕，切断饰面材料纤维，以免主锯片从部件表面切出时产生撕裂或崩裂现象。刻痕锯路宽度大于主锯路 0.2~0.3 mm，两者中心面为同一平面，其回转方向与主锯相反。部件尺寸精加工可用手工进料的带推车单边裁板机或双边锯边机。大批量生产时可由两台双边锯边机组成板件加工生产线，有时与封边机和多轴排钻联合组成板式部件加工自动生产线。如图 13-22。该生产线由纵、横向锯边机、封边机及多轴排钻四台机床组成。当板件批量小而规格较多时，应将钻床分开配置。

对边缘形状有特殊要求的板式部件，例如，对中密度纤维板类板式部件，经常使用双端铣削设备对边部进行成型铣削加

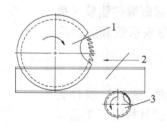

图 13-21　主锯片与刻痕锯配置

1. 主锯片　2. 板件　3. 刻痕锯片

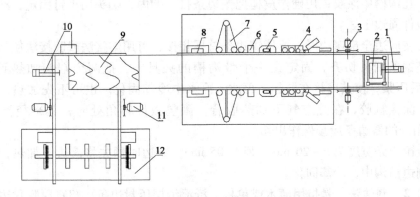

图 13-22 板件尺寸加工-封边-钻孔生产线
1. 送板机构 2. 升降台 3. 纵向锯边机 4. 封边 5. 齐端头 6. 修边刀头 7. 砂光带
8. 倒棱装置 9. 板件 10. 中间送板机构 11. 横截锯 12. 多轴排钻

工。板式部件的双端铣削一般分两次来完成，一般的做法是先纵向边的加工，然后再进入横向边的铣削加工。加工时应注意以下几点：

（1）在操作双端铣时，应根据板件的厚度规格、长宽规格合理调整压料装置，压力辊的刻度通常应比板件厚度小1 mm。同时也应结合板件的钻孔位置来确定加工的正反面。

（2）结合板件的加工精度和规格要求，调整好双端刀头的位置，一般的经验是每边的加工余量为2~3 mm。

（3）加工完毕的部件长、宽度的允许公差应控制在±0.1~±0.3 mm；部件两对角线每米允许公差小于1 mm。

13.4.2 边缘处理

用人造板制成各种板式部件，侧边显出各种材料的接缝或孔隙，会影响外观质量，而且在制品使用和运输过程中边角部容易损坏，贴面层被掀起或剥落。特别是刨花板部件侧边暴露在大气中，会产生胀缩和变形现象。因此板式部件的侧边处理是必不可少的重要工序。

常用的板式部件的边缘处理方法有：镶边法、封边法和涂饰法等。

13.4.2.1 镶边法 在板件侧边用木条、塑料封边条或铝合金等有色金属镶边条镶贴。镶边条上有时带有榫簧或倒刺，板件侧边开出相应尺寸的槽沟，把镶边条嵌入槽内，覆盖住侧边。

镶边木条加工方法与各种压线条相似，根据设计要求加工，这在空心门及活动房制造工业中应用较广，镶边后需齐端头和铣削两侧边与板件交接部分凸起处。

塑料镶边条大部分是用聚氯乙烯注塑而成，硬度为0.5度（肖氏）。断面呈丁字形，可以是单色，也可制成双色的。镶边前在板件侧边开出相应槽沟；镶边条长度应截成比板件边部尺寸稍短（约4%~7%），泡入60~80℃的热水中或用热空气加热，使之膨胀伸长；在沟槽中涂胶；用硬橡皮槌把镶边条打入槽内，端头用小钉固定，冷却后就能紧贴在板件周边上。

如果要在周边全部镶边时，要使镶边条首尾相接，可用熔接法或胶接法使其接成封闭状。先把镶条端头切齐，固定在一个带沟槽的夹具中，把两个端头加热到180～200℃，然后压紧，使其熔接在一起，再放入冷水中冷却固化。也可不先加热，将端头清理干净，涂接触胶，在热空气下加热胶合，镶包板件转角处时，其半径不宜小于3 mm，转角处的镶边条应预先作出切口。

铝合金镶边条宽度为5～20 mm，厚0.05 mm，镶边时预先将镶边条加热，涂胶后嵌入板件侧边槽沟中，冷却固化。

13.4.2.2 封边法 是指用薄木或单板、浸渍纸层压封边条、塑料薄膜封边条、预油漆纸封边条及薄板条等材料压贴在板件周边的方法。对封边处理的基本要求是封牢、封平，并保证封边后板件的尺寸精度。封边带及固化后胶层厚度的精确性和可控性，是保证封边后板件尺寸精度达到设计要求的关键。封边后的板边应棱直面平，坚实无虚，均匀如一。

封边的方法有多种，可分为直线封边、曲线封边、软成型封边和后成型封边。

（1）直线封边。这类封边通常在各种直线封边机上完成。直线封边机的种类很多，按封边采用的胶种可分为热熔胶（EVA）封边机、乳白胶（PVAc）封边机和脲醛树脂胶（UF）封边机等。

封边机的工作过程包括：送料、涂胶、压贴、齐端、铣削修整、刮削修整、磨光。对于端部为曲面的，还需在磨光前加上端部成型工序。对于厚木条封边的，还可对封边条进行成型铣削加工。

图13-23所示为最常用的热熔胶封边机。封边条可放于封边条料仓中，呈条状或盘状，封边条厚14～20 mm，比板件侧边宽4～5 mm。条状封边条长度余量为50～60 mm，进料速度为12～18 m/min，对于窄且厚的部件进料速度可慢些。采用履带进给，辊筒施胶，温度为180～200℃，在板件进入封边过程中有压辊将板压紧，其中压辊距工作台的距离为 $d-2.5$ mm（其中 d 为板厚），这样才能更好地将板压紧，便于工作。辊筒加压压力为0.3～0.5 MPa，经3～5 s即可固化。这种热熔胶封边法是一种热冷封边法。热熔胶是一种无溶剂的高固体分的胶黏剂，无污染，固化快，机床占地面积小，便于连续化生产，封边速度快，适应性好；但工件耐热、耐水性差、胶层厚，影响美观。

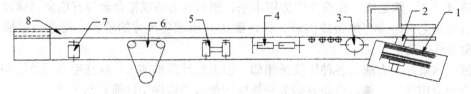

图13-23 封边机示意

1. 封边条贮存架 2. 喷胶装置 3. 压辊 4. 长度截断锯
5. 修边机 6. 砂光机 7. 抛光机 8. 机架

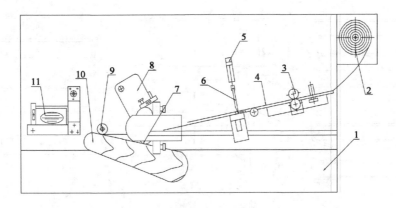

图 13-24 曲直线封边机加工过程示意
1. 工作台 2. 封边条 3. 输送辊 4. 导向板 5. 气缸 6. 截断刀片
7. 涂胶装置 8. 熔胶箱 9. 挤压胶合辊 10. 工件 11. 铣棱装置

（2）曲线封边。多数采用小型的曲线封边机，工作原理同直线封边机，可用手工进料，使封边条紧贴板边，封边后再齐端和修边。需封边的曲线型侧边，其表面粗糙度应达到 $R_{max}=60~\mu m$。图 13-24 为曲直线型封边装置，用低压电加热，胶压封边后存放时间不少于 2h。

（3）软成型封边。也叫异型封边，这类封边用于侧边已加工成各种线型的板件。通常用于 PVC 等较软材料的封边条的封边加工，也可用于其他人造材料封边、刨切薄木封边条等的封边加工。国际比较先进的全自动软成型封边机可以实施自动进料、线型铣削、涂胶、成型压合、表面切边、头尾修边、上下精修等作业。其工作原理如图 13-25：板式部件 1 送入软成型封边机内，先经铣刀头 2 铣削出线型，再经砂光带磨光型面，经涂胶辊 5 涂胶，封边条 4 由料仓引出进入一组型面封边压辊 6 中，由板边中部向两边逐渐碾压，延伸到整个型面，直至全部贴好为止，接着铣削封边条与板面交接处，齐端，最后用相应形状的压板磨光型面所贴薄木等木质材料。

软成型封边宜选用中、高黏度和开放陈放时间短的胶种，这是因为封边条涂胶和胶压后，将会抵抗形变而恢复原状（曲率半径小时尤其如此），当采用陈放时间短的胶黏剂时，可使胶层迅速固化，所产生的粘滞力足以抵消封边条的复原力，因而能提高封边质量。软成型封边通常使用热熔胶。

（4）后成型封边法。也称包边法，是用规格尺寸大于板面尺寸的贴面材料饰贴后再把它弯过来，封住侧边的方法。这种封边方式的原理如图 13-26。即先在封

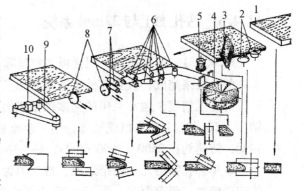

图 13-25 软成型封边机的工作原理
1. 板式部件 2. 铣刀头 3. 砂光带 4. 封边条 5. 涂胶辊
6. 型面压辊组 7. 修边刀头 8. 齐端锯 9. 修边砂带 10. 压板

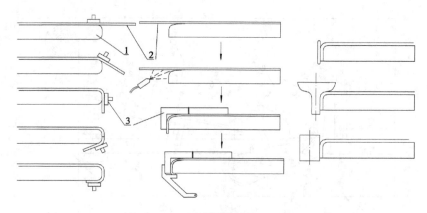

图 13-26 后成型封边的几种形式
1. 基材人造板 2. 贴面材料 3. 加压加热装置

部位涂胶，用红外线加热 10~20 s，使其温度上升到 120℃ 左右，翻下压板，封住侧边型面后，到胶固化后卸开。如用定型杆加压时，要用型面加压辊加压，最后用铣刀除掉侧边的凸出处。目前生产中使用的后成型封边工艺有间隙式和连续式两类。连续式后成型封边工艺采用的是连续后成型封边设备，它可以将基材边部铣型、侧边涂胶和封边集合于一道工序，生产效率高，封边质量好。

常用的胶黏剂有热熔性胶、脲醛树脂胶和脲醛树脂胶与聚醋酸乙烯酯乳液的混合胶等。

13.4.2.3 涂饰法和转移印刷法 表面经直接印刷或涂饰处理的人造板边部亦可采用相应的涂饰处理方法，也可采用转移印刷法在边部印刷木纹或其他图案。转移印刷对基材人造板表面平整度及光洁度要求很高，基材表面需经 180# 以上的砂光带精砂，经底涂、打磨后在其表面印刷成相应形状的木纹或其他图案，待其干燥后在其上涂上清漆，防止被磨损破坏。

13.4.3 钻孔加工与 32mm 系统

13.4.3.1 钻孔加工 现代板式家具零部件的接合与装配都是通过各种尺寸与形状不一的孔眼来完成，板式部件上通常需加工各种连接件接合孔和圆榫孔。为了保证各种孔位的加工精度，通常采用的是多轴钻床加工。多轴钻床可分为单排多孔钻和多排多孔钻。由 10~21 个钻头组成钻排，用一个电机带动，通过齿轮啮合，使钻头一正一反地转动，转速约在 2500~3000 r/min，钻头中心距为 32 mm，不能调节。

多排多孔钻由几个钻排组成，常见的为 3~6 个钻排，其布置形式可多种多样，具体的要按加工要求而定。图 13-27 所示为常用的排钻，其水平方向两组钻排位于机床两侧，用来在板件端面钻孔，垂直钻排有四级，位于工作台下方，钻头由下向上进刀。其中有的钻排拆分为两段，便于适应各种形式的加工，有的钻排还能在一定角度范围内旋转。各钻排距离可调整，并由带放大镜的游标尺中读出，读数精度为 0.01 mm，钻排

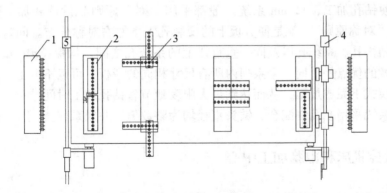

图 13-27 多面多排组合钻床钻孔工艺示意
1. 水平钻排 2. 垂直钻排 3. 钻排转 90° 4. 侧挡块 5. 后挡块

上方装有压板（通常为气动加压装置），侧方设挡板和挡块。

需要钻孔的板件由传送带送入，靠住后挡块5和侧挡板4，下降压板，使板件位置固定，开动钻排。如需在板件纵向钻出排孔，可把垂直钻排组转90°，列成两排。垂直钻排数目可添加，加装在机床下方导轨上或机床上方。

在刨花板部件上钻孔要用硬质合金钻头，最好采用能调节长度的钻头，保证孔深加工精度。钻深孔时钻头长度不超过80 mm，钻孔时要注意精确调整挡块和挡板位置，并保持钻头锋利。

13.4.3.2　32 mm 系统　是一种依据单元组合理论，通过模数化、标准化的"接口"来构筑家具的制造系统。即它是采用标准工业板材及标准钻孔模式来组成家具和其他木制品，并将加工精度控制在0.1~0.2 mm水准上的结构系统。

从这个制造系统获得的标准化零部件，可以组装成采用圆榫胶接的固定式家具，或采用各类现代五金件的拆装式家具。不论是哪种家具，理想状态下其连接"接口"都要求处在32 mm方格网点的预钻孔位置上。因其基本模数为32 mm，所以称之为"32 mm系统"。

该系统的主要特点是：以柜体的旁板为中心，因为旁板几乎与柜类家具的所有零部件都发生关系；旁板前后两侧加工的排孔间距均为32 mm或其倍数。

通用系统孔的标准孔径一般规定为5 mm，孔深为13 mm；当系统孔用做结构孔时，其孔径按结构配件的要求而定，一般常用的孔径为 $\phi 5$ mm、$\phi 8$ mm、$\phi 10$ mm 和 $\phi 15$ mm等。

32 mm 加工系统中的核心问题是解决好"孔的加工"。要保证孔的加工质量，首先要保证板的质量，包括板的尺寸精度和角方度，还要保证板边的加工质量，因为进行孔加工时，板边将被作为基准边。

钻孔加工的基本要求是要按照设计要求确保孔位、孔距、孔径的加工精度。具有32 mm孔距标准的排钻设备有单排、三排和多排之分，当一字排列的钻轴总数达到66~72根，才能保证2.4 m长的大柜旁板一次钻成连续排列的系统孔。如果钻轴数不足，只能采用调头钻孔，此时板的角方度和板边的质量甚为重要。

为了方便钻孔加工，32 mm 系统一般都采用"对称原则"设计和加工旁板上的安装孔。所谓"对称原则"，就是使旁板上的安装孔上下左右对称分布。同时，处在同一水平线上的结构孔、系统孔以及同一垂直线上的系统孔之间，均保持 $n \cdot 32$ mm 的孔距关系。这样做的优点是：同一个系列内所有尺寸相同的旁板，可以不分上下左右，在同一通用钻孔模式下完成加工，从而达到最大限度地节省钻孔加工时间。

32 mm 系统采用基孔制配合，钻头直径均为整数值，并成系列。

13.4.4 数控机床和电脑加工中心

随着计算机应用技术的发展，数控木工机床和电脑加工中心在板式部件加工中的应用越来越广泛。数控机床（NC，Numerical Control）是通过专用电子计算机用电脑程序控制，并能进行多项切削加工的自动化生产设备。它可以按图纸要求的形状和尺寸，自动的将工件加工出来。它不需要对机械进行复杂的调试，只需改变控制程序即可方便的加工出各种复杂、精密的工件，是一种灵活、高效的自动化机床，很适合木制品所期望的造型别致、批量小、更新变化快的要求。数控机床一般可分为以下 4 个基本组成部分：程序编制、数控装置、伺服系统和机床本体。它们之间的结构控制如图 13 - 28。

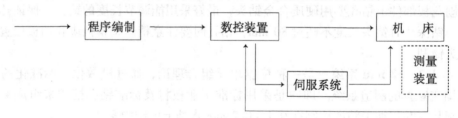

图 13 - 28　数控机床的组成

电脑加工中心（Center of Numerical Control Processing Center）是指具有换刀装置的数控机床，可按加工的需要自动选取所需的刀具进行加工。一次性完成纵横锯截、成型铣削、镂刻花纹、锯铣沟槽以及加工榫孔等所有工序，从而大大提高工作效率，而且加工精度高、尺寸准、操作简单。这种机床适用于各种板式部件的加工，特别是进行带有各种装饰线条板件的加工。

国内已开始引进或配备 CNC 加工中心，如多轴数控雕刻机，来进行高档板式家具的门板、抽屉面板等较复杂的三维零部件的图案和线型加工。它可连续生产成千上万件造型式样相同的零部件而不变样走形，零部件加工精度极高。CNC 加工中心将使"小批量、多品种、短周期"的生产目标成为可能。

思 考 题

1. 板式部件的结构和材料有什么特点？制造工艺过程怎样？
2. 板材锯截时要考虑哪些问题？常用的锯截设备有哪些？

3. 板件厚度校正砂光的目的、方法和要求是什么？
4. 板式部件常用的覆面材料有哪些？各有什么特点？
5. 薄木胶贴工艺中有哪些因素会影响贴面质量？
6. 板式部件尺寸精加工的方法和要求有哪些？
7. 板式部件有哪些封边处理方法？各自有哪些特点？
8. 什么是32mm系统？如何保证32mm系统钻孔加工的精度质量？

第 14 章

弯曲成型

[本章重点]
1. 木材弯曲原理。
2. 木材软化机理及方法。
3. 木材胶合弯曲工艺。
4. 影响木材弯曲质量的因素。

木材弯曲成型就是通过加压的方法把木材和木质材料压制成各种曲线型零部件,用这种方法制成的零件具有线条流畅、形态美观、力学强度高、表面装饰性能好、材料利用率高等优点。因而广泛用于家具和木制品的曲线型零件制造中。

根据材料种类和加压方式不同,弯曲成型方法可分为:实木弯曲、薄板胶合弯曲、模压成型、锯口弯曲、V型槽折叠成型和人造板弯曲等。本章将介绍各种弯曲成型的原理、方法和特点。

14.1 实木弯曲

实木弯曲是通过对木材的软化处理和加压,使木材弯曲成型的一种方法。用这种方法制得的曲线型零件,线条自然流畅、形态美观、强度好、省工省料,并能保留木材丰富的天然纹理和色泽,因而在现实生产中应用较广。

人们在很早以前就用火烤法来弯曲木材,但受到树种和弯曲半径的限制,远不能满足人们的需要,自 1830 年米吉尔索尼特(Michel Thonet)发明了蒸煮软化木材弯曲的方法以后,木材弯曲技术有了很大的发展。最近一些年,人们在木材弯曲性能和树种、木材软化技术和干燥定型方法等方面做了许多研究,取得了不少的进展。

14.1.1 实木弯曲原理

木材弯曲时,会使木材形成凹凸两面,在凸面产生拉伸应力,凹面产生压缩应力。其应力分布是由表面向中间逐渐减小,中间一层纤维既不受拉也不受压,称之为中性层,如图 14-1。长为 L 的方材弯曲后,拉伸面伸长为 $L + \Delta L$,压缩面长度为 $L - \Delta L$,中性层长度不变,仍为 L。

中性层长度为:$L = \pi R \cdot \phi / 180°$;

拉伸后的长度为:$L + \Delta L = \pi (R + h/2) \cdot \phi / 180°$;

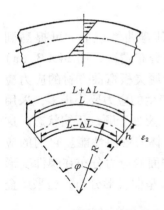

图14-1 方材弯曲应力与应变

由以上两式可得：$\Delta L = (\pi h/2) \cdot \phi/180°$

因此拉伸形变（ε）为：$\varepsilon = \Delta L/L = h/2R$

式中：R——弯曲半径，mm；
ϕ——弯曲角度；
h——方材厚度，mm。

通常用h/R表示木材的弯曲性能，即：
$$h/R = 2\varepsilon$$

由上式可见：对同样厚度的木材，能弯曲的曲率半径越小，则说明其弯曲性能越好；对于一定树种的木材，在其弯曲性能h/R一定的条件下，木材厚度越小，弯曲半径也越小。

弯曲性能通常受木材相对形变ε的限制，如超过木材允许的形变就会产生破坏。为保证木材的弯曲质量，必须注意木材顺纹拉伸和压缩的应力与形变规律。

常温下，气干材顺纤维方向拉伸形变量ε_1通常为0.75%~1.0%，最大可达2.0%。顺纹压缩形变量ε_2随树种变化而有较大差异：针叶材和软阔叶材为1.0%~2.0%；硬阔叶材为2.0%~3.0%，最大可达4.0%。

在高温高含水率的条件下，顺纹压缩形变量可比气干材大得多，硬阔叶材可达25%~30%，针叶材和软阔叶材可达5%~7%；而顺纹抗拉形变增加很小，通常不超过1.0%~2.0%。木材软化后的应力应变如图14-2。

方材弯曲性能直接受顺纹拉伸和压缩形变量的限制，特别是受顺纹拉伸形变量ε_1的限制，因而其弯曲性能h/R一般为：

气干材：$h/R = 2\varepsilon_1 = (0.75 \sim 1.0)\% = 1/67 \sim 1/50$

软化处理后：$\varepsilon_1 = (1.5 \sim 2.0)\%$

此时：$h/R = 1/33 \sim 1/25$

经软化处理后的木材弯曲到一定程度后，由于受到拉伸面允许最大形变的限制，其顺纹可压缩能力未能充分利用，为此，生产实践中常在方材拉伸面紧贴一条金属夹板，使木材弯曲时中性层向拉伸面移动，由金属夹板承受大部分拉伸应力，从而使方材拉伸面形变控制在允许的形变极限内，这样其弯曲性能就变为：

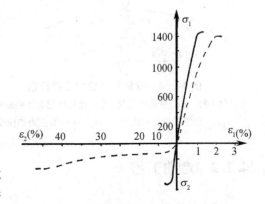

图14-2 木材顺纹拉伸和压缩应力应变图
——处理前 - - - -处理后
σ_1. 顺纹拉伸应力　ε_1. 顺纹拉伸形变
σ_2. 顺纹压缩应力　ε_2. 顺纹压缩形变

$$h/R = (\varepsilon_1 + \varepsilon_2)/(1 - \varepsilon_2)$$

式中：h——方材厚度（mm）；
r——弯曲样模曲率半径（mm）；
ε_1——允许顺纹拉伸形变量；

ε_2——顺纹压缩形变量。

采用金属夹板弯曲柞木、榆木、水曲柳等硬阔叶材，其弯曲性能 h/r 可提高到 $1/2.5 \sim 1/2$。图 14-3 为弯曲柞木方材时，断面应力和形变分布情况，图 14-3（a）为气干材弯曲，（b）为软化处理后方材弯曲，（c）为采用金属夹板弯曲方材的应力应变情况。从图上可以看出：木材软化后弯曲比气干材弯曲时产生的应力要小得多，采用金属夹板弯曲方材时，产生的顺纹拉伸变形很小，整个方材主要处于顺纹压缩状态。这样就能充分利用软化处理后的顺纹压缩性能来有效地改善方材的弯曲性能。它们的应力—应变图如图 14-4：拉伸面的应力分布呈直线形状，压缩面的应力分布在弹性变形范围内，接近直线分布，超过比例极限后，就产生塑性变形，呈曲线形分布；当采用金属夹板弯曲时，木材中性层向拉伸面移动。

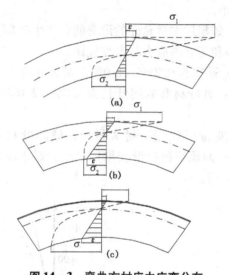

图 14-3 弯曲方材应力应变分布
(a)气干材 (b)软化处理材 (c)软化材用金属夹板弯曲
$\sigma_1 \varepsilon_1$. 拉伸面应力和应变 $\sigma_2 \varepsilon_2$. 压缩面应力和应变

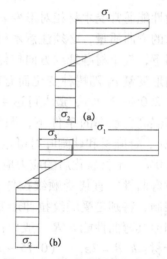

图 14-4 弯曲方材截面应力图
(a) 未用金属夹板弯曲方材截面应力分布
(b) 采用金属夹板弯曲方材截面应力分布

14.1.2 弯曲工艺

方材弯曲工艺过程主要包括以下工序：选料、毛料加工、软化处理、加压弯曲和干燥定型。

（1）选料。不同树种木材的弯曲性能差异很大，同一树种不同部位的木材，弯曲性能也不同。一般来说：硬阔叶材的弯曲性能优于针叶材和软阔叶材；幼龄材、边材的弯曲性能又优于老龄材和心材。常见木材的弯曲性能见表 14-1。

弯曲性能良好的树种有山毛榉、水曲柳、榆木、白蜡木、白桦、桑树、核桃、色木等；而色皮、红柳桉、印尼柚木、贝壳杉等树种的木材难以弯曲；弯曲性能居中的树种有桦木、铁杉、连香树、柚木等。

生产中一般应根据弯曲零件的厚度和要求的曲率半径 r 来合理选用树种，如对于弯

表 14-1 常见木材的弯曲性能

	树种	弯曲方向	弯曲性能 $h:R$	备注		树种	弯曲方向	弯曲性能 $h:R$	备注
欧洲材	山毛榉	L	1:2.5		日本阔叶材	白蜡木 A	L	1:2.8	
	橡树	L	1:4			白蜡木 B	L	1:3.8	
	桦木	L	1:5.7			白蜡木 C	L	1:3.8	
	云杉	L	1:10			日本核桃	R	<1:1.5	
	松树	L	1:11			连香树	R	<1:1.8	
中国东北材	榆木	L	1:2	120~140℃条件下蒸煮	日本针叶材	日本扁柏 B	L	1:5~20	
	水曲柳	L	1:2			日本扁柏	R	1:2.3	
	柞木	L	1:2.5			日本柳杉 A	L	<1:5	
	松木	L	1:8			日本柳杉 B	L	1:5~20	
	白蜡木	L	1:2.5			日本扁柏 A	L	<1:5	
	柘木	L	1:8			日本柳杉	R	<1:1.7	
	枫杨	L	1:12			松木	R	<1:1.9	
日本阔叶材	榆木 A	L	1:3	微波加热软化时测得的数值，其中微波频率为 2450 MHz，照射 1~2 min，用钢带挡块弯曲。		壮丽冷杉	R	<1:1.8	
	榆木 B	L	<1:1.6		东南亚阔叶材	臭母生	L	1:10	
	光叶榉树	L	1:2.5			摩洛果杜滨木	L	1:14.2	
	光叶榉树	R	<1:2.3			海棠果	L	1:9.5	
	疏花鹅耳枥	L	1:2.9			布拉斯橄仁树	L	1:18.7	
	大齿蒙栎 A	L	<1:3			胶木	L	1:14.3	
	大齿蒙栎 B	L	<1:2.4			橄榄树	L	1:9.4	
	大齿蒙栎 C	R	<1:1.8			八果木	L	1:14.3	
	圆齿山毛榉	L	1:3			婆罗双 A	L	1:14.9	
	槭树	L	<1:1.9			婆罗双 B	L	1:14.9	
	刺槐	L	<1:1.9			婆罗双 C	L	1:15.0	
	桑树	L	<1:2.0			婆罗双 D	L	1:5	
	日本樱桦	R	<1:1.7			婆罗双 E	L	1:9.8	
	日本厚朴	R	<1:1.8			三叶橡胶树	L	<1:5	

注：① L：纤维方向；R：径向；$h:R$——试件厚度:曲率半径。② 树名后附 A、B、C……表示同一树种，但立地条件（产地）不同。

曲半径较大的零件，可以使用弯曲性能一般的木材。

配料时，通常毛料的纹理要通直，斜度不得大于10°。不允许有腐朽、轮裂、斜纹、夹皮、大节子等缺陷，否则在弯曲时易开裂。为了提高弯曲毛料的出材率，在压缩面和靠近中性层的部位可允许有一些小缺陷（如小节子）的存在。

毛料的含水率与弯曲质量密切相关，含水率过低，弯曲性能差，易产生破坏；含水率过高，弯曲时会形成静压力，使木材膨裂，造成废品，而且也将延长干燥定型时间。一般不进行软化处理的弯曲毛料含水率以10%~15%为宜，要进行蒸煮软化处理的毛料含水率应为25%~30%，高频加热软化的毛料含水率应大于20%。

（2）毛料加工。加压弯曲前，毛料表面要经刨削加工以消除锯痕，以便弯曲时木料能紧贴金属夹板，并能消除应力集中现象，还能简化弯曲后零件表面加工。当弯曲零件厚度大于宽度时，应取倍数毛料，使其惯性矩减小，便于加压弯曲。表面刨光后，要在弯曲部位作出记号，以便准确定位。

（3）软化处理。为了改善木材的弯曲性能，增加塑性变形，使木材在较小力的作用下就能按要求变形，并在弯曲定型后能重新恢复木材原有的刚性、强度，需在弯曲前对木材进行软化处理。软化处理方法有以下几种：物理方法（包括火烤法、水煮法、汽蒸法、高频加热法、微波加热法等）和化学方法（包括用液态氨、氨水、气体氨、亚胺、碱液 NaOH 或 KOH、尿素、单宁酸等化学药剂处理法等），也可用上述某几种方法一起联合作用。用物理方法软化木材的工艺成熟，成本较低，是比较常用的方法；用化学方法软化弯曲的木材，弯曲半径小，几乎适用于所有树种的木材，而且尺寸稳定，几乎无回弹，但方法较复杂，成本略高。

（4）加压弯曲。利用模具、钢带等将软化后的木材加压弯曲成要求的形状。

（5）干燥定型。通过蒸煮或其他方法处理过的木材含水率一般偏高，如果在加压弯曲后立即松开，弯曲过的木材就会在弹性恢复下伸直，达不到弯曲的目的，因此在弯曲后必须经过干燥定型，使其含水率降到 10% 左右，达到其形状稳定，经过化学处理的木材还需同时除去大部分化学物质。

14.1.3 木材软化

木材软化是木材弯曲中的一项极为重要的内容，它是指把剖制好的木方用一定的方式处理，使其具有一定的塑性，便于弯曲。木材软化后，弯曲时所需的压力可大大降低，还可提高木材的弯曲性能，从而可以降低弯曲时的破损率，提高加工效率和加工质量。

常用软化处理的方法有蒸煮法、高频加热法、微波加热法和氨处理法等。

（1）蒸煮法。是在热水或高温蒸汽下使木材受热软化，这种工艺技术成熟，方法简单，成本低，但是会使木材含水率增高，弯曲后干燥时间长。由于细胞腔内还存在自由水，弯曲时易产生静压力而造成废品，特别是在弯曲厚板时，还会因受热不均而产生破损，现多用于薄板弯曲成型中。蒸煮时间与弯曲方材的厚度、含水率、树种和要求塑化程度有关。表 14-2 列出了榆木和水曲柳的热处理条件。

表 14-2 榆木和水曲柳的热处理条件

树种	毛料厚度 (mm)	不同温度（℃）下所需处理时间（min）			
		110	120	130	140
榆木	15	40	30	20	15
	25	50	40	30	20
	35	70	60	50	40
	45	80	70	60	50
水曲柳	15	—	80	60	40
	25	—	90	70	50
	35	—	100	80	60
	45	—	110	90	70

(2) 高频加热法。将木材置于高频电场两极之间,使木材内部分子反复极化,摩擦生热,从而使木材加热软化。用高频加热法软化木材,速度快、周期短、加热均匀、软化质量好。木材厚度越大,高频加热的优势越明显。

木材高频软化装置由电源、整流器、振荡器、控制器和工作电容器组成。

$1cm^3$ 材料介质从电磁场中吸收的功率 P 为:

$$P = 0.55E^2 \cdot f \cdot \varepsilon \cdot \mathrm{tg}\delta \times 10^{-12}, \mathrm{W/cm^3}$$

介质产生的热量 Q 为:

$$Q = 1.33 E^2 \cdot f \cdot \varepsilon \cdot \mathrm{tg}\delta \times 10^{-13} \times 4.1868, \mathrm{J/(s \cdot cm^3)}$$

式中:E——电场强度,$E = V/d$,V/cm;
　　　d——两极板间距离,cm;
　　　f——电场频率,MHz;
　　　ε——介质的介电系数;
　　　$\mathrm{tg}\delta$——损耗角正切。

介电系数与损耗角正切的乘积又称损耗因子 k,即 $k = \varepsilon \cdot \mathrm{tg}\delta$,不同介质的损耗因子不同。

影响高频加热的因素主要有功率密度、介质损失因子、高频频率等。

功率密度:功率密度越大,电场单位时间提供给木材的能量就越多,升温速度也越快。高频加热时,极板应与木材相接触配置,使高频电场均匀分布,防止造成木材局部过热。

介质损失因子:一般来说,含水率越高,介质损失因子越大,加热越快。由于木材加热过程中,会向周围空间蒸发水分,故初含水率应比蒸煮法高。当然不是含水率越大越好,而应根据不同的树种来选择,例如柘树在含水率为30%时软化质量最佳,而枫杨在含水率为40%时最佳,表14-3表示了对枫杨、柘树的高频加热软化试验结果。一般来说,任何树种高频软化的含水率不得低于20%,否则软化质量将明显下降。

表14-3　木材高频软化工艺参数

树种	试件厚度(mm)	初含水率(%)	功率密度(W/cm³)	最佳加热时间(min)
枫杨	15	98	1.2	2
柘树	15	45	1.2	3

频率:高频发生器的工作频率对木材软化速度和质量有很大影响。一般来说,频率越高,即电场变化越快,反复极化就越剧烈,木材软化的时间也就越短。在高频电场中,木材实质(即细胞壁)和水分所吸收的功率与各自的介质损耗因子成正比。由于介质损耗因子随频率而变化,所以为使木材尽快软化,最佳工作频率应选择在对木材实质具有最大介质损失因子这个频率上。

木材结构:木材的结构和密度对软化时间影响也较大,结构疏松、密度越小,介质损失因子就小,加热速度就慢;相反,结构致密、密度大,介质损失因子就大,加热也就越快。

(3) 微波加热法。这是20世纪80年代才开发的新工艺，微波是频率为300 MHz~300 GHz、波长约1~1000 mm的电磁波，它对电介质具有很强的穿透能力，能激发电介质分子产生极化、振动、摩擦生热，进而使木材软化。

由于热量来自木材内部，使温度迅速升高，从而可大大缩短软化时间。例如厚度为2 cm的板材用蒸汽软化需8 h，而用微波加热只需1 min；微波处理木材的温度容易得到控制，使木材在最佳工艺条件下软化。

微波加热弯曲木材的两种典型工艺流程如图14-5。

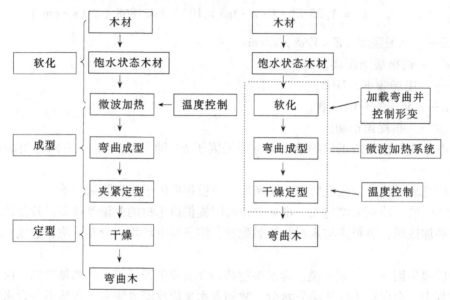

图14-5 微波弯曲工艺流程

经实验证明：当用2450 MHz的微波照射木材时，木材内部发热最为迅速。以1~5 kW功率的微波照射，数分钟内木材表面温度就可达90~110℃，内部温度可达100~130℃。为防止因水分散失而引起木材表面降温，导致木材软化性能下降，可用聚氯乙烯薄膜将饱水木材包好后再微波照射。图14-6为微波弯曲实验装置示意。

(4) 液态氨处理法。将气干或绝干的木材放入−78~−33℃的液态氨中浸泡0.5~4 h之后取出，待其温度上升到室温条件（此时木材已软化）即可进行弯曲，放置一段时间后氨会全部蒸发，使弯曲木材定型，恢复木材的刚度。为防止氨在弯曲前过度挥发，降低软化性能，在木材从处理罐拿出后应迅速操作，通常应控制在8 min以内，这种方法操作容易，且对木材强度影

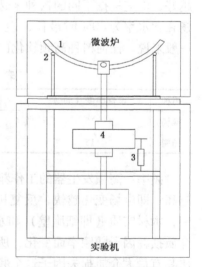

图14-6 微波弯曲示意
1. 木材试样 2. 承载测压器
3. 传感器 4. 气缸

响较小。

在液氨中浸泡的时间与树种、板厚有关，通常是木材密度越大、材质越致密、内含物越多、板越厚，则在液氨中需处理的时间越长。为缩短软化时间和提高软化质量，可将液态氨处理罐中的空气抽掉，除去空气中的 O_2，同时注入 CO_2，并且还可适当加压，升温，使液氨温度在 $-33 \sim 0℃$，以便液氨更易渗入木材细胞。用氨处理木材，会使细胞软化，干燥后细胞腔会减小，若浸泡时间过长，还会引起木材溃陷，如果出现这种情况，可用聚乙二醇（PEG）浸泡使其恢复。

（5）气态氨处理法。将气干材放入处理罐中，导入饱和气态氨（温度为 26℃ 时约 1 MPa；5℃ 时约 0.5 MPa），处理 $2 \sim 4$ h，具体时间根据木材厚度和树种决定。这种处理方法要求木材含水率为 10%~20%，水分过多或过少都不利于氨分子的进入，通常最好为 15%。用这种方法处理木材后的弯曲性能约为 1/4。

（6）氨水处理法。将木材在常温常压下浸泡在浓度 25% 的氨水中，十余天后木材即具有一定的可塑性，可以进行弯曲处理。这种方法操作简便，处理效果好，但是花费时间太长，可以用加温加压的措施来缩短浸泡时间。如果用 3%~15% 的联氨来代替氨水，则效果更佳，且可缩短软化时间。但由于联氨为一种强氧化剂，浓度过高易使木材物理性能下降。

用氨处理后的木材性质会有所变化，主要表现在：①径向干缩率变大，近似等于弦向，所以处理后的木材不易开裂；②润湿性变小，水分渗透性增加，这主要是由于纤维素与半纤维素结合松散，水分容易进入；③木材中结晶区增加，密度增大；④有的部位会因结晶区提高而增加，而有的部位则因纤维素之间结合力低而下降，从整体来讲，木材强度有所下降。

（7）尿素处理法。用尿素处理木材的原理与用氨处理木材的原理相似，主要是利用了极性分子容易渗透到木材中的特点。具体的操作是：将木材浸泡在浓度 50% 的尿素水溶液中，厚 25 mm 的木材约需浸泡 10 天，在一定温度下干燥到含水率为 20%~30%，然后再加热至 100℃ 左右，进行弯曲处理并干燥定型。如山毛榉、橡木用尿素溶液浸泡处理后，木材弯曲性能可达 1/6。

（8）碱液处理法。将木材放在 10%~15% 的 NaOH 溶液或 15%~20% 的 KOH 溶液中，一定时间后木材即明显软化，取出木材，用清水冲洗干净，即可进行自由地弯曲。用这种方法处理木材，碱液的浓度对弯曲性能影响最为显著，当碱液浓度小于 9% 时，木材难以软化；当浓度约为 17% 时软化可达到最佳状态。用这种方法处理木材操作简单，弯曲性能好，但易使木材产生变色和皱缩等缺陷。

14.1.4　加压弯曲

木材加压弯曲可分为简式弯曲和复式弯曲。简式弯曲又称纯弯曲，主要是针对曲率半径较大、厚度小、容易弯曲的零件而采用的一种简单的弯曲工艺方法。而复式弯曲是使木材在纵向受压的状态下进行弯曲操作，即将木材放在两端设有挡块的金属夹板间，拉紧夹板，使木材因端面受到压力而产生一定的收缩，从而在弯曲时可使中性层外移，这样可使木材获得更好的弯曲性能。用这种方法处理木材，金属夹板宽度要比方材稍大，方材装入夹板前，要选择光洁的表面贴向金属夹板，压力要适中，压力过小将起不到作用；压力过大，不仅会引起压缩破坏，而且会产生反向弯曲现象。一般弯曲硬阔叶材时，端面压力为 2~3 MPa。考虑到弯曲过程中允许一定程度（约 1.5%~2.0%）的伸长，端面挡块之间的压力可由楔状木块、球形座和螺杆来调节。弯曲形状可以是二维空间曲线如 L、U、S、O 形等，或三维空间曲线，如椅背后腿零件，椅背扶手零件等。

木材弯曲操作可用曲木机或手工进行。手工弯曲、U 形曲木机、回转形曲木机及压机式曲木机，它们的工作原理如图 14-7。

图 14-7（a）为手工弯曲夹具，把弯曲方材 4 放在样模 1 和金属夹板 2 之间，两端用挡块 3 顶住，对准毛料上的记号与样模中心线打入楔子 5 使之定位；扳动杠杆把手，到毛料全部贴住样模为止，然后用拉杆 6 拉住毛料两端后，连金属夹板和端面挡块一起取下，送往干燥定型。

成批生产时，常用曲木机床，图 14-7（b）为常用的 U 形曲木机，将装好弯曲方材 4 的金属夹板 2 放在加压杠杆 11 上，升起压块 9，定位后，开动电机，使两侧加压杠杆升起，使方材绕样模弯曲，到全部贴紧样模时，用拉杆 6 固定，连同金属夹板、端面挡块一起取下弯曲好的毛料送往干燥室。

图 14-7（c）为环形曲木机，样模 1 装在垂直主轴上，用电动机通过减速机构带动主轴回转，使毛料逐渐绕贴到样模上，用卡子固定毛料后，将样模和毛料连金属夹板一起取下送往下道工序，干燥定型。

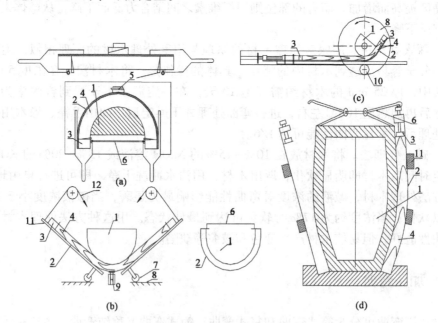

图 14-7 加压弯曲设备
(a) 手工弯曲夹具 (b) U 形曲木机 (c) 环形曲木机 (d) 曲木干燥机
1. 样模 2. 金属夹板 3. 端面挡块 4. 弯曲方材 5. 楔子 6. 拉杆
7. 滚轮 8. 工作台 9. 压块 10. 压辊 11. 加压杠杆 12. 钢丝绳

在实际生产中，三维空间曲线及 S 形零件通常用手工弯曲，而椅子后腿、椅背横档等曲率较小，形状简单的零件大批量生产时用压机式曲木机。U 形、O 形等零件则用 U 形和回转形曲木机来制造。

14.1.5 干燥定型

根据弯曲木与定型样模之间的关系，将干燥定型方法分为用定型架定型和夹板连接定型两种。定型架是一个具有相应形状的架子，把弯曲好的零件从样模上卸下，插入定型架中，保持到含水率降低、形状固定为止。这种方法定型，能够节省大量夹具和样模，但操作麻烦，凸面容易破坏，废品率高。生产中常用的方法是把弯曲后的方材连同弯曲样模一起从曲木机上卸下，送往干燥室定型。卸下前为使木材保持弯曲形状，要用拉杆固定。用这种方法定型木材可以大大减少废品损耗，但需要一定数量的夹板和样模。

干燥定型工艺按加热方式的不同又可分为自然气干法、窑干法、高频干燥法、微波干燥法等。

(1) 自然气干法定型。将弯曲好的毛料放在大气条件下自然干燥、定型，这种方法所需的时间长，质量不易保证，除了对一些大尺寸零件如船体弯曲零件、大型弯曲建筑构件外，家具生产中很少采用。

(2) 窑干法定型。将弯曲好的毛料连同金属钢带和模具一起，用拉杆固定后从曲木机上卸下来堆放在小车上，送入定型干燥室进行干燥定型。干燥室可以是常规的热空气干燥室，也可以用低温除湿干燥室，用热空气干燥时，为保证弯曲木的定型质量，通常温度为 60~70℃，干燥时间为 15~40 h；除湿干燥法分预热和除湿两个阶段，该法干燥质量较好，但定型周期稍长。

(3) 高频干燥法定型。这是将弯曲木置于高频电场中使其干燥定型的方法。高频加热干燥定型速度快，可以节省大量模具，尤其当木材厚度较大时，更为显著；高频干燥定型后的木材，含水率均匀，质量稳定。

干燥定型装置需满足以下条件：高频电场必须均匀分布于弯曲木的周围；负载装置机构必须便于蒸发木材水分；负载量必须与高频机相匹配。可直接使用弯曲木上的钢带作为一个电极，另一电极安置在样模上，电极板上应均匀开有一定数量的孔，以利水分蒸发。

(4) 微波干燥法定型。微波的穿透能力较强，弯曲木只要在微波加热装置内经数分钟照射就能干燥定型。在日本和欧美等国，多在微波加热装置内放置弯曲加压设备，使木材的软化处理、弯曲加工和干燥定型能进行连续生产，而且使用光纤温度传感器来正确测定微波加热时的木材温度，可使微波照射过程自动地控制在适宜的温度范围内。用微波干燥定型木材效率高、质量稳定、弯曲半径小、周期短，还能实现微电脑控制，具有很好的发展前景。

经干燥定型后的木材往往还会发生回弹变形，如何有效地控制定型后的木材变形是木材弯曲的一项重要内容。常用的蒸煮软化并经窑干定型的弯曲件，回弹率较大，相比之下，用高频和微波加热软化、干燥定型的木材回弹性要小些；用化学方法软化处理的木材，回弹性能也有很大差别，液氨定型效果最好，几乎无回弹，而用气态氨软化的弯曲木的稳定性就不及前者，用氨水或尿素处理的木材稳定性则更差。

控制回弹的方法有物理方法和化学方法：物理方法是在弯曲成型时可将弯曲的角度比设计时的略大 1°~2°，具体的度数可根据软化方法和木材性质来确定，此外，保持干燥定型后木材含水率的稳定对控制回弹变形具有重要作用；化学方法是用苯乙烯与聚乙烯醇类单体对弯曲后的木材进行塑合处理，或涂饰聚氨酯涂料和浸渍酚醛树脂，使其达到形状和尺寸的稳定。

14.1.6 影响方材弯曲质量的因素

影响木材弯曲质量的因素很多，主要有：木材树种和含水率、木材缺陷、年轮方向以及弯曲工艺条件，如弯曲速度、加工方法和干燥定型方法等。

(1) 树种。一般来说硬阔叶材的弯曲性能优于软阔叶材和针叶材，虽然硬阔叶材或针叶材中纤维素占 50% 左右，但是针叶材结晶度高于阔叶材的结晶度，结晶区不易软化。而且针叶材含木素多，其主要成分为愈疮木基丙烷，因此在分子运动时，由于甲氧基只有一个，分子结构是不对称的，所以分子运动需要的能量大，而阔叶材的木素是紫丁香基丙烷，其苯环上有两个甲氧基，结构是对称的，因此运动起来所需能量小于愈疮木基丙烷。同时阔叶材含半纤维素多，并且在木聚糖的分子链上分支多（比针叶材），而分支则容易水解。所以硬阔叶材更具有可软化性和可弯曲性。

(2) 含水率。水分在纤维间起润滑作用，使在相对滑移时摩擦阻力减小，变形加大，从而降低了弯曲所需的力矩，因而可以大大提高木材的弯曲性能。

(3) 木材缺陷。方材弯曲对木材缺陷限制严格，有腐朽、死节的木材会引起应力集中，不能用来弯曲，少量活节会使顺纹抗拉强度降低约 50%，使顺纹抗压强度降低约 10%，因此对节子要严格控制，万一有节时则最好不要使节子处在拉伸的一面。

(4) 年轮方向。年轮方向与弯曲面平行时，弯曲应力由几个年轮共同承受，稳定性好，不易破坏，但不利于横向压缩。当年轮与弯曲面垂直时，产生的拉伸应力和压缩应力分别由少数几个年轮层承担，处于中性层的年轮在剪应力作用下，容易产生滑移离层。年轮与弯曲面呈一角度，则对弯曲和横向压缩都有利。

(5) 温度。温度是影响方材弯曲质量的又一个重要因素，温度可加剧木材中分子的运动，使木材软化，形成玻璃态。木材在水分作用下，其软化温度可大大降低，从而可以使木材在较低温度下获得良好的弯曲性能。

(6) 弯曲时夹具端面的压力。端面压力是方材弯曲的重要条件，采用适当的端面压力能使木材纤维在横向压缩下密实起来，形成一定的卷曲，增大其顺纹方向的拉伸形变量，从而提高木材的弯曲性能和弯曲质量。

(7) 弯曲速度。弯曲速度过慢，方材容易变冷而降低塑性，速度过快，则木材内部结构来不及适应弯曲变形，也容易破损。一般弯曲速度以每秒钟 35°~60° 为宜。

(8) 干燥定型方法。不同的干燥定型方法和工艺，不但影响干燥效率，还影响到定型后的质量。

14.2 薄板胶合弯曲

胶合弯曲是在胶合板生产技术和实木弯曲技术的基础上发展起来的，即将一摞涂过胶的单板（或薄木）按要求配成一定厚度的板坯，然后放在特定的模具中加压弯曲、胶合、定型制得曲线形零部件的一系列加工过程。

胶合弯曲技术始于1929年，芬兰的安瓦尔·奥托（A. Alto）首创了胶合弯曲家具，他选用了当地产的山毛榉和桦木单板作为基材进行胶合，同时模压成曲线形的胶合弯曲零部件，以制作各种坐类家具（如椅、凳、沙发等）。后来，瑞典的马莎逊（Mathasom）于1940年设计制作了多种具有人体曲线的胶合弯曲家具。从20世纪50年代起，丹麦、瑞典、芬兰、挪威和工业发达的苏联、日本以及我国的台湾，单板胶合弯曲技术发展迅速并大批量生产胶合弯曲件及相关制品，畅销国际市场。

目前，胶合弯曲正迅速在世界范围内兴起，主要是因为薄板胶合弯曲具有以下特点：

① 可以胶合弯曲成曲率半径小、形状复杂的零部件，弯曲件造型多样，线条流畅，简洁明快，具有独特的艺术造型。

② 能够节约木材，扩大木材弯曲的树种范围，与实木弯曲工艺相比，可提高木材利用率约30%，凡是胶合板用材均可用来制造胶合弯曲构件。

③ 简化了产品的加工过程，提高劳动生产率。

④ 具有足够的强度，形状、尺寸稳定性好。

⑤ 可做成拆装式制品，便于生产、贮存、包装运输，有利于流通。

⑥ 薄板胶合弯曲件的形状根据产品的使用功能和造型需要，可以设计成多种多样，主要形状有 C、L、U、S、Z、O、H、h、X 等，而且，胶合弯曲还可以是三维的。

14.2.1 胶合弯曲原理

按照木材弯曲理论，木材的弯曲性能用 h/R 表示，由此可知：在弯曲性能一定的情况下，薄板的弯曲半径要比厚板的弯曲半径小得多，胶合弯曲就是利用这种原理来工作的。在弯曲过程中，胶层尚未固化，各层薄板间可相互滑移，几乎不受牵制，内部应力分布如图14-8：每层薄板的凸面产生拉伸应力，凹面产生压缩应力。应力大小与薄板厚度有关，因此胶合弯曲件的最小曲率半径不是按弯曲件厚度计算，而是以薄板厚度 s 来计算。例如：制造曲率半径为60 mm，厚度为25 mm的弯曲件，用方材弯曲，其弯曲性能必须是 $h/R = 25/60 = 1/2.4$，这就要用材质非常好的硬阔叶材，而且还需经软化处理才能达到。但是，如用厚度为1 mm的一摞薄板胶合弯曲，就只要求其弯曲性能为 $s/R = 1/60$，不需软化处理就可达到要求，这样软阔叶材或针叶材都可用来做胶合弯曲用材。

薄板胶合弯曲中所用的薄板厚度一般不大于5 mm，如锯制薄板、胶合板、纤维板、单板和刨切薄木等。其中以旋切单板应用最为广泛。

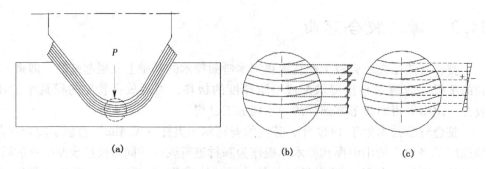

图 14-8 薄板胶合弯曲件的应力分布
(a) 加压形式 (b) 加压过程中，胶未固化时的应力分布 (c) 加压弯曲后的应力分布

14.2.2 胶合弯曲工艺

薄板胶合弯曲件的生产工艺可以分为：薄板准备、涂胶配坯、加压成型和胶合弯曲件加工等工序。其工艺流程图如下：

原木→[锯制木方→木方蒸煮→刨切薄木 / 截断→木段蒸煮→旋切单板]→单板干燥→涂胶→组坯陈化→加压胶合弯曲成型→胶合弯曲件加工

14.2.2.1 薄板选择及制作　胶合弯曲要求单板具有可弯性和易胶性，可以用来做胶合弯曲的薄板有单板、竹片、竹单板、胶合板、硬质纤维板等。但目前用来制作胶合弯曲制品的主要还是木材，国内常用的树种为水曲柳、杨木、奥古曼、柳桉、桦木、椴木、柞木等；欧洲则多用山毛榉、橡木、桦木等；近年来马尾松、落叶松、红松和云杉等也常用来做胶合弯曲用材。

单板胶合弯曲件的表层和心层，其树种可以相同，也可以不同。一般来讲，心层单板主要用于保证弯曲件的强度和弹性。而表层单板应选用装饰性好，木纹美丽，具有一定硬度的树种，如水曲柳、柚木等。胶合弯曲用单板树种的选择应根据制品的使用场合、尺寸、形状等来确定。如家具中的悬臂椅要求强度高、弹性好，可选用桦木、水曲柳、楸木等树种；对建筑构件来说，一般尺寸较大、零部件厚度大，可以用松木、柳桉等树种。

薄板的制作有旋切、刨切两种。在切削前均需进行蒸煮软化处理，加工成的单板厚度应均匀，表面光洁。单板的厚度应根据零部件的形状、尺寸及弯曲半径来确定，弯曲半径越小，则要求单板厚度越薄。对一定厚度的胶合弯曲件来说，单板层数增加，用胶量就增大，成本提高。通常制造家具零部件用的刨切薄木的厚度为 0.3~1 mm，旋切单板厚度为 1~3 mm，制作建筑构件时，单板厚度可达 5 mm。除单板树种和厚度外，单板质量也很重要，单板表面粗糙不平，厚度不均不仅影响产品外观，而且在胶合弯曲时，单板与胶黏剂接触不好，不易形成完整的厚度均匀的胶层，使胶合强度下降。背面裂隙太深容易透胶和使胶合强度降低，影响胶合弯曲件的使用寿命，所以单板厚度误差应尽可能地小，日本有关部门规定单板的厚度误差＜±0.04 mm。

14.2.2.2 薄板干燥 单板含水率与胶压时间、胶合质量等密切相关：单板含水率过高会降低胶黏剂黏度，热压时胶被挤出而影响胶合强度，也会延长胶合时间，并且会由于板坯内的蒸汽压力过高而容易出现脱胶、鼓泡等缺陷，同时胶合弯曲后会因水分蒸发而出现较大收缩形变；如果含水率过低，木材会吸收过多的胶黏剂，导致缺胶而胶合不良，而且单板的塑性差，加压弯曲时易拉断或开裂。单板含水率关系到胶黏剂的湿润性及与此相关的胶层的形成状态，含水率过高或过低都会影响胶合质量。所以薄板干燥后的含水率应控制在6%～12%，最大不能超过14%。日本提出干燥后的单板含水率应为5%～8%。

14.2.2.3 涂胶 目前国内外用于胶合弯曲的胶黏剂主要有：脲醛树脂胶、酚醛树脂胶、聚醋酸乙烯酯乳液、间苯二酚脲醛树脂胶、三聚氰胺改性脲醛树脂胶等。热熔胶制得制品稳定性差，所以很少采用，最常用的为脲醛树脂胶。胶种的选择应根据胶合弯曲件的使用要求和工艺条件进行考虑。如室内用家具胶合弯曲件从装饰性耐湿性出发，要求无色透明，具有中等耐水性，故宜采用脲醛树脂胶或改性脲醛树脂胶；制造建筑构件、车船上的弯曲件时须用耐水、耐候的酚醛树脂胶或异氰酸酯胶；采用高频加热时，宜用高频加热的专用脲醛树脂胶。

涂胶量的大小是由胶种、单板树种、单板厚度和单板质量决定的，涂胶量应适量：过高，胶层太厚，内应力增大，胶合强度会降低，而且成本增加；过低，容易产生缺胶现象，不能形成连续均匀的胶层，胶合强度差。一般来说，酚醛树脂胶用量比脲醛树脂胶低，异氰酸酯胶又比酚醛树脂胶用量少；硬材树种施胶量比软材树种少；单板厚度越小，涂胶量越少；单板表面质量差（粗糙度大），则涂胶量需相应地增加。一般脲醛树脂胶用量为120～200 g/m²（单面）；氯化铵加放量为0.3%～1%，气温高时取小值，反之取大值；有时还可在脲醛树脂胶中加入5%～10%的工业面粉作填料，以增加胶黏度和降低成本。

14.2.2.4 组坯 薄板的层数根据薄板的厚度、胶合弯曲零件厚度以及胶合弯曲时板坯的压缩率来确定，通常板坯的压缩率为8%～30%。用单板时，各层单板纤维的配置方向与胶合弯曲零部件使用时受力方向有关，通常有三种方法：

平行配置：各层单板的纤维方向一致，适用于顺纤维方向受力的零部件，如桌椅腿。

交叉配置：相邻层单板纤维方向互相垂直，适用于承受垂直板面压力的部件，如椅座和大面积部件。

混合配置：一个部件中既有平行配置，又有交叉配置，适合于复杂形状的部件，如椅背、椅座及椅腿为一体的部件。

胶合弯曲件的厚度根据用途而异，如家具的弯曲骨架部件，通常厚22 mm、24 mm、26 mm、28 mm、30 mm，而起支撑作用的部件厚度为9 mm、12 mm、15 mm。

14.2.2.5 陈化 陈化时间是指单板涂胶后到开始胶压时所放置的时间。陈化的目的是使胶液流展和湿润单板，形成均匀连续的胶层，同时也使胶液中一部分水分蒸发或渗入单板，使其黏度增大，避免热压时出现透胶现象，有利于板坯内含水率的均匀，防止热压时产生鼓泡现象。陈化时间过短或过长，胶合强度都要降低，适宜的陈化时间根据单板含水率、胶种、涂胶量、压力和气温条件的不同而异，时间约 5~15 min，通常不超过 30 min，常采用闭口陈化。

14.2.2.6 胶合弯曲 是制造胶合弯曲零部件的关键工序，是使放在模具中的板坯在外力作用下产生弯曲变形，并使胶黏剂在单板弯曲状态下固化，制成所需的胶合弯曲件。其胶压工艺参数见表 14-4。

表 14-4 常用的胶压工艺参数

胶压方式	单板树种	胶种	压力 (kg/cm²)	温度 (℃)	加压时间 (min)	保压时间 (min)
冷压	桦木	冷压脲醛树脂胶	8~20	20~30	20~24h	
蒸汽加热	柳桉 水曲柳	脲醛树脂胶 酚醛树脂胶	8~15 8~20	100~120 130~150	0.75~1.0 min/mm	10~15
高频介质加热	马尾松 意杨	脲醛树脂胶	10	100~115 110~125	7 5	15
低压电加热	柳桉 桦木	脲醛树脂胶	8~20	100~120	1.0min/mm	12

胶合弯曲所使用的压机有单向和多向两种。单向压机一般指普通的平面胶合冷压机，配有一对阴阳模具，可以压制形状简单的胶合弯曲件（1~2 个弯曲段）；多向压机使用范围较广，是新型的成型压机，它配有分段模具，可以压制形状复杂的胶合弯曲件（2 个以上弯曲段或封闭式）。根据模具的形式，胶合弯曲可分为硬模胶合弯曲和软模胶合弯曲。

（1）硬模胶合弯曲。是用一个阴模、一个阳模组成的一对硬模进行加压胶合弯曲。硬模可用金属、木材或水泥制成。大量生产时采用金属模，内通蒸汽；木材硬模及水泥模用于小批量生产。硬模加压胶合弯曲的优点是结构简单、加压方便、使用寿命长。缺点是加压不均。如图 14-9，作用于各部位的压力与 α 角成比例：

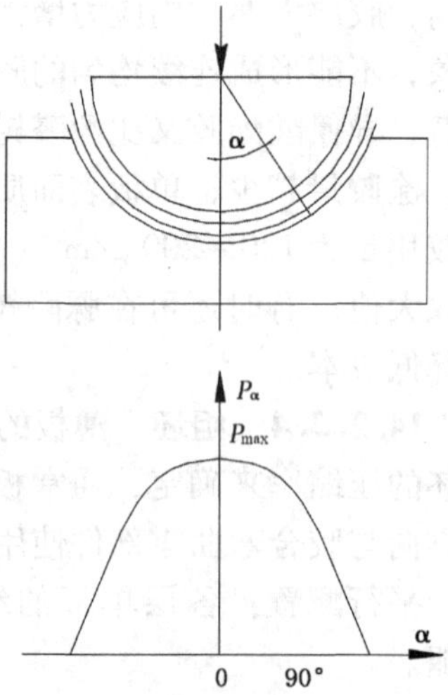

$$P_\alpha = P \cdot \cos\alpha$$

图 14-9 硬模加压弯曲压力分布

式中：P——弯曲部件水平投影面上的单位压力。

当 $\alpha = 0°$，则 $P_\alpha = p$；当 $\alpha = 90°$ 时，则 $P_\alpha = 0$。

因此，制造深度大的弯曲件时需采用分段加压弯曲设备，如图 14-10，阴模分为底板、右压板和左压板三部分。弯曲时把板坯放于底板上，降下阳模，把板坯压紧在底板上，继续下降阳模使其与板坯和底板一同下降，开动左右两侧压板，将板坯弯曲成 U 形部件。

硬模加压弯曲时压力大小与薄板树种、弯曲件形状等有关。硬阔叶材板坯加压弯曲所需压力大于软阔叶材和针叶材。在弯曲件深度较大的情况下，需用较高的压力。厚度一致，形状简单，深度不大的弯曲件可以用 1.0~1.2 MPa 压力。

在硬模加压弯曲过程中，约有70%的压力用于压缩板坯和克服单板间摩擦力，只有30%左右用于胶压弯曲板坯。因此，所需压力应比平压部件大得多。对于弯曲凹入深度大的或多向弯曲的部件，最好用分段加压弯曲方法。

(2) 软模胶合弯曲。用柔性材料（如橡皮袋、橡皮管或水龙头带）制成软模代替一个硬模，另一个仍为硬模。胶压弯曲时，往软模中通入加热和加压介质（如压缩空气、蒸汽、热水、热油等），在压力作用下，使板坯弯曲，贴向样模。这样，各部分受力较均匀。

板坯上所受单位压力：$p = 1 + q$，MPa

式中：q——加压介质压力。

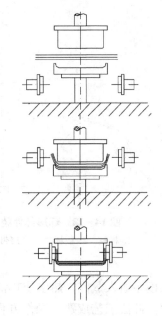

图 14 - 10 分段加压设备

形状简单的部件可以用一个橡皮囊，形状复杂或弯曲深度大的部件，则可用多囊式分段加压压模。加压时，先往水平位置的弹性囊中进油，再陆续往其他囊中进油，这样可以把板坯中的空气赶出，胶合质量较好。制作软模的弹性材料要用耐热、耐油橡胶或帆布制作。为了防止多囊式压模的各个囊间间隙大而造成板坯表面不平，最好采用多囊式分段弹性加压模（图 14 - 11）。半圆形部件胶合弯曲，常用一金属带代替一个硬模，这时施加到板坯表面的单位压力 P 为：

$$P = Q/RB$$

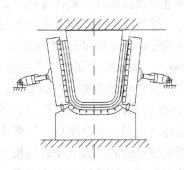

图 14 - 11 多囊式分段弹性压模

式中：Q——金属带拉力，N；
　　　R——弯曲半径，mm；
　　　B——金属带宽度，mm。

(3) 环形部件胶合弯曲。这类部件的胶合弯曲除了用封闭的模具加压弯曲外，还可以采用卷缠法。如图 14 - 12：先把板坯夹持在金属带和样模间，在所示 5 处用力压紧，金属带另一端被重锤张紧，开动样模回转，使其带动金属带与板坯一起卷缠在样模上，保持压力到胶液固化。

胶合弯曲根据加热方法的不同可分为蒸汽加热、高频加热、微波加热以及低压电加热等。目前，大多数生产厂采用蒸汽（或热水、热油等）加热，即在金属硬模或橡胶

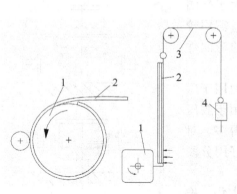 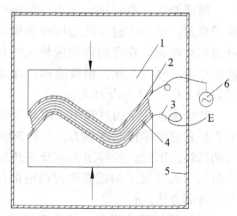

图 14-12　环形部件胶合弯曲　　　　图 14-13　高频胶合弯曲示意
1. 样模　2. 板坯　3. 金属带　4. 重锤　　1. 模具　2. 极板　3. 馈线　4. 板坯
　　　　　　　　　　　　　　　　　　5. 屏蔽罩　6. 高频发生器

软模中通入蒸汽、热水或热油，使其表面升温，再将热量传给板坯内的胶层，以加速固化。此法工艺成熟，操作方便可靠，胶合弯曲件尺寸和形状精度较高，模具使用寿命长，运行成本低；但传热较慢，加热周期长，且受板坯厚度的限制，板坯越厚，加热时间越长。板坯厚度大于 8 mm 时，应当双面加热。为缩短加热时间，通常用低压电、高频电或微波加热方式代替蒸汽加热方式。

低压电加热是向放在模具表面的金属带通入低压（24V 左右）电流。常用的不锈钢或低碳钢金属带厚度为 0.4~0.6 mm，宽度一般不超过 150 mm，电流值不宜超过 400 A。如果是金属模，则加热板与模具之间必须有绝缘保温层。

高频电加热属于内部加热，加热快、效率高而均匀。一般只需几分钟甚至几十秒就可以使胶固化，胶合质量好，通常与木模配合使用。木模是由单板叠层胶合或多层胶合板叠合达到一定厚度后，用多个螺栓垂直板面紧固，再锯割、铣削成所需尺寸形状，在精细修整过的模具成型表面覆上铝合金薄板作电极，并用黄铜带做馈线，连接电极与高频发生器。该法适用于小批量、多品种生产。高频加热加压的示意如图 14-13。

微波加热胶合弯曲是一种新工艺，微波穿透力强，只要将胶合弯曲件放在箱体内照射微波，即可进行加热胶合。因此它不受胶合弯曲件形状的限制，可以加热不等厚的成型制品，不需电极板，易于对 H 形、h 形、X 形等复杂形状的胶合弯曲件进行加热。微波加热用模具需用绝缘材料制作。

使用高频、微波进行加热时，必须要有屏蔽设施，以防止高频、微波外泄而影响操作工人的健康和造成对周围仪表及电器的干扰。

14.2.2.7　胶合弯曲件的加工　　薄板胶合弯曲件的毛坯边部往往参差不齐，需在胶压后齐边和加工成所需的规格尺寸。长度上加工可参照方材加工中弯曲件端部精截的方法。宽度加工是胶合弯曲部件加工的重要工序，通常胶合弯曲是用整块板坯进行成型弯曲加工的，定型后必须按规格将其加工成一定的宽度，因宽度方向加工时受到弯曲件形状的约束而不方便，必须用专门的设备来加工。厚度上的加工主要是用相应的磨光机进行砂磨修整。

14.2.3 胶合弯曲模具

影响胶合弯曲部件质量的因素除了木材本身的弯曲性能，部件形状外，还有模具和弯曲工艺等。胶合弯曲零件的形状、尺寸多种多样，制造时必须根据产品要求采用相应的模具、加压装置和加热方式，这是保证胶合弯曲零部件质量和劳动生产率的关键。常用的模具大致可分为两种：一种是一对硬模；一种是一个硬模和一个软模；根据零部件的不同形状有整体压模和分段压模等，与此对应的加压方式有单面加压和多面加压。

（1）模具设计。模具是生产胶合弯曲件的关键部分，是决定木材弯曲形状和弯曲工艺的重要因素，在实际应用中，应根据胶合弯曲件的几何形状尺寸、加压方式和热源的不同。合理地选择模具和加压机构。制作硬模的材料一般用铝合金、钢、木材，水泥也可制作，但不普遍。软模用耐热耐油橡胶袋、弹性囊或胶带。

设计和制作的模具需满足以下要求：有符合的形状、尺寸、精度；模具啮合精度为 ±0.15 mm；具有足够的刚性，能承受压机最大的工作压力；板坯各部分受力均匀，成品厚度均匀，表面光滑平整，特别是分段组合模的接缝处不允许产生凹凸压痕；加压均匀，能达到允许的温度，板坯装卸方便，加压时，板坯在模具内不产生位移和错位。

常用模具的示意、组成和用途见表 14-5，设计时可作为参考。

表 14-5 常用模具的示意、组成和用途

种 类	示意图	模具的组成	用 途
多向加压——副硬模		由一个阴模和一个阳模组成	用于制 L 形、Z 形、V 形等零件
多向加压——副硬模		由阳模和分段组合阳模组成	用于制造 U 形、S 形、h 形、X 形零件
多向加压封闭式硬模		由一个封闭的阴模和分段组合阳模组成	制造圆形、椭圆形、方圆形等零件
多向加压封闭式硬模		由一个阳模和分段组合封闭阴模组成	制造圆形、椭圆形、方圆形等零件

（续）

种类	示意图	模具的组成	用途
卷缠成型模		由一个阳模和加压辊组成	制造圆形、椭圆形、方圆形等零件
橡胶袋软模		由阳模和作阴模的橡胶袋组成	制造尺寸较大而形状复杂的弯曲零件
弹性囊软模		由一副硬模与弹性囊组成	单囊用于 L 形等简单形状，多囊用于复杂形状零件的制造

硬模设计时应根据同心圆弧段原理，这样设计出来的模具制得板厚度均匀，各处密度、压缩率相等，应力分布匀称，制品稳定性好，能保证制品质量。

在模具制作过程中，要考虑不同热源对模具制作材料的要求，具体的选择可参照表14-6。

表 14-6 模具与加热方式的配合

加热类别	加热特征	加热方法	相应模具
接触加热	热量从板坯外部传到内部	蒸汽加热	铝合金模、钢模、橡胶袋、弹性囊
		低压电加热	木模、金属模（须与极板绝缘）
		热油加热	铝合金模、弹性囊
介质加热	热量由介质内部产生	高频加热	木材或其他绝缘材料，在板坯两面需有电极板
		微波加热	用电工绝缘材料制造模具，不需电极板

（2）模具的位置。确定压模位置的原则是使板坯两侧受力均匀，板坯在样模内平衡放稳，使其不容易产生位移。压模位置不能满足上述条件时，板坯会因制品两侧受力不均，压缩率不等，结构、应力分布不均，厚度不均等而严重影响制品的质量。压模曲面可以近似分解成一个或若干个直线形状，压模位置应按弯曲部件两侧倾斜角度和加压面积来加以综合考虑。

（3）压力计算。一般弯曲部件在模具中的位置要根据弯曲部件的弯曲角度、弯曲段数和各段长度尺寸的不同来进行压力计算。

在成型胶合弯曲时，所需要的总压力大于同等胶层面积的平面胶合压力，它包括胶

层压力 P_0 和使单板弯曲与相互滑移的附加压力 ΔP 两部分。胶层压力可分解为垂直板面的实际胶合压力 P_V 和平行于板面的无用压力 P_H。其中 $P_V = P_0\sin\alpha$；$P_H = P_0\cos\alpha$（α 为 P_0 与板面所成的角），若为多段式加压，需对每个直线段分别计算压力后相加即得。随着弯曲角度、弯曲段数和各段尺寸的不同，附加压力 ΔP 变化较大，对于只有一个弯曲段的 V 形胶合件，附加压力近似为胶层压力的 50%；对于有两个弯曲段的 U 形胶合弯曲件，附加压力近似等于胶层压力。

14.2.4　影响胶合弯曲质量的因素

影响胶合弯曲质量的因素涉及多个方面，单板和胶料的性质、样模式样及制作精度、加压方法、加热方式以及工艺条件等都对胶合弯曲的质量有重要影响。

(1) 单板和胶料的性质。单板含水率是影响板件变形和胶合弯曲质量的重要因素之一，含水率过低，胶合不牢、弯曲应力大、板坯发脆，易出废品；含水率过高则板坯含水率也增大，弯曲后因水分蒸发产生较大内应力而引起变形，用脲醛树脂胶时，单板含水率以 6%~8% 为宜。旋切单板应表面光洁，粗糙度小，以免造成用胶量增加和单板间在压合时贴合不紧，从而降低胶合强度。薄板厚度公差将影响部件尺寸公差，单板厚度在 1.5 mm 以上时偏差不超过 ±0.1 mm，小于 1.5 mm 的单板厚度偏差应控制在 ±0.05 mm 以内。板坯含水率也会影响胶合件的变形，因此一般应选用固体含量高、水分少的胶液。

(2) 模具式样和制作精度。压模精度是影响弯曲件形状和尺寸的重要因素，一对压模必须精密配合，才能压制出胶合牢固、形状正确的胶合弯曲件，制作压模的材料要尺寸稳定，不易变形，木模最好用层积材或厚胶合板制作。压模表面必须平整光洁，稍有缺损或操作中夹入杂物，都将在坯件表面留下压痕。

(3) 加压方法。对于形状简单的胶合件，一般采用单向加压，而对于形状复杂的，则采用多向加压方法比较好。加压弯曲的压力必须足够，应使板坯紧贴样模表面，单板层间紧密接触，尤其是弯曲深度大，曲率半径小的坯件，压力稍有松弛，板坯就有伸直趋势，不能紧贴样模或各层单板间接触不紧密，就会胶合不牢，造成废品。

(4) 热压工艺。与胶合板生产相似，热压工艺也是影响单板胶合弯曲的重要因素，胶合板的热压三要素（压力、温度、时间）对胶合弯曲同样是适用的。压力应足够保持板坯弯曲到指定的形状和厚度，保证各层单板的紧密结合；温度和时间直接影响到胶的固化，太高的温度会降解木材，使其力学性能下降，同时也会造成胶层变脆，同样，温度太低则会使胶固化速度慢，从而降低生产效率，同时容易造成胶合强度不高，容易开胶等缺陷。

除上述因素外，在生产过程中，经常做好原料、产品质量的检查工作也是保证胶合质量的重要措施，所以生产过程中要经常检查单板含水率、胶液黏度、施胶量及胶压条件等。还需定期检测坯件的尺寸、形状及外观质量，并按标准测试各项强度指标，形成完备的质量保证体系。

14.3 其他弯曲方法

目前应用于木材弯曲的方法除了以上几种以外，还有许多其他的弯曲方法，如锯口弯曲、V 形槽折叠弯曲及人造板弯曲、模压成型等。无论用什么样的方法来制造弯曲构件，其目的只有一个，那就是用切实可行的方法来制得符合要求的制品，同时还要考虑其经济性。

14.3.1 锯口弯曲和 V 形槽折叠成型

（1）纵向锯口弯曲。是指在毛料一端顺着木纹方向锯出若干纵向锯口，然后对锯口部位进行弯曲的方法。图 14-14 所示锯口宽度为 1.5~3.0 mm。锯口宽度如小于 0.5 mm，可在锯口中涂胶，然后把弯曲方材连同金属夹板一起用卡子夹紧，扳动手柄，使锯口的一端在压紧辊的压力下绕模具弯曲，用卡钳固定，保持到胶层固化即可。如锯口较宽时可在锯口中插入涂胶单板，然后再用上述方法弯曲定型。

这种弯曲工艺主要用于制造桌腿和椅腿。

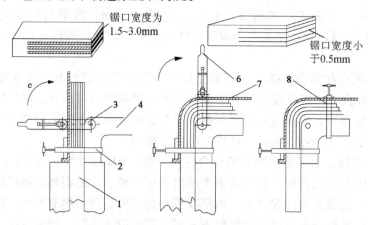

图 14-14 纵向锯口弯曲
1. 毛料　2. 卡子　3. 压辊　4. 模具　5. 卡钳　6. 手柄　7. 金属板

（2）横向锯口弯曲。在木材的横向锯出几块方形或楔形槽口，然后就可以用手工或借助一些简单工具把木材弯曲成指定的形状。楔形锯口锯切不便，但弯曲后不会留下空隙。锯口深度 h_1 通常为板厚度 h 的 2/3~3/4，留下表层料厚度 $(s=h-h_1)$，s 越小则锯口间距也应减小、锯口数目增加，可避免表面显露出多角形，如图 14-15。

需要指出的是，用这种方法弯曲木材，其力学性能会受到很大影响，而且也不够美观，但加工方便，不需专门的设备。为保证弯曲后木材的强度，可选择韧性较好、无缺陷的面作为表层预留面，且锯割深度不宜过深，弯曲时应保持在较高的含水率下进行，大的锯口内部，弯曲后可装入相应尺寸的填衬木块。为增进美观，可在弯曲部件内部贴一层单板或薄木。这种弯曲工艺常用来制造曲形板件。

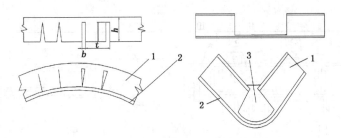

图 14-15 横向锯口弯曲
1. 人造板 2. 单板或薄木 3. 填衬木块

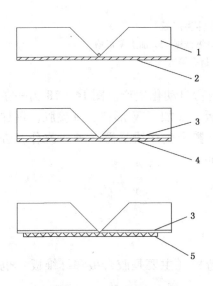

图 14-16 V 形槽锯切形式
1. 素板 2. PVC 薄膜 3. 薄木
4. 透明塑料膜 5. 织物带

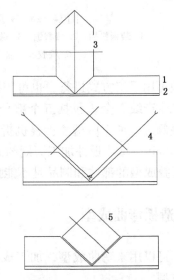

图 14-17 V 形槽加工工艺
1. 基材 2. 装饰层 3. 成型铣刀
4. 圆锯片 5. 端铣刀

（3）V 形槽折叠成型。此法是在贴面人造板规格毛料上锯出若干条 V 形槽口，在槽口中涂胶，然后折叠成盒状箱体或柜体。

① 材料准备：主要使用聚氯乙烯薄膜贴面的刨花板或中密度纤维板作原料，V 形槽一直切割到贴面薄膜层，如图 14-16，整个部件由聚氯乙烯薄膜连在一起，由于薄膜本身较柔软，折叠容易，折叠后不会崩裂，外表整齐、美观。

用刨制薄木或浸渍纸等材料贴面的人造板材，需要在折叠转角处（即开槽处）再贴一层织物或薄膜，V 形槽切至贴面薄木下面，留下补贴的织物层，以便折叠成型。

② V 形槽加工：V 形槽加工有成型铣刀加工、圆锯片加工和端铣刀加工三种方法（图 14-17）。

③ 折叠成型：加工有 V 形槽的板段，经涂胶后即可折叠成型。适合于折叠成型的胶黏剂主要为热熔胶、合成橡胶系胶等各种能在短时间内固化的胶黏剂以及它们的改性胶。

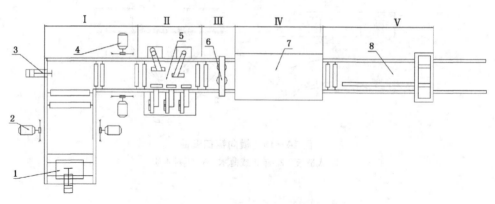

图 14-18　V 形槽折叠部件生产线
1. 装板机构　2. 横截锯　3. 送板机构　4. 纵截锯　5. 加工 V 形槽
6. 喷胶　7. 加热干燥　8. 折叠侧边

折叠成型可用手工方式进行，也可用折叠机进行自动化生产。图 14-18 为一条小柜体折叠加工生产线，全线包括五个部分：Ⅰ锯板，Ⅱ加工 V 形槽，Ⅲ喷胶，Ⅳ加热干燥，Ⅴ折叠侧边。加工后送往折叠机折成柜体。整个生产线只需 3~4 人操作，进料速度约为 5 m/min，每块板件加工周期约为 0.5 min。

V 形槽折叠成型的部件和制品是不能拆开的。

14.3.2　人造板弯曲成型

不但实木可以用来弯曲成型，加工成板的人造板（主要是胶合板和纤维板）也可以用来弯曲成型。

（1）胶合板的弯曲。胶合板的弯曲性能与厚度和表面纹理方向有关。横纤维方向弯曲时，弯曲轴向与表面纹理垂直，其弯曲性能与方材弯曲近似。当弯曲轴与表面纹理呈 45°弯曲时，最小曲率半径可比横向弯曲时小 1.5~2 倍。

弯曲曲率半径大的胶合板部件，可用人工压弯，固定在相应部件上，例如缝纫机台板的大斗底板等。弯曲半径小的部件，需用专门装置和加工方法（图 14-19）。

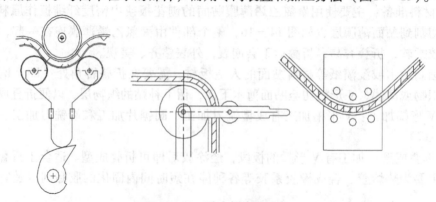

图 14-19　胶合板弯曲设备

（2）纤维板的弯曲。纤维板不仅保留了木材的一般特性，还具有优于木材的许多性能，可以用来和实木一样进行弯曲成型。不过，目前用来弯曲处理的纤维板多为硬质薄型纤维板。

用来弯曲的板坯质量是弯曲成型质量的一个重要因素，一般要求静曲强度控制在 36～42 MPa 为宜，过高不易吸水，过低又不能满足力学性能。吸水率应为 18%～25%。吸水率过高时浸泡时间不易控制，过低又不易软化。板件表面要光滑致密，无明显的粗纤维存在，这样可防止弯曲时纤维翘起而出现毛刺。

纤维板的弯曲需先经热水处理来提高其含水率，然后在机械力的作用下弯曲成型，同时加热使其塑化。通常是在 50～60℃ 的热水中浸泡 8～12 min，使其含水率达 14%～15%，含水率过低弯曲性能不理想，容易破损；过高则会使表面纤维结合力受到破坏而使表面粗糙不平。热压温度是弯曲成型技术的关键，纤维板弯曲时加热是为了塑化纤维中的结壳物质，使其在分子间相互扩展，从而保持板坯在弯曲后表面硬滑，减小回弹。通常用来软化定型的温度为 200～220℃。软化定型后的板件在定位箱中存放 8～10 h 后，即可用于下道工序加工。

14.3.3 模压成型

模压成型是用木材或非木质材料的碎料（或纤维）经拌胶、加热加压后一次模压制成各种形状的部件或制品的方法。它是在刨花板和纤维板的制造工艺的基础上发展起来的。

该法生产家具部件是高效利用木材的一个有效途径，其原料的利用率可达 85% 以上，且原料来源广、价格低廉，一般的小径材、枝丫材、木材加工剩余物甚至农作物秸秆等都可以用来作模压制品的原料。模压成型可根据制品的使用需要，在成型时制成沟槽、孔眼和饰面轮廓，甚至可以在模压同时贴上装饰材料，因而可以省掉许多工序，提高生产效率。还可以根据产品各部位对强度和耐磨性能的不同要求一次压制出各部位不同密度和不同厚度的零部件。而且，模压制品尺寸稳定，形状精度高，不会像实木或胶合件那样由于锯、刨、凿等工序而产生误差。

模压制品的生产工艺大致可分为碎料加工、施胶、铺装成型、热压固化、定型修饰处理等过程。例如，刨花模压制品的具体工艺流程如下：

木材→刨片→再碎→干燥→筛选→拌胶及其他助剂→计量→铺装→预压→热压→定型修饰→检验

用于制造模压制品的不仅可以为刨花，还可以是木纤维甚至其他非木质碎料等，若采用其他材料，则其工艺过程需做相应的变动。

思 考 题

1. 木材弯曲的原理是什么？
2. 什么是木材的弯曲性能？它受哪些因素影响？

3. 木材软化处理的方法有哪些？各有什么特点？
4. 影响弯曲质量的因素主要有哪些？
5. 胶合弯曲工艺有哪些特点？
6. 模压成型工艺及其特点是什么？

第15章

木制品装饰

[本章重点]
1. 木制品装饰的作用与方法。
2. 木制品涂饰的分类与特征。
3. 木制品涂饰的常用方法与设备。
4. 特种艺术装饰的方法。

通常，木制品白坯表面都要进行装饰，然后才能作为成品供人们使用。木制品装饰的目的主要在于起保护和美化作用。木制品表面覆盖一层具有一定硬度、耐水、耐候等性能的膜状保护层，使其避免或减弱阳光、水分、大气、外力等的影响和化学物质、虫菌等的侵蚀，防止制品翘曲、变形、开裂、磨损等，以便延长其使用寿命；赋予木制品一定的色泽、质感、纹理、图案纹样等明朗悦目的外观，使其形、色、质完美结合，给人以美好舒适的感受。装饰效果的优劣对木制品的价值具有重大的影响。

木制品的装饰方法多种多样，基本上可分为涂饰、贴面和特种艺术装饰等三类。

涂饰是按照一定工艺程序将涂料涂布在木制品表面上，并形成一层漆膜。按漆膜能否显现木材纹理可分为透明涂饰和不透明涂饰；按其光泽高低可分为亮光涂饰、半亚光涂饰和亚光涂饰；按其填孔与否可分为显孔涂饰、半显孔涂饰和填孔涂饰；按面漆品种可分为硝基漆（NC）、聚氨酯漆（PU）、聚酯漆（PE）和光敏漆（UV）等；按漆膜厚度可分为厚膜涂饰、中膜涂饰和薄膜涂饰（油饰）等；按不同颜色还可分为本色、栗壳色、柚木色和红木色等。

贴面是将片状或膜状的饰面材料如刨切薄木、装饰纸、浸渍纸、装饰板（防火板）和塑料薄膜等粘贴在木制品表面上进行装饰。

特种艺术装饰包括雕刻、压花、镶嵌、烙花、喷砂和贴金等。

实际上，在木制品生产中，往往是几种装饰方法结合使用，如贴装饰纸或贴薄木后，再进行涂饰，镶嵌、雕刻、烙花、贴金与涂饰相结合等。木制品在表面采用薄木（或单板）和印刷装饰纸贴面、直接印刷木纹以及镂铣、雕刻、镶嵌等艺术装饰后，还必须再进行涂饰处理。其表面通过涂上各种涂料，能形成具有一定性能的漆膜保护层，延长木制品的使用寿命；同时，能加强和渲染木材纹理的天然质感，形成各种色彩和不同的光泽度，提高木制品的外观质量和装饰效果。

木制品装饰可以在装配成制品后进行，也可以在装配制品前先对零部件装饰，然后再总装配，甚至，可以先对木制品的原材料如胶合板、刨花板、中密度纤维板等进行饰面，再加工成木制品。

木制品装饰质量的优劣通常从外观和理化性能两个方面进行评定。不同装饰方法的外观和理化性能所包含的内容有所不同。如涂饰的外观包括颜色与样板相符程度、均匀性、光泽、颗粒、鼓泡、气泡、针眼、流挂、发白、皱皮、橘皮、漏漆和划痕等，而理化性能则包括漆膜的附着力、耐干热性、耐湿热性、耐液（酸碱等）性、耐磨性、耐冲击性等。

15.1 涂饰方法

涂饰方法一般可分为手工涂饰和机械涂饰两类。手工涂饰包括刮涂、刷涂和擦涂（揩涂）等，是使用各种手工工具（刷子、排笔、刮刀、棉球与竹丝等）将涂饰材料涂布到木制品零部件的表面上。其所用工具比较简单、方法灵活方便，但生产效率低、劳动强度大、施工环境差、漆膜质量主要取决于操作者的技术水平。机械涂饰包括喷涂、淋涂、辊涂、浸涂和抽涂等，主要采用各种机械设备或机具进行涂饰，是木制品生产中常用的方法。其生产效率高、涂饰质量好、可组织机械化流水线生产、劳动强度低，但设备投资大。

15.1.1 手工涂饰

15.1.1.1 刮涂法 用刮涂工具（各种刮刀）将腻子、填孔着色剂、填平漆等嵌补于木材表面的各种孔洞和缝隙中，或将木材表面的管孔和不平处全面刮涂填平。刮涂基本上有两种，即局部嵌刮和全面满刮。局部嵌刮又称嵌补，用于木材表面的各种孔洞、缝隙等的局部嵌补，而不需要嵌刮到局部缺陷以外的地方，嵌刮部位的周围不能有多余的腻子，否则既浪费腻子又要增加打磨时间，还会在着色后出现腻子斑痕。全面满刮又称满批，多用于在整个表面上对粗管孔材透明涂饰刮涂填孔剂以及不透明涂饰的底层填平。刮涂用的刮具有嵌刀、铲刀、牛角刮刀、橡皮刮刀、钢板刮刀等多种。一般根据被刮涂的材料与部位选择。

15.1.1.2 刷涂法 用不同的刷涂工具将各种涂料涂刷于木材表面，形成一层薄而均匀的涂层。涂刷可以使涂料更好地渗透入木材表面，增加漆膜附着力，材料浪费少，可涂饰任何形状和尺寸的木制品与零部件。

木制品表面应用较多的刷涂工具是扁鬃刷、羊毛板刷、羊毛排笔、毛笔和大漆笔等。一般应根据涂料特点和制品形状来选择刷具。慢干而粘稠的油性调合漆、油性清漆等，应使用弹性好的鬃刷；黏度较小的虫胶清漆、聚氨酯清漆、聚酯清漆等，要用毛软、弹性适当的排笔；而黏度大的大漆一般用毛短、弹性特大的人发、马尾毛等特制刷子。刷涂操作时，用刷子蘸涂料，依次先横后纵、先斜后直、先上后下、先左后右刷成均匀一致的涂层，最后一次应顺木纹涂刷，并用刷尖轻轻修饰边角。用过的刷子应及时用溶剂洗净、吊挂保管。

15.1.1.3 擦涂法 又称揩涂法，是用浸有清漆的擦涂工具（棉球或棉花团、竹丝、刨花、海绵等）在被涂表面上用手指挤出清漆并以圈状揩擦涂上很薄的涂层，经多次揩擦,而逐渐累积成连续漆膜的一种方法。擦涂法适用于挥发性涂料的施工,如硝基漆和虫胶漆等。

15.1.2 喷涂涂饰

喷涂是使用液体涂料雾化成雾状喷射到木制品表面上形成涂层的方法。由于使涂料雾化的原理不同可分为空气喷涂、无气喷涂和静电喷涂等。

15.1.2.1 空气喷涂(气压喷涂)

(1)空气喷涂的特点。空气喷涂是利用压缩空气通过喷枪的空气喷嘴高速喷出时,使涂料喷嘴前形成圆锥形的真空负压区(图15-1),在气流作用下将涂料抽吸出来并雾化后喷射到木制品表面上,以形成连续完整涂层的一种涂饰方法,又称气压喷涂。它是机械涂饰方法中适应性强、灵活性高、应用较广的一种方法。空气喷涂的应用和特点见表15-1。

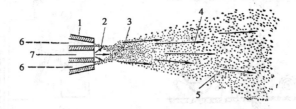

图15-1 空气喷涂形成的涂料射流
1. 喷头(空气喷嘴和涂料喷嘴) 2. 负压区 3. 剩余压力区
4. 喷涂区 5. 雾化区 6. 压缩空气 7. 涂料

表15-1 空气喷涂的应用和特点

适用涂料	喷涂工件	特 点
1. 清漆或色漆(油性漆、挥发型漆、聚合型漆) 2. 稀薄腻子、填平漆 3. 染色溶液	1. 具有凹凸不平表面的零部件 2. 直线形零部件 3. 具有斜面和曲线形的零部件 4. 大面积部件	优点: 1. 设备简单、施工效率高(每小时可喷涂150~200 m² 的表面,约为手工刷涂的8~10倍),适用于间断式生产方式 2. 可以喷涂各种涂料和不同形状、尺寸的木制品及零部件 3. 形成的涂层均匀致密、涂饰质量好 缺点: 1. 漆雾并未完全落到制品表面,涂料利用率一般只有50%~60%,喷涂柜类制品大表面时涂料利用率约为70%,喷涂框架制品时涂料利用率约为30% 2. 喷涂一次的涂层厚度较薄,需多次喷涂才能达到一定的厚度 3. 漆雾向周围飞散对人体有害并易形成火灾,必须加强通风排气 4. 水分或其他杂质混入压缩空气中会影响涂层质量

(2) 空气喷涂的设备。主要包含喷枪、空气压缩机、贮气罐、油水分离器、压力漆筒、喷涂室以及连接软管等。如图15-2。

① 喷枪：它是直接用于喷散和雾化涂料并将涂料喷到工件表面的专用器具。按涂料供给方式，喷枪可分为吸上式、自流式和压送式三种，如图15-3。广泛应用于木制品生产中表面涂饰的国产喷枪主要有PQ-2型吸上式喷枪，如图15-4。目前进口的喷枪也在我国得到广泛使用。

② 空气压缩机：用以产生压缩空气，供给喷枪和压力漆筒，将涂料喷散成雾状进行喷漆工作，并将压力漆筒中涂料压入喷枪中。在喷漆中应使压缩空气的压力始终保持在一定的范围内（一般为0.2~0.5 MPa），空气压缩机应根据喷枪的空气消耗量及供应喷枪的支数来选用。

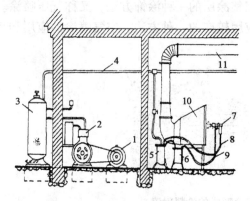

图15-2 空气喷涂设备工作系统
1. 电机 2. 空气压缩机 3. 贮气罐 4. 进气管
5. 油水分离器 6. 压力漆筒 7. 喷枪 8、9. 软管 10. 喷涂室 11. 排气管

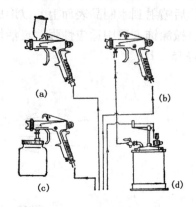

图15-3 供漆方式与喷枪种类
(a) 吸上式 (b) 自流式 (c) 压送式
(d) 增压罐

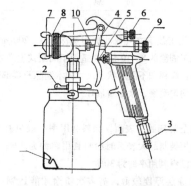

图15-4 PQ-2型吸上式喷枪
1. 漆罐 2. 法兰 3. 空气接头 4. 扳机
5. 针塞 6. 调节阀 7. 喷头 8. 控制阀
9. 针塞调节阀 10. 空气阀杆

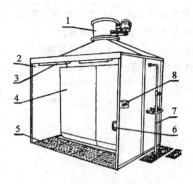

图15-5 湿式喷漆室
1. 通风系统 2. 室体 3. 照明装置
4. 湿式漆雾过滤装置 5. 格栅存水池
6. 喷枪挂钩 7. 供水系统 8. 电气系统

③ 油水分离器：用于净化送往喷枪和压力漆筒中的空气，除去其中的油、水和其他杂质，保持喷到工件上的涂料微粒纯净，保证涂层质量。圆筒形油水分离器是在容器中由毛毡层中间填充焦炭等过滤材料组成；小型油水分离器由采用叶片旋风式分水器和多孔性过滤杯组成。

④ 压力漆筒：使用压力漆筒可以代替喷枪上的漆罐，将涂料注入压力漆筒内，以一定的压力（一般为 0.12~0.15 MPa）把涂料压送到喷枪进行喷涂。

⑤ 喷涂室：它是一专门的喷涂场所，其主要作用是及时排除和过滤喷涂过程中产生的漆雾，保证具有一定的安全和卫生的工作环境条件。喷涂室的种类很多，按生产运输方式分为间歇式和连续式；按漆雾过滤方式分为干式（采用折流板、过滤网等过滤漆雾）和湿式（利用水来过滤与净化处理漆雾，有水帘式和喷淋式等）。图 15-5 为湿式喷漆室的示意。

（3）空气喷涂的工艺技术。采用空气喷涂时应力求喷涂均匀平整并使涂料雾化损失最小，这需要正确选择和确定最佳喷涂工艺条件，如涂料条件（黏度、干速、底漆、面漆或棕色剂等）、喷枪种类与性能（喷嘴直径、涂料及空气喷出量、喷涂图形及宽度等）、空气压缩机及喷涂室条件以及操作技术（喷距、角度、顺序、方向与重叠等）等。喷枪的使用与保养和空气喷涂施工方法分别见表 15-2 和表 15-3。

表 15-2　喷枪的使用与保养

使 用 方 法	保　养
1. 新喷枪使用前用稀释剂清洗去除油污 2. 将调匀的涂料倒入漆罐盖上盖板并旋紧 3. 在空气接头上接上压缩空气 4. 稍微扳动扳机将气阀门打开，空气从气流喷嘴中喷出，吹去被涂工件表面灰尘 5. 将控制阀向右旋转可得圆形涂料射流断面。控制阀向左旋转，可形成水平椭圆形涂料射流断面或垂直椭圆形涂料射流断面 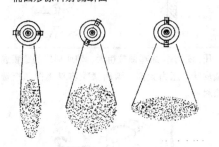 6. 将针塞调节螺丝向右旋转，可减少涂料喷出量，向左旋转涂料可逐渐增加	1. 用完后应用所喷涂料的稀释剂清洗干净，以免残留余漆干结使喷嘴孔道堵塞 2. 盖板和漆罐密封处应洗净，以免余漆干固使盖板上的密封垫圈损坏 3. 喷枪若不再继续使用，洗涤完毕后，旋下气流喷嘴，涂上防锈油（或一般机油），针塞套筒和顶芯外露表面也须涂上防锈油，组装后待用 4. 洗涤和使用过程中，应注意气流喷嘴和喷嘴头部，不丢失、不磕碰损坏，否则会影响喷涂质量并误工 5. 不能用锐利的金属丝捅喷头部上各个小孔，以免损伤而引起不正常漆雾

表 15-3 空气喷涂施工条件及操作方法

项 目	施工要求及施工方法	备 注
涂料黏度	$15\times10^{-4}\sim30\times10^{-4}\mathrm{m^2/s}$（涂-4） （具体根据涂料品种，喷枪的种类等通过试验确定） 一般常用涂料环境温度为 20℃±2 4# 涂料杯 NC（硝基类） 　底漆施工黏度 $14\times10^{-4}\sim16\times10^{-4}\mathrm{m^2/s}$ 　面漆施工黏度 $10\times10^{-4}\sim12\times10^{-4}\mathrm{m^2/s}$ PU（聚氨酯类） 　底漆黏度 $15\times10^{-4}\sim18\times10^{-4}\mathrm{m^2/s}$ 　面漆黏度 $11\times10^{-4}\sim13\times10^{-4}\mathrm{m^2/s}$ PE（不饱和聚酯透明漆） 　底漆喷涂黏度 $20\times10^{-4}\sim25\times10^{-4}\mathrm{m^2/s}$ 　面漆喷涂黏度 $14\times10^{-4}\sim16\times10^{-4}\mathrm{m^2/s}$	涂料稀薄黏度低，喷涂量多时易出现流挂 根据季节作调整 涂料浓稠且量多时会形成褶纹
喷嘴离被涂表面距离	150～250mm	距离太近易产生反弹和出现流挂，太远涂料微粒飞散未附于被涂面上浪费涂料，对于快干涂料，在涂料微粒运行过程中，因溶剂挥发而干燥形成漆膜表面不平
喷涂时空气压力	按涂料种类不同选择适当的压缩空气压力，压力大小刚好使涂料完全微粒化 一般空气喷枪的压力为 0.2～0.5 MPa 涂料漆罐压力为 0.12～0.15 MPa	压力过小，涂料微粒粗大，使所形成的漆膜成橘皮状，压力太高，涂料微粒容易飞散，浪费涂料

(续)

项 目	施工要求及施工方法	备 注
喷嘴口与被涂面的位置	保持垂直	倾斜时,漆层厚薄不均
喷路层间	大面积工件喷涂时,每条喷路间应互相搭接,搭接的断面宽度(或面积)为 1/4～1/3 喷路宽度	喷路层间不搭接,会中间出现空隙而形成条纹
喷枪移动	对平表面喷涂,应成直线移动,使漆膜厚度均匀一致;对弧形表面喷涂时,与被涂面各点距离始终保持一致	不正确运行,会形成漆层厚薄不均
喷涂操作	接近喷涂面扣动扳机,离开被涂面后松开,以节约涂料 有拐角的表面应从角部向外作喷涂	喷涂时喷枪应始终垂直于表面并以均匀的速度平行运行。喷枪运行速度一般为 0.3～1.0 m/s。喷枪运行过慢(0.3 m/s 以下)喷涂中可能产生流挂,过快漆膜不易平滑且不能形成必要的厚度,也会增加喷涂次数 为获得均匀的涂层,在一个表面上喷涂第二道时,应与前道喷涂的涂层纵横交叉,即第一道是横向喷涂,第二道最好应纵向喷涂

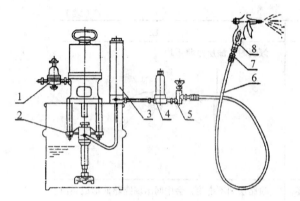

图15-6 无气喷涂设备示意
1. 调压阀 2. 高压泵 3. 蓄压器 4. 过滤器
5. 截止阀 6. 高压软管 7. 接头 8. 喷枪

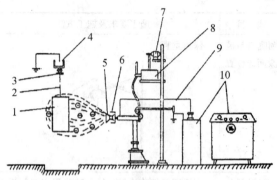

图15-7 旋杯式静电喷涂设备示意
1. 被涂工件 2. 吊杆 3. 回转轴 4. 传送链
5. 喷杯 6. 放电极 7. 涂料搅拌机 8. 涂料桶
9. 高压电缆 10. 高压静电发生器和操作台

15.1.2.2 无气喷涂 是靠密闭容器内的高压泵压送涂料，使涂料本身增至高压（10～30 MPa），通过喷枪喷嘴喷出，立即剧烈膨胀而分散雾化成极细的涂料微粒喷射到工件表面形成涂层。由于涂料中不混有压缩空气而本身压力又很高，故又称高压无气喷涂。无气喷涂的设备主要包括高压泵、蓄压器、过滤器、高压软管、喷枪以及喷涂室等。如图15-6。

无气喷涂的优点：①涂料喷出量大、喷涂效率高，一支喷枪每小时可喷涂210～330 m^2 的面积，对于喷涂大面积的制品，更显示高的涂饰效率；②无空气参与雾化、喷雾损失小、涂料利用率高（可达80%～90%）、环境污染轻、涂饰质量好；③不受被涂表面形状限制、应用适应性强，对平板表面以及组装好的制品或者倾斜的有缝隙的凹凸的表面与拐角都能喷涂；④喷涂压力大，可喷涂黏度较高（100 s以上，涂-4）的涂料，一次喷涂可获得较厚的涂层。

无气喷涂的缺点：①每种喷嘴的喷雾幅度和喷出量是一定的，无法调节，只有更换喷嘴才能达到调节的目的；②喷涂含有大量体质颜料的底漆时，颜料粒子易堵塞喷嘴。

15.1.2.3 静电喷涂 是利用电晕放电现象和正负电荷相互吸引原理，将喷具作为负极使涂料微粒带负电荷、被涂饰工件接地作为正极使木材表面带正电荷，在喷具与被涂饰工件间产生高压静电场（木材表面静电喷涂常用电压为60～130 kV，电极到被涂表面的距离为20～30 cm，电场强度约为4～6 kV/cm），使涂料微粒被吸附、沉积在被涂饰工件表面上形成涂层。

静电喷涂装置有自动固定式和手提移动式两种。其主要由高压静电发生器、操作台、喷杯、供漆系统、工件传送系统、高压电缆、静电喷涂室等组成。如图15-7。

静电喷涂的优点：①涂装施工条件好、环境污染小；②涂料与喷涂表面正负电荷相互吸引、无雾化损失、涂料利用率高（90%以上）；③涂饰效率高、易于实现自动化流水线喷涂作业、适于大批量生产；④涂层均匀、附着力和光亮度高、涂饰质量好；⑤通风装置简化、电能消耗少；⑥对某些制品（尤其是框架类）的涂饰适应性强、效益显著。

静电喷涂的缺点：①高压电的火灾危险性大、必须有可靠的安全措施；②形状复杂的制品很难获得均匀涂层；③对所用涂料与溶剂、木材制品都有一定的要求（适宜的涂料涂-4黏度为 $18 \times 10^{-4} \sim 30 \times 10^{-4} \mathrm{m}^2/\mathrm{s}$、电阻率为 $5 \sim 50 \mathrm{M}\Omega \cdot \mathrm{cm}$，木材含水率在8%以上时其导电性适宜静电喷涂）。

15.1.3 淋涂涂饰

淋涂是用传送带以稳定的速度载送零部件、通过淋漆机淋漆头连续淋下的漆幕，使零部件表面被淋盖上一层涂料而形成涂层的方法。淋涂在木制品生产中广泛用于涂饰平表面板式部件，能实现连续流水线生产。淋涂设备即各种淋漆机，主要是由淋漆机头、贮漆槽、涂料循环系统和传送装置等组成（图15-8）。淋漆机按漆幕形成的方式可分为底缝成幕、斜板成幕、溢流成幕和溢流斜板成幕等多种（图15-9）。

淋涂的优点：①适用于板式部件涂饰，可实现连续流水线生产；②传送带载送工件漆幕淋涂，一通过便形成完整涂层，生产效率高；③无漆雾损失、漏余涂料可回收再用、涂料损耗很少；④漆膜连续完整、厚度均匀、涂饰质量好；⑤淋漆设备操作维护方便。

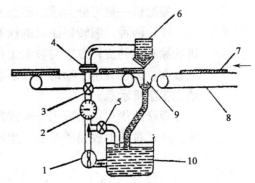

图15-8　底缝成幕式淋漆机示意
1. 漆泵　2. 压力计　3. 调节阀　4. 过滤器
5. 溢流阀　6. 淋漆机头　7. 工件　8. 传送带
9. 受漆槽　10. 贮漆槽

淋涂的缺点：①不适于涂饰带有沟槽和凹凸大的工件以及形状复杂的或组装好的整体制品；②不适于涂饰小批量生产的工件；③不能涂饰很薄（$30\mu\mathrm{m}$ 以下）的涂层。

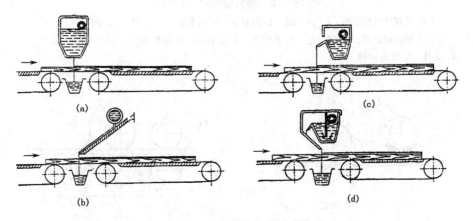

图15-9　各种淋漆机的成幕方式
(a) 底缝成幕式　(b) 斜板成幕式　(c) 溢流成幕式　(d) 溢流斜板成幕式

15.1.4 辊涂涂饰

辊涂是在被涂工件从几个组合好的转动着的辊筒之间通过时,将粘附在辊筒上的液态涂料部分或全部转涂到工件表面上而形成一定厚度的连续涂层的涂饰方法。

辊涂设备就是各种类型的辊涂机,其主要结构类似,常由辊筒(拾料辊——镀铬钢辊、分料或刮料辊——镀铬钢辊、涂布辊——丁腈或丁基橡胶包覆钢辊、进料辊——普通橡胶包覆钢辊)、辊筒驱动装置、工件传送装置、刮板、涂料槽、输漆泵等组成。

辊涂机一般可分为顺转辊涂机(顺涂,如图 15-10)和逆转辊涂机(逆涂,如图 15-11)两种。顺转辊涂机的涂布辊的旋转方向与被涂工件的进给方向一致;逆转辊涂机的涂布辊的旋转方向与被涂工件的进给方向相反。常见的辊涂机都是用于涂饰工件的上表面,但也有用于涂饰工件下表面或同时涂饰上下两面的辊涂机。图 15-12 所示为填孔辊涂机示意。

辊涂的优点:①适用于板式部件连续通过式流水线涂饰;②传送带载送工件漆幕淋涂,一通过便形成完整涂层,生产效率高;③适宜于黏度较高的各类涂料(各种清漆、

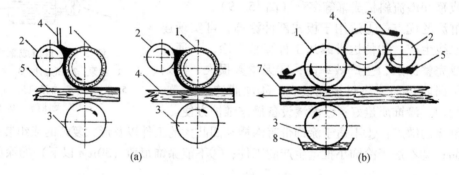

图 15-10 顺转辊涂机(顺涂)

(a) 常规顺转辊涂机:1. 涂布辊 2. 分料辊 3. 进料辊 4. 工件 5. 刮刀
(b) 精密辊涂机:1. 涂布辊 2. 拾料辊 3. 进料辊 4. 刮料辊 5. 涂料槽 6. 刮刀 7. 工件 8. 洗涤剂槽

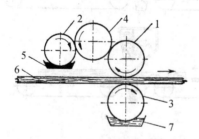

图 15-11 逆转辊涂机

1. 涂布辊 2. 拾料辊 3. 进料辊 4. 刮料辊
5. 涂料槽 6. 工件 7. 洗涤剂槽

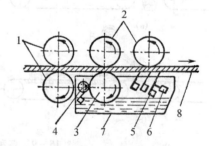

图 15-12 填孔辊涂机

1. 进料辊 2. 压辊 3. 涂布辊 4. 分料辊
5. 刮刀 6. 气垫 7. 涂料槽 8. 工件

色漆、填孔剂、填平剂、着色剂、底漆等），常用于板件的填孔、填平、着色和涂底等，涂层均匀、涂饰质量好；④基本无涂料损失、涂饰环境好。

辊涂的缺点：①要求被涂工件有较高的尺寸精度和标准的几何形状，不能涂饰带有沟槽和凹凸的工件以及整体制品；②对涂布辊表面的橡胶材质和硬度要求较高；③仅常用于工件的填孔、填平、着色和涂底以及一般面漆的涂饰。

15.2 涂饰工艺

用涂料涂饰木制品的过程，就是木材表面处理、涂料涂饰、涂层固化以及漆膜修整等一系列工序的总和。各种木制品对漆膜理化性能和外观装饰性能的要求各不相同，木材的特性如具有多孔结构、各向异性、干缩湿胀性、某些树种含有单宁、树脂等内含物，以及木制品生产中大量使用刨花板、中密度纤维板等人造板材，都对木制品涂饰工艺和效果有着直接的影响。

木制品的涂饰由于使用的涂料种类、涂饰工艺和装饰要求的不同，形成了不同的分类方法，其主要类别及其特征见表15-4。

表15-4 木制品涂饰的分类及特征

涂饰类别		特征		
		涂料	漆膜	工艺
按是否显现木纹分	透明涂饰（清水涂饰）	各种清漆	漆膜透明并保留和显现木材的天然纹理和色泽，纹理更明显、色彩更鲜艳悦目、木质感更强。	基底处理：表面清净（去污、除尘、去木毛）、去树脂、漂白（脱色）、嵌补 涂料涂饰：填孔或显孔、着色（染色）、涂底漆、涂面漆 漆膜修整：磨光、抛光
	不透明涂饰（混水涂饰）	各种色漆	漆膜完全遮盖木材的纹理和颜色，漆膜的颜色即是木制品的颜色。	基底处理：表面清净（去污、除尘、去木毛）、去树脂、嵌补 涂料涂饰：填平、涂底漆、涂面漆 漆膜修整：磨光、抛光
按漆膜表面光泽分	亮光涂饰	各种清漆和色漆	填实木材管孔、漆膜厚实丰满、光泽度在60%以上	A. 原光涂饰：气干聚酯漆和光敏漆的漆膜原光质量好	不进行漆膜的最后修整加工，工艺简单、省工省时
				B. 抛光涂饰：表面平整光洁、镜面般光泽装饰质量高	在原光涂饰漆膜的基础上增加漆膜的研磨和抛光等工序
	亚光涂饰	各种清漆	漆膜较薄，光泽微弱而柔和	A. 填孔亚光：填满管孔 a. 亮光涂饰＋研磨消光； b. 亚光漆直接涂饰	a. 用亮光涂饰后再研磨消光，其他工艺与亮光涂饰相同； b. 用亚光漆涂饰直接成消光漆膜
		亚光清漆		B. 半显孔亚光涂饰：不填满管孔，不连续、不平整的漆膜，降低光泽度	
		亚光色漆		C. 显孔亚光涂饰：不填管孔，不连续、不平整的漆膜，降低光泽度	因不填或不填满管孔，且面漆涂饰次数少，工艺简单、省时省料

木制品由于使用的基材和饰面材料不同，其涂饰工艺有所不同。当用刨切薄木（或旋切单板）和印刷装饰纸贴面以及镂铣、雕刻、镶嵌等艺术装饰的板式木制品，一般采用不遮盖纹理的透明涂饰工艺；而用刨花板、中密度纤维板等材料且表面不进行贴面装饰的，则常采用不透明涂饰工艺，运用各种色彩来表现其装饰效果。

15.2.1 涂饰工艺过程阶段

各种涂饰类型的基本操作过程和内容都是一样的，其基础理论也是相同的，一般涂饰工艺过程可分成三个阶段，若干个工序，总体见表 15-5。

表 15-5 涂饰工艺过程

序号	工序名称	工序基本目的	工艺阶段
1	表面清净	提高美观性和其他材料的附着力	基底处理
2	去树脂	提高其他材料的附着力	
3	脱色	减淡工件表面颜色；减少工件表面颜色差异	
4	嵌补	降低基底不平；减少涂料浪费	
5	填孔	降低基底不平；减少漆膜中的气泡和涂料浪费；强调木材纹理	涂料涂饰
6	染色	使工件外观具有某种颜色；强调木材纹理	
7	涂饰底漆	起隔离、封闭作用；降低成本	
8	层间处理	减少漆膜不平；提高下一层材料的附着力	
9	涂饰面漆	提高漆膜性能	
10	磨光	使漆膜表面平整光滑	漆膜修整
11	抛光	提高漆膜的光泽	

15.2.1.1 基底处理阶段 漆膜很薄，不可能将所有的基底缺陷都遮盖住。只有基底的粗糙程度远小于漆膜厚度，才能获得均匀平整的漆膜，漆膜质量状态在很大的程度上取决于木制品基底的表面状态。基底处理阶段包括表面清净、去树脂、脱色、嵌补等几个工序。

（1）表面清净。就是利用一些手段将工件表面清理干净，增强涂料附着力，为方便涂饰处理和获得高质量漆膜做准备。表面清净工序主要包括磨光、去木毛、去污、除尘等。

① 磨光：对工件表面进行磨削，降低其不平和提高其活性的过程称为磨光。经过磨光，可以破坏工件表面形成的机械自由基，提高了工件的表面能，能增强工件表面吸附染料、涂料等的能力，提高着色和涂饰质量。

② 去木毛：经过各种切削加工后，工件表面上仍存在许多一端被切断，而另一端尚与工件相连的木材纤维簇，即所谓的"木毛"。当木毛遇到溶剂或吸湿后，原来处于贴在工件表面的木毛会被润胀而竖起，工件表面重新变粗糙。在涂饰前期必须先去除掉木毛。

③ 去污：工件在储存和搬运过程中，表面可能受到汗液、油、水、胶等各种物质的污染。对于污染深度不大的局部污染，可以采用 1# 或 1.5# 木砂子磨光。如果是油的深度污染，可以先使用一些溶剂，如汽油等做擦拭，溶解掉油污，再用磨削彻底除去油污。

(2) 去树脂。许多针叶材，如落叶松、红松、马尾松等均含有丰富的松脂，松脂的主要成分有松节油和松香，遇热或有机溶剂，松节油和松香会渗出木材表面，影响着色、涂料的固化和漆膜的附着力，因此，在涂饰涂料前要脱除树脂。脱脂的方法有：

① 高温干燥法：在木材环节采用高温干燥技术，利用高温和蒸汽等将树脂从木材内部迁移到表面或挥发掉，除掉树脂。此法的优点是干燥木材同时除掉了树脂，工序少，成本低，适合大批量应用针叶材的企业，但去树脂的效果不稳定。

② 封闭法：将聚氨酯封闭底漆或虫胶漆涂在工件表面，阻止树脂的外逸。此法的优点是技术简单，效果好。但缺点是漆膜较薄时，封闭效果不好。此法目前常用。

③ 洗涤法：利用皂化反应，配合清水，洗涤掉树脂。常将 5%~6% 的碳酸钠（Na_2CO_3）溶液，或 4%~5% 的氢氧化钠（NaOH）溶液涂擦在工件表面上，进行皂化反应，约 1~2 h 后，使树脂形成可溶解的皂，然后用热水将表面洗净。

④ 溶解法：使用溶剂溶解树脂，可选择汽油、丙酮、甲苯、二甲苯、甲醇、四氯化碳等有机溶剂擦涂工件有树脂的地方，然后清除掉溶液即可。此法的优点是技术简单、去除效果较好，对木材影响小。但缺点是成本较高，有毒、易燃、有刺激性气味。很少应用。

⑤ 挖除法：将木材分泌树脂较多的部位挖掉，然后补上相应的木块。此法的优点是技术简单，操作容易。但缺点是会留下明显的修补痕迹，影响美观。此法应用不广泛。

(3) 脱色。就是利用具有氧化或还原反应能力的化学药剂对工件表面处理，使其颜色变浅的过程。脱色也称漂白。常用的脱色剂有过氧化氢（双氧水）、草酸、次氯酸氢钠等。

① 过氧化氢（H_2O_2）：过氧化氢水溶液俗称双氧水，具有比较强的氧化性，对植物纤维和蛋白质类物质氧化漂白效果比较好。一般使用时选取浓度为 30%~35% 的过氧化氢溶液，用棕刷子蘸取，涂于工件表面，10~30 min 后，用清水漂洗 2~3 遍。此法为常用漂白方法，效果较好。

② 过氧化氢 + 氨水：经常用 30%~35% 的过氧化氢溶液与浓度 25% 左右的氨水溶液配合使用，按过氧化氢溶液∶氨水溶液∶水为 1.0∶(0.2~1.0)∶1.0 的方式制成混合液。此法脱色效果非常好，成本低，操作简单，生产实践中经常采用。但缺点是氨水具有强烈难闻的气味和较强的腐蚀性。

③ 过氧化氢 + 碱液：用浓度 33% 左右的氢氧化钠水溶液先行擦拭木材表面，15~30 min 后，涂布 30%~35% 的过氧化氢水溶液，反应结束后，用清水漂洗 2~3 遍，结束操作。此法对水曲柳、栎木等树种的处理效果较好。也可用浓度 15% 左右的碳酸钠水溶液先行擦拭木材表面，5 min 后，涂布 30% 左右的过氧化氢水溶液，反应结束后，用清水漂洗 2~3 遍，结束操作。此法对水曲柳、柞木、柳桉、柞木、花木、刺槐、山

毛榉等树种的处理效果较好。

④ 亚氯酸钠（$NaClO_2$）：亚氯酸钠分解后产生的亚氯酸（$HClO_2$）能够破坏木材中的发色基团，产生漂白效果。在使用前向浓度为3%左右的亚氯酸钠水溶液中加入浓度0.5%左右的冰醋酸溶液，然后涂布在工件表面，用60~70℃的热空气加热到水分蒸发完毕。如果想获得更好的效果，可先在工件表面上涂上浓度为0.5%左右的碳酸钠溶液。此法对处理泡桐、山毛榉、白蜡木、柞木、椴木和生物污染等效果较好。

⑤ 次氯酸钠（$NaClO$）：用浓度为5%左右的次氯酸钠水溶液，涂布在工件表面上。也可在溶液中加入少量草酸或硫酸。此法对处理柳桉、橡胶木、核桃楸、槭木等效果较好。

⑥ 次氯酸钙（$CaCl_2O$）：将30 g次氯酸钙溶解于1L的清水中，加热溶解（60~70℃，加热5~10 min），搅拌均匀，热状态下使用。操作时，将上述溶液涂布在工件表面，再涂浓度为0.5%、温度为60~70℃的热醋酸溶液，加速脱色，待干燥15~30 min后，用浓度为2%的肥皂水或稀盐酸溶液清洗，最后用清水冲洗完成操作。

⑦ 草酸：分别将75 g结晶草酸、75 g结晶硫代硫酸钠、25 g结晶硼砂各自溶于1 L、70℃左右的热水中，冷却后备用。先涂草酸溶液，待4~5 min后再涂硫代硫酸钠溶液。如果达不到效果，可反复涂布。然后涂布硼砂溶液，最后用清水洗净擦干完成操作。此法适合桦木、色木、柞木、楸木、水曲柳等的脱色处理。

应该注意的是，影响脱色的因素主要有：树种、化学药剂的种类、化学药剂的浓度、化学药剂之间的搭配、温度、pH值、处理时间和处理次数等。操作前要对木材树种和颜色状态作出判断，然后选择合适的化学药剂和处理方法。在脱色处理准备阶段开始，直至结束都要注意化学药剂的贮存、调配和运输等环节，防止伤到人或具有强氧化性能的药剂与其他物质接触产生强烈的化学反应而燃烧或爆炸。另外也要注意化学药剂的腐蚀性，操作过程中要防止与金属等接触，避免被腐蚀的金属溶在化学药剂中形成新的污染物。

木制品所用木材树种比较多，各种不同的树种所含有的色素及其分布情况各不相同，不能期望一种方法可以处理所有树种，也不能期望所有的树种都能达到所期望的脱色效果。据有关资料介绍，水曲柳、麻栎、楸木、柚木、山毛榉、槭木、柳桉、枫香等树种很容易脱色；桦木、冬青、木兰、柞木、栎木、悬铃木等比较容易脱色；椴木、杨木、泡桐、刺槐、樱桃木、柏木、乌木、黑檀、黄檀、紫檀、花梨木等不容易进行脱色处理；而红杉、云杉、冷杉、铁杉、雪松、北美黄杉、白松、黄松等根本没法进行脱色。

(4) 嵌补。木材表面上出现虫眼、节子、钉孔、开裂、压痕等，在涂饰前必须用腻子将这些孔缝填平，这种操作称为嵌补。嵌补用的腻子是用粉末状颜料与黏接剂等物混合，形成黏稠的膏状物。腻子通常是在现场调制。颜料常用碳酸钙（大白粉）、硅酸镁（滑石粉）、氧化锌（锌白）、硫酸钡（钡白）和各种着色颜料（如氧化铁红、氧化铁黄等）。黏接剂常用乳白胶（聚醋酸乙烯酯乳液），也有用虫胶漆、硝基漆、聚氨酯漆等涂料。常见的腻子配方见表15-6。

表 15-6 常见腻子配比

腻子种类	成 分
油性石膏腻子	石膏粉:熟桐油:松香水:水 = 16:5:1:(4~6)
硝基腻子	硝基漆:颜料＝25%（按1:2~3比例兑入稀释剂）:75%
胶性腻子	颜料:聚醋酸乙烯酯乳液胶:水 =（70~75）:（15~22）:（8~15）

腻子的颜色应比木制品最终的要求略浅，并略高于工件表面，尽可能地不将腻子刮到缺陷范围以外，以不见嵌补痕迹为准。等到腻子干透以后，用砂纸顺木纹方向轻轻地磨光，磨掉高出的部分。磨光时不要用力过大，磨光范围也不要太大，尽量只磨光腻子部位。

15.2.1.2 涂料涂饰阶段 涂料涂饰前先必须对白坯木料填孔、着色。

（1）填孔。目的是用填孔剂填导管槽，使表面平整，此后涂在表面上的涂料就不至于过多地渗入木材中，从而保证形成平整而又连续的漆膜。填孔剂中加入微量的着色物质可同时进行适当的染色，更鲜明地显现美丽的木纹。填孔是制作平滑漆膜所不可缺少的重要工序。为了突出木材的自然质感，简化工艺，对栎木、水曲柳等大管孔材往往不进行填孔，做显孔或半显孔涂饰。

填孔剂又称填孔漆、填孔料等，生产中多为自行调配，其组成与嵌补用的腻子类似，是由体质颜料（填料）、着色颜料、黏结物质和稀释剂组成，但其黏度要比腻子稀薄。根据黏结物质不同，填孔剂也可以分为水性填孔剂、油性填孔剂和各种合成树脂填孔剂等，国内目前生产中以水性、油性两种填孔剂应用为多。

水性填孔剂俗称"水老粉"或"水粉子"，主要用水与大量体质颜料（老粉、滑石粉等）和少量着色颜料（氧化铁红、氧化铁黄、炭黑等）或水溶性染料调配，水与体质颜料的比例约为1:1~0.8，着色颜料则根据所要求的颜色及其深浅程度酌量添加。水性填孔剂的优点是：调配简单、施工方便、干燥较快、成本低廉、可自由选择着色剂、任何底漆都可使用；缺点是：易使木材湿润膨胀、使材面起毛粗糙、木纹不够鲜明、收缩大、易开裂、易吸收上层涂料、与木材及漆膜的附着性差。水性填孔剂中由于加入了着色颜料，即构成水性填孔着色剂，在填孔的同时可以对木材进行着色，这在实际生产中应用很普遍。水性填孔（着色）剂多用刨花、竹花、棉纱与软布等浸透后手工涂擦，使整个表面全部涂到，在水性填孔剂将干未干时，再用干净的竹刨花或棉纱、软布先围擦，最后顺纹将木材表面上的浮粉揩清，以保证木纹清晰。

油性填孔剂又称"油老粉"或"油粉子"，所用填料与水性填孔剂相同，也常使用石膏粉。黏结剂主要使用熟油与各种油性漆（酯胶漆、酚醛漆、醇酸漆等）。着色材料可使用着色颜料、油溶性染料以及油性色漆等。稀释剂可用松香水、松节油等。油性填孔剂不会湿润表面而使木材膨胀，也不会引起木毛而使材面粗糙，收缩开裂少、干燥后坚牢、填充效果好，能清晰显现木材花纹以及木材组织的特有质感，上层涂料不易渗透，与漆膜及木材有较好的附着力；但干燥慢、价格高、操作不及水性填孔剂方便，而且上面不宜直接用硝基、聚氨酯等涂饰。

树脂填孔剂的黏结剂用合成树脂漆，并使用树脂漆相应的稀释剂，着色材料用着色颜料、染料等。树脂填孔剂的性能与油性填孔剂类似，不会使木材含水率发生变动，不致引起材面粗糙，填孔效果好，不易渗漆，不会产生收缩皱纹；但干燥较慢、所用着色材料有限、调配麻烦、价格高。

填孔的关键是既要将管孔槽填匀实，又不使填孔剂留在表面上，如果在表面留有浮粉，就会影响木纹的清晰透明。在实际生产中，填孔工序大多与木材着底色的工序结合进行。

（2）着色。就是使木制品表面具有某种颜色或颜色图案的操作过程。希望木制品外观是某一色调，或者希望模拟某种名贵木材的颜色（颜色图案），就需要对不大符合要求的地方做着色处理，其目的就是使木制品外观具有预期的颜色特征，美化木制品。

木制品着色使用着色剂，着色剂使用能使基底形成颜色的物质（颜料、染料）与分散剂（水、油、树脂、溶剂）混合调配而成。常见的有三种：颜料着色剂、染料着色剂和色浆着色剂。

① 颜料着色：颜料多为无机矿物质，常见的有白色和其他彩色，依靠遮盖在物体表面而形成颜色。涂饰工艺中常用的颜料见表 15－7。

表 15－7　常用颜料

颜色	名称
白色	碳酸钙（大白粉）、硅酸镁（滑石粉）、二氧化钛（钛白粉或钛白）、氧化锌（锌白）、锌钡白（立德粉，为氧化锌与硫酸钡的混合物）
红色	氧化铁红（红土子）、甲苯胺红（猩红）、大红粉、红丹
黄色	氧化铁黄（黄土子）、铅铬黄（铬黄）
黑色	铁黑、炭黑、墨汁
蓝色	铁蓝、酞菁蓝、群青（洋蓝）
绿色	铅铬绿、铬绿、酞菁绿
棕色	哈巴粉

颜料着色剂通常根据分散颜料的介质进行分类。常见的有水性颜料着色剂和油性颜料着色剂。

水性颜料着色剂的调配是用水作分散剂，与体质颜料调配成糊状。如果需要多种颜色的颜料调配，一般按照先浅色后深色的顺序陆续混合，直至全部搅匀。木材管孔较大，水性颜料着色剂调配要稠厚些；木材比较细密，可以调配的稀薄些。

油性颜料着色剂的调配与水性颜料着色剂相似，用植物油或油性清漆为分散剂，用松香水、溶剂汽油、煤油等调节黏度。

水性颜料着色剂调配（表 15－8）简单，成本低廉，颜色直观，操作简单，干燥迅速，修补颜色简单。油性颜料着色剂着色的透明度高，木纹清晰，不会导致木材表面膨胀起毛，但干燥需 8～11 h，严重影响生产率，调配麻烦，表面容易硬结，改变颜色不容易，成本高，容易污染工件表面以及对上层涂料有限制，不然会影响附着力。目前企业中很少采用油性颜料着色剂。

使用水性颜料着色剂和油性颜料着色剂着色与填孔相似，可刷、刮、辊、擦。

表15-8 水性颜料着色剂配比

	木本色	柚木色	蟹青色	荔枝色	栗壳色	红木色	古铜色
大白粉（碳酸钙）	71	68	68	68	72	73	73
铁红	—	1.8	0.5	1.5	2.4	—	0.5
铁黄	—	1.8	0.5	1	1.1	—	—
黑墨水	—	—	—	5.5	6.5	6.4	6
铁黑	—	1.4	1.5	—	—	—	—
铬黄	0.05	—	—	—	—	—	—
立德粉	1.05	—	—	—	—	—	—
水	27.9	27	29.5	24	18	20.6	20.5

② 染料着色：染料着色剂通常用水或酒精等作为溶剂调成染料的水溶液（水性染料着色剂，也叫水色）或为染料的乙醇溶液（醇性染料着色剂，也叫酒色）。

水性染料着色剂，可用酸性染料、碱性染料和直接染料，常用酸性染料。将染料按一定百分比溶于热水中，制成染料水溶液就制成了水性染料着色剂。常见几种颜色水性染料着色剂配比见表15-9。

表15-9 水性染料着色剂配比

	浅柚木色	深柚木色	蟹青色	荔枝色	栗壳色	红木色	古铜色
黄纳粉	3.5	2.3	2	6.6	11	—	4
黑纳粉	—	—	—	—	—	17	—
墨汁	1.7	4.7	9	3.4	25	—	16
水	94.8	93	89	90	63	83	80

醇性染料着色剂的溶剂是乙醇，早些年也使用虫胶漆做溶剂。

水性染料着色剂调配简单，成本低，干燥速度适中，没有附带污染，适用的染料种类多，着色操作简单。醇性染料着色剂调配简单，成本略高，干燥速度快，对操作要求较高，也会对环境产生污染，有火灾隐患。

一般水性染料着色剂常用在底着色上，醇性染料着色剂由于干燥非常快，对木材的渗透性相当强，所以常常在底漆漆膜上进行颜色的修补，即采用层间着色方法进行补色。

水性染料着色剂可使用刷、擦的手工操作，也可以使用喷、辊、浸等方法；而醇性染料着色剂常用喷、辊等方法。

③ 色浆着色：色浆着色剂包含染料、颜料、分散剂、黏结剂、稀释剂等，是一种综合性的填孔染色剂。分为水性色浆、油性色浆和树脂色浆。如果色浆中含有颜料等用

于填充的材料，此色浆可用于基底处理，起填孔和染色双重作用，可选刷涂、刮涂、揩涂和辊涂等涂布方式；如果色浆中不含颜料等填充材料，则此色浆即可以用在基底，也可以用在漆膜之间，即层间处理。

水性色浆用水作分散剂，黏结剂常用羟甲纤维素和聚醋酸乙烯酯乳液，染料多为酸性染料，颜料多为氧化铁和其他体质颜料。

水性色浆一般20~30 min即能干燥，可进行下一步的操作。为提高效率，常与红外线加热隧道配合，经80℃左右热辐射处理，约7 min即可干燥。水性色浆具有胶黏剂，附着力较好，着色更均匀，颜色种类多，手工和机械操作均可，干燥速度适中，成本低，无毒无污染，剩余色浆用水封闭，可再次使用。但其缺点是含有水，对木材有不利的影响；水分蒸发填孔材料会产生收缩，填孔效果差；显现木纹略有模糊。

油性色浆用植物油或油性清漆做分散剂和黏结剂，染料多为油溶性染料，颜料仍然为氧化铁和其他体质颜料。油性色浆填孔效果优于水性色浆，呈现木纹也清晰，附着力好，但成本高，效果不及树脂色浆。

树脂色浆用树脂做分散剂和黏结剂，可用各类染料和颜料，通常还配有稀释剂。树脂色浆着色木纹清晰，立体感强，附着力好，能将基底完全封闭，封闭性好，颜色鲜艳稳定，色谱范围广，对基底和上面的涂层没有不良影响，而且上面漆膜的附着力高。但缺点是成本高，干燥慢，操作要求高。树脂色浆主要应用在中、高档家具上。

无论使用哪种着色剂进行处理，木材的生物属性和木制品要求的多样性，一次着色处理很难达到要求，通常需要几次处理。其中透明涂饰时工艺过程最复杂，共有三个阶段：底着色、层间着色和补色。

着色直接影响到木制品的外观，对木制品质量影响相当大，工艺安排和操作处理要慎之又慎。

(3) 涂底漆。构成漆膜底层的涂料称为底漆。底漆的作用有：封闭基底；提供平整底层；降低成本，减少面漆消耗；改善漆膜性能，增加漆膜的韧性和耐磨性能等。

涂饰底漆要兼顾基底和面漆，注意与基底漆及面漆之间的附着力。目前我国常用聚氨酯漆、硝基漆作底漆。仅起封闭作用的底漆，其固含量一般较低，通常涂布一遍，起填充和降低成本作用的底漆固含量一般较高，通常涂2~3遍。

涂布底漆可选择刷涂、揩涂、喷涂、辊涂和淋涂，目前企业中应用最普遍的是喷涂，少数采用辊涂或淋涂。

涂层固化，通常只是通过通风、洒水降温、遮荫降温等方式控制环境温度。对于涂饰大漆这样的特殊涂料，可以将木制品置于地窖里降温。

涂层固化阶段应保持环境的清洁、环境参数的稳定和足够的固化时间。值得注意的是涂层固化与固化剂密切相关，固化剂种类选择和加入量在调配涂料阶段已完成。

(4) 底漆漆膜处理。主要包括磨光和补色两部分。

① 漆膜磨光：就是用砂纸对漆膜进行研磨处理。漆膜磨光既可以消除漆膜的不平，

又能提高漆膜的活性，改善与下一层漆膜的附着力。漆膜磨光分干磨和湿磨两种方法。一般磨光漆膜只需将漆膜磨乌（失去光泽）即可。

② 补色：弥补和修正基底颜色差异的过程称为补色（修色、拼色）。为保证进行补色时不会影响原有的着色效果，通常在涂饰1~2遍底漆后进行补色。一种补色方法是有丰富经验的工人用毛笔在漆膜局部一点一点修补，直至将颜色校正。另一种方法是利用带颜色的清漆大面积涂布在底漆上，以此校正颜色。无论是哪种处理方法，对生产率和成本都有一定的影响，所以也只是在高档木制品中进行补色处理。

（5）涂面漆。构成漆膜上层的涂料称为面漆。涂饰面漆的操作与涂饰底漆相似，但要求更细致。最好在底漆干燥24 h以后再涂饰面漆。面漆的固含量应低些，涂层的流平性好，一般面漆涂1~2遍，高档木制品也有涂3遍的。同一批木制品要用同一批次、一次调配的漆。

15.2.1.3 表面漆膜修整阶段　此阶段包括漆膜抛光和涂蜡上光两部分内容。

（1）漆膜抛光。想要得到光亮如镜的漆膜表面，通常还需要通过抛光处理，即通过研磨的方法使漆膜表面的不平降到 0.2 μm 以下，并均匀分布在整个漆膜范围内。抛光用的研磨材料称抛光剂，俗称砂蜡、抛光膏，由一些无机的矿物质与黏合材料混合而成。抛光可以用抛光机，也可以用手动抛光工具。其原理都是用高速旋转的绒布布轮携带抛光膏对木制品表面进行研磨。应用手动抛光机要注意不要在工件局部施加压力过大、停顿时间过长，防止局部漆膜被磨漏或摩擦生成的高温使漆膜损坏。

（2）涂蜡上光。抛光后，用清洁的布擦干工件表面，在漆膜表面上涂布一层上光蜡，用抛光机换上干净的布轮高速打磨，在摩擦形成的热的作用下，溶剂挥发，蜡等物质融化，之后在漆膜上形成一层很薄的、光亮的蜡层，使漆膜真正呈现镜面效果，同时将漆膜封闭起来，保护了漆膜，提高漆膜的耐久性。须经常补擦光蜡，保护漆膜和光泽。

15.2.2　涂层干燥

家具与木制品表面漆膜由多层涂层构成，通常每一层涂层必须经过适当干燥后再涂第二层，以保证各层之间的牢固附着和形成具有一定物理力学性能和抗化学药品性能的漆膜，并与基材表面能紧密粘连，达到保护制品表面的目的。

涂层干燥按干燥程度不同分为表面干燥、实际干燥和完全干燥三个阶段。在多层涂饰时，当涂层表面干至不蘸灰尘或者用手指轻轻碰触而不留痕迹时为表面干燥；当用手指按压涂层而不留下痕迹并可以进行打磨和抛光等漆膜修饰工作，此时的涂层即达到了实际干燥；当漆膜干燥到硬度稳定、其保护和装饰性能达到了标准要求，此时即达到完全干燥。

涂层干燥方式的分类、特点及其适用范围见表15-10。

表 15-10 涂层干燥方式的分类、特点及其适用范围

干燥方法			干燥原理	特 点	适 用 范 围
自然干燥			用自然流通的空气作介质，并适当控制温度和湿度条件，对涂层进行干燥	1. 基本不需要干燥设备和能源 2. 干燥温度一般不低于10℃，相对湿度不高于80% 3. 干燥缓慢、占地面积大	1. 快干性、不产生有害气体的涂料 2. 慢干涂料需充分利用作业后昼夜干燥时间
人工干燥	对流干燥	热空气干燥	用蒸汽、热水等热源对空气加热，并用加热后的空气作介质，以对流换热方式干燥涂层	1. 热空气温度控制不当会使涂层质量降低，温度应根据涂料确定，通常为40~80℃，干燥挥发性漆为40~60℃，非挥发性漆为60~80℃ 2. 热空气流动速度为0.2~1 m/s 3. 涂层干燥速度比自然干燥快 4. 设备投资大	1. 可对各种形状、尺寸的工件表面涂层进行干燥 2. 适合于各种涂料的涂层干燥，干燥温度范围大
	辐射干燥	红外线干燥	用红外线辐射器（表面温度350~550℃）产生适合涂层吸收波长的红外线，直接照射涂层使其干燥	1. 红外线波长为0.72~1000 μm，2 μm以下为近红外线，2~25 μm为中红外线，25~1000 μm为远红外线（对涂层干燥效果好） 2. 红外线被涂层吸收后，使辐射能转化为热能而加热涂层 3. 涂层干燥速度快、干燥质量好 4. 红外线未照到的涂层难以干燥	1. 外形简单的小零件 2. 平面型工件 3. 热固性树脂涂料的涂层
		紫外线干燥	光敏涂料在特定波长的紫外线照射下，使光敏剂分解出游离基，引发光敏树脂与活性基团反应而交联成膜	1. 紫外线波长为300~400 nm，干燥时间短、几分钟内可固化 2. 光敏漆为无溶剂型涂料，几乎100%转化成漆膜 3. 施工周期短、生产效率高 4. 紫外线未照到的涂层难以干燥 5. 紫外线对人体有害，需防泄漏	1. 形状简单的零件 2. 平面型部件 3. 光敏涂料的涂层

15.2.3 常见涂饰缺陷与防治措施

常见的涂饰缺陷有鼓泡、流挂、泛白、橘皮、针孔、回黏、裂纹等，分别见表15-11至表15-17。

表 15-11 鼓泡产生的原因和预防措施

产生原因	预防措施
环境温度过高，湿度过大，气候潮湿	控制环境温度湿度，避开高温和潮湿环境，酌量加入消泡剂
木材含水率过高，潮气透入漆膜，或木材表面有松脂，或木材表面砂磨不够充分，木毛过多	木材含水率控制在15%以下，去除松脂等，仔细磨砂，除去木毛
双组分聚氨酯树脂漆的固化剂过多，放置时间不够，容易将空气混入涂层	按照产品说明书的比例关系进行调配，放置5 min以上

（续）

产生原因	预防措施
涂料黏度过高，溶剂或稀释剂使用不当，或用量过多，或挥发过快，且稀释剂含水	按照产品说明书的比例关系进行调配，不用含水的稀释剂，酌量加入环己酮等溶剂
基础着色时，木材表面填孔不密实，腻子或填孔料对底层封闭不良，管孔内的气体向外膨胀，或水分遇热蒸发，将表层漆膜顶起	加强填孔检查验收，进行表面预热，再用腻子或填孔料嵌填平实所有的管控孔，另外，对于封闭型涂饰，要求填孔严密，而对于开放型涂饰，则要求预涂底漆
一次涂层过后，且前一道涂层（如腻子，底漆）尚未干透，就急于涂饰后一道涂层，虽然漆膜表面已经干燥，而稀释剂未完全蒸发，将表层漆膜顶起，尤其是双组分聚氨酯树脂漆	控制一次涂层厚度和层间间隔时间，待前一道涂层干透后，再涂饰后一道涂层
空气压缩机和管道中带有水分，与漆液相混在一起	检查油水分离器，勤排水，防止水分混入，尤其是潮湿气候条件下
喷涂作业时，喷涂压力过大，喷嘴距离物面过近，喷涂过厚	熟练掌握喷涂作业规程，按照涂饰工艺要求调节喷涂压力，喷嘴距离物面不超过 250 mm
刚刚涂饰完毕的新漆膜，尚未干透，就将其置于温度过高的场所进行涂饰干燥，或直接受到日光曝晒，溶剂受热继续向外加速挥发，管孔内的气体将表层漆膜顶起	正确调节涂层干燥的室内温度，新漆膜不能

表 15-12 流挂的产生原因及预防措施

产生原因	预防措施
环境温度过低，涂层干燥结膜较慢，导致成膜流动性较大	环境温度保持在 15~35℃，加强涂饰环境的通风条件，选择干燥性较快的涂料
物面不清洁，含有水分、油污等，凹凸不平，形状复杂，造成涂层厚薄不均匀	除去油污，仔细砂磨，使物面平整
稀释剂使用不当，用量过多，造成涂料的施工黏度过低，或加入挥发性过慢的稀释剂，尤其是用干性慢的煤油调剂	选择配套稀释剂（干性较快的稀释剂），按照产品使用说明书的比例关系进行调配，注意稀释剂的挥发速度和涂层干燥时间的平衡
蘸漆量过多，一次涂层过厚，底漆尚未干透，或底层表面上的水分和油污未清除干净，就急于涂饰面漆	少蘸漆，勤蘸漆，蘸漆量适中，尽量薄刷，待底漆干透后，再涂饰面漆
油漆刷或羊毛排笔毛头长且柔软，涂液过稠，刷涂时未将漆液刷开、刷平	选择合适的刷具，油漆刷可以硬一些，稠漆调稀，用力要均匀，多理顺，多检查，顺木纹方向进行刷涂
操作不熟练，刷涂垂直面时，涂层厚薄不均匀，漆液流平性较差，厚处产生流淌，或将漆液刷涂到已经涂饰好的相邻面上，或刷涂完毕后没有及时收净边缘棱角、线条等部位的余漆	提高刷涂技术水平，眼睛盯住刷具，及时收净边缘棱角、线条等部位的余漆，理直理顺
喷涂作业时，嘴角口径过大，喷涂压力过大，喷嘴与物面距离过近，喷嘴与物面的角度不合适（斜向），喷枪移动速度过慢	熟练掌握喷涂作业规程，喷嘴口径以 1.5~1.8 mm 为宜，喷涂压力以 0.4~0.6 MPa 为宜，喷射距离以 200~250 mm 为宜，正确掌握喷枪的运行速度，均匀移动

(续)

产生原因	预防措施
一次喷涂过多过厚，重喷时间不当，造成同一面积上喷漆量过多，且厚薄不均匀	及时调整喷漆量，控制每道涂层的厚度，以2次喷涂为宜，每次间隔时间为10 min。在喷涂时，注意施工黏度、喷涂压力、喷射距离和移动速度

表 15-13 发白（泛白）的产生原因及预防措施

产生原因	预防措施
环境温度过低，湿度过大（相对湿度超过70%），空气中有较多的水分，在涂层干燥过程中，低沸点溶剂挥发速度过快，溶剂挥发吸热，使漆膜表面温度迅速降至露点（16.5～22℃），水蒸气凝结成为水分，而水分与溶剂不相容，就进入涂层产生乳化，在漆膜表面形成白雾状凝结，使漆膜中的树脂或高分子聚合物部分析出，变成白色半透明的膜层，这种现象尤其是虫胶漆和硝基清漆等快干挥发性涂料最为敏感	寒冷天、阴雨天等气候条件下不宜进行涂饰作业，必须涂饰时，可以采用加热干燥措施，或开启气流干燥设备，或开启辐射干燥设备，将环境温度升高至15～35℃
水分凝结在漆膜表面，开始在膜层上积聚起来，溶剂挥发越快，水分积聚越多，漆膜的发白程度由轻到重，待水分蒸发殆尽，孔隙被空气取代，成为一层有孔无光的膜层，降低了漆膜的机械性能和装饰性	对于虫胶清漆，应酌量加入松香、樟脑或环己酮，提高其固含量；对于硝基清漆，应加入适量的防潮剂（如环己酮等）能够抑制溶剂挥发速度过快而产生的冷却作用，防止水分的凝聚
快干挥发性涂料中，使用大量低沸点的溶剂或稀释剂，而强溶剂使用过少，不仅产生发白，且出现多孔状和细裂纹	选择配套溶剂或稀释剂，且用量不宜过多
物面潮湿或工具中带有大量水分	物面应该干燥，认真清除工具中的水分
喷涂作业时，空气压缩机上无油水分离器或装置失效，汽缸中积水过多，水分被带入漆液中	熟练掌握喷涂作业规程，随时检查油水分离器是否工作正常，不能漏水

表 15-14 橘皮的产生原因及预防措施

产生原因	预防措施
环境温度过高，通风较强	避免高温作业，控制干燥室的通风量
固化剂加入过多，双组分聚氨酯树脂漆过早开始胶化	按说明书调配，加入适量的固化剂，或调换固化剂
涂料黏度过高，稀释剂用量过少，稀释剂不佳，流平性较差	按说明书调配，或调换稀释剂，或加入适量的流平剂
低沸点溶剂过多，挥发速度过快，在静止的液态图层中产生强烈的静电现象（对流电流），漆液尚未流平就形成涡流，使涂层四周凸起而中部凹入，呈现许多半圆形状突起，类似橘子皮疙瘩，尤其使硝基漆喷涂作业最为常见	必须注意稀释剂中高低沸点溶剂的配套，高沸点溶剂可以适当多一些
层间间隔时间过短，前一道涂层尚未干透，后一道涂层中的强溶剂溶解了前一道涂层尚未干透的漆膜，将其咬起形成橘皮	适当延长最后几道涂层间隔时间，待前一道涂层干透后，再涂饰后一道涂层
喷涂作业中，喷嘴口径过小，喷涂压力过大，喷嘴距物面过近，漆液雾化不良	熟练掌握喷涂作业规程，按照涂饰工艺要求调整喷嘴口径和喷涂压力，喷嘴距物面不超过250 mm，注意运枪方法

表 15-15　针孔的产生及预防措施

产生原因	预防措施
涂饰环境不清洁，空气中有灰尘，环境温度过高，如在35℃以上进行喷涂	保证涂饰环境清洁，风沙天，大风、高温等气候条件下不宜进行涂饰作业，当夏季温度过高时，按照产品说明书的比例关系进行调配，对于酯胶清漆，可以按照该漆质量加入3%~5%的松脂油
固化剂加入过多，颜料的湿润性不佳	减少固化剂用量
快干挥发性涂料中，使用大量低沸点的溶剂或稀释剂，造成漆膜表面迅速干燥，而底部溶剂不易逸出	选择配套溶剂或稀释剂，且用量不宜过多
涂料黏度过大，稀释剂不佳，挥发不平衡	选择配套溶剂或稀释剂，控制涂料的施工黏度，调节挥发速度
涂料未搅拌均匀，静置时间过短，气泡尚未消失	充分搅拌均匀，静置5~10 min
涂料中混入水分、潮气等，尤其是聚氨酯树脂漆	防止水分混入，加入适量的甲基硅油作为消泡剂
基础着色时，底层封闭不好，局部地方的管孔未能被填孔料填实，形成细小的深穴（熟称穿心眼、木纹眼子），面层渗入穴内的漆液不能填平孔眼	对于粗孔材应该填实管孔
喷涂不善，喷涂量过大，局部涂层过厚，积聚过多的漆液，干燥初期成膜时，底层溶剂向上挥发，顶起面层漆膜，经过磨砂后，容易产生针孔	熟练掌握喷涂作业规程，分两次进行喷涂，每次间隔20 min
在干漆膜表面，如果原来针孔处未磨砂除去，即涂饰后一道涂层，在原来针孔处仍然可出现针孔	仔细磨砂，除去针孔，复补腻子，再进行涂饰作业

表 15-16　回黏的产生原因及预防措施

产生原因	预防措施
环境温度过低，不通风	控制干燥室的温度和通风量
木材表面残留松脂、蜡、酸、碱、盐、肥皂、油污、润滑油等，未彻底清洗干净，就开始涂饰面漆，在涂层干燥中，这些物质慢慢向漆膜渗透，影响漆膜干燥性，形成漆膜慢干，甚至回黏	彻底清除木材表面残留的污染物，最好在木材表面刷涂一道虫胶清漆进行底层封闭
熟练不够，干料配比不合适，如铅、锰干料较少，或混入半干性油和不干性油，催干剂被颜料吸收失去作用	按照规定比例关系来确定干料的用量，且注意涂料的成分
使用了高沸点的溶剂，贮存时间过长	选择优质溶剂，注意溶剂的性质和涂料贮存时间
受到水分、潮气等作用，影响涂层干燥结膜时间	采取相应的保护措施
配比关系不当，底漆配比涂层干燥较慢，面漆配比使涂层干燥较快	按照产品使用说明书的比例关系进行调配
腻子，氧化型底漆，第一道漆（树脂漆除外）尚未干透，就急于涂饰第二道漆或面漆，使溶剂被封闭而不挥发	待前一道涂层干透后，再涂后一道涂层，不能急于求成
涂层过厚，且在日光下曝晒，使底层漆膜长期不能干燥	控制每道涂层厚度，不能在日光下曝晒

表 15-17　裂纹的产生原因及预防措施

产生原因	预防措施
环境温度骤变	注意环境温度，掌握气候变化
木材中内含松脂未清除干净，高温下容易渗出，且春材表面松软，容易吸水、吸油，受到冷热循环和频繁的干缩湿胀等影响，比秋材更容易产生裂纹	除去松脂，进行底层封闭
催干剂不配套，用量过多，促使漆膜老化速度加快	注意油基漆中催化剂的配套性和用量，不能乱用
面漆质量比底漆差，面漆中挥发分过多，影响成膜的结合力	选择配套溶剂或稀释剂，挥发分不宜过多，用量要适当
室内用漆用于室外，漆膜长期受到日光、紫外线照射	正确选择优质材料
底漆过厚，且底漆尚未干透，就急于涂饰面漆，造成涂层表干里不干	控制每道涂层厚度，待底漆干透后，再涂饰面漆
底层潮气过大，受到日光曝晒，内部水分蒸发	不能日光曝晒，更不能将室内用水质品放置在日光下曝晒
受到有害气体侵蚀，如二氧化硫、氨气等，旧漆膜上已经出现细裂缝，当重新罩面时，连续刷涂过厚，使涂层间溶剂挥发不当	避免有害气体侵蚀。铲除旧漆膜后，才能涂饰新油漆，且不能刷涂过厚

15.2.4　涂饰工艺举例

制定涂饰工艺需要考虑制品的要求、材料、企业设备状况、工人技术水平、生产环境等多方面因素，没有完全适合所有企业的涂饰工艺，现列举某些典型的涂饰工艺供学习参考。

15.2.4.1　PU 型聚酯漆（聚氨酯漆）涂饰工艺

涂饰要求和条件：水曲柳薄木饰面、底着色、原光（即不经过抛光）亮光装饰、喷涂。

（1）表面清净。用 180~240 目的砂纸顺纹打磨。

（2）填孔着色。用树脂色浆进行填孔和着色。用橡胶刮板把树脂色浆涂满工件表面。之后用棉纱擦涂，清除多余色浆，干燥。

（3）打磨。用 240 目的砂纸轻轻打磨，除掉磨屑等附着物，再进行干燥。

（4）涂封闭底漆。喷涂一遍配套的 PU 型封闭底漆，干燥。

（5）打磨。用 280 目的砂纸轻轻打磨，除掉磨屑等附着物，待 5 min。

（6）补色。对照涂漆样板喷涂着色剂，干燥。此工序也可以在第一遍底漆打磨完毕之后进行。

（7）涂底漆。喷涂 2~3 遍配套的 PU 型底漆，每遍漆膜要干透，再按要求打磨。

（8）层间处理。用 320 目的砂纸轻轻打磨，除掉磨屑等附着物，每次待 5 min 后再进行下一步的操作。最后一次底漆涂饰完毕，待干透再打磨。

（9）涂面漆。涂 PU 型面漆 1~2 遍，两遍之间要干燥 6 h 以上。必要的话在两遍之间可用 400 目以上的水砂纸湿磨漆膜。湿磨以后要用清洁的布擦干漆膜表面，静放

30 min 以上后涂第二道面漆。最后要使漆膜干燥 24 h 以上才能入库。

15.2.4.2 "做旧"涂饰工艺

涂饰要求和条件：柞木刨切薄木饰面或柞木实木、底着色、填孔亚光透明装饰、根据样板仿古作旧、喷涂。

(1) 基材处理。选用 180~240 目的砂纸打磨基材。

(2) 模仿划痕。用木锉、木螺丝等金属物划破或敲破基材多处，模仿旧家具划伤痕迹。

(3) 基材修色。根据订货色样的颜色用专用着色剂调整木材色差。

(4) 着底色。用专用着色剂做出底色，并干透。

(5) 涂封闭漆。涂 1~2 遍封闭底漆，并干透。

(6) 层间处理。用 320 目以上的砂纸轻轻打磨，除去磨屑等附着物。

(7) 涂仿古漆。涂饰一遍仿古漆，涂后在涂层尚未干的时候，用布擦涂。待涂层稍干，用金属丝等在涂层上划出明暗不同的条纹，之后干透。

(8) 涂底漆。涂 1~2 遍底漆，要干燥透。

(9) 层间处理。用 320 目的砂纸打磨。

(10) 模仿斑点。在工件表面上呈点状喷涂深棕色清漆，用钢丝刷划出短条痕，模仿"苍蝇黑点"和"牛尾纹"。

(11) 涂面漆。涂 2~3 遍 PU 型清漆，干透，除最后一遍漆膜外，每遍之间要用 400 目以上的砂纸打磨漆膜。

15.2.4.3 硝基漆显孔亚光透明涂饰工艺

涂饰要求和条件：柞木、外观古旧质朴、木材细胞腔体直接曝露、喷涂。

(1) 基材处理。选用 140 目的砂纸顺木纹方向轻轻打磨。

(2) 染色。用软布蘸色浆反复擦拭工件表面，之后用干净软布擦干，静放 2 h 以上。

(3) 喷封闭底漆。按硝基漆与稀释剂 1:4~5 的比例调配硝基漆，均匀喷涂一遍，静放 1 h 以上。

(4) 层间处理。用 280 目砂纸打磨，之后清除磨屑。

(5) 涂面漆。按硝基漆与稀释剂 1:2~2.5 的比例调配硝基漆，喷涂 2 遍，第 2 遍须在上遍漆膜表干（约 15~30 min）后涂饰。最后一遍涂饰完毕之后，需静止 8 h 以上，保证涂层固化。

15.3 特种艺术装饰

15.3.1 雕 刻

木材雕刻在我国古代就有广泛应用，各地的古建筑、佛像、家具及工艺品上保存着很多有传统艺术性的优秀雕刻。现在木材雕刻仍是家具、工艺品和建筑构件等的重要装饰方法之一。全国已发展有黄杨木雕、红木雕、龙眼木雕、金木雕、金达莱根雕和东阳木雕等六大类木雕产品。木材雕刻按其特性和雕刻方法可分为浮雕、透雕、圆雕、线雕等几种。

(1) 浮雕。又称凸雕。是在木材表面上雕刻好像浮起的形状或凸起的图形。浮雕按雕刻深度的不同可分为浅浮雕、中浮雕和深浮雕。浅浮雕是在木面上仅仅浮出一层极薄的物象，一般画面深 2～5 mm，物体的形象还要借助于抽象的线条等来表现，常用于装饰门窗、屏风、挂屏等；深浮雕又称镂雕，是在平板上浮起较高，物象近于实物，主要用于壁挂、案几、条屏等高档产品；中浮雕则介于浅浮雕与深浮雕之间。

(2) 透雕。可分为阴透雕和阳透雕。在板上雕去图案花纹，使图案花纹部分透空的叫阴透雕；把板上图案花纹以外的部分雕去，使图案花纹保留的叫阳透雕。阳透雕根据操作技法不同又可分为透空双面雕和锯空雕。透空双面雕制品可以两面欣赏，用于台屏、插屏等；锯空雕是先用钢丝锯或线锯将图案以外的部分锯掉，再用浅浮雕技法进行雕饰，常用于制作门窗、挂屏、落地宫灯、家具贴花等。

(3) 圆雕。又称立体雕。传统的圆雕多见于神像、佛像、木佣等，现代圆雕则是人像雕刻、动物雕刻和艺术欣赏雕刻等。圆雕有圆木雕和半圆雕之分。圆木雕是以圆木为中心的浮雕，一般用于建筑圆柱（如云龙柱）、家具柱、家具脚、落地灯柱等，四面均可观赏；半圆雕是圆雕和浮雕的结合技法，一般为三面雕刻，主体部分是圆雕，配景是浮雕。

(4) 线雕。是在平板表面上加工出曲直线状沟槽来表现文字或图案的一种雕刻技法。沟槽断面形状有 V 型和 U 型，常用于家具的门板、屉面板以及屏风等装饰。

雕刻用的木材很多，一般只要质地细腻、硬度适中、纹理致密、色泽文雅的木材（含水率为 12%～14%）可用做雕刻材。目前使用的主要有椴木、樟木、白杨、苦槠以及花梨木、紫檀、酸枝木和鸡翅木等红木类木材。

雕刻可以用手工或机械的方法进行加工。手工雕刻主要用各种凿子、雕刻刀和扁錾等，需要有高度熟练的手艺，劳动强度也较繁重。机械雕刻适宜于成批和大量生产中，雕刻机械有镂锯机（线锯）、普通上轴铣床（镂铣机）、多轴仿型铣床（多轴雕花机）和数控上轴铣床（数控机床或加工中心，NC、CNC）等。在镂锯机上能进行各种透雕的粗加工；用普通上轴铣床可以进行线雕和浮雕；在多轴仿型铣床上可以完成相当复杂的艺术性仿型雕刻；数控上轴铣床则可以按事先编好的程序自动进行不同图案与形状的雕刻加工。

15.3.2 压 花

压花是在一定温度、压力、木材含水率等条件下，用金属成型模具对木材、胶合板或其他木质材料进行热压，使其产生塑性变形，制造出具有浮雕效果的木质零部件的加工方法，又称模压。压花的工件可以是小块装饰件，也可以是家具零部件、建筑构件等。压花形成的表面一般比较光滑，不需要再进行修饰，但轮廓的深浅变化不宜太大。压花加工生产率高，适于批量生产，成本较低。压花方法有平压法和辊压法。

平压法是直接在热压机中进行压花。在热压机的上或下压板上安装成型模具，即可对木材工件进行压花加工。影响压花质量的因素主要有材种、压模温度、压力、时间、工件含水率、模具刻纹深度、刻纹变化缓急、刻纹与木材纹理方向的关系以及处理剂的性质等。通常热压温度为 120~200℃、压力 1~15 MPa、时间 2~10 min、木材含水率 12%。压花时为了防止木材表层的破裂，必须避免使用有尖锐角棱的花纹及过度的压缩部分，木材纤维方向与模具纹样的夹角应合理配置；为了改善木材的可塑性，使压花后的浮雕图案不受空气湿度变化的影响，压花前可在木材表面预涂特种处理剂后再压花。人造板压花可在板坯热压的同时或人造板制成后进行，表面可以覆贴薄木、装饰纸、树脂浸渍纸和塑料薄膜等。

辊压法是将工件在周边刻有图案纹样的辊筒压模间通过时，即被连续模压出图案纹样。该法生产效率高，广泛用于装饰木线条的压花。为了提高辊压装饰图案的质量，木材表面应受振动作用，以降低木材的内应力，促使木材的弹性变形迅速转变为残余变形，以保证装饰图案应有的深度。一般热模辊的滚动速度为 3~5 m/min、加压时工件压缩率为 15%、振动频率为 15~50 Hz。

15.3.3 镶 嵌

用不同颜色、质地的木块、兽骨、金属、岩石、龟甲、贝壳等拼合组成一定的纹样图案，再嵌入或粘贴在木制品表面上的一种装饰方法，即为镶嵌。木制品镶嵌在我国历史悠久，广泛用于家具、屏风和日用器具等。

(1) 镶嵌种类。按嵌件材料可分为玉石嵌、骨嵌、彩木嵌、金属嵌、贝嵌或几种材料组合镶嵌等。按镶嵌工艺可分为挖嵌、压嵌、镶拼和镶嵌胶贴等。

① 挖嵌：在制品装饰部位以镶嵌图案的外轮廓线为界，用刀具挖出一定深度的凹坑，再把与底面颜色不同的木材或其他材料镶拼成的图案嵌入凹坑，并进行修饰加工后成为装饰表面。镶嵌元件与被装饰表面处于同一平面称为平嵌；镶嵌元件高出被装饰表面时，具有浮雕效果，称为高嵌；镶嵌元件低于被装饰表面称为低嵌。

② 压嵌：将镶嵌元件胶贴在制品表面上，再在镶嵌元件上施加较大的压力，使其厚度的一部分压进装饰表面，最后用砂光机将镶嵌元件高出装饰表面的部分砂磨掉。该法不必挖凹坑，省工、高效，但必须用较大硬度的镶嵌元件，在元件与底板交界处有底板局部下陷现象。

③ 镶拼（拼贴）：用不同颜色且形状尺寸一定的元件拼成图样并粘贴在木制品的基面上，将基面完全盖住。该法只镶不嵌，具有浮雕效果。

④ 镶嵌胶贴：又称薄木镶嵌，将镶拼图样或薄木镶嵌元件先嵌进作为底板的薄木中，再将它们一起胶贴到刨花板或中密度纤维板等基材上，起到装饰表面作用。

(2) 镶嵌工艺。薄木镶嵌工艺过程为镶嵌图样设计——镶嵌选材（薄木树种、颜色及纹理的选择与搭配）——图样分解与划线放样——镶嵌元件制作（可用刀刻、刀剪、冲裁和锯解等方法加工以及塑化、漂白和染色等方法处理）——底板制作（用冲压、锯切方法加工底板上的孔，孔的形状尺寸必须与镶嵌元件相吻合，以免过小嵌不进去、过大出现缝隙）——镶嵌元件与底板的镶拼（镶嵌元件嵌入底板并用胶纸带定位）

──→镶嵌底板与基材的胶合──→表面砂磨修整。

15.3.4 烙 花

烙花是用赤热金属对木材施以强热（高于150℃），使木材变成黄棕色或深棕色的一定花纹图案的一种装饰技法。该法简便易行，烙印出的纹样淡雅古朴、牢固耐久。用烙花的方法能装饰各种制品，如杭州的天竺筷、河南安阳的屏风和挂屏、苏州檀香扇，以及现代的家具门板、屉面板、桌面等。

烙花装饰的方法主要有：

（1）烫绘。是在木材表面用烧红的烙铁头绘制各种纹样和图案。用该法可在椴木、杨木等结构均匀的软阔叶材或柳桉、水曲柳等木材上进行烫绘。一般多模仿国画的风格。

（2）烫印。是用表面刻纹的赤热铜板或铜制辊筒在木材表面上烙印花纹图案。铜板或铜制辊筒的内部一般用电或气体加热，通过增减压力、延长或缩短加压时间，可以得到各种色调的底子与纹样。

（3）烧灼。是直接用激光的光束或喷灯的火焰在木材表面上烧灼出纹样。通过控制激光束或喷灯火焰与表面作用时间能获得自黄色到深棕色的纹样，但不允许将木材炭化。

（4）酸蚀。是用酸腐蚀木材的方法绘制纹样。在木材表面上先涂上一层石蜡，石蜡固化后用刀将需要腐蚀部分的石蜡剔除，然后在表面涂洒硫酸，经0.5~2 h后再将剩余的硫酸和石蜡用松节油或热肥皂水、氨水清洗，即可得到酸蚀后的装饰纹样。

15.3.5 贴 金

贴金是用油漆将极薄的金箔包覆或贴于浮雕花纹或特殊装饰面上，以形成经久不褪、闪闪发光的金膜。贴金用的金箔分真金箔和合金箔（人造金箔）。真金箔是用真金锻打加工而成，根据厚度和轻重又分为重金箔（室外制品装饰用）、中金箔（家具及室内制品装饰用）和轻金箔（圆缘装饰用），价格昂贵但光泽黄亮、永不褪色。合金箔只宜于室内制品的装饰，而且其表面必须涂饰无色的清漆以防变色。

贴金表面应仔细加工并平滑坚硬，涂刷清漆的涂层要薄，待干至指触不粘时即可铺贴金箔，并用细软而有弹性的平头工具贴平，最后用清漆涂饰整个贴金表面以保护金箔层。

思 考 题

1. 为什么要进行木制品装饰？装饰方法有几种？
2. 什么是木制品涂饰工艺？涂饰工艺大致可概括为哪几种？
3. 简述涂饰的工艺过程大致由哪几个阶段组成？

4. 分别说明什么是"涂料""涂饰""涂层"和"漆膜","填孔""显孔""嵌补"和"填平","亚光""亮光""磨光"和"抛光"。
5. 简要叙述常用的涂饰方法和涂饰设备分别有哪几种?
6. 什么是涂层的干燥过程?有哪几个阶段?常用的涂层干燥方法有哪几种?
7. 简述木制品特种艺术装饰有哪几种方法?

第 16 章

木制品装配

[本章重点]
1. 木制品装配的概念和方式。
2. 木制品装配的工艺过程。
3. 木制品装配前的准备工作、部件装配、部件加工、总装配、配件装配。

任何一件木制品都是由若干个零件或部件接合而成的。按照设计图纸和技术条件的规定，使用手工工具或机械设备，将零件接合成为部件，或将零件、部件接合成完整产品的过程，称为装配。前者称为部件装配，后者称为总装配。

根据木制品结构的不同，其涂饰与装配的先后顺序有以下两种：固定式（非拆装式），木制品一般先装配后涂饰；拆装式，木制品一般先涂饰后装配。

在大中型企业工业化批量生产中，装配过程多是按流水线移动的方式进行的，工作对象顺序地通过一系列的工作位置，装配工人只需要熟练地掌握本工序的操作，因此装配效率较高，同时也便于实现装配与装饰过程的机械化和连续化。

目前，在一些批量生产的先进企业中，都在组织拆装式木制品的生产，由工厂生产出可互换的或带有连接件的零部件，直接包装销售给用户，用户按装配说明书自行装配。这种方式不仅可以使生产厂家省掉在工厂内的装配工作，而且还可以节约生产面积，降低加工成本和运输费用，提高劳动和运输效率。

然而，要实现拆装木制品生产，必须采取一系列提高生产水平的技术措施：首先，必须在生产中实行标准化和公差与配合制，并组织可靠的限规作业，这样才能保证所生产的零部件具有互换性；其次，应尽可能地简化制品结构，采用五金连接件接合，保证用户不需要专门的工具和设备以及复杂的操作技术就可装配好成品而不影响其质量；第三，应控制木材含水率和提高加工精度，实行零部件的定型生产并保证零部件的质量和规格有足够的稳定性。

木制品装配有手工装配和机械装配两种方法。手工装配生产效率低、劳动强度大，但能适应各种复杂结构的产品；机械装配生产效率高、质量好、劳动强度低。目前我国木制品生产中机械装配水平很低，有的也只局限于部件组装中，手工装配仍是普遍存在的一种方法。

木制品常见的装配工艺流程为：前期准备→部件装配→（部件修整）→总装配。

16.1 装配的准备

装配前的准备主要包括：工人和技术准备，材料、设备和环境准备，预装配。
具体包括如下内容：
① 完善技术资料；
② 工人预先熟悉工作内容，包括木制品或部件的结构、所有技术要求和操作规程等；
③ 对工人技术水平、人数、所需工具等进行预分配；
④ 验证装配所需零部件、连接件、其他配件的质量和数量，并在需要时根据特殊需要进行挑选和分类，调配胶黏剂或制备其他材料以及确认质量、数量；
⑤ 调试装配设备和所需夹具，确认和完善装配环境；
⑥ 进行预装配和反馈结果。

16.2 部件装配及加工

16.2.1 部件装配

部件装配需要及时供应较多的零件，随着部件结构的复杂程度不同，部件装配的顺序和耗用的时间也会不同。

固定结构部件装配原则：
① 整体性原则：对于复杂的部件，如果部件中局部可以形成整体，则尽可能先将零散的零件组成若干小的整体，然后再进行组装；
② 先内后外原则：先组装处于部件内部的零件，再由内向外逐渐完成组装；
③ 先小后大原则：先将尺寸较小的零件组装到尺寸较大的零件上，逐渐扩大；
④ 最后封闭原则：对于框架结构，应保证形成封闭形式的零件最后组装，避免因框架封闭而无法组装其他零件，尤其采用嵌板结构的部件更应注意此。

拆装结构部件装配原则：
拆装结构通常部件装配与总装配同时进行，但部件装配仍然相对独立。装配原则除上述外，还有：
① 先装预埋件：先安装连接件的预埋件，然后再组装和连接；
② 先成型后紧固：先将部件组装成型，然后边调整边紧固，保证零件间的位置精度；
③ 紧固均匀原则：连接处的紧固力应尽可能均匀。

部件装配时主要注意事项：
① 各个零件的定位要依照图纸和相关的技术文件，应以零件外轮廓面为基准；
② 装配时施力应均匀，力量不可过大，防止结合处破坏和压溃零件表面；
③ 装配时施力方向与零件组装方向一致，不可偏斜；

④ 操作时间、环境条件应满足胶黏剂的需要；
⑤ 操作时应防止污染零件，应及时清除掉多余的胶黏剂；
⑥ 榫接合常使用 PVAc 乳液胶，手工涂胶要采用双面涂胶，而机械涂胶常采用单面涂胶，一般胶黏剂消耗定额双面涂胶按 500 g/m² 计，单面涂胶按 300 g/m² 计；
⑦ 应尽可能保持环境条件均匀和一致，避免结构内部产生较大应力。

16.2.2　部件加工

部件装配完毕后尺寸精度、形状精度等可能不能满足总装配的需要，为此需要对部件再行加工，使之达到要求。部件各个方面的精度既受到装配过程的影响，也受零件尺寸加工精度的影响。

装配过程中零件相对位置的定位精度、零件间相对角度精度、加压时施力大小和方向、部件结构中是否形成了较大的应力等都会影响到部件的装配精度。

在装配过程正确的前提下，零件加工精度对部件尺寸和形状精度有较大的影响。例如以图 16-1 所示某木框为例，木框宽度尺寸偏差由零件 1 和两个零件 2 的尺寸偏差决定。

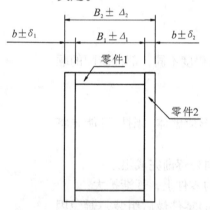

图 16-1　部件尺寸精度与零件尺寸加工精度之间的关系

木框宽度尺寸符合：$B_2 \pm \Delta_2 = B_1 + 2b \pm \delta_1 \pm \delta_2 \pm \Delta_1$
在极限状态下：$\Delta_2 = \delta_1 + \delta_2 + \Delta_1 - \Delta_2 = -\delta_1 - \delta_2 - \Delta_1$

部件尺寸偏差为相应方向零件尺寸偏差的和，为保证部件具有足够的相应尺寸精度，有如下两种解决途径：

① 提高零件加工精度：由上述可以看出，当零件加工精度足够高时，就可以保证部件的精度要求。但当部件精度要求较高或者某方向零件数量很多时，都将导致零件加工精度必须相当高，给零件加工带来相当大的难度，甚至在技术上无法实现。

② 部件再行加工：当采用上述方法不能实现保证部件精度或成本过高时，可以在部件装配完毕后对部件再进行一次加工，即部件加工，使之达到要求。

两种方法各有利弊，如果提高零件精度的技术或成本在可以接受的范围内，零件精度达到要求，则可直接装配部件，生产效率高，占用厂房面积小；如果提高零件精度的技术或成本不能接受，则需对部件加工，增加工序和工时消耗，增加材料消耗。

部件加工与零件的机械加工相似，需先加工一个表面作为基准面。基准面加工常使用平刨和铣床，相对面加工常使用压刨和铣床。不便于机械加工的地方则需使用手工加工。

部件中存在纵横连接的零件，为防止横向切削造成纤维撕裂或崩坏，加工部件时应沿对角线方向进给。如果部件尺寸较大或零件表面进行了饰面，不能利用平刨、压刨加工时，也可以使用砂光机加工。使用砂光机加工，可同时获得较高的表面精度。但由于切削量有限，此法加工尺寸偏差较大部件时生产率较低，成本较高。

现实中对部件形状精度提出要求较少，通常只通过对角线长度尺寸公差控制矩形部件的形状，常在部件装配过程中通过加压改变大小和方向、局部敲打等方法调整，也可在不加工时完成。

16.3　总装配

总装配与部件装配相似，部件装配通常仅限于两个方向以下的组装，构成的部件可以抽象看成是平面，而总装配常常涉及三个方向的组装问题。木制品结构的复杂程度和精度要求的高低影响着总装配过程的复杂程度。

木制品结构常比较复杂，装配过程中也不适合经常搬运，不容易采用流水作业形式，通常在一个工作地点完成总装配的全部工作。少数情况下采用主体框架在一个工作地完成，活动部件、可拆卸的次要构件、装饰件等在另一工作地完成。

总装配一般采用装配顺序为：结构框架 → 加固件 → 活动部件 → 装饰件。

总装配过程除应遵循部件装配的原则外，还应遵循以下原则：

①嵌板优先原则：木制品构中如果有嵌板结构，应将嵌板与框架视为一体，组装完框架后先安装嵌板，之后再组装其他，柜类形式木制品的背板可视为嵌板结构；

②先下后上原则：按照木制品结构受力方向的逆向组装，先组装支撑部分，后组装其他部分。

总装配时结构连接、榫接合胶黏剂的消耗定额等与部件装配类似，拆装结构连接处紧固力大小要均匀，固定结构连接处涂胶量和胶固化状态等也要均匀，防止装配后结构内部出现较大的应力。同样在装配过程中也要尽可能保持环境条件的稳定。

与部件装配类似，木制品成品的尺寸、形状、位置精度也与部件精度和总装配过程有直接关系。以往在总装配后可能对成品需要手工加工，现由于技术提高，部件精度较高，成品精度比较容易保证，所以目前多采用先涂饰后装配和异地装配工艺，成品形状和位置精度通常通过调整连接件和局部加力等方法完成。

16.4　配件装配

木制品配件的装配，目前在生产中大多采用手工操作。下面介绍几种常用配件的装配方法和技术要求。

16.4.1　铰链的装配

由于各种木制品要求不同，可采用不同形式的铰链连接。目前常用铰链形式有薄型铰链（明铰链、合页）、杯状铰链（暗铰链）和门头铰链等三种。其中门头铰链应装在门板的上下两端。根据门板的长度，明铰链或暗铰链可装 2~3 只。铰链的型号规格按设计图纸规定选用。

木制品柜门的安装形式主要有嵌门结构和盖门结构两种，因此，铰链的安装形式也有很多种。安装明铰链的方法有单面开槽法和双面开槽法两种。双面开槽法严密、质量好，用于中高档产品。安装暗铰链的方法常用单面钻孔法。安装门头铰链一般用双面开槽法。

16.4.2 拆装式连接件的装配

采用拆装式连接件组装的木制品，零部件间可以进行多次拆装。通常在工厂里进行试装，拆装后按部件包装运输，使用者可按装配说明书再次组装而成。拆装式连接件形式很多，常用的接合形式的安装方法如下：

（1）垫板螺母与螺栓接合的安装。将三眼或五眼垫板螺母嵌入旁板接合部位，用木螺钉拧固，在顶板相应接合部位拧入螺栓并与垫板螺母连接。

（2）空心螺钉与螺栓接合的安装。空心螺钉内外都有螺纹，外螺纹起定位作用，内螺纹起连接作用。安装时先将空心螺钉拧入旁板接合部位，再在顶板相应接合部位拧入螺栓与空心螺钉的内螺纹连接。

（3）圆柱螺母与螺栓接合的安装。旁板内侧钻孔，孔径略大于圆柱螺母直径0.5 mm，对准内侧孔在旁板上方钻螺栓孔，孔径略大于螺栓直径0.5 mm。在顶板接合部位钻孔并对准旁板螺栓孔，螺栓对准圆柱螺母将顶板紧固连接。

（4）倒刺螺母与螺栓接合的安装。在旁板上方预钻圆孔，把倒刺螺母埋入孔中，螺栓穿过顶板上的孔，对准倒刺螺母的内螺纹旋紧，为使螺母不至于退出，可在孔中施加胶黏剂。

（5）胀管螺母与螺栓接合的安装。胀管螺母相当于倒刺螺母，但在胀管一侧开道小缝，当螺栓拧入时，会使胀管螺母胀开产生较大的挤压力，因此比倒刺螺母更为牢固。

（6）直角倒刺螺母与螺栓接合的安装。连接件由倒刺螺母、直角倒刺和螺栓三部分组成。安装时，先在旁板、顶板上钻孔，把倒刺螺母嵌入顶板孔中，再把直角倒刺嵌入旁板中，最后将螺栓通过直角倒刺孔再与倒刺螺母的内螺纹连接。

（7）轧钩式连接件接合的安装。将带孔（槽）的推轧铰板嵌入面板内，表面略低于面板内面0.2 mm；将带挂钩的推轧铰板嵌入旁板内，要求同旁板边面平齐，挂钩高出边面。安装时，挂钩对准孔（槽）眼，向一方推进即可轧紧。该种方法接合牢固，使用方便，常用于拆装式台面板以及床屏与床梃的活动连接。

（8）楔形连接件接合的安装。由两片相同形状的薄钢板模压而成，一个连接板用木螺钉固定在旁板接合部位，另一个固定在顶板上，靠楔形板的作用，使部件连接起来，这种连接件拆装方便，不需要使用工具。

（9）搁承连接件接合的安装。这种搁承（钎）用于活动搁板的连接。它是由倒刺螺母和搁承螺钉组成。先在旁板内侧钻一排圆孔，孔内嵌入倒刺螺母，并与旁板内侧面平齐，然后将搁承螺钉旋入倒刺螺母，再将搁板置于其上即可。

16.4.3 锁和拉手的装配

门锁有左右之分,如以抽屉锁代用,则不分左右。钻锁孔大小要准确,无缝隙,孔壁边缘光洁无毛刺。装锁时,锁芯凸出门面 1~2 mm,锁舌缩进门边 0.5 mm 左右,不得超过门边,以免影响开关。大衣柜门锁的中心位置在门板中线下移 30 mm,拉手的下边缘距锁的上边缘距离 30~35 mm 为宜;双门衣柜只装一把锁时,可装在右门上。小衣柜的门锁和拉手安装与大衣柜相同。抽屉锁不分左右,安装方法及技术要求与门锁相同。

16.4.4 插销的装配

暗插销一般装在双门柜的左门的左侧面上(不装门锁的门),将暗插销嵌入,表面要求与门侧边平齐或略低,以免影响门的开关,最后用木螺钉固定。

明插销一般装在双门柜的左门的背面,上下各一个,离门侧边 10 mm 左右,插销下端应离门上下口 2~3 mm,以免影响门的开关。

16.4.5 门碰头的装配

碰头适合于小门上使用,一般装在门板的上端或下端,也有装在门中间。在底板或顶(台面)板内侧表面上装上碰头的一部分,在门板背面上装上碰头的另一部分。对常用的碰珠或碰头,门板上安装孔板,安装时,钻孔大小、深浅都要合适,并用木块或专用工具垫衬敲入。孔板中心要挖一深坑,以便碰珠不至于顶住孔底。装配后要求达到关门时能听到清脆的碰珠响声和门板闭合后不自动开启的效果。

思 考 题

1. 什么是木制品装配?木制品装配与涂饰的关系如何?
2. 为什么要组织拆装式木制品生产?实现拆装式木制品生产应采取什么技术措施?
3. 装配前有哪些准备工作要做?
4. 什么是部件装配和部件修整加工?
5. 什么是总装配?总装配的过程包括哪几个阶段?应遵循哪些原则?
6. 木制品一般常用哪几种配件装配?

第 17 章

工艺设计

[**本章重点**]
1. 木制品生产工艺设计的内容、依据、步骤。
2. 原材料计算的方法与步骤。
3. 工艺过程制订的原则、方法、步骤。
4. 机床设备选择与计算、车间规划与设备布置。

木制品生产企业或车间的工艺设计是对木制品生产工艺过程、工艺条件、工艺环境的规划和确定。

应当以木制品生产的特点和类型、产品的设计和生产计划为依据,在确定产品结构和技术条件、计算原材料、制定工艺过程、选择与计算加工设备和生产面积的基础上,进行设备的布置与规划,最后绘制出设备平面布置图。

17.1 工艺设计的依据

工艺设计不是个人行为,所以必须有设计任务的下达者和明确设计任务的书面文件——设计任务书。设计任务书是工艺设计的纲领性文件,工艺设计工作需在设计任务书的框架内展开,一切将以此作为基础,是工艺设计的重要依据。

设计任务书应明确设计任务,阐明设计的前提条件,提供设计所需的前期技术数据和工艺设计应达到的目标或要求等。一般设计任务书包括:任务名称,加工的产品,生产规模,企业所处地理位置和自然环境条件,应达到的技术水平和经济指标,其他要求,任务下达部门公章和审批人员签字等。

17.1.1 木制品生产的特点和类型

(1) 木制品生产的特点。木制品生产主要通过切削、模压、胶合等方法将锯材或其他木质材料等加工成成品,根据需要可能还要对表面进行装饰处理。木制品产品种类规格多样,所用材料种类和规格也相当丰富,完成同样加工的手段和方法也多种多样,因此木制品生产工艺过程具有多样性,这是木制品生产的重要特点之一。所以进行木制品生产工艺设计时,需掌握充分的基础数据,灵活处理。

木制品生产企业可以是一个独立的工厂,也可以是某木材加工企业或其他工业企业(如车辆制造厂等)的一个分厂或车间。

(2) 木制品生产的类型。按产品生产规模的不同，木制品生产有单件生产、成批生产和大量生产三种类型。

① 单件生产：所生产的产品有许多种类、不同规格，每种产品只生产一件或几件，不重复生产，如小型家具厂等。

② 成批生产：产品的种类不多，而且是定期更换和成批地投入生产的，如大型家具厂等。

③ 大量生产：在较长时间内只生产一种或少数几种产品，如大型地板厂等。

对不同类型木制品生产企业的工艺设计，采取的基本原则也不同。

对于单件生产，可以选用一种具有代表性的木制品，按一般的工艺过程，并考虑某些特殊需要来进行设计，大都是选用通用性设备按类布置。生产灵活，但效率很低。

大量生产，通常是以某一定型产品为依据来进行设计，多选用高生产能力的专用设备、自动设备及联合设备等，采用工序集中的工艺过程，严格按照工艺路线来布置加工设备。

成批生产则介于上述两者之间，它以批量最大而又经常出现的产品为依据来进行设计，力求达到最高的生产能力和最好的适应产品品种变换的能力。

17.1.2 木制品结构和技术条件的确定

木制品的设计图纸和有关技术条件是组织生产过程、选用加工设备的主要依据。进行工艺设计时，在得到设计任务书的同时，还应得到作为设计依据的企业所有产品设计的结构装配图。如果只有制品的草图，则应先要画出结构装配图。

木制品的结构包括材料、形状、尺寸和接合等，这些不仅影响产品的外形和强度，而且也与生产过程的组织、车间设备的布置密切相关。在进行工艺设计时，首先要对制品的结构装配图进行分析，使它符合生产和使用的要求。这些要求包括：

(1) 材料选用的合理性。在材料选用方面应力求合理，为充分利用木材，提高木材利用率，应大量采用人造板、人造薄木、弯曲胶合等新材料、新工艺等。

(2) 零部件的互换性。组成制品的零部件的加工精度要合理，应满足允许的公差要求，以便提高零部件的通用化和互换性程度。

(3) 制品结构的工艺性。所有零部件的加工（包括装配）应该能机械化生产，应尽可能考虑工艺路线的机械化和自动化。

(4) 制品结构的正确性。在材料的规格、产品与零部件的形状和尺寸以及接合等方面应符合各有关标准或规范的规定。

在分析木制品结构后，如不合理，就应进行修改或重新设计。根据结构装配图编出零部件明细表，并应详细注明制品的技术条件，其中包括制品的用途和要求、外围尺寸和形状、允许的公差（特别是重要接合部位的公差）、所使用材料的技术条件、机械加工要求、装配质量、装饰种类（特别是涂饰种类）以及制品的包装要求等。

17.1.3 生产计划的编制

生产计划即指企业全年的产品生产总量或年生产能力或生产规模。设计任务书上所规定的生产计划，是工艺设计的主要依据。根据生产计划可以进行各车间、各工段、各工序的工艺计算，然后确定设备和工作位置的数量。生产计划通常以各种产品的件数来表示；对建筑构件等产品，有时也用总长度（m）或总面积（m^2）或总体积（m^3）来表示；有的也用年耗用材料数量（m^3）来表示。

编制生产计划有以下几种方法：

（1）精确计划。是根据设计任务书上规定的所有木制品来编制的，在这种情况下必须按所有木制品的每个零件逐个进行工艺计算，此法所得的结果最为精确。适用于大量相同类型、相同尺寸产品的生产。对于没有资料可供选用的新产品，也必须对所有零件进行工艺计算。此法设计时间较长，需要有较大的设计力量和很多的设计费用。

（2）折合计划。是指当企业生产的制品类型和零件数很多时，采用折算后的概略计划，以简化计算过程、缩短设计时间和节省设计费用。此法精确度较差。

17.2 材料耗用量概算

17.2.1 原材料耗用量计算

在木制品的生产成本中，原材料费用占有相当大的比重，因此，合理的计算和使用原材料是实现高效益、低消耗生产的重要环节。

木制品所使用的原材料主要有实木和人造板两大类。两种材料的性能有很大差异，运用原材料时所采用的工艺过程可能差别较大，在原材料计算方法上通常也不同。

17.2.1.1 实木耗用量计算 实木原料、性能受到许多天然因素的影响，材料的状态差异较大，对其应用自然受到许多不可完全控制因素的限制。也因为原料性质的影响，整个实木零件的加工工艺过程采用逐渐逼近的思路，需要对同一个方面进行多次加工才能完善，因此实木耗用量不能做到精确计算，只能是概算。一般实木耗用量常以原料材积进行计算，极其珍贵的实木原料可能以重量计算。

作为批量生产加工时，实木耗用量计算可采用表17-1计算。

表17-1的应用方法如下：

2~6项：根据图纸或其他技术文件填写；

7~9项：零件各方向的加工余量，可根据企业中工人技术水平、设备加工精度、原材料质量、零部件形状或加工难易程度等具体情况确定；

10~12项：计算所得的毛料尺寸值，即第3项+第7项＝第10项，以此类推；

第13项：某零件计算所得的毛料材积，即10~12项的积，在此要注意单位的换算；

表17-1 实木原材料耗用量计算表（样表）

木制品名称：　　　　　　　　　　　　　　　　　　　　　　　　　　　　年产量：

序号	零件名称或代号	零件净料尺寸 (mm)			一件制品中零件数	加工余量 (mm)			零件毛料尺寸 (mm)			零件毛料材积 (m^3)	一件制品中零件毛料材积 (m^3)	年产制品中零件毛料材积 (m^3)	报废率 (%)	毛料总材积 (m^3)	毛料出材率 (%)	原料材积 (m^3)	备注
		长	宽	厚		长	宽	厚	长	宽	厚								
1	2	3	4	5	6	7	8	9	10	11	12	13	14	15	16	17	18	19	20

第14项：一件制品中该零件的材积，即第6项与第13项的积；

第15项：根据年产量计算得出该零件的材积，即第14项与年产量的积；

第16项：零件在加工等过程中可能出现不合格等造成报废，为此企业应给出控制指标，即报废率，在配料时须预先按此报废率多加工些毛料，实木零件通常取3%~5%；

第17项：毛料总材积，即包含了考虑报废率在内所有毛料的材积，按下式计算：

毛料总材积（17项）= 年产制品中零件毛料材积（15项）×（1 + 报废率）

第18项：企业状态和原料质量等对毛料出材率影响很大，为此需根据设计的企业状态等综合考虑，给出毛料出材率。一般在65% ~ 75%之间；

第19项：所耗用原料材积，按下式计算：

$$原料材积（19项）= \frac{毛料总材积（17项）}{毛料出材率（18项）}$$

17.2.1.2 人造板耗用量计算　木制品企业使用的人造板规格数量不多，通常只有几种，因此统计人造板的耗用量通常以"张"为单位，如果耗用量较大且规格单一，也常用"m^3"为单位。计算人造板耗用量可以依据人造板下料图逐张计算，这种方法计算较为准确，但比较费时，对企业效率有一定影响。如果产量较大，大量需要某几种规格的人造板，也可以粗略计算。即将所有人造板部件的面积累加，根据人造板的厚度，折算成所需人造板的体积。这种计算方法不精确，但在需要多次大量采购同一规格人造板的情况下，效率较高，计算误差可以通过分批采购进行调整。与实木材料的配料环节相似，可确定报废率为0.1%~0.2%。由于现在管理和技术水平等的提高，发展趋势是不再预留人造板部件的报废率，即报废率为零。

根据上述计算的材料耗用量，经汇总后填写原材料清单（表17-2）。

表17-2 原材料清单（样表）

序号	材料名称	树种	规格尺寸（mm）			单位	耗用量	备注
			长	宽	厚			
1	2	3	4	5	6	7	8	9

17.2.2 其他材料耗用量计算

其他材料中包括主要材料和辅助材料。主要材料有胶料、涂料、饰面材料、封边材料、玻璃镜子和金属（塑料）配件等。辅助材料是指加工过程中必须使用的消耗材料，如砂纸、拭擦材料，衬垫材料、棉花、纱头等。

应当按照材料消耗定额进行材料的计算，所谓材料消耗定额是指在具体生产条件下，为制造符合要求质量的产品所耗用的最少但是足够的材料数量。

胶黏剂和涂料消耗定额按工艺技术要求、胶黏剂或涂料种类而确定。汇总时应按胶黏剂和涂料种类分类累计。胶黏剂或涂料的耗用量计算可参考表17-3。

其他材料可根据制品设计中的具体要求和规定，并考虑留有必要的余量进行计算，然后列表说明。

表17-3 胶黏剂耗用量计算表（样表）

木制品名称： 　　　　　　　　　　　　　　　　　　　　　　　　　　　　　　　　　　　年产量：

序号	零部件名称	一件制品中零部件数量	胶黏剂种类	涂胶尺寸（mm）		一件制品中的涂胶面积（m^2）	消耗定额（kg/m^2）	每件制品的耗用量（kg）	全年耗用总量（kg）	备注
				长	宽					
1	2	3	4	5	6	7	8	9	10	11

17.3 工艺过程的制定

17.3.1 工段的划分

如前所述，木制品生产工艺过程通常分为以下几个阶段：配料、机械加工、胶合（胶贴）、装配、装饰等。

配料是对原料的裁切阶段，处于整个工艺过程的最前端。

机械加工阶段是完成材料切削成型阶段，应位于配料之后。

胶合阶段可包含在机械加工阶段中，也可以独立安排。

装配与涂饰两个阶段一般没有直接关联，但先涂饰后装配可以明显提高工作效率。两部分的先后顺序，常由木制品结构决定：非拆装结构，须先装配后涂饰；对于拆装或可现场组装的结构形式，视具体情况而定。

17.3.2 工艺流程图的编制

工艺由多个工序组成，每个工序之间有着相互的关联。表示工序顺序关系的示意图称为工艺流程图。工艺流程图能直观地表示出工艺过程中各个工序的顺序关系，简洁明了，必要的话，在图中还可以结合工序给出诸如设备、材料等其他信息，是工艺设计和生产组织管理的重要技术文件。

17.3.2.1 编制工艺流程图的基本原则 工艺受产品、设备、人员技术水平、管理水平、使用的材料等多方面因素的影响，编排好工艺流程是保证产品质量、生产率和经济效益的重要前提。新建企业首先根据加工的工件、使用的材料和技术要求等进行编排，然后再根据设备或其他因素进行调整。如果是现有企业开发新产品或技术改造，则一般根据各方面因素在以往的工艺流程基础上进行调整。

编制工艺流程图须按图纸等将产品分解成加工单元（如零件、部件等），然后逐一对加工单元进行编排。编制工艺流程图应遵照以下原则：

①根据经济、生产率等因素合理分配加工内容，确定是在本企业内完成加工，还是外协完成；

②编制的工艺流程应保证适合本企业现有状态；

③工艺流程应路线短，简单直接，工件流动方向可交叉，但不能有工序倒流现象；

④工艺流程应能提高材料利用率、降低能耗、减少占地、安全环保、低成本、高效率；

⑤尽可能保证各工序的生产节奏接近，应尽量避免各工序生产节奏的突变。

17.3.2.2 编制工艺流程图 不同企业编制工艺流程图的方法和形式都有所不同，只要能充分表示工件各个工序之间的关系即可。常见的有流程图、流程框图、表格等几种形式，具体举例如下：

流程图形式（以屉面为例）：柞木→横截→纵解→刨基准面→刨相对面→精截→开燕尾榫→砂光。

流程框图形式：在其中可附带一些其他信息，常将设备信息置于其中，如图17-1。

表格形式：与框图形式类似，也常附带设备信息等，见表17-4。

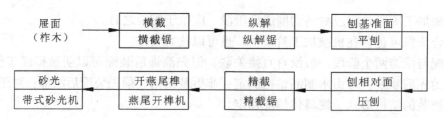

图 17-1 流程框图

表 17-4 流程表格

序号	工件名称	规格尺寸	材料	设备	横截锯	纵解锯	平刨	压刨	精截锯	燕尾开榫机	砂光
				工序	横截	纵解	刨基准面	刨相对面	精截	开燕尾榫	带式砂光机
1	屉面	320×220×21	柞木		⊙	⊙	⊙	⊙	⊙	⊙	⊙

注：图中 ⊙ 符号表示工艺流程包含此工序。

17.4 设备的选择和计算

确定工艺流程后，进入到设备的选择阶段。设备是实现工艺的重要装备和必要的保证，选择设备涉及经济、技术、管理、材料等多方面，设备选择的好坏也将直接影响工艺、产品质量、生产率，最终会严重影响企业的经济效益。

17.4.1 设备选择原则

①设备的加工方式、极限加工尺寸、加工精度等应满足工艺要求；
②设备的加工能力应与企业年产量要求相符；
③设备价格合理，经济上划算，适当考虑售后服务；
④所选设备相互间应协调，相互配套；
⑤设备应便于运输，零件易购价低，维修、保养方便，运行时能耗低，人工费用低，操作安全，对操作者无害，设备运行可靠，占地小，对环境污染小；
⑥应考虑到企业的发展，所选设备应满足企业一定时期发展的需要；
⑦大批量生产，宜选择生产率高的专用设备，小批量生产企业，宜选择通用设备，并适当考虑产品可能出现的变化。

17.4.2　工时定额的计算

工时定额是衡量某个工序工作效率的指标，是设备台数计算的重要参数，采用两种衡量方式：一是单位时间内完成的工作量，常用"件/min"、"m^2/min"、"张/min"等表示；二是完成单位工作量所需的时间，即"min/件"表示。

确定工时定额常采用两种方法：一是比较法，直接借鉴先进企业的工时定额、查阅有关资料或在一些企业中现场实测；二是通过计算确定。

计算工时定额主要有以下几种形式：

（1）间歇切削加工形式。需工件移动或工件固定刀具移动完成进给，生产率主要由安装速度和工件或刀具进给速度决定。如：用平刨加工平面、用圆锯纵解、用直角榫开榫机加工直角榫、大型锯片往复式裁板锯锯割人造板等属于此类。

$$t = \frac{l\ k_1}{1000u\ pk_2}(n-m)$$

式中：t——工时定额，min/件；

l——一次走刀切削长度或刀具一次进给的行程，mm；

u——进给速度（m/min），手工进料常取 3～9 m/min；

p——倍数加工数量，即一次安装同时加工的工件数量；

n——总走刀次数（含齐头或裁边走刀次数）；

m——齐头或裁边等的走刀次数，有齐头等操作时，$m=1$，否则 $m=0$；

k_1——安装、上下料等的辅助时间系数，常取 1.3～2.5；

k_2——工作时间利用系数，考虑调整设备、更换刀具等必须花费的时间，视设备调整等难易程度可取 0.70～0.95。

（2）连续加工形式。工件连续进给加工。如：用直线型封边机连续封边、用宽带砂光机连续磨削、用辊涂机涂饰、用连续压机饰面等属于此类。

$$t = \frac{l+s}{1000upk_2}$$

式中：t——工时定额，min/件；

l——进给方向上工件的长度，mm；

s——进给方向上工件的间隔距离，mm；

u——工件进给速度，m/min；

p——倍数加工数量，即一次安装同时加工的工件数量；

k_2——工作时间利用系数，考虑调整设备、更换刀具等必须花费的时间，视设备调整等难易程度可取 0.94～0.99。

对于像封边这样的工作，可能需要工件多次通过设备才能完成，计算工时定额应先计算出加工每一边的工时定额，然后再求和，并适当考虑工作时间利用系数。

（3）间歇保持性加工形式。工件需在设备上保持一定时间才能完成加工。如用压机进行饰面、实木弯曲时的加压弯曲等属于此类。

$$t = \frac{(t_k + t_a)}{pk_2}$$

式中：t——工时定额，分/件；
　　　t_k——设备保持时间，min；
　　　t_a——装卸工件的辅助时间，min；
　　　p——倍数加工数量，即一次安装同时加工的工件数量；
　　　k_2——工作时间利用系数，视设备性能、工件大小和复杂程度可取 0.82~0.88。

17.4.3　设备台数计算

按下列步骤计算所需设备台数：

(1) 设备所需工作时数。对于某工序而言，为完成加工任务需要设备工作的时间（以小时计算）称为设备所需工作时数，按下式计算：

$$T_i = \frac{t \cdot A \cdot n}{60}$$

式中：T_i——按年产量某工序所需的工作时数，h；
　　　t——零件加工的工时定额，分/件；
　　　A——年产量；
　　　n——该零件在制品中的数量。

同一种设备或作业位置加工多种工件时，所需工作总时数为加工各工件所需工作时数之和：

$$T_s = \sum T_i \quad i = 1, 2, 3, \cdots, n$$

(2) 设备年工作时数

$$T_y = D \cdot C \cdot S \cdot K$$

式中：T_y——设备年工作时数，即设备满负荷全年可以工作的小时，h；
　　　D——全年工作日。即除去公休日和法定假日以外的可工作天数，具体按下式计算：

$$D = d_年 - d_休 - d_假$$

　　　$d_年$——全年天数；
　　　$d_休$——公休日天数；
　　　$d_假$——法定假日天数；
　　　C——每天工作班次；
　　　S——每班工作时间，h；
　　　K——设备保障工作调整系数，由于维修或其他技术原因设备需要有停歇，不一定保证在所有工作日内均能正常工作，视设备维修难易程度可取 0.93~1。

(3) 设备台数计算。

① 理论计算台数按下式计算：

$$n_c = \frac{T_s}{T_y}$$

式中：n_c——设备理论计算台数，台；

T_s——设备所需工作时数，h；

T_y——设备年工作时数，h。

② 设备台数的确定：设备理论计算台数通常不是整数，为此需要根据实际进行圆整，圆整后设备台数用 N 表示。具体圆整方法为：当小数部分不足 0.25 时，将小数部分舍去，取整。假如计算数为 2.21（台），应圆整为 2（台）；若小数部分等于或大于 0.25 时，向上进级取整。假如计算数为 2.31（台），应圆整为 3（台）；对于某些专用设备，其工作内容不易用其他设备替代的，而且其价格不贵，即使计算数小数部分小于 0.25，也可以向上进级。若该设备价格昂贵、占地又较大，则考虑用其他设备替代。

一般情况下，同一个工序同样设备数量最好不超过 4 台，超过此，可考虑重新选择生产率高的设备。

17.4.4　设备负荷的平衡和调整

设备负荷是设备利用效率的衡量指标，人们期望所有设备都能最大限度地发挥作用，负荷都接近 100%，但现实中不容易做到。为此需要对每台设备以及整个工艺过程所需设备的负荷进行分析、平衡和调整，使整个工艺过程达到均衡。

17.4.4.1　设备负荷

(1) 设备负荷计算。

① 设备负荷按下式计算：

$$P = \frac{n_c}{N} \times 100\%$$

式中：P——设备负荷；

n_c——设备理论计算台数，台；

N——设备圆整后台数，台。

② 设备平均负荷按下式计算：

$$\overline{P} = \frac{\sum P_i N_i}{\sum N_i}$$

式中：$\overline{P}$——设备平均负荷；

P_i——设备负荷；

N_i——圆整后设备台数。

(2) 设备负荷指标。

① 设备平均负荷应大于70%；

② 一般情况下，设备负荷应介于40%~100%之间；

③ 特殊情况，允许个别设备负荷超10%，但要采取解决措施；

④ 允许某些专用设备（如燕尾开榫机、车床等）在不可缺和难以替代的前提下，设备负荷可以低于40%，甚至很低。

17.4.4.2 设备负荷调整原则

(1) 设备负荷过高的调整原则。

① 将超负荷设备的部分工作调整到其他设备上完成。例如将部分精裁工作由截头锯调整到开榫机上。

② 调整工作方式，减少加工工件的辅助时间。

常用的方法有：增加上料或卸料装置、改善工件定位或夹紧方式、增加辅助工人、采用模具、预先处理、改善工作环境等。

③ 通过调整，提高设备生产能力。

常用的方法有：增设机械进给装置、选用优质刀具、工件倍数加工等。

④ 重新选择生产率更高的设备。

⑤ 必要的话调整原辅材料或产品结构。

例如：普通锯材部分改为刨光材；人造板素板部分改成饰面人造板。

⑥ 将超负荷设备加工工作内容部分外协加工。

(2) 设备负荷过低的调整原则。

① 对复杂和贵重的设备，可重新选择价廉和生产能力较低的设备，如将双面开榫机改成单面开榫机等。

② 将其他负荷较高设备的工作调整到负荷较低的设备上。

③ 设备负荷很低，可考虑取消此设备，工作内容由其他设备完成或考虑外协加工。

在设备负荷调整时应注意保证工艺路线的直线性，防止出现工序倒流或作环形移动等现象。

(3) 设备平均负荷的调整原则。

① 设备平均负荷过高，会给企业带来风险，一旦出现意外，企业就有可能完不成生产任务，为此，当平均负荷大于96%时，应考虑调整。常用的方法是降低负荷较高的设备负荷、调整原辅材料、部分工作任务外协加工。

② 设备平均负荷过低，则表明企业还有生产潜力。常用的调整方法有：提高负荷较低设备的负荷、负荷很低设备的工作内容外协加工、增加产品品种或增加年产量。

17.4.5 设备信息统计

经过选择、计算台数和设备负荷调整后，即可确定设备，完成设备选择计算过程。随之应对设备做出统计，填写设备清单（参见表17-5）。

表17-5 设备清单（样表）

序号	设备名称	型号	生产企业	刀轴转速（转/min）	进给速度（m/min）	极限加工尺寸（mm）	数量（台）	外形尺寸（mm）	总功率（kW）	机床重（kg）	单价（万元）	备注
1												

17.5 生产场所规划

生产场所规划包括作业位置规划、料堆位置规划、建筑及通道规划等。组织作业位置就是沿着制品生产的工艺流水线方向，合理地安排操作工人、加工设备、操作台和工件之间的相互位置。作业位置组织得越合理，就越能减少非生产时间的消耗，提高劳动生产率。

在作业位置规划中设备位置比较重要，通常会决定操作工人和料堆的位置。

17.5.1 设备布置

17.5.1.1 设备布置方式

（1）按类布置。将同类设备按加工顺序布置，适用于工艺过程较简单，工序少，工件沿工艺流水线方向移动距离短，同时生产量大，需要布置几条平行作业线的情况。此时，制品的零件，不论在哪条流水线上都能完成加工。

这样布置的优点是便于管理同类设备。但当工序和零件数量过多，制品结构经常改变时，零件在加工过程中就可能产生倒流现象。

（2）按加工顺序布置。采用这种方法时，应按照各种零件加工工艺的相似性，兼顾某些零件加工的实际需要来布置加工设备。同类设备可分布在作业线的不同位置上，使工件在加工过程中按规定的工艺顺序移动，不允许有倒流现象和环形移动。各工序不一定同步进行，必须有工序间的储备。这种布置方法适合于多品种而又有较多零件的制品生产。

（3）直线流水式布置。在加工过程中，工件在作业线上是单个传送的，而且某些工序没有同期性，因而有工序间的储存。按这种方法布置时，需充分运用运输机械，此法常用于机械加工的个别区段，但更适用于小型制品的装配或涂饰工段。

（4）连续流水式布置。这是最完善的组织方式，它要根据具体产品的详细计算来专门设计。对于定型产品的大批量生产，此法具有显著的经济效果。

17.5.1.2 设备布置要求

①确定设备位置的基准：确定设备与墙间距时，建筑墙体如有加强柱或建筑内有柱子，应由柱脚起测量，无柱子时从墙根最突出部位起测量；

②设备最突出部位与墙或柱子之间应留有 500~800 mm 距离，便于设备的安装和维修。如果加工时工件可能超出设备，则工件极限位置与墙之间距离至少为 500 mm；

③如果工人操作设备时需要站立在设备与墙或柱子之间，则设备与墙或柱子间距至少为 800~1000 mm；

④设备与设备之间的距离，根据各设备加工工件和操作方式而定；

⑤如果需要工作台，其高度视工作性质和工人身高而定，一般为 700~900 mm。

17.5.2　工人作业位置规划

操作设备有时需要一个人，有时可能需要多人，对操作具有决策权的工人称为主要操作工人，如果有其他人的话，则称为辅助操作工人。

在图纸中这两类工人使用不同的符号表示。主要操作工人用一半涂黑一半空白，直径为 600 mm 的圆表示，空白表示前面，黑色表示背面。绘图时其位置和朝向应符合操作设备的实际情况。辅助工人不用表示朝向，其符号直接用直径为 600 mm 的空白圆表示，位置可酌情处理。

一般主要操作工人与设备间距为 700~750 mm，其位置及两种表示工人的符号都需按图纸比例绘制。

17.5.3　料堆及位置规划

为保证生产的连续性，减少工人劳动强度以及便于科学管理，应将准备加工的和加工完毕的物料就近堆放在设备旁，这些物料堆分别称为待加工料堆和已加工料堆。绘图时使用如图 17-2 所示符号表示。料堆的尺寸应根据该位置加工工件的尺寸和数量确定。

堆放料堆应符合下面要求：

①每个设备前后均应设料堆，两台设备的工人不能共用一个料堆。

待加工料堆　　已加工料堆

图 17-2　待加工和已加工料堆表示符号

②料堆中的工件，应预先分类整理，按进料方向摆放，避免在加工时出现混乱。

③料堆应设置在工人随手可取之处，减少工人体力消耗，并保证安全生产。

④料堆尺寸视工件尺寸和加工内容而定，一般长不超过 2 m，宽不超过 1.7 m，高不超过 1.2 m。料堆高最好与工作台高相近，如果工件尺寸较大又很重，可考虑采用升降机，减轻工人搬运工件的体力消耗。

⑤如果工人需在料堆与工作台间通行，料堆与工作台间距为 400~700 mm，否则两者间距为 0~300 mm。如果工人需在两料堆间操作时，其间距应在 600~1200 mm 之间。

⑥为保证生产的连续性，在生产节奏有明显差异的两工序间和各工段间须考虑设置一定的储料空间，用来缓解前后工序之间的不协调，该储料空间称为缓冲仓库或中间仓库，缓冲仓库的面积应保证能储存下个工序所能加工的最大工件至少一个班的生产

用量。

缓冲仓库面积可用下面公式计算：

$$S_0 = \frac{lbhN_gC}{Hk_fk_s}$$

式中：S_0——缓冲仓库面积，m^2；

H——料堆高度，m；

l、b、h——工件长度、宽度、高度，m；

N_g——下道工序每班生产能力，即每班加工工件数；

C——缓冲仓库储存量可供使用的生产班次数；

k_f——料堆空隙填充系数，此系数反映料堆中工件间摆放的密实程度，视工件大小和形状等可取 0.92~0.97；

k_s——面积利用系数，考虑料堆间的间隙和通道，缓冲仓库面积不能完全利用的调整系数，常取 0.85~0.9。

17.5.4 建筑及通道规划

17.5.4.1 生产流水线的排布及建筑形式 木制品生产加工常见有如下几种流水线排布及其建筑形式：

(1) 直线型。所加工产品工艺简单，各工序前后一一对应，流水线可呈一条直线排布，如地板的生产多属于此类型；建筑形式可选用图17-3所示的种类。

(2) 树型。所加工产品工艺简单，由少数部件组成，不同的部件可以分成不同的流水线加工，最后多条流水线逐渐汇合到一条主流水线上，如实木门的生产多属于此类型；可选用图17-4所示的建筑形式。

(3) 折线型。折线形是直线型的变化，受建筑等因素的影响，流水线需有转折，形成"L"形、"U"形等形式；建筑物的形式也应为"L"形或"U"形，如图17-5所示。但这样的建筑形式对场地利用不利，应少采用。

(4) 对于有特殊作业环境需求的工艺，也可以将此部分与建筑主体隔离开，采用类似图17-6所示形式。

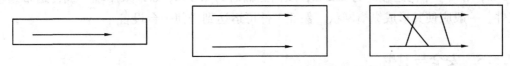

图17-3 适合直线型或交叉型流水线的建筑形式

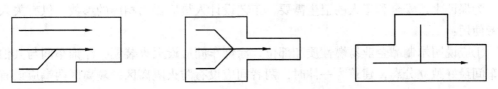

图17-4 适合树型流水线的建筑形式

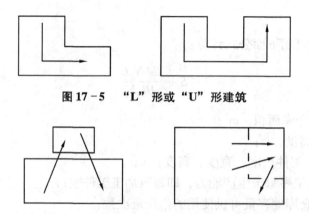

图 17-5 "L"形或"U"形建筑

图 17-6 与主体建筑分离或在主体建筑内独立隔开的形式

如果是现有企业扩建或利用已有建筑，则需根据工艺要求灵活规划，尽可能少改动现有建筑。

17.5.4.2 建筑及通道要求

①建筑要符合国家有关规范和标准的要求，跨度不小于 6 m，常选 12 m 以上，单层厂房柱顶标高一般不低于 3.9 m；

②建筑应尽可能朝向南北，在寒冷地区朝向冬季主风向的墙面不应开设大门；

③尽可能采用自然通风和天然采光，通风设计应有防止产生飞尘和寒冷地区冬季防风保暖的措施，采光设计应注意在作业位置处避免出现局部明暗差异过大现象；

④在车间内适当考虑生活、行政办公和生产辅助用空间或建筑；

⑤建筑大门宽应根据设备安装、材料或产品的运输、通风保暖、安全防火和建筑规范等要求而定；

⑥建筑长度一般不应大于 100 m，长超过 60 m 时，单层建筑在建筑长度方向的两端均应开大门，多层建筑则应设置两个楼梯通道；

⑦建筑长度每超过 50m 应设一条宽度为 2.0 m 的横向通道；

⑧沿建筑长度方向应设置一条贯通的纵向通道，即主通道，其宽度为：用平台车单向运输时为 2.0 m，双向运输时为 3.0 m；用电瓶车单向运输时为 2.0 m，双向运输时为 3.6 m；用叉车单向运输时为 2.2 m，双向运输时为 4.8 m；如果采用辊台或传送带运输工件，一般应使其形成纵横网状，保证工件可运达到任何一台设备。

17.5.5 安全与卫生

为保证生产安全和工人的卫生需要，工艺设计人员应提出相应的参数，供有关人员参考使用：

①应说明木制品企业易燃性质和部位，涂饰车间应设灭火装置，涂饰车间与其他加工车间最好独立分离，建筑为一体时，两者间应设有防火隔离区，隔离区两端应设有防火门；

②提供车间人员总数,并细化到男女人数,每班人数,如有特殊人群,还应加以说明;

③提供车间内照明要求,如有特殊要求,应加以说明,例如涂饰车间照明器应加防爆装置;

④应提供防寒防暑要求,如有特殊要求,应加以说明,例如拼板工段要求室内温度不得低于18℃,而后成型工段处温度可能高达36℃以上,均应采取措施;

⑤应说明生活和生产用水、用电、用气量,应提交车间内电器设备总功率;

⑥应提交排风除尘装置的吸口位置、总风量、在寒冷地区是否增加回风装置等;

⑦提供有害物质(固体、气体、液体)的种类、数量、对人和环境可能产生的危害、可能引发火灾的情况、可以采取的防范措施和处理方法等;

⑧设备可能产生的危险(如高频发生装置)和应该采取的措施。

思 考 题

1. 什么是木制品生产企业(或车间)的工艺设计?
2. 简要叙述木制品生产企业的特点和类型。
3. 如何进行原材料的计算?
4. 如何编制工艺流程图?
5. 如何进行机床设备的选择与计算?
6. 简述车间规划和设备布置的一般步骤。

第 3 篇 参考文献

1. 高家炽等. 木材加工工艺学 [M]. 哈尔滨：东北林业大学出版社，1987.
2. 郝金成. 集成材知识问答 [J]. 家具，1997（6）.
3. 刘忠传. 木制品生产工艺学 [M]. 北京：中国林业出版社，1993.
4. 木材工艺学教研室. 木材加工与室内计画便览 [M]. 日本：千叶大学工学部建筑学科，产业图书株式会社出版，1960.
5. 上海家具研究所. 家具设计手册 [M]. 北京：中国轻工业出版社，1989.
6. 吴悦琦. 木材工业实用大全·家具卷 [M]. 北京：中国林业出版社，1998.
7. 张广仁. 木器油漆工艺 [M]. 北京：中国林业出版社，1983.
8. 张广仁. 木材涂饰原理 [M]. 哈尔滨：东北林业大学出版社，1990.
9. Robert Lento. Woodworking—Tools, Fabrication, Design, and Manufacturing [M]. Prentice - Hall, Inc., Englewood Cliffs, N. J. 07632, USA, 1979.
10. George Tsoumis. Science and Technology of Wood [M]. Van Nostrand Reinhold, New York, 1991.

第4篇

木材加工的洁净化

概　论　*428*
第18章　木材加工粉尘污染及其控制　*432*
第19章　木材工业废气污染及其控制　*443*
第20章　木材加工废水污染及其治理　*451*

概　论

1　环境及环境问题

所谓环境，通常是指以人类为中心的周围空间和所有影响人类生活、生产活动的各种自然因素与社会因素的总和。它包括自然环境、人工环境和社会环境。自然环境指非人类创造物质所构成的地理空间，由相互联系、相互依赖、相互影响的大气、水、土壤、岩石和生物等要素构成，它在人类出现前就经历了漫长的发展过程，是人类发生、发展的物质基础。人工环境也称工程环境，指人类在利用和改造自然环境的过程中所创造的客观条件和物质因素。社会环境是人类活动的产物，由经济、政治、文化等要素构成。一定的社会有一定的经济基础和相应的政治、文化等上层建筑。社会环境直接制约或影响人类的活动，决定人类和环境之间的关系。

环境和人类相互依存、相互制约，形成既矛盾又统一的综合体，一方面，环境是人类生存和发展的终极物质来源，另一方面，环境承受着人类活动所产生的废弃物和各种作用的结果。人类在从原始捕猎阶段发展到农牧业阶段和现代工业阶段发展的过程中，不断影响环境，当这种影响过大，超过自然系统的调节功能，使环境改变达到人或生物体受到危害或威胁的程度时，即产生环境问题。环境问题是当代世界各国所面临的重大社会问题之一。在一定程度上，环境保护已经成为衡量一个国家文明发达程度的重要标志。在研究环境问题时，主要是指由人类活动所引起的不良环境改变与破坏，一般分为生态环境破坏和环境污染两大类。

生态环境破坏是由人类对自然环境的过度利用和干扰造成的。随着人口的迅速增长和工农业的迅速发展，生态环境被掠夺式地加以利用，造成森林破坏、土地荒漠化、自然灾害加剧、生物多样性减少，严重破坏了生态平衡。

环境污染是指由于人类活动而输入环境的各种物质或因素，超出了环境自我净化或调节的功能，使环境质量恶化从而干扰或破坏了人们正常的生活或生产活动的现象。随着工业的迅速发展，人类对环境的污染不断加剧，大量地下矿物资源被开采出来投入地表，上千万种有机化学物品被合成和生产出来进入环境，许多现代化工业产品在生产和消费过程中排放出大量废气、废水、废渣，严重污染大气、水域和土壤，威胁人类和生物系统的生存安全。

2 环境保护与可持续性发展

环境破坏和环境污染问题已逐渐受到各国的普遍关注。1972 年，在瑞典斯德哥尔摩召开了第一次人类环境会议，会议成立了联合国环境规划署（UNEP），发表了人类环境宣言。在 1987 年出版的"我们的共同未来"报告中，首次引进了"持续发展"的观念，敦促工业界建立有效的环境管理体系。1992 年，在巴西里约热内卢召开了联合国环境与发展大会，172 个国家的代表出席了本次会议，1100 多个非政府组织被官方授权参加本次大会。这次大会是可持续发展概念推广的里程碑，发表了"环境与发展宣言"、"气候变化公约"、"生物多样性公约"和"森林的保护和可持续发展"，并提出了"21 世纪议程"。这标志着全球谋求可持续发展时代的开始。

我国十分重视经济发展中的环境问题，制订了环境保护的基本国策——实施可持续发展战略。1996 年召开的全国第四次环境保护会议明确规定我国环境保护的 10 条决定，即：

①明确目标，实行环境质量行政领导负责制；
②突出重点，认真解决区域环境问题；
③严格把关，坚决控制新污染；
④限期达标，加快治理老污染；
⑤采取有效措施，禁止转嫁废物污染；
⑥维护生态平衡，保护和合理开发自然资源；
⑦完善环境经济政策，切实增加环境保护投入；
⑧严格环境保护执法，强化环境监督管理；
⑨积极开展环境科学研究，大力发展环境保护产业；
⑩加强宣传教育，提高全民族环境意识。

木材工业是一个庞大的极为广阔的工业体系，包括制材工业等众多分支，如下图所示。

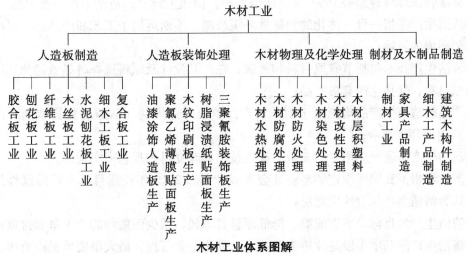

木材工业体系图解

木材加工过程是一个以木材或竹材为主要原料，通过机械加工或各种化学药剂处理制成木质或竹质产品的过程，在这个过程中，不仅消耗各种原材料，而且向环境中排出有害气体、粉尘、废水、废渣，产生令人讨厌甚至有害人体健康的噪声，并有可能产生极其有害的电磁污染。

在木材加工行业环境污染日益严重的情况下，我国采用了一些切实有效的防治对策和措施，主要包括以下几个方面：

(1) 制订严格的法律、标准和规定，做到有法可依；
(2) 编制木材工业环境保护规划，坚持"可持续性发展"的原则，贯彻"防治结合、预防为主"的方针，以合理利用和开发木材资源；
(3) 在宏观上，优化产业结构，对那些重污染、高耗材、排污量多的企业进行关、停、并、转，重视发展轻污染、低耗材、排污量少的高新技术企业；
(4) 对现有工业企业进行技术改造，减少并控制污染源；
(5) 大力发展清洁生产；
(6) 加强管理，全面推行"排污许可证"制度；
(7) 木材加工产生的污染尽量在企业内部解决，加强工厂企业的终端处理；
(8) 大力进行木材加工环境污染的监督检测工作。

3 清洁生产

清洁生产（cleaner production）的正式定义由联合国环境规划署（UNEP）于1989年首次提出，在不同国家和地区存在不同的叫法，如美国称之为"废料最少化""污染预防""减废技术"，日本称之为"无公害工艺"，而欧洲地区则称之为"少废无废工艺""无废生产"。清洁生产的其他叫法还有"绿色工艺""生态工艺""环境无害工艺""再循环""废物最少化"及"清洁技术"等。在我国，"预防为主、防治结合"的政策措施即是清洁生产理念的集中体现。

根据联合国环境规划署1992年《清洁生产》简讯的定义，清洁生产主要包括：

①清洁生产是指一种一体化的预防性环境战略，不断运用于工艺和产品上，以降低对人体和环境的风险；

②清洁生产技术包括节省原材料和能源，在产品设计及原料选择时尽量避免选用毒性大的原材料，禁止生产有毒产品；

③产品的清洁生产战略侧重于削减该产品整个寿命周期（从原材料提取到产品最终处理）内的环境影响；

④清洁生产是通过应用专门知识、改进技术和改变思想观念来实现的。

我国学者根据我国所制定的经济社会发展计划和2010年长远目标及可持续性发展战略，认为清洁生产包含四层意思：

①清洁生产的目标是节省能源、降低原材料消耗、减少污染物的产生量和排放量；

②清洁生产的基本手段是改进工艺技术、强化企业管理，最大限度地提高资源、能

源的利用水平和改进产品体系，更新设计观念，争取废物最少排放及将环境因素纳入服务中去；

③清洁生产的方针是排污审计，即通过审计发现排污部位、排污原因，并筛选消除或减少污染物的措施及产品生命周期分析；

④清洁生产的最终目标是保护人类与环境，提高企业自身的经济效益。

可见，清洁生产谋求达到两个目标，一是通过资源的综合利用，短缺资源的代用，二次资源的利用以及节能、省料、节水，达到合理利用自然资源、减缓资源耗竭的目的；二是减少废料和污染物的生成和排放，促进工业产品在生产、消费过程中与环境相容，降低整个工业活动对人类和环境的风险。

推行清洁生产，在宏观上要实现工业生产的全过程控制，包括资源和地域的评价、规划设计、组织、实施、运营管理、维护、改扩建、退役、处置以及效益评价等环节；在微观上要实现物料转化生产全过程的控制，包括原料的采集、储运、预处理、加工、成型、包装，产品的储运、销售、消费以及废品处理等环节。

在清洁生产中，要使用清洁的能源。除了常规能源外，要充分利用可再生能源，开发新的能源，并使用各种节能技术。要实行一个清洁的生产过程，也就是尽量少用、不用有毒有害的原料，保证中间产品的无毒、无害，减少生产过程中的各种危险性因素，如高压、高温、低温、低压、易燃、易爆、强噪音、强振动等，采用少废、无废的生产工艺和高效的设备，在厂内、厂外进行物料再循环，使用简便、可靠的操作和控制，并在生产过程中建立完善的管理制度等。最后要得到清洁的产品。清洁的产品是指节约原料和能源，少用昂贵和稀缺原料的产品，利用二次资源作原料的产品，在使用过程中以及使用后不危害人体健康和生态环境，易于回收和再生的产品，合理包装的产品，具有合理使用功能如节能、节水和降低噪声以及合理使用寿命的产品，报废后易处理易降解的产品等等。

清洁生产与"末端处理"最大的区别就在于清洁生产极大程度地体现了经济效益、环境效益和社会效益的和谐统一，体现了人类与环境的谐和共生。在清洁生产的含义中，不仅要追求技术上的可行性，还要追求经济上的可行性。

木材加工的清洁生产对解决木材行业环境污染起着至关重要的作用。这里所讲的木材加工清洁生产主要包括木材加工生产性粉尘污染控制、工业废气污染控制、工业废水污染控制及噪声污染控制等。

第18章

木材加工粉尘污染及其控制

[本章重点]
1. 木质粉尘的种类及危害。
2. 粉尘的粒径、粒径分布及其与粉尘危害性之间的关系。
3. 采用通风除尘系统进行粉尘控制的原理。

任何木制产品都是由原木开始经过一系列加工制成的,木材在这一过程中的利用率很低,除去树皮、边角料和缺陷材,大部分木材损耗都是在各种切削过程中以刨花、锯屑、木粉等形式产生的。以制材加工为例,在制材车间,如果使用圆锯机对木材进行剖分,锯路损失可达4.8~9.5 mm,使用带锯机时锯路损失也有3.2~4.8 mm,假如直接用圆锯机锯制目标厚度为1 in (25.4 mm) 的生板材,那么每次锯除的木材厚度就可能是34.9 mm,其中27%变为锯屑被消耗掉。如果再考虑切削时锯路厚度的变化以及板材的裁边和端头加工,产生的锯屑则会更多。正因为如此,在实际的制材加工中,一般先将原木剖分为毛方,之后用再剖圆锯或排锯将其锯成目标尺寸,由于排锯的锯片较薄,产生的锯屑量就相对较少。即便这样,经过数次切削以及刨光,从原木到板材,变成锯屑或刨花消耗掉的木材仍然十分可观。表18-1给出了美国西部与南部锯材厂针叶材板材的平均出材率以及各种加工剩余物在原材料中所占的比重,可以看到,从原木到板材的

表18-1 美国西部与南部锯材厂的针叶材出材率以及各种加工剩余物在原材料中所占比重

加工产物	西部(%)	南部(%)
刨光干板材	50.3	42.2
湿细木片	26.1	31.5
湿锯屑	7.1	5.9
刨花	3.8	7.4
干锯屑	0.7	0
干细木片	3.0	0
树皮	7.6	13
湿混合废木料	1.2	0

(自 M. R. Milota et al, 2005)

出材率一般只有50%左右,另有近一半的原料在各加工环节变成了刨花、锯屑与木片。

不仅在制材加工过程中,木材和木质材料在所有机械加工过程中都会产生大量锯屑或粉尘,即使是单台小型木工机床,如果在生产过程中缺少有效的粉尘控制措施,其短时间内所产生的粉尘数量之大,分布之广也会非常惊人。在木材加工车间,一台中型四面刨每小时产生的刨花可达300 kg;一个年产20万 m^3 的中密度纤维板(MDF)生产线,每天产生的砂光粉则可能有60 t之多。

木材加工过程中产生的这些刨花与锯屑一方面对木材的利用率会有显著影响,另一方面,各种木粉尘在车间内的聚集、飘浮不但会造成感观上的不适,更重要的是会对生

产安全与质量以及员工的健康造成严重影响。因此，对各种木粉尘进行有效的控制、输送、贮藏与处理是木材加工企业需要着重考虑的一个问题，一套科学合理而又行之有效的除尘方案不但会增加木材利用率，改善生产环境，提高生产效率，保护员工身心健康，更有助于减少企业的运行成本。

18.1 木材加工生产性粉尘的种类及其危害

木材加工过程中产生的细小加工剩余物的大小、形状和产生量与加工机床、加工工艺以及被加工木材或人造板材的类型密切相关。一般来说，我们把由各种刨切过程中产生的片状剩余物称为刨花；由各种锯机、钻头等小型刀头产生的颗粒状剩余物称作锯屑；而由各种砂削过程产生的粉状剩余物称为木粉。在本书中为了称谓方便将以上剩余物统称为木粉尘。

18.1.1 刨 花

刨花是刨刀、长刀头或大直径铣刀头在加工过程中从木材表面切下的片状木纤维。刨花的形状、大小与机床、材种以及切削参数有关。四面刨、平刨、压刨及铣床加工木材时排出的刨花厚度一般为 0.2~1.5 mm。在较低切削速度下对针叶材（松木、杉木等）进行基准面与定厚加工产生出的刨花长度较长，尺寸也较大，而在高速切削条件下对硬阔叶材（柞木、水曲柳）进行加工产生的刨花则偏短、偏小。就刀具本身而言，刀头尺寸越大，产生的刨花也越大。

刨花在刨切过程中产生的速率非常高，快速堆积的刨花在机床周围占据了大量空间，不仅给行走带来不便，也会引起火灾隐患。木材虽然具有可燃性，但尺寸较大的板方板并不会轻易燃烧，而刨花、锯屑与木粉由于尺寸很小，比表面积增大，其化学活性也随之增加，在接触到火花时可能就会发生燃烧。一部分刨花堆积在刀头附近，影响工人的视线，继而影响机床的正常操作，如果试图在机器运行时去除这些粉尘，很可能会造成安全事故。此外，刨花还会对产品的质量产生影响，有一部分刨花排出后会落在板材表面上，经出料辊滚压后会在木材表面形成印痕，对于硬阔叶材来说，这种影响尤为明显，造成的印痕可深达 1.6 mm。

对于车间内产生的各类木粉尘，目前使用最普遍的控制方法是使用除尘系统进行收集处理。木刨花由于重量大、数量多，要将其吸入到除尘管道中需要消耗更多的能量，因为重量大意味着管道吸口处需要更高的风速，而数量多则需要风机提供更大的风量。当然，同样由于体积与重量都比较大，散落到地面的刨花也是几种木粉尘中最容易清理的一种，相对而言，锯屑与砂光粉的清理就要麻烦一些。

18.1.2 锯 屑

锯屑从名称上理解应该是来自锯削加工，但实际上，很多钻孔、铣削加工过程中产生的颗粒状碎料也可以归到这一类里面。锯屑的大小同样受机床类型与加工方式等因素的影响，总体上说锯屑比刨花小得多，因而在工作场所的散逸与分布也更广。一般来说，顺纹切削产生的锯屑大于横纹切削；端部加工，如开榫、打眼产生的木屑尺寸也较小。其他影响锯屑大小的因素有：

（1）加工刀具。直径大，转速快的锯片在单位长度上进行的切削次数更多，因而产生的锯屑就更小。齿间距大的划线锯产生的锯屑就比后齿面交错斜磨的截断锯大。

（2）加工试件的种类、强度与密度。硬阔叶材切削过程中产生的锯屑比针叶材锯屑尺寸更小，数量更多。胶合板切削过程中产生的锯屑也较小，因为无论从哪个方向，切削都同时发生在顺纹与横纹两个方向上。刨花板与纤维板加工过程中产生的粉尘也很细小，并且其成分中还包含压板时所施的胶黏剂。

（3）锯片或刀头的状况，包括锋利度、平稳度等。钝锯片产生的粉尘比锋利锯片产生的粉尘小，如果锯片转动不平稳而切削量又大那么锯口就会更宽，粉尘的产生量也就更多。

和刨花一样，锯屑也会在机床周围迅速堆积，但由于尺寸更小，它的分布更广，而且黏附性更强，容易黏附在衣服或鞋底，并由此被带至更大的范围。

18.1.3　细木粉

大多数木工机床的排尘中都含有一定比例的细木粉，这里的"细"系指粉尘由于尺寸过小而会飘浮在空气中。在木材加工中细木粉的主要来源是各种砂削过程中产生的砂光粉，它是砂纸、砂带上的颗粒在与木材的摩擦过程中从木材表面剥离的木纤维片段。

砂光处理几乎是所有木材加工和人造板生产中不可或缺的环节，砂光粉的产生量从最简单的砂纸砂光后产生的细少粉尘，到人造板生产线的6砂架砂光机每日多达几十吨的粉尘量，这些木粉的平均粒径只有几十个微米（μm），其中粒径（定义见18.2.1）小于10 μm 的呼吸性粉尘又占到总体的10%左右。

由于尘源多，数量大，尺寸小，在几种木质粉尘中砂光粉产生的副作用最大，它不仅体现在对生产的影响，更体现在对人健康的影响。砂削产生的木质颗粒首先影响砂削质量和砂带寿命，一部分砂光粉（成分包含木粉、树脂、内含物等）由于范德华力等作用粘附在砂纸/带上，改变了砂带的粗糙度，继而对砂光质量造成影响，与此同时，砂带发热量的增加又降低了其使用寿命，增加了砂光机的使用成本。

与刨花和锯屑一样，砂光粉也具有易燃性，而且由于尺寸更小，它的化学活性更强，在相对封闭的空间可能会发生爆炸。当通过气力输送管道进行输送时，由木粉与管壁的摩擦产生的火花除了会引发燃烧外，在粉尘浓度较高时就会发生爆炸，其爆炸下限浓度为40 mg/m^3，因此，在粉尘输送管道中需要配备火花探测与灭火系统。

砂光粉中有相当数量的粉尘粒径小于10 μm，这种粉尘因为可以长期飘浮在空气中被称为飘尘，或可吸入颗粒物，粒径为5 μm 的粉尘在空气中的飘浮时间可达30 min甚至更长。砂光粉引起的很多问题正是源于这一特性。一些小至肉眼难以察觉的砂光粉飘散到车间各处,它们可能最终落到木制品的油漆表面,由于漆膜对这种微小颗粒十分敏感,落在板面的细小颗粒会影响漆膜质量。

在更多情况下,砂光粉颗粒会被工人吸入到体内,对呼吸系统造成危害。人体有一套免疫系统来应对侵入到体内的颗粒物,从鼻腔的鼻毛,到呼吸道内的纤毛、黏液以及肺部的吞噬细胞,都具有排异功能。大于 10 μm 的颗粒多数在鼻咽喉处即被拦截;粒径在 5~10 μm 的颗粒则被黏液包裹,阻留在气管与支气管,再通过纤毛的运动被输送到咽喉,在那里被吞咽至胃肠道中;更小的颗粒会进入到肺中,被吞噬细胞吞没后送至淋巴腺中。在颗粒物浓度不高的情况下,气管与支气管中的颗粒物只需数小时就可以被排出呼吸系统,而进入肺部的细小颗粒则可能需要数月甚至数年的时间才能被清除。如果颗粒物浓度较高,或者长期曝露在含尘空气中,人体的免疫系统就会失灵,呼吸系统最终会丧失排异功能,受到永久性损伤,并可能在长期刺激下发生病变,国际癌症研究所(IARC)将木粉尘列为致癌物质,长期曝露在木粉尘环境中的工人患鼻癌的可能性比普通人高 1000 倍。

木粉尘对人体的危害一方面取决于它的尺寸大小,另一方面还取决于木粉尘的化学组成,木粉尘的主要组分:纤维素、半纤维素与木素并不具有毒性,但其携带的可溶性化合物却可能对健康带来副作用。这些化学物质主要包括树脂和抽提物,多见于热带硬阔叶材。在树木生长时,抽提物可以驱赶害虫,防止心材的腐朽,而含有抽提物的木粉尘可能使接触者产生过敏性反应,造成皮肤出疹、头痛、面部肿胀、气喘、咳嗽以及结膜炎。典型的致敏性树种是西部铅笔柏,它含有一种名为大侧柏酸的过敏原,当人体吸入时可引发哮喘。类似的树种还有红杉、桃花心木、乌木等。表 18-2 列出了主要的致敏性树种以及它们对人体可能造成的伤害。

表 18-2 主要致敏性树种及其影响

树 种	产 地	影响来源	不良反应	受影响部位
西部铅笔柏	北美西海岸	木粉、树叶、树皮	刺激	呼吸系统
东非黑黄檀	非洲	木粉、木材	刺激、过敏	眼睛、皮肤、呼吸系统
绿心樟	南美	木粉、木材	刺激	眼睛、皮肤
绿柄桑	非洲	木粉、木材	刺激、致敏、肺炎	眼睛、皮肤、呼吸系统
桃花心木	非洲	木粉、木材	刺激	眼睛、皮肤
黑 檀	亚洲、非洲	木粉、木材	刺激、过敏	眼睛、皮肤、呼吸系统
渍纹枫木	欧洲、北美洲	木粉	刺激、肺炎	呼吸系统
白梧桐	非洲	木粉、木材	刺激、过敏	眼睛、皮肤、呼吸系统
夹竹桃	亚洲、欧洲	木粉、木材、树叶、树皮	中毒、恶心	心脏
栎 木	欧洲、北美洲	木粉	鼻癌	呼吸系统
红 杉	北美洲	木粉	刺激、过敏	呼吸系统
酸 枝	热带	木粉、木材	刺激、过敏	眼睛、皮肤、呼吸系统
崖 豆	非洲	木粉、木材	刺激、过敏	眼睛、皮肤、呼吸系统
红豆杉	亚洲、欧洲、北非	木粉、木材	中毒、恶心	心脏

除了木材的天然组分外，粉尘的危害还可能来自其携带的胶黏剂，包括人造板胶黏剂以及木材胶接用胶黏剂，它们可能对一些接触者造成很严重的健康影响。

除非出现急性症状，木粉尘对人体健康的影响可能是个缓慢的过程，其症状可能要数年甚至数十年才会表现出来，然而，就如其他慢性损伤一样，当病症显现时再想治愈是非常困难的，这也是为什么要对生产环境中的粉尘浓度以及除尘系统进行认真评估的原因。

18.1.4　粉尘污染的环境标准

污染物对环境的影响不仅取决于该物质的物理、化学属性，还取决于它的排放浓度（或人体接触浓度）以及排放时间（或人体接触时间）。按照瑞士医学家帕拉塞尔苏斯（Philippus A. Paracelsus，1493—1541）的观点，任何物质都是有毒性的，是剂量决定了该物质的危害性。在考虑木粉尘的危害性时，我们可以把"剂量"改为"排放量"或"接触量"，它可以由公式（18-1）来确定：

$$M = \int \eta \, dt \qquad (18-1)$$

式中：M——木粉尘排放量或人体接触量；

η——排放或接触浓度；

t——排放或接触时间。

可见，判断环境中的木粉尘是否过量主要取决于一定时间内的粉尘浓度值，这也正是各种环境标准中所需要量化的内容。表18-3列出了我国木粉尘或木粉尘所属粉尘类别的主要环境标准以及相应的标准值。比较表中的数据，可以发现木粉尘的许可浓度值按照排放浓度、工作场所环境浓度和一般环境浓度依次递减。这种差异是可以理解的：烟囱出口处的粉尘浓度肯定会比经稀释后的环境粉尘浓度高，不过现行的 120 mg/m³ 标准值也确实并不苛刻，采用了袋式除尘器等高效除尘器的除尘系统可以轻松地达到这个标准，这也是为什么有些地方制定了比国标更加严格的地方标准的原因。至于工作场所，由于是粉尘源所在区域，并且在多数情况下，暴露在其中的人是采取了职业保护措施的健康成年人（以男性居多），因而其粉尘浓度标准值会高于一般环境空气的标准值。

需要指出的是，环境标准中的阈值虽然是科学的结论，有些还具有强制约束力，但其适用性并不是绝对的，在不同的国家或同一个国家的不同时期它可能会发生变化，这种变化的内在原因是人们对粉尘属性、相关病理学研究以及经济发展的结果。表18-4列出了美国劳工部职业安全卫生监察局（OSHA）与政府工业卫生学者协会（ACGIH）制定的车间木粉尘浓度许可限值。

表 18-3 中国有关木粉尘的浓度标准及标准值

粉尘类型	适用条件	标准名称		标准值[5] (mg/m³)		
				一级	二级	三级
TSP[1]	环境空气质量	GB3095—1996	年平均	0.08	0.20	0.30
			日平均	0.12	0.30	0.50
PM_{10}[2]	环境空气质量	GB3095—1996	年平均	0.04	0.10	0.15
			日平均	0.05	0.15	0.25
PM_{10}	室内空气质量	GB/T18883—2002	日平均	0.15		
木粉尘	工作场所空气质量	GBZ2-1—2007	TWA[3]	3		
			STEL[3]	6		
颗粒物	排放标准	GB16297—1996	新污染源[4]	120		
			旧污染源[4]	150		

注:① TSP:总悬浮颗粒物,悬浮在空气中,空气动力学当量径≤100 μm 的颗粒。
② PM_{10}:可吸入颗粒物,悬浮在空气中,空气动力学当量径≤10 μm 的颗粒。
③ TWA:8 h 加权平均值;STEL:15 min 内最大值。
④ 新污染源:1997 年以后投产的企业;旧污染源:1997 年以前投产的企业。
⑤ 一级标准适用于自然保护区、风景名胜区及其他需要物别保护的地区;二级标准适用于城镇规划中确定的居住区、商业交通居民混合区、文化区、一般工业区与农村地区;三级标准适用于特定工业区。

表 18-4 OSHA 与 ACGIH 制定的车间木粉尘浓度许可限值   mg/m³

粉尘类型	OSHA		ACGIH	
	TWA	STEL	TWA	STEL
针叶材	总粉尘:15	N/A	1	10
阔叶材	可吸入粉尘:5	6	1	N/A
西部铅笔柏		N/A	0.5	10

N/A:无相关标准值。

18.2 木粉尘的尺寸和动力学特性

要解决木粉尘带来的种种问题,首先要认清它的基本属性,主要包括粉尘的尺寸和它的动力学特性,然后再依此来寻找合理的解决方案。

我们已经知道,刨花带来的问题主要关乎产品质量与生产安全,而砂光粉则不仅影响到生产的正常进行,更会危害人体的健康,造成这种差异的主要原因在于砂光粉的尺寸远小于刨花。实际上,粉尘的大小不仅直接关联到它带来的影响,也是粉尘治理中需要考虑的主要因素之一,越是细微的粉尘越难以和空气分离,对空气净化设备提出的要求也就越高。

木粉尘颗粒实际上是形状不规则的木材纤维片段,个体间的形状差异很大,很难直接相互比较大小,因此,通常是用一个与被观测粉尘颗粒具有尺寸或动力学相似性的球体的直径来表示它的大小,并将这个直径称为"粒径"。

常用的粒径测量方法是筛分法、光散射法与沉降法，前两者具有很强的实用性，而后者则具有重要的理论价值。筛分法的原理是让待测粉尘样本依次通过筛孔由大到小的一系列振动筛，通过筛分，就可以知道所测粉尘样本的粒径分布情况，而粉尘颗粒能通过的最小筛孔宽度则被称为该颗粒的筛分直径。

如果要对筛分法无法细分的粉尘（粒径40 μm以下）进行粒径分析，可以采用光散射法，它应用颗粒物对光线的散射角与其尺寸成反比的原理，通过测定不同角度上的散射光强来确定粉尘颗粒的大小。它可以测量的粒径可小至0.02 μm。通过筛分法和光散射法进行粉尘粒径测量时，就同时获得了该样本的粒径分布。在粉尘总体中，粒径大的颗粒质量比重较高，而粒径小的颗粒则在数量上占绝对优势。

沉降法是一种很巧妙的粉尘粒径测量方法，由于它反映了粉尘颗粒在空气中最基本的受力与运动关系，因而也对粉尘的收集、处理具有重要的理论价值。

假设一个球形颗粒在空气中做自由落体运动，那么它所受的力为：竖直向下的重力（G），向上的空气浮力（F_b）与阻力（F_d），据此，我们可以建立如下方程：

$$ma = G - F_b - F_d \tag{18-2}$$

方程18-2中的空气阻力F_d可以用公式18-3来计算，在雷诺数小于等于1的情况下（也就是颗粒的尺寸很小，或运动速度很低），该公式可以改写为18-4的形式。在除尘和空气净化领域，公式18-4在多数情况下都是适用的：

$$F_d = C_d \frac{\pi}{4} D^2 \frac{\rho_{\text{fluid}} V^2}{2} \tag{18-3}$$

$$F_d = 3\pi\mu DV \tag{18-4}$$

式中：C_d——阻力系数；

ρ_{fluid}——流体的密度，kg/m³；

μ——空气的动力黏度，kg/(m·s)；

D——粉尘颗粒的直径，m；

V——粉尘颗粒的速度，m/s。

以ρ_{part}表示粉尘颗粒的密度，则公式18-2可以表达为：

$$ma = \rho_{\text{part}}\left(\frac{\pi}{6}\right)D^3 g - \rho_{\text{fluid}}\left(\frac{\pi}{6}\right)D^3 g - 3\pi\mu DV \tag{18-5}$$

根据公式（18-5），由于粉尘颗粒所受重力与空气浮力是不变的，而阻力与速度成正比，这样，当沉降速度增大到一定程度时，阻力与浮力的合力就会与重力相平衡，颗粒的沉降速度不再变化，被称为终末重力沉降速度：

$$V = gD^2 \frac{(\rho_{\text{part}} - \rho_{\text{fluid}})}{18\mu} \tag{18-6}$$

公式（18-6）被称为斯托克斯定律。由于空气的密度一般远小于粉尘颗粒的密度，在工程上为了简化计算，常将式中的空气密度一项省去。

现在，可以给出由沉降法得出的粉尘粒径的定义：与被测粒子密度相同，在同一流体中终末沉降速度相同的球的直径。

这种直径被称作斯托克斯径，根据公式（18-6）其计算式为：

$$D = \sqrt{\frac{18\mu V}{g\rho_{part}}} \qquad (18-7)$$

由沉降法测量粉尘的粒径实际上是在寻找与待测颗粒动力学特性相似的球形颗粒，并以该球形颗粒的直径代表待测颗粒的尺寸，因此，斯托克斯径最能体现待测颗粒的受力与运动特性。由于除尘设备捕集的都是运动中的粉尘，在除尘系统设计中选用这种粒径进行计算所得到的结果的准确度是比较高的。沉降法的测量范围一般在 2~50 μm。

当粉尘颗粒的粒径超过 50 μm 时，如果继续用公式（18-6）来计算它的沉降速度就会带来严重误差，在这种情况下，流体对粉尘的阻力需要用公式（18-3）来计算，其应用的关键在于阻力系数 C_d 的确定。

一些砂光粉的粒径可能会小于 1 μm，其大小已接近空气分子的平均自由程。很明显，颗粒物的尺寸越小，其所受阻力就越小，如果这时还用公式（18-4）来计算，阻力值就会偏大，需要对其进行修正。这样，公式（18-4）就改写为如下形式，而沉降速度公式也要做出相应的调整。

$$F_d = \frac{3\pi\mu DV}{C_u} \qquad (18-8)$$

18.3　木材工业粉尘污染控制的综合性措施

有很多技术手段可以用来降低木粉尘的危害。理论上说，最根本的解决方法是从源头上对粉尘的排放量进行控制。刀具的尺寸、切削参数与木材含水率等都会使粉尘的产生量与性质发生改变。一个直径为 25 cm 的普通锯片产生的锯路宽度一般为 3.2 mm，如果采用更薄的锯片，可以将此宽度减小到 2.2~2.4 mm，相应的粉尘排放量可以降低约 25%。此外，加工工序和生产效率也会对车间木粉尘的产生量产生明显影响，这类解决方案实际上涉及对整个加工工艺和生产过程的重新审视与改造，并有一套完整的理论作为基础，已不在本书的讨论范围，下文所讨论的仍是一些常规的粉尘治理和利用方法。

18.3.1　个人防护

个人防护是减少粉尘危害性的最简单方法，一个防尘口罩就可以将绝大多数粉尘阻挡在呼吸系统之外，相对于其他技术手段而言，个人防护也是最廉价的一种防护手段。在现实生产中，个人防护手段应该与其他粉尘治理措施配合使用，因为即使在装备有高效除尘系统的车间里也会有一定粉尘散逸到空气中，这时防尘面罩就成为保护呼吸系统的最后一道防线。当然，防尘面罩对木粉尘在车间的堆积与传播起不到任何抑制作用，因而不可能仅靠它来解决车间的粉尘污染问题。

个人防护的关键在于对防尘面罩的合理选择。工业防尘面罩的种类很多，有一次性口罩，过滤式防毒面具以及送风面盔等，生产加工的性质与工人的暴露时间决定了所选用的类型。所谓一次性口罩是指过滤材料不可更换，使用一段时间就可丢弃的口罩。简单的一次性口罩只有一层滤料，只适合在车间作短暂停留时使用。适用于机床操作工的一次性口罩的滤料应由三层材料组成，最外层为纸状预滤料，对大颗粒进行过滤，中间一层为荷以静电的合成纤维滤料，对小颗粒进行过滤，内层材料决定了口罩的形状与耐久性，一般采用质地柔软的材料以使面部接触更舒适。过滤式防毒面具的滤料是可以更换的，其类型可以是纤维滤料或者活性炭。送风面盔则以一个头罩保护整个面部，它配有一个小风机，从外部抽入的空气经滤料过滤后对装备者进行供气，头罩内形成的正压有助于阻止外部受污空气的进入。在木材加工车间后两种面罩的使用并不多见，毕竟，相对于化工或生物医药等行业而言，木质粉尘的危害性相对较小，而木材加工本身对空气质量也没有特殊的要求。

18.3.2 采用通风除尘系统

在车间装备通风除尘系统是应用最为广泛的除尘方法。图 18-1 是一个小型木材加工车间的除尘系统图例，风机将各机床产生的粉尘通过吸尘罩从各气流支管吸入到主气流管道中，最后通向除尘器，粉尘在除尘器中与空气分离，净化后的空气从除尘器的出口排出。为了有效地控制车间内的粉尘浓度，除在每一台机床上接吸气支管外，还可以在一些排尘量大或不易安装吸尘罩的机床（如排钻）附近安排一个吸气软管，长度可达到地面或更长，这样可对散落到周围地面上的粉尘进行收集。设计良好的除尘系统能够有效地处理各种机床产生的木粉尘。在大型木材加工车间，一套除尘系统可以处理几十台机床产生的粉尘，这要归功于袋式除尘器的成功应用与发展。袋式除尘器通过滤袋的过滤作用对粉尘进行捕集，目前采用合成纤维滤料的袋式除尘器的除尘效率可高达99%，可以对小至 0.1 μm 的粉尘颗粒进行有效捕集，除尘器出口粉尘排放浓度可达 20 mg/m³ 左右，远低于国家标准。此外，大型袋式除尘器的滤袋可达数百个，一个过滤面积 300 m² 的袋式除尘器，处理风量约 40 000 ~ 50 000 m³/h。相比之下，旋风分离器对于悬浮颗粒的分离效率就要低得多，处理风量也有限。

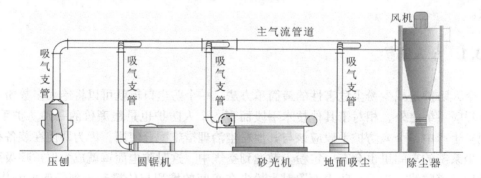

图 18-1　除尘系统示意

当然，大型除尘系统的能量消耗也是可观的，一个拥有 10 台普通机床的车间除尘所需的风量约为 25 000 ~ 35 000 m³/h，所配风机的功率约为 40 ~ 50 kW。有时，一个木材加工车间可能同时配有数个除尘系统，单个系统的电机功率可达 100 kW 左右，能耗问题成为除尘系统应用中需要重点考虑的因素之一。

在一些小型或者辅助加工车间，可以选择一些比较灵活和廉价的粉尘治理方案。对于单台甚至两台普通木工机床而言，单机除尘器是一个比较适用的除尘方法（图 18 - 2）。单机除尘器与除尘系统非常相似，也具有硬质吸尘管道、风机与过滤装置，只是由于结构紧凑，风机与过滤装置多整合在一起，这种除尘装置的风机功率一般在 1 ~ 3HP，并且滤袋的容量可达 200 多 L，可以任胜 1 ~ 2 台木工机床的除尘需要，它的价格也相对低廉，很适合小型机床和机床同时开启数不多的场合。

图 18 - 2 单机除尘器

除了配备除尘装置，一些简单的方法也可以对降低车间的粉尘浓度起到辅助作用，如改善车间的通风。南方的一些木材加工企业在车间顶部安装了风力排风扇，这样既节省能耗又增加了室内通风，但要达到良好的通风效果，最好还是在车间装备若干排风扇，并对换气量和气流组织进行合理的设计与计算。

应当注意的是，用通风来改善车间空气质量，其实质是将粉尘排出车间，如果数量较多，就会污染外部空气。另一方面，北方的木材加工车间由于供暖的原因，在冬天就不能通过增加通风的办法来改善室内空气质量，甚至从除尘器出口排出的空气都需要送回车间以节约能源，所以车间的全面通风只适用于温带气候或一年中气温较为温和的季节。

18.3.3 木粉尘的回收利用

除尘系统并不是粉尘治理中的最后一个环节，被除尘系统收集的木粉尘需要用合适的方法进行处理。在人造板企业，一些木粉尘可以部分地掺到纤维中成为制板原料。有的企业则选择将木粉尘出售，因为木粉尘极易燃烧，这本来是它的一个缺点，现在，它们可以因此用做供热燃料。另外，从理论上说木粉尘也可以用来堆肥，木粉尘富含碳元素，经过与湿含量较高的含氮有机质混合，制成的肥料可以改善土壤的构成，增加腐殖质成分，甚至可以有助于消除植物病虫害。

目前，越来越多的木材加工或人造板企业选择将木粉尘留作工厂自己的燃料来源，为生产中的各个环节供热。木粉尘的热值很高，含水率为 15% 的刨花的燃烧热值为 17GJ/t，含水率为 90% 的锯屑的热值为 10GJ/t，相比而言，煤的燃烧热值为 23GJ/t。如果应用合理，一个木材加工或人造板企业生产所需的所有热量都可以实现自给自足，节省下来的成本也相当可观。以年产 10 万 m³ 的 MDF 工厂为例，年耗煤大约 3 万吨，热能消耗占总成本的 15%，以一吨煤 900 元计算，使用木粉尘为燃料一年可节省成本 2700 万元。当然，这一成果的取得必须建立在对木质粉尘有效控制、输送与处理的基础上。图 18 - 3 显示了 MDF 生产线配套热能工厂的燃料来源与供热环节。在原木剥皮阶段产生的树皮，加工过程中弃置的废板材，筛选后剩余的废木片，截断过程产生的锯屑以及砂光粉都可以输送到锅炉中燃烧，由此产生的热量可以为生产中的纤维干燥、汽蒸、板材热压和制胶等环节供热。需要提到的是，锅炉燃烧产生的炉气在利用之前首先要经过多管旋风分离器去除炉气中的飞灰，其处理效果并非无可挑剔，因而这种燃烧过程中产生的飞灰就可能成为木材加工或人造板企业的另一个粉尘污染源。

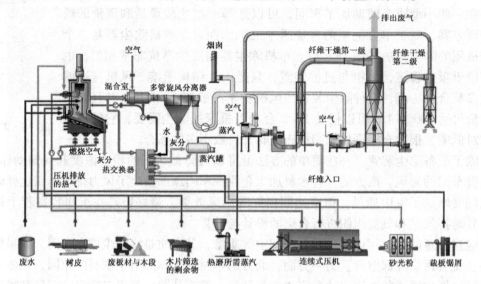

图 18-3　MDF 生产线中以木质剩余物为燃料的热能工厂的燃料来源和供热环节

（自美卓人造板机械公司）

思 考 题

1. 木粉尘的爆炸下限浓度为 40 mg/m³，如果粉尘气流输送管道内的含尘浓度进一步增加，试分析木粉尘发生燃爆的可能性是不是会进一步增加？

2. 试比较斯托克斯径分别为 2 μm 和 50 μm 的木粉尘颗粒的终末沉降速度，已知颗粒密度为 700 kg/m³，空气在 20℃下的动力黏度为 1.8×10^{-5} kg/(m·s)。

3. 结合生活实际，想想看除了课本中所提到的，木粉尘还有哪些利用价值？

第19章 木材工业废气污染及其控制

[本章重点]
1. 工业有害废气污染的综合防治措施。
2. 工业有害气体的净化技术。
3. 人造板工业甲醛气体污染及油漆装饰工艺废气污染的防治技术。

19.1 木材工业废气污染源

木材工业中的化学废气种类繁多，归纳起来，主要有苯、氨基、硝基、烷基、卤素元素、磺酸化合物及其他有机溶剂，铅、汞、铬及其金属类有毒物，氯、氯化氢、氟化氢、二氧化硫、氨、光气、硫酸二甲酯、溴甲烷、磷化氢、甲酸、甲醛等刺激性有害气体，一氧化碳、氰化物、硫化氢等窒息性有毒气体，以及合成树脂类有毒气体等。这些化学废气直接危害人体健康，污染大气环境。

一般来说，木材工业中产生化学废气的生产过程和工序可概括为以下几个方面：

①家具油漆和人造板装饰工艺过程中挥发出来的溶剂蒸汽。

②在人造板车间中，采用脲醛树脂、酚醛树脂等甲醛类树脂作胶黏剂时，在热压工序中将逸出大量具有刺激性的游离甲醛、游离苯酚等有毒气体，污染车间和大气环境，危害人体健康。

③木材、单板、木片、刨花、纤维在加热干燥、热压等加工过程中，由热分解产生的气体，都会含有相当数量的挥发性有机化合物（VOC），主要是萜和萜烯类化合物以及有机酸和醛类化合物。木材加热干燥时，VOC 的来源一方面是木材所含有的易挥发成分——抽提物，另一方面木材本身的高分子成分，如半纤维素、纤维素等在高温、高湿条件下会降解生成醋酸等有机物。VOC 的生成量依树种、心边材及加工介质温、湿度而异。

④在动力车间内，物质燃烧产生大量烟雾，污染大气环境。

⑤在刨花、纤维的气流干燥过程中，偶有爆炸现象产生，也会产生有害气体。

⑥大气中物理和化学反应而生成的气态污染物。

19.2 木材工业废气的危害

不同种类的木材工业化学废气的毒性及对环境的危害表现并不完全一样。苯、氨基、硝基、卤素元素、磺酸及烷基化合物可经皮肤吸收，或经口腔进入人体，引起中毒现象；家具和人造板装饰工艺过程中挥发出来的溶剂蒸汽，若浓度较高，可严重危害人体神经，引起抽搐、头晕、昏迷、瞳孔放大等病症。低浓度的溶剂蒸汽也能使人头痛、疲劳、腹痛。

工业生产中铅及其化合物以铅烟和铅尘的形式通过呼吸道进入人体，或经手及被污染的食物通过消化道进入人体。铅中毒可引起腹绞痛、贫血、麻痹、脑病、神经衰弱、头痛、头晕、失眠、多梦、记忆力减退、消化不良、食欲不振、恶心等症状。

汞及其化合物（氯化汞及其他无机化合物、有机化合物）为剧毒物质，以蒸汽和粉尘的形式经呼吸道侵入人体，也可经消化道和皮肤侵入人体。汞中毒的主要症状为头晕、头痛、无力、嗜睡、失眠、记忆力减退等症状。

铬及其化合物广泛用于电镀、油漆、颜料、染色、印刷等工业生产部门，在木材工业的油漆及家具制造工业部门，铬对人体的危害多发生于电镀铬作业以及使用重铬酸盐的作业工序。它主要是以烟雾、粉尘的形态经呼吸道进入人体。铬中毒的临床症状主要表现为对皮肤和粘膜造成的局部刺激和腐蚀，可引起鼻炎、咽炎、支气管炎、贫血、消瘦、肾脏损害及消化系统障碍。

目前，木材工业各生产部门广泛使用合成树脂胶黏剂，其中最常见的有脲醛树脂胶、酚醛树脂胶和环氧树脂胶。这些树脂胶不仅本身具有一定毒性，而且在使用过程中会散发出有毒气体，如游离酚、游离醛等，刺激损害皮肤。实践证明，长期接触合成树脂胶液体、蒸汽或粉尘后，可引起皮疹、水肿、皮肤干燥、皲裂等皮肤疾病及呼吸道疾病和眼病。

游离甲醛气体是木材工业中最典型的刺激性有害气体。对人体的危害非常严重。甲醛与蛋白质的反应性能很高，属于不可逆反应，生成不溶不融性产物，危害人体健康。长期接触甲醛可使皮肤失去弹性，大量摄入甲醛会导致视力减退和肝脏疾病。如果游离甲醛在空气中扩散并达到一定浓度时，处于该环境中的人会出现眼睛和皮肤受刺激、呼吸困难、湿疹、头痛、恶心甚至昏迷等症状。根据测定，只要空气中含有 $0.1\ mg/m^3$ 的甲醛便可闻到甲醛气味，当甲醛浓度达到 $2.4 \sim 3.6\ mg/m^3$ 时，对眼、鼻、喉，特别是中枢神经及视网膜产生强烈的刺激作用，如果通风系统效果不佳，很容易使人疲劳、头痛甚至中毒。研究表明，甲醛在血液和肝脏中将会快速被氧化成甲酸，如果甲酸在血液中的浓度过高，将使人体 pH 值波动过大，引起某些器官的酸中毒。

随着家居装修热的不断生温，各种人造板材大量进入居室环境。板内的游离甲醛将缓慢地、连续地、长期地释放出来，严重污染居室环境。

19.3 工业有害废气污染的综合防治措施

木材工业的生产过程散发出大量废气，严重危害人体健康和大气环境。国内外多年的防毒实践证明，有效防治工业废气首先应该改革工艺设备和工艺操作方法，从根本上杜绝和减少有害物的产生，在此基础上再采用合理的通风措施，建立严格的检查管理制度。木材工业防毒的技术措施包括：

（1）改革工艺设备和工艺操作方法，从根本上防止和减少有害气体的产生。生产工艺的改革能有效地解决废气污染问题，如采用新技术，研制并推广使用低毒性的胶粘剂和涂料。

在木材工业的木制品加工、家具、人造板、油漆、二次加工等生产部门，广泛使用合成树脂胶黏剂和涂料。这些合成树脂胶黏剂本身即具有一定毒性，在制造、贮存和使用过程（尤其是人造板的热压过程）中还会散发出大量有毒气体，这些刺激性的有毒气体弥漫在空气中，将严重污染车间和大气环境，危害人体健康，降低生产效率，降低产品质量。目前大量使用的木工涂料大多含有相当数量的有机溶剂，而且这些有机溶剂多具有挥发性，在其制造、贮存和使用过程中所造成的污染更为严重。为了防治这类污染，目前木材工业用树脂胶黏剂和涂料正朝着"三化"（粉末化、水性化、无溶剂化）方向发展。

对于涂料的污染防治，首先考虑使其粉末化，即涂料不含有机溶剂，以革除传统涂料在成膜过程中以有机溶剂为媒介所带来的弊端，这不仅有利于涂料的贮存和运输，而且可减少甚至消除涂料在使用过程中的易燃问题和有毒气体的逸出问题。

水性涂料和无溶剂涂料在涂料工业中具有广阔的发展前景。水性涂料以合成树脂代替植物油，不仅可提高涂料性能，而且可有效防治涂料的污染问题。目前使用较为广泛的当属乳胶漆和水溶性涂料。

无溶剂涂料的成膜物质采用不含溶剂的低黏度合成树脂，在其固化、结膜过程中无溶剂挥发，属于无污染涂料。

对胶黏剂而言，木材科学研究人员和企业都试图采用低甲醛含量的胶黏剂来代替现在大量使用的甲醛类树脂胶黏剂，如单宁树脂胶、异氰酸酯树脂胶等。有人甚至建议采用无胶胶合技术。

（2）密闭废气污染源，避免人体与有害气体直接接触。密闭污染源是防止污染物外逸的有效途径。在不妨碍生产操作的前提下，尽量将产生有害气体的设备或某些敞口设备围罩起来，以防止有害废气外逸进入工作地点的空气中，并使操作人员与有害气体脱离接触。如在胶黏剂车间，尽量使树脂反应釜处于密闭状态，将敞口的人工投料、出料改为使用高位槽、管道和机械操作，实行管道化、机械化作业。另外，为了提高密闭效果，应使设备内部保持真空负压状态。

（3）采用通风或空气净化技术。通过工艺设备和工艺操作方法的改革，如果仍有有害废气散入室内，应采取局部通风或全面通风措施，使车间内的有害气体浓度不超过有关标准的规定，并使通风排气中的有害气体浓度达到排放标准。采用局部通风时，应尽量将产生有害废气的工艺设备密闭起来，以最小的风量获得最好的通风效果。另外，还应该在总体布置和建筑设计方面与工艺及通风措施密切结合起来，进行综合防治。这是目前应用较广、效果较好的防污措施，在木材工业的废气处理中已发挥非常重要的作用。

（4）个人防护。由于技术和工艺上的原因，某些作业地点的有害气体浓度未能达到卫生标准要求时，应对操作人员采取个人防护措施，这是对有害气体综合防治污染的一个重要方面。

（5）建立严格的检查管理制度。为了确保通风系统的安全运行，推动有害废气的污染防治工作，应建立严格的检查管理制度。加强通风系统的维护和管理，定期测定废气排放点的浓度，作为检查和进一步改善防治工作的主要依据。对生产过程中接触有害废气的人员定期进行体检，以便及时发现情况，采取有效措施。

19.4 工业有害气体的净化技术

以气态存在的大气污染物，通常可采用各种气体净化技术进行治理。气体净化处理的方法很多，目前使用比较广泛的有吸收净化法、吸附净化法、化学催化法和燃烧处理法。

吸收净化法即采用适当吸收剂处理气体混合物，以除去气体中的一种或几种组分，这是一个气相中的物质通过气相和液相之间的界面传入液相的传质过程，有物理吸收和化学吸收之分。目前，工业中广泛用于气体净化处理的设备有填料塔、筛板塔和喷淋塔。

气体吸附净化法是使气体通过固体吸附剂，使气体中的杂质被吸附在固体表面上以达到净化目的的一种方法。目前，工业中广泛采用的气体净化吸附器包括固定填充床吸附器和流动填充床吸附器两大类。所用吸附剂的种类很多，如活性炭、沸石、活性土、氧化铝、硅酸盐、硅凝胶等，其中活性炭的使用尤为广泛。

在气体净化中，化学催化法有其独特性，即气体中的有害物质不是通过物理方法得以清除，而是通过各种催化剂将其转化为无毒物质，可以继续留在气相中，也可以是易于除去的物质。目前，工业气体净化所用的化学催化剂大多为金属或金属盐类，其所用载体通常为氧化铝、铁矾土、石棉、陶土、活性炭等。

通过燃烧净化气体的方法包括直接燃烧法和触媒燃烧法。直接燃烧法系将含有毒物质的气体或有机溶剂加热，使其直接燃烧，氧化分解成二氧化碳和水；而触媒燃烧法系将含有有机溶剂的气体加热，并通过触媒层进行氧化反应，所以可以在较低温度下燃烧，热能消耗较少。

19.5 木材工业废气污染的防治技术

19.5.1 人造板工业甲醛气体污染的防治技术

世界各国十分重视游离甲醛污染的控制和治理，并对空气中甲醛气体的最低浓度作出严格规定。美国职业安全与健康管理机构（OSHA）规定，工作场所 8 h 内空气中的甲醛气体浓度不得超过 3 mg/L，同时规定在 8 h 内的任何时间，不得超过 10 mg/L，或 0.5 h 内不得超过 5 mg/L。我国从 2002 年起实施的《室内装饰装修材料人造板及其制品中甲醛释放限量》等 10 项强制性国家标准，充分体现了政府对空气中甲醛气体污染问题的重视程度。

影响人造板和家具在制造和使用过程中甲醛释放的因素很多，如原材料种类、树脂胶的摩尔比及胶黏剂制作工艺、板子含水率、固化剂种类与用量、甲醛捕捉剂种类与用量、热压工艺、制品堆放条件及制品后期处理等，都将影响甲醛气体的释放。国内外针对甲醛气体的释放问题做了大量研究，并应用于生产实践，取得了显著效果。归纳起来，降低游离甲醛的技术措施包括以下几个方面：

19.5.1.1 适当降低 F/U 的克分子比 树脂合成时，降低 F/U 的克分子比，能使次甲基醚键（—CH_2OCH_2—）减少，从而减少未反应的游离甲醛及释放的甲醛气体量。但若反应物中的甲醛用量过少，有可能降低板子内部的胶合性能，降低板子的平面抗拉强度，并对胶的反应特性和胶固化后的耐水性产生不利影响。

19.5.1.2 采用共聚树脂或改性树脂 采用尿素与三聚氰胺、尿素与双氰胺，以及尿素与胺类化合物制成共聚树脂，可以降低游离甲醛含量，但由于这类共聚树脂的成本较高，生产工艺较复杂，所以操作性不强，在使用上受到限制。

19.5.1.3 改进制板工艺 在满足人造板胶合工艺要求的条件下，适当提高热压温度、延长热压时间，有利于降低板子的游离甲醛含量。

适当提高脲醛树脂胶的浓度，有助于降低游离甲醛量。

适当降低板坯含水率，可加快热压温度的上升速率，从而使树脂胶的固化更完全，使残留在板子内部的甲醛量减少，降低人造板的甲醛释放量。

在涂胶或拌胶工艺中适当控制施胶量可在一定程度上降低游离甲醛量，因为施胶量减少，也就意味着进入板坯中的甲醛数量减少。

19.5.1.4 添加甲醛捕捉剂 在树脂胶的制备过程中，除选用低克分子比的反应物配方外，还可向组分中添加能吸附甲醛的无机物或能与甲醛发生不可逆反应的物质，以捕集甲醛从而达到降低甲醛释放量的目的。

目前，普遍认为比较理想的甲醛捕捉剂有尿素、三聚氰胺、间苯二酚及木素磺酰胺等。

19.5.1.5 对板子进行后期处理，以降低甲醛释放量 降低板子的甲醛释放量，不仅可在热压之前和热压过程中采取适当措施，而且也可以在板子制成后通过适当的后期处理来实现。

（1）药剂处理。在板子表面施加表面活性剂，使之渗入木材组织，并与板内的甲醛发生反应生成稳定的物质，从而达到降低板子甲醛释放量的目的。

① 氨处理：对于采用氨基类树脂胶刨花板而言，用氨处理方法可明显降低板子的甲醛散发量。氨处理法主要是将刨花板经过充满氨气的处理装置进行处理，使氨气与板子释放出的甲醛气体反应，生成中性且性能稳定的六次甲基四氨。

采用氨气对板子进行后期处理，不仅氨气消耗量少，处理时间短，而且还能提高板子的 pH 值，提高树脂的抗水解能力。

② 尿素溶液处理：对于用氨基类树脂胶制成的刨花板，还可将适宜浓度的尿素溶液喷洒到板面上，达到降低板子甲醛散发量的目的。研究表明，在刨花板热压后、堆放前，于热态下采用 50% 的尿素溶液进行喷洒处理，可将板子的甲醛释放量降低 30%～50%。

③ 其他药剂处理：为了降低胶合板的甲醛散发量，可采用盐酸羟胺和一些硫化物对板子进行后期处理，其中，亚硫酸钠不仅能比较有效地降低胶合板的甲醛散发量，而

且不会影响胶合板的胶合强度。

（2）覆贴法。覆贴法就是对人造板表面进行表面涂饰或贴面装饰，抑制游离甲醛的释放。目前，对人造板进行覆贴处理的方法较多，主要包括：

① 用浸渍过的合成树脂装饰纸在刨花板表面进行贴面；
② 用专供装饰的微薄木进行贴面；
③ 用各种不同的内贴墙材料进行贴面；
④ 用抗渗透能力不同的各类薄膜覆盖表面。

应注意的是，贴面材料不同，抑制板子甲醛释放的效果不同；封边与不封边的效果也不一样，研究表明，PVC 的封边效果最好。另外，覆贴效果还与所用胶种与胶量、覆贴工艺及基材性质有关。

19.5.2 油漆装饰工艺的废气污染防治技术

在家具和人造板装饰工业中，油漆装饰非常普遍。油漆装饰所用的各种有机溶剂和涂料大部分有毒，如苯、甲苯、二甲苯、硝基漆稀释剂、酒精、丁醇等。有些涂料中含有有毒颜料，如铅、汞、锰、铬、红丹、铅铬黄等，使用时如不采取预防措施，会使人中毒。

采用普通空气喷涂时，涂料会大量飞散，这不但浪费涂料，而且由于部分有机溶剂和涂料粉尘随空气飞散到空气中，形成漆雾，危害操作环境，并污染大气，尤其是采用压缩空气喷涂时产生的漆雾更多，危害更严重。

防治油漆装饰工艺环境污染的措施包括以下几个方面：

（1）采用静电喷涂工艺。静电喷涂是借助高压电场的作用，使喷枪喷出的漆雾雾化得更细，并使漆雾带电，以便通过静电引力而沉积在带异性电的工件表面上的一种涂漆方法。静电喷涂工艺与普通空气喷漆工艺相比具有不可比拟的优越性，首先，静电喷涂可节约涂料，对相同的工件，可节约涂料 40%~50%；其次，静电喷涂时，工人可远距离作业，并可在密闭环境中作业，从而减少了漆雾对人体的危害。

（2）采用高压无气喷涂工艺。高压无气喷涂是涂料施工中的一项新型工艺，它是利用 $4\sim6~kg/cm^2$ 的压缩空气驱动高压泵，使涂料增压到 $150~kg/cm^2$ 左右，然后通过一个特殊的喷嘴喷出，当受高压的涂料离开喷嘴到达大气中时，便立即剧烈膨胀，雾化成极细小的漆粒被喷到工件上。因漆料中不混有压缩空气中的水分和杂质，故涂层的质量高。

高压无气喷涂工艺适于高黏度涂料的喷涂，而且涂料内可不加或少加稀释剂。高压雾化喷涂产生的漆雾少（与压缩空气雾化相比，可减少漆雾约 80%），环境污染程度低。

（3）操作适当。喷漆间操作人员在使用溶剂稀释各种漆料时，必须戴好口罩和防护罩，以防护溶剂蒸汽挥发吸入体内。戴好手套，穿好工作服和胶靴，不让溶剂触及皮肤。同时将外露皮肤搽上医用凡士林。

喷漆间喷完漆后，应继续开动通风设备，以排除残存漆雾和溶剂气体。

清洗喷枪及其他工具时，尽量不让皮肤接触溶剂。完成所有工作后，及时揩去皮肤上的凡士林，再用温水和肥皂洗净手脸，并应经常淋浴。

(4) 实行涂料的粉末化、水性化、无溶剂化。

① 粉末涂料：是固体粉末，不需要有机溶剂，避免了液体涂料在成膜过程中以溶剂为媒介的传统做法，从而避免在施工中产生易燃、有毒气体。粉末涂料比液体涂料易于贮存和运输。粉末涂料是由树脂和颜料混合而成的，它不像液体粉末那样可直接涂刷到工件表面上。粉末涂料应用热融流平的原理，使雾化的粉末涂料均匀地被预热并被工件粘住，熔融塑化，冷却结膜。

② 水性涂料：主要有乳胶漆和水溶性涂料两大类。乳胶漆是将成膜物质的树脂和助剂以微粒的形式分散在水中，是以水为介质的一种涂料。水溶性涂料是指成膜物质的油、树脂经"改造"后能溶于水，是以水为溶剂的一种涂料。这种涂料有利于改善操作条件，防止环境污染。

③ 无溶剂涂料：是一种以无溶剂的低黏度合成树脂为成膜物质的涂料。其固化结膜往往需要添加固化剂，通过化学反应使固化剂分子与成膜性合成树脂交联，形成网状结构。可见，无溶剂涂料在固化结膜过程中没有溶剂挥发，改善了操作环境。

涂料的粉末化、水性化、无溶剂化是从根本上解决油漆涂饰工艺中有毒气体污染的主要途径，有着广泛的发展前景。除此之外，对漆雾及有害气体的污染，还可采用活性炭吸附法、触媒燃烧法和直接燃烧法等措施治理喷漆室和烘干室的有害气体和粉尘污染。

19.6 大气环境质量标准和工业有害气体排放标准

世界卫生组织对大气环境质量制定的四级标准，是各国制定大气环境质量标准的基本依据。我国根据卫生毒理学实验和现场卫生调查资料并借鉴国外资料，于1996年制订了《环境空气质量标准（GB3095—1996）》和《大气污染物综合排放标准（GB16297—1996）》，对大气中各项污染物的浓度规定了限值，见表19-1。另外，与工业废气污染控制有关的标准还有《锅炉大气污染物排放标准（GWPB3—1999）》和《恶臭污染物排放标准（GB14554—1993）》。

表 19-1　各项污染物的浓度限值

污染物名称	取值时间	浓度限值			浓度单位
		一级标准	二级标准	三级标准	
二氧化硫	年平均	0.02	0.06	0.10	mg/m³（标准状态）
	日平均	0.05	0.15	0.25	
	1h平均	0.15	0.50	0.70	
总悬浮颗粒物	年平均	0.08	0.20	0.30	
	日平均	0.12	0.30	0.50	
可吸入颗粒物	年平均	0.04	0.10	0.15	
	日平均	0.05	0.15	0.25	
氮氧化物	年平均	0.05	0.05	0.10	
	日平均	0.10	0.10	0.15	
	1h平均	0.15	0.15	0.30	
二氧化氮	年平均	0.04	0.04	0.08	
	日平均	0.08	0.08	0.12	
	1h平均	0.12	0.12	0.24	
一氧化碳	日平均	4.00	4.00	6.00	
	1h平均	10.00	10.00	20.00	
臭氧	1h平均	0.12	0.16	0.20	
铅	季平均		1.50		μg/m³（标准状态）
	年平均		1.00		
苯并[a]芘	日平均		0.01		
氟化物	日平均		7①		
	1h平均		20①		
	月平均	1.8②		3.0③	μg/(dm²·d)
	季平均	1.2②		2.0③	

注：①适用于城市地区；②适用于牧业区、以牧业为主的半农半牧区和蚕桑区；③适用于农业和林业区。

思 考 题

1. 工业有害废气污染的综合防治措施包括哪些方面？
2. 工业有害气体的主要净化技术是什么？
3. 如何治理木材加工中的甲醛气体污染？
4. 如何治理油漆车间内的有害气体污染？

第 20 章
木材加工废水污染及其治理

[本章重点]
1. 木材加工工业废水的来源及特点。
2. 木材加工工业废水的处理与回收利用技术。

20.1 木材加工工业废水污染源

废水的分类方法很多，根据其来源可以分为生活污水和工业废水。木材加工工业和其他工业一样，也存在着严重的水污染问题，在木材工业的很多行业中，不但用水量大，并且使用的化学药剂的种类和数量多，毒性大，容易造成严重的水污染问题。

在木材加工工业中，胶合板、刨花板、纤维板生产、木材防腐、染色和漂白处理等生产过程是主要的废水污染源。除此之外，在合成树脂制造，家具电镀处理等生产环节也会产生严重的水污染问题。在以上行业中，均使用大量的水作为溶剂、稀释水和纤维运载体，产生的废水中含有大量的有机物，有毒物质和其他废弃物质等。如果不经过适当处理直接排放，不但会造成河道淤积，并且还会危害水生生物的生活和繁殖，影响人体健康，严重危害环境。

从国内外木材加工工业的发展来看，在人造板生产中，纤维板行业具有用水量大，污染物浓度高等特点，对环境污染最严重。纤维板行业的生产工艺经历了一个从湿法生产工艺向干法生产工艺的发展过程。在湿法纤维板生产工艺中，废水的主要来源是长网成型机排出的白水，水量占到全部废水产生量的 90%，其次是热压机、热磨机排出的废水和其他清洗废水等。根据国内外统计资料，湿法纤维板生产企业每生产 1 m^3 产品，废水产量大约在 800 t，化学需氧量 COD_{cr} 产生量平均为 230 kg。由于湿法纤维板生产工艺废水排放量极大，对环境污染十分严重，因此近年来，我国纤维板生产逐渐采用干法生产工艺，废水来源主要为木片水洗和热磨环节。同湿法工艺相比，干法工艺生产用水量可以减少 90% 以上，废水排放量大大减少。但是就湿法和干法纤维板生产所产生废水的水质而言，二者在浓度和污染物类型方面基本相似。

胶合板和刨花板行业的废水污染情况不像纤维板行业那样突出。但是，其选用原料的类别，木材处理方法和树脂胶的供给方式等因素都与其造成的水污染程度具有密切的关系。刨花板生产的废水主要来源于制胶和拌胶，以及合成树脂的装运、贮存设备和管道系统的清洗等工艺操作。胶合板生产中的主要水污染源有木材水热处理工艺，单板干燥机冲洗工序、调胶和涂胶设备冲洗等。

合成树脂工业和家具电镀处理工艺也会引起严重的水污染问题。合成树脂废水包括树脂制造过程中的排放水、人造板生产过程中的调胶施胶设备的冲洗水和管道系统的冲洗水等。不同的电镀工艺，将产生不同种类的重金属离子和氰化物等危险污染物，对环境危害极大。

近年来，随着木材染色和漂白技术的发展，在木材加工企业中产生了越来越多的染色和漂白废水，这些废水不仅具有一般木材加工企业废水的共有特点，比如含有大量的糖类、半纤维素、木素、甲醛等，还含有大量难以生物降解的化学染料，进一步加大了废水处理的难度。

由于木材加工行业需要的原材料数量大，因此我国木材加工生产企业多分布在木材生产量大、运输相对方便的原料产区、乡镇地区和城乡结合部，特别是很多小规模的木材加工企业，由于环保意识薄弱，监管不严，大量木材加工废水未经处理或者处理不达标直接就近排入河道、湖泊或者农田内，已经造成了严重的环境污染问题，造成了巨大的经济损失，群众反响强烈，亟须采取措施加以治理。

20.2 木材加工工业废水中的主要污染物及其危害

木材加工工业废水污染主要由其中的木材可溶物，胶黏剂残余物、人造板生产过程中所添加的可溶性化学药品以及各种不溶性杂质引起。

木材可溶物主要包括各种糖类、半纤维素、木素、单宁、甲醛等。半纤维素和木素在一定条件下可以发生水解或者降解反应，生成多种小分子有机水溶物。这些有机水溶物在排放进入水体后，由于好氧微生物的分解作用，将会消耗水体中的氧气，导致水体缺氧，水生生物和鱼类大量死亡，水体发黑变臭，丧失原有生态和使用功能。

胶黏剂残余物中含有的主要污染物为苯酚、甲醛、甲醇及各类合成树脂类物质。这些污染物的浓度虽然较低，但是具有较大的毒性。一旦进入水体，将危害水生动物的生长和渔业生产，被污染的水体既不能饮用，也不能用于农业灌溉。

在人造板生产过程中添加的化学药品包括石蜡、明矾、杀菌剂、防腐剂以及木材染色和漂白过程中使用的各种有机和无机盐染料。这些污染物质如不经处理直接排入水体，对环境危害较大。

木材加工工业废水中的不溶性杂质主要包括细小木纤维、细胞碎片、树皮木屑、泥沙等。这些不溶性杂质排入水体将大量沉积，造成水道淤积，并将进一步发生厌氧反应生成硫化氢和甲烷等物质，使水体发黑变臭。与此同时，这些不溶性杂质进入水体将会严重影响鱼类的呼吸，导致鱼类大量死亡。

通过对国内外中密度纤维板 MDF 生产企业的废水产生情况进行归纳总结，表20-1中列出了干法 MDF 废水中主要污染物的大致浓度范围。

从表20-1中可以看出，干法中密度纤维板废水具有有机物、悬浮物浓度高、色度大，呈弱酸性的特点。根据文献报道，MDF 废水中的污染物，有机物质占 88.8%~91.2%，无机物占 11.2%~8.8%。有机物主要是碳水化合物，其中溶解性的仅占40%~60%。在有机污染物中，糖类占70%（其中戊糖35%、己糖65%）、木素占10%、树脂类占20%。

表 20-1 干法中纤板废水水质状况表

水质指标	化学需氧量 CODcr (mg·L^{-1})	生化需氧量 BOD$_5$ (mg·L^{-1})	悬浮物 SS (mg·L^{-1})	pH 值	色度（倍）
木片水洗废水	1000~2000	300~600	1000~1500	6.2~6.5	600~800
热磨废水	10 000~30 000	3000~10 000	2000~6000	5.8~6.2	1000~2000
混合废水	5000~20 000	1500~5000	2000~6000	5~6	800~1500

20.3 木材加工工业废水的处理原则和思路

工业废水的处理原则是"防重于治，防治和管理相结合"。"防"是指对污染源的控制，使污染源排放的污染物数量减小到最低；"治"是对废水进行合理的治理，使之在排入水体前达到规定的标准。"管理"包括各种水质指标的制定和执行，以及对污染源、污水治理装置的经常性监测和管理。根据国内外在木材加工工业废水处理领域几十年的实践经验表明，木材加工工业废水处理应按照以下原则：

（1）改革生产工艺，减少生产工艺的耗水量，尽可能做到不排或者少排废水；

（2）加强企业的清洁生产管理，合理安排不同生产环节的用水顺序，尽可能做到复用、串用、梯级使用，提高水的循环利用率；

（3）对排放废水中的污染物质加以回收利用，变废为宝，化害为利；

（4）对污水处理方案进行综合比较和论证，选择能够满足排放要求，技术上可行、经济上合理，运行管理简便的污水处理方案。

20.4 木材加工工业废水的常用处理方法

常用的工业废水处理方法一般可以分为物理法、化学法和生物法三种，每一种方法又可以进一步分为各种不同的种类。在制定废水处理方案的过程中，可以根据废水中污染物的性质和处理要求等进行选择和不同工艺的组合，从而获得最佳的处理效果。

由于木材加工工业废水具有有机物、悬浮物浓度高，色度、浊度大，生物降解性低等特点，因此目前国内外均使用物理、化学和生物等多种处理技术的组合来实现对木材加工工业废水的有效治理。

（1）物理法。即根据污染物的物理性状的不同使废水中的污染物与废水分离。木材加工工业常用的物理处理方法有：

① 过滤法：即采用格栅、筛网、机械固液分离机等截留木材加工废水中的细小纤维、树皮、木屑等物质。采用过滤法，可以显著的降低后续处理装置的处理负荷，防止处理设施损坏，并且可以显著降低废水中的 CODcr、SS 浓度，同时回收得到的细小纤维、树皮、木屑等可以作为锅炉燃料焚烧利用。因此，过滤法是一种非常有效的预处理手段。

② 沉淀法：是利用重力使得水中的悬浮颗粒下沉，从而达到固液分离目的的一种

常用废水处理方法。这种处理方法可以比较有效的去除木材加工废水中密度大于水的泥沙等无机物,但是对于木材加工废水中的胶体物质、细小纤维、树皮、木屑等基本没有去除效果。

③ 气浮法:将空气通入废水中,利用高度分散的细小气泡为载体黏附废水中的悬浮和胶体物质,使其随气泡浮到水面形成浮渣而去除,达到与水分离的目的。在木材加工工业废水处理中,一般采用加压溶气气浮的方法,即将待处理的废水在压力溶气罐中进行加压溶气,然后再经减压释放装置进入气浮池进行固液分离,水面上的浮渣由机械刮渣机刮除,处理后的水经过池底的集水系统排出。

(2) 化学法。是利用某种化学反应使得废水中的溶解性或者胶体性的污染物质的性质或者形态发生改变并使之与水分离的方法。在国内外木材加工工业废水处理中常用的化学方法有:混凝、酸碱中和、氧化还原以及高级氧化技术。

① 混凝:是向废水中投加混凝剂使得细小悬浮颗粒和胶体颗粒聚集成为较大颗粒而逐渐与水分离的方法。常用的混凝剂有铝盐(硫酸铝、聚合氯化铝)、铁盐(三氯化铁、硫酸亚铁)和有机高分子混凝剂(聚丙烯酰胺)等。国内外的生产实践充分证明采用聚合氯化铝和聚丙烯酰胺的组合(简称 PAC 和 PAM)对木材工业废水进行混凝处理,具有良好的效果,从而得到了广泛的采用。值得注意的是,目前国内外木材加工废水处理过程中常常将混凝技术和气浮技术有机结合起来,即将经过加药混凝后的木材工业废水经过气浮装置,将混凝絮体从废水中分离出去。

② 酸碱中和:是向废水中添加酸性或者碱性物质,调节 pH 值使其达到中性而适合于进一步处理。由于木材加工废水一般均体现出显著的酸性特点(pH 值一般在 4~6)。因此,投加适当数量的碱中和使其达到中性,可以显著的提高后续生物处理的效果。生产实践中常用的碱性物质有生石灰和氢氧化钠等。由于生石灰价格低廉,来源广泛,因此成为我国木材加工废水处理领域进行酸碱中和的首选原料。

③ 氧化还原:通过氧化还原可以使废水中的污染物质发生氧化还原反应,转化为无害物质和气体,从水中分离出去。常见的氧化剂有漂白粉、氯气、臭氧等。常见的还原剂有铁屑、硫酸铁、二氧化硫等。

近年来,高级氧化技术在木材加工废水处理领域得到了广泛的研究和试验应用,典型工艺是 Fenton 试剂法。亚铁盐和 H_2O_2 的组合常称为 Fenton 试剂,Fenton 试剂中 Fe^{2+} 作为同质催化剂,而 H_2O_2 具有强烈的氧化能力,特别适用于处理高浓度、难降解、毒性大的有机废水。Fenton 试剂一般作为 MDF 废水处理的预处理或深度处理,经过 Fenton 试剂法处理的中密度纤维板生产废水,各项污染物浓度均大大降低,近年来在国内外得到了越来越广泛的研究和应用。

(3) 生物处理法。由于木材加工废水中含有大量糖类、半纤维素、木素等有机物,从而为采用生物处理法提供了良好的条件。由于木材加工废水的有机物浓度很高,因此,多采用厌氧生物处理法和好氧生物处理法相结合的方式,经过物化预处理后的木材加工废水首先进入厌氧生物处理池,在厌氧微生物的作用下,大分子复杂有机物分解成为小分子简单有机物,提高废水的可生化性,进而进入好氧生物处理池,在好氧微生物的作用下,将小分子简单有机物进一步分解成为水和二氧化碳。在生物处理的过程中，微生物实现自身增殖，使得净化作用能够持续不断地进行。国内外木材加工废水处理工程中常采用的生物处理法包括活性污泥法和生物膜法。近年来，国内外有学者开展了筛选高效微生物菌群并加以固定化的方式来处理木材加工废水，取得了较好的效果。

生物处理法的效果好，运行费用低。因此，在国内外木材加工废水的处理工程中，基本上使用生物处理法作为木材加工废水的核心处理环节。

20.5 废水水质指标和排放标准

20.5.1 废水的水质指标

在工业废水处理中，常用的表示废水污染程度的水质指标可以分为物理指标、化学指标、生物指标等。物理指标包括浊度、色度、温度、电导率、悬浮物浓度等。化学性指标包括 pH 值，生化需氧量 BOD、化学需氧量 COD_{cr}、总需氧量 TOD、溶解氧（DO）、总有机炭、氨氮、总氮、总磷等。生物指标包括细菌总数、大肠杆菌数等。

在木材加工工业废水中，经常采用的指标为 pH 值、生化需氧量 BOD、化学需氧量 COD_{cr}、悬浮物 SS 四项。

20.5.2 废水的排放标准

废水的排放标准一般包括两种，即排放浓度标准和污染物排放总量控制标准。

(1) 排放浓度标准。一般通过限定污染物最高允许排放浓度的方式来控制。由于排放浓度标准简单易行，得到了世界各国的普遍采用。但是在执行过程中，排放浓度控制逐渐显露出各种缺点，主要包括：

① 无法控制企业采用稀释手段降低污染物排放浓度的现象：由于木材加工废水浓度高，吨水处理费用经常高达 10~20 元，因此，很多中小型企业为了降低废水处理成本，往往采用添加自来水对废水进行稀释的方式使其达到排放浓度，进而排入周边水体。实际上，这种方式不仅起不到降低废水污染的目的，还浪费了大量宝贵的水资源。因此，我国 2008 年 6 月 1 日起修订实施的《水污染防治法》中明确规定：污水稀释达标排放是严格禁止的违法行为。

② 无法控制企业的污染物排放总量：尽管企业通过厂内处理，做到排放浓度达标，但是部分企业可能存在用水量大的问题，这直接导致污染物排放总量大，甚至超过当地的环境容量，破坏了区域环境。因此，有必要对企业的污染物排放总量进行控制，保护区域环境。

(2) 排放总量控制标准。即对不同类型的企业分别由当地环保部门根据国家有关规定，通过对企业的现场考察，结合当地区域环境容量，分别制定每个企业允许的污染物排放总量。企业必须按照环保部门核准的排放条件、排放总量来排放污染物。

在我国《污水综合排放标准》GB8978—1996 中，针对湿法纤维板工业单独制定了相关污染物的排放标准（表 20-2），其他木材加工工业应执行的主要污染物排放标准见表20-3。

表20-2 湿法纤维板工业主要污染物排放标准

	一级	二级	三级
BOD	30	100	600
COD_{cr}	100	200	1000
SS	70	200	400
pH 值	6~9	6~9	6~9

表20-3 其他木材加工工业主要污染物排放标准

	一级	二级	三级
BOD	30	60	300
COD_{cr}	100	150	500
SS	70	200	400
pH 值	6~9	6~9	6~9

近年来，我国逐渐开始推行排放浓度控制与排放总量控制相结合的形式。即企业不仅需要做到废水排放浓度达标，还需要同时做到污染物排放总量达标。这两项指标中有任何一项超标，即视为废水排放不达标。

20.6 木材加工工业废水的处理流程

（1）中密度纤维板废水处理工艺流程。国内外木材加工工业废水的处理流程和具体选用的工艺设备虽然各有不同，但是基本上都是由过滤、沉淀、气浮、混凝、酸碱中和以及生物处理工艺环节组成。少数工程中还选用了高级氧化技术作为木材加工工业废水的深度处理工艺。一套干法中密度废水处理典型处理流程如图20-1。

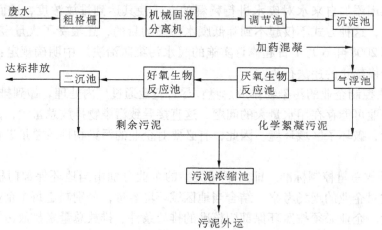

图20-1 中密度纤维板生产废水典型处理工艺

在本工艺中，废水首先经过粗格栅，去除废水中存在的木块、杂物，防止对后续设备造成危害。经过粗格栅后的废水进入机械固液分离机，去除废水中的细小木纤维。由于这些细小的木纤维往往呈悬浮状态，其浓度往往达到每升数千毫克。如果不去除这些细小木纤维，那么在后续的加药絮凝环节，往往需要消耗大量的混凝剂，极大地增加了处理成本。经过机械固液分离机后的废水，进入加药气浮池，在此环节，通过添加混凝剂生成絮体，然后采用气浮的方式将这些絮体去除。经过加药气浮后的废水，其有机物浓度可以降低到原水的50%以下，然后进入厌氧生物处理池，在厌氧微生物的作用下，将废水中的大分子复杂有机物转化为简单的小分子有机物，提高废水的可生化性。厌氧生物反应池的出水进入好氧处理池，好氧处理池一般采用活性污泥法或者生物膜法，经过好氧处理后的出水一般可以达到排放标准。

（2）木材染色废水的处理与回收利用。近年来，随着木材染色和漂白工业的迅猛发展，木材染色和漂白废水逐渐成为一种新的木材加工废水污染源。木材染色和漂白废水中含有少量的木素、半纤维素、甲醛、糖类等物质，同时还含有大量的化学染料和化学药剂，因此具有色度高、水质水量变化大、有机物含量高、生物降解性差等特点。但是其污染物浓度一般远远低于中密度纤维板生产废水。根据国内外相关企业的实际情况，木材染色和漂白废水的化学需氧量COD_{cr}一般小于3000 mg/L。

一般来讲，木材染色和漂白废水的处理可以借鉴中密度纤维板的处理工艺，其处理工艺路线基本相同，仅仅在工况控制上（主要是混凝剂投加量、微生物反应时间等方面）有区别。

20.7 木材加工废水处理的最新研究进展

近年来，国内外研究者对木材加工废水的处理工艺，特别是其中污染最严重的中密度纤维板废水的处理技术和工艺进行了深入的探讨，提出了一些新的处理思路和技术，并在生产实践中得到了应用。

20.7.1 铁炭微电解工艺

铁炭微电解工艺是根据金属的腐蚀电化学原理，利用形成的微电池效应对废水进行处理的一种工艺，又称微电解法、铁炭法、铁屑过滤法、零价铁法。自20世纪60年代就有人开始研究，后来在70年代被应用到废水的处理中。微电解法是基于金属材料（铁、铝等）的电化学腐蚀原理，将铁屑或者铁屑-炭粒浸泡在电解质溶液中形成无数微小的腐蚀原电池，从而将废水中的难降解大分子有机物氧化分解成为无机物的过程。近年来，国内外学者在研究和生产实践中采用铁炭微电解工艺处理中密度纤维板废水，对化学需氧量COD_{cr}的去除率可以达到90%以上，脱色率达到99%以上。

20.7.2 高效微生物菌群处理技术

筛选有针对性的有效菌群，采用微生物固定化技术对有效菌群进行固定，能够有选择性地提高泥龄，保持有效菌种的活性，大大提高微生物对高浓度难降解有机废水的处理效率，降低处理费用。微生物固定化技术是在固定化酶技术的基础上发展起来的新技术，目前国内外已经有将高效微生物菌群处理技术应用于中密度纤维板废水处理的工程实例，取得了良好的处理效果。

20.7.3 MDF 废水生产饲料酵母

由于 MDF 生产废水中糖类浓度高，因此，通过采用适当的方法对废水中的糖类物质进行回收和利用，化害为利，变废为宝，具有重要的意义。近年来，我国研究者开展了以 MDF 废水生产饲料酵母的研究和生产应用。在实验中，选用热带假丝酵母作为菌种，对 MDF 废水进行发酵，制备得到的酵母蛋白质含量达到 50% 以上，灰分含量为 7%~8%，各项指标均高于国家相关标准。

思 考 题

1. 木材加工工业废水污染源主要有哪些？
2. 简述木材工业废水的处理原则与策略？
3. 木材工业废水常用的处理方法有哪些？
4. 废水水质的主要指标有哪几项？
5. 目前，对于中密度纤维板废水，主要采用哪些处理方法？

第 4 篇 参考文献

1. B. H. 乌索夫，等. 工业气体净化与除尘过滤器 [M]. 李悦，等编译. 哈尔滨：黑龙江科学技术出版社，1984.
2. 金国淼. 除尘设备设计 [M]. 上海：上海科学技术出版社，1985.
3. 小川明. 气体中颗粒的分离 [M]. 周世辉等译. 北京：化学工业出版社，1991.
4. 李维礼. 木材工业气力输送与厂内运输机械 [M]. 北京：中国林业出版社，1993.
5. 赵立. 林产工业环境保护 [M]. 北京：中国科学技术出版社，1993.
6. 岳永德. 环境保护学 [M]. 北京：中国农业出版社，1999.
7. 孙一坚. 工业通风 [M]. 北京：中国建筑工业出版社，1994.
8. 林秀兰. 林产工业污染及防治 [M]. 厦门：厦门大学出版社，2000.
9. 金崟毓，李坚，孙治荣. 环境工程设计基础 [M]. 北京：化学工业出版社，2002.
10. 王建龙，译. 环境工程导论 [M]. 第三版. 北京：清华大学出版社，2002.
11. Jim L. Bowyer, Bubin Shmulsky, John G. Haygreen. Forest Products and Wood Science: An Introduction [M]. Ames, Iowa: Iowa State Press, 2003.
12. Sandor Nagyszalanczy. Wood Dust Control [M]. Newtown, Connecticut: The Taunton Press, 2002.
13. Noel de Nevers. Air Pollution Control Engineering [M]. 2nd Edition. 北京：清华大学出版社，2000.
14. William C. Hinds. Aerosol Technology, Properties, Behaviors, and Measurement of Airborne Particles [M]. New York, New York: John Wiley & Sons, Inc, 1982.
15. Michael R. Milota, et al. Gate – to – Gate Life – Cycle Inventory of Softwood Lumber Production [J]. Wood and Fiber Science, 37 Corrim Special Issue, 2005. 47 – 57.
16. K. Y. Kenneth Chung, et al. A Study on Dust Emission, Particle Size Distribution and Formaldehyde Concentration During Machining of Medium Density Fibreboard [J]. Ann. occup. Hyg., 2000, 44 (6): 455 – 466.